U0348841

山西省天气预报技术手册

主　编：郝寿昌
副主编：秦爱民　李旭峰

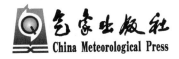
气象出版社
China Meteorological Press

内容简介

本书是山西省天气预报服务工作者多年来对山西天气预报服务有关技术与经验的总结。内容涵盖了山西省概况、天气气候特点及环流特征、主要影响系统和各类灾害性天气的特点及其监测、预报、预警以及山洪地质灾害预报预警技术和方法,还介绍了城市环境气象预报业务与技术方法、数值预报产品检验与释用、多普勒天气雷达和气象卫星资料在预报业务中的应用等。本书不仅继承了过去的经验和成果,而且融入了近30年来新的技术方法和研究成果,将有助于预报员对山西省各类灾害性天气系统的深入了解及对重要天气过程的全面把握,有助于新预报员快速积累经验,提高预报服务水平。

本书可作为广大气象以及相关行业的预报预测人员、科研人员、院校师生的参考书和工具书。

图书在版编目(CIP)数据

山西省天气预报技术手册/郝寿昌主编. —北京:
气象出版社,2016.1
ISBN 978-7-5029-6306-4

Ⅰ.①山… Ⅱ.①郝… Ⅲ.①天气预报-山西省-
技术手册 Ⅳ.①P45-62

中国版本图书馆 CIP 数据核字(2015)第 301473 号

Shanxisheng Tianqi Yubao Jishu Shouce
山西省天气预报技术手册

出版发行:气象出版社
地 址:北京市海淀区中关村南大街 46 号   **邮政编码**:100081
总 编 室:010-68407112   **发 行 部**:010-68409198
网 址:http://www.cmp.cma.gov.cn   **E-mail**:qxcbs@cma.gov.cn
责任编辑:张锐锐 吕青璞   **终 审**:章澄昌
封面设计:博雅思企划   **责任技编**:赵相宁
印 刷:北京中新伟业印刷有限公司
开 本:787 mm×1092 mm 1/16   **印 张**:35.5
字 数:910 千字
版 次:2016 年 1 月第 1 版   **印 次**:2016 年 1 月第 1 次印刷
定 价:190.00 元

《山西省天气预报技术手册》编写委员会

顾　问：杜顺义　　张洪涛　　李韬光

主　编：郝寿昌

副主编：秦爱民　　李植峰

成　员：苗爱梅　　赵桂香　　张伟民　　赵海英

　　　　姚彩霞　　张红雨　　李清华　　李斯荣

　　　　袁怀亭　　史海萍

前　言

　　山西省处于中纬度黄土高原与华北平原的过渡地带,下垫面高低悬殊,最高为五台山的北台顶,海拔 3058 m;最低在垣曲县西阳河,海拔 180 m。此地域山多川少,海拔高度一般在 900~1500 m,与其东侧华北平原和西侧陕北高原比较,呈整体隆起。结构复杂的地形致使山西为灾害性天气多发省份之一,暴雨、强对流、寒潮、低温连阴雨、高温干旱、霜冻、雾霾等天气以及山洪、滑坡、泥石流等次生灾害每年都给山西国计民生带来严重影响,尤其洪涝灾害和地质灾害,常常给人民生命和财产造成重大损失。全省因强降水引起的水土流失极其严重,水土流失更加恶化了自然环境。随着社会经济的快速发展,灾害性天气对国计民生的影响越来越大,天气预报愈来愈受到全社会的重视,如何提高天气预报准确率是山西省气象部门的首要任务。

　　山西省气象部门对天气预报和研究工作历来十分重视。20 世纪 50—80 年代,天气预报主要以天气图方法为主,老一代气象工作者通过长期的天气预报实践,对影响山西的主要天气系统、气候特征以及重大天气过程等进行了大量的精心分析和研究,不断认识和掌握山西天气演变规律,积累了丰富的经验,总结出在天气预报业务中具有实用价值的预报指标和方法,1989 年首次出版了《山西天气预报手册》,迄今该手册仍在山西气象业务中广泛应用。近 30 年来,随着科技进步和经济社会的飞速发展,山西天气预报业务及科研也进入快速发展时期。20 世纪 80 年代初,数值预报产品正式投入天气预报业务应用。随着计算机和数值预报技术飞速发展,数值预报产品可信度不断提升。20 世纪 90 年代以来,随着新一代天气雷达监测网布设,各类气象卫星资料陆续使用,气象信息综合分析处理系统投入业务运行,以数值预报产品为基础,以天气动力与统计相结合为主要方法,综合运用各种气象信息制作天气预报的新业务流程应运而生。新一代预报员承前启后,在以往预报经验总结及科研成果的基础上,利用新资料新技术新方法不断总结重大天气过程,并开展了大量的科研工作,取得了诸多新的预报经验和科研成果。为使这些新经验、新成果更好地应用于气象业务,同时帮助新预报员更快地成长,促进天气预报技术水平和质量不断提升,我们在吸收 1989 年 7 月出版的《山西天气预报手册》有益经验的基础上,编写了此《山西省天气预报技术手册》。

　　全书共分 21 章,涵盖了日常业务中预报员所需了解和掌握的基本内容。第 1,2 章分别介绍了山西省概况和山西天气气候概况及环流特征;第 3 章归纳了山西主要影响系统及典型天气过程;第 4,5 章分别简述了山西干旱和连阴雨分析预测技术,第 6 章介绍了常规气象要素与落区预报思路;第 7,8,9,10,11,12,13,14,15 和 16 章对影响山西的暴雨、寒潮、大雪、霜冻、大风、沙尘暴、高温、干热风、雾、灰霾、强对流等重要天气分析与预报技术方法进行了重点阐述;第 17 章介绍了城市环境气象预报业务与技术方法;第 18,19,20 章概述了数值预报与产品释用、新一代天气雷达探测和卫星资料在天气预报中的应用;第 21 章简述了预报质量检验与评价;最后为附录,包括 CINRAD 气象应用软件产品表、有关常用气象业务规定表、山西省分县各月最大降温情况、突发气象灾害预警信号及城市环境预报规定等内容。

本书不仅继承了过去的经验和成果,而且融入了近 30 年来新的技术方法和研究成果,将有助于预报员对本省各类灾害性天气系统的深入了解及对重要天气过程的全面把握,有助于新预报员快速积累经验,提高预报服务水平。本书可作为广大气象以及相关行业的预报预测人员、科研人员、院校师生的参考书和工具书。

本书在编写过程中,得到山西省气象局领导,科技处郭雪梅、王少俊以及有关单位领导和专家的鼎力支持和帮助,在此一并表示衷心的感谢!

由于编写水平与时间的限制,难免存在一些不足之处,敬请批评指正。

编者

2014 年 10 月 31 日

目　录

第1章 山西省概况

1.1 地理环境

1.1.1 地理位置

山西省是中国北方的一个内陆省,位于华北平原以西,黄河中游东岸的黄土高原上,因在太行山以西而得名。东以太行山与河北省相邻,南、西隔黄河与河南省、陕西省相望,北以外长城为界与内蒙古自治区毗连。省境轮廓呈东北斜向西南的平行四边形,南起芮城县南张村南北纬34°34′,北至天镇县远头村北北纬40°44′,纵长约682 km;西自永济市长旺村西东经110°14′,东至广灵县南坑村东东经114°33′,宽约385 km。全省总面积为15.6万km²,约占全国总面积的16.3%。太原市为山西省省会,位于省域的几何中心,东经112°33′、北纬37°47′,海拔778.3 m(太原观象台)。

1.1.2 地形地貌

山西省是典型的为黄土广泛覆盖的山地高原,地势东北高西南低,高原内部起伏不平、河谷纵横,地貌类型复杂多样,有山地、丘陵、台地、平原,山多川少,山地、丘陵面积为12.5万km²,占全省总面积的80.1%,平川、河谷面积为3.1万km²,占19.9%。全省大部分地区海拔在1500 m以上,最高点为五台山主峰叶斗峰,海拔高度3061.1 m,最低点为垣曲县毫清河入黄河处的河滩,海拔高度仅180 m。与东部海拔高度几十米的华北平原相比,山西省地形呈整体隆起之"凹"字势(图1.1)。

(1)东部山地区。东部山地区北起阳高县,南至芮城县,从北到南由贯穿省境东部和东南部的六棱山、恒山、五台山、系舟山、太行山、太岳山、中条山等山脉组成,山势大体呈东北—西南走向,海拔高度一般在1500 m以上。山地北部,在六棱山、恒山、五台山之间,为浑河、滹沱河上游谷地。山地南部,在系舟山、太行山、太岳山、中条山之

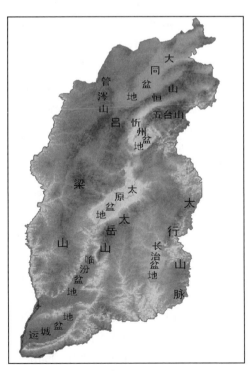

图1.1 山西省地形图

间,由于沁河、丹河、浊漳河的侵蚀和堆积,形成了黄土丘陵和长治、武乡——襄垣、黎城、高平、晋城、阳城等山间小盆地,一般称为"晋东南高原"。

(2)中部断陷盆地区。中部断陷盆地区北起天镇县,南至永济市,纵贯省境中部,自东北至西南由一系列彼此分割的断陷盆地组成,依次为大同盆地、忻定盆地、太原盆地、临汾盆地、运城盆地。其中大同盆地、太原盆地和临汾盆地的面积均在 5000 km² 以上。各盆地都以断层与山地相接,盆地之间有分水岭隔开。大同盆地与忻定盆地之间相隔宁武山,忻定盆地与太原盆地之间相隔石岭关,太原盆地与临汾盆地之间相隔韩侯岭,临汾盆地与运城盆地之间以峨嵋台地相隔。盆地内部的海拔高度由北向南地势逐渐降低,大同盆地的海拔在 1000 m 以上,而运城盆地的海拔仅在 400 m 左右。

(3)西部高原区。西部高原区又称西山地区,北起左云县,南至乡宁县,地处长城以南、黄河以东、吕梁山以西,由贯穿省境西部的一系列山地、高原组成。该区以吕梁山嶙主干,自北向南分布有采凉山、七峰山、洪涛山、黑驼山、管涔山、云中山、芦芽山、关帝山、紫荆山、龙门山等一系列东北——西南走向的山脉,海拔一般在 1500 m 以上。这些山脉东侧以断层与中部各盆地相接,山势雄伟,山坡陡直,高出盆地 700~1500 m;西侧坡度则较平缓。地面普遍覆盖着较厚的黄土,称为"晋西高原"。高原内河流大都短促,流水对地表侵蚀切割,水土流失严重[1]。

1.1.3　河流与水库

河流由河道与地表径流组成。河流的干流与汇入干流的各级支流共同组成水系,每个水系都从一定范围的陆地表面上获得水源补给,这部分陆地表面就是该水系的流域。山西特殊的地理位置,使其成为黄河和海河的分水岭,黄河流经省境 965 km;海河的主要支流永定河、大清河、子牙河、漳卫河发源于省内。全省共有大小河流 1000 多条,流域面积大于 10000 km² 的河流有 5 条:汾河、沁河、桑干河、滹沱河、漳河;流域面积在 1000~10000 km² 的中等河流有 48 条,分别是黄河流域的苍头河、偏关河、县川河、朱家川河、岚漪河、蔚汾河、三川河、北川河、屈产河、昕水河、蒲县昕水、潇河、白马河、乌马河、磁窑河、文峪河、段纯河、洪安涧河、浍河、涑水河、姚暹渠、亳清河、丹河,海河流域的南洋河、白登河、恢河、源子河、黄水河、浑河、御河、十里河、壶流河、唐河、沙河、牧马河、清水河、乌河、绵河、桃河、温河、松溪河、清漳河、清漳河东源、清漳河西源、浊漳河北源、浊漳河南源、浊漳河西源;流域面积在 100~1000 km² 的河流有 397 条。山西河流属自产外流型水系,绝大部分河流发源于境内,向省外发散流去。大致讲,向西、向南流的属于黄河水系,流域面积 97138 km²,占全省总面积的 62.2%;向东流的属于海河水系,流域面积 59133 km²,占全省总面积的 37.8%[2]。

但是,山西河流数量多,水量少,径流深只有全国平均值的五分之一,加之人口密度较大,因此山西是一个水资源严重贫乏的省份。山西河流源短流急,河长达到 150 km 的仅有 8 条,大部分只有几十千米,而且季节性强,大部分径流量集中在汛期,特别是暴雨过后极易形成洪水。

2010 年山西省水资源总量为 85.76 亿 m³。全省共有 65 座大中型水库,水库库容 39.54 亿 m³。大型水库有汾河水库、汾河二库、文峪河水库、册田水库、漳泽水库、关河水库、后湾水库;中型水库有大同市的孤峰山、恒山、十里河、赵家窑水库,忻州市的孤山、下茹越、神山、观上、米家寨、双乳山、唐家湾水库,朔州市的东榆林、薛家营、下米庄、镇子梁、常门铺、滴水沿水库,吕梁市的阁老湾、阳坡、吴城、陈家湾、张家庄水库,晋中市的水峪、郭庄、云竹、石匣、蔡庄、庞庄、郭堡、子洪、尹回水库,阳泉市的大石门水库,长治市的申村、鲍家河、西堡、陶清河、庄头、屯绛、圪芦河、月岭山水库,临汾市的曲亭、涝河、拒河、七一、小河口、浍河、浍河二库,运城市的吕庄、上马、中留、苦池水库,晋城市的董封、申庄、上郊、任庄水库等。还有河川、泽城西安等水利枢纽工程。全省有小型水利设施 14246 处。

杜保存[3]研究了山西省山洪灾害的特点:一是突发性,山西山丘区、黄土丘陵沟壑区以风化严重的石灰岩等组成的山体,易冲蚀,有利于滑坡、泥石流的形成;山丘区坡陡谷深、地形起伏大,产汇流时间短,洪水呈暴涨暴落,遇有短历时、局地性的强降雨,从降雨到山洪形成一般只需几个小时,甚至不足 1 h。二是地域性,太行山区的平顺、陵川、垣曲、阳泉等地地处迎风坡,易发生山洪灾害,西北部的平鲁、右玉一带则相对较少。三是季节性,山洪多发生在汛期 6—9 月,其中 7—8 月占 70%。四是破坏性,主要表现在人员伤亡和房屋、农田、道路等基础设施的损坏。

1.1.4　植被

山西目前已知的种子植物有 134 科 1700 多种,其中木本植物有 480 多种。全省的植物资源有:南部和东南部是以落叶阔叶林和次生落叶灌丛为主的夏绿阔叶林或针叶阔叶混交林分布区,这里植被类型最多、种类最丰富;中部是以针叶林和中生的落叶灌丛为主、夏绿阔叶林为次分布区,这里是森林分布面积较大的地区;北部和西北部是温带灌草丛和半干旱草原分布区,这里的优势植物是长芒草、旱生蒿类、柠条、沙棘,森林植被较少。

2010 年山西省的森林覆盖率为 18%。现有的森林主要是原始森林屡遭破坏后恢复的天然次生林,分布在吕梁、太行山脉的河流上游、山脊两侧。主要树种有云杉、华北落叶森、油森、白皮森、侧柏、辽东栎、松皮栎、山杨、白桦、刺槐、杨树、柳树等。乔、灌木树种约有 500 多种。

山西的天然草地可分为 6 大类:(1)喜暖灌木草丛,主要分布在中南部的低山丘陵区,占草地面积的 52.8%;(2)山地灌木丛草地,主要分布在海拔 1200~1800 m 的山地阴坡,占草地面积的 21.4%;(3)山地草原,主要分布在恒山、内长城以北的山地和黄土高原,占草地面积的 11.8%;(4)山地草甸,主要分布在海拔 2000 m 以上的山地,占草地面积的 10%;(5)低湿草甸,主要分布在中部盆地的河流两岸低滩地和盐碱地,占草地面积的 0.9%;(6)山地疏林草地,是伐木后的遗迹草地,主要分布在太岳山、太行山、恒山等地,占草地面积的 3.1%。

2010 年年底全省有自然保护区 45 处,面积达 110.9 万 ha,湿地公园 26 个[1]。

武永利[4]等应用卫星遥感的植被指数研究表明,山西高原植被活动在增强,植被变化呈现总体向好趋势,其中北部变好趋势明显,其次是南部。

1.2　社会经济

1.2.1　行政区划

截至 2010 年年底,山西省共设太原、大同、朔州、忻州、吕梁、晋中、阳泉、长治、晋城、临汾、运城 11 个地级市,古交、潞城、高平、原平、介休、侯马、霍州、河津、永济、汾阳、孝义 11 个县级市,85 个县,23 个市辖区。现有 1196 个乡镇,其中 563 个镇、633 个乡、193 个街道办事处。有

48322 个村庄,其中 28135 个行政村。

1.2.2　人口与经济

截至 2010 年年底,全省常住人口为 3574.1 万人。城镇人口 1717.4 万人,乡村人口 1856.7 万人。劳动年龄人口占 73.8%。全省平均人口密度为每平方千米 229 人。

2010 年,全省国内生产总值 9088.1 亿元,其中第一产业占 6%,第二产业占 56.9%,第三产业占 37.1%,人均生产总值为 21522 元。全省财政总收入 1810.2 亿元,一般预算收入为 969.7 亿元。城镇居民人均可支配收入 15640 元,农民人均纯收入 4730 元。

1.2.3　农业布局

全省实有耕地面积 379.3 万 ha,占土地面积的 24.3%。2010 年粮食播种面积 323.9 万 ha,粮食产量为 108.5 亿 kg。从农业种植布局来看,全省可分为 7 个不同类型的地域组合:(1)晋南棉麦耕作区,汾河下游和涑水河流域,即临汾运城盆地;(2)晋中小麦杂粮果木作业区,包括太原、忻定盆地,小麦、高粱、谷子是主要作物;(3)晋东南农林牧多种经营区,太岳山以东系舟山以南的高原和山地,属漳河、沁河流域,以玉米、谷子、小麦为主要农作物;(4)晋东山地林牧区,包括太行山和河北平原及山间平原,主要农作物有谷子、玉米、高粱、大豆;(5)晋西黄土丘陵林牧水保区,吕梁山中、南段及以西地区,需改善农业生产条件,主要农作物有谷子、小麦、玉米、大豆;(6)晋北盆地农业区,桑干河流域,即大同盆地和阳高天镇盆地,主要种植谷子、土豆、玉米、高粱、春小麦、胡麻、甜菜等;(7)晋西北高寒林牧区,吕梁山北段及以西地区,以种植莜麦、土豆、谷子、大豆、胡麻为主[1]。

1.2.4　交通

到 2010 年年底,全省公路通车里程达到 13.2 万 km,公路密度达到 84 km/100 km²;高速公路开工建设 3300 km,建成 3002 km,主要有大同到运城、朔州到忻州、旧关到太原、太原到军渡、太原到焦作、晋城到河津禹门口等线路。全省 88 个县通了高速公路。农村公路总里程达 12 万 km,全省 100% 的乡镇、100% 的建制村通了水泥(油)路。2010 年全省营运客车达到 1.54 万辆,营运货车达到 39 万辆,97.3% 的建制村通了客车,公路运输完成客运量 3.26 亿人次,货运量 6.08 亿 t。

高速公路网到 2020 年的规划为"三纵十一横十一环",由 3 条纵线、11 条横线、11 条环线及连接线组成,形成纵贯南北、承东启西、覆盖全省、通达四邻的高速公路网络(图 1.2)。总里程达到 6300 km。高速出省口 31 个,实现县县通高速。3 纵是天镇马市口—泽州道宝河,新荣得胜口—芮城刘堡,右玉杀虎口—芮城风陵渡;11 横是阳高孙

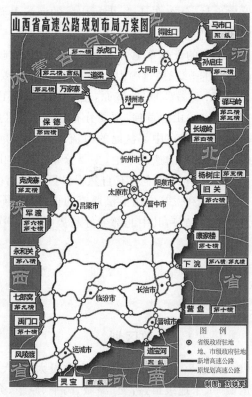

图 1.2　山西省高速公路规划布局图(2010 年)

启庄—右玉杀虎口,广灵加斗—平鲁二道梁,灵丘驿马岭—偏关天峰坪,五台长城岭—保德,平定杨树庄—临县克虎寨,平定旧关—柳林军渡,和顺康家楼—柳林军渡,黎城下浣—永和永和关,黎城下浣—吉县七郎窝,陵川营盘—河津禹门口,垣曲蒲掌—临猗孙吉;11 环是太原环线、大同环线、朔州环线、忻州环线、晋中环线、阳泉环线、吕梁环线、长治环线、晋城环线、临汾环线、运城环线;11 条连接线是太原—古交,太原小店—长治,大同马连庄—肥村,东阳—祁县城赵,平顺河坪迆—逢善,泽州韩家寨—沁水,安泽—沁水,明姜—南尹壁,垣曲华峰—垣曲古城,阳城—阳城蟒河,运城张金—平陆。计划到 2015 年,"三纵十一横十一环"高速公路网基本建成,全省实现省会到省辖市 3 h,相邻省辖市之间 2 h 通达,全部县(市、区)0.5 h 上高速。

到 2010 年年底,全省铁路总里程达到 3759 km,每 100 km^2 拥有铁路 2.37 km。山西国铁干线为北、中、南三大运输通道和三大枢纽。三大通道是指北通道——京包、大秦、神朔线、朔黄线、北同蒲线;中通道——京原、石太、太焦、邯长线;南通道——侯月、侯西、南同蒲线。三大枢纽是指大同、太原、侯马。主要干线有大秦线、侯月线、石太线、北同蒲线、南同蒲线、京包线、京原线、太焦线、侯西线。三个枢纽是指大同枢纽——京包线与北同蒲线、大秦线、大准线的交汇点,四线环绕大同市连接并形成了环形枢纽布局,太原枢纽——由石太线和南北同蒲线、太焦线、太岚线交汇形成,侯马枢纽——南同蒲、侯月、侯西线的交汇处。地方铁路主要干线有阳涉线、孝柳线、武左线、宁静线、沁沁线。即有"二纵二横"。"二纵"即宁武—静乐的宁静线,阳泉—涉县的阳涉线;"两横"即孝义—柳林的孝柳线和武乡—左权的武左线、沁县—沁源的沁沁线。

全省投入运营的航空港有 4 个:太原、运城、大同、长治机场。太原武宿国际机场是国内干线机场、山西省国际航空港,也是省内最大的机场和北京首都国际机场的备降机场。太原机场 2010 年航线总数 86 条;长治机场开通国内航线 4 条,通航城市 5 个;运城机场开通国内航线 15 条,通航城市 15 个;大同机场开通国内航线 3 条,通航城市 4 个。2010 年全省 4 个机场的起降架次 7.1 万,旅客吞吐量为 642.8 万人次,货邮吞吐量 4.5 万 t。2010 年太原、长治机场改扩建工程完成,五台山、临汾、吕梁机场开工建设。

1.3　地理地形对天气气候的影响

一个地方的气温与当地的地理地形关系十分密切。山西省地处黄土高原,地势较高,气温比同纬度的河北平原偏低。总的分布趋势呈由北向南升高,由盆地向高山降低。在西部山区,年平均气温等温线犹如冷舌从北部的右玉伸至南部的运城,走向几乎呈经向;在东部山区,等温线的走向虽经向度不及西部山区明显,但北低南高的冷脊特征十分清楚;而汾河河谷的等温线犹如暖舌,从南部伸至北部。这表明气温的分布很大程度上受地势影响。但是对于天气预报来讲,由于地理地形是缓变或不变的,它对气温的作用在前一天或前一个较短时段的气温实测值中就得到比较充分的体现,人们更多关注的是天气系统带来的气温变化。

至于降水,地理地形的作用更加重要,更加复杂,如上坡凝结,地形阻塞对流,背风辐合等。林之光[5]等系统总结了地形对降水的加强作用,指出山脉迎风降水和背风雨影(在山区或山脉的背风面,雨量比向风面显著偏小的区域)是湿气流对山脉地形响应所产生的地形降水的基本特征,降水在迎风坡加强而在背风面大大减少是山脉地形对大气中的水汽输送和降水分布发生作用的主要表现形式。李子良[6]利用中尺度数值(ARPS)模式研究了湿气流过山脉地形和地形降水的产生机制,结果表明,地形降水是水汽、气流和地形相互作用而形成的。对于较小的山脉(低于 0.5 km),如果水汽主要分布在 3～5 km,其上下较干,则降水主要发生在迎风坡;如果整层充满水汽,则会表现出更多的背风坡波动特征,在山脉上游及其迎风坡上产生阻塞回流,而且在山脉下游局部地区产生背风回流,回流的深度大大超过山脉的高度以及迎风阻塞回流的深度。山脉波动云和降水表现出典型的迎风降水和背风雨影特征。对于较大的山脉(高达 2 km),如果水汽主要分布在中层,地形降水仍主要表现为上坡降水和背风雨影现象,降水分布与背风面的上升和下沉运动相对应;但水汽充满整层时,则具有与小地形完全不同的流动特征和地形降水机制,在山脉背风下游回流的强度和深度大大超过了山脉上游及其迎风坡上产生阻塞回流深度和山脉高度。地形降水主要表现为背风回流降水天气。大地形降水主要发生在山脉及其背风坡上。山西山脉大多在 0.5～2 km,这样的机制应当适用。

刘强军[7]研究太行山对水汽的阻碍作用,指出太行山地形对水汽输送和降水的影响在于:太行山地形对水汽的平均阻断率为 18.5%;山西一方因地势较高,低层辐合层相应升高,使辐合的水汽较少,形成的降水量也就小,以此来解释山西降水量少于河北、河南的现象。李国华[8]选取坡度、地形走向和地形特征一致的气象站观测资料研究指出,山西东部年降水量与海拔高度呈抛物线关系:高度在 1000 m 以下,年降水量低于 550 mm;高度在 1000～1300 m,年降水量在 650～750 mm;高度在 1650～2200 m,年降水量在 750～850 mm;高度在 2681 m,年降水量达最大 877.33 mm;若高于 2681 m 时,年降水量又随海拔高度递减。

由此我们可以把地形对降水的作用概括为:对于小山脉,迎风坡加强和背风坡减小是地形影响降水的主要特性;对于大山脉,要么水汽受到阻挡,越不过山脉或只有部分越过山脉,要么水汽不充足但能越过山脉,但都与小山脉有同样的表现:降水在迎风坡加强和背风坡减小。只有当水汽充足深厚且随气流越过大山脉,才表现为山脉上和背风坡降水更强,分布与垂直运动区相适应。在实际工作中把握气流和水汽的来向很重要。

参考文献

[1] 山西省人民政府.山西经济年鉴[M].山西经济年鉴社,2011.
[2] 李英明,潘军峰.山西河流[M].北京:科学出版社,2004:2-3.
[3] 杜保存.山西省山洪灾害特点与防治[J].山西水利科技,2005,157(3):28-29.
[4] 武永利,栾青,赵永强,等.近 25 年山西植被指数时空变化特征分析[J].生态环境,2008,17(6):2330-2335.
[5] 林之光.地形降水气候学[M].北京:科学出版社.1995:96-105.
[6] 李子良.地形降水试验和背风回流降水机制[J].气象,2006,32(5):11-12.
[7] 刘强军.太行山地形对山西夏季降水的影响及评估(技术报告)[R].未发表.
[8] 李国华.山西东部山区不同高度年降水量的理论计算[J].山西农业科学,1982,(3):17.

第2章　天气气候概况和环流特征

2.1　全年天气气候概况

2.1.1　降水量

根据全省 109 县市 1981—2010 年累年资料统计分析,山西全省年平均降水量为 469.6 mm,其中,北部(包括大同、朔州、忻州 3 市,下同)平均 414.3 mm,中部(包括吕梁、太原、阳泉、晋中 4 市,下同)平均 455.2 mm,南部(包括临汾、运城、长治、晋城 4 市,下同)515.2 mm。

全省各县市年平均降水量在 358.2 ~ 620.5 mm。其中,山阴县年平均降水量仅有 358.2 mm,为全省最少;16 个县市年平均降水量在 360~400 mm,26 个县市在 400~450 mm,30 个县市在 450~500 mm,25 个县市在 500~550 mm,9 个县市在 550~600 mm;年平均降水量超过 600 mm 的仅有垣曲县、五台山,垣曲县为全省最多(620.5 mm),其次是五台山(614.9 mm)。

山西的年降水量分布基本呈东南向西北逐渐减少趋势。年平均降水量不足 400 mm 的区域主要位于大同盆地、太原盆地;年降水量≥550 mm 的地区主要位于晋城市全区、运城市东部(垣曲和绛县)、长治市的平顺和沁源县、吕梁市的交口县,以及五台山区(图 2.1)。

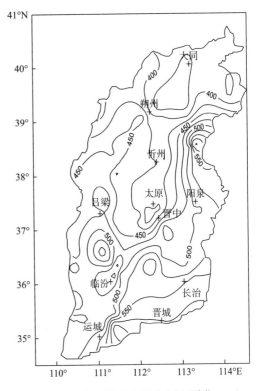

图 2.1　山西年平均降水量分布图(单位:mm)

2.1.2　气温

山西气温分布及其变化特征主要受地理纬度、太阳辐射和地形特点等综合影响。山西地处黄土高原,地势较高,气温比同纬度的河北平原偏低,北部和高寒山区有严寒,中部和东南部气候温和,南部有炎热;冬季寒冷时间长,夏季高温时间短,春季气温多变,秋季降温急骤[1]。

从图 2.2 可见,全省气温呈由北向南逐渐升高、由盆地向高山逐渐降低的分布趋势。在山西西部地区,由北向南有一明显冷舌,等温线走向几乎呈经向;汾河河谷的等温线犹如暖舌,从南伸至北部。

全省年平均气温为 9.8℃。其中,北部平均气温为 7.2℃,中部为 9.7℃,西南部 11.5℃(包括临汾市、运城市)12.2℃,东南部(包括长治市、晋城市)10.0℃。

省境内,全省各县市年平均气温在 2.1～14.2℃。北部五台山为全省气温最低点(2.1℃),其次为右玉县(4.2℃);运城市盐湖区、永济县气温为全省最高(均为 14.2℃),其余各县市气温介于 5.4～14.0℃。

从空间分布看,山西北部全区,吕梁市北部和临县、方山、离石、中阳、交口县,太原市北部和西部,晋中市东山区和平川北部,阳泉市北部,长治市大部,晋城市东部,临汾市东部和西北部山区平均气温在 10℃以下,临汾盆地、运城盆地及中条山以南的河谷地带,是山西热量资源最丰富的地区,年平均气温达 12℃。

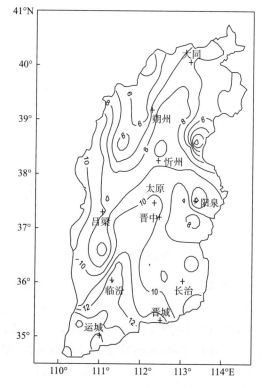

图 2.2　山西年平均气温分布图(单位:℃)

2.2　各季天气气候概况与环流特征

2.2.1　冬季

2.2.1.1　天气气候概况

2.2.1.1.1　降水量

山西冬季(12月至次年2月)以晴冷天气为主,降水稀少。全省平均降水量为 13.1 mm。全省各地冬季平均降水量在 4.7～26.9 mm,广灵县最少,垣曲县最多。全省各县市的冬季降水量仅占全年降水量的 1%～4%。

冬季降水量分布呈自东南向西北逐渐减少,同纬度山区多于平川和盆地的特点。大同市、朔州市全区,忻州市、太原市大部,以及榆次、太谷、祁县、平遥、交城等地冬季降水量不足 10 mm;晋城市全区,以及五台山、侯马、曲沃、绛县、垣曲、长治、长子等共 12 个县市冬季降水量在 20 mm 以上,其余地区冬季 3 个月降水量的累计在 10～20 mm(图 2.3)。

2.2.1.1.2　降雪日数

冬季,山西各县市降雪日数在 7.8～21.3 d。降雪日数在 20 d 以上只有宁武、五寨两县,分别为 20.8 d,21.3 d;朔州市西部山区(右玉、平鲁)、大同市的左云和浑源县,忻州市五台山、神池、岢岚，晋中市东山区的和顺、榆社、左权，吕梁市的中阳、方山、交口县，临汾市乡宁县、运城市绛县、长治市平川南部五县（长治、潞城、长子、壶关、平顺），以及晋城市全区共计 25 个县市降雪日数在 14～19.8 d；忻州市忻定原区和保德县、太原市大部、吕梁市东部、临汾市平川南部、运城市北中部大部冬季降雪日数不足 10 d，其余地区降雪日数在 10～14 d(图 2.4)。

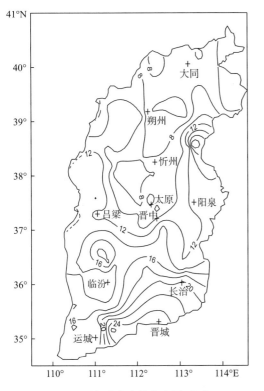

图 2.3　山西冬季降水量分布图(单位：mm)　　　　图 2.4　山西冬季降雪日数分布图(单位：d)

2.2.1.1.3　气温

山西冬季气温呈随纬度的增高而降低的分布特点。全省季平均温度为 −4.1℃，各县市季平均气温在 −11.9～1.4℃。右玉县气温为全省最低(−11.9℃)，五台山次之(−10.6℃)，五寨为第三低值(−10.0℃)；北部大部平均气温介于 −9.6～−4.9℃；太原、晋中、吕梁各县市平均气温介于 −7.1～−2.2℃；阳泉、临汾、长治、晋城各县市平均气温介于 −4.4～−0.2℃；运城市各县市平均气温介于 −1.1～1.4℃，其中，平陆、永济两县的平均气温为全省最高(1.4℃)；河津(1.3℃)、垣曲(1.2℃)、盐湖区(1.1℃)分别位列第二、第三、第四高值(图 2.5)。

冬季是一年中地面吸收热量少、散失热量多的季节，尤以隆冬的 1 月份为甚。12 月、次年 1 月、2 月全省平均气温分别为 −4.1℃，−6.0℃，−2.1℃。可见，1 月份在一年当中的气温最低。

1 月份，全省各县市平均气温在 −14.3～−0.2℃，右玉最低，平陆最高。五寨气温全省次低(−12.2℃)，北部其余县市(除原平市)和岚县 1 月的平均气温介于 −12.0～−8.6℃；中部大部，临汾、长治、晋城各县市及原平市的平均气温介于 −8.1～−2.0℃；运城各县市平均气温在 −2.9～−0.2℃(图 2.6)。

由图 2.7 可见，12 月下旬至 1 月下旬是天气比较寒冷的时段，旬平均气温均在零下 5℃以下，其中 1 月中旬气温最低(−6.2℃)，其次为 1 月下旬(−5.9℃)。2 月中旬开始，气温明显回升。

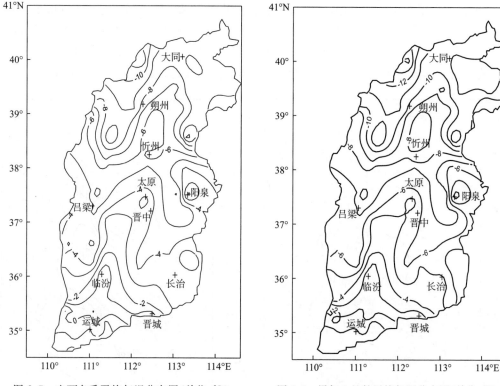

图 2.5　山西冬季平均气温分布图(单位:℃)　　　图 2.6　累年1月份平均气温分布图(单位:℃)

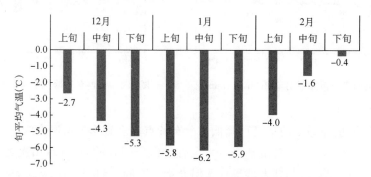

图 2.7　冬季各旬平均气温分布图(单位:℃)

2.2.1.1.4　极端最低气温

统计山西 109 县(市)1981—2010 年冬季各月极端最低气温资料(表 2.1)分析发现,除汾阳、太谷、平遥、稷山、万荣等 14 个县市极端最低气温出现在 2 月,全省 95 个县市的最低气温出现在 12 月或 1 月。五台山观测站于 1998 年 1 月 1 日进行了搬迁,迁站前的 1981—1997 年极端最低气温为−39.5℃(1983 年 1 月 7 日),1998—2010 年极端最低气温为−32.3℃(2002 年 1 月 11 日)。除五台山外,天镇为全省最冷区,极端最低气温值达到−37.4℃(2010 年 1 月 5 日);右玉次之,极端最低气温为−37.3℃(2000 年 1 月 25 日);北部其余县市极端最低气温介于−35.4～−25.1℃;太原、晋中、临汾、长治市的极端最低气温介于−27.7～−18.9℃;阳泉、运城、晋城市的极端最低气温介于−22.5～−14.0℃(图 2.8)。

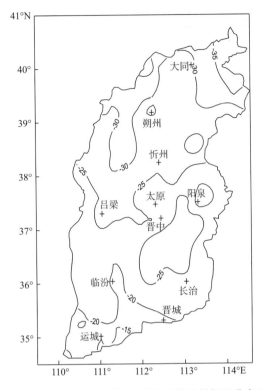

图 2.8　冬季(12 月至次年 2 月)极端最低气温分布(℃)

表 2.1　山西 109 县(市)1981—2010 年冬季各月累年极端最低气温(℃)

站名	12 月	1 月	2 月	站名	12 月	1 月	2 月
右玉	−35.5	−37.3	−33.7	阳泉	−15.8	−17.5	−14.7
阳高	−29.9	−31.8	−25.7	昔阳	−21.8	−20.8	−19.5
大同市	−27.2	−28.1	−25.8	左权	−25	−25.6	−24.4
大同县	−31.4	−31.9	−28.9	榆社	−24.3	−25.1	−21.3
天镇	−32.2	−37.4	−28.3	和顺	−26.7	−26.1	−25
河曲	−29.4	−32.8	−25.6	永和	−24.9	−24.3	−19.7
偏关	−28.5	−29.5	−25.1	隰县	−24.2	−23.6	−19.6
左云	−27.4	−29.6	−26.6	大宁	−21	−21.3	−18.9
平鲁	−27.7	−28.8	−25.6	吉县	−21.3	−21.2	−17.2
神池	−27.9	−29	−27.2	交口	−23.3	−24.1	−20.8
山阴	−28.3	−28.4	−26.6	襄汾	−18.5	−19.8	−22
宁武	−25.6	−25.1	−24.2	灵石	−20.4	−22.1	−18.8
朔州	−32	−31.5	−28.3	介休	−21.9	−21	−22.6
代县	−26.4	−26.7	−22.5	蒲县	−23.6	−23.9	−20.6
怀仁	−25.1	−24.4	−24.3	汾西	−19.2	−19.8	−16.1
浑源	−30.3	−31.4	−29	洪洞	−18.9	−17.4	−17.5
应县	−29.8	−27.9	−26.7	临汾	−17	−17	−19
繁峙	−25.1	−25.7	−23.1	霍县	−19	−20	−18.8

续表

站名	12月	1月	2月	站名	12月	1月	2月
五台山	−31.8	−32.3	−27.5	武乡	−25.3	−25.5	−24.4
广灵	−31.2	−34.9	−28.2	沁县	−26	−25.6	−26.1
灵邱	−26.9	−26.5	−25.6	长子	−23.9	−24.1	−22.8
临县	−24.8	−24	−21.1	古县	−20.1	−18.2	−16.8
保德	−25.8	−23.9	−20.8	沁源	−27.1	−27.7	−25.8
岢岚	−30.7	−29.1	−27.6	安泽	−25	−26.6	−26.6
五寨	−35.4	−32.7	−30.8	黎城	−22	−21.5	−18.8
兴县	−26.7	−25.5	−22.6	屯留	−23.3	−24.2	−22.5
岚县	−33	−30.6	−27.6	潞城	−23	−23.3	−20.5
静乐	−31.4	−27.5	−25	长治县	−22.2	−21.9	−19.4
娄烦	−26.8	−24.8	−22	襄垣	−27.4	−24.5	−24.6
原平	−24.3	−25.2	−21.5	壶关	−24	−24.7	−22
忻州	−30	−29.2	−24.7	平顺	−20.7	−21.6	−18.3
定襄	−29.9	−27.1	−24.8	乡宁	−21.6	−20.4	−17.5
尖草坪	−23	−23.7	−19.9	稷山	−17.8	−17	−19.2
阳曲	−24.6	−24.4	−21.6	万荣	−19.1	−19.9	−21.9
小店	−19.4	−19.5	−18.4	河津	−13.7	−14.8	−15.2
五台	−32	−29.5	−27	临猗	−17	−15.7	−15.7
盂县	−21	−19.8	−19.3	运城	−14.9	−14.8	−13.8
平定	−17.2	−17.7	−16.6	曲沃	−22	−19.7	−21
柳林	−22.4	−23.5	−19.7	翼城	−19.6	−17.7	−13.9
石楼	−22.6	−22	−18.6	侯马	−21.4	−19	−19.2
方山	−27.6	−28.6	−23.7	新绛	−20.4	−19.2	−21.3
古交	−21.5	−22.4	−19.1	绛县	−20.4	−20.5	−17.1
离石	−24.9	−26	−22.2	浮山	−19.2	−18.4	−16.1
中阳	−26.3	−24.9	−21.9	闻喜	−19.4	−17.1	−18.7
孝义	−21.6	−23.1	−22.8	垣曲	−12.3	−14.2	−13.7
汾阳	−24.9	−24.7	−25	沁水	−16.9	−18	−18.7
祁县	−25.6	−23.1	−23.5	高平	−22.5	−22.3	−21.8
文水	−25.3	−26.5	−24.2	阳城	−16	−16.7	−17.2
太原	−23.3	−22.1	−19	晋城	−16.6	−17.4	−17.4
清徐	−21.2	−22	−18.2	陵川	−21.4	−20.9	−18.7
太谷	−22.4	−20.6	−22.7	永济	−13.2	−13.6	−14.3
榆次市	−22.3	−21	−20.6	芮城	−18.2	−17	−15.9
交城	−23.7	−23.5	−23.5	夏县	−18.3	−18.8	−19.8
平遥	−22.1	−22.4	−24.1	平陆	−14	−12.8	−11.2
寿阳	−25.1	−25.7	−23.7				

注:五台山累年极端气温值为1998—2010年统计值。

2.2.1.1.5　冬季天气特征

冬季(12月至次年2月)是全年太阳直射点纬度最南的季节,也是华北冬季风最为强盛时期。这一季节,源自新西伯利亚和蒙古的极地大陆气团可以自北向南影响到我国,给各地带来干寒多风的天气。因此,山西冬季的主要气候特征是:寒冷、干燥、降水甚少[2]。

冬季主要灾害性天气包括寒潮、强降温、大雪和暴雪、干旱、雾等。

2.2.1.2　环流特征

2.2.1.2.1　海平面气压

冬季影响东亚的两个大气活动中心分别是蒙古高压和阿留申低压,它的强弱和消长是控制中国冬季气候变化的主要因子[3]。由图 2.9 可见,整个亚洲大陆完全在蒙古高压控制之下,其中心强度达 1035 hPa 以上。同时,中心强度达 1000 hPa 的阿留申低压控制着几乎整个北太平洋。山西处于蒙古高压控制之下,盛行偏北气流。每当极地冷气团向东南方向移动时,山西都会受其影响。冷空气活动一般有 5～7 d 的周期。每隔 5～7 d 即可有强度不同的冷锋过境影响山西,致使境内温度急降,北风增大,有时伴有降雪出现。在两次冷锋过程的间歇期,温度回升,风速偏小。

12 月上旬至次年 4 月为冷空气活动最为强盛时期,在此期间各种冷高压活动路径都有。但以冷高压南下型和冷高压纬向东移型最占优势,对山西天气的影响也最大。

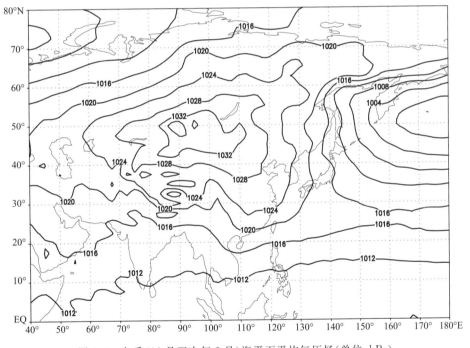

图 2.9　冬季(12 月至次年 2 月)海平面平均气压场(单位:hPa)

2.2.1.2.2　对流层低层流场

在 1 月份 850 hPa(1.5 km)高空上(图 2.10),东亚盛行的偏西气流在接近青藏高原西部时,被分为南北两支。南支在高原南侧的孟加拉湾一带出现气旋性弯曲,形成低值系统。北支气流绕过高原后在阿尔泰山折向东南,途经华北、东北后流向太平洋。山西在北支气流的控制下,盛行西北气流。

2.2.1.2.3　500 hPa 平均高度特征

对流层中层 500 hPa 高度场上,与低层阿留申低压和蒙古高压相配合的是东亚大槽和乌拉尔山以东的弱脊。500 hPa 锋区约位于 20°～40°N,以黄河、长江中下游至日本南部一带为最强。山西受槽后脊前西北气流控制,常引导冷空气南下,在低层表现为蒙古高压和冷锋活动(图 2.11)。

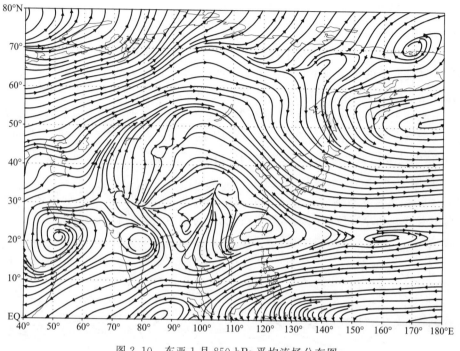

图 2.10　东亚 1 月 850 hPa 平均流场分布图

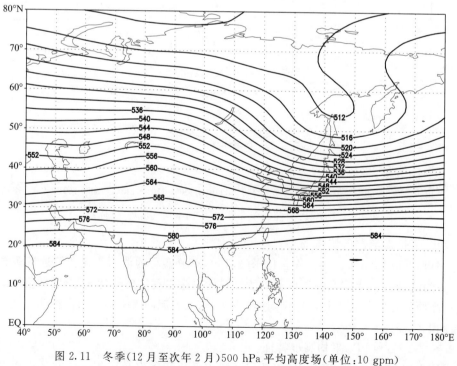

图 2.11　冬季(12 月至次年 2 月)500 hPa 平均高度场(单位:10 gpm)

2.2.2 春季

2.2.2.1 天气气候概况

2.2.2.1.1 降水

全省春季(3—5月)累年平均降水量为79.4 mm,占全年降水量的16.9%。全省各地春季平均降水量在57.4~117 mm,天镇最少,绛县最多。其中,北部大部分县(市)在57.4~74.7 mm(五台山为103.6 mm),中部地区、临汾市、长治市在62.9~96.8 mm,运城市88.2~117 mm,晋城市全区在100 mm以上。全省各县市春季平均降水量占全年降水量的15%~21%(图2.12)。

3—5月各月降水量逐月递增(表2.2)。3月全省平均降水量14.2 mm,4月全省平均降水量为23.2 mm,5月全省平均降水量增至42.0 mm。

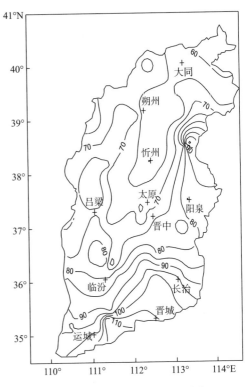

图2.12 山西春季降水量分布图(单位:mm)

表2.2 各市代表站3—5月累年降水量(1981—2010年) (单位:mm)

站名	3月	4月	5月	3—5月合计	占全年R百分比(%)
大同	9.8	19.8	30.9	60.5	16.4%
朔州	10.7	17.9	32.8	61.4	15.4%
忻州	12.2	18.2	35.3	65.7	15.4%
离石	13.3	22.5	37.5	73.3	15.8%
太原	12.7	19.8	38.1	70.6	16.7%
阳泉	13.4	23.1	50.1	86.6	16.8%
榆次	9.9	21.5	36.9	68.3	17.6%
长治	18.1	25	53.7	96.8	17.7%
晋城	22.6	25.3	58.1	106	18.4%
临汾	15.4	23.8	41.7	80.9	17.8%
运城	17	33.5	51.2	101.7	19.6%

春季(3—5月)92 d的时间内,山西各县市≥0.1 mm的有效降水日数仅有14.1~22.9 d,而≥10.0 mm的降水日数仅有1.4~4.1 d。由此可见,山西的春雨多数年份不能满足农作物需水量,故有"十年九春旱"之说(表2.3)。

表2.3 山西北、中、南部3—5月≥0.1 mm、≥10.0 mm平均降水日数(1981—2010年)(单位:d)

站名	3月		4月		5月	
	≥0.1 mm	≥10.0 mm	≥0.1 mm	≥10.0 mm	≥0.1 mm	≥10.0 mm
北部	3.6~7.0	0~0.3	4.1~6.8	0.3~0.6	6.4~9.1	0.8~1.9
中部	3.9~5.7	0.1~0.4	4.4~5.9	0.4~0.9	6.2~8.4	1.0~1.8
南部	4.4~6.2	0.3~0.8	5.0~7.0	0.5~1.3	6.9~8.7	1.1~2.0

2.2.2.1.2 气温

入春后,随着太阳高度角的升高,本省气温逐月上升。春季全省平均气温为 11.2℃,其中,3月、4月、5月分别为 4.0℃,11.8℃,17.7℃。

各市县春季平均气温在 2.4~15.3℃,五台山为全省最低,运城市的盐湖区、永济县的平均气温为全省最高。北中部大部、临汾市东西山区、长治市、晋城市在 5.9~13.0℃,临汾市平川区、运城市在 13.0~15.3℃(图2.13)。

图2.14 为3—5月大同、太原、运城逐旬平均气温演变曲线。由图可见,春季各地气温呈逐渐上升趋势,但南部、北部的升温值不同,北部升温快于南部。3月上旬,大同与运城的温差达8.5℃,而在 5月下旬,两地的差值已经缩小至 4.6℃。

根据 1981—2010 年春季 3—5 月极端最低气温资料分析,全省各县市春季极端最低气温在−29.9~−7.0℃,全省最低值出现在广灵县,最高值出现在运城市的平陆县。北部的大同市、朔州市及忻州市大部,以及阳曲、和顺、岚县、交口县极端最低气温在−29.9~−18℃;山西中部地区大

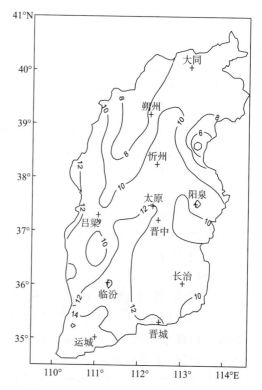

图2.13 山西春季平均气温分布图(单位:℃)

部、忻州市忻定原区和保德县,临汾市东西山区、长治市、晋城市东北部,以及万荣、夏县极端最低气温在−18~−12℃;临汾市平川区、运城市大部、晋城市中西部极端最低气温在−12~−7.0℃。(五台山 1981—1997 年极端最低温度为−34.7℃,1988 年 3 月 6 日;1998—2010 年极端最低温度为−26.5℃,2001 年 3 月 8 日)

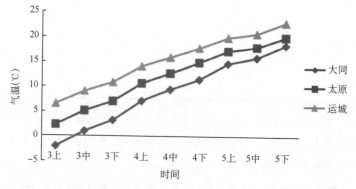

图2.14 大同、太原、运城 3—5 月逐旬平均气温变化(1981—2010 年)

根据 1981—2010 年春季各县市极端最高气温资料分析,发现各县市的极端最高气温介于31.6~40.3℃。其中,运城市的稷山县和盐湖区极端最高气温均≥40℃,稷山县为全省最高(40.3℃,2007 年 5 月 28 日),盐湖区为第二高值(40.0℃,2000 年 5 月 31 日)。北部大部极端

最高气温在 31.6～38.1℃,中南部在 33.1～40.3℃。五台山 1981—1997 年极端最高温度为 19℃,1982 年 5 月 25 日;1998—2010 年极端最高温度为 24.0℃,2000 年 5 月 23 日和 2001 年 5 月 19 日)

2.2.2.1.3　春季天气特征

春季,影响我国大陆的冬季风逐渐减弱,夏季风逐渐向北推进,天气过程明显多于冬季。这一时期的主要气候特点是:回暖迅速,乍暖乍冷,雨水稀少,干燥多风。

山西春季主要灾害性天气主要有:干旱、强降温、霜冻、大风、沙尘(暴)、干热风等。

2.2.2.2　环流特征

2.2.2.2.1　海平面气压

春季,是冬、夏两季的过渡季节,也是冬、夏季环流相互转变、替代的过渡时期。在春季海平面平均气压场分布图(图 2.15)可见,蒙古高压中心位置已向西北退至巴尔克什湖一带,中心强度也已锐减到 1020 hPa 以下,阿留申低压相应地也明显减弱并向东北撤退,与冬季相比,影响范围已明显缩小。在中高纬度的这两个活动中心强度减弱和中心位置北移的同时,低纬度地区的印度低压已经出现并向东北方向伸展;太平洋西部则由副热带高压所控制。山西在春季的 3 个月时段内,逐渐由高压场向弱低压场转变。

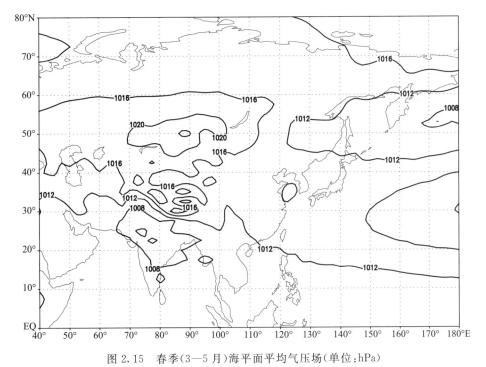

图 2.15　春季(3—5 月)海平面平均气压场(单位:hPa)

2.2.2.2.2　对流层低层流场

在 4 月 1.5 km 高空(850 hPa)上(图 2.16),平均流场与 1 月份相比,中纬度西风带位置明显北移,且势力锐减。而副热带和南海反气旋已并入副高内,使太平洋反气旋环流显著加强,范围扩大,控制了我国东部沿海。与此同时,北支西风气流在黄土高原西侧出现反气旋,当其移至河套附近时,往往与西太平洋反气旋环流后部的西南气流相遇,形成切变线,产生降水。

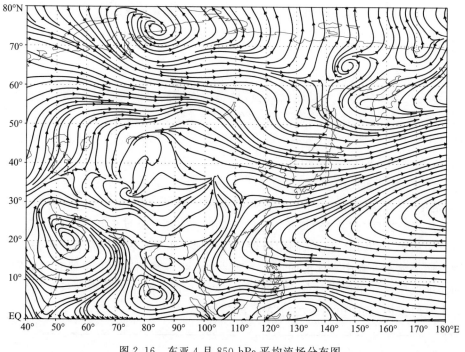

图 2.16　东亚 4 月 850 hPa 平均流场分布图

2.2.2.2.3　500 hPa 平均高度特征

在春季 500 hPa 平均高度场上(图 2.17),与冬季环流形势比较,东亚平均槽脊位置变化不大,但东亚大槽的强度明显减弱,表示西风带的 5600 gpm 特征等高线与冬季 5480 gpm 等高线分布的纬度带相同。山西受槽后弱西北气流控制。

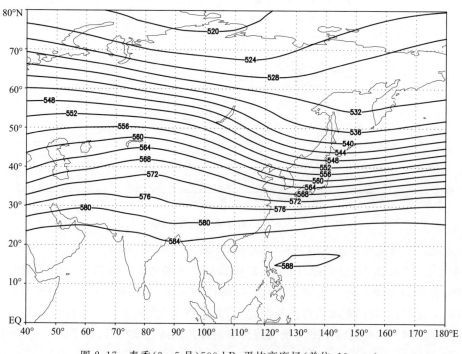

图 2.17　春季(3—5 月)500 hPa 平均高度场(单位:10 gpm)

2.2.3　夏季

2.2.3.1　天气气候概况

2.2.3.1.1　降水

夏季(6—8月),全省平均降水量约269.1 mm,约占全年降水量的57%。其中,6、7、8各月平均降水量分别为60.9 mm、105.4 mm、102.8 mm,分别占全年降水量的13%、22%、22%。

图2.18为山西6—8月降水量分布图。由图可见,降水量自东南向西北逐渐减少。全省各地夏季降水量在213.4～368.4 mm,应县最少,五台山最多。各县市夏季降水量约占全年降水量的46%～65%。全省共有21个县市季降水量≥300 mm,主要位于五台山区、阳泉市、晋中市东山区、长治市西部丘陵和平川东部、晋城市、临汾市东部山区、运城市东部,以及吕梁市的交口县。大同市大部、朔州市、忻州市黄河沿岸以及定襄和繁峙县、太原市、晋中市平川区、临汾市平川区、运城市中西部地区季降水量不足260 mm。

2.2.3.1.2　气温

进入夏季,旬、月平均气温均为一年的最高值。全省季平均温度为22.3℃,五台山为13.8℃(1998—2010年资料统计);其余各县市平均气温在18.4～26.4℃,其中,神池、右玉、交口、五寨、和顺、宁武、平鲁、左云、岢岚、陵川、五台11县市季平均气温在20℃以下,临汾市平川区、运城市大部季平均气温超过24℃,盐湖区气温最高达26.5℃(图2.19)。

从季内各旬平均气温分布图可见,7月上旬至8月上旬为全年气温最高的时期,旬平均气温分别为23.3℃,23.5℃,23.8℃,23.2℃(图2.20)。

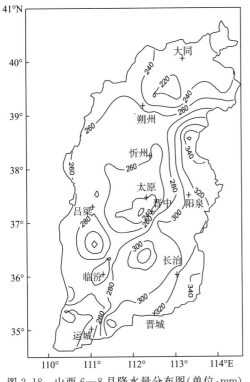

图2.18　山西6—8月降水量分布图(单位:mm)

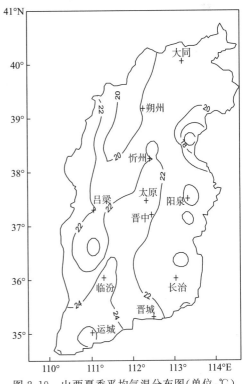

图2.19　山西夏季平均气温分布图(单位:℃)

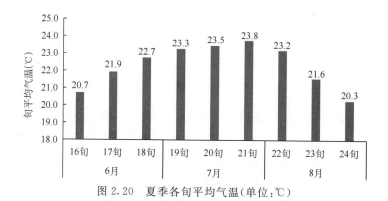

图 2.20　夏季各旬平均气温(单位:℃)

2.2.3.1.3　极端最高气温

图 2.21 为全省各县市 1981—2010 年夏季极端最高气温分布图。五台山极端最高气温 29.6℃(2005 年 6 月 22 日,1998—2010 年资料统计),为全省最低;全省各市县极端最高气温在 34.4～42.3℃,临汾市尧都区、运城市稷山县分别在 2005 年 6 月 23 日、2005 年 6 月 20 日出现全省最高的 42.3℃。全省 109 个县市中,共有 43 个县市极端最高气温达 40℃,主要分布在运城市(除绛县)、临汾市平川区及大宁县、晋中市平川南部、阳泉市全区、忻州市的黄河沿岸和忻定原区及繁峙县与代县,以及其他市的个别地区。

2.2.3.1.4　夏季天气特征

夏季是全年太阳直射点纬度最北的季节,也是夏季风在华北逐步加强并进入全盛的时期。山西夏季雨量主要集中在华北夏季风最为盛行的 7 月、8 月,且具有明显的时空分布不均和年率变化大的特点。

山西夏季的主要气候特点是:高温、高湿、雨日频繁、降水集中。

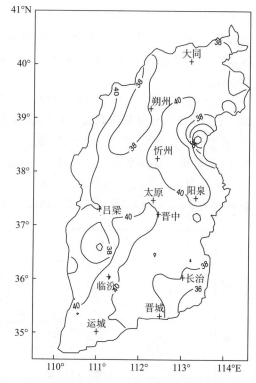

图 2.21　1981—2010 年极端最高气温分布(单位:℃)

山西夏季主要的灾害性天气包括暴雨、冰雹、雷雨大风、高温等。当山西受副热带高压控制时,往往会出现高温酷热天气;若是长时间受副热带高压控制,山西极易发生伏旱,农业上称为“卡脖子旱”,给生产和人民生活带来不利影响。

2.2.3.2　环流特征

2.2.3.2.1　海平面气压

夏季,东亚地区海平面气压场分布形势与冬季完全相反,印度低压和西太平洋副热带高压已经成为影响东亚夏季天气候变化的两个大气活动中心。随着大陆的增暖,印度低压发展,并控制了整个亚洲大陆。西太平洋副热带高压的势力大大增强,向北扩展并向大陆西伸达到全年最盛时期。在这两个气压系统的共同作用下,我国大部分地区盛行偏南风(图 2.22)。山西处于低压前部,地面盛行东南风,遇有北方冷空气入侵,往往会形成降水天气过程。

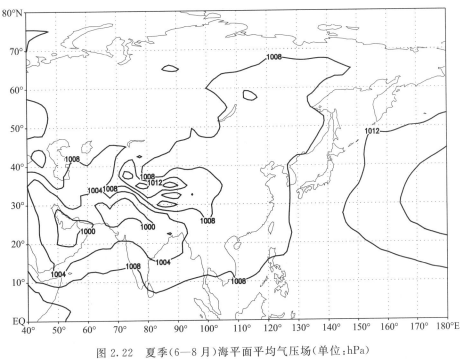

图 2.22 夏季(6—8 月)海平面平均气压场(单位:hPa)

2.2.3.2.2 对流层低层流场

从 7 月份 1.5 km 高度(850 hPa)的平均流场图(图 2.23)可见,夏季东亚低空的流型与冬

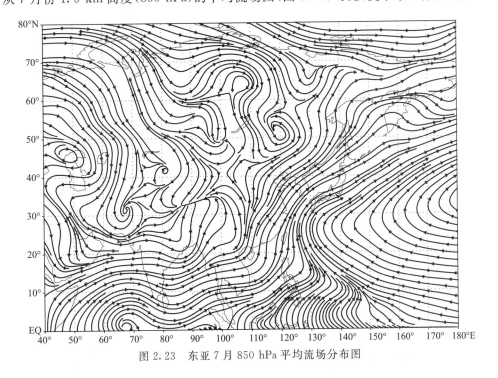

图 2.23 东亚 7 月 850 hPa 平均流场分布图

季也完全不同。在中纬度西风带里,贝加尔湖东南到河套西部一带为低压槽区;印度低压和西太平洋副热带高压进一步发展、加强,西南暖湿气流明显向北扩展,我国东部雨带亦向北推进到华北一带,山西进入汛期。

2.2.3.2.3　500 hPa 平均高度特征

图 2.24 为夏季(6—8 月)500 hPa 平均高度环流分布。由图可见,东亚夏季对流层中层的环流型与冬季的完全不同。在 35°N 以北虽仍然为偏西气流控制,但环流比较平直,强度比冬季显著减弱。西风带槽脊位相与冬季完全相反;冬季东亚大槽所在位置已由平浅的弱高压脊所代替;35°N 以南为副热带高压控制,脊线已经北跃到 25°～30°N,副热带急流轴位于 40°～45°N 一带。

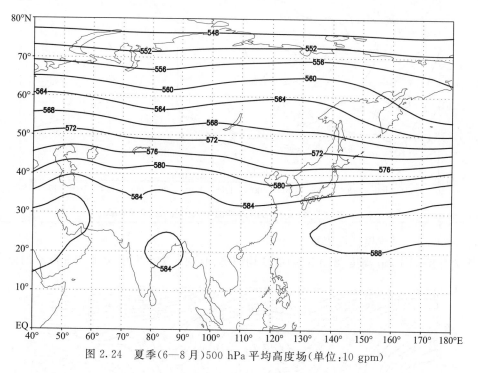

图 2.24　夏季(6—8 月)500 hPa 平均高度场(单位:10 gpm)

2.2.4　秋季

2.2.4.1　秋季天气气候概况

2.2.4.1.1　降水

山西秋季是由湿季进入干季的过渡季节。全省自北向南降水量日趋减少。

秋季,全省平均降水量为 108.0 mm,约占全年降水量的 24%。其中,9 月 64.9 mm,10 月 31.1 mm,11 月 12.0 mm,分别占年降水量的 14%,7%,3%。

全省各县市秋季降水量在 72.1～152.2 mm,河曲最少,运城市盐湖区最多。其中,北部 72.1～99.3 mm(五台山 122.3 mm),中部 88.9～127.0 mm(交口 135.4 mm),南部 103.5～152.2 mm,占年降水量 19%～28%(图 2.25、图 2.26)。

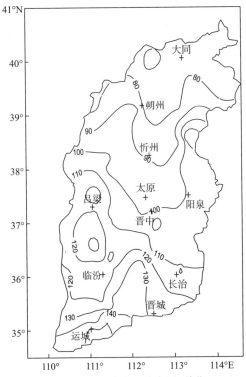

图 2.25　山西秋季降水量分布图(单位:mm)

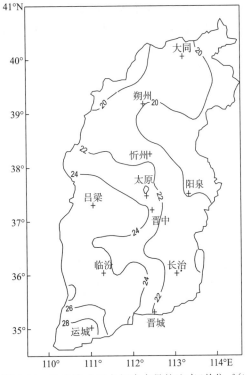

图 2.26　秋季降水量占年降水量的比率(单位:%)

2.2.4.1.2　气温

山西秋季平均气温的分布,明显受地理地形条件的影响。北部低于南部,东、西部山区低于河谷盆地及黄河沿岸地区(图 2.27)。

山西秋季全省平均气温为 9.7℃,全省各县市平均气温介于 2.8～14.1℃。其中,北部大部 4.3～9.7℃(五台山 2.8℃),中部 6.8～11.7℃,南部 8.9～14.1℃。右玉为除五台山外季平均气温最低的地区,运城市盐湖区为全省季平均气温最高的地区,两地平均气温相差 9.8℃。

秋季是一年中气温下降最为迅速的季节。全省各地月平均气温 10 月较 9 月下降幅度在 5.7～7.5℃,而 11 月又较 10 月下降 6.7～9.5℃。至 11 月,北部大部月平均气温已下降至 0℃以下。

秋季各月极端最低气温:9 月,全省各县市极端气温在 -8.0℃(右玉)～6.2℃(河津);10 月,在 -14.0℃(五寨)～-1.6℃(垣曲);11 月,全省仅右玉县的极端最低气温低于零下 30℃ (-32.2℃),其余各县市极端最低气温在 -28.6℃(五寨)～-8.8℃(垣曲)。

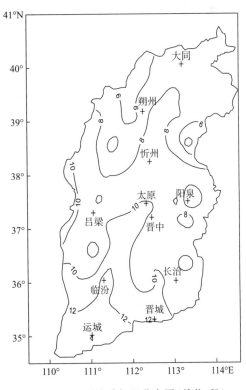

图 2.27　山西秋季气温分布图(单位:℃)

2.2.4.1.3　秋季天气特征

秋季是由夏到冬的过渡季节。进入秋季后,随着北方冷空气活动的加强,干冷空气南下控制山西,全省气温日趋下降,降水逐渐减少。一般情况下,9月下旬至10月上旬山西雨季就会结束,全省出现晴朗少云、凉爽宜人的天气。但有的年份会出现连阴雨天气,给秋收秋种等工作带来极大影响。

山西秋季主要的灾害性天气包括寒潮、霜冻、连阴雨、干旱等。

2.2.4.2　环流特征

2.2.4.2.1　海平面气压

秋季是由夏到冬的过渡季节,随着大陆气温的逐渐下降,地面气压场形势发生着显著的变化。从秋季海平面平均气压(图2.28)可以看到,影响东亚地区的四个大气活动中心出现了与春季完全相反的转变:在夏季很不清晰的蒙古高压和阿留申低压开始活跃,而印度低压和西太平洋副热带高压开始明显衰退,东亚大气环流开始向冬季环流型转变。随着副高的东撤和印度低压的填塞、南退,活跃在我国大陆的地面热低压逐渐消失,我国大陆逐渐转受蒙古高压的影响,山西由夏季的偏南风转变为偏北风。

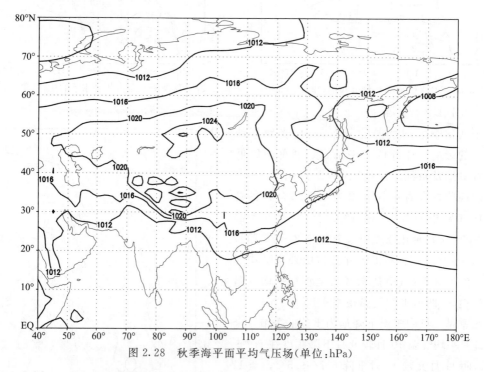

图2.28　秋季海平面平均气压场(单位:hPa)

2.2.4.2.2　对流层低层流场

在对流层低层1.5 km高度850 hPa的平均流场上(图2.29),西太平洋副热带反气旋环流显著减弱,40°N以南的我国大陆东部地区,已为极地变性高压的反气旋环流所控制。反气旋环流的中心位于河南省,山西处于这一中心以北,盛行西北气流。

2.2.4.2.3　500 hPa平均高度特征

秋季500 hPa平均高度场上(图2.30),西太平洋副热带高压势力明显减弱并东退;东亚大陆东部高度显著下降,西风带明显南移,东亚大槽已明显出现,山西转受槽后西北气流控制。

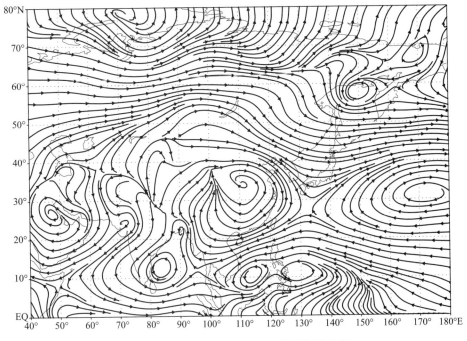

图 2.29　东亚 10 月 850 hPa 平均流场分布图

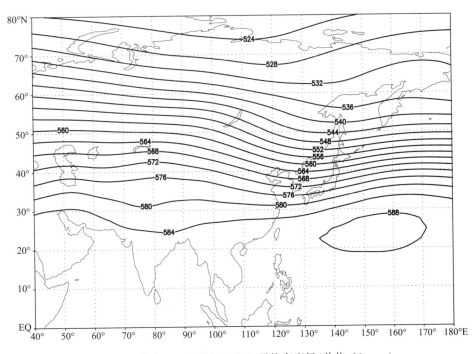

图 2.30　秋季(9—11 月)500 hPa 平均高度场(单位:10 gpm)

2.3 主要气象灾害

2.3.1 气象灾害的种类及特点

山西地处中纬度东亚季风气候区,境内山峦起伏,沟岭纵横。由于季风进退异常和年际变化,加之本省生态环境的脆弱等影响,产生的气象灾害也具有地方性特点。自古以来,山西的气象灾害发生频繁,且种类多、地域广、灾情重,对经济社会发展造成很大危害,给人民的生产、生活带来深重灾难。

山西的气象灾害主要有干旱、冰雹、暴雨(雪)、霜冻、连阴雨、大风与沙尘暴、干热风等[4]。

旱灾是山西各类气象灾害之首,每年都有不同程度的干旱发生,其特点是旱年频繁、连年发生、时间变化大、地域分布不均。山西干旱灾害平均每年会使 20%～25% 的耕地面积遭受不同程度的损害,是其他各种气象灾害总和的 2 倍。

冰雹是山西仅次于干旱灾害的第二大气象灾害,据对新中国成立以来的资料统计,每年全省遭受冰雹袭击地区可达 60 个县市左右,受灾减产的约有 40 个县市,平均每年因雹成灾面积为160～170 万亩 *,为旱灾成灾面积的六分之一。

暴雨是对山西危害较大的一种气象灾害,平均每年造成的受灾面积约占全省总耕地面积的 1.8%。山西任何地点都有可能发生暴雨,且以局地性的暴雨居多。每年的 7—8 月为暴雨的多发季节,约占全年暴雨总次数的 80% 以上。暴雨常常会导致山洪暴发,河水泛滥,冲毁水库、堤防,淹没房屋、田地,淹死人畜等洪水灾害。暴雪容易造成地面湿滑及结冰,影响航空、公路、铁路等的正常运营,对城市交通、物资供应、供暖供气等也会造成较大影响,进而影响人们的正常生活。积雪还容易造成厂房、温室等设施垮塌,造成人员伤亡和财产损失等。

霜冻是在春末和秋初农作物生长期间,由于冷空气入侵影响,使土壤表面或植物表面的温度急剧下降到0℃以下,导致农作物、果树、花卉等受害或死亡的一种低温灾害[5]。霜冻对山西农业生产危害很大。山西由于地理特殊,南北气候差异较大,农作物种植结构不同,作物种类较多,分布范围较广,不同作物的生长期、抗寒性不同,遭受冻害的程度也不同。据统计,山西因霜冻灾害平均每年受灾面积占总耕地面积的 3.7%,主要受灾作物有小麦、玉米、大豆、棉花、白菜、果树等。当强霜冻灾害袭击时,常造成多种作物大面积受冻,造成严重减产。山西霜冻灾害具有连续数年出现的特点,平均 3～4 年中就有 1 年发生重灾。

长时间连绵淫雨,进而造成农田涝渍、人民生命和财产损失的雨涝灾害也是山西常见的一种气象灾害。春季山西大部分地区农作物为一年一熟,故对连阴雨天气十分敏感。连阴雨天气一年四季都可能出现,但对农业生产造成危害的时期主要是在 4 月中旬至初夏以及秋季。

大风是山西经常发生的一种灾害性天气。当某地遭破坏力很大的大风袭击时,可造成当地建筑物倒塌、广告牌脱落、树木和电杆折断、交通供电受阻或中断、火灾发生、人畜伤亡、农田毁坏和农作物倒伏等损失;大风还会影响飞机的起降和飞行、机场建设等。春季大风伤害幼苗,主要危害山西北部;春末夏初的大风会导致小麦脱粒、籽粒干瘪并减产,主要危害山西中南

---

* 1亩≈666.7 m²,下同

部地区;仲夏局地雷雨大风,会刮倒或折断高杆(大秋)作物;秋季大风,会使成熟作物糜、黍等磨谷掉粒。沙尘与沙尘暴天气是我国西北地区和华北北部地区出现的强灾害性天气,不仅会加剧土地沙漠化,对生态环境造成巨大破坏,还会给国民经济建设和人民生命财产安全等造成严重的损失和极大的危害,可造成房屋倒塌、交通供电受阻或中断、火灾、人畜伤亡、破坏农作物生长等。

干热风是影响山西农业的又一气象灾害,出现在春末夏初之际。此时正值小麦扬花、灌浆至乳熟的关键时期,常常会导致小麦籽粒秕瘦,进而影响产量。据统计,干热风轻灾年小麦减产约5%,重灾年减产在10%～20%,个别年份减产高达30%左右。

2.3.2　主要气象灾害

2.3.2.1　干旱

山西地处内陆山区,省内东西两侧的太行山、吕梁山脉,在一定程度上阻挡了经由华北平原到达山西的夏季暖湿气流的深入,加之境内水资源不丰,构成了山西易发生干旱的基调,又因为年内降水的时间分布很不均匀,年际变化又大,加大了干旱的发生几率。

山西一年四季都有可能发生干旱,但以春旱出现的几率最高,其次是春夏连旱、夏秋连旱和夏旱,春夏秋连旱较少,但危害极为严重。严重干旱年一般是春夏连旱、夏秋连旱或春夏秋连旱。

春旱主要发生于3月中旬至5月中旬,几乎每年都有不同区域的春旱发生,北、中部发生较多,平均2～3年一遇;南部平均3～5年一遇。夏旱范围比春旱小,出现次数夏旱少于春旱,各地平均3～6年一遇,中、南部夏旱频率较高,分别为44%,56%。初夏旱主要发生在雨季来临之前的6月上、中旬,伏旱主要发生在中、南部,时间多为8月上、中旬。若初夏旱与伏旱相连可形成持续时间很长的夏旱,它不仅影响农业生产,而且还威胁人民的生活用水。秋旱主要影响晚秋作物的成熟及延误秋播作物的适时播种,秋旱平均3～4年一遇。春夏连旱主要发生在山西北部,平均3～5年一遇,中部次之,南部多为局部发生。夏秋连旱以中部发生较多,南部局部地区亦有发生。春夏秋连旱以北、中部发生相对较多,但频率较小,仅为10～20年一遇。太行山、吕梁山脉之间的盆地和吕梁山以西的黄河沿岸山区是干旱多发之地。

干旱可以影响人类社会经济活动的各个方面特别是农业,如1965年山西全省性夏秋连旱导致当年秋粮比上年减产6.5亿kg;1991年全省111个农业县(市、区)普遍干旱,使全省粮食总产比上一年减少23.4%。干旱除造成农业粮食歉收外,还会使水资源匮乏,导致工业生产和生活用水不足,给工业生产和居民生活带来严重影响。干旱还可导致火灾多发、土地沙化和碱化等。

2.3.2.2　冰雹

山西是我国冰雹灾害较重的省份之一。据统计,山西有灾冰雹占总降雹次数的58%。各地冰雹均有成灾可能,但以大同地区、晋中的东山区及河曲、五寨等县雹灾较重,尤其是灵丘、五寨、盂县、昔阳、和顺等县几乎年年遭受雹灾。同时,降雹常伴有短时局地大雨或暴雨以及瞬间8级或8级以上大风,它们对工农业生产、交通运输、建筑设施以及人民生命财产安全等都具有很大的破坏性。

山西冰雹多出现在3—11月,但3,4,10,11月的降雹发生次数较少且多为弱强度冰雹,一般不会造成雹灾,成灾的冰雹主要发生在夏季的 6—8 月。

山西平均年降雹日数的地域分布具有显著的特点。五台山、恒山、雁北平川及忻州地区的管涔山、芦芽山以西山区等地是山西冰雹多发地带,年雹日 3 日以上;晋中山区、平朔盆地以及晋东南陵川山地降雹次数也较多,年雹日为 2～3 日;忻原定盆地、吕梁山区及晋东南地区的太岳山区、太行山区等地年雹日数为 1～2 日;临汾、运城盆地、晋城、阳城及太原以南的小盆地等地降雹较少,年雹日一般少于 1 日。总的说来,山西冰雹的分布具有北部多于南部、山区多于盆地、东部山区多于西部山区的特点。在同一经度范围内,年雹日数基本随纬度增加而增加,而且随海拔高度的升高而增加。最多年降雹日数的分布和上述年雹日的分布基本一致。最多年雹日,北部地区均大于 5 d,其中五台山高山站曾多达 32 d,五寨、右玉也分别多达 11 d 和 10 d;中部和南部太行山区、吕梁山区、太岳山区最多年雹日数为 5～7 d;盆地、平川地区最多年降雹日数均少于 5 d;临汾、运城盆地一般至多只有 2～3 d。

山西几乎每年都有不同程度的冰雹灾害发生。据统计,1949—2000 年,一年中遭受雹灾在 30 个以上县(市、区),且受灾农田面积达 200 万亩以上的有 22 年,平均 2.4 年即有一年遭严重雹灾,尤以 1950,1964,1982,1984,1992 年灾情最重。如 1950 年 3 月 29 日—6 月 17 日,山西全省先后降雹 110 站次,受灾面积达 64 个县,最严重的一次为 5 月 25 日,降雹小如鸡蛋,大如拳头、碗口,砸坏 24 个县的 130 多万亩麦子,打死 2 人,打伤 200 余人,毁坏房屋甚多。1982 年 5 月 26 日—6 月 25 日,全省 80 多个县降雹,441 万亩农作物受灾。浑源县 8 d 降雹 8 次;怀仁县冰雹打伤 47 人,打死大牲畜 16 头;沁源县 19 个公社遭雹灾,雹大如鸡蛋,地面积雹厚尺余,砸坏房屋 1327 间;沁水县降雹 62 min,大部地区被冰雹覆盖,地面积雹 3～12 cm,犹如严冬,死亡 2 人,死大牲畜 10 头、猪 267 只、羊 3100 余只;安泽县石槽公社雹大如掌,打伤羊工 6 人,伤牛 17 头,打死羊 1460 只,毁麦田 5715 亩。背阴处积冰数尺,3 个月未消;陵川县六泉公社一次降雹 2 h,雹大如枣,个别如鸡蛋,平地积雹厚达 1 尺余,田禾全被打光,树木有的连树皮也被剥下来,杂草丛生的山地被打成裸地,房瓦几乎全被打破,被打死的麻雀、乌鸦等飞禽不计其数。

2.3.2.3 暴雨(雪)

洪水灾害与降雨的雨量、雨频、历时等要素和地形、地貌、生态等条件均有密切关系。由于地形等的影响,由局地强降雨引发山洪,进而造成农田和建筑被冲毁、人畜伤亡和财产损失等灾害在山西几乎年年都有不同程度的发生。

山西暴雨一般出现在 5 月中旬至 10 月上旬,尤以 7—8 月为最多,占全年暴雨总次数的 80% 以上,夏季风最为强盛的 7 月下半月至 8 月上半月暴雨出现最为集中。暴雨季节,自南向北逐渐缩短,中南部较北部长。山西年降水量的丰歉,很大程度取决于夏季是否有几场暴雨,但暴雨过多、雨强过大,又会出现局地性或区域性洪涝灾害。

受水汽输送途径、当地地形条件及高空与地面热交换垂直和水平变化等多种机制影响,山西任何地点都有可能发生暴雨,且以局地性的暴雨居多。由于山西地形的影响,暖湿气流沿山地强烈抬升,暴雨中心多出现在山脉的迎风区,尤其是在气流随山势升高的喇叭口状的河谷地带更易出现大暴雨,如太行山中南部到中条山南麓、太岳山、吕梁山东侧等地均为大暴雨洪灾的多发区。全省暴雨分布总的趋势是东南大、西北小,晋东南东部和南部、运城地区东部和临汾地区的西部山区暴雨出现较多,晋东南南部地区几乎每年都发生大暴雨;晋中东西山及五台山地区暴雨次数较多;北部大部分地区暴雨次数较少。

山西大范围暴雨洪灾发生的几率较小,由突发性暴雨形成的小流域雨洪灾害,特别是山洪灾害发生的几率较大。1949—2000 年共发生较大的暴雨洪水灾害 40 次,平均 1.3 年一遇。从洪水灾害发生的频率来看,山西历史上的较大洪水灾害,随着时间的推移呈递增趋势。中华人民共和国成立以后,随着人口的增加,经济社会的发展,暴雨洪水灾害造成的损失呈上升趋势,经济损失达数百亿元。如 1963 年 8 月 1—9 日,晋中东山地区的昔阳、和顺、左权和阳泉、平定、盂县等县市出现连日大雨、暴雨天气,总降雨量 233～500 mm,昔阳、和顺总雨量分别达501.3 mm,518 mm。8 月 4 日昔阳 24 h 降雨量达 243.6 mm。造成山洪暴发,河水泛滥,冲毁堤坝、房屋、道路,淹没农田,出现罕见特大洪水灾害。据统计,6 县市受灾农田面积 71 万亩,倒塌房窑 23 万间,死亡 212 人。1982 年 7 月 29 日—8 月 4 日,受 9 号台风影响,山西北部部分地区和中南部大部分地区出现长达 7 d 的大范围暴雨和大暴雨,暴雨中心在沁水、阳城、垣曲一带,24 h 最大降雨量达 221 mm,沁水、垣曲、阳城过程降雨量分别为 428,383,361 mm。100 mm 以上的地区有 57 个县市。全省有 72 个县(市、区)遭受洪水灾害,2692.33 万亩农田受灾,成灾面积 1530.8 万亩,因灾损失粮食 7.75 亿 kg,全省经济损失总值 3 亿多元。1993 年8 月 3—5 日,山西中南部地区出现大范围暴雨和大暴雨,沁河、汾河、漳河分别出现大洪水,沁河最大洪峰达 2210 m³/s,超过百年一遇标准。位于沁河沿岸的沁源、安泽 2 个县洪水进城。据统计,全省遭受雨洪灾害的县市区为 68 个,受灾人口 144.23 万人,损失房屋 5.35 万间,倒塌房屋 1.95 万间,死亡 92 人,农作物受灾面积 546.3 万亩,损失粮食 3.72 万 t,减产粮食29.53 万 t,直接经济损失 13.45 亿元。

2009 年 11 月 9—12 日,山西持续强降雪导致严重灾害。全省受灾人口 220 多万人,死亡3 人,倒塌房屋 1 万间,损坏房屋 1.9 万间,农作物受灾面积 11.7 万 hm²,其中成灾面积2.5 万 hm²,绝收面积 1.3 万 hm²,倒塌农业生产大棚 31698 座,大量反季节蔬菜及水果被冻死,死亡家畜家禽 110 万余头(只)。此外,暴雪还对交通、电力造成严重影响。全省 11 个市近90 个县区的城市道路和 70 多条公路均受到严重影响,高速公路一度全部封闭;全省各条公路受困车辆 1.3 万辆,被困人员 3 万多人;造成道路交通事故 530 起,死亡 24 人。部分列车因暴雪晚点,大量旅客滞留火车站。太原武宿机场也于 11 月 10 日 7 时 30 分关闭,关闭时间长达25 h。强降雪造成 23 条 220 千伏及以上线路出现覆冰现象,最大覆冰厚度 70～80 mm,杆塔最大覆冰厚度 100 mm,有 49 座 1426 处变电站覆冰。

2.3.2.4 霜冻

山西平均初霜冻日期的分布与地形有密切关系。北部地区的初霜冻比南部地区出现得早,山区比谷地出现得早。北部地区平均初霜冻日期一般在 9 月中旬至下旬出现,个别地方在10 月上旬出现;中部地区平均初霜冻日期,一般在 9 月下旬或 10 月上旬,谷地一般在 10 月上旬或 10 月中旬出现;南部地区平均初霜冻日期,除晋东南山区为 9 月下旬末,其他地区一般为10 月以后出现,临汾、运城盆地出现较晚,临汾盆地大部分为 10 月中旬出现,运城盆地为 10月下旬至 11 月上旬出现。

山西平均终霜冻日期,由南到北逐渐推迟,且谷地比山区结束早。北部地区平均终霜冻日期,一般出现于 4 月中旬或下旬,个别地方出现于 5 月中旬;中部地区平均终霜冻日期,一般出现于 4 月上、中旬,东部盆地及山区则分别于 4 月下旬和 5 月上旬出现;晋南盆地的平均终霜冻日期,一般出现于 4 月中、上旬;吕梁山脉南段及晋东南地区则出现于 4 月上旬或中旬。

山西秋霜冻主要发生在山区和中、北部地区,灾情往往比较严重,而山西南部的运城、晋城等地遭受秋霜冻的几率较小。秋霜冻往往使大秋作物停止生长,造成产量下降、品质变坏。秋季发生霜冻越早,危害性就越大。

山西春霜冻主要发生在冬麦区。发生在春季作物生长初期的霜冻,会使冬小麦和春播农作物受到很大损害。春霜冻发生愈晚,农作物受害就愈严重。另外,严重的春霜冻还会使果树、花卉等遭受冻害直至死亡。

1990年3月下旬,山西大部分地区气候异常,出现了低温、阴雨寡照天气。全省除北部少数地区外,大部分地区气温偏低,而降水日数及雨量较多,严重危害了小麦返青和菜苗生长。其中灾情较重的有临猗、万荣、闻喜、新绛、夏县、垣曲、黎城、清徐、阳城、晋城市郊区10个县(区),小麦受灾面积230万亩,成灾面积140万亩。同年4月4—5日,运城地区13个县(市)出现霜冻,最低气温达-6℃左右,使全区182万亩小麦受灾,23万亩油菜和14万亩瓜果遭受冻害。

2.3.2.5　连阴雨

山西连阴雨天气对农业生产和人民生活的影响和健康及危害较重,尤其是连阴雨过程较长或连阴雨过程中伴有暴雨的危害更重。作物生育期间如遇持续阴雨天气,土壤和空气长期过湿,日照不足,会使正常的生理过程和产量遭受严重影响,危害程度随连阴雨发生的季节、持续日数、气温高低及作物种类、生育期的不同而异。

每年的4月中下旬,正值小麦开花、授粉时期,如遇连阴雨天气,对小麦授粉极为不利。而在小麦灌浆到成熟阶段出现连阴雨,不但会延迟成熟期,形成秕粒,发生倒伏,而且很容易感染病害。初夏连阴雨多出现在中南部地区,此时正值小麦收获季节,连续较长时间的阴雨寡照天气,会使小麦发芽烂场,有些年份在小麦主产区还造成了相当严重的危害。入秋后的连阴雨,给大秋作物的收打带来困难,甚至造成出芽霉烂;此时对喜光的棉花危害更甚,阴雨寡照会减慢棉花的吐絮速度,甚至发生大量僵桃、烂桃,不仅产量降低,也严重影响其品质。

山西的连阴雨天气过程平均年次数,大致是山区多、谷地少的态势。大同盆地少于太行山、吕梁山地区,晋东南的长治盆地和东南部山区及晋北的五寨、五台山等地多于全省其他地区。

1949—2000年的52年中,共发生连阴雨灾害151次,平均2.9次/年。除1957,1974,1986,1997年没有连阴雨灾害出现外,其余年份均有连阴雨灾害发生,其中,1年内出现≥2次连阴雨灾害的共有41年。

1964年8月28日至9月27日、10月10—25日,运城县分别出现了20 d和12 d连阴雨天气,全县25万多亩已吐絮的棉花不能适时采摘,降低了品级,特别是14.5万多亩一类棉田产生烂桃现象;成熟未收或已收回的秋禾大量发芽、霉烂,造成了严重的损失。另外,入秋后的连阴雨还会给小麦的适时下种造成困难。

2003年8月下旬至10月中旬,中南部大部分地区持续阴雨,出现大范围洪涝灾害。8月23日—10月13日,运城、临汾、长治、晋城4个市的大部分地区及吕梁、晋中的部分县市平均降水量达318 mm,比常年同期偏多219 mm,其中,运城市平均降水量高达389 mm,创历史纪录。山西南部大部分地区连续50 d的强降雨,其范围之广、降水量之大历史罕见,给农业生产和居民生活带来巨大损失。全省受灾人口达915万人,农作物受灾面积55.7万 hm²,其中成灾40.9万 hm²,绝收13.3万 hm²。洪涝灾害还造成冬小麦播种期普遍推迟7～10 d,面积减少6.7万 hm²;有9.8万间大棚温室被冲毁或倒塌,总面积达6000 hm²。洪涝灾害共造成农业直接经济损失达 10 亿元之多。

2.3.2.6　大风与沙尘暴

大风是山西经常发生的一种灾害性天气。

根据成因不同,山西大风主要有天气系统性大风、雷雨大风和龙卷风三种。

天气系统性大风在山西一年四季均可发生,其中以春季最多,冬、夏次之,秋季最少。一般风力都在 6～8 级,有时可达 10 级或以上。其特点是:持续时间长,每次过程一般 1～3 d;影响范围广,一次较强的风灾可波及全省;危害程度较重,是造成山西风灾的主要天气类型。

雷雨大风是发展成熟的积雨云前部强烈下沉气流所引发的地面阵性大风。这种大风主要出现在 5 月中、下旬到 9 月中、下旬,其中以 6—8 月最为常见,全省各地均可发生。主要特点是来势凶猛、风力很强、破坏性极大,但持续时间短,风区范围较小,多为局地阵性大风。由于这种大风常伴随雷雨、冰雹,使正在生长的夏秋作物成片折断或倒伏,甚至毁屋拔树、破坏建筑、危害交通。

龙卷风是一种小范围的强烈旋风。它是当夏季出现强雷暴天气时,从积雨云或发展强盛的浓积云底部盘旋下垂的一个漏斗状云体,有时稍伸即隐,或悬挂在空中;有时触及地面或水面,这时旋风过境,风速极大,常达每秒百米以上,破坏力极强。据统计,中华人民共和国成立以来,山西各地发生龙卷风 30 多次,造成严重灾害。如 1998 年 9 月 8 日 14:33,怀仁县境内出现龙卷风灾害,河头中学校训碑被狂风刮倒,11 名男学生被掩盖在下面,2 名学生当场死亡,4 名学生经抢救无效死亡,同时造成 7 个乡镇、80 个村 6.2 万亩农作物大面积倒伏,粮食减产192.75 万 kg;共造成直接经济损失 350 万元。

山地地形对风起着阻挡作用,各地风向风速差异较大,形成有各地特色的地方性风。一年之中,春季是寒潮及冷空气活动最多的季节,加上地形的狭管效应,使风速加大,全省 8 级以上的大风日数 40%～50%出现在春季。由于春季风大,位于黄土高原的山西,土壤疏松、植被覆盖差,当大风袭来,刮起大量黄土与沙石,易形成风沙天气。3—5 月各地沙尘暴、扬沙等天气占全年的 60%,尤其北、中部地区春季大风和沙尘暴较为常见。沙尘暴危害方式主要有强风、风蚀与磨蚀、沙埋、大气污染、生命财产损失。沙尘暴的形成是由于自然因素和人类活动的共同影响造成的,人类目前还不能控制它,但可以利用气象卫星、雷达和探空等手段,加强对沙尘暴监测及形成机理、预报预警技术的研究,加强科学有效的综合治理来减轻其所造成的危害。

2.3.2.7　干热风

干热风是一种影响范围较大的灾害性天气,其特点是高温低湿并伴有一定的风速。

干热风又称"干旱风"。干热风发生时,温度显著升高,湿度显著下降,并伴有一定风力,使小麦植株体蒸腾加剧,水分失调,叶功能减退,活力受阻,光合作用等生理过程受到抑制或破坏,往往造成小麦灌浆不足,秕粒严重,甚至枯萎死亡。干热风一般分为高温低湿型和雨后青枯型两种,均以高温危害为主。

山西的地形南北较长,跨越 6 个纬度,从南到北小麦灌浆、乳熟期有先有后,各地干热风的发生期也前后不一,其时间分布分别是:运城盆地为 5 月上旬至 6 月上旬;临汾盆地为 5 月中旬至 6 月中旬;太原盆地和上党盆地为 5 月下旬至 6 月中旬;忻定盆地、离石、隰县等地为 6 月上旬至 6 月下旬;大同盆地为 6 月中旬至 7 月中旬。其中,5 月下旬运城盆地、临汾盆地出现的干热风,对小麦的危害最为严重,其余时间、其余地区出现的干热风,危害程度均较轻。

　　山西干热风的地理分布是：中、南部的几个盆地和山区谷地较为严重。这与气流下沉增温、降湿和高温持续时间较长有关。在海拔 1000 m 以上的地区，有时也会出现一些轻干热风，但基本没有或极少出现重干热风天气。临汾盆地中、南部是干热风多发地带，年平均干热风为 9.4 日。其中，重干热风 3.6 日，轻干热风 5.8 日。其余几个盆地和晋东南南部、兴县、阳泉、黎城等地的干热风日数也较多，年平均干热风为 5.8～7.0 日，其中，重干热风 1.4～2.0 日，轻干热风 4.4～5.0 日。此外，山西中南部的一些海拔 800～1300 米的丘陵山区，年平均干热风日数 3.8 日左右。其中，重干热风 0.5 日，轻干热风 3.5 日。

　　全省干热风从重到轻的地理分布依次为：(1)临汾盆地中南部；(2)运城盆地；(3)临汾盆地北部，太原盆地中南部，晋东南南部和阳泉、黎城一带；(4)忻定盆地和兴县沿黄河一带；(5)太原盆地北部；(6)丘陵山区。

　　全省重干热风年占 45%，轻干热风年占 35%，基本无干热风年仅占 20%，并且有每隔 2～3 年又连续出现 2～3 个重干热风年的规律。中华人民共和国成立后，山西干热风危害较重的年份有 1955、1960、1961、1962、1965、1966、1967、1968、1969、1971、1972、1975、1978、1981、1987、1991、1994、1997 年。

资料来源、说明：500 hPa 高度、1.5 km 高度流场、海平面气压场的累年平均资料使用的是 NCEP/NCAR 全球再分析资料(1981—2010 年)，水平分辨率为 2.5°×2.5°。

参考文献

[1] 山西省气象局.山西天气预报手册[M].北京：气象出版社，1989.

[2] 李国华.季节与山西气候[M].太原：山西人民出版社，1990.

[3] 钱林清，郑炎谋，郭慕萍，等.山西气候[M].北京：气象出版社，1991.

[4] 山西省气象局.中国气象灾害大典·山西卷[M].北京：气象出版社，2005.

[5] 陆亚龙，肖功建.气象灾害及其防御[M].北京：气象出版社，2001.

第3章 主要影响系统与山西天气过程

山西地处中纬度黄土高原东部,既受西风带系统影响,又受副热带系统制约,干旱、暴雨、冰雹、霜冻、寒潮大风、沙尘暴、连阴雨等是常见的灾害性天气。影响山西的主要天气系统有:副热带高压、西风槽、南支槽、蒙古冷涡、切变线、低涡、台风低压、锋面、蒙古气旋等。

3.1 副热带高压

副热带高压(简称副高)是低纬度地区最重要的大型天气系统之一。它的活动不但对低纬度环流和天气的变化起着重要作用,而且对中高纬度环流的演变也常产生重大影响。山西地处中纬度地区,副高是影响山西的重要天气系统之一。副高随季节的进退与山西夏秋季暴雨、旱涝有着密切的关系,特别是脊线位置的南北变化及强度的强弱直接影响着山西夏秋季降水多寡,尤其是脊线位置与山西降水的关系更为密切。据统计分析得知,副高对山西暴雨的发生起着主要作用,尤其大暴雨的产生与副高密切相关,约占大暴雨频次的82.3%。

3.1.1 副高对山西天气的影响

(1)副高脊线位置与山西天气。一般在7月下旬脊线越过25°N,雨带北移至黄河、淮河流域;7月底至8月初脊线越过30°N,山西雨季开始;9月上旬一般回跳到25°N附近,雨区南移;10月上旬副高脊线回跳到20°N以南,其脊端显著东撤到120°E附近,山西雨季基本结束。有些年份副高回跳较晚,脊线位置在25°~33°N徘徊,往往造成山西秋季连阴雨。例如,2007年9月27日—10月11日,由于副高脊线稳定于25°N以北、西伸脊点位于110°E附近,北部冷空气南下受副高阻挡,在40°~55°N形成平直西风带锋区,锋区南侧偏西西北气流与副高边缘西南气流交汇(图3.1),使切变系统频频建立,造成山西中南部历史罕见的持续时间最长、影响范围最广、灾害最严重的秋季连阴雨天气过程。

(2)副高后部的影响。副高后部对山西暴雨影响约占9.5%。其基本形势特征是,在东亚中高纬100°~110°E一带为低压槽,副高脊线位于25°~30°N,个别可达35°N附近,华北盛行较强西南风。在地面,河西走廊至内蒙古一带存在倒槽式低压并有冷锋活动,冷高压多为西北路径自蒙古向东南移动。例如,1966年7月17日受副高后部影响山西中部出现暴雨,离石出现大暴雨(图3.2)。

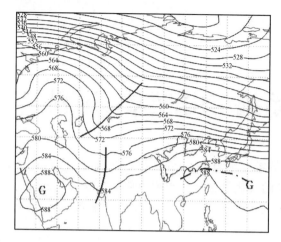

图 3.1　2007 年 9 月 26 日至 10 月 10 日
500 hPa 平均位势高度场

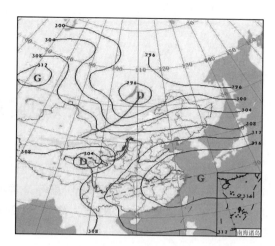

图 3.2　1966 年 7 月 17 日 20 时
700 hPa 位势高度场

（3）副高后部横切变的影响。副高后部横切变对山西暴雨影响约占 10.6%，略多于副高后部的影响。其基本形势特征是，东亚中高纬基本为二槽一脊型，脊线位置平均在 110°E 附近，副高脊线多在 25°～30°N（图 3.3），个别位置较偏南，中纬度西风带小高压在并入副高过程中于华北地区形成近东西向切变线，此切变线多与河西或河套附近的低涡环流相联系。例如，1962 年 9 月 25 日受副高后部横切变影响山西南部出现区域性暴雨，吉县、临汾和安泽出现大暴雨。

3.1.2　副高活动规律的预报经验

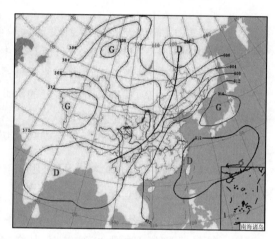

图 3.3　1971 年 7 月 31 日 20 时
700 hPa 位势高度场

（1）副高北上的预报着眼点：①脊线北上一般先从东段开始，150°E 处的脊线要比 120°E 处的脊线提前 7～8 d 北上；②脊线北侧西南风加强，范围扩大；③脊内碧空少云区北移扩大；④300 hPa 或 200 hPa 的正变高比中低层出现早，中心强度大；⑤当高压脊北边锋区出现加压时，高压脊将北上。

（2）副高西进的预报着眼点：①副高西部出现较大的 24 h 正变高；②北方变性冷高压或 700 hPa 暖高压移入与副高合并时，高压脊加强西伸。

（3）副高脊线稳定的预报着眼点：①副高控制区内温度少变；②副高控制区内出现正变温，则在原地加强，出现负变温，则在原地减弱。

（4）副高南退的预报着眼点：①暖中心出现在副高中心南部；②脊线跃至较高纬度，与脊线月平均位置偏离较多；③对流层上层（300 hPa 或 200 hPa）的负变高比中低层出现早，中心强度大。

（5）副高东撤的预报着眼点：①副高西部出现较大的 24 h 负变高；②脊线西北侧低层西南风减弱；③脊内碧空少云区向东南移。

(6)卫星云图的应用。副高内部一般是辐散占优势,为下沉气流区。当副高控制区无云或少云时,表明下沉气流强盛,副高势力较强,易发展增强。当副高控制区出现一些对流云系或形成尺度较小的气旋性涡旋云系时,表明辐散场强度减弱,副高势力将趋于减弱。

3.2　西风槽

西风槽是指 $30°\sim50°N$ 范围内西风气流中出现的移动性低压槽,槽线近于东北—西南走向,一般自西向东移动,其种类很多,波长较长且比较深厚的大槽称为长波槽;波长较短而比较浅薄的低压槽称为短波槽。一年四季西风槽都可出现,是山西产生短周期复杂天气的主要影响系统。

夏季,西风槽是山西产生暴雨的主要影响系统。西风槽在影响山西暴雨的过程中起着在不同纬度间输送冷、暖空气的作用。由于西风槽逼近而加强的西南气流,把较低纬度的水汽与能量输送到暴雨区;随着西风槽东移受槽后西北气流冷平流影响时,又迫使从低纬度输送来的暖湿空气作动力抬升,能量释放造成暴雨。在适宜条件下,西风槽还能促使影响本省的低空或地面低压系统强烈发展而产生暴雨。

西风槽暴雨带一般出现在 500 hPa 等压面上西风槽前到西太平洋副热带高压西北部边缘或其高压脊的西侧。雨带一般呈东北—西南走向,有时为东西走向,可影响全省出现不同程度的暴雨。当西太平洋副热带高压脊线位于 $30°N$ 以北且 5880 gpm 线通过山西境内时,暴雨带一般出现在山西北中部。

单纯由西风槽造成的山西暴雨,降雨量一般为 $50\sim80$ mm,持续一天以内;但当与其他天气系统如低涡或西太平洋副热带高压后部强西南暖湿气流配合影响时,可出现持续时间较长的暴雨或大暴雨。

西风槽也是引起山西春、秋及冬季降水的最明显而又最重要的天气系统之一。西风槽一般与地面的锋面气旋相配合,但也有时在地面图上只能分析出倒槽或冷锋,产生的天气过程比较明显;地面无明显的对应系统一般是很少见的,产生的天气过程也比较弱。

西风槽暴雨形势可分为两种类型:

(1)东亚高纬度多为一脊一槽型,少数为两槽一脊型,副高脊线一般位于 $25°\sim30°N$,北伸高压脊控制渤海至朝鲜一带,新疆至河西走廊为高压脊控制,上述二脊间的低压槽由河套东移影响山西。例如,1971 年 7 月 31 日受此类西风槽影响山西中南部出现区域性暴雨(图 3.3)。

(2)东亚高纬度为较强的一槽一脊型,高脊与位于黄海至日本一带的副高叠加形成较强的高压坝,副高脊线西伸至 $115°E$ 附近,蒙古低压槽东移影响山西。例如,1954 年 8 月 3 日受此类西风槽影响山西中南部出现区域性暴雨过程。

3.3　南支槽

南支槽是指活动在青藏高原西侧和南侧的副热带西风带的一种波动,一般是由西风带南压受高原大地形阻挡分支而生成的,是影响山西降水的一个重要天气系统。南支槽对山西降水的影响主要是源源不断的水汽供应,与山西区域性大降水密切相关。但是,南支槽必须与中纬度天气系统相互作用才能对山西强降水产生影响。

3.3.1　南支槽的生成和东移

南支波动的生成一般有三类,大多数情况下是东移减弱的。

(1)地中海南支槽东移

地中海(25°N、35°E)是北半球低纬度南支槽的高频区域,当南支波动前部无强脊,后部无深槽时,大多会经孟加拉湾上游地区东移。在 500 hPa 等压面 60°E 附近低纬地区由西南风转为西北风时,一般 4 d 左右南支槽东移影响我国中部,平均移速 6~9 个经度/d。

(2)高原西部大槽断裂,生成南支槽

巴尔喀什湖一带大槽东移,遇高原阻挡,气流分为北、南两支分别东移,北支移速稍快,南支移速偏慢,生成南支槽。用 30°N 上 90°~120°E 高度差 h 来表示高原南侧南支槽槽脊活动。当差值 h<0 时,有南支东移,h>0 时,高原有脊东移。

(3)上游效应

中低纬度环流呈纬向型,盛行偏西气流时,当上游非洲西海岸、地中海到阿拉伯半岛一带有槽脊发展,波动振幅加大,下游高原南侧常会生成南支波动,向东传播。当南支波动东移到孟加拉湾地区时,受地形影响常常移速减慢或有停留,强度也有所加强,发展形成孟加拉湾南支槽。

3.3.2　南支槽东移对山西的影响

南支槽对山西天气的影响与其强度和环流形势密切相关。南支槽一般是减弱东移的,对山西天气一般不会产生什么影响。当南支槽与中纬度天气系统(北支槽)相互作用时才能对山西天气产生影响。影响山西的南支槽,一般在 500 hPa 表现为东高西低,中纬度有短波槽东移,同时南支槽也比较活跃,且东移过程中与北支短波槽在 110°E 附近同位相叠加,使槽前西南气流加强;700 hPa 强盛的西南气流自四川到达河套南部地区,使来自孟加拉湾和南海的暖湿气流向北输送,为山西上空提供了充沛的水汽和热力条件;850 hPa 有时有气旋式波动和切变配合;地面气压场上,华北东部为地面高压控制,四川至陕西一带有负变压东移,在河套地区常有倒槽发展。在此形势下,山西常常出现较大降水过程,甚至产生暴雨(雪)天气。尤其冬春季北方气候干燥,每次大的降水过程几乎都与南支槽的活动有关。例如:受南支槽东移影响,2003 年 3 月 13 日山西南部出现区域性大到暴雪天气。13 日 08 时 500 hPa 亚欧大陆中高纬为两槽一脊,乌拉尔山以东有一阻塞高压,贝加尔湖西部为一冷涡,南支槽位于 90°~100°E (图 3.4);700 hPa 南支槽前强盛的西南气流将孟加拉湾、南海的水汽向北输送,为此次暴雪的

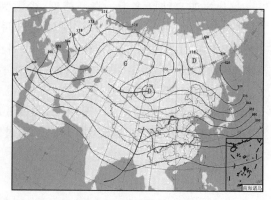

图 3.4　2003 年 3 月 13 日 08 时
500 hPa 位势高度场

产生提供了重要的水汽条件。2004 年 2 月 20 日山西中南部出现了区域性暴雪天气。从 20
日 08 时 500 hPa 图上可以看出,亚欧大陆中高纬为两槽两脊,北支槽东移至内蒙古西部至甘
肃中部,同时南支槽移至甘肃南部至四川一带,山西上空的西南气流明显增强,强盛的西南暖
湿气流源源不断地向山西输送水汽造成此次暴雪过程。2006 年 1 月 18—19 日山西出现持续
暴雪天气,此次暴雪过程就是高空极涡稳定,强度较强,极锋位置偏北,沿极涡外围极锋锋区上
分裂的短波小槽与南支槽同相叠置,使得南支槽发展加深所致。

3.4　蒙古冷涡

蒙古冷涡一般是指生成于蒙古国和我国内
蒙古地区中部并具有一定强度的高空冷性涡
旋,它是由西风槽加深切断而形成的,在
500 hPa 图上比较明显,常常给山西带来阵性降
水天气。在其东移过程中,前方受暖脊阻挡,在
蒙古东部和我国内蒙古东部附近地区维持少
动,即形成蒙古东部和我国内蒙古东部附近地
区的冷性低涡(亦称东蒙冷涡)。每年 5—6 月
出现最多,其中 6 月出现频率最高,一般可维持
2～3 d,有时可达 4～6 d,甚至 10 d 以上,是造
成山西北中部特别是大同及忻州东部持续数天
雷阵雨,甚至冰雹、大风的主要天气系统。例
如,2001 年 6 月 12—22 日,由于蒙古冷涡稳定

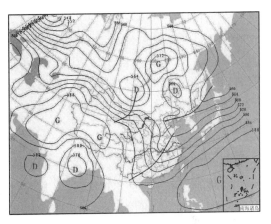

图 3.5　2001 年 6 月 13 日 20 时
500 hPa 位势高度场

少动(图 3.5),不断分裂冷空气南下,使山西出现了持续 11 d 的雷雨大风及冰雹天气。蒙古冷
涡强降水的特点是局地性、突发性较强。在热力因子、动力因子条件具备的情况下,常常产生
大范围的强对流天气。

3.4.1　蒙古冷涡形势特征

蒙古冷涡系统一般比较深厚,在对流层中层也表现为冷低涡形势。当日 08 时的 500 hPa
形势特点可以划分为两类:纬向型和经向型。纬向型的特点是 500 hPa 高度场上低涡系统比
较弱,45°N 附近环流比较平直,副高呈带状,位置比较偏北,脊线在 30°N 以北。经向型较为常
见,其主要特点是低涡系统和东北地区的高压脊都比较强,副高呈块状,脊线在 25°～30°N 与
东北高压一起在东部形成阻挡形势。因此,经向型的系统移动较缓慢,造成的降水持续时间较
长,雨量也较大。

3.4.2　蒙古冷涡预报经验

蒙古冷涡多生成在不断加深东移的低压槽槽线附近负变高最大处,该处 24 h 变高在
−400 gpm 以上;在冷平流最强区域的前部,有时也有冷涡生成。其特点是前 1 日 08 时
500 hPa 图上,125°E 以东及贝加尔湖附近有稳定的高压脊,在两脊之间即 38°～48°N,110°～

125°E 范围内有低涡或低压环流存在,温度场表现为低层 850 hPa 有东北—西南向暖舌,500 hPa 冷空气到达 38°N 以南地区。风场的垂直切变以风速切变为主。当冷涡中心位于 40°～50°N,115°～125°E 范围内时,山西一般受低涡或涡后横槽(位于 40°N 以北)南摆或伴有冷平流的偏北气流南下影响,使高层冷空气叠加在低层暖湿空气上,从而产生强对流天气。当冷涡后部不断有冷空气进入,则冷涡不断加强,强对流天气持续;当前方阻挡暖脊出现负变高或涡后脊强烈发展且低涡有北抬填塞趋势时,或暖空气进入冷涡中时,则冷涡减弱东移,不会再产生强对流天气。

3.4.3 主要预报着眼点

前 1 日 08 时 35°～45°N,110°～120°E 范围内有 4 个站 $T_{850}-T_{500}\geqslant24℃$ 以上,冷涡前后的风速垂直切变(850—500 hPa)$\geqslant12\ m\cdot s^{-1}$,500 hPa 涡后西北风超前,位于 850 hPa 涡前西南风上空且 500 hPa 涡前后的风速 $\geqslant20\ m\cdot s^{-1}$;或有 3 个站 $T_{850}-T_{500}\geqslant30℃$,且冷涡底部西风 $\geqslant16\ m\cdot s^{-1}$,前 1 日 08 时低层 850 hPa 沿 40°～45°N 有纬向锋区配合。当满足 2 个以上条件时,则第 2 天将有强对流天气产生。

3.5 切变线

切变线是风场中的不连续线,在其两侧的风有明显的气旋性切变。这种切变线在任何地区的地面和高空均可出现。一般 850 hPa 或 700 hPa 等压面图上的切变线与山西降水密切相关,它是造成山西区域性降水或暴雨(雪)的一个重要天气系统。

3.5.1 切变线的类型

在 850 hPa 或 700 hPa 等压面上的切变线,其北侧一般为偏北风或偏东风,其南侧为偏南风或偏西风,两者之间构成气旋式切变。这种切变线在气压场上的反映是一条东西向的横槽。切变线的北侧是扩散南下的冷高压主体,南侧是西伸的西太平洋副热带高压脊,切变线位于两高压之间。根据切变线的风场型式,切变线可以分为以下三类:

第一类是冷式切变线(又称竖切变线):它是偏北风与西南风之间的切变线。这种切变线偏北风占主导地位,常自北向南移动,性质类似于冷锋,在山西最为常见。

第二类是暖式切变线(又称横切变线):它是东南风与西南风或偏东风与偏南风之间的切变线。此类切变线为西南风或偏南风占主导地位,往往自南向北移动,性质类似于暖锋,在山西较为常见。

第三类为准静止式切变线(也称横切变线):它是偏东风与偏西风之间的切变线。由于切变线两侧南北两支气流近似平行,势力相当,因而此类切变线很少移动。此类切变线在山西较为少见。

3.5.2 切变线活动及形成背景

切变线在山西一年四季均可出现,以 6—9 月出现较多,7—8 月最多,是山西夏季降水的重要天气系统之一。切变线的形成与西太平洋副热带高压脊的活动和西风带环流的变化都有密切的关系,当副热带高压脊线向北推进到 25°N 以北时,其北侧与西风带小高压构成的切变线往往影响山西地区。影响山西的切变线形势特征主要有以下二种:

(1)横切变线形势特征。一般可分为三种类型:

第一类:副热带高压脊线位于 25°N 附近,东亚高纬度为两槽一脊型,东边槽位于滨海至我国东北地区,此槽线的尾端横过华北区影响山西。

第二类:东亚高纬度为一槽一脊型,低槽位于贝加尔湖以东至我国东北地区上空,副热带高压脊线多在 25°～30°N,河套附近西风带小高压与副热带高压之间形成近东西向切变线影响山西。

第三类:高纬度为低压区,副热带高压脊线一般在 25°～30°N,中纬度为平浅的两槽一脊,东边槽尾段横过华北区影响山西。

(2)竖切变线形势特征。一般也分为三种类型:

第一类:东亚高纬度两槽一脊型,西西伯利亚高压脊较强,有时为一阻塞高压,副热带高压脊线一般在 25°～30°N,个别位置偏北位于朝鲜至日本一带,河西走廊至河套地区的西风带小高压与副热带高压之间形成近南北向切变线影响山西。

第二类:东亚高纬度为一槽一脊型,副热带高压位置一般偏北,在 30°～35°N,有较强的高压脊北伸控制我国东北地区及滨海一带,河套小高压与副热带高压之间形成竖切变线影响山西。

第三类:东亚高纬度为低压区,副热带高压脊线一般在 20°～30°N,个别可达 35°N,与河西小高压或高压脊形成竖切变线影响山西。

3.5.3　切变线与天气过程

切变线的类型不同,其降水也不同。对于冷式切变线,其北侧偏北风占主导地位时,切变线南移较快,水汽含量也不充沛,所以降水量不大;但当北侧为东北风,南侧为较强的西南风时,水汽含量充沛,辐合作用较强,有可能出现暴雨。对于暖式切变线,一般气旋性环流较强,且偏南风占主导地位,水汽含量丰沛,因而云层较厚,降水量较大,降水范围也较大,且维持时间比冷式切变更长。如果暖式切变两侧风速都很小,降水量也不会很大,有时甚至没有降水。对于准静止切变线,由于辐合较弱,因而云层较薄,降水也不大。

切变线降水随季节的变化也有很大的差异。在冬半年,切变线附近多为连续性降水,降水区较宽,但降水量较小,如果切变线南侧暖湿气流强盛时,也可产生大雪或暴雪;在夏半年,切变线附近常出现雷阵雨,降水区较窄,降水强度较大,常常产生暴雨天气。据统计,700 hPa 横切变线是山西暴雨的主要影响系统,约占场次暴雨的 25%,其次是竖切变线约占 19%。比较典型的横切变线暴雨过程,如 1958 年 8 月 11 日山西南部、1962 年 7 月 14 日山西北中部、1972 年 8 月 24 日山西中南部等区域性暴雨过程都是由横切变线造成的,图 3.6 为 1972 年 8 月 24 日 08 时 700 hPa 横切变线形势图。受竖切变线影响产生的典型暴雨过程,如 1958 年 7 月 15—16 日山西中南部、1956 年 7 月 29 日和 1972 年 7 月 6 日山西南部等大暴雨过程都是由竖切变线造成的,图 3.7 为 1972 年 7 月 6 日 20 时 700 hPa 竖切变线形势图。

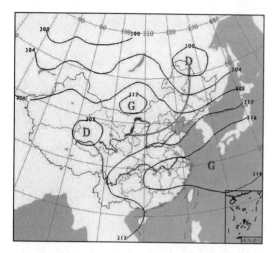

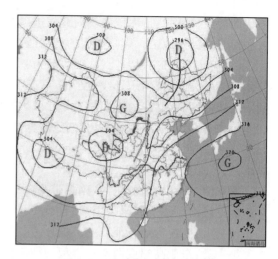

图 3.6　1972 年 8 月 24 日 08 时
700 hPa 位势高度场

图 3.7　1972 年 7 月 6 日 20 时
700 hPa 位势高度场

3.6　低涡

低涡是指低空或中空的闭合低压环流,即出现于大气中低层的强度较弱、水平和垂直范围都较小的低压涡旋,它在 700 hPa 图上比较明显,有时在 500 hPa 图上也有反映,常常只能给出一条,甚至给不出闭合等高线,只有风场上的气旋式环流。低涡范围较小,水平尺度一般只有几百千米,它存在和发展时,在地面图上可诱导出低压或使锋面气旋发展加强,低涡中有较强的辐合上升气流,可产生云雨天气,尤其东部和东南部上升气流最强,云雨天气更为严重。低涡是影响山西降水的重要天气系统之一。根据低涡生成的源地划分,对山西天气影响较大的低涡主要有 2 种形式:西北涡和西南涡。

3.6.1　西北涡

西北涡的源地多在柴达木盆地,其次为青海省东南部、甘肃省南部和四川省北部等地区(34°~38°N,95°~105°E)。西北涡常生成于高空槽前,形成时绝大多数是暖性的,1~2 d 后便自行消失。冷空气从西北方向侵入低涡时才能发展东移,其移动方向与中高层西风槽的活动有关。西北涡以夏半年多见,是造成山西地区 6—9 月降雨的重要天气系统之一,以 7、8 月间最为常见,约占 80% 以上。西北涡一般在 700 hPa 以上有明显表现。其水平和垂直范围与西南涡差不多。当其东移进入山西时,常常造成暴雨甚至大暴雨天气。

从 500 hPa 上按影响系统的经向度划分,又可以划分为经向型和纬向型两种。当 500 hPa 上中纬度环流较平直,影响系统以经向度较小的西来槽形势出现时,巴尔喀什湖的深槽和贝加尔湖西部的高压脊都非常明显,副高呈带状分布。当副高脊线偏北,位于 30°N 以北时,对应山西北部出现暴雨,而当副高脊线偏南,位于 25°N 以南时,对应山西中南部出现暴雨,当 500 hPa 影响系统以经向度较大的西来槽或西来涡出现时,对应的高低纬形势又有不同。从巴尔喀什湖到贝加尔湖是一个较宽的低槽,西北太平洋副高呈块状。当副高北上与日本海的高压打通呈西北—东南向时,对西来系统起阻挡作用,低涡在山西中南部停滞,造成太行山区持续性的暴雨;而当副高位置偏南时,低涡沿其西侧西南气流向东北方向移动,最终造成山西中北部暴雨。受西北涡影响的典型个例:1961年9月27日山西中北部出现19站暴雨;1971年6月28日山西中南部出现11站暴雨;2000年7月4—5日山西东部地区出现9站暴雨等。暴雨区一般出现在700 hPa低涡暖切变附近、最大风速区的左侧(图3.8)。

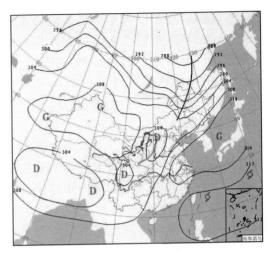

图 3.8　1961 年 9 月 27 日 20 时
700 hPa 位势高度场

3.6.2　西南涡

西南涡是在我国西南地区(27°～33°N,95°～100°E)特殊地形影响下与一定环流形势相联系的中尺度气旋式涡旋系统。它出现在 700 hPa 或 850 hPa 气层中,直径一般在 300～500 km 左右,维持时间 2～3 d。由于高原南缘的地形曲率及边界层内的摩擦作用,在高原东南部有利于气旋性涡旋形成。同时在青藏高原的热力影响以及高原东侧西风气流的背风坡作用下使得气旋性涡旋加强。西南涡的形成与发展还与一定的环流形势有关。其源地集中在青藏高原东南部、高原中部及四川盆地三个地区,以高原东南部出现最多。西南涡在全年各月都能出现,以 5—6 月最多,4 月和 9 月次之,但各年的差别很大。西南涡的形成,除地形因素外,与高空高原低槽的活动有极其密切的联系。有关研究表明,夏半年有明显高原低槽东移时,700 hPa在高原东侧产生西南涡的概率可达 70%～75%。西南涡的结构和性质与温带气旋有明显不同,西南涡的低空辐合及上升运动常位于低涡的东南部。云系结构东西方向不对称。西南涡在源地时,可产生阴雨天气,但范围不大。西南涡形成后只有一半左右能够移出源地和发展,其移动路径与副高及高空引导气流有关,一般沿切变线或辐合带方向移动,路径以自西向东或自西南向东北最多。4—6 月,副高位置偏南,低涡在槽前或槽底偏西气流下东移;7—8 月副高北进西伸,低涡在副高西北部西南气流引导下向东北移动;9 月副高特强,控制江淮地区,低涡很少移出。当低涡处在槽后或东亚沿岸有大槽存在时,我国大陆为西北气流控制,低涡则向东南方向移动。影响山西的西南涡,绝大多数属于在移动过程中发展、加深的低涡,因而它与高空槽、冷空气活动、低层流场及湿度场等有着更为密切的关系。当亚欧上空经向环流较强时,若有西风大槽自中亚地区有规律地东移加深,遇青藏高原时分裂为南槽和北槽,南槽槽前的正涡度平流区到达高原东侧时,由于高空槽前辐散减压,在其低层便有西南涡产生。若此时北槽也很明显,槽后有明显冷平流,形成北槽南涡的形势,则西南涡将发展并向东北移,当槽前西南气流与副高西侧的西南气流合并形成一支较强的西南急流时,将大量的暖湿空气向北输送,西南涡就会对山西天气产生重大影响,往往出现暴雨甚至大暴雨天气。

西南涡是造成山西夏半年暴雨的主要原因之一。影响山西的西南涡大都发生在高空有明显高原低槽东移的环流形势下,700 hPa为较典型的北槽南涡型。在山西天气预报中,就其所引起的暴雨天气的强度、频数和范围而言,可以说仅次于登陆台风低压。山西许多重大暴雨天气过程一般与西南涡的产生和发展有着直接的关系,例如,1963 年 8 月4—8日山西东部尤其太行山一带持续性暴雨及局地特大暴雨,1959 年 7 月 21—22 日山西北部部分地区暴雨及局地大暴雨等都是由西南涡进入山西所致(图 3.9)。

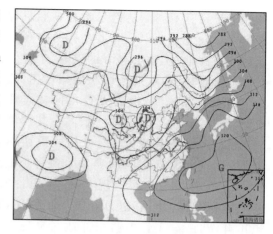

图 3.9　1959 年 7 月 21 日 08 时
700 hPa 位势高度场

3.7　台风低压

台风低压是指沿海台风登陆后迅速减弱残留下的热带低压系统。影响山西的台风低压一般是台风在我国福建、浙江一带登陆,受高空强盛东南气流引导深入内陆,当影响山西时,基本上减弱为低气压或台风倒槽,它和中纬度西风带系统相互作用,形成山西上空明显的风速辐合,往往在山西中南部地区产生大暴雨或特大暴雨。例如,1958 年 7 月 14—17 日山西中南部持续性暴雨及局地特大暴雨,1975 年 8 月 6 日的晋东南局地大暴雨,1996 年 8 月 4 日山西中南部大暴雨过程等都与登陆北上台风低压深入内陆受阻或与西风带系统相互作用有关(图 3.10)。

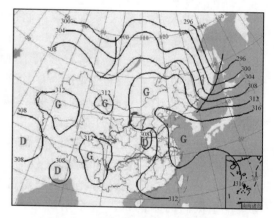

图 3.10　1996 年 8 月 4 日 08 时
700 hPa 位势高度场

影响山西的台风低压或台风倒槽天气形势特征是,500 hPa 环流决定着台风低压的移动路径,盛夏,副高达一年中最强且位置最北,副高南侧的东南气流引导台风低压深入大陆内部。因而 500 hPa 副高的位置是决定台风低压路径的主要因素。有利于台风低压深入内陆影响山西的 500 hPa 环流形势有两种情况:一是副高脊线在 $37°\sim42°N$,甚至在 $42°N$ 以北地区,在华北地区气压场一般为北高南低形势,台风在浙江、福建一带沿海登陆后沿副高南侧的东南气流向西北方向移动,经福建、浙江西部、江西进入湖北东部、安徽南部到河南而影响山西;另一种形势是副高位置稍偏南,脊线在 $30°\sim35°N$,台风在浙江南部到福建沿海登陆(个别在广东东部),先沿副高南侧东南气流西北行,经赣南进入湖南,然后沿副高西侧偏南气流折向北行,进入湖北到河南影响山西。在 700 hPa 或 850 hPa 图上,$35°N$ 以北为副热带高压或高脊所控制,我国东部其他大部地区为台风低压环流所覆盖,山西南部受台风低压北侧偏东气流影响,有时有东南急流影响黄淮地区(上述 500 hPa 两种情况下急流位置略有差异)。地面气压场形势与低空大致相同,但一般在过程前山西南部为台风低压外围的东北或偏北气流控制。

3.7.1　大型环流特征

台风在东南沿海登陆时,经向环流强盛发展。西太平洋副热带高压中心强度达5900 gpm,稳定在日本海或日本西部,呈块状,副高西脊(指5880 gpm线)位于35°N以北的115°～120°E,西风带有脊叠加副高增强且西进,轴向转为西北至东南向。东亚中高纬度为两槽一脊,长波脊位于120°E附近,两侧为低压槽,西部低槽庞大,贝湖以北有阻高存在。500 hPa伊朗高压东移至高原中部,与东部副高之间的断裂大槽位于95°～110°E南伸到低纬度,常伴有低涡系统,西风带有短波槽叠加,槽后冷平流明显,冷温槽一般低于−8℃。台风登陆在第一关键区(122°～115°E,22°～28°N)时,由台风中心至河套为一鞍型气压区,建立起台风取向290°～330°的通道,在强大东南气流引导下,移向中原内陆,形成台风全过程影响,当亚洲西部大槽东移,前部暖平流促使青藏高压东北移,与东部副高联通,或叠加使东部副高西进华北,台风登陆36～48 h内,中心移入第二关键区(30°N以北、114°E以西),西风带短波槽叠加,导致台风倒槽或台风低压暴雨发生,而后台风消失在豫西。

3.7.2　台风位置与暴雨关系

当台风进入第一关键区(115°～122°E,22°～28°N)时,中心强度一般低于9870 gpm,风力≥30 m·s⁻¹。前48～24 h中心位于台湾省以东的洋面上,如果台风北侧的远方东南低空急流与西风槽前相叠加于黄河中游114°E以西,则台风登陆后24～12 h内,将有西风槽与台风低空急流相互作用产生大或特大暴雨,暴雨落区在台风中心西北方10～12个纬距的山西南部的西部或中条山区域。

台风登陆36～48 h后,台风低压中心移过30°N以北、114°E以西进入第二关键区(直接影响),未来24 h内在台风低压北侧或倒槽内,将有大或特大暴雨发生,落区在山西中南部的东部地区,与台风低压中心相距2～4个纬距。当台风低压移过33°N,133°E时,则未来12～24 h,在东北侧低空急流头部的左侧将有台风低压暴雨发生,暴雨落区与台风低压中心相距1～3个纬距。

3.7.3　影响山西的台风低压预报着眼点

(1)08时500 hPa上空,副高脊线在30°N以北,副高主体不在大陆上,东海到朝鲜半岛副高为轴向近南北向或西北—东南向;

(2)台风在我国福建、浙江一带登陆后,继续深入内陆,08时高空各层(500,700,850 hPa),在25°～33°N,110°～124°E范围内有台风或台风低压活动;

(3)08时500 hPa图上,在35°～50°N,100°～115°E内有低槽东移,槽后有明显冷空气配合。

当符合以上3个条件时,判定为台风低压型暴雨形势。如果台风低压深入到豫中北一带,且有明显气旋式环流存在,其东北侧东南风<12 m·s⁻¹时,则山西南部一般有较大降水;如果台风低压东北侧东南风≥12 m·s⁻¹,山西南部处于急流轴的下风方,且存在明显的风速辐合,则一般可产生暴雨甚至大暴雨天气。

3.8　锋面

　　锋面是指冷、暖两种不同性质气团之间狭窄的过渡带,这个过渡带自地面向高空冷气团一侧倾斜。此过渡带在近地面的宽度只有几十公里,到高层可达到 $200\sim400$ km,锋的长度一般可有几百公里到几千公里,垂直方向可伸展十多公里,在这一过渡带里温度变化特别大。这种倾斜过渡带有时称为锋区,锋面与地面相交的线叫锋线,习惯上又把锋面和锋线统称为锋。山西是我国冷空气南下的必经之路,锋面是山西最常见的天气系统之一,一年四季都有锋面的活动。锋面活动主要是冷锋,暖锋、锢囚锋和静止锋影响较少。山西暴雨的产生大约一半与冷锋活动有关。锋面的活动常经历着生成、加强、消亡的过程,一般维持 $3\sim5$ d。

3.8.1　锋面路径及形势特点

　　根据冷空气的来向,可将影响山西的锋面路径分为三路:
　　一是西路:冷空气经新疆沿河西走廊,经河套地区东移影响山西。
　　二是西北路,冷空气从西伯利亚经蒙古及内蒙古中部等地侵入山西。
　　三是北或东北路,冷空气从贝加尔湖及其北部地区向南经东北平原侵入华北影响山西。
　　在各路锋面路径中,西北路出现最多,约占锋面总数的一半,西路出现相对较少,北路出现次数最少,仅占出现锋面总数的十分之一左右。
　　各路锋面的基本天气形势特点:
　　西路锋面的形势特点:东亚地区 500 hPa 为平直西风环流,锋区在 $40°\sim50°$N,西来槽沿锋区东移,引导冷空气从新疆沿河西走廊经河套地区进入山西西部,锋面系统近似南北走向。地面形势有二种:一是倒槽型。锋面在倒槽中,当锋面向东移出河套地区时影响山西;二是"V"形槽型。锋面在"V"形槽中,有时"V"形槽在河套或内蒙古西部地区,有闭合低压或蒙古低压生成锋面随"V"形槽东移或随蒙古低压向东南移动,从而影响山西地区。

　　西北路锋面的形势特点:东亚地区 500 hPa 呈明显的径向环流,锋区在 $45°$N 附近,上游有低槽东南移加深,冷空气自西伯利亚经贝加尔湖以南及内蒙古中部等地进入山西地区。

　　北路锋面的形势特点:高空环流比较平直,锋区在 $45°$N 附近,呈东—西走向,冷空气主体一般先向贝加尔湖以东移动,在东西伯利亚地区稍作停留,当地面高压的辐散气流明显时,便推动其前部的冷锋沿小兴安岭向南及西南移动,从而影响山西东部地区。

3.8.2　锋面移动的预报

　　(1)根据地面风场、气压场预报锋面的移动
　　①锋后垂直于锋线的地转风风速越大,锋面移动越快;反之,则越慢。
　　②锋所在的气旋或低压槽越浅薄,锋面移动越快;反之,则越慢。
　　③当冷锋前的气压系统变化不大时,则锋后的冷高压越强,冷锋移动越快;反之越慢。
　　④当冷锋前为均压区或低压带时,冷锋移动较快;当冷锋移近强大且稳定的暖性高压时,

锋面移速常减慢,有时甚至呈准静止状态。

⑤位于椭圆形冷高压长轴向前伸展方向上的那段冷锋,移动较快。

(2)根据高空风场预报锋面的移动(即引导气流法)

①锋面的移速与高空风速的大小成正比:

$$C = KV$$

式中,K 为引导系数,V 为引导层上的风速。如果以 700 hPa 地转风为引导气流,则暖锋的平均引导系数 $K=0.7$,第一型冷锋(缓行)$K=1$,第二型冷锋(快行或急行)$K=0.8$。

②引导气流与地面锋线的交角越大,锋面移动越快;反之则移动慢。

③锋面处于高空槽后,锋面将迅速南下。处于槽前,若锋面为南北向时,移动较快;东北—西南向时,移动较慢。

④引导气流变化时,锋面的移速也随之变化。高空槽加深,南北向的锋面减速;高空槽加深或转竖,东西向的锋面移速加快。

(3)利用变压法预报锋面的移动

①无论对于冷锋或暖锋,锋后 3 h 变压值大于锋前变压值,且两者差值越大,锋面移动越快,反之则移动慢。

②锋面沿变压梯度方向移动,移速与锋面附近的变压梯度成正比,与锋面附近的气压槽深度成反比。

影响山西的锋面一般比较规律。在没有锋生锋消的条件下,每小时移动约 30～40 km。副冷锋一般移动较快,最快的每小时可移动 100 km 左右。

3.8.3　锋生预报指标

(1)低压、低压槽或气旋式环流加强的地方易于锋生;

(2)存在切变线和气流辐合线的地方易于锋生;

(3)地面及高空流场辐合的地区易于锋生;

(4)有明显的温度平流出现或加强时易于锋生,暖平流易于暖锋锋生,冷平流易于冷锋锋生;

(5)有明显的正负变压时易于锋生,正变压前部易于冷锋锋生,负变压前部易于暖锋锋生;

(6)西北方移来的锋面在高空气流很强且小槽东南移动很快时,易在锋前有新的锋生;

(7)在冬、夏两季,蒙古东南部和中蒙边界处常常出现新的锋生;

(8)锋生前天气明显转坏。

3.8.4　锋消预报指标

(1)气旋式环流减弱或反气旋式环流加强时;

(2)有下沉运动并伴随地面风场辐散出现时;

(3)维持锋面的冷暖平流减弱或中断时;

(4)冷空气南下过程中,由于下垫面热力作用而引起冷气团变性;

(5)与锋面相联系的天气区域减弱,范围缩小。

另外,由于地形作用,来自西路的锋面在山西东部至河北上空常常锋消或减弱;北来锋面在移至山西东部时,锋前常转为偏东风,使锋面附近的切变不明显,最后锋消。

由于锋面是冷暖气团交界地区,冷暖空气活动十分活跃,可以形成一系列的云、降水、大风等天气。锋面系统一年四季均可以给山西带来重大影响,常常造成重大气象灾害。冬季大范围暴雪、春季大风及沙尘暴、夏秋季突发性大暴雨及强对流等重大灾害性天气一般都与锋面系统过境有关。尤其冷锋是山西灾害性天气的主要影响系统,暴雨的产生大约一半左右是由冷锋所致。例如,1966 年 7 月 26 日受锋面系统影响山西中南部出现区域性暴雨,吉县出现了大暴雨;2010 年 4 月 25—26 日受锋面系统影响(图 3.11),山西自北向南大部分地区出现了大风降温天气,锋面过境时还伴有雨、雪、沙尘和雷暴天气。

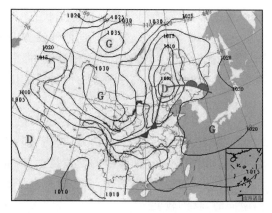

图 3.11　2010 年 4 月 25 日 14 时海平面气压场

3.9　蒙古气旋

蒙古气旋是指发生或发展在蒙古境内的锋面低压系统。一年四季均可出现,以春秋季最为常见,尤以春季最多。蒙古气旋的加强或减弱是影响山西沙尘天气的重要因素之一。在蒙古气旋出现频次多或加强的年份,山西沙尘天气常为多发年;在蒙古气旋出现频次少或减弱的年份,山西沙尘天气一般为少发年。例如,2003 年春季山西没有出现一次大范围沙尘天气,这在山西沙尘天气历史上也是罕见的。主要原因是亚洲中纬度上空盛行纬向环流,冷空气活动较少,冷槽强度较弱,不易诱生蒙古气旋发生发展。蒙古气旋一般对山西北中部影响较为严重,强盛的蒙古气旋也可影响山西南部,它所带来的天气以大风和沙尘为主,有时出现沙尘暴或强沙尘暴天气。例如,2002 年 3 月 20 日受强盛的蒙古气旋影响(图 3.12),山西出现大范围沙尘天气,北中部局部地区出现沙尘暴,南部部分地区伴有微量雨雪。

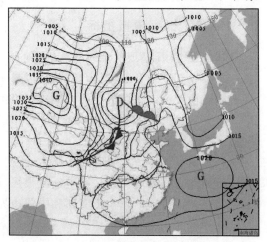

图 3.12　2002 年 3 月 19 日 14 时海平面气压场

3.9.1　蒙古气旋发生发展的高空形势

(1)两槽一脊型。西部大槽位于新西伯利亚以西,低压中心在贝加尔湖西北方;东部槽在长白山、黄海一带,低压中心不太固定,常在鄂霍次克海西北地区,高压脊线平均位置在贝加尔湖西侧,呈北东北—南西南走向。气旋生成的范围一般在脊线附近或略靠前 5 个纬距之内、等高线辐散口的前部下方,即 $45°\sim52°N$、$95°\sim110°E$。

（2）槽前型。有两种形式：辐散类——在新西伯利亚叶尼塞河流域有低压槽伸向西南方，位于乌拉尔山以东、青藏高原以西，槽前等高线辐散。无辐散类——形势同前者，只是槽前等高线无辐散，较为平直。气旋生成范围，一般在低压槽前蒙古和准格尔盆地 $95°\sim110°E$、$42°\sim52°N$ 地区。

（3）北脊南槽型。西部低压槽位于乌拉尔山以东、新西伯利亚附近。东部槽在蒙古东部到渤海一带。在萨彦岭、杭爱山地区存在一个高压脊，此脊的东南方阿尔泰山以南有个小槽与之对应。气旋生成范围一般在脊槽连线的前方。

3.9.2　蒙古气旋发生发展的预报经验

（1）如果蒙古气旋上空处于高空锋区，当 700 hPa 上辐散的西风槽移入蒙古时，槽前有气旋生成。

（2）冷空气不从蒙古的西北方向下来，而自西南向东北移动，则蒙古气旋很难发展。

（3）蒙古气旋生成后，其上空 850 hPa 为反位相槽配置，则蒙古气旋会迅速强烈地发展。

（4）若欧洲中部有大槽存在，蒙古地区另有气旋生成和发展。

（5）东亚大槽稳定，不利于蒙古气旋的发生和发展。

3.9.3　蒙古气旋的移动路径预报着眼点

（1）向东北移动。一般在气旋上空存在较强的暖平流，冷空气主体移入气旋的西部，锋区的位置维持西南—东北向，气旋后部冷高压较弱，前部变性高压较强。

（2）向东移动。一般在气旋上空冷、暖平流势力相当，冷空气的主体在气旋的西北方向，锋区位置为东西向，气旋前部及后部的高压都比较强。

（3）向东南移动。一般在气旋上空的冷平流较强，气旋后部冷高压较强，前部变性高压较弱。

（4）向南移动。高空锋区由西南—东北向，顺转为自西向东。

第4章 干旱分析预测

4.1 干旱的标准及等级

所谓干旱是指久晴不雨或少雨,降水量较常年同期明显偏少而形成的一种气象灾害。它可以引发水分严重不平衡,造成土壤中水分大量耗散、植物体内水分严重亏缺,导致植株生长发育不良,出现叶片萎蔫、卷缩、凋萎或枯死,继而造成种植业减产、甚至绝收。干旱严重时,还可造成水库干涸、河水断流、地下水位下降、人畜饮水困难,进而影响人类社会经济活动的各个方面。长期的干旱还可引发地下水的过量开采,从而诱发和加剧土地荒漠化、沙漠化,使生态环境日益恶化。

2006年11月1日开始实施的《气象干旱等级》国家标准(GB/T 20481—2006),将干旱划分为正常或湿涝、轻旱、中旱、重旱、特旱五个等级。

4.2 干旱监测指标

干旱是多学科的问题,由于研究目的和对象的不同,各有不同的定义和标准。《气象干旱等级》国家标准中规定了五种监测干旱的单项指标和气象干旱综合指数 CI。五种单项指标为:降水量和降水量距平百分率、标准化降水指数、相对湿润度指数、土壤湿度干旱指数和帕默尔干旱指数。气象干旱综合指数 CI 是以标准化降水指数、相对湿润指数和降水量为基础建立的一种综合指数。

4.2.1 降水量距平百分率(Pa)

这是气象部门最常用的衡量干旱是否发生及干旱程度的指标,它表示某地某时段内降水量与常年的偏离程度。降水量距平百分率等级适合于半湿润、半干旱地区平均气温高于10℃的时段。

4.2.1.1 降水量距平百分率气象干旱等级(表4.1)

表4.1 降水量距平百分率气象干旱等级划分表

等级	类型	降水量距平百分率(%)		
		月尺度	季尺度	年尺度
1	无旱	$-40<Pa$	$-25<Pa$	$-15<Pa$
2	轻旱	$-60<Pa\leqslant-40$	$-50<Pa\leqslant-25$	$-30<Pa\leqslant-15$
3	中旱	$-80<Pa\leqslant-60$	$-70<Pa\leqslant-50$	$-40<Pa\leqslant-30$
4	重旱	$-95<Pa\leqslant-80$	$-80<Pa\leqslant-70$	$-45<Pa\leqslant-40$
5	特旱	$Pa\leqslant-95$	$Pa\leqslant-80$	$Pa\leqslant-45$

4.2.1.2　降水量距平百分率(P_a)计算方法

某时段降水量距平百分率(P_a)按式(4.1)计算：

$$P_a = \frac{P - \overline{P}}{\overline{P}} \times 100\% \qquad 4.1$$

式中：

　　P 为某时段降水量,单位为毫米(mm)；

　　$\overline{P}$为计算时段同期气候平均降水量,单位为毫米(mm)。

$$\overline{P} = \frac{1}{n} \sum_{i=1}^{n} P_i \qquad 4.2$$

式中,n 为 1～30 年,$i = 1, 2, \cdots, n$。

4.2.2　标准化降水指数(SPI)

对于一个地区,降水的出现虽然是随机分布的,但在年(月)的气候统计上,降水量的多年平均值却总是相对稳定在一定范围内,超越这个范围将会呈现出旱涝异常。因此,时段降水量的多少,在很大程度上可以表征该地区的旱涝趋势。

4.2.2.1　标准化降水指数的干旱等级划分(表 4.2)

表 4.2　标准化降水指数干旱等级划分表

等级	类型	SPI 值
1	无旱	$-0.5 < SPI$
2	轻旱	$-1.0 < SPI \leqslant -0.5$
3	中旱	$-1.5 < SPI \leqslant -1.0$
4	重旱	$-2.0 < SPI \leqslant -1.5$
5	特旱	$SPI \leqslant -2.0$

4.2.2.2　标准化降水指数的计算方法

标准化降水指数是表征某时段降水量出现概率多少的指标之一,该指标适合于月以上尺度相对当地气候状况的干旱监测与评估。

标准化降水指数(简称 SPI)计算原理:降水量分布一般呈偏态分布,在计算出某时段内降水量的 Γ 分布概率后,再进行正态标准化处理,最终用标准化降水累计频率分布来划分干旱等级。

标准化降水指数计算步骤：

(1)假设某时段降水量为随机变量 x,则其 Γ 分布的概率密度函数为：

$$f(x) = \frac{1}{\beta^{\gamma} \Gamma(x)} x^{\gamma-1} e^{-x/\beta} \quad x > 0 \qquad 4.3$$

式中：

　　$\beta > 0, \gamma > 0$ 分别为尺度和形状参数,β 和 γ 可用极大似然估计方法求得：

$$\hat{\gamma} = \frac{1 + \sqrt{1 + 4A/3}}{4A} \qquad 4.4$$

$$\hat{\beta} = \frac{\overline{x}}{\hat{\gamma}} \qquad 4.5$$

式中，

$$A = \lg\bar{x} - \frac{1}{n}\sum_{i=1}^{n}\lg x_i \qquad 4.6$$

公式(4.6)中，x_i 为降水量资料样本；$\bar{x}$ 为降水量气候平均值。

确定概率密度函数中的参数后，对于某一年的降水量 x_0，可求出随机变量 x 小于 x_0 事件的概率为：

$$F(x < x_0) = \int_0^{\infty} f(x)\mathrm{d}x \qquad 4.7$$

利用数值积分可以计算用式(4.3)代入(4.7)式后的事件概率近似估计值。

(2)降水量为 0 时的事件概率由下式估计：

$$F(x = 0) = m/n \qquad 4.8$$

式中：

m 为降水量为 0 的样本数；

n 为总样本数。

(3)对 Γ 分布概率进行正态标准化处理，即将式(4.7)、式(4.8)式求得的概率值代入标准化正态分布函数，即：

$$F(x < x_0) = \frac{1}{\sqrt{2\pi}}\int_0^{\infty} \mathrm{e}^{-z^2/2}\mathrm{d}x \qquad 4.9$$

对式(4.9)式进行近似求解可得：

$$Z = S\frac{t - (c_2 t + c_1)t + c_0}{((d_3 t + d_2)t + d_1)t + 1.0} \qquad 4.10$$

其中 $t = \sqrt{\ln\frac{1}{F^2}}$，$F$ 为式(4.7)或式(4.8)式求得的概率；并当 $F > 0.5$ 时，$S = 1$；当 $F \leqslant 0.5$ 时，$S = -1$。

$c_0 = 2.515517$；

$c_1 = 0.802853$；

$c_2 = 0.010328$；

$d_1 = 1.432788$；

$d_2 = 0.189269$；

$d_3 = 0.001308$；

由式(4.10)求得的 Z 值就是此标准化降水指数 SPI。

4.2.3　相对湿润度指数(M)

相对湿润度指数是表征某时段降水量与蒸发量之间平衡的指标之一。本等级标准反映作物生长季节的水分平衡特征，适用于作物生长季节旬以上尺度的干旱监测和评估。

4.2.3.1　相对湿润度指数气象干旱等级(表 4.3)

表 4.3　相对湿润度气象干旱等级划分表

等级	类型	相对湿润度
1	无旱	$-0.40 < M$
2	轻旱	$-0.65 < M \leqslant -0.40$

等级	类型	相对湿润度
3	中旱	$-0.80<M\leqslant-0.65$
4	重旱	$-0.95<M\leqslant-0.80$
5	特旱	$M\leqslant-0.95$

4.2.3.2 相对湿润度指数的计算方法

相对湿润度指数是某时段降水量与同一时段长有植被地段的最大可能蒸发量相比的百分率,其计算公式:

$$M=\frac{P-PE}{PE} \qquad 4.11$$

式中:

P 为某时段的降水量,单位为毫米(mm);

PE 为某时段的可能蒸散量,单位为毫米(mm),用 FAO Penman-Monteith 或 Thornthwaite 方法计算。计算方法见参考文献[11],[12]。

4.2.4 土壤相对湿度干旱指数(R)

土壤相对湿度干旱指数是反映土壤含水量的指标之一,适合于某时刻土壤水分盈亏监测。《气象干旱等级》国家标准采用 10~20 cm 深度的土壤相对湿度,适用范围为旱地农作物地区。

4.2.4.1 土壤相对湿度干旱等级(表 4.4)

表 4.4 土壤相对湿度干旱指数的干旱等级划分表

等级	类型	10~20 cm 深度土壤相对湿度	干旱影响程度
1	无旱	$60\%<R$	地表湿润,无旱象
2	轻旱	$50\%<R\leqslant60\%$	地表蒸发量较小,近地表空气干燥
3	中旱	$40\%<R\leqslant50\%$	土壤表面干燥,地表植物叶片白天有萎蔫现象
4	重旱	$30\%<R\leqslant40\%$	土壤出现较厚的干土层,地表植物萎蔫,叶片干枯,果实脱落
5	特旱	$R\leqslant30\%$	基本无土壤蒸发,地表植物干枯、死亡

4.2.4.2 土壤相对湿度干旱指数计算方法 土壤相对湿度干旱指数计算式如下:

$$R=\frac{w}{f_c}\times100\% \qquad 4.12$$

式中:

R 为土壤相对湿度(%);w 为土壤重量含水率(%);f_c 为土壤田间持水量(%)。

4.2.5 帕默尔干旱指数

帕默尔干旱指数 PDSI(The Palmer Drought Severity Index)是表征在一段时间内,该地区实际水分供应持续地少于当地气候适宜水分供应的水分亏缺。基本原理是土壤水分平衡原理。该指数是基于月值资料来设计的,指标值一般在-6(干)和+6(湿)之间变化,可对不同地区、不同事件的土壤水分状况进行比较。该指标适合月尺度的水分盈亏监测和评估。

4.2.5.1　帕默尔干旱指数等级(表 4.5)

表 4.5　帕默尔干旱指数等级划分表

等级	类型	帕默尔指数旱度(X_i)
1	无旱	$-1.0 < X_i$
2	轻旱	$-2.0 < X_i \leqslant -1.0$
3	中旱	$-3.0 < X_i \leqslant -2.0$
4	重旱	$-4.0 < X_i \leqslant -3.0$
5	特旱	$X_i \leqslant -4.0$

4.2.5.2　帕默尔干旱指数计算方法

PDSI 的原理是水分平衡方程。具体计算方法参见《气象干旱等级》国家标准(GB/T 20481—2006)附录 D。

4.2.6　综合气象干旱指数(CI)

综合气象干旱指数是利用近 30 d(相当月尺度)和近 90 d(相当季尺度)降水量标准化降水指数,以及近 30 d 相对湿润度指数进行综合而得。该指标既反映短时间尺度(月)和长时间尺度(季)降水量气候异常情况,又反映短时间尺度(影响农作物)水分亏欠情况。该指标适合实时气象干旱监测和历史同期气象干旱评估。

4.2.6.1　综合气象干旱等级

气象干旱综合指数 CI 主要是用于实时干旱监测、评估,它能较好地反映短时间尺度的农业干旱情况。(表 4.6)

表 4.6　综合干旱指数 CI 的干旱等级

等级	类型	CI 值	干旱影响程度
1	无旱	$-0.6 < CI$	降水正常或较常年偏多,地表湿润,无旱象
2	轻旱	$-1.2 < CI \leqslant -0.6$	降水较常年偏少,地表空气干燥,土壤出现水分轻度不足,对农作物有轻微影响
3	中旱	$-1.8 < CI \leqslant -1.2$	降水持续较常年偏少,土壤表面干燥,土壤出现水分较严重不足,地表植物叶片白天有萎蔫现象,对农作物和生态环境造成一定影响
4	重旱	$-2.4 < CI \leqslant -1.8$	土壤出现水分持续严重不足,土壤出现较厚的干土层,地表植物萎蔫、叶片干枯,果实脱落;对农作物和生态环境造成较严重影响,工业生产、人畜饮水产生一定影响
5	特旱	$CI \leqslant -2.4$	土壤出现水分长时间严重不足,地表植物干枯、死亡;对农作物和生态环境造成严重影响,工业生产、人畜饮水产生较大影响

4.2.6.2　综合气象干旱指数的计算方法

$$CI = aZ_{30} + bZ_{90} + cM_{30} \qquad\qquad 4.13$$

式中:

Z_{30},Z_{90} 分别为近 30 d 和近 90 d 标准化降水指数 SPI,计算方法见 4.2.2.2;

M_{30} 为近 30 d 相对湿润度指数,由式(4.11)得;

a 为近 30 d 标准化降水系数,由达轻旱以上级别 Z_{30} 的平均值除以历史出现最小 Z_{30} 值,平均取 0.4;

b 为近 90 d 标准化降水系数,由达轻旱以上级别 Z_{90} 的平均值除以历史出现最小 Z_{90} 值,平均取 0.4；

c 为近 30 d 相对湿润指数，由达轻旱以上级别 M_{30} 的平均值除以历史出现最小 M_{30} 值，平均取 0.8。

通过式(4.13)，利用逐日平均气温、降水量滚动计算每天综合干旱指数进行逐日实时干旱监测。

4.2.6.3 干旱过程的确定和评价

4.2.6.3.1 干旱过程的确定

《气象干旱等级》国家标准规定，当综合气象干旱指数 CI 连续 10 d 为轻旱以上等级，则确定为发生一次干旱过程。干旱过程的开始日为第 1 d CI 指数达到轻旱以上等级的日期。在干旱发生期，当综合气象干旱指数 CI 连续 10 d 为无旱等级时干旱解除，同时干旱过程结束，结束日期为最后一次 CI 指数达到无旱等级的日期。干旱过程开始到结束期间的时间为干旱持续时间。

4.2.6.3.2 干旱过程强度

干旱过程内所有天的 CI 指数为轻旱以上的干旱等级之和，其值越小干旱过程越强。

4.2.6.3.3 某时段干旱过程评价

当评价某时段(月、季、年)是否发生干旱事件时，所评价时段内必须至少出现一次干旱过程，并且累计干旱持续时间超过所评价时段的 1/4 时，则认为该时段发生干旱事件，其干旱强度由时段内 CI 值为轻旱以上干旱等级之和确定。

4.3 干旱对农业和生态环境的影响

干旱是山西最主要的气象灾害[1]。旱灾与其他洪涝风雹等气象灾害相比，具有范围广、历时长、灾情重的特点。

干旱可影响人类社会经济活动的各个方面特别是农业。历史上的干旱给山西人民造成的灾难极为严重，如清光绪三年(1877)，在光绪二年即已遭受干旱的情况下，又连续三年大旱，"山童川竭，树死土焦，赤地千里，颗粒无收，民饥无食，饿毙与逃亡者甚众"，山西受灾极重的 84 州县，光绪四年比光绪三年人口总数减少 87.6 万人，为数百年罕见的严重干旱。光绪三年大灾荒之惨状："三年八、九月间，饥民多掘根、剥榆皮而食，久而面肿，肿消则死。亦有搏白土干泥(俗称观音粉)而食者，肠断肚裂，情状尤惨。十冬腊月，有割死尸食之。腊月间，出现食生人矣。四年正二月，饥民急，至抱人头而生食之。""人死食其肉，甚至父子相食，母女相啖"。

新中国成立后，大力兴修水利，不断提高抗旱能力，但是农业生产仍受干旱影响。1965 年山西发生全省性夏秋连旱，旱情持续到翌年 4—5 月，全省受旱面积 3824 万亩，严重受旱面积 2500 万亩，分别占棉秋田总面积的 78%，51%，其中 530 万亩绝收，近 1000 万亩减产 50% 以上。当年秋粮比上年减产 6.5 亿 kg，第二年夏粮又减产 8.5 亿 kg，2 年合计损失粮食 15 亿 kg。

干旱除造成农业粮食歉收，还可造成水资源匮乏，导致工业生产和生活用水不足，给工业生产和居民生活带来严重影响。

干旱还会导致火灾多发。据有关专家研究，空气相对湿度越小，火灾发生率就越高。

干旱发生时还因降水不足，土壤墒情下降，导致土地沙化、盐碱化。而土地沙化又使沙尘、沙尘暴活动加剧。频繁的大风、沙尘天气卷走大量表层泥土,加速土壤水分蒸发耗散,从而进一步加剧旱情的发展。

20世纪80年代以前,山西的干旱灾害平均每年会使全省20%～25%的耕地总面积遭受不同程度的损害。进入20世纪90年代后,平均每年因干旱受灾面积占总耕地面积的比例上升至43.7%。旱灾的危害超过其他全部气象灾害总和的2倍以上。

4.4　山西干旱的种类及特点

4.4.1　干旱种类

按照干旱发生的时期,山西干旱可分为春旱、夏旱、秋旱、冬旱,季节连旱(春夏连旱、夏秋连旱、秋冬连旱、春夏秋连旱等),全年大旱,连年大旱。连年大旱造成的灾情最严重。

4.4.2　干旱特点

有文字记载,山西每年都有不同程度的干旱发生,其特点是旱年频繁、连年发生、时间变化大、地域分布不均。

(1)旱年频繁

晋惠王十六年(前661)至清道光二十年(1840)的2501年中,山西共发生527个旱灾年,平均4.7年一遇;道光二十年至民国元年(1840—1912)的72年中,共发生42个旱灾年,平均1.7年一遇;民国元年至民国38年(1912—1949)的37年中,共发生23个旱灾年,平均1.6年一遇;1949—2006年的57年中,共发生全省性和局地性旱灾47年次,平均1.2年一遇,其中,全省性旱灾14次,局地性旱灾33次。可见,山西旱灾年频繁发生,而且近代以后比近代以前旱灾年次更多。其原因可能是"年代愈久记载愈疏",二是近代工业发展、生态环境恶化导致旱灾频繁。

(2)连年发生

山西全省性干旱连年发生较多,持续时间之长惊人。

经统计,山西连旱2年的有18次,为305—306年、536—537年、1212—1213年、1303—1304年、1433—1434年、1455—1456年、1472—1473年、1480—1481年、1490—1491年、1497—1498年、1560—1561年、1598—1599年、1633—1634年、1685—1686年、1689—1690年、1811—1812年、1928—1929年、1935—1936年。

山西连旱3年的有5次,为1285—1287年、1427—1429年、1493—1495年、1585—1587年、1720—1722年。

山西连旱4年的有7次,为1327—1330年、1483—1486年、1531—1534年、1609—1612年、1696—1699年、1811—1814年、1875—1878年。

山西连旱5年的有1次,为1637—1641年。

山西局部性的连旱年更为突出:20—24年洪洞大旱,435—440年、475—479年、1328—1332年、1521—1525年大同4次大旱,962—966年永济大旱、1210—1214年曲沃大旱,1637—1641年安泽大旱,1639—1643年太原大旱,1875—1879年临汾大旱,1633—1641年运城大旱竟达9年之久。

1949—2009 年,山西未发生过全省性连续 2 年以上的旱灾年,但局部性的旱灾常有发生。

（3）时间变化大

山西每年都有不同程度的干旱发生,春、夏、秋、冬四个季均可出现干旱,以春旱出现几率最大,出现频率达 24.4%,其次是夏旱、春夏连旱、夏秋连旱,春夏秋连旱出现的几率较少,但危害极为严重。

表 4.7　1368—2006 年山西旱灾年的季节分布

季节分类	春	夏	春夏	夏秋	冬春	春夏秋	秋冬	秋	合计
发生次数（次）	116	112	92	66	42	20	15	13	476
百分率（%）	24.4	23.5	19.3	13.9	8.8	4.2	3.2	2.7	100

春旱主要发生在 3 月中旬至 5 月中旬,其特点是气温不太高,但水汽含量少,相对湿度较低,时常缺雨或少雨,并常伴有使土壤变干的冷风。由于山西春季降水量少,蒸发量大,加之春季降水变率也大,几乎每年都有不同区域的春旱发生,素有"十年九春旱"的说法。山西北、中部发生春旱较多,平均 2~3 年一遇;南部平均 3~5 年一遇。山西夏旱的范围一般比春旱小,出现次数也少于春旱,其特点是太阳辐射强烈、温度高、湿度低、蒸发蒸腾极为旺盛。夏旱各地平均 3~6 年一遇,中、南部夏旱频率较高,分别为 44%,56%。初夏旱主要发生在雨季来临之前的 6 月上、中旬,伏旱主要发生在中、南部,时间多为 8 月上、中旬。若初夏旱与伏旱相连可形成持续时间很长的夏旱,它不仅影响农业生产,而且还威胁人民的生活用水。秋旱主要影响晚秋作物的成熟及延误秋播作物的适时播种,秋旱平均 3~4 年一遇。春夏连旱主要发生在山西北部,平均 3~5 年一遇,中部次之,南部多为局部发生。夏秋连旱以中部发生较多,南部局部地区亦有发生。春夏秋连旱以北、中部发生相对较多,但频率较小,仅为 10~20 年一遇。

（4）地域分布不均

山西干旱地域分布不均,全省性干旱发生的几率较小,区域性或局部性干旱几乎年年发生。一般是盆地多于山区,南部多于北部。

研究表明,农事活动和农作物生长活跃期的 4—6 月,山西运城、临汾盆地为重旱区,太原和忻定原盆地为干旱区,轻旱区为上党盆地的南北段和晋西黄河沿岸的中、南段,大同盆地及广灵、灵丘、繁峙等地也是轻旱区,一般不旱区为太行山、太岳山、吕梁山、五台山、恒山等山区。另一个农事活动和农作物生长活跃期 7—9 月,重旱区为运城盆地、临汾盆地南部以及芮城、平陆等县,干旱区为临汾中北部,轻旱区为太原盆地、大同盆地、及河曲、保德、兴县等地,轻旱或不旱区为上党盆地南北段、西部黄河沿岸南段以及静乐、阳泉等地。

山西干旱地域分布不均还表现在同一年中,可出现南旱北涝或南涝北旱、旱涝交替以及旱中有涝、涝中有旱的特点。

4.5　干旱成因分析

无雨或少雨是导致干旱的主要原因。从天气学角度分析,造成无雨少雨是由大气环流异常所引起的。如果某一地区长时间受北方冷空气或南方副热带高压控制,大多会产生晴朗少云的天气,无雨可下,地面水分就会失去的多而获得的少,长此以往就会发生干旱,进而产生旱灾[2]。

空气干燥也是形成干旱的一个原因。干燥的空气会吸收水分,加重旱灾的程度。另外,一种因特定地形和大气环流共同作用下形成的焚风也会加重旱灾程度,会使农作物枯萎、森林火灾发生。在小麦灌浆、乳熟期间,来自于西南方的干热风会对小麦的产量产生特别大的影响,使小麦早熟麦粒干秕,降低产量[3]。

空气干热蒸发量大,是旱情加重的一个原因。许多干旱灾害发生时,往往会同时出现高温天气。

此外,人类活动对气候的影响和生态环境的恶化也是干旱灾害频繁发生和呈增加趋势的一个重要原因。

"十年九旱"是山西的显著特点。山西干旱灾害频繁发生,主要是由地形、地理位置、季风环流年际变化不稳定所造成。山西地处内陆山区,距海较远,境内东西侧南北延伸的太行山和吕梁山脉,在一定程度上阻挡了经由华北平原到达山西的夏季暖湿气流的深入,使东西山脉之间的盆地和吕梁山以西的黄河沿岸山区常年雨水偏少。山西全省各地年降水量大多在 370~650 mm,水资源不丰,构成了山西易发生干旱的大背景。春季,暖湿的夏季风总是姗姗来迟,山西上空仍然受寒冷干燥的冬季风控制为主,降水稀少,加之春季升温迅速、风速大、水分蒸发强,导致土壤含水量小,远远满足不了作物播种、生长的蓄水量,从而形成春旱。山西夏、秋季的干旱也常有发生,主要是由于季风环流发生异常导致降雨带发生跳跃或不规则变化的结果。研究表明,夏季西太平洋副高南北位置的年际变化,直接影响着夏季风强弱的年际变化,进而影响着山西地区的旱涝。一般来说,夏季风来得早而强的年份,山西雨季也来得早,农作物不易受旱,但伏天期间,山西南部易受副热带高压控制,容易出现伏旱;若夏季风来得迟而弱的年份,山西易产生春旱或夏旱。其次,青藏高压的强弱及影响范围对山西干旱的影响也是重要的。若青藏高压及西太平洋副热带高压都加强,前者东伸,后者西进,在这两个高压控制的区域便容易出现干旱。

另外,由于山西水资源短缺,加之长期以来投入不足,农业基础设施特别是水利设施老化失修,灌溉管理制度不健全,群众科学用水、节约用水的全局意识差,土地不合理开发、植被破坏等,都直接或间接地引发或加重了旱情。

4.6　干旱预测与预警

4.6.1　山西省旱涝动态诊断监测预警服务系统

2005 年,山西省气候中心郭慕萍[4]等人完成了"山西干旱动态研究"科研项目,在综合考虑土壤墒情、气温和降水等因子的基础上,建立了山西省干旱(湿涝)综合指标,较好地解决了以往在业务和服务过程中单纯运用降水量来确定旱涝程度的问题,将原来单纯的大气干旱(湿涝)向实际干旱(湿涝)逼近。同时该成果还将中期天气预报引入,建立了"山西省旱涝动态诊断监测预警服务系统",使我省旱涝动态诊断预警成为可能。2006 年 1 月开始,山西省气候中心正式制作发布"山西省干旱监测信息"服务产品。

4.6.1.1　山西省各级干旱预警指标

$$S = S_0 + \triangle S_R + \triangle S_T + \triangle S_F \qquad 4.14$$

式中:

S 为干旱预警指标;

S_0 为实测或遥感的 10 cm 深度土壤墒情(占田间持水量);

$\triangle S_R$ 为根据降水量试验得出的订正值;

$\triangle S_T$ 为根据最高气温试验得出的订正值;

$\triangle S_F$ 为根据中期降水趋势预报得出的订正值。

表 4.8　干旱预警指标

旱涝指标	$S<40$	$40\leqslant S<50$	$50\leqslant S<60$	$60\leqslant S\leqslant 80$	$80<S\leqslant 95$	$95<S\leqslant 109$	$109<S$
旱涝等级	极旱	重旱	轻旱	正常	轻涝	重涝	极涝

如果进行干旱监测时,应去除中期预报项,则干旱等级指标见表 4.9。

表 4.9　干旱监测指标

旱涝指标	$S<36$	$36\leqslant S<46$	$46\leqslant S<56$	$56\leqslant S\leqslant 76$	$76<S\leqslant 91$	$91<S\leqslant 105$	$105<S$
旱涝等级	极旱	重旱	轻旱	正常	轻涝	重涝	极涝

4.6.1.2　降水订正模式

降水订正模式是根据实测或遥感土壤墒情后发生的降水量来确定的订正值。它的应用,可以较好地避免实施测墒后因降水发生而引起的土壤墒情误差,使干旱预警服务系统的动态监测结果逼近警报分布的实际情况。具体订正值见表 4.10。

表 4.10　降水量订正值

降水量(mm)	$R=0$	$0<R<3$	$3\leqslant R<10$	$10\leqslant R<25$	$25\leqslant R<50$	$50\leqslant R<100$	$100\leqslant R<200$	$200\leqslant R$
$\triangle S_R$	-3	3	5	8	10	12	14	18

4.6.1.3　最高气温订正模式

最高气温订正模式是根据实施测墒后的逐日最高气温确定的订正值。它适合于海拔高度低于 1200 m 的地区(山西省 90% 台站的观测场海拔高度在 1200 m 以下)。对于海拔高度高于 1200 m 的地区其 $\triangle S_T$ 所对应的最高温度按增加 2℃ 处理。例如:在海拔高于 1200 m 的地区,当最高气温在 38℃$>T\geqslant$36℃ 区间时,$\triangle S_T$ 取 -8;当最高气温在 36℃$>T\geqslant$34℃ 区间时,$\triangle S_T$ 取 -6……。依次类推。具体订正值见表 4.11。

表 4.11　最高气温订正值

最高气温(℃)	$T\geqslant 38$	$38>T\geqslant 36$	$36>T\geqslant 34$	$34>T\geqslant 32$	$T<32$
$\triangle S_T$	-8	-6	-5	-3	0

4.6.1.4　中期降水趋势预报订正值

中期降水趋势预报对干旱预警指标影响较大,干旱预警系统的服务质量的提高,必须依托较高水平的中期预报。随着中期天气预报水平的不断提高,这部分订正值的应用,对于提高系统的稳定性有着十分重要的意义。具体订正值见表 4.12。

表 4.12 中期降水趋势预报订正值

中期降水量趋势预报	晴	多云—阴	零星小雨	小雨	小—中雨	中—大雨	大雨	大—暴雨	大暴雨
$\triangle S_R$	−5	−3	0	3	5	6	8	10	12

4.6.2 省级综合干旱监测预警评估系统

2010 年 5 月,山西省气候中心王志伟[5]等人完成了"省级综合干旱监测预警评估系统"研究项目,2010 年 6 月 30 日始,正式制作发布"山西气象干旱监测日报"实时业务产品,开展气象干旱动态监测、逐日气象干旱预测工作。

该系统利用降水、气温、土壤墒情等资料,采用 CI 指数、SPI 指数、Palmer 指数、降水距平百分率等对山西省近几十年来的干旱变化趋势和特征进行了研究,比较不同方法在对山西干旱评估中的优缺点,研究出适合山西的干旱监测指标及方法,建立了"省级综合干旱监测预警评估系统",并利用自动气象站的实时监测资料对干旱进行实时监测和预警。

4.7 典型个例分析

1949—2000 年,山西发生干旱灾害 48 a,平均 10 a 中有 9 a 出现干旱,其中严重干旱或特旱年有 10 a,即 1962 年全省性春旱,1965 年全省性夏秋连旱,1968 年全省大部分地区春夏连旱,1972 年全省大范围春夏秋连旱,1978 年全省性严重干旱,1986 年全省冬旱接春旱、春旱接伏旱、伏旱接秋旱,1991 年全省性严重干旱,1994 年全省性大旱,1995 年全省 83% 县(市、区)出现严重冬旱接春夏连旱,1997 年全省性春夏连旱。

1965 年发生全省性夏秋连旱,旱情一直持续到翌年 4—5 月,全省受旱面积 3824 万亩,严重受旱面积 2500 万亩,分别占棉秋田总面积的 78%、51%,其中 530 万亩绝收,近 1000 万亩减产 50% 以上。当年秋粮比上年减产 6.5 亿 kg,第二年夏粮又减产 8.5 亿 kg,2 年合计损失粮食 15 亿 kg。

1978 年全省冬春夏连旱接伏旱,其中临汾、运城和晋东南三个小麦主产区春夏秋连旱,造成全省夏秋粮食严重减产,使总产量减至 67.4 亿 kg。

1991 全省 111 个农业县(市、区)普遍出现干旱灾害,复旱面积达 3980 万亩,占棉秋播种面积的 86%,其中严重干旱 2445 万亩,绝收和基本绝收 750 万亩。有 107 个县(市、区)粮食减产,全省粮食总产 74.24 亿 kg,比上年减产 22.66 亿 kg,减少 23.4%。其中,夏粮产量 32 亿 kg,减产 26%;秋粮总产 42.2 亿 kg,减产 34.1%。

2005 年,山西省春旱及夏旱比较严重,部分地区出现了春夏连旱,给农业生产造成了极大的影响。全年干旱累计受灾面积达 252.6 万 hm²*,受灾人口 41 万人次,造成直接经济损失达 2.77 亿元[6]。

2007 年,由于降水时空分布不均,气温偏高,山西省出现了阶段性旱象,主要集中在春夏两季。山西省全年因干旱造成 865.2 万人次受灾,56.2 万人次饮水困难,农作物受灾面积

---

* 1 hm² = 10000 m²

1433.8 千 hm²,绝收 83 千 hm²,农业经济损失 38.5 亿元,直接经济损失 43.1 亿元,占山西省全年各类气象灾害总体损失的 38%[7]。春季高温干旱出现在中后期,主要集中在南部地区,尤以运城市严重,4—5 月运城全市平均降水量仅 9.0 mm,比历年同期平均值偏少 37.6 mm,是有完整气象资料记录(1957 年)以来同期降水最少的一年。高温少雨严重影响了冬小麦的灌浆及籽粒形成,使部分麦田植株青枯早熟,同时还导致大秋作物无法下种或播种后出苗困难。7 月份北部大同市降水量持续偏少,出现严重干旱。8 月中旬全省大部分地区降水异常偏少。持续干旱使得河道来水少,水库蓄水明显不足,地下水匮乏,居民生活供水紧张。

自 2008 年 7 月至 2009 年 10 月,山西遭受了严重夏伏旱、冬旱和三季连旱,全省先后三次启动干旱预警。

2008 年 7 月至 8 月上旬,山西省降水偏少,气温偏高,大部分地区出现旱情,局部地区春玉米发生严重的"卡脖旱",给农业生产造成了一定的不利影响[8]。7 月份全省平均降水量仅为 53.5 mm,比常年同期偏少 5 成,是 1971 年以来的历史最低值。尤其是 7 月下旬大部分地区基本无有效降水,全省发生大范围中度干旱,局部地区发生重旱。7 月 28 日测墒资料显示:全省大约 70% 的县(市)表层土壤相对湿度不足 60%,处于干旱状态,其中 37% 的县(市)表层土壤相对湿度不足 40% 处于严重干旱状态。2008 年 10 月中旬至 2009 年 1 月,山西几乎没有大范围的有效降水,加之气温偏高,致使全省大部分地区发生了大面积严重干旱。2008 年全年因干旱造成 480 万人次受灾,103 万人次饮水困难,农作物受灾面积 191.7 万 hm²,绝收 15.3 万 hm²,直接经济损失 67.6 亿元,占山西省全年各类气象灾害总体损失的 84%[8]。

2009 年山西省因旱造成 881.5 万人受灾,134 万人饮水困难,农作物受灾面积 138.4 万 hm²,绝收面积 26.2 万 hm²,直接经济损失 42.9 亿元[9]。

2010 年山西省因旱造成 587.5 万人受灾,64 万人饮水困难,农作物受灾面积 72.8 万 hm²,绝收面积 10.6 万 hm²,直接经济损失 25.2 亿元。由于山西省 6、7 月大部分地区降水量偏少加之气温持续偏高,致使部分地区发生严重干旱。其中太原市娄烦、阳曲、清徐表层土壤出现了 4～10 cm 的干土层[10]。

参考文献

[1] 山西省气象局.中国气象灾害大典·山西卷[M].北京:气象出版社,2005.
[2] 山西省气象局.山西天气预报手册[M].北京:气象出版社,1989.
[3] 陆亚龙,肖功建.气象灾害及其防御[M].北京:气象出版社,2001.
[4] 郭慕萍,刘月丽,郝寿昌.山西旱涝动态诊断[J].自然灾害学报,2007,**16**(5):69-73.
[5] 王志伟,等."省级综合干旱监测预警评估系统"项目工作报告、验收证书.
[6] 山西省人民政府.山西经济年鉴(2006)[M].山西经济年鉴编辑部,2006.
[7] 中国气象局.中国气象灾害年鉴(2008)[M].北京:气象出版社,2008.
[8] 中国气象局.中国气象灾害年鉴(2009)[M].北京:气象出版社,2009.
[9] 中国气象局.中国气象灾害年鉴(2010)[M].北京:气象出版社,2010.
[10] 中国气象局.中国气象灾害年鉴(2011)[M].北京:气象出版社,2012.
[11] Allen R G,Pereira L S,Raes D,et al.,Crop evapotranspiration-Guidelines for computing crop water requirements-FAO Irrigation and drainage paper 56[J]. FAO,Rome,1998,300(9):DO5109.
[12] 马柱国,符淙斌.中国北方地表湿润状况的年际变化趋势[J].气象学报,2001,**59**(6):737-746.

第5章 连阴雨分析预测

5.1 连阴雨的气候特征

连阴雨是一种持续时间长、影响范围广的降水现象,是山西省主要的灾害性天气之一,在春、秋两个过渡季节山西省都可能出现连阴雨天气[1]。山西省根据本省的气候特点,将其定义为:日降雨大于等于 0.0 mm 作为一个雨日,统计区域为北部、中部、南部三片,凡在统计区域内 1/3 以上站点满足:在 4—5 月中旬连阴雨日≥5 d,过程总降水量≥20 mm;5 月下旬到 6 月中旬连阴雨日≥5 d,过程总降水量≥30 mm;9—11 月连阴雨日≥5 d,过程总降水量≥30 mm,定为一次连阴雨天气过程。根据对山西 1981—2010 年资料统计分析,30 年间出现了 63 次连阴雨天气过程,年平均连阴雨过程次数为 2.1 次,年连阴雨过程次数最多为 6 次(1983 年),1982 年无连阴雨日,出现连阴雨天气过程的最长日数为 17 d(分别为 1985 年、1992 年和 2007 年),连阴雨过程最大总降水量为 207.3 mm。连阴雨天气过程次数的空间分布呈西北—东南向分布,自西北向东南连阴雨天气过程次数逐渐增多,运城、晋城、长治、晋中的东山是连阴雨天气的多发地带,右玉县连阴雨天气过程次数最少。秋季连阴雨天气过程多于春季和麦收期连阴雨天气过程,秋季连阴雨天气过程中多伴有暴雨天气发生,春季连阴雨天气过程中多伴有大风天气出现。近 10 年(2001—2010 年)年平均连阴雨天气过程次数略有减少,但连阴雨天气过程日数、过程总降水量和影响范围有增多增大的趋势,2007 年秋季的连阴雨天气过程日数达 17 d,最大过程总降水量 207.3 mm,均达到和超过历史极值,2009 年秋季连阴雨有 101 站过程总降水量达 30 mm 以上,影响范围之大也超过历史极值(表 5.1)。

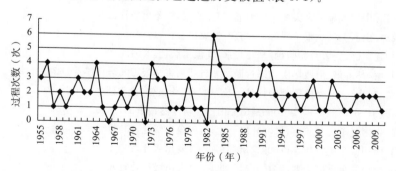

图 5.1　1955—2010 年连阴雨天气过程次数的年际变化

图 5.1 是 1955—2010 年 56 a 连阴雨天气过程次数的年际变化。方差分析表明,山西省连阴雨天气过程序列主要有 3 a 和 8 a 周期变化波动叠加。

表 5.1 2001—2010 年连阴雨天气过程

序号	过程起止时间	过程日数 (d)	影响范围	过程总降水量≥30 mm 站数(站)	最大过程总降水量 (mm)
1	2001 年 9 月 14—26 日	13	全省	76	117.3
2	2002 年 6 月 3—10 日	8	北中部	26	158.2
3	2002 年 9 月 9—15 日	6	全省	43	146.5
4	2002 年 10 月 17—22 日	6	南部	21	55.1
5	2003 年 9 月 24 日—10 月 5 日	10	全省	84	117.3
6	2003 年 10 月 9—13 日	5	全省	60	94.6
7	2004 年 6 月 13—24 日	12	全省	53	77.7
8	2005 年 9 月 24 日—10 月 4 日	11	中南部	51	151.0
9	2006 年 5 月 17—22 日	6	南部	21	80.0
10	2006 年 9 月 24—30 日	7	南部	14	82.2
11	2007 年 5 月 21—24 日	5	中部	17	54.8
12	2007 年 9 月 26 日—10 月 13 日	17	全省	96	207.3
13	2008 年 4 月 8—12 日	5	全省	78	52.2
14	2008 年 9 月 21—29 日	8	全省	49	97.2
15	2009 年 9 月 3—10 日	8	全省	101	177.7
16	2009 年 11 月 8—12 日	5	全省	67	66.1
17	2010 年 9 月 15—22 日	7	北中部	49	141.1

5.1.1 秋季连阴雨

山西省秋季连阴雨天气主要发生在 9—11 月农事活动的关键时期。秋季连阴雨天气引起气温下降,光照不足,造成连日持续的湿冷天气,对秋季作物生长和收获及冬小麦的播种影响很大[4]。统计 1955—2010 年 9—11 月的逐日降水量资料表明,达到秋季连阴雨天气标准的共有 65 次,年平均连阴雨次数为 1.1 次,1955—2010 年间山西秋季全省性连阴雨过程共有 23 次,北、中部或中、南部同时发生的分别为 8 次和 14 次,南部地区发生的有 20 次;发生在 9 月上、中旬的有 24 次,9 月下旬到 10 月上旬 28 次,10 月中、下旬有 11 次,11 月仅有 2 次;其中九月份连阴雨天气过程最多,占秋季连阴雨过程总数的 69.4%;连阴雨天气过程平均日数为 7.9 d,平均过程总降水量北部为 30～80 mm,中南部为 50～100 mm;持续时间最长是 2007 年长达 17 d 的连阴雨天气,该次过程中山西中部过程总降水量普遍为 150 mm 左右,最大过程总降水量为临县 207.3 mm。近 30 a(1981—2010 年)山西秋季连阴雨天气过程主要出现在 9 月下旬和 10 月中旬,9 月下旬连阴雨天气过程出现次数最多,9 月下旬和 10 月中旬连阴雨天气过程出现次数占秋季连阴雨天气过程总数的 48.9%(图 5.2)。

根据 1955—2010 年降水资料统计,受秋季连阴雨影响严重的年份有 1961,1964,1975,1978,1985,1994,1999,2001,2007 年(表 5.2)。

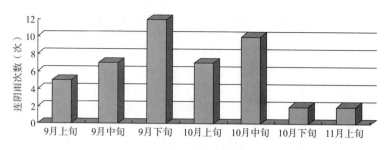

图 5.2　1981—2010 年秋季连阴雨过程次数的时间分布

表 5.2　影响严重的秋季连阴雨过程

年代	过程起止时间	过程日数 (d)	影响范围	过程总降水量 (mm)	主要灾情
1961 年	9 月 27 日—10 月 4 日	8	全省	30.5～110.4	秋粮减产、麦播推迟
	10 月 10—18 日	9	中南部	30.8～110.7	山洪暴发、秋粮霉变等
1964 年	9 月 1—8 日	9	北中部	30.1～110.4	山洪暴发、河水涨溢、秋作物倒伏、籽粒霉烂
	9 月 1—8 日	8	南部	31.4～199.2	秋禾受灾、河水涨溢
1975 年	9 月 18 日—10 月 3 日	16	全省	30.2～140.7	秋粮霉烂、麦播推迟
	10 月 20—28 日	9	中南部	31.9～59.7	棉花烂桃、麦播困难
1978 年	9 月 1—9 日	9	全省	32.5～129.2	秋作物倒伏烂根无收
1985 年	9 月 4—21 日	17	全省	68.9～188.6	洪水暴发、房屋倒塌、人畜伤亡、秋粮无收等
	10 月 9—20 日	12	南部	36.5～123.5	土地下陷、交通受阻、秋粮霉烂、麦播困难等
1994 年	10 月 14—20 日	7	中南部	31.7～124.1	秋粮减产、棉质降低
	9 月 8—14 日	7	南部	36.8～100.8	水果、红枣裂口等
1999 年	9 月 26 日—10 月 1 日	6	北中部	30.2～64.1	影响秋收和麦播
	9 月 28 日—10 月 5 日	8	南部	37.5～70.2	秋作物发芽霉变减产
2001 年	9 月 14—26 日	13	全省	32.1～117.3	秋作物倒伏发芽霉变
2007 年	9 月 26 日—10 月 13 日	17	全省	31.5～207.3	秋粮发芽霉变、秋收困难、麦播推迟

5.1.2　春季连阴雨和麦收期连阴雨

春季连阴雨和麦收期连阴雨天气常在 4 月至初夏出现。每年的 4 月中下旬,正值小麦开花、授粉时期,如遇连阴雨天气,对小麦授粉极为不利;初夏连阴雨造成连续较长时间的阴雨寡照天气,严重影响了小麦的正常收割晾晒以及产量和品质[3]。统计 1955—2010 年 4 月 1 日—6 月 20 日的逐日降水量资料表明,达到春季连阴雨和麦收期连阴雨标准的共有 50 次,年平均连阴雨天气过程次数为 0.9 次。1955—2010 年山西春季和麦收期全省性连阴雨天气过程共有 11 次,北、中部或中、南部同时发生的分别为 9 次和 7 次,南部地区发生的有 13 次;发生在 4 月到 5 月中旬有 19 次,5 月下旬到 6 月中旬的有 31 次(占春季连阴雨和麦收期连阴雨过程的 62%),连阴雨天气过程平均日数为 7.1 d,平均过程总降水量北部为 20～40 mm,中南部为 30～60 mm;持续时间最长连阴雨天气过程是 1996 年长达 10 d 的连阴雨天气,过程最大总降水量是 2002 年的连阴雨天气过程(五台县过程总降水量 158.2 mm)。近 30 a(1981—2010 年)山西春季和麦收期连阴雨天气过程主要出现在 5 月中旬到 6 月中旬,5 月下旬连阴雨过程出现次数最多,占春季和麦收期连阴雨天气过程总数的 26.7%(图 5.3)。

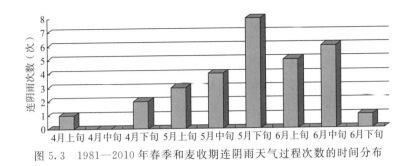

图 5.3　1981—2010 年春季和麦收期连阴雨天气过程次数的时间分布

根据 1951—2010 年降水资料统计,受春季连阴雨和麦收期连阴雨天气影响严重的年份有 1964,1973,1983,1984,1991,1996 和 1998 年(表 5.3)。

表 5.3　影响严重的春季连阴雨和麦收期连阴雨过程

年代	过程起止时间	过程日数(d)	影响范围	过程总降雨量(mm)	主要灾情
1964 年	4 月 11—20 日	10	全省	22.8～85.4	影响小麦扬花、灌浆等
	5 月 13—21 日	8	全省	21.6～147.8	春播推迟、房屋倒塌
	5 月 22—29 日	7	南部	31.5～88.3	小麦倒伏发芽霉变
1973 年	4 月 25 日—5 月 3 日	9	南部	21.5～62.2	影响小麦授粉灌浆等
	5 月 31 日—6 月 4 日	5	中南部	30.6～70.4	小麦发芽霉变烂场等
1983 年	5 月 16—22 日	8	北部	20.4～43.9	大秋作物出苗后烂根
	5 月 21—27 日	6	中南部	21.6～77.0	小麦倒伏发芽、棉花烂根
	6 月 14—20 日	7	北部	32.4～82.5	麦穗生芽霉烂
1984 年	5 月 20—28 日	9	中	20.5～36.4	小麦倒伏、秋作物毁种
	6 月 10—15 日	6	北部	30.2～79.1	小麦霉烂变质
1991 年	5 月 20—25 日	6	北部	20.6～101.7	房屋倒塌、人畜伤亡
	5 月 28 日—6 月 2 日	7	全省	30.6～49.2	小麦出芽霉变
	6 月 5—11 日	7	全省	31.6～113.4	小麦烂场、房屋倒塌
1996 年	5 月 31 日—6 月 8 日	10	南部	30.5～99.4	小麦出芽霉变烂场
	6 月 14—19 日	5	中南部	30.9～104.2	小麦霉变烂场
1998 年	5 月 6—13 日	8	中南部	21.5～70.4	影响小麦灌浆、秕粒增多、大幅度减产

5.2　连阴雨天气形势的环流分型及影响系统

5.2.1　连阴雨天气形势的环流分型

连阴雨是中高纬度西风带系统和中低纬度副热带系统共同作用形成的。普查历史上 1971—2010 年 5 d 以上的连阴雨天气过程个例,发现 500 hPa 天气图上环流特征是:乌拉尔山和鄂霍次克海附近分别有稳定的高压脊;中西伯利亚到蒙古国为深厚冷低压或横槽;西太平洋副热带高压势力较强,东亚中纬度环流形势为略呈东高西低稳定的纬向环流;青藏高原到孟加拉湾多为低槽区。这种纬向环流持续时间越长,连阴雨天气越长;反之则短[1]。造成山西省连阴雨天气 500 hPa 环流形势(中高纬度系统)可分四种类型:

(1)双阻高—低压型:乌拉尔山到欧洲地区为高压脊或阻塞高压,鄂霍次克海或苏联远东地区为高压脊或阻塞高压,亚洲北部即从太梅尔半岛到贝加尔湖地区均为低压。青藏高原到孟加拉湾有低槽;西太平洋副热带高压势力不强,5880 gpm 线位于上海、汉口、南宁一线。过程开始时中西伯利亚出现深厚的冷低压中心并有低槽南伸;青藏高原到孟加拉湾有低槽维持,西太平洋副热带高压势力加强北上,5880 gpm 线位于汉城、青岛、成都一线;中纬度西风与西太平洋副热带高压西北部的西南暖湿气流在山西附近汇合,锋生作用加强,同时沿中纬度有西风槽相继东移,形成连阴雨天气过程(图 5.4)。西太平洋副热带高压势力减弱南退,青藏高原到孟加拉湾的低槽减弱;中西伯利亚冷低槽发生分支,一支伸向里海成为乌拉尔山大槽,一支沿贝加尔湖伸向我国东北平原,由于巴尔喀什湖附近暖平流加强,在贝加尔湖到河套发展成为一个高压脊,山西受此脊前西北气流控制,连阴雨天气过程结束(图 5.5)。地面图上,连阴雨期间从西西伯利亚平原到蒙古国有一个近东西向的冷高压带,受冷高压前部冷锋及高压南缘影响,出现连阴雨天气。当西西伯利亚平原南部有较强的冷高压向东南移入河套地区时,山西受高压脊前部控制,连阴雨过程结束。

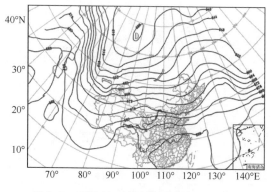 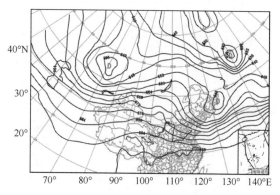

图 5.4　双阻高—低压型(连阴雨开始前)　　　　图 5.5　双阻高—低压型(连阴雨结束)

(2)单阻高—低压型(L 型):欧洲或乌拉尔山地区为高压脊或阻塞高压,亚洲北部即太梅尔半岛有一个冷低压中心;西西伯利亚平原北部和蒙古西部分别有一个低槽,黑龙江到华北为弱高压脊;西太平洋副热带高压势力很弱。过程开始时,中西伯利亚为冷低压,中心在东西伯利亚海;西西伯利亚平原和蒙古国东部分别有一个低槽;青藏高原到孟加拉湾为高压带控制,东亚中纬度环流平直,多小槽东移。过程中西西伯利亚平原低槽东移发展为冷低压并与东西伯利亚海冷低压相对呈逆时针转动,山西持续受西西伯利亚冷低压底部西南气流影响,连阴雨天气过程持续(图 5.6)。当上一冷低压中心移到西西伯利亚平原北部,另一个移到鄂霍次克海时,在两个冷低压之间,从贝加尔湖到蒙古国形成一个高压脊,山西受槽后脊前西北气流控制,连阴雨天气结束(图 5.7)。地面图上,连阴雨天气过程开始时,山西无明显冷空气侵入,过程中期,原在西西伯利亚平原南部的冷高压东移至贝加尔湖附近,在贝加尔湖至内蒙古北部边境,100°~110°E 形成一中尺度蒙古高压,其高压脊南伸到河套,河套的南部形成了从青藏高原向东北方向发展的低压倒槽。降水前期,蒙古国冷高压主力在高空偏西引导气流的作用下以东移为主,由于东亚大槽的阻挡,冷空气到东北后经渤海湾向西南的华北平原渗透,华北开始吹东北风,风力维持在 10 m·s⁻¹,强盛的东北风从海上给华北一带带来丰富水汽。随着河套倒槽向山西挺进,西南暖湿气团控制山西,影响山西的冷空气逐渐加强,最终迫使暖湿气团在冷空气垫上爬升,大气斜压不稳定性明显,进而触发不稳定能量的释放,产生降水。由于长时间的降水,气团性质彻底改变,倒槽低压减弱填塞,山西完全受南下的变性冷高压控制,连阴雨天气结束,天气转好[1]。

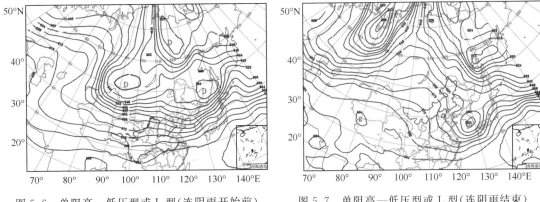

图 5.6　单阻高—低压型或 L 型(连阴雨开始前)　　图 5.7　单阻高—低压型或 L 型(连阴雨结束)

　　(3)平直环流型:亚欧中高纬大陆受纬向环流控制,无明显大脊大槽,但在贝加尔湖地区为一闭合低压,有时从乌拉尔山、贝加尔湖到鄂霍次克海地区为一连串闭合小低压。较大的平直西风阻碍了纬际间的能量交换。副热带高压呈分裂块状分布,华北西南到南部受副热带高压外围偏西到西南气流控制。低纬大陆副热带高压与海上副热带高压合并加强,呈带状分布,同时北抬,脊线为北西南向,副热带高压外围的西南气流加强,未来形成急流,西南急流将给山西省上空输送大量水汽,暖湿的西南气流与中纬度槽后的西北气流在山西辐合,副热带高压外围不稳定能量爆发,开始出现连阴雨天气过程(图 5.8)。由于西太平洋副热带高压稳定,从中西伯利亚到南疆的冷低槽中又不断有小槽东移,使黄河中游连续出现了较大降水过程。连阴雨结束时,西太平洋副热带高压减弱东退;中西伯利亚深厚的冷低槽东移到蒙古国东部至河套一线,乌拉尔山附近出现一个低槽;亚洲中部为长波脊控制,东亚环流形势调整为明显的西高东低型(图 5.9)。地面图上,在整个连阴雨期间,均没有强的冷高压进入河套地区,但是从西西伯利亚平原南部常有一对正、负变压中心伴随西风槽东移,当新地岛出现强的冷高压,并越过乌拉尔山向东南方向进入河套地区时,以黄河中游为中心的雨区也东移减弱,山西省连阴雨过程结束。

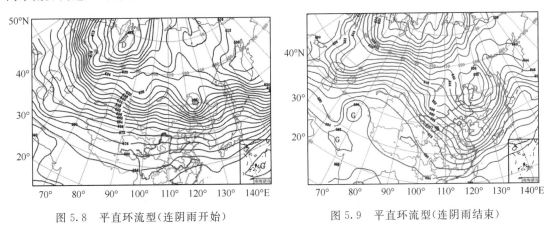

图 5.8　平直环流型(连阴雨开始)　　图 5.9　平直环流型(连阴雨结束)

　　(4)中亚横槽型(两槽一脊型):横槽形成前一天在 500 hPa 图上,东欧为一高压脊,西伯利亚中部有较强的冷低压,此低压南部在东亚中纬度为平浅的两槽一脊型,西太平洋副热带高亚势力西伸至江南一带,5880 gpm 线在长江流域附近,30°N 以南、90°E 以东地区西南气流明显。全过程中副热带高压形势少变,副热带高压脊后西南气流指向华北。横槽形成时东欧高压脊移过乌拉尔山,脊内闭合高压在咸海北岸,原中西伯利亚冷低压南伸的槽线向西南指向巴尔克什湖,形成中亚横槽型,沿东亚中纬度的平直锋区有数次小槽东移影响山西多雨(图 5.10)。连阴雨天气结束时,中亚横槽断开,北段迅速东移至鄂霍次克海,南段残留在新疆,转为南北向小槽经河套向东移去;乌拉尔山附近的高压脊东移到贝加尔湖至河西一带,山西转入西高东低形势控制,连阴雨天气结束(图 5.11)。在连阴雨天气过程中,地面冷高压从中亚经蒙古向我国东北地区伸下一脊,山西省正处于一弱高压控制之中,在新疆北部有一冷锋。锋后为一较强的高压系统。冷锋快速移过山西,山西处于此庞大的高压系统的底部,在未来的几天中,此高压移动速度缓慢,山西始终受此高压系统的底后部控制,另外在河套西部地区又形成一倒槽冷锋,冷锋快速东移到山西,山西转受锋后冷高压控制,持续多日的连阴雨天气过程结束。通过分析发现:当山西处于高压底部或后部时,极有利于降水,若有高空形势场和影响系统配合,则更易造成较大规模的降水。

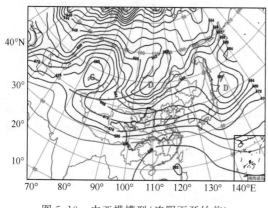

图 5.10　中亚横槽型(连阴雨开始前)

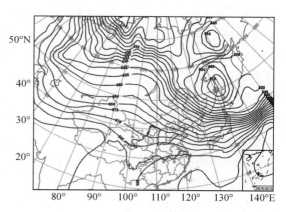

图 5.11　中亚横槽型(连阴雨结束)

5.2.2　连阴雨天气的影响系统

连阴雨天气主要是高空西风带系统(如冷低槽、低涡、切变线)与副热带系统相互作用产生间隔时间较短的多次降雨过程而形成的[3]。通过普查历史上 1971—2010 年 5 d 以上的连阴雨个例,发现造成山西连阴雨天气的主要影响系统有:西太平洋副热带高压、对流层高层的西风急流、低空急流、低层切变线、低槽和低涡。

(1)西太平洋副热带高压:西太平洋副热带高压与连阴雨天气关系密切,它的位置、强弱及与西风带系统的配置直接影响降水的强度和降水范围。在夏末秋初,当副高脊线稳定在 30°N 附近,5880 gpm 线西脊点西伸到达 110°E 以西时,受经高原东南下的冷空气的一次次冲击,西太平洋副热带高压外围 5840 gpm 线在山西的中南部上下摆动,但其主体稳定少动,我国大陆有高压中心或闭合高压环流,在西太平洋副热带高压的西北侧 5840 gpm 线—5880 gpm 线之间,通常会形成连阴雨天气中的暴雨天气。当西太平洋副热带高压受到较强冷空气冲击,其主体减弱东退到海上,连阴雨天气中的强降水减弱。在春季和秋末连阴雨天气中,西太平洋副热带高压影响很小,这时的连阴雨天气强度也较弱。

(2)对流层高层的西风急流:从 200 hPa 风场分析后发现,除双阻高—低压型外,在其他三种环流特征型连阴雨天气降水中 200 hPa 上 40°～45°N 存在一支风速≥30 m·s⁻¹气流带,这支西风急流阻碍了纬际间的能量交换。西风急流入口处的辐散"抽吸"作用可导致叠加于西南气流上的次级垂直环流发展,促使上升气流加强,从而产生大降水[3]。

　　(3)低空急流:低空急流在连阴雨天气中主要有两种作用,一种是水汽输送,另一种是水汽辐合集中。从 700 hPa 风场分析后发现连阴雨期间在 35°N 以南,110°E 附近维持 8～12 m·s⁻¹西南或偏南气流,当副热带高压西伸北抬时这支西南或偏南气流会加强,达到 14～16 m·s⁻¹甚至达到 20 m·s⁻¹形成低空急流。这支低空急流为大降水提供充沛水汽,维持了雨区的水汽、低层能量、正涡度的输送,低空急流在降水过程中也起到了辐合抬升作用[4]。

　　(4)低层切变线、低槽和低涡:低层切变线、低槽和低涡是连阴雨过程的直接影响系统。连阴雨天气期间,上述各型中对流层低层 700 hPa,850 hPa 每天都有直接造成降水的槽线或切变线或低涡在黄河上、中游出现。由此可见,当 500 hPa 环流形势稳定时,低层切变线、低槽和低涡维持了低层辐合,为降水提供上升运动。

5.2.3　连阴雨天气中的水汽输送

　　连阴雨天气是在特殊大尺度环流背景下产生的一种持续时间长、影响范围广的降水现象,当满足动力学条件时,必须要有充足的水汽来源。充沛的水汽源源不断地输送,并在降水区聚集是产生降水的必要条件。比湿表征了大气中水汽的含量,水汽通量表征了水汽输送的程度,水汽通量散度表示输送来的水汽的集中程度[3]。通过分析连阴雨期间 700 hPa 平均水汽通量和 850 hPa 平均比湿来发现在降水过程中的水汽分布特征。分析发现,在连阴雨时段内,山西省 700 hPa 水汽通量值一直维持在 8～12 g·s⁻¹·hPa⁻¹·cm⁻¹,850 hPa 比湿一般在 7 g·kg⁻¹ 以上。高原东部为大于

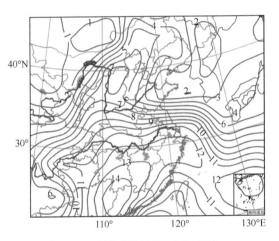

图 5.12　连阴雨期间 850 hPa 平均
比湿场(单位:g·kg⁻¹)

12 g·kg⁻¹的高比湿区,在四川盆地和东南沿海有明显的高比湿中心(图 5.12)。说明连阴雨期间的水汽主要来自东海和南海。

　　通过对 700 hPa 水汽通量散度和风场分析,来表征降水过程中的水汽输送和水汽辐合集中特征。分析发现:高原东部西南地区为明显的水汽辐合带;西南地区的暖湿空气沿着一条东北—西南向的水汽输送带,源源不断输送到黄河中游地区。水汽来自南海时,水汽的输送依靠西太平洋副热带高压西部的偏南气流完成,当西风带的系统东移与西太平洋副高西部的偏南气流相遇,西太平洋副高西部的偏南气流加强,从而形成低空急流。在低空急流的平流作用下,将大量的水汽集中到降雨区,有利于位势不稳定的形成和维持,使连阴雨天气过程中出现大的降水。低空急流存在时,水汽通量最大值处正位于低空急流的左前方,随着低空急流东移,水汽通量最大值也东移,当低空急流减弱或消失后水汽通量值也减小。水汽来自东海时,水汽的输送依靠西太平洋副热带高压西部的东南气流和低层高压底后部的偏东气流完成。

　　从 850 hPa 到 500 hPa θ_{se} 和地面总温度分布图上发现(图略),连阴雨期间总伴随有从南

至北的舌状高能区或东西向能量锋区,水汽辐合区为 θ_{se} 或地面总温度的高能带,水汽辐散区为 θ_{se} 或地面总温度的低能区,700 hPa 西南气流走向和高能轴轴线近乎一致,说明西南气流除输送水汽外,还输送大量的能量,当 $\theta_{se} > 60℃$,预示大气处于高温高湿区,使降水强度加大,出现连阴雨天气过程中的对流性降水。

5.3　连阴雨天气过程的预报

连阴雨天气过程预报主要包括三方面的内容,即连阴雨开始时间预报、持续时间预报和连阴雨结束时间预报。

连阴雨是在大型环流形势持续稳定的条件下产生的,所以稳定性与持续性是连阴雨天气过程的特点,制作连阴雨天气预报时,不仅要分析当时形势,而且还要注意分析一段时期的环流演变过程。

5.3.1　连阴雨开始的预报着眼点

(1)根据 40 a 资料统计,山西连阴雨多数发生在 4 月下旬至 6 月中旬和 9 月至 10 月。连阴雨天气过程与地面冷高压活动方式和路径有密切关系,形成连阴雨天气的一个重要条件是从中高纬度地区不断有势力不强的小股冷空气东移或南下影响山西。若南下冷空气势力较强,即使能产生降雨,过程也很快结束,不会形成连阴雨天气。

(2)注意西太平洋副热带高压的变化,当西太平洋副热带高压稳定,西太平洋副热带高压西部的偏南气流为连阴雨天气过程的水汽输送提供了有利条件。在历年的资料统计中发现,当副热带高压脊线稳定在 30°N 附近,5880 gpm 线西脊点西伸到达 110°E 时,通常会形成连阴雨天气过程中的暴雨天气。一般说来,在有利的环流背景下,强降水落区是随着副热带高压的西伸北抬而向西、向北移动。

(3)亚洲北部为低压,特别是贝加尔湖地区为闭合低压环流,亚洲中纬度环流平直,不断有小股冷空气东移南下。这种稳定的系统,使得山西阴雨天气维持[1]。

(4)当高纬度地区有较强的冷空气南下,并在西西伯利亚平原北部聚集,冷空气主体稳定少动,但不断有小股冷空气沿中纬度东移或东南下时,在 500 hPa 上,青藏高原东部位势高度下降,一般为偏西风或西南风,山西容易出现连阴雨过程。

(5)产生连阴雨天气的地面形势是:连阴雨天气前一、二天,山西一般受弱高压或小高压控制,河套地区为倒槽、低压或冷锋。连阴雨天气期间,山西大都受倒槽、锢囚锋、弱冷锋、高压南缘或弱高压脊后部影响,很少受较强的冷高压控制[1]。

(6)在秋季,当 500 hPa 上古比雪夫与鄂木斯克两站的高度差连续两天出现 ≥150 gpm,而且西宁、西安、成都 3 站持续两天同时出现偏南风(135°～250°)风速 ≥8 m·s^{-1} 时,预计山西将有连阴雨天气过程发生[1]。

(7)山西连阴雨天气的雨区与 500 hPa 上一些特征等高线和 700 hPa 上的湿区有密切关系。当以西风带影响系统为主,而西太平洋副热带高压势力较弱时,雨区一般出现在 500 hPa 上 5760～5840 gpm 线之间与 700 hPa 图上 $T - T_d \leqslant 4℃$ 线范围的重叠区内;当西太平洋副热带高压势力较强,5880 gpm 线西伸到江淮流域,华北处于副热带高压西北侧时,雨区一般出现在 500 hPa 上 5800～5880 gpm 线之间与 700 hPa 上 $T-T_d \leqslant 4℃$ 线范围的重叠区内。连阴雨天气的降雨区主要发生在高空急流中心(风速$\geqslant 50 \text{ m} \cdot \text{s}^{-1}$)的右后方[1]。

(8)地面回流加倒槽容易给山西带来连阴雨天气[1]。

(9)连阴雨期间地面总温度显著增高,气压、气温、水汽压三要素的 14:00 两日滑动曲线的变化由暖低型转变为冷高型时就是连阴雨天气的开始日期[1]。

5.3.2　连阴雨结束的预报着眼点

(1)山西连阴雨天气过程多数是在东亚中纬度从经向环流型向纬向环流型调整时发生的;当纬向环流型被破坏并调整为经向环流时,连阴雨天气结束。

(2)当青藏高原东部转为西北风或偏北风时,连阴雨天气结束。

(3)连阴雨天气期间西风急流锋区一般稳定在 40°～45°N 附近,当此急流锋区南移至 35°N 以南时,连阴雨天气过程结束。

(4)当横槽破坏或中西伯利亚到蒙古的深厚冷低压东移减弱,西太平洋副热带高压势力南落或东退,东亚中纬度调整为西高东低的经向环流时,连阴雨天气结束。

(5)地面图上,西西伯利亚平原中、南部或黑海到巴尔喀什湖地区有一个势力较强的冷高压东移进入河套,山西受此冷高压势力控制,连阴雨天气结束[1]。

5.3.3　结合数值预报产品预报连阴雨天气

目前,山西各级预报员可以获取的数值天气预报模式产品有:国家气象中心 T639 的 1—10 d 全部输出产品;欧洲中心中期数值预报可用时效 10 d 的 500 hPa 形势场、7 d 的各层风场(200 hPa,500 hPa,700 hPa,850 hPa)、7 d 的 850 hPa 和 700 hPa 相对湿度、10 d 的 850 hPa 温度、10 d 的海平面气压场预报图;日本中期数值天气预报可用时效 7 d 的 500 hPa 高度场和地面气压场。连阴雨天气过程往往包括若干短期降水天气过程,连阴雨天气的预报首先要掌握气候背景以及具体的影响系统和大尺度环流的一般平均特征,然后利用欧洲中心 1～5 d 预报的 500 hPa 高度场逐日格点资料求出未来 5 d 的候平均预报场,与各类概念模型及历史典型的个例进行对比分析,看是否具有连阴雨天气的环流特征,并结合实况资料与各类数值预报产品的各种物理量预报进行综合分析,作出山西省未来是否有连阴雨天气发生的动力相似和诊断预报。2009 年 11 月 8—12 日山西省出现了 5 d 的连阴雨(雪)天气,全省有 67 个县市过程降水(雪)量大于 30 mm,过程最大降水(雪)量达 66.1 mm,8 日过程开始以降雨为主,9 日是雨转雪,10—12 日以降雪天气为主,其中 10 日和 11 日山西省中部出现了持续的暴雪和大暴雪天气,对这次连阴雨(雪)天气,国家气象中心 T639 和欧洲中心中期数值预报的 500 hPa 形势场报得较好;EC 500 hPa 2 日 20:00 起报的 168 h 预报准确预报出了 8 日 20:00 乌拉尔山附近的高压脊、中西伯利亚的低压以及贝加尔湖到巴尔克什湖的横槽(8 日开始降雨)。3 日(144 h)和 4 日(120 h)的预报场一直维持对乌拉尔山附近的高压脊、中西伯利亚的低压以及贝加尔湖到巴尔克什湖的横槽的预报,5 日 20:00 起报的 72 h 预报(预报 8 日 20:00)与实况场非常接近(图 5.13),6 日(48 h)和 7 日(24 h)的预报场就更加接近实况场了。欧洲中心中期数值预报的相对湿度场预报了 8—12 日的山西省上空 700 hPa 和 850 hPa 上相对湿度持续在 80% 以上,风场的预报也预报出了影响山西省的低空急流,海平面气压场预报出了造成这次山西连阴雨的地面主要影响系统(高压后部的回流天气);T639 的各种物理量预报场也有很好的指示意义。综合应用各种数值预报产品对连阴雨天气过程的开始时间和持续时间还是可以较为准确地作出预报的。

这次过程从 12 日夜间开始减弱,13 日趋于结束,EC 500 hPa 8 日 08:00 起报的 120 h 预报场预报出了 13 日 08:00 乌拉尔山附近的高压脊东移减弱并出现一个低槽,东亚大槽的建立,山西上空由偏西转为西北气流控制,EC 的海平面气压场的 13 日 08:00 预报场上,山西由高压后部的偏东气流转为地面冷高压控制(图 5.14)。总之,应用 T639 和 EC 的数值预报等产品可以较为准确的预报这次连阴雨(雪)的结束时间。

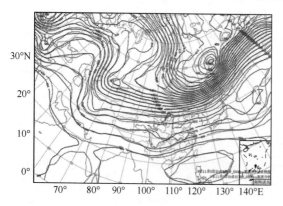

图 5.13　EC 500 hPa 5 日 20:00 起报的 72 h 500 hPa
预报场(实线)与实况场(虚线)(过程开始)

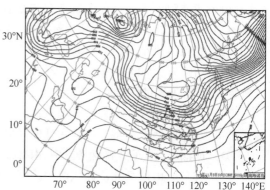

图 5.14　EC 8 日 08:00 起报的 120 h 500 hPa
预报场(13 日 08:00)(过程结束)

5.4　典型个例分析

个例 1:1991 年 5 月 28 日—6 月 2 日山西省出现了 6—7 d 连阴雨天气,全省有 57 个县市过程总降雨量大于 30 mm,过程最大总降雨量达 49.2 mm,此次过程的特点是持续时间长、过程雨量分布均匀、影响范围广,小麦出芽霉变,受灾十分严重。是一次典型的双阻高—低压型连阴雨天气过程。

500 hPa 上山西省上空环流平直,过程期间,乌拉尔山附近和东西伯利亚的高压稳定少动,巴尔克什湖与贝加尔湖之间的低涡不断有短波槽分裂并东移,与高原上的短波槽合并加强,影响山西省,造成阴雨相间的天气,此次降雨天气过程副热带高压偏南偏弱,连阴雨期间无暴雨天气(图 5.15a)。

中层(700 hPa)有西北涡和切变线不断地生成,东移影响山西省,过程期间有低空急流的加强北抬,为阴雨期间充足水汽的输送提供了有利的条件(图 5.15b)。

地面形势特征是:过程前期是河套倒槽冷锋东移影响山西省,然后转为高压底部偏东气流控制,过程结束时受高压控制(图 5.15c)。

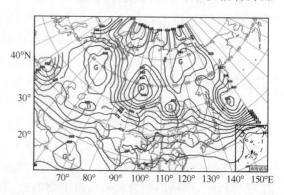

图 5.15a　1991 年 5 月 28 日 08:00 500 hPa 形势图

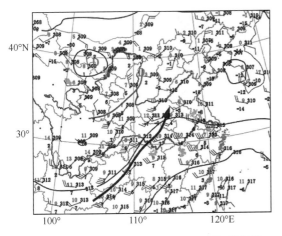

图 5.15b　1991 年 5 月 28 日 08:00 700 hPa 形势图

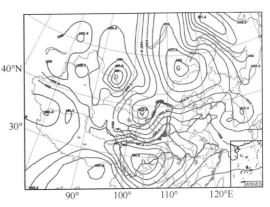

图 5.15c　1991 年 5 月 28 日 08:00 地面形势图

个例 2：1994 年 10 月 14—20 日山西省出现了 5～7 d 连阴雨天气，全省有 69 个县市过程总降水量大于 30 mm，南部的过程总降雨量超过 50 mm，过程最大总降水量达 124.1 mm。此次过程的特点是持续时间长、降水强度强、过程降水量大、范围分布广，是一次典型的中亚横槽型连阴雨天气过程。

500 hPa 上从贝加尔湖到里海有横槽存在，稳定少动，山西省处在横槽底部的偏西气流里，横槽底部不断有冷空气扩散南下影响山西省[2]（图 5.16a）。

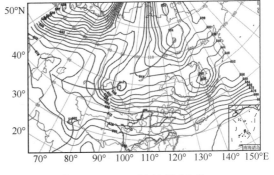

图 5.16a　1994 年 10 月 13 日
20:00 500 hPa 形势图

中层（700 hPa）有南北向的切变线不断生成，过程期间一直有低空急流的存在，西南低空急流强且稳定少动，此次低空急流是阴雨期间充足水汽的输送带（图 5.16b）。

地面上，山西省一直处在高压底部的控制下，高压中心在贝加尔湖与巴尔克什湖之间稳定少动（图 5.16c）。

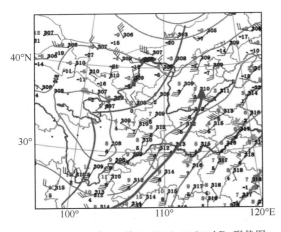

图 5.16b　1994 年 10 月 14 日 08:00 700 hPa 形势图

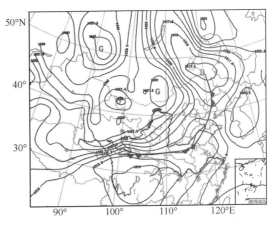

图 5.16c　1994 年 10 月 14 日 08:00 地面形势图

个例3:2005年9月24日—10月4日山西省出现了6~10 d的连阴雨天气,全省有51个县市过程总降水量大于30 mm,19个县市过程总降水量大于100 mm,过程最大总降水量达151 mm。此次过程的特点是持续时间长、降水强度强、过程降水量大、范围分布广,是一次典型的平直环流型连阴雨天气过程。

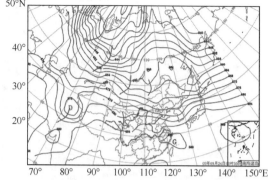

图5.17a　2005年9月24日08:00 500 hPa形势图

500 hPa上整个欧亚上空无明显的高低压系统,环流较为平直,高原西部不断有短波槽东移影响山西省,南海有台风存在,副热带高压稳定少动(图5.17a)。

中层(700 hPa)高原东侧不断有西南涡生成,低涡沿着700 hPa西南气流向东北移动,在山西省上空形成西南风与东南风的暖式切变线,过程期间不断有暖切变线生成和低空急流的存在,持续稳定的低空急流保证了阴雨期间的水汽供应(图5.17b)。

地面上山西省处在高压后部,低层主要受东路冷空气的影响(图5.17c)。

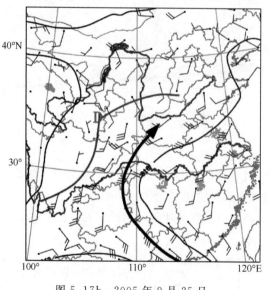

图5.17b　2005年9月25日
08:00 700 hPa形势图

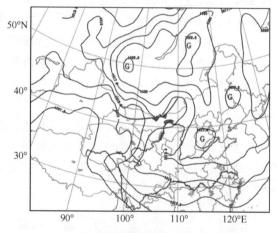

图5.17c　2005年9月26日
08:00 地面形势图

个例4:2007年9月26日—10月13日山西省出现了6~17 d的长连阴雨天气,全省平均总降水量为89.6 mm,全省有96个县市过程总降水量大于30 mm,其中46个县市过程总降水量超过100 mm,7县市的过程总降水量在150 mm以上,过程最大总降水量达207.3 mm。这次过程的特点是:降水范围大,持续时间长,过程降水量大。在历史上是少有的,是一次典型的单阻高—低压型(L型)连阴雨天气过程。

从500 hPa环流形势来看,主要特征是乌拉尔山阻高稳定少动,中亚环流平直;乌拉尔山东部两次东移的长波槽是此次过程的主要影响系统;强大而稳定的副热带高压使冷暖空气交汇于山西省(图5.18a)。

从中低层(700 hPa 和 850 hPa)形势看,偏东和偏南两条气流,形成了两条水汽通道,保证了充沛的水汽供应,山西省上空不断有切变线生成,低层西南急流强(图5.18b)。

地面形势上:有两次冷锋过境,第一次过境后山西省转为高压底后部控制,持续的降雨,使得地面高压减弱,第二次冷锋过境后山西省受地面冷高压控制,阴雨天气结束(图5.18c)。

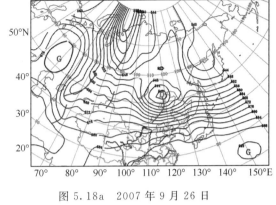

图 5.18a　2007 年 9 月 26 日
08:00 500 hPa 形势图

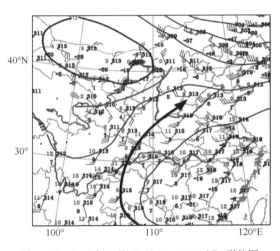

图 5.18b　2007 年 9 月 27 日 08:00 700 hPa 形势图

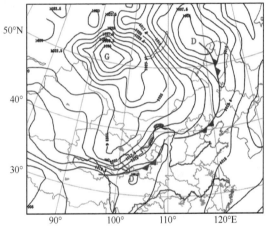

图 5.18c　2007 年 9 月 26 日 08:00 地面形势图

参考文献

[1] 山西省气象局.山西天气预报手册[M].北京:气象出版社,1989.

[2] 苗玉芝,任璞.山西省一次连阴雨过程分析[J].山西气象,1995(3):3-5.

[3] 王秀文,李月安.北方麦收期间连阴雨天气环流特征[J].气象,2005,31(9):52-56.

[4] 林纾,章克俭.西北区中东部 2000 年与 2001 年秋季连阴雨分析[J].气象,2003,29(2):34-38.

第6章　常规天气要素与落区预报

"天气"是指某个时刻或某个时间范围内的大气状态。这种大气状态是各种气象要素,包括气压、气温、湿度、风、云量、降水量和能见度等的综合表现。气象要素的空间分布及其随时间的变化,对天气的分布及其变化有十分密切的关系。气象要素预报是各级气象台站日常业务预报的基本内容,也是预报业务质量考核的重要方面。

天气预报是根据天气学的基本实践和理论知识,对主要天气系统作定性估计或定量推算,然后考虑地区性的天气特点,做出未来天气的预报。天气预报实际上分为两个步骤:第一步是天气形势的预报,主要预报各种天气系统的生消、移动和强度变化;第二步是天气现象和气象要素的预报,包括气温、湿度、风、云、能见度、降水等天气现象变化的预报。[1]

常规天气要素预报包括云、雾、降水、气温及风等的预报等,其预报方法依靠天气学、动力气象学、数值天气预报和相关科学。在数值预报没有应用到实时业务之前,预报员用天气图方法主观地通过经验推测未来的天气变化,用经验统计方法做出未来要素预报。目前,预报员主要以数值预报产品为基础,利用数值预报产品的动力释用技术,在对数值天气预报产品检验的基础上,根据对天气形势的预报,分析天气系统对预报区域的影响时间、范围,结合本地特殊的自然地理条件和气象要素的气候统计规律,对气象要素的客观预报结果进行订正,做出逐站的未来常规要素预报。因此,常规天气要素预报分为客观预报和主观预报。

落区预报一般指暴雨、暴雪、雷暴、冰雹、大雪、寒潮、高温、大风、沙尘暴、霜冻、雾等灾害性天气的落区预报,灾害性天气的落区预报一直是预报的难点问题,也是社会关注的热点。

6.1　常规天气要素的客观预报

随着信息技术和计算机的发展,近年来气象数值预报技术的水平不断提高,我国的数值预报水平也有长足的发展,目前,3 d 以内的数值预报形势场已经超过经验预报,5~6 d 以内的数值预报形势场也达到可用水平。天气要素的客观预报方法,就是把数值预报对天气形势和过程的预报描述转化为对常规天气要素和灾害性天气的预报,其核心技术就是对数值预报产品的解释应用技术,目前主要采用数值预报模式输出统计订正技术。

以数值预报产品解释应用为基础的常规天气要素客观预报技术,主要有模式直接输出(DMO)技术、完全预报法(PP)、模式输出统计法(MOS)、卡尔曼滤波法(KLM)、人工神经元网络(ANN)、支持向量法(SVM)等方法。

目前,短期温度、湿度等连续变量的客观预报水平,已接近甚至超过预报员的主观预报水平,但降水、风等不连续常规气象要素的预报结果与实际情况还有较大差距,客观预报产品必须经过预报员的订正和处理才能面对终端用户。

随着数值预报模式 T639、日本、德国、欧洲数值预报模式的预报水平不断提高,直接根据数值预报产品的温度、湿度、风和降水场,按站点的经纬度将其从格点场的值插值到站点值的模式直接输出法(DMO)方法愈来愈多地使用。在实际应用中,需要根据预报区域的地形地貌和测站的实际观测值、气候极值对预报值进行修改和订正。

目前,模式输出统计法(MOS)在作定点定时的常规天气要素预报中,尤其在城镇预报中的常规天气要素预报中得到广泛应用,对于乡镇天气要素的预报可以根据附近台站的 MOS 预报结果进行补充订正。MOS 天气要素预报的具体方法是:从数值预报模式输出的归档资料中选取预报因子向量,建立预报天气要素与预报因子向量同时或近于同时的线性回归方程,具体预报时,把数值预报的输出结果代入相应的预报方程,即可得到所需的天气要素预报值。它的优点是可以去除数值预报模式的系统误差,预报效果也较好,但对数值模式的产品需要较长时间的稳定历史资料,在足够长的历史资料统计下,才能得出稳定的预报对象和预报因子的关系,方程建立依赖于模式,模式有比较大的变化后,需要重新建立方程,若沿用老的方程,即使模式预报精度有了很大的提高,也有可能得不到好的预报效果。在预报降水量、风等不连续天气要素的预报时,效果也不太理想。

在天气要素客观预报方面,国家气象中心开发了基于 T639 模式的 MOS 预报业务系统,提供 1～7 d 全国城镇站点的最高(最低)气温、最大(最小)相对湿度、风向风速和降水等预报。气温和相对湿度的短期预报可信度较高,而降水预报效果较差。

6.2　常规天气要素的主观预报

目前,天气要素预报主要是在数值预报指导产品基础上由预报员订正制作。新一代天气预报员的主要任务是如何更好地解释和应用数值预报产品,判断模式误差和局地效应的影响,掌握检验与订正模式结果的方法,能够从统计和动力学方面理解预报成功与失败的原因,通过自己对模式预报性能的了解,对模式形势预报进行订正,作出预报。这就要求预报员应该具备运动学方法、动力学诊断、统计预报等知识;具备数值预报的知识及解释和应用数值产品的能力;还要具备局地气候背景知识和掌握各类天气概念模型。

现代天气预报的思路是以数值预报模式产品为基础,在以天气学、动力学为基础的分析、检验、订正的基础上,加上预报员的经验(指标法、地形影响特点、数值预报性能特点等)做预报。在做常规天气要素的预报时,预报员应先在充分分析各种实况资料和数值模式预报产品的基础上,建立明确、清晰的预报思路。首先要充分认识、理解和分析实况,要素预报常用的主要常规和非常规观测资料有:地面观测资料、高空探测资料、卫星和雷达图像及其相关反演资料、闪电定位、自动站资料、重要(危险)天气报告等。充分地分析这些资料,认识并理解其所反映的影响系统特点、动态及其空间配置关系,形成一种立体结构天气系统概念模型。然后再分析各种数值预报产品,把握天气影响系统的结构、移动速度、强度变化以及系统的来龙去脉,根据当前天气形势,对未来天气形势的演变发展做出预报。

针对预报的不同时效(短期、短时、临近预报)和不同要素(温度、风、相对湿度、降水等),有选择地使用众多信息,尤其要注意常规观测资料中高低层及地面特殊天气的使用,如地面图上云、天气现象、特殊天气,高空图上 100 hPa 或 200 hPa 急流、阻塞高压、南亚高压、低层图上

925 hPa急流、中尺度系统,还要注意有关物理量(涡度、散度、水汽通量、垂直运动等)的分析应用,更重要的是密切关注每小时一次的地球同步卫星云图及雷达回波,及时了解中小尺度天气系统发生发展的背景场。另外,根据不同的灾害性天气和要素预报,建立垂直方向上要素组合图,三维可视化图,综合动态图,根据不同季节、不同天气过程、作出预报场的锋面、高空槽、高低压、台风、副高、切变线、高低空急流以及温度等预报动态图等。

客观预报产品是建立在数值预报产品解释应用技术之上的,利用气象要素客观预报产品,能在一定程度上修正数值预报误差,但仍需要预报员进行主观加工订正。预报员需要对比分析客观预报产品与实况的误差,然后根据对各种客观产品评估的结果和自己的经验,进行人机交互作业,修正气象要素客观预报产品。

6.2.1　天气形势的预报

形势预报首先要从全局考虑,能够追踪单层等压面上的影响天气系统符合大气运动规律(路径连续、移速符合季节变化的连续)的演变趋势,包括过去的路径、现在的位置、未来的去向,即了解过去、把握现在、预测未来,具体方法可以用系统动态图来解决;从整体考虑,能够追踪高、中、低空三维结构系统的动态,依据垂直运动方程、位势倾向方程两个诊断方程原理,用温度平流、涡度平流等,分析追踪系统的动向及发展变化,具体方法可以用综合系统动态图来解决;从宏观上把握天气过程,即根据各层系统的移动速度、强度变化,能判断将来会出现什么性质的天气,如前倾槽的强对流、后倾系统的稳定降水,雨雪转换等。其次,从部分或微观考虑,对于某个影响系统,能根据系统压、温、湿、风三维结构,判断不同部位的不同天气,能区分、辩明影响系统所对应的天气区及其发展变化,用概念模型来解决。所需要分析的天气图有地面天气图、地面3 h变压图、地面24 h变温图等地面实况监测资料;高空天气图、探空曲线图、温度对数压力图、高空24 h变压图、SI指数场、各层次涡度场等高空观测资料及物理量参数;自动站1 h降水资料、加密雨量站资料等自动站资料;还有云图的解释和应用,看图型可以得到天气系统三度空间结构和大气中热力动力过程的信息,看边缘得到天气系统强度的信息,看像元可以得到大气状态的信息。

天气形势的分析重点,首先分析出现在山西和周边地区的天气实况、特别是重大灾害性天气及其相应的主要和间接影响或制约系统;其次要分析上述天气实况及主要影响系统的形态和强度变化、动态;接下来分析下垫面、高低空系统的配置及其与主要天气的关系;然后分析不同纬度带系统的位相、强度、配置及其与主要天气的关系;还要考虑上下游能量频散效应;最后分析不同尺度(大、中、小)天气系统的配置、相互制约及其与主要天气的关系。

对未来天气形势的判断,要依据数值预报模式,分析高纬度低涡对大尺度环流的影响,分析大尺度环流背景,长波是否稳定,系统是否处于永久性(海陆分布特点、背风坡处)系统的位置,有纬向、经向型,两槽一脊、两脊一槽、东高西低、西高东低型等。寻找、追踪影响系统,如500 hPa低槽(涡),700 hPa,850 hPa低涡、切变线、锋面、急流、副高、热带辐合带(ITCZ)等热带系统,南支季风槽或低压等,当其移动至平均位置附近时的发展,系统到我国东部沿海强烈发展、环流调整,东亚大槽重建。还要考虑中、低纬度系统的叠加问题,北槽赶上南槽,系统要向南侵入;南槽赶上北槽,引导冷空气南下。记住几个永久性槽脊的位置:东亚大槽,白令海峡低压,乌山阻高等。

综合对比分析参考各种数值预报产品,数值预报图绝不能当做一张常规天气图使用;根据数值预报产品所做的物理量场预报的好坏与数值预报产品本身的质量有关;由于环流形势和主要影响系统的预报误差会导致要素预报的落区、强度不准确。因而需进行订正。分析重点,首先看 0 场资料分析并与观测分析场进行对比分析,并找出其差异或不足之处;分析未来 3 d内的形势预报,重点抓大型环流形势及主要影响系统的特点、演变及高低空、下垫面、上下游之间的配置关系;掌握各类数值预报产品对不同时效、不同季节、不同纬度带、不同地区、不同天气系统和要素预报的性能,预报产品是否稳定,是否有系统性误差。总结并灵活运用预报经验和指标,加强会商,参考其他台站的天气预报,综合运用众多的信息、技术和经验,逻辑思维,最终做出天气形势预报。

随着天气预报技术的发展,单纯靠天气形势分析方法主观经验制作预报已不能很好地解决天气预报实践中提出的大量问题。准确的天气预报是建立在对天气过程深刻认识的基础上,诊断分析是达到这种认识的一种重要途径。

配套使用物理量诊断分析是对天气形势分析的一个更加科学的方法,天气的发展是一个应用物理问题,只有对影响本地区的天气系统的发生、发展各阶段气象要素场(或称物理量场)的三维空间结构的物理图象有较清楚的认识,进而掌握这些天气发生发展的规律,才有可能对天气形势作出较为准确的预报。诊断物理量包括有描述大气热力和动力过程这两类诊断量。诊断分析量是针对诊断对象,如暴雨、大风,选取合理的大气热力、动力学诊断方程,使用大尺度场的资料进行计算而得知的,其数值解与实际大气中客观存在的场量之间是有差异的,其原因是直接参加计算的温、湿、压、风等要素有观测误差,在计算过程中会累积放大;另一方面用差分代替微分产生的截断误差等。重点分析各种物理量的分布、强度、变化及其与天气实况和影响系统演变的关系;各种物理量场的水平和空间配置关系;各种物理量场的量级、数值是否达到了某种天气出现的阈值。同时应注意不同的天气系统诊断分析的重点不同,不同季节诊断分析的重点不同,尽管天气相同,但不同纬度带、不同地区物理量(或阈值)相差很大,不能简单地套用。

为做好天气预报,预报员必须重视、并要做好各预报模式的检验订正。首先应根据实测数据对预报模式的初始场进行检验,包括对主要业务预报模式的分析和评估;对预报模式的预报趋势和偏差的讨论;对不同预报模式间的差别和倾向性的分析。要非常注重对不同预报模式的比较;不同预报模式对同一天气系统强度和位置的比较;同一预报模式不同预报时效对同一天气系统预报的对比;再结合自己的经验,从而做出最合理的选择和判断。具体做法是,分不同季节、不同地域检验。对于天气预报员,影响系统检验是最根本的,影响系统的检验内容有:地面锋面、高空槽、低涡、切变线、(低空)急流、副高(588 线、脊线、西脊点、强度),甚至阻塞高压等。如果某个预报模式的预报误差一成不变,那么这个模式就是一个很好的预报模式,但实际情况是不可能的,因此必须经常、甚至每天进行检验。假设某预报模式在短期内的预报误差倾向近似不变,则依据检验所得误差进行预报订正,形成预报结论。

对于短期过程需要做影响系统订正,对于中期过程,在考虑影响系统的情况下,做天气过程的大致影响区域和影响时段订正即可。若经检验预报误差较大,是否做大的订正要慎重,因为毕竟是过去的预报误差,未来几天是否还是这种预报误差倾向没有必然性,这里同样存在一个"预报误差倾向的转折性"问题。这需要对预报模式的长期分析、检验、积累、总结,是个长期经验积累的过程。

中尺度模式的检验订正的难度更大,特别是降水(3 h,6 h,12 h,24 h)降水预报的订正,因为短、中期的检验、订正均基于影响系统的订正之上，而中尺度模式对影响系统的订正几乎是不可能的。影响降水的主要因素是物理参数，或参数化方案问题，这恰恰不是预报员要关心、订正的东西。

对于短期天气预报，以检验订正某一个预报模式为最佳，但难度较大。对于中期天气预报，集合预报产品有其明显的优势，因为若订正各家预报模式，则耗时太多；再则中期天气预报仅给出天气过程即可；在订正模式难度较大的情况下，集合预报产品应为最佳选择。对于24 h内预报，集合预报应该作用比较明显。实际预报当中，根据对各家预报模式的分析、检验、对比，最后给出主要参考预报模式，做出综合预报结论，本身就有集合预报理念；对于某一预报模式，连续追踪其预报结果，分析其预报的连续性、稳定性问题，最后做出取舍选择，主要依据其做出预报结论，也是集合预报理念。

6.2.2　天空状况预报

中国气象局标准天空状况用语：晴、多云、阴、阵雨、雷阵雨、雷阵雨并伴有冰雹、雨夹雪、小雨、中雨、大雨、暴雨、大暴雨、特大暴雨、阵雪、小雪、中雪、大雪、暴雪、雾、冻雨、沙尘暴、小到中雨、中到大雨、大到暴雨、暴雨到大暴雨、大暴雨到特大暴雨、小到中雪、中到大雪、大到暴雪、浮尘、扬沙、沙尘暴、强沙尘暴、特强沙尘暴等。天空状况是以实际云量、云属和云高等大气状况和阳光投射程度来决定的。

云(cloud)，悬浮在大气中的大量微小水滴或冰晶或两者混合的可见聚合体。有时也包含一些较大的雨滴或冰雪粒。底部不接触地面。底部接触地面的称为雾。大气中水汽达到饱和后在云凝结核上凝结成大量细微水滴而形成云。云滴很小，直径为 $1 \sim 100 \ \mu m$。它们落速很小，能长期漂浮在空中。云滴浓度一般为每立方厘米几十个到上千个。每立方米云中，液态和固态水的含量一般为 $10^{-2} \sim 10^{1} \ g^{[2]}$。云是调节辐射平衡和水汽循环、影响气候变化的重要因子，其形成与特性是地表与大气各种动力、热力过程作用的结果[3]。

云的生成和演变与降水有着密切的关系，并对温度、湿度、能见度等气象要素的变化有着重要的影响。云的预报是要素预报中首先要重点考虑的项目。云是气象要素中变化较快的要素之一，云本身的分布、特征和高度总是不断变化的，天空云量的预报现在仍存在较大困难。做云的预报，一方面要考虑天气形势及将影响当地的天气系统特点，另一方面则要考虑本地区的地形等特点。

云量是指云遮蔽天空视野的成数。总云量指观测时天空被所有的云遮蔽的总成数。低云量是指天空被低云所遮蔽的成数。云量的多少是确定天气的晴、少云、多云和阴等天气状况的依据。

云量的观测包括对总云量和低云量的观测。世界气象组织(WMO)对云量的报道有严格的标准。由一种特定类型的云(部分云量)或全部类型的云(总云量)覆盖天空的成数就可以估计云量，在两者任何一种情况下，以最接近的八分量(八分之一)估算(我国采用十分量)，并按最接近的八分量的标度来报告，除了数字0和8在标度上分别为完全晴空和阴天外，其余依次按云量多少调整到最接近的数字[4](表6.1)。

表 6.1　云量和天空状况的关系

云量(十分量)	0～1/10	2/10～4/10	5/10～8/10	9/10～10/10
云量(八分量)	0～1/8	2/8～3/8	4/8～6/8	7/8～8/8
天气	晴(碧空)	少云(疏)	多云(裂空)	阴(密)

　　总云量在 2 成以下称为晴天、8 成以上称为阴天。山西省晴天日数是由南向北增加的,阴天日数由南向北减少,年平均晴天日数在 80～120 d,阴天日数在 60～130 d。太原盆地以北地区,晴天日数在 100 d 以上(五台山最少,只有 81 d,阴天日数不足 100 d)。其中大同盆地南端和黄河谷地晴天日数超过 120 d,山阴最多达 127 d;大同盆地南端、晋西北地区及忻定盆地北部阴天在 80 d 以下,河曲只有 58 d。太原盆地以南地区,晴天日数不到 100 d(阳城、芮城晴天仅 70 多天),阴天超过 100 d,省境最南端的芮城每年有 140 d 的阴天[5]。

6.2.2.1　云的形成

　　云是由于大气中的水汽凝结或凝华而产生的。云的形成、演变及其在全球的分布,是动力过程、热力过程和微物理过程相互作用的共同结果。另外云的生消演变及降水过程,还受到其他诸多因素如辐射作用、地表气温、水汽含量、云凝结核浓度等的影响,这些影响主要是通过热力过程、动力过程和云的微物理过程实现的,而不同过程之间存在复杂的相互作用。因此,这些过程的任何变化势必会影响云和云量的变化。

　　形成云的基本条件有两个:一是空中要有足够的水汽;二是要有使空气中的水汽发生凝结(华)的冷却过程,主要是由上升运动引起的绝热冷却。使空气中水汽增加的途径有二条:一是从低层来,二是从水汽源地水平输送来。如果下垫面是海、河流或湖泊,其上空的水汽一般较充沛,在陆地上,水汽的增加主要靠水汽平流,也叫湿度平流。空气中的水汽一般是不饱和的,要使水汽凝结成云需要降温。上升运动就是使空气降温的最主要原因,空气上升膨胀冷却,是水汽达到饱和凝结成云的主要过程。上升运动的性质不同,产生的云也不一样。上升运动概括地可分为两类:一类是大尺度的,一类是对流性的。大尺度的上升运动范围广,速度小(一般每秒仅几个厘米),但持续时间长,所以产生的云也是大范围的(如高层云、雨层云、卷层云等),视上升运动所达高度、水汽含量与温度的不同而产生不同的低、中、高云。系统性的大尺度上升运动主要产生于槽前、气流辐合区、暖锋上以及山坡的迎风面等。对流性的上升运动则是局地性的,局地空气对流形成垂直发展的对流云,这种云上升速度快、发展也快。夏季有时一片积云,底部均在一个近似的平面上那就是凝结高度。

　　当高空槽前有较强的辐合上升作用,偏西气流又比较潮湿,可形成大片的卷云,有时带辐辏状有系统地侵入天空。当强烈的冷空气南下时,高空系统处于地面冷锋的前面,在冷锋未到之前,先有冷平流侵入而形成积云,随后会带来强烈的雷雨天气。在傍晚,由于对流减弱,积云顶部下塌,底部延展而成,有时不经过积云阶段,由地面受热的空气上升到凝结高度,直接形成积云性层积云。层积云通常形成于逆温层下,是稳定天气的象征。当测站在气团内部控制下由于日变化引起天空对流极强,气层极不稳定,使积云变成浓积云,再变成积雨云,这种云通常伴有雷或降水。高空出现冷涡,地面形势上常因气流扰动出现大量的对流性低云,如淡积云和浓积云,伴有降水产生且时降时停。在寒冷季节,比较深厚的冷空气气旋区域内常因辐射冷却形成卷层云和高层云,冬季高压控制下通常有 1～2 d 阴天通常就是由辐射造成的高层云[6]。

　　山西云量主要受副热带高压、中纬度经(纬)向环流、高原季风和太阳变动的综合影响。当副高加强、面积增大,向北扩展,中纬度经向环流增强时,冷暖空气在山西高原交绥次数增加,造成山西云量增加,否则反之。山西高原当太阳活动强烈时,高原近地面大气层易出现热低压,湿润下垫面和热低压结合,促使对流云增多。

气温的变化可能从不同方面对云产生影响。一方面,它会影响到大气中的水汽含量,如果气温升高,会有更多的水汽蒸发进入大气中;气温下降,会抑制蒸发作用,水汽含量减小。而在气温相同条件下,大气中的水汽含量多,更有利于云的形成,使云量相应增多。另一方面,气温的变化,能改变大气层结的稳定性,即气温升高,大气层结的稳定性减弱,对流活动更易产生,可促进云的生成与发展,有利于云量的增多;反之,则可能使云量减少。

除此之外,高大山脉迫使气流抬升的地形动力作用也是一个不可忽视的影响因子。如山地上空,在迎风坡,空气上升,有利于云的形成。如果移来的气团是稳定的,则可形成大片的层状云。如果移来的气团是不稳定的。则气流经地形抬升,可形成积状云,有时还会产生雷阵雨天气。在背风坡则相反,下沉气流不利于云的形成,故多晴朗天气[7]。

6.2.2.2　云量的分布特征

山西是全国云量偏少的地区之一,年平均总云量4～6成。年平均总云量有由北向南逐渐增多的趋势,山区一般多于平川、盆地。太原盆地以北地区年平均总云量在5成以下,其中大同盆地、晋西北、忻州北部为4.2～4.5成;右玉、兴县最少,只有4.3成。太原盆地以南年平均总云量在5成以上。陵川、沁水、河津一线以南最多,为5.5～6.0成,最南端的芮城年平均总云量在6成以上,是本省云量最多的地方。一年之中总云量以夏季最多,月平均在6成左右,春季次之,秋季较少,冬季最少,仅3成左右,低云量以夏季和初秋最多,月平均2.0～3.5成,其中,五台山顶多达5成;春秋次之,冬季最少,一般不足1成。

全省总云量在年内分布:大同盆地、晋西北黄土丘陵区、太原盆地及周围地区6—8月最多,月平均在5.5～6.5成;最少时期在11月—次年1月,各月均不超过3.5成。吕梁山区的兴县、离石、隰县及晋中地区的介休、榆社总云量最大值分别在4月和6—8月。一般,月平均总云量为5.5～6.5成;最少时期在冬季,月平均总云量不超过4成。山西南部的运城、临汾、晋城、长治,3—9月各月平均总云量都较高,在5.5～7成;11月至次年1月较少,在3.5～5成[8]。

6.2.2.3　云预报着眼点

云的预报主要是通过各种资料,对水汽和上升运动这两个条件进行分析和判断。对水汽的分析,主要是通过地面或高空各层的露点、温度露点差、比湿等分析水汽的空间分布,通过分析环流形势的演变和干、湿平流的情况,判断水汽未来的变化;另外从温度对数压力图上的层结曲线和露点曲线的分布状态,可了解水汽的垂直分布和各高度上空气的饱和程度,温度露点差愈小的区域,空气愈接近饱和,愈有利于云的生成和发展。大尺度动力强迫、地形强迫、热对流以及小尺度强迫均可引发上升运动。对上升运动的分析,首先通过环流形势判断是否有明显的天气系统,主要包括:锋面、气旋、高空槽、低涡、切变线等,在足够的水汽条件下,系统性的上升运动,能形成大范围的云和降水;第二,要注意分析小范围的辐合区,包括局地的风向辐合、风速辐合、气流的垂直切变等,在一定条件下可产生局地的云雨;第三,注意地形和下垫面性质的不同引起的局地上升运动。在迎风坡空气沿坡上升,有利于云的形成,反之,背风坡空气做下沉运动,不利云的形成;第四,由于热力作用,形成的山谷风和海陆风均可产生局地的上升和下沉运动,对云的形成和消散均有影响。故在实际业务中要注意结合本地区下垫面的具体特点进行分析预报。

云体按其尺度和气流特性可分为积状云和层状云。积状云是湿空气在对流上升运动中冷却凝结而成的,其水平尺度和垂直速度具有同一数量级(1~10 km),维持时间为 10 min 到 2 h,垂直气流很强,约为 1~20 m·s^{-1}。积云气流的作用力主要是云内外空气密度不同所引起的浮力。它的发展主要和大气温度层结有关。层状云是湿空气在辐合抬升、湍流混合和辐射冷却过程中形成的。大范围的降水层状云系,一般都是大尺度气流水平辐合抬升的产物,通常都同气旋、锋面、切变线等天气系统相联系。水平尺度为 1000 km,远大于垂直尺度(几公里)。维持时间为 1~3 d,垂直气流速度为 100~103 cm·s^{-1}。在这类云系中还存在着一些中尺度结构,称为雨带,其水平尺度约为 50 km,垂直气流速度为每秒几十厘米,地面雨强约为 10 mm·h^{-1}。还有一些小尺度结构,其水平尺度约为几公里,升速约为 100 cm·s^{-1}。大气波状运动和地形抬升过程对某些云的动力过程有显著作用[9]。

6.2.2.4　云预报主要步骤

(1)了解天气背景

主要指了解本地的气候特点、天气背景以及近期需重点关注的重要点或灾害性天气,并查看最近的短期气候预测、中期天气预报以及上级指导预报和本单位最近的一次短期预报。

(2)分析实况

利用探空资料、地面观测资料以及卫星云图、雷达资料、GPS 等各种资料,分析预报区域以及周围地区天空状况的实况和过去 24 h 的变化情况,并结合高空、地面形势场的分析,明确目前高、低空的主要影响系统和其强度以及影响区域。运用天气学原理,结合形成云所需的条件,主观外推未来云变化的趋势。

(3)数值预报分析和应用

可直接分析有天空状况的数值模式输出的预报产品;也可利用数值预报的天气形势、要素、物理量等预报场,分析主要影响系统、温度条件、水汽条件、上升运动、大气层结等,结合预报员经验,运用本地总结的预报指标和预报工具制作天空状况预报。

(4)本地订正

根据本地地形、地貌等地方性特点,进行订正,最后得出本地天空状况预报。

6.2.3　降水预报

降水预报是气象要素预报的主要项目,大气科学辞典对降水(precipitation)的解释是:从大气中降落到地面的各种固态或液态的水粒子,如雨、雪、霰、雹等。降水不包括露、霜、凇、雾等,因为它们不是从大气中"降落"下来的;也不包括云、雨幡等,因为它们没有到达地面。降水按其粒子物理可以分成:雨、毛毛雨、雪、雪团、米雪、霰、冰粒、冰雹、冻雨等。降水粒子一般是在云中通过凝结、凝华、碰并、凇附、集合、溶化等过程演变下落到地面的。

降水按其强度变化可分为三类:(1)连续性降水,持续时间长,强度变化小,通常降自层状云;(2)间歇性降水,强度时大时小或者时降时停,但变化都较缓慢,通常降自层状云;(3)阵性降水,开始和停止都比较突然,强度变化也大,主要降自积状云,所以同对流性降水一般是同义词。液态阵性降水称为阵雨。降水按其产生的动力学过程分为三类:(1)对流性降水,从对流云中产生的降水;(2)系统性降水,是与天气扰动(如低压、锋、切变线等)相联系的大范围降水;

(3)地形性降水,由地形抬升所造成的降水。降水性质包括降水量、降水时间(历时)和降水强度。

6.2.3.1 一般降水的形成过程

降水形成的条件主要:一是水汽条件,二是垂直运动条件、三是云滴增长条件。其中云滴增长条件主要取决于云层厚度,而云层厚度又取决于水汽和垂直运动条件,故在降水预报中主要分析水汽条件和垂直运动条件。降水区可达天气尺度的大小,包括连续性或阵性的大范围雨雪及夏季暴雨等。降水是大气中水的相变,即水汽凝聚成雨、雪等的过程,从其机制来分析,某一地区降水的形成,大致有三个过程:

首先是水汽由源地水平输送到降水地区,这就是水汽条件。

其次是水汽在降水地区辐合上升,在上升中绝热膨胀冷却凝结成云,这是降水的垂直运动条件。

最后是云滴增长变为雨滴而下降,这就是云滴增长条件。

这三个降水条件中,前两个是属于降水的宏观过程,主要决定于天气学条件,第三个条件是属于降水的微观过程,主要决定于云物理条件。

一般认为云滴增长的过程有两种:一种是云中有冰晶和过冷却水滴同时存在,在同一温度下(以-10～-20℃最为有利),由于冰晶的饱和水汽压小于水滴的饱和水汽压,致使水滴蒸发并向冰晶上凝华,这种所谓的"冰晶效应"能促使云滴迅速增长而产生降水。另一种是云滴的碰撞合并作用。当云层较厚,云中含水量较大并有一定的扰动时,则有利于云滴的碰撞合并使云滴增大形成降水。上述两种过程,对不同纬度、不同季节的降水,有着不同的作用。在中高纬,云内的"冰晶效应"起着重要作用,当云发展很厚,云顶温度低于-10℃,云的上部具有冰晶结构(如 As,Ns,Cb 等)时,就会产生强烈的降水。而云层较薄,完全由水滴组成(如 St,Sc 等)时,则只能降毛毛雨或小雨。在低纬度和中纬度的夏季,由于-10℃等温线较高,有些云往往发展不到这个高度,云中只有水滴,不含冰晶。但云层发展较厚时,云滴的碰撞就起着重要的作用,因而也能形成较强降雨。可见,云滴增长的条件主要决定于云层厚度,而云层的厚度,又决定于水汽和垂直运动的条件。水汽供应愈充分,则云底高度愈低;上升运动愈强,则云顶高度愈高。因而云层愈厚,云滴增长愈快,降水量愈大。所以在降水预报中,通常只要分析水汽条件和垂直运动条件就够了[10]。

6.2.3.2 降水量空间分布特征

山西省大部分地区年降水量界于 400～700 mm,等值线走向大体与山脉一致,从东南向西北递减。

(1)东部多于西部,南部多于北部,山地多于盆地。长治、晋城的大部分地区、临汾的安泽和古县,晋中的榆社、和顺、昔阳等县的部分山区及吕梁山海拔 1500 米以上的山区,年降雨量为 600～700 mm,为山西省的多雨区;临汾和运城盆地在 500～550 mm;太原盆地 450～500 mm;忻定盆地 450 mm 左右,大同盆地、繁峙、神池的西北部、平鲁西部等地为少雨区,年降雨量不足 400 mm。

(2)山地易形成多雨中心。由于地形的抬升作用,暖湿气流遇山地极易成云致雨,致使山地降水量普遍多于川谷,这是山西省降水的又一特征。太行山脉的走向有利于东南暖湿气流沿山地强烈抬升而使降水量增多,故东部山区为全省的多雨区。其中中条山东段山区、陵川东部山区、太岳山区为三个多雨中心;西部山区对西南气流的影响较为明显,形成芦芽山、关帝山、紫荆山三个相对多雨中心。又如五台山顶降水量为 913 mm,而在五台县豆村只有 559 mm。年降水量在 600 mm 以上的降水中心集中在山区。

(3)向风坡多于背风坡。由于向风坡对潮湿气流的抬升作用,有利于水汽凝结后降落,而背风坡等气流越山下沉时,气温升高相对湿度减小。处于中条山东南侧向风坡的垣曲县,年平均降水量为 630 mm。而处于中条山西侧背风坡的曲沃、闻喜、夏县与垣曲海拔高度大致相同,但降水量曲沃仅为 435 mm,闻喜仅为 498 mm,夏县为 511 mm。

6.2.3.3　降水强度

大气科学辞典对降水强度(precipitation intensity)的解释是:降水强度亦名降水率。单位时间或某一段时间内的降水量。通常以 $mm \cdot h^{-1}$ 为单位。也有把降水期间测站的总降水量除以该期间雨日所得到的平均降水量作为该雨期的降水强度的,但比较少用。降水量越大,集中降水时间越短,降水强度越强。

山西全年降水量主要集中在 7—8 月份,虽然山西暴雨日数出现的次数不多,但每年都有发生。7 月下旬至 8 月上旬最易发生暴雨,7,8 月几乎集中了全年暴雨的 90% 以上,大多数年份这两个月的降雨量要占到全年降雨量的一半以上。

6.2.3.4　降水的水汽条件分析

水汽是形成降水的最基本条件,分析水汽条件主要是分析大气中的水汽含量和饱和程度及其变化、水汽源地。分析大气各层(主要是低层)的湿度水平分布,主要通过不同等压面的等露点线或等比湿线来了解。通常在 850 hPa 湿舌或湿中心附近对流出现较多。分析水汽在垂直方向的分布:如果湿度都很大,有利大降水产生;如果下层湿、上层干,从层结方面看,属于对流不稳定,只要有足够的上升运动,则产生对流性降水。

6.2.3.4.1　水汽含量的分析

描述水汽含量的量有:露点温度、比湿、湿球位温、绝对湿度、温度露点差等。主要用到的有地面绝对湿度、高空等压面上的比湿、露点、温度露点差及其随高度的变化、露点的 24 h 或 12 h 变量、抬升凝结高度、地面或低层的风向。

水汽含量及饱和程度:大气中水汽含量主要通过各层的比湿、露点来判断,大气中的水汽主要在对流层的下部(500 hPa 以下),故预报时要重点关注中低层(925,850 和 700 hPa)的水汽情况。各层等压面上 $T-T_d$ (温度露点差)线表示空气的饱和程度,通常将 $(T-T_d) \leqslant 2℃$ 的区域作为饱和区,$(T-T_d) \leqslant 4 \sim 5℃$ 作为湿区。除了分析某一层的水汽含量,还要分析整层的水汽情况,可通过单站探空曲线或剖面图分析湿层(饱和层)厚度,湿层越厚越有利于降水;也可通过计算大气可降水量来分析,此外通过地基 GPS 资料反演出的大气可降水量(PWV)也能看出某地大气整层水汽情况。

水汽的变化:某地水汽的变化(局地变化)主要有比湿平流、比湿垂直输送、凝结和蒸发以及湍流扩散,其中比湿平流最为重要,预报中主要是通过分析等比湿线(或等露点线)和风场来判断干、湿平流。某地区降水(特别是较大降水)前,其低层一般有明显的湿度增加。

(1)定性分析:在日常天气分析中,常用各层天气图上的比湿值的大小表示水汽含量的多少,而由于水汽压是露点温度的函数,所以也可以直接用露点温度表示湿度值。有时为了了解空气的饱和程度,也常分析温度露点差,还可以计算出相对湿度;并分析其等值线,以确定饱和区的位置。在分析中特别注意湿层的厚度。在本站及其附近的探空曲线中的层结曲线与露点曲线突然远离点以下是湿层的所在，一般来说，湿层越厚，降水也越大。

（2）可降水量的计算：将一地区整层水汽全部凝结折算成的雨量称之为可降水量。它实际表示该地区上空气柱水汽的全部含量。山西有逐小时大气整层可降水量的观测数据可供参考。

6.2.3.4.2　水汽水平输送的分析

一个地区较大的降水，往往超过水汽原有含量的数倍，有时还发现在一次暴雨之后，雨区上空水汽含量反而比降水前还有增大，这说明产生降水的水汽主要是从外部流入的。因此，水汽输送的分析是降水分析中最重要的内容。

水汽平流的定性分析法：在天气图上（主要是 850 和 700 hPa）加绘等露点线或等比湿线，根据等高线与等比湿线的关系，分析干湿平流，分析方法与冷暖平流分析方法类同。在风速大、等比湿线（等露点线）密集且风向与等比湿线交角大的地区水汽平流也较强。

水汽通量分析方法：单位时间流经垂直于水平风向的单位面积上的水汽质量称为水汽通量，将计算的各站（或网格）的水汽通量值填在天气图上，并以箭头标出风向，表示水汽的输送方向，即得到水汽通量分布图。在图上绘制等通量线，并根据风向和最大水汽通量轴在水汽通量分布图上，能够分析水汽输送的主要通道，还能够分析水汽辐合区。即极大水汽通量轴前方水汽通量等值线密集区为主要的水汽辐合区。

6.2.3.4.3　水汽源地

从地面或海面有水汽进入大气的地区称为水汽源地。从这个意义上说，所有的地（海）面都是水汽源地。日常分析中所说的水汽源地是指输送入降水区水汽的来源。进入山西的水汽源地主要有孟加拉湾和我国的南海、东海、黄海等。孟加拉湾和南海的水汽是通过西南气流向山西输送，东海和黄海则是通过强盛的东南气流向山西输送，输送的大小用水汽通量表示。有了水汽输送，还需要水汽的水平辐合，才能上升冷却凝结成雨。一般用水汽通量散度表示。由于水汽通量辐合主要由风的辐合造成，故业务中还可通过分析风场特别是低层风场的辐合来判断水汽的辐合情况。

水汽收支的分析：水汽净收支量及其与实际降水量的对比；从各个方面来的收支差异，确定水汽的主要来向，横向辐合量与纵向辐合量的比较；分析不同层次水汽辐合量的大小。

6.2.3.4.4　降水量的计算

在单位时间内，单位面积某一气层凝结的水汽量，就是该气层内上升空气饱和比湿的减少量，而整个大气柱中水汽凝结量，若全部下降，就是单位时间内的降水量。

6.2.3.5　降水的动力条件

当水汽条件具备后，还必须有使水汽冷却凝结的条件才能形成降水。大气中的冷却过程很多，而对降水来说，促使水汽冷却凝结的主要条件就是上升运动。上升运动起着两种很重要的作用：一是使空气上升冷却达到饱和，凝结成水滴降落下来；另一是将水平输送来的水汽向上输送。对于潮湿空气，这种垂直输送的机制尤为重要，因为它能源源不断地向上输送水汽。

垂直运动的分析：上升运动是降水的必要条件。我们可以利用物理量诊断和数值预报中上升速度的值直接进行分析判断。通常在日常预报分析中还主要通过以下几个方面分析垂直运动情况。非绝热加热作用有凝结潜热、辐射、下垫面加热等，其中尤以凝结潜热加热为主，潜热的释放使环境空气增温，从而加强上升运动。这也是降水的正反馈作用。

6.2.3.5.1　锋面抬升作用

(1)锋面分析步骤:将前 6 h 或 12 h 锋面的位置描在待分析的图上,根据连续演变,结合地形条件,大致确定本张图上锋面的位置。分析高空等压面图上锋区(平原地区分析 850、700 hPa,高原地区分析 500 hPa),地面锋线应位于高空等压面图上等温线相对密集区的偏暖空气一侧,而且地面锋线要与等温线大致平行。高空锋区有冷平流时,它对应冷锋,暖平流对应暖锋,冷暖平流不均匀时对应静止锋。根据等压面图上高空冷暖平流的性质可以确定锋的类型,一般来讲,若在等压面图上,锋区内有冷平流,则地面所对应为冷锋;若有暖平流则地面所对应是暖锋。若无平流或弱的冷暖平流,而地面锋区在 24 h 内又移动很少,则可定为静止锋。

冷锋:锋面在移动过程中,冷气团起主导作用,推动锋面向暖气团一侧移动,这种锋面称为冷锋。冷锋一年四季均可出现,是最常见的天气系统,也是造成降水最常见的天气系统。但不是所有冷锋都有降水。冬半年山西在干冷的大陆气团控制下,冷锋过境有时并不出现降水,而多伴有大风或沙尘天气。夏季大气层结不稳定,水汽含量多,有较明显的冷锋过境总能造成不同强度的降水。若高空槽前倾多产生雷阵雨天气,常伴有短时大风;若高空槽后倾,地面锋面与 700 hPa 槽线间有带状雨区,一般是稳定性降水。根据冷空气路径可分为偏西冷锋、西北冷锋和偏北冷锋。

偏西冷锋:东亚地区上空为平直西风环流,锋区在 $40°\sim45°$N 一带,从巴尔喀什湖附近有低槽东移,经我国新疆、河西走廊和河套一带东移。冷锋多是南北走向。当冷锋到达河套地区时常发展出一片雨区,随冷锋东移,影响山西大部分地区。这是最易产生降水的一类冷锋,冬半年降水过程一般由此冷锋造成。若受高空槽影响,有西北涡相伴东移,冬季可产生大雪,夏季可造成暴雨。

西北冷锋:东亚地区经向环流较明显,锋区在 45°N 以北,随上游低槽东移加深,有冷锋从蒙古国一带向东南移动,影响山西。冷锋是东北—西南走向,地面冷高压前部常有蒙古低压发展东移,冷空气从低压后部南下影响山西。冬半年寒潮冷锋多半为这种路径,一般少降水、多大风。夏季这种冷锋影响山西多产生雷阵雨天气。

偏北冷锋:贝加尔湖一带为长波脊,东北地区为低涡或冷槽,有时在蒙古国有一横槽,槽后脊前偏北气流向南移动,南下到渤海一带,影响山西。这种冷锋在冬季多为华北锢囚锋或回流天气中东面的一支冷锋,与华北冬季降水关系密切。夏季与西北冷锋相似,多引起雷阵雨,有时在东北低涡稳定的情况下,每天午后可从我国内蒙古边境一带有副冷锋南下,造成山西雷阵雨天气。

锢囚锋:暖气团、较冷气团和更冷气团(三种性质不同的气团)相遇时先构成两个锋面,然后其中一个锋面追上另一个锋面,即形成锢囚。

华北锢囚锋:华北锢囚锋发生在东亚中纬度锋区比较平直,位于 40°N 一带,冷空气分成两支,一支从东北地区南下经渤海向西南方向扩散(回流);另一支从河西走廊一带东移,西来的冷锋多伴有倒槽,有时有低压中心。两支冷锋在河套以东地区相遇形成锢囚锋,高空暖空气在东侧冷空气垫上上滑,造成华北地区降水。若西来冷槽与西北涡或西南涡结合,则会使降水加强。山西冬季比较大的降雪以及春、秋季比较大的降水或连阴雨多数与回流或华北锢囚锋有关,特别对太行山南段和平原南部影响严重。

(2)锋面作用:强降水出现地区大多与锋面活动有关,这是由于锋面能抬升大量的暖湿空气上升,暖空气被抬升的速度正比于锋面的坡度以及空气相对于锋面的运动。如为冷锋,暖空气迎锋面而上,而且风速大,锋面移速快,则抬升运动大,常造成强度较大的降水,但日降水总量并不很大。如锋面呈准静止状态,暖空气迎锋面上升,造成持续抬升运动,降水强度虽不很大,但降水总量常很大。如锋面切变线就属于这种情况,夏季暴雨常与这类锋面活动有关。如为暖锋,当暖空气移速远大于锋面移动速度时,则抬升运动就大,降水也大。

6.2.3.5.2　低层辐合流场

低层流场为辐合,根据大气质量连续方程,空气受地面的限制,必然造成上升运动,当有充分的水汽条件时,这种上升运动常常导致大量降水。一般通过分析低层风场,主要包括风向、风速的辐合、风向的气旋性切变等分析判断上升运动。

(1)气流辐合区

在 850 或 700 hPa 图上有明显辐合,主要有三种类型:辐合型:包括单纯的风速辐合和风向辐合。切变线型:包括静止锋型切变、冷锋型切变、暖锋型切变。切变辐合型:大多数由冷锋型切变与低空急流共同造成。此型易造成强烈降水。

(2)等高线气旋式弯曲区

在 850 或 700 hPa 图上,常有低涡、槽、倒槽等气旋式环流区域,这些区域大多与辐合相联系,大雨经常出现在低涡的东部或槽东部气旋式弯曲最大的地方或倒槽顶端的东部。

(3)负变高(压)区

在低层负变高(压)区,多为辐合上升区。西风带系统一般是向东移动的,故在低压东部,高压西部为负变压区,因而有上升运动。反之,在低压西部高压东部为正变压区,有下沉运动。低压加强,高压减弱时为负变压,有上升运动。高压加强,低压减弱时为正变压,有下沉运动。

6.2.3.5.3　高层辐散

在低层辐合地区上空有强烈的辐散,一般都有强烈的上升运动。为了使上升运动得以维持和加强,并使新鲜潮湿空气不断补充,进行多次循环,在低层辐合的高层要配合辐散。常见的高空辐散形势有:

高空槽前,特别是槽前等高线呈散开形状,正涡度平流最强,辐散也最强。

高空低涡的东南,为正涡度平流区,伴有辐散。

除运用辐散场、风场分析外,还可用涡度平流来分析判断,高层(一般分析 200 或 300 hPa)西风带中,高空槽前有正相对涡度平流,有辐散上升运动。高空锋区急流附近一般常有正相对涡度平流,故上升运动也很强。此外运用云导风资料或卫星云图云系的发散运动也可以判断高层辐散情况,进而判断上升运动。

6.2.3.5.4　地形和山地影响

地形对垂直运动的影响:地面起伏不平可以改变气流的结构,造成摩擦层气流辐合作用而引起垂直运动,同时地形还可以使天气系统的发展和移动受影响。地形对降水的作用,主要表现在迎风坡的强迫抬升和诸如狭管地形、喇叭口地形等特殊地形的辐合抬升。在同样的天气形势下,迎风坡的降水要比其他地区大。地形和山地对降水的作用主要在于当一个降水天气系统移近山区时,可以使原来没有降水的天气系统开始出现降水,而使有降水的天气系统中雨量的分布变得很不均匀。在某些山区,天气系统中降水量加大,降水的时间也变得持久,这些作用我们称作地形对降水的增幅作用。增幅作用的产生,一方面是由于山地产生的地形性辐合和上升运动,因而造成降水,另一方面是山地影响降水天气系统中的造雨过程。

(1)强迫抬升

气流越过山脉时,引起波动,在山的迎风坡上升,背风坡下沉,当山的坡度愈大,地面风速愈大,且风向与山的走向愈垂直时,则由山地造成的强迫抬升(上升运动)愈强。多年雨量平均值的分布可反映出地形对降水的这种作用。另一方面在条件合适的时候,山地背风坡会出现重力波。其上升支引起的上升运动可达 10^2 cm·s^{-1} 的量级,此上升运动有利于产生暴雨。太行山山脉为南北向,高约 1500 m,当盛行西风时,常有这种情况,其东边山脚常出现局地强降水,而西边少雨或无雨。

(2)地形辐合和阻塞作用

喇叭口地区(或马蹄形地区)对于低空急流有明显辐合抬升作用。降水系统进入这种地区,常有阻塞停滞现象,雨量大为增强。在特大暴雨的例子中有不少是与这种地形有关的。如流入谷地的低空风方向与地形开口方向正交,喇叭口地形的收缩作用是很显著的。

(3)地形对中尺度切变线、扰动形成的作用

从各地雨量气候统计可发现,暴雨中心、中尺度扰动产生的源地与特定的地形有关。显而易见,在一些特定的地形条件下有利于中尺度切变线、扰动的形成。如有暖湿的偏南气流在喇叭口地形产生辐合而形成一条辐合渐近线时,会造成暖湿空气的辐合上升,产生明显的降水,特别是当它伴有风速辐合时,更易形成暴雨。值得注意的是。这种偏南风辐合往往是中尺度切变线、中尺度涡旋等中尺度系统形成的触发条件[11]。

6.2.3.6 降水预报的一般思路

降水预报是公众最关心而目前数值天气预报尚未很好解决的预报对象之一,尤其需要值班预报员投入更多的思考和努力。目前制作降水预报的一般流程是:首先了解本地区上游已发生的降水情况,分析其成因,找出影响降水的主要天气系统。其次了解雨区和主要天气系统的历史演变,根据形势预报方法,对可能影响本地区的天气系统做出预报。然后根据本地区的温、压、湿条件,指标站的预报指标及雨量图外推,初步作出降水预报。最后综合以上分析及预报经验等,确定本地区降水发生的时间和降水量。

降水预报主要针对降水所需的水汽和垂直运动条件进行分析。根据对影响系统类型和具体影响部位的分析判断,数值预报产品对降水的预报及上级指导预报意见,作出本地区降水量和降水形式的预计。

考虑本地区地形对具体影响系统及其影响部位垂直运动的影响,进行降水预报的订正。

考虑本预报季节是否处于反常干旱或者洪涝的季节进行修正。一般在干旱季节中降水常常偏小,在洪涝季节中降水量往往偏大。

分析邻近地区高低空散度场的配置关系和低空辐合场中水汽含量大的面积。若低空辐合高空辐散,而且低空辐合场潮湿空气面积大,有利于增大降水量。

经验表明,出现较大降水,特别是局地暴雨,多与层结不稳定引起的对流上升运动相联系,考虑局地气象条件,分析 $T\text{-}\ln P$ 图和高空风图,判断稳定度及其变化趋势。不稳定发展有利于降水量增大。

在数值预报应用方面,可针对一种数值预报运用 MOS 方法、PP 法、卡尔曼滤波等各种数值预报方法进行解释应用,建立方程得到客观预报。也可对各种数值预报的降水预报结果进行综合集成。

利用多种数值预报产品做分县降水预报的方法,对降水资料,进行分级处理,采用多元线

性回归的方法,把各数值预报产品中的分县降水预报等级作为预报因子与第二天实况降水等级建立不同天气系统的分县降水预报方程。预报降水量和实况降水量均采用分级处理的方法,把各家数值预报产品作为预报因子,实况降水量作为预报量。在分级时把实况降水量的等级比预报因子的等级大一个量级来处理,可消除预报因子与预报量等级接近对回归效果的影响,得到通过检验的回归方程。

判断降雪或冻雨的条件:若云中温度和云底以下温度低于0℃,将降雪。若云体内下半部温度高于0℃,而云底以下温度低于0℃,可能降冻雨。

6.2.3.6.1　稳定性降水预报

稳定性降水一般指连续性降水和毛毛雨等,多发生在稳定的大气中,从层状云降落下来。这种降水多和一定的天气形势相联系,预报这种降水首先应该分析能否出现有利于降水的天气系统,然后结合天气实况的演变及单站历史资料的统计等综合判断有无降水。

(1)分析天气系统

影响产生降水的天气系统主要有冷锋、气旋、低槽、低涡、切变线、热带涡旋等。根据分析,产生稳定性降水的天气系统主要有锋面、锋面气旋、高空切变线和低祸及高空槽等。

锋面是降水的主要天气系统,一年四季都可出现。锋面降水与锋上的水汽条件及上升运动有关。因此,预报锋面降水,首先必须分析锋上暖气团的水汽条件,这就要分析暖气团的来源及输送条件,暖湿空气能否得到源源不断地供应,这对降水的发生、发展和降水的持续时间的长短有关。如果水汽充沛,且能源源不断向降水区输送,则降水量就大,持续时间也长;反之,降水量小,持续时间短。此外,还应分析锋上升运动条件,锋面所引起的上升运动与锋面坡度及移动速度有关,锋面坡度大,移动快,易造成降水,但范围小,时间短,移速特别快的锋面,不一定有降水,甚至可使锋前已有的降水反而消失;反之,如果锋面坡度大、但移动慢,则可带来连续性降水,降水范围大,持续时间也长。总之,预报锋面降水、必须根据具体情况进行分析,以作出降水的预报。

锋面气旋是重要降水系统之一。要预报锋面气旋,除了要考虑锋面气旋中的冷锋天气和暖锋天气外,还要考虑气旋的强弱,气旋强度愈大,则辐合上升运动愈强,降水强度也大,一般在气旋的东部及东南部降水比较大。

高空槽和切变线是降水的主要天气系统。高空槽降水一般出现在高空槽的前部,其降水的强弱、降水性质及降水范围与高空槽的结构及强弱有关、当温度槽落后于高度槽,槽随高度向后倾斜,即所谓后倾槽。这种槽降水范围宽广,多连续性降水,最大降水出现在850 hPa槽线附近。夏季当大气层结不稳定时,可出现阵性降水;当温度槽在高度槽前,槽随高度前倾,即所谓前倾槽,降水多发生在低层槽线附近或前方,降水范围窄,多属不稳定性降水。另外,槽的强弱不同,降水也不同。当槽愈厚(各层有槽)、愈深,愈有利于上升运动,降水也愈强;槽占据的范围愈宽广,降水区也较宽广。西来槽是山西常见的以降水为主的天气系统,但是一般单一的西来槽不致造成山西太严重的天气,而当低槽与其他影响系统如冷锋、西南涡、西北涡、副高等相结合时,降水加强,甚至产生暴雨。切变线降水区与切变线位置相对应,也呈带状分布,其降水的强弱,一方面与切变线两侧的冷暖空气平流强弱变化有关,当暖平流强时,水汽供应充分,冷暖平流都强时,则辐合上升运动就大,降水强度也增大。另一方面与两侧风的辐合强弱有关。当切变线上风的辐合加强时,降水强度也增大。

气旋是造成山西降水的重要天气系统,主要有蒙古气旋、河套气旋、黄河气旋。

蒙古气旋是指产生于蒙古国一带的锋面低压系统(多发生在蒙古中部和东部高原上,约在 $45°\sim50°N,100°\sim115°E$)。一年四季均有出现,以春秋两季最为常见,尤以春季最多(约占 40%左右)。蒙古气旋是北支锋区上的天气系统,以大风天气为主,也常产生降水天气,但降水量小,且带局部性。降水一般多出现在发展较强的气旋中心偏北的部位。

蒙古气旋一般产生在高空锋区疏散槽前的下方,高空有正涡度平流。在预报蒙古气旋发生发展时,应当首先分析高空形势,注意高空正涡度中心移动的方向,以及它和地面上冷锋的相对位置。当冷锋移入蒙古,高空正涡度中心正好输送到地面冷锋的上空,这就是蒙古气旋发生的一般形势。

河套气旋:各季都有,是影响山西降水的主要系统。过程一般是从河西一带有冷空气东移,黄河、渭河一带有暖性切变北移,两者在河套地区相遇形成气旋东移。这类气旋多在明显的高空槽前部,槽后冷空气南下促使气旋发展,其冷暖锋结构明显,降水在气旋中心前方、暖锋前部较显著。

黄河气旋:其形成位置偏南,锋区及冷空气到达位置也较偏南。冷空气从河西走廊经关中地区东移,与江淮地区的暖性切变相接于黄河中游形成气旋。形成后多向 NE,NNE 移动,影响山西。它以初夏为多,盛夏明显减少。黄河气旋是山西主要暴雨系统之一,暴雨中心一般出现在气旋中心前方,暖锋前部。冷锋附近可出现局部暴雨。

预报黄河气旋生成主要考虑从河西东移低槽的加深,低空(700 或 850 hPa)偏南风较大,且常发展成低空急流,预报时要注意低空急流发展前局部的急流中心或核;其次考虑副高的位置。

低涡:主要是指高空图上出现的闭合低压环流系统。低涡降水多发生在低涡的前部及东南部。在华北地区低涡各季节都能出现并产生降水天气。有些低涡与锋面和气旋相结合,也有不与地面气压系统相结合的。降水出现在涡中心和涡移动路径的右前方 SW—SE 气流辐合区里。

东北冷涡:东北冷涡是指高空发生在(或经过)蒙古国中东部的西风带冷性低涡,一般以高空较低层的 700 hPa 上表现明显。从春末到秋初都会出现,而以夏季,尤其初夏为多且影响严重。东北冷涡是山西最主要的强对流天气系统,常造成午后到傍晚的雷阵雨伴大风天气,同时经常伴有降雹,且多强冰雹。东北冷涡带来的天气具有日变化明显、时间短、强度大、局部性明显且可能持续数日等特点,个别地点降水量可达暴雨程度。东北冷涡的天气主要出现在冷涡的东南方。它对山西的影响程度和范围主要决定于冷涡产生的位置,强度和移向。

东北冷涡常形成于亚洲高空经向阻塞形势下,常见的有贝加尔湖阻塞,西西伯利亚阻塞和雅库茨克阻塞,以贝加尔湖阻塞为多。冷涡的生成在于西风槽内冷空气被"切断"出来,预报时要注意槽后北部有暖平流切入,南部有较强的冷平流存在,即要求一个较深的冷舌稍落后在槽线后方。

西北涡:西北涡是指低空(主要 700 hPa 图上)在青海湖附近的低涡(常为由柴达木盆地的低涡东移),一般在夏季影响山西,是山西主要暴雨系统。

西北涡形势特征主要是东高西低。乌拉尔山是长波脊,贝加尔湖以西是低槽,以东为高压脊(东经 120°E 附近),华北受高压脊控制。

西南涡:西南涡是指低空 700 或 850 hPa 上,在川西 $27°\sim33°N,99°\sim105°E$ 形成,发展向东北方向移动的低涡。降水主要发生在低涡移动路径的前方。常在夏季影响山西。西南涡是山西最重要的暴雨系统之一,常造成山西大范围的暴雨。

高空切变线:主要指风场的不连续线。

冷性切变线:冷性切变线是指高空低层 700 或 850 hPa 上偏北风与西南风的风场不连续线,通常为西风带低槽倒卧于副高的北侧。一般在盛夏到秋季影响山西。

暖性切变线:暖性切变线是指高空低层 700 或 850 hPa 上西南风与东南风所构成的风场不连续线。多在盛夏影响山西。它是山西暴雨系统之一。通常降水具有明显的阵性,分布不均匀。

台风变性低压和台风倒槽:台风为形成于热带洋面上的气旋性涡旋。一般在盛夏期间(7月下旬到 8 月上旬)影响山西。是山西最主要的暴雨系统,常会造成大范围大暴雨或特大暴雨。台风直接影响山西的次数很少,多为台风倒槽与西风带弱冷空气结合(常见的为与冷锋、西来槽或切变线结合)影响山西。另外,台风外围偏东急流水汽输送与影响山西的降水系统结合,对降水的加强也有一定作用。

急流:急流是一个在水平方向和垂直方向风速切变都很大的强风带区。低空急流:目前国内定义 850 hPa 风速达到 12 m·s^{-1} 或以上的区域的急流区。高空急流:通常定义为 200 hPa 风速达到 30 m·s^{-1} 以上区域。急流轴:急流区的中心部分,呈准水平状态,以纬向分布为主。

低空急流:即对流层低层的急流。其中一部分和暴雨、飑线、龙卷等强对流天气有联系。急流轴附近风速的水平切变和垂直切变是很大的。从黄河流域到华南的对流层下层(850 或 700 hPa),在夏季常出现低空急流。通常是 500 hPa 短波槽、西太平洋副热带高压脊以及低层东伸的西南倒槽等系统共同作用的结果。

(2)分析天气实况

天气实况的演变,是降水预报的有力依据。对天气图上已出现的可能影响本地区的降水区,应着重加以分析。首先要弄清降水区的范围、强度、移动以及过去的演变;其次应分析降水产生、移动和变化的原因,找出影响降水的天气系统;最后根据天气系统发展的预报,判断降水区未来的变化及其可能对本地区的影响。单站降水的预报,还必须考虑本站云系的演变以及温、压、湿等气象要素的变化。

(3)气象历史资料的应用

气象历史资料是过去天气演变的记载。对历史资料进行分析、整理,找出降水发生、停止及其与其他要素的关系,可作为降水预报的一个重要依据。

预报指标法。当某一天气系统或天气现象发生、发展或消亡时,可能与本站或邻近测站的某些要素的变化有关。这些要素的变化可以作为预报这种天气系统或天气现象的发生、发展的指标。例如某站分析了 7 月份 14 时的气压和绝对湿度,当气压下降到 994.8 hPa 以下,而且前 1~2 d 的绝对湿度大于 29.5 g·m^{-3},则未来三天内本站有一次大雨到暴雨的降水过程。

点聚图法。点聚图法也是预报气象要素的一种方法。选取某一气象要素或由它计算出来的量作为直角坐标(x,y)轴上的刻度,然后在历史资料中根据要预报的天气现象或气象要素出现时的量可在直角坐标上定出一点,在这点上可注明此天气现象或要素的性质或强度,如果预报量和某两要素相关较好,则点出的点子就有规律地分布在坐标上,即成点聚图。在点聚图上根据点子出现情况,可以进行分级、分类或分析等值线。

回归法。如果预报因子 X 与预报量 Y 在历史资料中可以用一条直线方程表示二者之间的关系,其直线方程为:$\hat{Y}=a+bX$,a 为特定系数,b 为回归系数。这条直线就称为变量 Y 对 X

的回归直线。只要 a 和 b 被确定,回归方程也就被确定。若用(X_i,Y_i)表示 n 组观测值,用 X_i 代入 $\hat{Y}=a+bX$ 式就得到一个 $\hat{Y}$ 值,即 $\hat{Y}_i=a+bX_i$,用"最小二乘法"可求得 a,b 两个系数。

$$a=\dfrac{\sum_{i=1}^{n}x_iy_i-b\sum_{i=1}^{n}x_i^2}{\sum_{i=1}^{n}x_i},\quad b=\dfrac{\sum_{i-1}^{n}(x_i-\overline{x})(y_i-\overline{y})}{\sum_{i=1}^{n}(x_i-\overline{x})^2},\quad \overline{x},\overline{y}$$ 分别为 x_i,y_i 的平均值,用历史

资料可以求得。在做预报时,只要知道 x 值则用公式可求得预报量 $\hat{Y}$。

6.2.3.6.2　对流性降水预报

对流性降水与大气层结的稳定度息息相关,关于层结稳定度有以下参数:

地面温度、温度距平、24 h 变温、12 h 变温;高层各等压面的温度、24 h 变温、12 h 变温。

各种不稳定指标:沙氏指数、K 指数、不稳定能量、不稳定层厚度、自由对流高度、假相当位温随高度的变化。

850 和 500 hPa 的温度差(28℃)、对流天气的触发机制(抬升运动)、天气系统的抬升和辐合上升作用。

锋面、槽线、切变线、低压、低涡等天气系统。

气团内部的热力涡动,热力涡动形成的原因是地表特性不均匀而产生水平方向上的温差。

地形的抬升作用,当低层层结不稳定的空气沿山坡上滑、受机械抬升时,容易形成对流性天气。这是山区雷暴、冰雹等对流性天气较平原多的原因。

抬升条件方面的参数:

锋面、高空槽及切变线与某地的距离、锋面与高空槽的距离、高空冷涡的位置、锋区温度梯度和气压梯度、辐合量的大小、高空流场的形态、涡度平流、涡度的变化,另外,高空 0℃、−10℃,−20℃ 层所在高度。

6.2.4　风的预报

微弱的风一般对人们的生产活动是有利的。而大风则往往会产生一定的危害性。地面大风的危害性是大家所熟悉的。高层大风,特别是当伴有强烈湍流时的大风,会造成飞行事故,对火箭、炮弹的飞行也有很大影响。因此,风的预报是天气预报中很重要的项目之一。地面风的预报与天气形势预报关系很密切,有了准确的天气形势预报,就可以大体作出风的预报,但要做出较准确的风的预报还必须考虑各种因子的影响。

6.2.4.1　风的预报原理

风是由空气的水平运动产生的。空气的水平运动可以用水平运动方程较精确地来表示,在中高纬度,当空气呈水平直线无加速无摩擦运动时,风与气压场基本上是符合地转风原理的,即 $0=-\dfrac{1}{\rho}\nabla p-\xi K\times V_g$。水平气压梯度力和地转偏向力两力相平衡,就是说地转风速大小与水平气压梯度力成正比,在同一张等高面图上(地面图),当纬度相差不大时,空气密度在水平方向的变化较小,在等压线密集的地区(气压梯度大),则地转风较大,而实际风也较大。反之,在等压线稀疏的地区,风速就较小。因此,在做风的预报时,首先应该分析气压场的预报。即预报未来影响本站的气压系统如何移动,强度怎样变化,是否有锋面过境,然后根据本站所处气压系统及锋面所在位置,依据地转风原理,估什出本站的风向及风速的第一近似值。然而在近地面层的空气运动与自由大气有显著的不同,有些情况下风向与等压线会有较大的

交角,甚至完全不符合地转风原理,这种情况是由近地面层的特性所决定的,因此在做风的预报时,还要考虑其他各种因素的影响。

6.2.4.2　影响地面风的因子

影响风的因子主要有气压场、地表摩擦、变压场、热力环流、地形等。各种影响因子,在不同的天气形势下,所起的作用不同。

(1)气压场

气压场是影响风的最基本的一个因子。在气压场作用下,若不考虑摩擦作用,则在中高纬度地区,空气的水平运动是遵循地转风关系的,即风向与等压线平行。在北半球,背风而立,高压在右,低压在左;风速与水平气压梯度成正比(地面图上等压线越密,风速就越大)。这一规律是预报风的基础。

(2)地表的摩擦作用

由于摩擦作用对地面风影响很大,将使风向不完全平行于等压线,而是斜穿等压线指向低压一侧,并使风速减小。在摩擦层中,摩擦力、地转偏向力及气压梯度力具有同等重要的作用,因而实测风与地转风有相当大的偏离,即风向与等压线有交角,指向低压一侧,而且风速也较小。摩擦层中,实测风与等压线交角的大小与摩擦力和地转偏向力有关,也就是与地面粗糙度和纬度有关,一般情况下,地面粗糙度越大,纬度越低时,这种摩擦作用就越大,风向与等压线的交角越大,风速也越小;反之,交角小,风速大。通常地面比海面粗糙,所以在相同的气压梯度力作用下,风向的交角,陆地上大于海洋上;可风速则是海洋上大于陆地上。

(3)热力环流的影响

由于各种热力原因引起的空气环流,叫做热力环流。在地表热力性质差异较明显的地区(山谷地区、高地与平原毗邻地带),由于下垫面受热不均,常有局地热力环流产生,如山谷风、海陆风等,这类风的风向日变化明显,风速一般不大。大致的情况是:在地面,风从冷区吹向暖区,并在暖区上升,到高空,风从暖区吹向冷区,并在冷区下沉,由此形成闭合环流(如海陆风、山谷风等)。这种热力环流一般范围较小,强度不大,只有在气压场较均匀,系统性风不明显时,才显得清楚一些。这类热力环流的影响,在大范围气压场微弱时才比较明显。当气压系统较强时,如果热力环流中的风与气压系统的一致,则系统性风增强,反之减弱。

(4)变压场

近地面层中,除影响地面风的主要因子气压场、摩擦作用、热力环流、地形及动量传递等外,变压风是造成地转偏差的另一重要因素。由于变压的影响,常使风与等压线不平行,而偏向变压梯度的方向。特别是在气压场较弱的情况下,风吹的方向几乎平行于变压梯度的方向,变压梯度越大,风速也越大。当变压场梯度较大时,要考虑变压风。

(5)地形的动力作用

主要有阻挡作用和狭管效应。阻挡作用是当气流遇到山脉阻挡时,气流将会在迎风面被迫爬升或改向绕流,并在迎风坡减速,使实际风向显著偏离气压场。在这种情况下,风向和等压线将有较大的偏离。狭管效应是当气流从开阔的地区流入峡谷时,根据不可压缩流体的连续性原理,风速加大,在峡谷里的风速,要比开阔地方的风速大,而当流出峡谷时,风速减小,这种地形峡谷对气流的影响称为"峡管效应"。由"峡管效应"而增大的风称为峡谷风。

(6)动量传递作用

大气中常有乱流或对流运动,使大气中的物理量得以上下交换。在摩擦层中,风速一般自地面向上增大,垂直方向上有风的切变存在。当大气中有湍流或对流运动时,空气将上下交换,在交换过程中,上层动量较大的空气传到下层,使地面风速增大,下层动量较小的空气传到上层,使上层风速减小。动量传递作用的大小,由大气的稳定度和风的垂直切变决定。大气越不稳定,风的垂直切变越大,动量传递的作用就越大。

当气压形势变化不大时,由于动量传递的原因,摩擦层中的风,就有明显的日变化,最大风速出现在午后,深夜达最小值,这就是因为午后大气层结稳定度减小,动量传递作用加强,上层动量下传的结果。在 80~100 m 以上的层次,则与地面相反,午后风速最小,夜间最大。

6.2.4.3　预报地面风的一般思路

地面风的预报与气压形势预报有密切的联系,要做好风的预报,首先要做好准确的天气形势预报,其次还要充分估计影响风的其他因子的作用。有关灾害性大风另有章节专门分析,这里仅介绍日常业务中考虑的常规风的预报着眼点。

(1)从系统的移动考虑风的预报,这里主要是系统风的预报。

(2)从系统的变化考虑风的变化。系统加强,风速加大;系统减弱,风速减小。一般要注意关注①平流作用,特别是强冷平流会使地面风加大;②强的正涡度平流能使地面低压发展,使风加大;③大量降水潜热释放易使地面气旋加深,风加大;④气旋入海,有利于海上风速加大。

(3)考虑动量下传的作用,若高空风速大,午后地面风速易加大;若高空有强冷平流,则地面风速加大。

(4)考虑本地区的地理位置、地形特点等因素对风向风速的影响。特别是气压场较弱时,风速不大,风向常常以本地的地方性风为主。

对风力甚至大风风力的预报,一般可取如下步骤:

地转风和梯度风原理,估计出第一预报近似值。它取决于影响系统的气压场。

考虑下垫面摩擦作用。陆地上风向偏向低压一侧 30°~45°,风速约为地转风速的一半。

考虑变压风影响。变压风沿变压场梯度方向吹,风速与变压梯度大小成正比。冷锋后的最大风速常常出现在正变压中心附近变压梯度最大的区域。

考虑热力环流影响。由于下垫面热力差异而产生局地性热力环流。

考虑地形影响。一是迎风坡的强迫抬升、背风坡强迫下沉作用;二是“狭管效应”使风向与山谷走向一致,风速明显增大。

地面风客观预报方法和指标:风的预报可以采用天气动力学方法,先由公式直接计算得出,然后根据经验进行加、减级处理。由地转风公式计算地转风,$C_g = -\dfrac{1}{2\omega\rho\sin\varphi}\dfrac{\partial p}{\partial n}$,其中 C_g 为地转风,ω 为地球自转速度,ρ 为空气密度,φ 为地理纬度,$\dfrac{\partial p}{\partial n}$ 为垂直气压梯度。

6.2.5　气温的预报

气温变化对工、农业生产有较大的影响,如气温骤降,出现霜冻,对晚秋作物的生长有明显的影响。特别是灾害性气温可对经济建设、工农业生产以及军事活动等带来一定的损失。另外,气温也是决定大气状态的基本要素,它的高低变化直接决定了一些天气现象的生消。如最高温度与雷雨、冰雹的形成,最低温度与辐射雾及霜冻等都有密切的关系,而霜冻的预报主要就是最低气温的预报。因此,气温的预报也是某些气象要素和天气现象预报的基础,所以做好气温预报是很重要的。日常的气温预报是指百叶箱高度空气温度的预报,一般包括日平均气温和最低、最高气温的预报。

6.2.5.1 影响气温变化的因子

气温的变化可由热流量方程求出,即:$\frac{\partial T}{\partial t} = -V \cdot \nabla T - W(\gamma_d - \gamma) + \frac{\gamma d}{\rho g}\left(\frac{\partial p}{\partial t} + V \cdot \nabla p\right) + \frac{1}{C_p}\frac{dQ}{dt}$,说明某一固定点上的气温变化是由平流作用、对流作用、变压作用及非绝热作用等 4 项因子所引起的,其中变压项所引起的变温值很小,实际预报中可以不考虑它的影响。

(1)温度平流对局地气温变化的影响

冷暖空气的移动对某一地区的气温变化起重要作用。在水平气流方向上气温分布均匀时,空气水平运动所引起的局地变化,称为温度平流。空气的冷暖平流是引起气温局地变化的主要因子,暖平流使局地气温升高,冷平流使局地气温降低。温度平流强时,有时 12 h 的平流变温量可达 10℃以上,对气温局地变化影响很大。如有强冷空气侵入时,将使本站气温剧降,甚至出现霜冻。温度平流的强弱主要由风的大小、方向和气温的水平分布不均匀程度所决定。对温度平流强度的判断,可以直接从天气图上按平流公式计算出来,也可以在上游选择固定测站作为指标站,考察上游测站在冷空气影响后 24 h 变温作为判断平流强度的依据,但须考虑指标站受天空状况的影响。

(2)垂直运动对气温局地变化的影响

垂直运动是引起高层和低层气温局地变化的重要因子。它对气温局地变化的影响,决定于垂直运动的方向、强度和大气的层结状况。当大气层结稳定时,即 $\gamma_d - \gamma > 0$(空气饱和时 $\gamma_m - \gamma > 0$),有上升运动($W > 0$),引起绝热冷却,局地降温;而下沉运动($W < 0$),引起局地升温。若大气层结不稳定时,即 $\gamma_d - \gamma < 0$($\gamma_m - \gamma < 0$),则相反,上升运动引起局地升温,下沉运动引起局地降温。较强的系统性垂直运动.对局地气温的变化影响较大。在冷槽后部因较强的下沉运动,局地气温可以显著增高。在高空气旋和反气旋中心区,平流作用较弱,它的变温常常是垂直运动引起的。在平原地区垂直运动甚小,接近于零,可以不考虑这项的作用。只有在山脉背风坡地区,下沉增温作用较强,对局地气温的变化才有明显的影响。

(3)非绝热因子对气温局地变化的影响

非绝热因子主要包括辐射、湍流、对流以及蒸发凝结等过程,是空气与外界热量交换的主要方式,气温的非绝热变化主要是通过上述过程进行的,这种作用在大气低层比较明显。对于某一固定地点来说,太阳辐射和地表辐射具有明显的日变比,因而气温也相应地有明显的日变化。另外,气团在移动过程中,不断地与下垫面进行热量交换,使气团温度发生变化。因此,气温的非绝热变化,主要表现为气团的变性和气温的日变化。

①太阳辐射

地面接受太阳辐射的多少可造成季节的变化和气温的日变化。对于气温的短期变化来说,天空状况的影响是较大的。如有雾时,近地面一般只能得到晴天时太阳辐射的 17%～18%,满天雨层云时,只能得到 15%～25%。因此,天空有云时,一方面使地面接受的太阳辐射减少,使白天最高气温较低;但另一方面在夜间却起着阻碍地面有效辐射逸散的作用,使夜间的最低气温较高。有人称其为"温室效应"。所以,在作气温预报时,必须考虑天空状况所影响的太阳辐射。

不同的天空状况对气温日变化有不同的影响。当天空有云时,白天云能削弱地面获得的太阳辐射,使地面受热减少;而夜间云却能使地面不致散失更多的热量。云的这种作用使得气温日较差减小,即白天地面气温不易升得很高,夜间不易降得很低。云的作用与云的状况有关,一般云量越多,云越低,越厚,维持时间越长,其影响也越大。雾的影响与云类似,据统什,由浓雾导致空气增温值相当于晴天正常增温值的 1/4。气温下降时,最低气温与形成雾时的气温差值不超过 4℃。在有降水的情况下,由于雨滴在降落中不断蒸发,大量吸收周围空气的热量,可使地面气温降低。在降雪时,一般气温并不降低,而雪后天晴,气温反而降低,这是由于地面积雪反射太阳辐射,使地面吸收热量减少,而融雪又消耗热量,所以使气温降低了。

②地形影响

地形对气温影响。下垫面性质不同,热容量也不同,热容量大的地表面,增温和冷却都较慢,气温日变化相应也较小,反之则大。一般潮湿地表面比干燥地表面的气温日较差约小 2℃ 左右,在海面上的气温日变化只有 1～2℃,而沙漠地带气温日变化可达 20～30℃。气团经过不同的下垫面时,通过与下垫面的热量交换,可使温度发生变化。例如,冷气团流经暖海面时,由于显热和潜热的湍流交换,气团的温度将会不断升高,尤其当冷气团与暖海面的温差较大时,气团升温更快。一昼夜内可升高 10℃ 左右。

③风力

风对气温日变化也有重要影响。风不仅对气温的平流输送起着重要作用,风力的大小对气温的上下传递也起重要作用。如风力大时,摩擦层中湍流交换强,有利于空气热量的上下交换。白天使地面气温增温减慢,夜间使地面气温降温也减慢。所以有风时,气温日变化小,无风时,气温日变化大。当冷锋过境不久,风力尚未迅速减弱时,气温不会很低、冷锋之后的低温,往往出现在冷锋过境后 1～2 d。此外,大气中的水汽含量也对气温有影响。即水汽多,当其凝结时会释放潜热,使温度升高。但一般这个作用不显著。

6.2.5.2　气温预报

制作气温预报,必须对影响气温的各种因子进行综合分析。气温预报通常结合天气形势演变综合考虑。如果有强的冷暖平流,应先考虑平流变化。首先考虑是否有较明显的冷暖空气移来本地区,然后再考虑日变化。当有冷锋过境时,气温必将明显下降。在这种情况下,地面 24 h 变温往往可作为预报参数来考虑。即先参考冷锋过境后的测站。如作某站气温预报时,根据经验,可选择距冷锋后 8 个纬距以外测站变温,做预报站点未来的参考,估计预报站点的气温,然后,再根据地形等因子作订正。最简单的办法是,根据本站当日出现的气温,再结合未来天气情况作外推。

(1)最低气温预报方法

平流变化。先把即将移来的气团最低气温作为初步的预报值,再进行修正。

辐射影响。它取决于云量和风。若少云、静风,冬季辐射降温明显。

气团变性。可依据地表温度与气温之差来推算。例如,冷空气向南移 1 纬度,通常可升温 1℃。

根据经验作预报。预报某一地的最低温度,首先应考虑天气形势的变化。若在预报时效内,天气形势变化不大,预报地区仍受同一气团控制,则可根据预报气团内部气温变化的经验来预报最低温度的变化。若在预报时效内,有锋面过境,则可根据高空冷平流强度,综合分析平流变温和非绝热变温对最低温度的影响,然后根据预报经验作出最低温度的预报。

外推法作定性判断。若在预报时效内天气形势无大变化,可根据当天和前一天天空状况和最低温度作外推,大致判断未来的最低温度。例如,前一日最低温度为 8℃,当天最低温度为 10℃,预报当日夜里到次日清晨的天气状况与前日差不多,根据外推可预报次日最低温度为 10℃左右。

用夜间冷却量来作最低温度的预报。其表达式为: $T_m = T_{19} - \Delta T$, T_m 为最低温度, T_{19} 为当日 19 时的干球温度, ΔT 为 19 时至次日最低温度出现时由于冷却而降温的数值,称为冷却量。在求冷却量时,首先应分析与冷却量相关的因素,其中相关最密切的是云量和风。将这些相关因素,根据观测资料,分门别类与冷却量 ΔT 进行相关统计,求得各种天气条件的冷却量表和各类天气条件分类标准(表 6.2a,表 6.2b)。

表 6.2a　冷却量

天气条件	ΔT 值(℃)
少云微风	7.9
多云微风或少云有风	5.2
阴天	3.7

表 6.2b　天气条件分类标准

少云	多云	阴天	微风	有风
低云量	低云量	低云量	4 m/s	4 m/s
0～3	4～7	8～10	以下	以上

(2)最高气温预报方法

最高气温预报,一般在当天最高温度的基础上考虑两项订正:未来预报日的云、天气和风的影响,晴天无风温度升高,反之下降。平流变化,根据上游测站最高气温与本站的差值来估计。

①外推法

在天气形势变化不大的条件下,可根据最近一两天的最高温度,预报未来的最高温度。若未来的天气情况与前一两天差不多,用此法一般效果较好。

②利用统计资料制作最高温度预报

利用当日最高温度加上最高温度的日际变量(即当日最高温度与次日最高温度之差),来做未来 24 h 内的最高温度预报。这种方法实际上就是将当日最高温度外推并加上一定订正值的方法。最高温度的日际变量与白天(6～16 h)的云量日际变化和白天风向的日际转变关系较大,此外,降水也有影响。因此,可以把它们的关系写成下式: ΔT(日际) $= \Delta T_1 + \Delta T_2 + \Delta T_R$, ΔT_1 为白天云量日际变化所引起之变温, ΔT_2 为风向日际变化所引起之变温, ΔT_R 为降水引起的订正值。

可根据低云量的日际变化与变温的关系,从历史资料统计求得。

ΔT_2 的求法是:当白天盛行风向由偏北转为偏南(风速 2～5 m·s^{-1})时,统计求得 $\Delta T_2 \approx$ 3℃,反之风向由偏南转偏北时, $\Delta T_2 \approx -2℃$,风向无明显转变时, $\Delta T_2 \approx 0℃$。

ΔT_2 的值可用 $\Delta T_R = c \cdot t$ 的式子求得,t 为降水时数,c 为系数。当 6～16 h 内有降水时, $c = -0.3℃ \cdot d^{-1}$,6 h 前有降水时, $c = -0.1℃ \cdot d^{-1}$。制作预报时,根据预报白天的风、云、降水情况,分别求出 ΔT_1, ΔT_2, ΔT_R,然后算出 ΔT 值。

③有显著冷暖平流影响时最高温度的预报

若在预报时效内有明显的冷暖平流或有锋面将影响本站时,则温度平流对最高温度将有一定的影响,其表达式为:$T_m = T_{M_0} + \Delta T - V \cdot \nabla T$,$T_m$ 为预报最高温度,T_{M0} 为当日最高温度,∇T 为当日与第二天最高温度的日际变量,可按不同的风、云、天气等天气条件从历史资料统计中求得平均值。$-V \cdot \nabla T$ 为温度的平流变化值,因为地面图上海拔高度不一致,可用850 hPa 上等温线与等高线的关系计算出平流强度,然后再用平流强度与本站气温变化的历史资料找出相互关系,作为预报本站气温的依据。通常采用地面锋后(温度平流显著地区)测站 ΔT_{24} 近似地表示温度平流的强弱。作预报时在上游选择固定的"指标站"或关键区,用历史资料统计锋过指标站或关键区时与锋过本站后温度变化的关系。例如,上游冷锋过指标站 ΔT_{24} 比本站高 3℃,则某次冷锋过指标站的为 -8℃,则预报过本站 ΔT_{24} 时为 -5℃,又因为冷锋过境时为白天,云及降水引起最高温度的日际变化为 4℃,因前一日最高温度为 35℃,则可预报冷锋过境后本站最高温度为 26℃。应用此法作预报时,必须注意锋在移动过程中的变化,锋生变温量会加大,锋消则相反。

6.3　气象要素的概率预报

天气预报的一个发展趋势是将所有气象要素预报概率化,不仅是降水,其他天气要素如温度、湿度、风、云量和云高、能见度、雾、雷暴等都以概率预报形式进行预报。

经统计表明,将预报中的不确定性传递给用户,用户在专家的指导下可以进行更好的决策,使得概率预报的经济价值超过确定性预报的经济价值。天气预报信息能否给用户带来效益,也就是天气预报的价值问题。假定一个用户对一个有害天气事件 E 只有两种选择:采取防护措施或不采取防护措施,采取防护措施与否只取决于用户对这个有害天气事件 E 是否发生的信念。采取防护措施,不论事件 E 是否发生,花费是 C,如果事件 E 发生了,但用户没有采取防护措施,用户将损失 L。用户可以根据相应天气事件的气候概率决定是否采取防护行动,也可以参考每天的天气预报确定采取防护行动。天气预报的价值对用户的体现在如果根据天气预报行动,会比根据气候概率行动节省。一个有技巧的天气预报对于一个用户的有用程度取决于他的花费—损失比 C/L,当 C/L 大于某一较大临界值(例如 0.8)或小于某一较小临界值(如 0.1)时,天气预报对该用户是没有用的,只有当 C/L 在两个临界值之间时预报对该用户才是有价值的。当 C/L 较大时,采取防护措施的相对代价较高,由于预报有空报,按照预报行动会造成较大花费,其结果还不如只按照气候信息总是不采取防护行动划算;当 C/L 较小时,采取防护行动代价较小,预报有漏报,造成损失较大,根据预报采取行动还不如只按照气候信息总是采取防护行动划算。

对于概率预报,用户需要确定采取防护行动的最佳概率阈值,根据用户的损失—花费比 C/L,可以确定用户对于某一灾害性天气采取防护行动的最佳概率值。对于花费损失比很小的用户,往往需要在事件发生概率很小(例如 5%)时就采取防护行动,而花费损失比较大的用户需要到较大概率(例如 70%)时再采取防护行动。用户如果能够根据自己的花费损失比确定采取防护行动的最佳概率阈值,则用户从概率预报获得的收益会明显超过从确定性预报获得的收益。

目前制作概率预报的客观方法主要是基于数值预报产品的统计释用,一种是基于确定性预报的统计释用,目前使用更多的是基于集合预报产品的统计释用。

对于某个特定的预报对象,可以从集合预报所有成员预报中算出其发生的相对频率,最大程度地包含了实际大气可能发生的种种情况,概率预报对于分叉而出现多平衡态的天气状态也能很好地表达出来(如概率密度的多峰分布)。常见的概率预报产品包括以下两种。

(1)概率烟羽图:计算某一时刻预报成员对预报值范围出现的概率,绘制不同的时效集合成员对预报对象的预报概率分布。不同的预报对象可设计不同的烟羽图,如可以制作某一地点 850 hPa 温度出现在 $T-0.5K$ 至 $T+0.5K$ 范围内的概率烟羽图,将它分成 0.5%~10%,10%~30%,30%~50%,50%~100% 四档,定义纵坐标为 850 hPa 温度,横坐标为预报天数。风、降水等天气要素都可以绘制出类似的概率烟羽图。

(2)天气要素的概率预报图:假定每个集合预报成员是等权重的,对降水、气温、风等天气要素,算出不同量级或大小范围出现的预报概率,如降水的分档如下:大于 0.1 mm/12 h,10 mm/12 h,25 mm/12 h,50 mm/12 h,100 mm/12 h;风速的分档位大于 10 m·s^{-1},大于 20 m·s^{-1},或给出某些站点的天气要素预报概率。

国家气象中心每日 00:00(世界时)下发的全球集合预报概率预报产品,12 h 累计降水预报大于 0.1 mm 概率、大于 10 mm 概率、大于 25 mm 概率、大于 50 mm 概率、大于 100 mm 概率的 240 h 逐 12 h 预报产品为 micaps 格式,可直接在 MICAPS 调用;大城市 240 h 单点气象要素箱线图为 JPG 格式,可直接查看。

国家气象中心每日 06:20(世界时)下发 00Z,18:00(世界时)下发 12Z 区域集合预报概率预报产品,产品格式为 micaps 格式,可直接在 MICAPS 下调用,产品包括:3 h 累计降水量概率预报、6 h 累计降水量概率预报、12 h 累计降水量概率预报、24 h 累计降水量概率预报、2 m 温度概率预报、对流有效位能概率预报、强对流指数概率预报。预报时效为 60 h,间隔 3 h。

6.4　落区预报

6.4.1　灾害性天气及其次生灾害落区预报

落区预报主要指的是灾害性天气及其次生灾害的落区预报,中国气象局于 2004 年 4 月 30 日下发了《灾害性天气及其次生灾害落区预报业务暂行规定》(气预函[2004]48 号),山西省气象台制定了《山西省气象台灾害性天气及其次生灾害落区预报业务规定》于 2004 年 6 月 1 日开展了短期灾害性天气及其次生灾害落区预报业务工作。

预报种类:冰雹 B、雷暴 L、中雪 R、大雪 R、暴雪 R、雾 W、浓雾 W、强浓雾 W、冻雨 D、霜冻 S、地质气象灾害(大于 3 级)Z、大雨 R、暴雨 R、沙尘暴 C、强沙尘暴 C、大风(风向、风速)F、高温 G、强降温 Q、共 11 类,26 个级别。

高温:分为两个级别,某站日最高气温达到 37℃ 或以上和 40℃ 或以上;

雾:水平能见度在 1000~500(含)m;

浓雾:水平能见度在 500~50(含)m;

强浓雾:水平能见度小于 50 m;

大风:指定时天气观测时次任意一次观测到 2 min 或任意 10 min 记录到的平均风力达到 6 级(10.8 m·s^{-1})或以上,或者瞬时风力大于等于 17.2 m·s^{-1};

强降温:指 24 h 内最低气温下降 8℃或以上。

预报项目和预报时效:

12 h 和 12～24 h 预报项目:冰雹 B、雷暴 L、中雪 R、大雪 R、暴雪 R、雾 W、浓雾 W、强浓雾 W、冻雨 D、霜冻 S、地质气象灾害(大于 3 级)Z、大雨 R、暴雨 R、沙尘暴 C、强沙尘暴 C、大风 F、高温 G、强降温 Q。共 11 类,26 个级别。

48 h 预报项目:中雪 R、大雪 R、暴雪 R、雾 W、浓雾 W、冻雨 D、霜冻 S、地质气象灾害(大于 3 级)Z、大雨 R、暴雨 R、沙尘暴 C、强沙尘暴 C、大风 F、高温 G、强降温 Q。共 9 类,24 个级别。较 12 h 和 12～24 h 预报项目少了冰雹 B、雷暴 L。

72 h 预报项目:大雨 R、暴雨 R、沙尘暴 C、强沙尘暴 C、大风 F、高温 G、强降温 Q。共 5 类,9 个级别。较 48 h 预报项目少了中雪 R、大雪 R、暴雪 R、雾 W、浓雾 W、冻雨 D、霜冻 S、地质气象灾害(大于 3 级)Z。

6.4.2　落区必备的基础知识

第一,要了解大气环流的基本特征和季节转换,如冬夏季风的盛行与交替、大气环流主要系统的季节变化、极涡、西风带长波、副热带高压、赤道辐合带等。西太平洋副热带高压的季节变化,每年有两次明显的北跳过程,第一次在 6 月中旬到 7 月上旬后期,副高脊线到达 20°N 或者 25°N 以北。第二次在 7 月下旬到 8 月上旬,副高脊线位置最北,可以到 30°～35°N,有时甚至到 40°N,这是山西每年出现区域性强降水和高温天气的主要时期,这时期的降水量可以达到全年总降水量的一半以上。有的年份,8 月中旬到 9 月上旬,副高在减弱南退后再次北抬,但对山西的影响比前期极大地减弱。副高的南北摆动往往有准两周的振荡周期。

第二,要了解山西主要天气的气候特征和时空分布特点。

第三,要了解我国自然地理地貌的主要特点及其对大气环流和气候的影响。

第四,掌握主要灾害性天气的环流背景和主要影响系统。

第五,掌握主要灾害性天气形成的基本原因和物理机制。

第六,掌握主要灾害性天气的预警标准和服务规范。

6.4.3　配套使用物理量诊断分析

首先看数值预报初始场资料并与观测分析场进行对比分析,并找出其差异或不足之处;其次,分析未来三天内的形势预报,重点抓大型环流形势及主要影响系统的特点、演变及高低空、下垫面、上下游之间的配置关系;然后,掌握各类数值预报产品对不同时效、不同季节、不同纬度带、不同地区、不同天气系统和要素预报的性能,预报产品是否稳定,是否有系统性误差。

(1)分析重点:各种物理量的分布、强度、变化及其与天气实况和影响系统演变的关系;各种物理量场的水平和空间配置关系;各种物理量场的数值量级是否达到了某种天气出现的阈值。

(2)应注意的问题:不同的天气,诊断分析的重点不同;不同的天气系统,诊断分析的重点不同;不同季节,诊断分析的重点不同;尽管天气相同,但不同纬度带、不同地区物理量(或阈值)差很大,不能简单地套用;数值预报图绝不能当做一张常规天气图使用;根据数值预报产品所做的物理量场预报的好坏与数值预报产品本身的质量有关;由于环流形势(含初始分析场资料)和主要影响系统的预报误差会导致要素预报的落区、强度不准确。因而需进行订正。

6.4.4 暴雨落区预报及"配料法"

6.4.4.1 暴雨的落区预报思路

首先,对实况观测资料进行仔细分析,包括降水实况(24 h,6 h,1 h 降水量)、24 h内最高(最低)温度、最大最小相对湿度、大风,高空和地面观测资料、自动站资料、相关物理量资料,及前期的发生、发展和演变;然后从气候学、影响系统、物理量逐一进行分析。分析暴雨的气候特征,包括区域暴雨的时空分布和季节变化特征。

第二,分析暴雨的影响系统,包括大尺度环流形势、夏季风的进退、副高位置,以及在此形势下的地面冷锋、高空短波槽、高低空急流、温带气旋及逗点云系、高空冷涡等天气尺度系统,和镶嵌在天气尺度系统中引发暴雨的中间尺度气旋(1000~2000 km)、对流层中部附近中层涡旋、干线、切变线、低涡,以及在卫星云图上中尺度对流云图。

第三,分析由基本观测要素计算出相关物理量,如涡度、散度、假相当位温、对流稳定度、水汽通量散度、以及对流有效位能(CAPE)等。

第四,分析其他相关资料,如卫星云图资料的亮温、水汽图像,雷达资料,地面自动站资料等,以及它们前期的演变情况,了解各种天气现象的生命史、日变化。

第五,数值预报产品分析,包括数值预报场的形势演变以确定属于哪种暴雨天气概念模型,分析暴雨实况与数值预报分析场的配置关系,比较主观分析场与暴雨分析场之间的差别,分析暴雨实况与物理量配置关系,检验数值预报场,以数值预报环流形势为基础进行检验、订正,确定订正后的预报场和主要影响系统,分析并检验物理量场,以确定暴雨落区,同时考虑有无强对流天气如雷雨大风、雷暴、冰雹等,分析影响区域的地形地貌特点以确定降水量级,以某一预报模式为主要参考依据,如欧洲细网格资料,再根据各家数值预报模式的预报性能给以适当的权重,做出暴雨的预报落区。

6.4.4.2 "配料法"在暴雨落区预报的应用

"配料法"(Ingredients-Based Methodology)。是一种在暴雨和强对流天气发生发展机制基础上,建立的具有动力意义和逻辑思维的预报方法,具有理论结合实际、基础研究结果应用于具体预报业务中的特点。它适用于暴雨、龙卷、冰雹、雷暴大风、冻雨、高温酷暑等天气的预报。采用"配料法"的预报中,预报员必须集中精力抓住配料和配料的建立过程,这就要求预报员对影响暴雨等强对流天气的物理机理有所认识。暴雨和强对流天气预报的"配料法"是基于有效模式输出的一种新的短期预报思路。

以暴雨的预报为例,一场强降水 P 的发生主要与降水持续的时间 D 和降水率 $\bar{R}$ 有关,即:$P = D\bar{R}$。从天气学的观点来讲,暴雨中的瞬时降水率与水汽的垂直输送通量成正比,即 $R = Eqw$,这里 q 是比湿,w 是上升速度,E 是比例系数。比例系数是从云中落到地面的降水量与进入暴雨区上空的水汽总量之比。因此,一场暴雨的总降水量为:$P = DE\overline{qw}$,从上式可知,暴雨的降水量决定于上升速度、水汽的供应量以及降水持续的时间,最强降水量出现在降水率最强而且降水持续时间最长的地方。因此,贯穿暴雨预报的线索是形成暴雨必要的配料(Ingredients),配料是主要的,而天气型是次要的,某次暴雨过程的出现可以和标准天气型相差甚远。

q 的诊断量:可降水量(Precipitable Water),K 指数(K Index),整层相对湿度(Relative Humidity)。

w 的诊断量:对流有效位能(Convective Available Potential Energy)。

D 持续时间:根据模拟结果确定。

抬升促发机制:抬升指数(Lifting Index),对流抑制能量(Convective Inhibitted Energy)。

其他:地面 θ_{se},$H500$—1000,850 hPa 混合率(Mixcing Rate)。

通过有效的模式输出,诊断暴雨系统中"配料"的时空变化特征,追踪暴雨系统的发生、发展演变过程,可最终确定暴雨可能发生的危险区域。

研究表明,暴雨"配料":可降水量(PW)、K 指数、θ_{se}、LI 指数、对流抑制能量(CIN)、对流有效位能($CAPE$)、水汽条件和不稳定对于诊断暴雨具有以下特征:

(1)暴雨发生前有大量的能量和水汽积累,最大 K 指数和 θ_{se} 超过气候值;

(2)绝大部分个例中暴雨发生前空气是对流不稳定的,最大可降水量超过气候值的 120%;

(3)暴雨发生后,能量释放,水汽消耗,气层逐渐稳定;

(4)约有 50% 的暴雨个例中有对流有效位能的释放;

(5)当对流有效位能的释放发生在白天,虽然有其他条件的配合,也难以产生强降水;

(6)只有充足的水汽条件而没有其他条件配合时,也不会出现暴雨;

(7)暴雨过程中,对流抑制能量通常低于 $100\ \mathrm{J} \cdot \mathrm{kg}^{-1}$;

(8)连续 2 d 的暴雨第 2 个暴雨日发生在对流稳定状态下。

"配料法"体现一种哲学思想,Doswell 最初提出该种方法是为了强调一种主观的预报方法,但是当前数值化要求我们使用客观、定量的方法,如何尽可能地解决二者之间的矛盾,是我们应最主要关注的问题。因此在使用该方法中我们应尽量将"配料"的阈值放宽,尽量体现"配料"在天气过程中的动态变化特征。

参考文献

[1] 孙淑清,高守亭.现代天气学概论[M].北京:气象出版社,2005:181.

[2] 大气科学词典编委会.大气科学词典[M].北京:气象出版社,1994:754.

[3] 汪宏七,赵高祥.云和辐射[M].大气科学,1994,18(增):910-932.

[4] 张春光,张玉钧,韩道文,等.测云技术研究进展[M].光散射学报:2007,19(4):389.

[5] 李国华.季节与山西气候[M].太原:山西人民出版社,1990:143-144.

[6] 那红岩,王娟.天气系统变化在云的观测中的指示作用[M].黑龙江气象:2009,26(1):35.

[7] 阮均石,唐东升.天气学基础知识[M].北京:气象出版社,1985:237-245.

[8] 李国华.季节与山西气候[M].太原:山西人民出版社,1990:142-143.

[9] 大气科学词典编委会.大气科学词典[M].北京:气象出版社,1994:755-756.

[10] 钱维宏.天气学[M].北京:北京大学出版社,2004:240.

[11] 梁必骐.天气学教程[M].北京:气象出版社,1995:541-546.

第7章 暴雨分析与预报

暴雨是对山西危害较大的气象灾害。近年来短时暴雨也成为大中型城市的主要灾害。

山西最容易发生暴雨和特大暴雨的时间在 7 月和 8 月。如:"1958.7"垣曲特大暴雨,"1963.8"太行山区特大暴雨,"1966.8"阳泉、平定特大暴雨,"1977.8"平遥特大暴雨,"1982.7"沁水特大暴雨,"1996.8"山西东部特大暴雨,"2007.07"垣曲特大暴雨等都发生在这段时间。

7.1 暴雨及大暴雨的时空分布特征

7.1.1 暴雨标准

暴雨:24 h(08 时—08 时或 20 时—20 时)降水量≥50 mm;大暴雨:24 h 降水量≥100 mm;特大暴雨:24 h 降水量≥250 mm。区域性暴雨过程定义:在一次降水天气过程中,山西省境内成片出现的暴雨站数≥5 时,定义为一次区域性暴雨过程。当 5≤暴雨站数<10,但暴雨空间分布成离散型时,统计时不记为一次区域性暴雨过程;若暴雨站数≥10 站,无论暴雨空间分布成离散型还是连续性均记为一次暴雨过程。

7.1.2 暴雨的空间分布特征

山西省平均年暴雨日数的地域分布具有显著的特点(图 7.1)。总的趋势是:东南多、西北

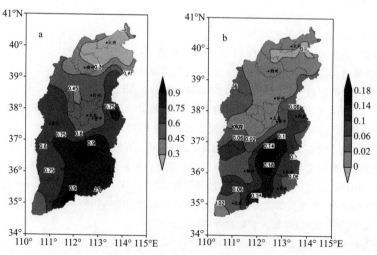

图 7.1 山西暴雨日数(a)和大暴雨日数(b)空间分布(单位:d)(见彩页)

(资料年代 1981—2010 年,来源山西省气象信息中心)

少,长治、晋城南部、运城地区东部和临汾地区东部以及临汾的西部山区暴雨和大暴雨出现较多;晋中东山及五台山暴雨次数也较多;北部大部分地区暴雨次数较少。

7.1.3　日出现暴雨站数的统计特征

图 7.2 是 1957—2011 年暴雨日出现暴雨站数的统计。由 1957—2011 年的气象资料统计,山西省共出现 925 个暴雨日。只有 1 站暴雨的暴雨日数达到 429 个,占总暴雨日数的 46.4%,说明汛期山西省以局地暴雨天气为主;≥5 站、≥10 站、≥15 站、≥20 站、≥25 站、≥30 站、≥35 站、≥40 站、≥45 站的暴雨日数分别有 220 个、92 个、43 个、20 个、18 个、5 个、3 个、2 个、1 个,分别占总暴雨日数的 23.8%、9.9%、4.6%、2.2%、1.95%、0.54%、0.32%、0.22%、0.11%。

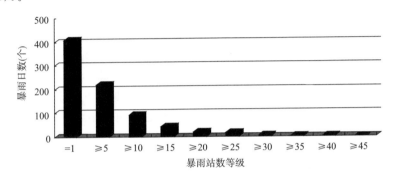

图 7.2　1957—2011 年暴雨日暴雨出现站数的统计特征

7.1.4　暴雨的时间分布特征

(1)暴雨的月分布特征

图 7.3 为 1957—2011 年各月暴雨的累计日数。暴雨主要发生在 7 月和 8 月,两个月的暴雨日数占总暴雨日数的 75.8%,其中 7 月暴雨日数最多(54 年共计 383 个暴雨日),占总暴雨日数的 41.4%;暴雨最早发生在 4 月(1957 年 4 月 9 日),最迟发生在 10 月(1976 年 10 月 22 日)。

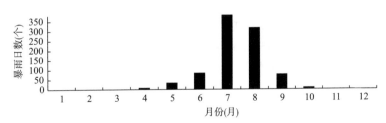

图 7.3　1957—2011 年各月暴雨的累计日数

(2)暴雨日数的年际变化和暴雨的夜发性特征

图 7.4 是 1957—2011 年 55 a 暴雨和夜发暴雨日数的年际变化。1965 年是暴雨日数最少的一年,仅有 7 d,1971 年是暴雨日数最多的一年,达 27 d;1957—1974 年、1987—2008 年,暴雨日数的年际变化振幅很大,1975—1986 年、2009—2011 年,暴雨日数年际变化相对平缓。

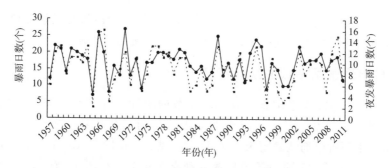

图 7.4　1957—2011 年暴雨(实线)和夜发暴雨(虚线)日数的年际变化(日界为 20 时—20 时)

夜发暴雨日数与暴雨日数分布呈正相关,1957—2011 年,925 个暴雨日其中有 496 个暴雨发生在夜间,占总暴雨日数的 53.6%。说明在山西暴雨的夜发性较强。

(3)暴雨站次的年际变化

为比较暴雨站次的年际变化,采用 1979—2011 年,资料年代长度完全一致的山西 109 站降水资料,绘制了 1979—2011 年 33 a 暴雨站次的年际变化图(图 7.5)。1979—2011 年,暴雨站次的年际变化振幅很大,1984 年是暴雨站次最少的一年,仅有 29 站次,1988 年是暴雨站次最多的一年,达 119 站次;方差分析表明,暴雨站次序列主要由 2 年和 7 年周期变化波动叠加。

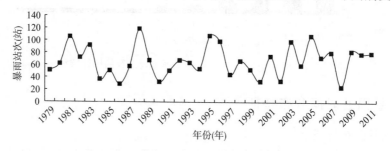

图 7.5　暴雨站次的年际变化(日界为 20 时—20 时)

7.1.5　山西暴雨极值和特点

(1)山西暴雨极值

表 7.1 给出 1957—2012 年山西 13 场特大暴雨的极值。从山西各个地区发生暴雨的极值看,除调查暴雨有 500 mm 以上外,中南部暴雨极值均在 500 mm 以下,北部极值较小,仅在 1962 年原平段家堡出现过 24 h 雨量达 200 mm 的暴雨记录和 2012 年怀仁县河头出现过 271.5 mm 的暴雨记录。

表 7.1　1957—2012 年山西特大暴雨

特大暴雨日期	中心位置	24 h 降水量(mm)	12 h 降水量(mm)	6 h 降水量(mm)
1958.07.16	垣曲县华锋	366.5		249.0
1963.08.04	和顺松烟镇	496.0		
1964.07.06	中阳县金家庄	422.5	395.0	304.0
1966.08.23	平定县床泉	580.0*		453.0*
1975.07.20	蒲县井儿上	457.2		254.4

特大暴雨日期	中心位置	24 h 降水量(mm)	12 h 降水量(mm)	6 h 降水量(mm)
1975.08.06	平顺县杏城	556.0*	471.0*	394.9*
1977.08.05	平遥县城关	358.2	324.0	256.8
1982.08.01	沁水	221.0		
1993.08.04	沁源聰河	214.0		
1996.08.04	昔阳县泉口	460.0		
2007.07.30	垣曲县朱家庄	384.7	197.0	167.9
2011.07.02	阳城县横河	321.2	309.7	272.7
2012.07.21	怀仁县河头	271.5	268.1	157.8

* 为调查暴雨。

(2)山西暴雨的特点

根据以上统计数据,山西暴雨主要有以下 4 个特点:

①强度大。1957—2012 年,100 mm 以上暴雨日有 124 个(不包括区域雨量站),占总暴雨日数的 13.4%。调查暴雨中 6 h 最大降水量有 453.0* mm 的记录,非调查暴雨中 6 h 最大降水量有 304.0 mm 的记录,太原梅桐沟曾出现过 5 min 降水 53.1 mm 的记录,为国内罕见。

②出现时间集中。尽管 4—10 月都可有暴雨发生。但主要集中在 7,8 月份,尤以 7 月下半月和 8 月上半月最为集中。

③暴雨中心多出现在丘陵山地的迎风面。太行山中南部到中条山南侧为大暴雨中心多发区。54 a 资料统计表明,73% 日降水量≥100 mm 的暴雨中心,出现在山脉的迎风坡。

④山西的暴雨夜发性较强。1957—2011 年,有 53.6% 的暴雨在夜间发生。

7.2　低涡暴雨

汛期,低涡是山西产生暴雨的重要天气系统之一,低涡过程引起的暴雨约占山西汛期暴雨的 30%,有些低涡还导致了特大暴雨。如 1977 年 8 月平遥特大暴雨与西北涡的东移发展密切相关,2001 年 7 月 27 日区域性大暴雨与西南涡北上发展影响有关。

7.2.1　影响山西的低涡发生源地、出现几率及移动路径

7.2.1.1　定义

规定 700 hPa 在 27°～33°N,97°～105°E 区域内生成、至少有一条闭合等高线的气旋性环流定义为西南涡,在 34°～38°N,95°～105°E 区域内生成、至少有一条闭合等高线的气旋性环流定义为西北涡,并将以上规定区域分别称为西南涡和西北涡的源地区。同时在影响山西低涡个例分析和预报实践的基础上进一步规定:24 h 前西北涡在 35°～39°N,100°～107°E 和西南涡在 31～36°N,105～110°E 区域内的低涡定义为影响山西的低涡,并称该区域为关键区。

7.2.1.2　低涡的统计关系及平均路径

对 1980—1989 年及 1991—2008 年 28 a 间 6—8 月的 700 hPa 高空图进行逐日普查,在源地生成的西南涡共 596 个,西北涡共 475 个。出现影响山西的西南涡 65 个,占总生成数的

10.9％,出现影响山西的西北涡 77 个,占总生成数的 16.2％。表 7.2 给出了 1980—1989 年以及 1991—2008 年 6—8 月影响山西的西南涡的次数。28 a 间平均每年有 2.32 个西南涡影响山西,有的年最多可达 10 个,有的年则无西南涡影响。在 65 个样本中,按月统计,以 7 月最多,共 32 个,占总数的 49.2％。

表 7.2　历年各月影响山西的西南涡次数(单位:次)

年＼次数　月	6	7	8	合计
1980	4	4	2	10
1981	2	1	2	5
1982	0	3	0	3
1983	3	4	0	7
1984	3	1	1	5
1985	0	1	0	1
1986	0	0	0	0
1987	0	1	1	2
1988	2	2	0	4
1989	3	1	1	5
1993	0	0	1	1
1994	1	2	0	3
1995	0	2	1	3
1996	0	1	0	1
1997	0	2	0	2
1999	1	1	1	3
2000	0	1	0	1
2001	0	2	0	2
2002	1	0	0	1
2004	0	1	0	1
2005	0	1	0	1
2006	0	1	1	2
2007	0	0	1	1
2008	0	0	1	1
合计	20	32	13	65
平均	0.714	1.143	0.46	2.32

表 7.3　历年各月影响山西的西北涡次数(单位:次)

年＼次数　月	6	7	8	合计
1980	0	0	1	1
1981	2	3	0	5
1982	0	2	3	5
1983	2	2	2	6
1984	2	3	4	9
1985	1	1	3	5
1986	2	1	2	5
1987	1	1	3	5
1988	3	2	4	9
1989	3	1	0	4
1994	3	2	1	6
1995	0	0	5	5
1999	0	0	1	1
2001	0	0	1	1
2004	1	2	1	4
2005	0	0	1	1
2006	0	0	2	2
2007	0	2	1	3
合计	20	22	35	77
平均	0.71	0.79	1.25	2.75

表 7.3 给出了 1980—1989 年以及 1991—2008 年 6—8 月影响山西的西北涡的次数。28 a 间平均每年有 2.75 个西北涡影响山西,最多年达 9 个,最少年仅 1 个。在 77 个样本中,按月统计以 8 月最多,共 35 个,占总数的 45.4％。

点绘历史个例,从西南涡、西北涡生成到消失的路径图和分月平均路径图发现,其生成位置和移动路径均相当集中,图 7.6 是影响山西的西南涡和西北涡中心的集中出现区和平均移动路径。

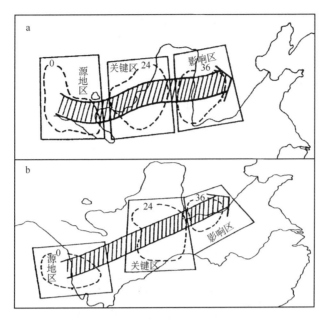

图 7.6　西北涡(a)和西南涡(b)中心的集中出现区及平均移动路线图(数值单位：h)

7.2.2　影响山西的低涡生成时的环流形势

西南涡、西北涡的形成除地形因素外，西南涡的形成、发展移动还与高空高原低槽的活动密切相关；西北涡的生成、发展、东移与西来的弱冷空气、西北太平洋副热带高压加强北跳以及西南季风加强北上有密切关系。

为了从高空形势场更深刻地认识影响山西的低涡(西南涡、西北涡)产生时的环流特征，从65 个西南涡和 77 个西北涡中挑选了有区域性暴雨产生的典型样本各 15 个，取 5×5 个经纬格点，制作了西南涡、西北涡生成时的 500 hPa 高度合成平均图(图 7.7 和图 7.8)。由图 7.7 可知，影响山西的西南涡生成时，500 hPa 上空西太平洋副热带高压中心位于日本东南部洋面上，其西伸脊控制我国东南沿海地区，脊线位于 25°N 附近。另一环副高中心位于波斯湾上空，两高之间

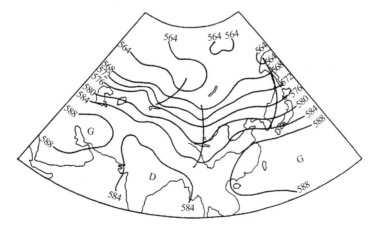

图 7.7　15 次影响山西的西南涡生成时的 500 hPa 高度合成平均图

的印度半岛上空为明显的低值区。平均槽分别位于河套西部到高原东部以及库页岛到朝鲜半岛上空,中国东部为高脊控制。这种环流不仅有利于处在槽前的西南涡沿引导气流向东北移动,同时也有利于槽前西南气流与副高西北侧的西南气流合并,形成一股较强的西南急流,将大量的暖湿气流向北输送,为强降水的产生提供充足的水汽条件。潮湿的西南气流与槽后冷空气结合促使西南涡发展,并向东北方向移动,从而在华北及山西产生大范围的强降水天气。

影响山西的西北涡生成时(图7.8),500 hPa东亚上空环流平直,平均槽位于中亚地区,我国新疆处在低压槽底部,我国东南沿海和波斯湾上空分别为西伸和东伸的副高脊控制,印度半岛上空为弱低压区。在这种高空环流形势下,中亚低槽槽后的冷空气不断向中亚低压(槽)区汇集,并从低压(槽)底部分裂出短波槽携带弱冷空气快速东移。高层弱冷空气进入低空西北涡后部促使低涡发展,并沿副高北侧东移影响山西。

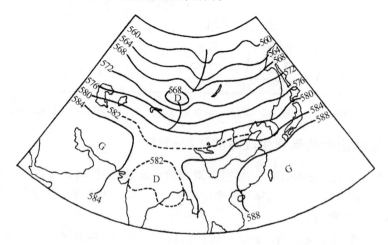

图7.8   15次影响山西的西北涡生成时的500 hPa高度合成平均图

当副高偏弱、西风槽偏南时,也可出现西南涡。

实际预报中,当500 hPa亚欧上空经向环流较强时,若有西风大槽自中亚地区有规律地东移加深,这时要特别注意影响山西的西南涡生成、发展和移出。当500 hPa为纬向环流、亚洲中纬度环流较平直时,若中亚低压区有−16～−18℃的冷中心与之配合,则要注意中亚槽底分裂出的弱冷槽的动向,即注意影响山西的西北涡的生成、发展和移出。

7.2.3 低涡活动与山西暴雨的统计关系

(1)山西开始降水时低涡的位置

根据影响山西的142次低涡过程,按照山西开始降水时间反查出了西南涡和西北涡当时的中心位置。尽管天气图的时效有限,而且所确定的低涡位置与降水开始时间大约有±3 h的误差,但由图7.9仍可看出西南涡、西北涡与降水开始时间有较密切的关系。

一般西南涡开始影响山西降水时,低涡中心均位于30°～36.5°N,104°～111°E的区域内。其中有50%以上位于33°～36°N,108°～110°E范围内,尤以33°N,109°E附近最为集中(图7.9b)。西北涡开始影响山西降水时,低涡中心均位于34.5°～41.5°N,99°～111°E的区域内。其中有60%以上位于35°～39°N,103°～107.5°E范围内,尤以35°N,105°E和36°N,105°E附近最为集中(图7.9a)

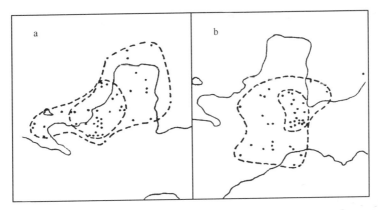

图 7.9　西北涡(a)影响山西开始降水时低涡中心位置和
西南涡(b)影响山西开始降水时低涡中心位置的分布

(2)低涡的降水极值、空间分布和不同地区的降水特征

对以上 28 a 间 65 次西南涡和 77 次西北涡统计表明,98.47％的西南涡和 98.71％的西北涡都有可能造成山西降水,全省无雨的西南涡和西北涡各 1 次,分别占 1.53％和 1.29％。1993 年 8 月 4 日西南涡影响时,沁源漳河 24 h 降水 214 mm。1988 年 8 月 5 日西北涡影响时,汾阳 24 h 降水量达 170 mm。表 7.4 和表 7.5 分别给出了 1980—1989 年及 1991—2008 年 28 年间,受西南涡和西北涡影响时山西最大日雨量的分级出现次数统计。无论是西南涡还是西北涡影响,山西日雨量极值集中出现在 50～100 mm,大暴雨出现的概率受西南涡影响时占 23.07％,西北涡影响时占 15.58％。

西南涡影响山西时的大暴雨极值,大多出现在晋西南、晋东南以及晋中地区,尤以运城的垣曲、晋东南的陵川以及晋中的和顺出现暴雨极值次数最多(表 7.6)。西北涡影响山西时的大暴雨极值,大多出现在晋西南和吕梁地区(表 7.7)。显然,这与潮湿的西南或东南气流突遇中条山、太行山或吕梁山迎风面抬升形成的降水量增幅有关。表明地形条件对西南涡和西北涡降水的空间分布有重要影响。

表 7.4　西南涡影响山西时最大日降水量量级次数

量级	无雨	小雨	中雨	大雨	暴雨	大暴雨	特大暴雨	合计
日降水量(mm)	0	0～10	10～25	25～50	50～100	100～200	≥200	
次数(次)	1	4	4	10	30	15	1	65
出现概率(％)	1.53	6.15	6.15	15.4	46.15	23.07	1.53	100.0

表 7.5　西北涡影响山西时最大日降水量量级次数

量级	无雨	小雨	中雨	大雨	暴雨	大暴雨	特大暴雨	合计
日降水量(mm)	0	0～10	10～25	25～50	50～100	100～200	≥200	
次数(次)	1	5	14	15	30	12	0	77
出现概率(％)	1.29	6.49	18.2	19.48	38.96	15.58	0	100.0

表7.6　影响山西各地降水的西南涡次数　　　　　　　　　　　　（单位：次）

区域 \ 次数 \ 级别	无雨	小雨	中雨	大雨	暴雨	大暴雨	特大暴雨
晋西南	6	10	8	2	26	13	0
晋东南	8	15	8	7	12	11	1
晋中	10	10	4	12	9	7	0
吕梁	9	13	12	9	6	4	0
大同和朔州	15	12	10	9	2	0	0
忻州	12	11	11	9	7	2	0

表7.7　影响山西各地降水的西北涡次数　　　　　　　　　　　　（单位：次）

区域 \ 次数 \ 级别	无雨	小雨	中雨	大雨	暴雨	大暴雨	特大暴雨
晋西南	3	13	11	10	16	6	0
晋东南	10	16	8	13	10	1	0
晋中	8	10	8	13	10	3	0
吕梁	3	7	8	10	13	4	0
雁北	11	14	9	14	6	0	0
忻州	7	7	7	18	7	2	0

7.2.4　低涡进入关键区的判据

无论是西南涡还是西北涡要移入关键区影响山西,经统计分析大都具备以下几点:

(1)有影响山西的低涡生成时的环流形势;

(2)有弱冷空气从低涡后部侵入。具体指标为:当低涡附近 ΔT_{24} 降低 $0\sim5℃$,且弱冷空气是从西北或偏西方向侵入时,低涡将有很大可能进入关键区;若 ΔT_{24} 下降在 $5℃$ 以上或弱冷空气从东北方侵入,低涡将填塞;

(3)低涡上空西侧 5 个经度内的高空槽为辐散槽(槽前辐散),低涡将有可能进入关键区;

(4)低涡东侧等高线呈气旋性弯曲,且低涡附近或东侧有明显的负变高。

7.2.5　低涡的雨带特征和暴雨落区

(1)低涡的雨带与低涡移动路径之间有较好的相关。最大降水量中心多位于移动路径之左方 $1\sim2$ 个纬距内。

(2)低涡暴雨的落区与低空急流的活动和演变关系密切。低空急流轴左前侧的水汽通量辐合区常与温度露点差小的湿中心相对应,容易产生暴雨。当出现低空西南(偏南)急流与强偏东气流汇合时,汇合区水汽通量辐合区加强扩大,温度露点差小的湿中心区域也扩大,容易形成暴雨。

(3)低涡的暴雨落区与 700 hPa 的 24 h 总温度变量分布有以下三种相关:①若变能线呈纬向分布,35°N 以北为负变能区,以南为正变能区;700 hPa 切变线也呈纬向且与变能零线基本重合。此时切变线以北 $1\sim2$ 纬距内为大—暴雨区。②若 35°N 以北基本为负变能区,一般分为东西两支,分别从山西以东、以西向南伸展;而 35°N 以南的正变能区在两支负变能区之间略向北突出。此时零变能线脊点西侧为大—暴雨区。③若河套地区有一向北突出的正变能区,从山西以东和以北向山西伸展一负变能区。此时大—暴雨区大致在正负变能中心连线附近的等变能线密集区。

7.3　西风槽暴雨

山西暴雨主要是热带、副热带系统与西风带系统相互作用的产物。因此,西风槽活动在暴雨生成中起着很重要的作用。西风槽暴雨发生在 7,8 月份时往往与副热带高压的动态关系密切,副高进退遇有西风槽配合常常造成区域性暴雨。西风槽暴雨发生在 5,6 月份时,若有低涡或切变线配合,也常常造成区域性暴雨,单纯的西风槽影响时仅能带来局地性暴雨。

7.3.1　西风槽在暴雨过程中的作用

直接影响山西产生暴雨的西风槽主要是自巴尔喀什湖一带东移的西风槽或活动于青藏高原北侧的高原槽。单纯的西风槽造成的暴雨持续时间一般在 1 d 以内,降水量一般在 50～80 mm;但与其他天气系统配合影响时,可出现持续时间较长的大暴雨过程。西风槽在形成暴雨的过程中担负着不同纬度间冷暖空气的输送作用。由于西风槽逼近而加强的西南气流,是从较低纬度向暴雨区输送水汽与能量的重要通道;而随低槽东移入侵的槽后冷平流又使暖湿空气动力抬升,促使有效位能释放,造成暴雨的一个重要触发机制。因此,经向发展较强的西风槽在中、低纬相互作用中起着纽带作用。

条件适宜时,西风槽还促使低空或地面系统强烈发展,使降水加强而产生暴雨。

7.3.2　西风槽暴雨的分析与预报

(1)前倾槽

高层槽线超前于低层槽线或切变线被称为前倾槽。前倾槽由于高层槽后冷平流叠加在低层槽前暖平流之上,导致大气层结极不稳定,形成强对流降水。

当无副高影响时,若 500 hPa 槽线超前于 700 hPa 槽线,700 hPa 槽线又超前 850 hPa 槽线,降水区一般位于 500～700 hPa 槽线之间,暴雨一般位于地面中尺度切变线或中尺度辐合线附近(图 7.10a);若 500 hPa 槽线落后于 700 hPa 槽线,而 700 hPa 槽线又超前 850 hPa 槽线,降水区一般位于 700～850 hPa 槽线之间,暴雨一般位于地面中尺度切变线或地面中尺度辐合线附近(图略)。此型影响下,低空西南气流较弱,一般没有低空急流配合,高空湿层较薄。

当有副高影响时,暴雨一般出现在 700 hPa 切变线前,5880 gpm 与 5840 gpm 线控制的区域,700 hPa 或 850 hPa 急流头前,700 hPa 和 850 hPa 的温度露点差均≤4℃的区域,落在地面中尺度切变线或地面中尺度辐合线附近(图 7.10b)。此型影响下,低空西南气流旺盛,一般都有低空急流配合,湿层较厚。

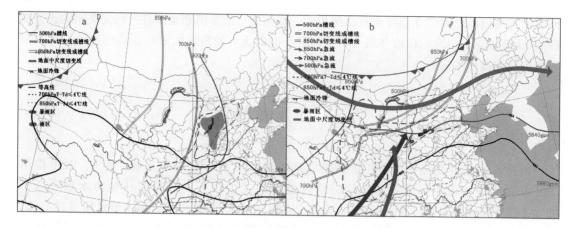

图 7.10　前倾槽暴雨流型配置和暴雨落区
(a)无副高影响时(b)有副高影响时

(2)后倾槽

后倾槽是常见的暴雨流型配置,分经向型和纬向型。

500 hPa 环流为经向型时,偏南气流强盛,此时若无台风介入,低空急流一般为南西气流(图略);若有台风和副高介入,副高为经向型,副高西南部的东南气流与台风东北部的东南气流结合加强,形成强盛的东南低空急流,暴雨出现在高空急流的右后方、低空急流的左前方、700 hPa 切变线到 5880 gpm 线所包围的区域内。此型下,在大范围的暴雨区里常常有区域性大暴雨产生(图 7.11a)。

500 hPa 环流为纬向型时,低空急流一般为西南气流或偏南气流,若此时有副高配合时,暴雨一般出现在 700 hPa 切变线到 5880 gpm 线所包围的区域内(图 7.11b)。

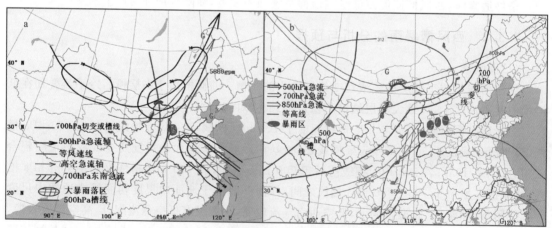

图 7.11　后倾槽暴雨流型配置与暴雨落区
(a)经向型,(b)纬向型

7.3.3　有利于西风槽暴雨发生的 500 hPa 环流特征

影响山西的西风槽暴雨,容易出现在东亚中纬度上空环流平直,西风带锋区在 40°～50°N 一带,并且在山西东部有副高或较强的高压脊控制的形势下。此时,位于较高纬度的冷空气,从亚洲大陆西部分裂部分冷空气南下后沿中纬度向东扩散,极易在冷空气南侧的咸海到巴尔喀什湖一带形成短波槽,短波槽在中纬度西风带的引导下,迅速移至河套一带,并在东部高值系统的阻挡下减速停滞,影响山西产生暴雨;当这种大范围环流形势处于稳定阶段时,由于连续生成的短波槽所携带的冷空气一次次地入侵并与东部持续存在的暖湿西南气流不断交绥,常可导致暴雨的重复发生;一旦有低涡等其他影响系统配合时,还会出现大暴雨。

在这种形势下,暴雨一般出现在 500 hPa 西风槽前到副高西北边缘 5880 gpm 线附近或高压脊的西侧;雨带一般为东北—西南走向,有时为东—西走向;当副高脊线位于 30°N 以北,5880 gpm 线从山西境内中部通过时,暴雨一般在山西的北中部地区。

当西风槽移近山西时,副高西侧的对流层低层一般有明显的低空急流增强北上。图 7.12 给出了山西西风槽暴雨的 3 种低空天气型示意图。

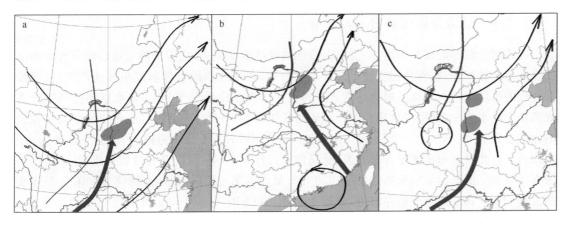

图 7.12　西风槽暴雨 3 种低空天气型示意图
（绿色区域为暴雨区,粗箭头为低空急流,矢线为流线,棕色实线为槽线）

7.3.4　西风槽暴雨的预报指标及着眼点

统计 7 月份 700 hPa 图上 30°~45°N,100°~110°E 范围内有西风槽活动与暴雨的关系表明,若上游(52 区)有西风槽存在,而华北平原又无发展深厚的低槽时,则出现以下 6 条指标时,有利于山西在未来 24 h 内低槽暴雨天气发生。

(1)700 hPa 图上,呼和浩特、榆林、河曲 3 站风速之和小于延安、西安、郑州 3 站风速之和。表明低槽前南部风速大于北部,有风速辐合,有利于促进槽前辐合上升运动加强。

(2)五台山、华山两站中有一站 $T-T_d\leqslant3$℃,另一站$\leqslant5$℃或五台山有雾并有 2 m·s^{-1} 以上的偏南风。表明山西对流层低层有充沛的水汽条件。另外,华山有$\geqslant10$ m·s^{-1} 的西南风时表明山西南部低空有较强的西南气流,有较充沛的暖湿气流向北输送。

(3)太原 850,700,500 hPa 三层等压面上 ΔH_{24} 均小于零。表明原控制山西的高值系统已经减弱东撤。

(4)500 hPa 上,$H_{南京}-H_{银川}\geqslant80$ gpm,且平凉 $T-T_d\leqslant8$℃。表明 500 hPa 上在这一带有湿区沿偏西气流东移,一旦与从高原东侧沿 700 hPa 偏南气流向北输送的暖湿气流叠加,将使整层大气湿度明显增加。

(5)500 hPa 上,老东庙与兰州的风速之和略大于呼和浩特与郑州的风速之和,但差值不超过 4 m·s^{-1},或者前者小于后者。这表明槽线两侧冷暖空气势力大致相当或者槽前暖空气势力相对较弱,这种低槽一般移动速度较慢,降水范围较宽,雨时较长。

(6)700 hPa 上，太原、西安、重庆 3 站的西南风风速之和≥24 m·s^{-1}。这表明 700 hPa 槽前存在一支来自较低纬度的强西南风带，向山西输送暖湿空气。另外，如果在 100°E 至槽线间，35°～40°N 范围内 24 h 变温为$-8℃≤\Delta T_{24}≤0℃$，则表明槽后有一定强度的冷空气，但不太强。

7.4 切变线暴雨

切变线是对流层低层在风场上明显表现出气旋性切变的不连续线，是冷暖两支气流间的强烈辐合上升运动地带，是夏季造成山西出现暴雨的主要影响系统之一。分暖切变和冷切变线。

7.4.1 暖切变暴雨的分析与预报

暖性切变线的形成有两类，一类是由冷性切变线演变而来，它形成的前期已经有近东西向的冷性切变线存在，在冷性切变线缓慢移动过程中，切变线两段有低涡或小波动产生，使冷性切变线的西段北抬而转变成暖性切变。这种切变线两侧冷暖空气分明，降水以暖空气爬升造成的稳定降水为主，暴雨多出现在 700 hPa 切变线和 850 hPa 切变线之间，切变线南侧有较强的低空急流配合，如 2009 年 8 月 21—22 日山西中部的暴雨即为这种切变线造成的（图 7.13a）。若此时河套地区配合有低涡（低涡切变），且 500 hPa 也配合有暖切变线，暴雨落区一般在 700 hPa 低涡的第一和第四象限、850 hPa 低涡的第一象限、地面冷锋前、700 hPa 急流头的北端和 850 hPa 急流头的左前方，暴雨中心在 700 hPa 与 850 hPa 暖切变线之间，700 hPa 急流头与 850 hPa 急流头相汇的区域。如 2009 年 7 月 7—8 日山西北中部地区的区域性暴雨（图 7.13b）。另一类暖性切变线是副高后部暖区中的切变线或西南气流上的扰动北上而形成的切变线。在这类切变线附近，低空有明显的暖锋结构，但温度梯度不明显；切变线南侧有强而稳定的低空急流，同时副热带高压势力明显增强西伸、北抬，暴雨区多发生在切变线北侧。如 1977 年 8 月 5—6 日平遥出现 24 h 降水量达 348.2 mm、1 h 降水量达 66.5 mm 的特大暴雨和 1978 年 7 月 12—13 日临汾、长治的大暴雨都是在这种暖切变线影响下造成的。

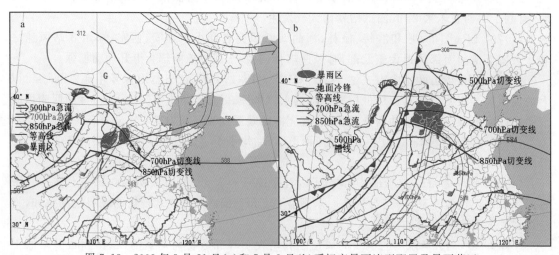

图 7.13 2009 年 8 月 21 日(a)和 7 月 8 日(b)暖切变暴雨流型配置及暴雨落区

7.4.2　冷切变暴雨的分析与预报

影响山西的冷性切变线是在副高稳定少动过程中,由西来槽东移演变而成,切变线方向多呈东北—西南向。

冷性切变线降水常常为阵性降水,降水区与切变线平行,暴雨多出现在 700 hPa 切变线到地面冷锋或 850 hPa 切变线或副高特征线 5880 gpm 之间。

2009 年 8 月 25—26 日的暴雨过程就是在冷性切变线影响下产生的。8 月 25 日 08 时,500 hPa 上东北—西南向的槽线位于 100°E 附近,在 110°~120°E,5880 gpm 线北边界达 36.6°N;700 hPa 上大陆高压中心位于中蒙边界,其前部的偏北气流与西南急流之间形成近似东北—西南走向的冷性切变线;暴雨落区位于 700 hPa 西南急流头前部、700 hPa 冷性切变线南侧—5880 gpm 线北边界之间的区域(图 7.14)。

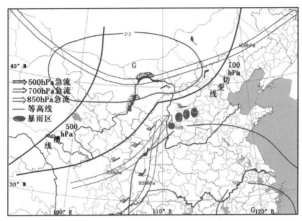

图 7.14　2009 年 8 月 25—26 日暴雨的流型配置和暴雨落区

7.4.3　切变线暴雨的预报着眼点

7.4.3.1　大陆小高压的位置与冷暖切变线的关系

(1)切变线易在副高北抬过程中影响山西,40°N 附近有小高压东移的形势下产生。

(2)当 700 hPa 大陆小高压位于内蒙古的中东部时,在 700 hPa 和 850 hPa 容易形成暖性横切变线。暴雨的落区会出现在 700 hPa 与 850 hPa 暖切变线之间,700 hPa 西南急流头的北(前)端和 850 hPa 偏东急流头的西(左)侧,若此时地面有冷锋配合,暴雨落区在锋前暖区。

(3)当 700 hPa 大陆小高压位于内蒙古的中西部时,在 700 hPa 容易形成冷性横切变线,850 hPa 一般没有横切变线与 700 hPa 的冷性横切变线相配合。暴雨的落区较复杂,与暖性切变线暴雨落区预报相比,可预报性差。当地面有冷锋配合时,暴雨落区会在锋后冷区与 700 hPa横切变线之间。

7.4.3.2　暖性切变线暴雨落区预报着眼点

(1)当 500 hPa,700 hPa,850 hPa 三层均有暖性切变线时,若此时河套地区配合有低涡(低涡切变),暴雨落区一般在 700 hPa 低涡的第一和第四象限、850 hPa 低涡的第一象限、地面冷锋前、700 hPa 急流头的北端和 850 hPa 急流头的左前方,暴雨中心在 700 hPa 与 850 hPa

暖切变线之间,700 hPa 急流头与 850 hPa 急流头相汇的区域。

(2)当 700 hPa,850 hPa 两层均有暖性切变线时,暴雨落区多出现在 700 hPa 切变线和 850 hPa 切变线之间,切变线南侧有较强的低空急流配合,暴雨中心位于 700 hPa 切变线和 850 hPa 切变线控制区域。

(3)中低层仅有一层有暖性切变线时,若此时有副高西进北抬,则暴雨落区多出现在 700 hPa (850 hPa)切变线与 5880 gpm 或 5840 gpm 线之间,地面冷锋前、700 hPa(850 hPa)急流头的 北端。

7.4.3.3 冷性切变线暴雨落区预报着眼点

冷性切变线降水区与切变线平行,暴雨多出现在 700 hPa 切变线到地面冷锋或 850 hPa 切变线或副高特征线 5880 gpm 之间。如:2011 年 7 月 29 日的暴雨过程,降水区与地面冷锋 和 700 hPa 冷性切变线平行。由图 7.15 可看到 7 月 29 日 08 时降水回波主要出现在地面冷 锋与 700 hPa 冷性切变线之间。

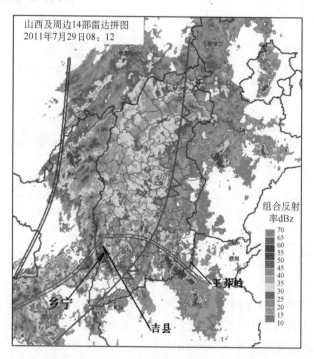

图 7.15 2011 年 7 月 29 日 08:12 雷达组合反射率因子拼图
与 29 日 08:00 中低空系统叠加

冷切变与暖切变相比,冷切变影响时更容易产生强对流暴雨;暖切变线有时也会造成对 流,但大部分时间仅在降水开始时,降水的中后期一般都转为稳定性降水,1 h 达 10 mm 以上 的降水维持时间较长,但 1 h 达 30 mm 的降水出现的几率较少。

7.4.3.4 物理量应用及阈值

(1)冷性切变线暴雨过程,暴雨前 12~24 h 湿度从低层开始增加,而后向上扩散湿层增 厚;暖性切变线暴雨过程,暴雨前 12~24 h 湿度从中层开始增加,而后向低层扩散湿层增厚。 连阴雨过程中的暴雨日和非暴雨日,中低层相对湿度都很大,对暴雨的预报不敏感。

(2)水汽通量散度对于冷性和暖性切变线暴雨过程中暴雨的开始与结束都有很强的指示意义,且对暴雨的发生与结束有 12～24 h 的提前量。横切变线影响时,水汽通量散度要求≤ -15×10^{-8} g·hPa^{-1}cm^{-2}·s^{-1}。

(3)风向随高度的升高顺转、风速随高度的升高增大,无论是对冷性还是暖性切变线暴雨都很敏感,且对暴雨的发生与结束有 12～24 h 的提前量。

(4)温度场和湿度场的垂直分布决定了降水的性质。上干冷下暖湿是对流性降水的温湿场垂直结构特征。

(5)对于对流性、混合性、对流转稳定性暴雨的开始与结束,假相当位温的预报指示性很强,但对稳定性暴雨过程指示意义不明显。

(6)稳定性降水产生的暴雨,垂直速度要求≤ -6×10^{-3} g·hPa·m·s^{-1},而对流性降水产生的暴雨,垂直速度要求≤ -18×10^{-3} g·hPa·m·s^{-1}。

(7)暖切变暴雨过程要求深厚的湿层,一般 400 hPa 及其以下相对湿度均≥80%,或 $T-T_d\leq4℃$;而冷切变暴雨过程则不要求有深厚的湿层,700 hPa 及其以下相对湿度达到 70%～80% 或 700 hPa 及其以下的 $T-T_d\leq5℃$,就可能出现暴雨。

(8)暖切变暴雨过程要求 $T_{850}-T_{500}\leq24℃$,冷切变暴雨过程则要求 $T_{850}-T_{500}\geq25℃$(5 月和 9 月,$T_{850}-T_{500}\geq25℃$,6 月 $T_{850}-T_{500}\geq26℃$,7 月和 8 月 $T_{850}-T_{500}\geq27℃$),$SI\leq0℃$,$K\geq33℃$,$CAPE\geq300$ J·kg^{-1} 等一些不稳定条件。

7.4.3.5 现代精细化监测资料应用着眼点

(1)多普勒雷达 VAD 风廓线资料应用。稳定性暴雨,降水开始前 9～11 h,风场从高层开始出现并向下伸展(从高层开始增湿),风速随高度的增高而增大,风向随高度增高顺转;降水结束前 3～4 h,从高层开始风场迅速被 NO 取代;对流性暴雨,降水开始前 1～9 h,风场从低层开始出现并向高层扩展(从低层开始增湿),风向和风速分别随高度的增高顺转和增大;降水结束前从高层开始风场迅速被 NO 取代,风向随高度的升高逆转。

(2)对于强对流暴雨,闪电频数峰值较强降水峰值有 35～60 min 的提前量,而对于混合型降水,闪电频数峰值较强降水峰值有 1～2 h 的提前量,且闪电频数仅在降水开始时有较好的对应关系,转为稳定降水后则不然。副高西进北抬一般表现为强对流降水,而东退南压时一般表现为混合型降水。

(3)云团合并时,闪电频数增加,降水增幅。

(4)在 5880 gpm 与 5840 gpm 之间产生的暴雨,暴雨一般出现在气柱水汽总量空间分布图中水平梯度大值区及其南北(东西)0.5 个经纬距的范围内,而对于在 5840 gpm 线以北产生的暴雨,暴雨一般出现在气柱水汽总量空间分布图中水平梯度大值区及其以南 1 个经纬距的范围内。

(5)自动气象站极大风速形成的风场图中的"切变线"生成时间较暴雨发生时间有 12 h 以上的提前量,暴雨出现在边界层风切变线附近,切变线前后风速≥4 m·s^{-1}。

7.4.3.6 切变线暴雨预报指标

对 6—8 月 700 hPa 出现在银川到山西境内的槽线和切变线暴雨过程,从水汽条件、不稳定能量的储存与释放,并结合一定区域内流场的配置等方面进行分析,按照兰州到石家庄之间有无低涡同时出现,归纳出未来 24 h 内山西中南部地区出现暴雨的预报指标。

(1)当无低涡出现时

①太原 08 时,$(T-T_d)_{850}+(T-T_d)_{700}\leqslant8℃$;

②$K_{当天}+K_{前一天}\geqslant56℃$,$[K=(T_{850}-T_{500})+T_{d850}-(T-T_d)_{700}]$;

③按照太原 08 时 700 hPa 的风向分别要求:当太原为 $\leqslant16$ m·s^{-1} 的偏北风时,必须满足 $A\geqslant9℃[A=(T_{850}-T_{400})-(T-T_d)_{850}-(T-T_d)_{700}-(T-T_d)_{600}-(T-T_d)_{500}-(T-T_d)_{400}]$;郑州、西安、延安 08 时 700 hPa 均为西南风,且延安风速 $\leqslant12$ m·s^{-1}。当太原为 $\leqslant16$ m·s^{-1} 的东到南风时,必须满足 $A\geqslant13℃$;且郑州出现 $\geqslant8$ m·s^{-1} 的偏南风。当太原为 $\leqslant16$ m·s^{-1} 的西南到西风时,必须满足 $A\geqslant13℃$;且西安出现 $\geqslant8$ m·s^{-1} 的偏南风。当太原为静风时,必须满足 $A\geqslant13℃$;且郑州、西安、延安三站均出现东风或偏南风。

(2)当有低涡出现时,太原 700 hPa 风速不得超过 16 m·s^{-1},且要求:

①太原 08 时 $(T-T_d)_{850}-(T-T_d)_{700}\leqslant13℃$;

②$K_{当天}+K_{前一天}\geqslant56℃$;

③$A\geqslant7℃$。

满足上述两类预报指标条件时,预报区出现暴雨的概率为 85%,且山西中南部的东部易出现大暴雨。

7.5 急流与山西暴雨

7.5.1 高空急流

这里,高空急流是指出现在副热带高压北部边缘对流层上部到平流层底部风速 $\geqslant30$ m·s^{-1} 的急流区。夏季副热带急流轴通过 $110°\sim120°$E 范围的平均纬度为 $40°$N。

统计分析 1999—2009 年 5—9 月 200 hPa 高空图上副热带急流与山西暴雨的关系发现:

(1)与副热带急流相联系的 53 次区域性暴雨,其中 47 次副热带急流明显偏北(通过 $110°\sim120°$E 范围的急流纬度远高于平均纬度),暴雨出现在呈反气旋性弯曲的副热带急流轴的右侧;仅有 6 次暴雨出现在低于平均纬度的气旋性弯曲的副热带急流轴左侧。

(2)呈反气旋性弯曲的副热带急流轴上最大风速区的气流方向可分为 3 类,即:西南、西北和偏西急流类。西南急流类发生的暴雨最多,占 53.2%(25 次);西北急流类暴雨次之,占 36.2%(17 次),偏西急流类暴雨占 10.6%(5 次)。

(3)反气旋弯曲的副热带急流轴上的最大曲率区,通常与最大风速区相一致,暴雨区多位于其右侧。急流中心与暴雨中心的间隔距离如表 7.8 所示。有 80% 的暴雨中心发生在副热带急流中心长轴右侧 4~8 个纬距之间。

(4)发生暴雨的副热带急流轴高度平均在 200 hPa 左右,比雹暴发生时的急流轴平均高度 220 hPa 明显偏高。

表 7.8 副热带急流中心与暴雨中心的距离

距急流中心长轴右侧(纬距)	1	2	3	4	5	6	7	8	9	10	>10
暴雨中心次数(次)	1	2	2	9	10	8	7	5	1	1	1

7.5.2 低空急流

与热带海洋气团相联系,这里将发生在副热带高压与高原低值系统之间或与台风低压之间的来自低纬度的 700 hPa 风速≥12 m·s⁻¹ 风向≤250°西南或东南强风带,称为低空急流。

7.5.2.1 低空急流与暴雨的统计关系

暴雨过程在夏季山西降水中有极重要的地位,而多数山西暴雨都伴有低空急流。根据山西省气象信息中心和山西省水文站归档的 1957 年以来的 192 次区域性暴雨和大暴雨过程统计表明:85%以上的暴雨过程同时有相应的低空急流活动。但如果逐日进行考察,则发现急流日要比暴雨日多。对山西 1957—2008 年 5—10 月中 192 个暴雨日(区域性暴雨)的统计表明:有偏南风最大风轴相伴出现的有 165 次,其中有 152 次在暴雨发生前 12～24 h 即出现急流轴,占总数的 79%。也就是说,大多数暴雨发生前已经出现了急流(表 7.9)。因此,具有一定的预报意义。对 1957—2008 年 118 个大暴雨日进行统计发现,大暴雨发生前 24 h 内,在 32°～38°N,105°～115°E 间有一站≥12 m·s⁻¹(其他站可在 8～12 m·s⁻¹)的湿急流 110 次,占总数的 93.2%,尤其对特大暴雨过程,这种关系更好。对 10 次山西特大暴雨统计表明,其中有 9 次是在暴雨开始前 24 h 就已出现低空急流,1 次在 12 h 之前出现。其预示性极强。低空急流被认为是对中纬度暴雨和强风暴提供热力学和动力学条件的重要天气过程。以往的个例研究和一些统计也证明两者相关性很高[1-14]。但如果单凭这种统计关系作预报,容易产生空报或漏报。

表 7.9 山西暴雨发生前低空急流轴出现时间

急流轴出现时间	暴雨开始前 24 h	暴雨开始前 12 h	暴雨开始时	总计
急流轴出现次数(次)	125	27	13	165
与暴雨总次数之比(%)	65%	14%	7%	86%

7.5.2.2 低空急流与山西大暴雨

(1)东南低空急流与山西大暴雨

在讨论山西暴雨与低空急流的关系时,低层东南风急流的作用是不可忽视的,对特大暴雨尤其重要。据统计在山西出现的 10 次特大暴雨过程中有 4 次是由东南风急流引起的(表 7.10)。

表 7.10 特大暴雨与低空急流

特大暴雨日期	中心位置	24 h 降水量(mm)	低空急流类别	副热带急流类别
1958.07.16	垣曲县华锋	366.5	东南	经向型
1963.08.04	和顺松烟镇	496.0	偏南	经向型
1966.08.23	平定县床泉	580.0	偏东	经向型
1975.07.20	蒲县井儿上	457.2	西南	纬向型
1975.08.06	平顺县杏城	556.0	东南	经向型
1977.08.05	平遥县城关	358.2	西南	纬向型
1982.08.01	沁水	221.0	东南	经向型
1993.08.04	沁源覃河	214.0	西南	纬向型
1996.08.04	昔阳县泉口	460.0	东南	经向型
2007.07.30	垣曲县朱家庄	384.7	西南	纬向型

东南风急流常发生在特定的环流形势下。东南风急流常在东亚环流经向度较大,西北太平洋副热带高压位置偏北,热带辐合带北抬并有台风或热带气旋活动时出现。这时台风外围或副高南侧的偏东气流可深入中国北方。山西的暴雨常常不是由台风直接引起的,而是这支气流影响的结果。如1966年8月22—24日晋中东部山区特大暴雨过程就是一次典型的东风急流影响过程。在这次过程中,500 hPa形势是副热带高压北抬,从朝鲜半岛至渤海以南为一高压坝,变性台风与高空冷涡合并且西移,在赤道辐合带东部另有一新台风活动,它与低涡呈东西向排列,引导外围的东风气流深入太行山区,急流最大风速达19 m·s⁻¹。强暴雨就发生在急流前方的东西向辐合带内。另一种形势可以1958年7月14—19日的暴雨过程为例,暴雨中心在山西南部的垣曲县,从17日02—08时,6 h降水量达245.5 mm。在这次过程中,中纬度长波系统发生调整的同时,850 hPa西太平洋热带辐合线出现北跃。7月16日10号台风在福建登陆后,受西伸的日本海高压南部偏东气流的引导,台风继续向西北西方向移动,并在陆地维持两天,在日本海高压和台风之间形成一股强劲东南气流。这股强东南气流是"58.7"特大暴雨的主要水汽通道,特大暴雨就出现在急流前方的辐合区。再如1982年7月底8月初山西南部的特大暴雨过程,其高空环流形势和地面气压场形势、雨区分布等与"58.7"暴雨的形势很相似,共同的特点是都有低槽东移到河套停滞,都有一个台风在福建登陆并向西北偏西方向移动,山西都是处在地面高压后部。7月29日08时,从江、浙到南阳开始出现一狭长东南风低空急流,18～24 h后在急流轴的左前方洛阳出现暴雨。29日20 h低空急流加强,急流头伸展到阳城,12～18 h后,在急流轴的左前方运城、临汾、阳城以及黄河"三花间"出现了大片暴雨。30日垣曲出现大暴雨,8月1日沁水出现特大暴雨,8月2日08时,这支低空急流向东北移,暴雨区随着移到河北西部,20 h这支低空急流消失,暴雨过程结束。在这次暴雨过程中低空急流早于暴雨12～18 h出现,有一定的预报意义,暴雨区的移动和强度变化与低空急流的变化密切相关。

从以上三个例子及预报实践可知:①东南风低空急流是太平洋热带辐合带中的台风或热带涡旋沿经向型的副热带高压边缘北上时的产物,它与台风活动有紧密联系。②暴雨区的移动和强度变化与低空急流的变化密切相关。③当有台风登陆时,700 hPa上副高与台风间有8～12 m·s⁻¹的强东风带,在暴雨前一天位于上海至南昌之间时,当天可伸向山西南部。④大暴雨的落区一般在高空偏南急流中心的右后方和700 hPa强东风带的头部或左前侧之间。⑤东南风低空急流对山西省大暴雨有明显的先兆性,是由低纬向中纬输送水汽的重要通道。⑥它的作用不仅在于输送来自低纬度的水汽以及触发中尺度云团的产生,而且在于它与西北干冷空气在有利的大尺度变形场形势下,可形成等θ_{se}线集中的湿斜压锋区。这种湿斜压锋区在适当的系统垂直配置下,可造成山西省的特大暴雨。因此,研究致洪暴雨,低空东南急流是不可忽视的。

(2)西南低空急流与山西大暴雨

据102次大暴雨过程和118个大暴雨日统计表明,在夏季大约有93%的大暴雨日700 hPa图上有西南低空急流出现,它是副热带高压与高原低值系统之间形成的来自低纬度的一股湿急流。在它的头部集中了强辐合上升运动和潜在不稳定能量,是一支高速暖湿输送带。大暴雨落区一般出现在700 hPa低空急流前部0～3个纬距。西南低空急流又可分为有台风介入和无台风介入两类。当有台风介入时,台风一般沿25°N以南西行,在其北侧与副高之间形成强的东到东南风带,经鄂西北、豫西一带受西风槽或高原低值系统前部的偏南气流阻挡折向西北,使副高西北侧的西南气流加强形成中尺度低空西南急流。1993 年 7 月 12 日的大暴雨过程就属于台风介入而演变的西南低空急流。在这次大暴雨过程中,西南低空急流早于暴雨 24 h 出现,台风活动促进了中低纬系统的相互作用,从而导致大暴雨产生。当低纬无台风介入时,热带辐合区一般在 17°N 以南,高原低值系统活跃,副高与高原低值系统之间形成的天气尺度西南低空急流常常伸向黄河中游,大暴雨的落区主要在太原以南地区。1993 年 8 月 4 日,山西境内 36.2°～37°N 自西向东出现的区域性大暴雨,局地特大暴雨过程就是在无台风介入情况下产生的。在这次过程中,西南低空急流形成在先。从 8 月 2 日 08 时开始,在105°～115°E 内急流头逐渐北移,4 日 08 时过太原。与此同时,由银川到平凉出现一支 12 m·s⁻¹ 的偏北风急流,冷空气舌型南下,使斜压加强,地面图上山西出现锢囚锋形势。在这次局地特大暴雨过程中,由西风槽带来的偏北气流与西南季风相互作用,西南风低空急流起到了纽带作用。强暴雨发生在急流头前部 1～2 个纬距处。

(3)用中、低空急流配置预报大暴雨的落区

根据资料统计和(1),(2)的论述,可以给出两类低空急流与 500 hPa 中空急流相配置的大暴雨落区 6 个模型。

①有台风介入时低空东南急流与大暴雨落区

500 hPa 为经向急流锋区,前一天急流锋区位于民勤、银川、海流图到二连浩特一线,当天,急流锋区在延安、呼和浩特到海拉尔一线;700 hPa 图上为东南低空急流,前一天强风核在上海、南昌一线,中心最大风速≥16 m·s⁻¹;热带辐合线达 25°N 以北;东南沿海有台风西北上。

(a)台风间接影响时

(a1)500 hPa 上,副高中心在 35°N 以北、115°～125°E 之间(有时为中心强度大于 5880 gpm 的华北高压),长轴近南—北向,35°N 以北 5880 gpm 线西伸达 115°E 附近。热带辐合区在 20°N 以北。

(a2)105°～113°E 有移速小于 5 纬距/d 的长波槽,槽后—8℃的冷温槽南伸达 40°N 以南,河西走廊温度≤—10℃,与山西西部的温度差在 8℃以上。

(a3)长波槽前与副高西侧上空有≥16 m·s⁻¹ 的西南风中空急流,急流中心在 40°～45°N、105°～115°E。

(a4)东南沿海常有向西北方向移动的台风,有时西太平洋无台风活动,而有低涡自川东向东北上,影响山西。

(a5)当有台风登陆时,700 hPa 上副高与台风间有 10～12 m·s⁻¹ 的强东风带,在暴雨前一天位于上海—南昌之间,当天可伸向山西南部。

在本型影响下,山西大暴雨多发生在中南部,一般能维持 1～2 d,暴雨落区在 500 hPa 副高 5880 gpm 线西南侧,偏南急流中心的右后方,700 hPa 强东南风带的北端之间。当低空有低涡和切变线配合时,这种配置可造成山西省的特大暴雨。大暴雨的落区主要在中条山南侧和太岳山西侧(图 7.16a)。

(b)台风直接影响时

(b1)500 hPa 上,副高中心在 36°N 以北、120°～130°E,长轴近西北—东南向,35°N 以北 5880 gpm 线西伸达 115°E 附近。热带辐合区在 23°N 以北。

(b2)105°～115°E 间有移速小于 5 纬距/d 的长波槽,槽后—8℃的冷温槽南伸达 40°N 以

南,河套地区温度≤－8℃,与山西东部的温度差在 8℃以上。

(b3)长波槽前与副高西侧上空有≥16 m·s⁻¹的西南风中空急流,急流中心在 45°～52°N,115°～125°E。

(b4)东南沿海常有向西北方向移动的台风,台风登陆后能深入内陆,到达河南省一带时,其外围降雨区可直接影响山西中南部。

(b5)台风登陆时,700 hPa 上副高与台风间有 10～12 m·s⁻¹的强东风带,在暴雨前一天位于上海—南昌间,当天可伸向山西南部。

在本型影响下,山西大暴雨多发生在中南部,一般能维持 2 d 以上,暴雨落区在 500 hPa 副高 5880 gpm 线西侧,偏南急流中心的右后方,700 hPa 强东南风带的左前方之间。大暴雨的落区主要在山西中南部的东部山区(图 7.16b)。

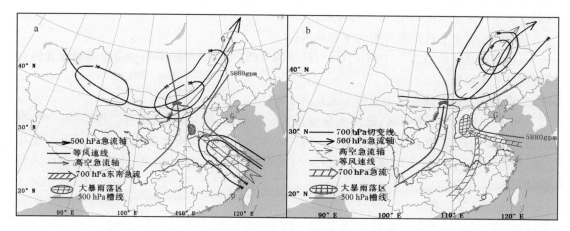

图 7.16　低空东南急流与大暴雨落区(见彩图)

(a)台风间接影响时,(b)台风直接影响时

②有台风介入时低空西南急流与大暴雨落区

(a)中空急流锋区为经向型时

(a1)500 hPa 图上急流锋区为经向型,急流轴走向同图 7.16 类似。副高中心位置在长江口一带,5880 gpm 线在 30°N 以北向西伸至 115°E,西风带有明显的移动性高压脊在 110°～125°E 之间同其叠加,形成一经向度较强的高压脊。

(a2)西风带低压槽前部从河套北部到内蒙东部有≥16 m·s⁻¹的偏南风急流,急流中心在 40°～45°N,108°～116°E。

(a3)西太平洋上台风多在 25°N 以南向西或西北移动,一般在 28°N 以南减弱消失。

(a4)700 hPa 上,从云南、贵州或广西、贵州北上的偏南气流在 30°N 以北与副高南侧的偏东气流汇合后风速增强,山西南部出现 10～12 m·s⁻¹或更强的偏南风。西风带低槽为南北向与西南低压结合时在其前部形成一支偏南低空急流。

本型影响下,当东南沿海有台风活动时,在其北侧的偏东急流常经汉口、恩施一带与偏南急流汇合。当安康附近出现≥14 m·s⁻¹的偏南风时,24 h 内,山西大暴雨多发生在中部的西部和晋东南地区(图 7.17a)。

(b)中空急流锋区为纬向型时

当 500 hPa 急流锋区为纬向型时,按其急流轴的轴向不同,可把有台风介入时出现的低空西南急流分为两种形式。

(b1)500 hPa 急流轴为西南走向时

(bb1)500 hPa 上,副高中心在 120°E 以西,5880 gpm 线的西脊点在 30°N,105°E 附近。

(bb2)大暴雨前一天,500 hPa 图上,40°N 以北为纬向急流锋区。急流中心在中纬度 100°～110°E 之间,当天移至 110°～125°E。

(bb3)暴雨前一天位于 90°～100°E 的西风槽,当天移至 100°～110°E。

(bb4)500 hPa 上,乌兰巴托至二连浩特一带的温度≤−11℃,且与山西中南部的温差在 10℃以上。

(bb5)西太平洋有台风在 17°～23°N,115°～120°E 西行,同时高原有低槽。

(bb6)700 hPa 高原低值系统前部有一支西南低空急流,强风核中心最大风速≥14 m·s^{-1},位于汉中附近。

(bb7)地面冷高压多沿 45°N 左右东移,其前伸脊经东北平原向南延伸。

本型影响下,河套地区 700 或 850 hPa 有低涡切变线时,12～24 h 内,临汾、长治以北至暖切变线以南之间有大暴雨出现(图 7.17b)。

(b2)500 hPa 急流轴为东西走向时

(bb1)500 hPa 上,副高强大,位置偏北并向西伸。高压中心在长江流域或黄海一带,脊线在 30°N 以北,5880 gpm 线南北跨越 12 个纬距以上,西脊点达 110°E。

(bb2)东亚中纬度 40°～50°N 为强的纬向急流锋区,锋区上有短波槽东传;急流中心位于 40°～50°N,105°～115°E 区域。

(bb3)热带辐合带在 17°N 以北,在 20°N 以北、110°E 以西常有台风或低压活动。高原上低槽不明显。

(bb4)500 hPa 上,乌兰巴托一带的温度≤−14℃,与山西中南部的温差在 12℃以上。

(bb5)700 hPa 副高西伸加强与台风或低压结合形成一支中尺度低空西南急流,暴雨前 12～24 h 强风核中心风速≥16 m·s^{-1},位于汉中、安康之间。

本型影响下,山西大暴雨主要由强对流降水造成,落区在山西中南部的西部(图 7.17c)。

③无台风介入时低空西南急流与大暴雨落区

(a)500 hPa 上,副高中心在长江中游一带,长轴呈东北—西南向,脊线西段在 30°N 以南,5880 gpm 线西伸脊点达 110°E 或以西。

(b)500 hPa 图上急流锋区位于 40°～50°N。大暴雨前一天急流中心在中纬度的 100°～110°E 之间,当天移至 110°～125°E。

(c)低纬无台风介入,热带辐合带在 17°N 以南。

(d)500 hPa 上,乌兰巴托至二连浩特一带的温度≤−16℃,与山西中南部的温差在 14℃以上。

(e)700 hPa 上,暴雨前 18～24 h 内,从重庆到西安有一支西南低空急流,强风核位于安康附近,中心最大风速≥14 m·s^{-1}。暴雨当天有 8～12 m·s^{-1} 或以上的西南风带自滇黔伸向黄河中游。

在本型影响下,山西暴雨与华北大范围暴雨过程相联系,在天气尺度暴雨中有强对流降水,大暴雨落区在太原以南地区(图 7.18)。

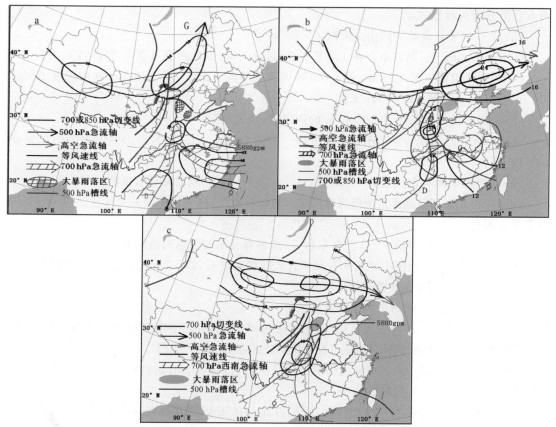

图 7.17　有台风介入时低空西南急流与大暴雨落区

中空急流锋区为经向(a)、西南走向(b)、东南走向(c)

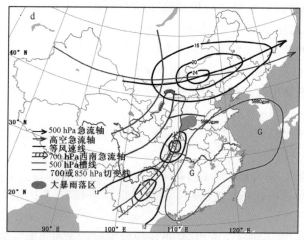

图 7.18　无台风介入时低空西南急流与大暴雨落区

7.5.2.3　各型下水汽通量散度的统计特征

表 7.11 是通过对 118 次大暴雨日,各类预报模型下大暴雨前 12 h 至暴雨日期间,暴雨中心的水汽通量散度平均值计算和统计的结果。表 7.11 说明,500 hPa 急流锋区为经向型时,无论是东南风低空急流还是西南风低空急流影响,暴雨中心及其附近的水汽通量散度辐合强

度较 500 hPa 急流锋区为纬向型时要强,水汽辐合层也较厚。

表 7.11　水汽通量散度平均值（单位:$\times 10^{-7}$ g・s^{-1}・hPa^{-1}・cm^{-2})

层次和统计次数	图 7.12a 型	图 7.12b 型	图 7.13a 型	图 7.13b 型	图 7.13c 型	图 7.14 型
400 hPa	0	0	0	10	5	0
500 hPa	−5	−8	−2	0	0	−2
700 hPa	−25	−25	−22	−13	−10	−20
850 hPa	−15	−18	−15	−15	−10	−15
统计次数	18	15	12	27	30	16

7.5.2.4　用低空急流的"超地转"特性减免空报

在前面的统计关系中发现,93%的大暴雨过程都伴随有低空急流的活动。对于区域性大暴雨或特大暴雨低空急流则是个必不可少的条件。但是否有了低空急流就一定能出现大暴雨或特大暴雨呢? 统计表明在 237 次低空急流影响下,出现了 192 次区域性暴雨,118 次大暴雨,分别占低空急流总数的 81% 和 49.8%。在实际工作中,我们发现有少数低空急流很强,甚至是"超地转"的,但其左前方非但不是辐合区,而是辐散区,并无暴雨发生。已有的研究[15]和实践告诉我们,暴雨的发生与否决定于超地转风的低空急流轴的走向。当风轴指向地转风轴的左侧(低压一侧)时,才有利于其左前方产生暴雨。这是因为当气流指向低压一侧时,气压场作功而使非地转风获得能量而增大,在轴的前方辐合量增大。反之,气压场克服阻力作功,非地转风动能减少而使风速减弱。因而,不利于暴雨的发生。如 1993 年 8 月 3 日 20 时和 8 月 10 日 20 时,从 105°~115°E 都有一支较强的西南风低空急流。不同的是,3 日 20 时强风核中心在汉中,10 日 20 时强风核中心略偏东位于安康,风速均达到 14 m・s^{-1};3 日 20 时急流轴位于地转风轴的左侧(指向低压一侧,图略),而 10 日 20 时急流轴与地转风轴平行,即处于地转平衡状态(图略),结果 4 日随着急流头的北上东移,于 02—20 时沿 36.2°~37°N 自西向东出现了区域性大暴雨和局地特大暴雨。而 11 日 08 时原位于 10 日 20 时的 700 hPa 图上的低空急流减弱消失,10 日 20:00—11 日 20:00 山西省南部仅降了小雨。事实上在特大暴雨过程中,低空急流都有极强的超地转性,如 1966 年 8 月阳泉特大暴雨过程,低空急流轴自济南西伸至太行山区,沿途各站的超地转风达极大时,该地区即出现强降水(图略)。另外,在大暴雨过程中,对流层低层的急流为超地转状态,它的强度随高度向上递减,到 500 hPa 以上转为次地转,这样使非地转风的垂直切变在大暴雨区达到最大。而只有超地转现象,没有非地转风的垂直切变,一般也不易产生大暴雨。因此,不能看到低空急流就报大暴雨。具体预报时,要首先判断低空急流轴的走向是否具有逆式超地转特征指向低压一侧,其次还要看高低空,大中小尺度系统的配置情况。

7.6　暴雨预报方法

7.6.1　天气型加湿辐合暴雨潜势预报方法

(1)聚类分析机选相似方案

①降水资料处理

对 2002—2006 年 5—9 月山西 109 站 20—20 时的资料进行统计,凡某一日有 1 站以上暴雨记为一个暴雨日,共统计出 51 个暴雨日,即 51 个样本资料。

②聚类分析数值产品格点场的选取

选用与暴雨日对应的 T213 产品中的 700 hPa 高度场作为历史样本。格点场范围选用 95°～125°E,30°～50°N,共 651(21×31)个格点。根据降水资料所选的全部样本的格点场资料,构成一组样本矩阵 $X(51,651)$。

③聚类

采用系统树聚类法。聚类之前,作为样本的 700 hPa 高度场对应所选的 51 个暴雨日各自为一类,此时共 51 类。每进行一步,按规定的标准确定其二类合并成一个新类。由程序控制,当类别＞5 时,继续聚类,当类别≤5 时,聚类停止。

系统聚类完成的工作内容主要包括:

(a)将距离最小的两类合并成一新类。

(b)并类后,计算新类与其他类的距离,构成新的距离矩阵。并类后,新类之间的距离有多种不同的定义方法,本研究所采用的是类平均法。

(c)聚类终止后求出各类的平均场,这样就得到了 5 类 700 hPa 暴雨形势的标准模型场。它们分别是冷锋型、深槽型、低涡东移型、小高切变型和副高东撤型。这 5 种暴雨形势场较好地代表了山西夏季暴雨的形势场。对于某一标准模型场,分别将其所包括的各次过程的雨量进行平均,得到与该标准模型场所对应的平均降水量。

④机选相似

(a)相似系数的概念

任何两个样本 X_i 和 X_j 都可看成是维空间的两个向量,相似系数就是这两个向量的夹角余弦。

$$\cos\theta_{ij} = \frac{\sum\limits_{k=1}^{m}(x_{ik}-x_{jk})}{\sqrt{\sum\limits_{k=1}^{m}x_{ik}^2 \sum\limits_{k=1}^{m}x_{jk}^2}} \qquad 7.1$$

$$(i,j=1,2,\cdots,n)$$

且有 $-1\leqslant\cos\theta_{ij}\leqslant1$,当 $\cos\theta_{ij}=1$ 时,X_i 与 X_j 互相平行,方向相同,完全相似;当 $\cos\theta_{ij}=-1$ 时,X_i 与 X_j 互相平行,且方向相反,称完全不相似。

将公式(7.1)中有关变量作中心化处理,可得:

$$r_{ij} = \frac{\sum\limits_{k=1}^{m}(x_{ik}-\overline{x}_i)(x_{jk}-\overline{x}_j)}{\sqrt{\sum\limits_{k=1}^{m}(x_{ik}-\overline{x}_i)^2 \sum\limits_{k=1}^{m}(x_{jk}-\overline{x}_j)^2}} \qquad 7.2$$

公式(7.2)中 r_{ij} 即为样本 X_i 与 X_j 的相关系数,r_{ij} 与 $\cos\theta_{ij}$ 一样,数值越大表示 X_i 与 X_j 越相似,数值越小,说明 X_i 与 X_j 越不相似。为了与聚类分析相一致,对夹角余(或相关系数)取反余弦函数值,则该值可视作两个样本间的距离,其绝对值越小越相似,机选相似采用了这一定义。

(b)机选相似的任务

T213 格点资料的解读;

将数值预报产品的预报场作为样本与各类标准模型场计算相关;

归类,调出相应的降水量值作为该方法的输出结果。

（2）"湿辐合"暴雨潜势预报方案

①"湿辐合"暴雨潜势预报的基本思路

暴雨通常产生在低层气流辐合，高层气流辐散，又有充分水汽通量辐合的地区。因此，寻找高湿区与强辐合区的叠合区以及强辐合区与不稳定的叠合区是"湿辐合"法的基本思路。这里将老预报专家的经验、指标数值化作为"湿辐合"法制作暴雨潜势预报、综合估算暴雨强度的一种途径。

②"湿辐合"暴雨潜势预报在计算机上的实现过程

首先将"湿辐合"法所需的 T213 格点资料解码，然后根据专家的指标，对产生暴雨的一重要条件"散度"（辐合条件）进行判断，达不到流程中的"指标"，系统输出无暴雨，达到流程中的"指标"，进行下一步 $T-T_d$ 的判别（水汽条件判别），条件不成立时，输出无暴雨，条件成立时，为有确定性的结论，再次应用专家指标。程序读取 T213 数值模式中 500,700,850 hPa 的温度格点资料和 $T-T_d$ 资料，并用 T（温度）格点值减 $T-T_d$（温度露点差）格点值，获得 T_{d500}、T_{d700}，T_{d850}。

当 $12℃{\leqslant}T_{d850}{\leqslant}16℃$ 和 $D{\leqslant}-2{\times}10^{-5}\,s^{-1}$ 同时成立，或者 $4℃{\leqslant}T_{d700}{\leqslant}6℃$ 和 $D{\leqslant}-2{\times}10^{-5}\,s^{-1}$ 同时成立，或者 $21℃{<}(T_{d850}-T_{d500}){<}26℃$ 和 $D{\leqslant}-2{\times}10^{-5}\,s^{-1}$ 同时成立时，系统输出大于 50 mm、小于 100 mm 的降水量；当 $17℃{\leqslant}T_{d850}{\leqslant}19℃$ 和 $-4{<}D{\leqslant}-2{\times}10^{-5}\,s^{-1}$ 同时成立时，或者 $7℃{\leqslant}T_{d700}{\leqslant}9℃$ 和 $-4{<}D{\leqslant}-2{\times}10^{-5}\,s^{-1}$ 同时成立，输出大暴雨；当 $T_{d850}{\geqslant}20℃$ 和 $D{<}-4{\times}10^{-5}\,s^{-1}$ 同时成立，或者 $T_{d700}{\geqslant}10℃$ 与 $D{<}-4{\times}10^{-5}\,s^{-1}$ 同时成立，输出特大暴雨（图7.19）。T_d 和 D 条件同时满足实质是散度场与湿度场中强辐合区与高湿区相重叠条件满足。

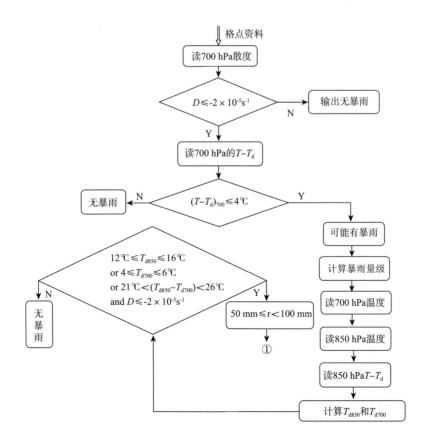

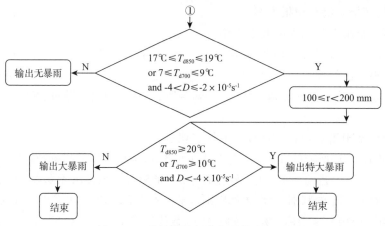

图 7.19　湿辐合暴雨潜势预报流程图

对所选范围内的每一个格点上的 T_d 值和 D 值进行判别,输出相应的暴雨量级,实现暴雨的落区潜势预报,进行插值处理,获得暴雨的落点潜势预报。

(3)"湿辐合"与"聚类分析"集成预报方案

用 1995—2001 年 7 a 的资料,采用"湿辐合"和"聚类分析"两种方法分别进行倒算,获得叠合集成的判据和最佳的输出结果。当"湿辐合"与"聚类分析"同时输出有暴雨条件成立时,历史资料统计表明:有 98% 的概率产生暴雨,且降水量与"湿辐合"计算接近;当此条件不成立时,有 4 种情况。第一,两种方法都输出无暴雨,此时,暴雨产生的概率为 15%;第二,"聚类分析"输出的降水量在 35~50 mm,"湿辐合"输出有 ≥50 mm 的降水量,暴雨出现的概率为 75%,且降水量与"湿辐合"计算量级类同;第三,"聚类分析"输出的降水量 <35 mm,若"湿辐合"此时计算有 ≥100 mm 的降水,64% 的实况会有 50 mm 或以上的降水量,若"湿辐合"输出的降水量 <100 mm 时,出现暴雨的概率只有 27%;第四,"聚类分析"输出有 ≥50 mm 的降水,而"湿辐合"输出无暴雨,此时,暴雨出现的概率为 78%,但降水量在 50~60 mm,出现大暴雨或特大暴雨的概率极小。

根据以上统计结果,设计了"湿辐合"与"聚类分析机选相似"集成预报的计算机实现过程,见图 7.20。

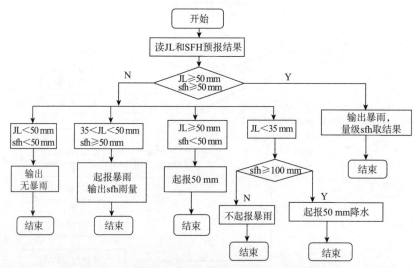

图 7.20　"湿辐合"与"聚类分析"暴雨预报集成流程

（4）暴雨潜势预报效果检验

对暴雨潜势预报准确率的统计从两方面进行，即暴雨落区预报和暴雨落点预报统计。暴雨落区预报是将山西省分为七片。大同、朔州为一片；晋中为一片（含太原和阳泉）；长治、晋城为一片；运城、临汾、吕梁、忻州各自为一片。暴雨落区预报的预报量和实况值分别取每一片中测站降水预报和雨量实况的最大值，预报准确率按 7.3 式计算。

$$T_S = \frac{N_A}{N_A + N_B + N_C} \qquad 7.3$$

表 7.12　24 h 和 48 h 暴雨预报准确率

类型	暴雨实况 O（次）	报对次数 N_A（次）	空报次数 N_B（次）	漏报次数 N_C（次）	预报准确率 T_S
区域	43	33	13	10	0.717
落点	81	40	72	41	0.261

由表 7.12 可知，2007 年夏季出现的暴雨，43 片次暴雨有 33 片次预报正确；81 站次暴雨中有 40 站次预报正确。暴雨落区和落点预报准确率分别达到 0.717 和 0.261。这表明：暴雨潜势预报方法对夏季暴雨的落区预报有较强的预报能力，而在暴雨的落点预报中，虽然报对的站点不少，但空报的站点还是比较多的。

7.6.2　动力诊断暴雨预报方法

7.6.2.1　动力诊断模型设计

根据经典的影响降水的天气动力理论，用已有的经验结合当前常用的数值模式的降水预报性能和质量优劣等特点，归纳导致山西出现强降水的天气动力模型和降水的诊断模型；构造各种能够综合反映降水模型特征的物理因子；对物理因子进行累积处理使其与预报量时间尺度相匹配，并满足建立线性预报方程的需要；根据站点降水的气候分布特征，对降水资料进行正态化处理。对正态化处理前和处理后的资料分别建立统计预报模型，每套模型分为晴雨预报和雨量预报两个模块，根据拟合和预报试验结果确定最终预报模型。

7.6.2.2　确定影响山西强降水的天气动力诊断模型

有关山西强降水的天气模型在一些论文中已有过研究，这些研究一般侧重于天气系统的配置。西风槽、副热带高压、热带系统达到最佳配置时，山西将产生强降水已是不可否认的事实。山西暴雨的主要天气分型有西风槽、切变线、西南涡、西北涡、蒙古冷涡、副高纬向、副高经向、台风倒槽等。从物理量诊断角度，西风槽对强降水主要是动力及冷暖空气的贡献，副热带高压主要是暖湿气流或不稳定能量的输送，低涡和切变线的主要作用是强辐合与动力抬升。因此，我们完全可以用诊断模型来反映上述的天气模型。根据天气学原理和数值预报产品解释应用的实践表明：（1）充足的水汽输送和强烈的水汽辐合是产生强降水的关键因素。水汽输送的最大值位于强降水区的南部，低层水汽辐合的强弱对应测站降水的强弱；（2）冷暖空气的有利配置。强降水对应强的暖湿空气与冷空气的交绥，所以冷暖空气的配置非常重要；（3）有利的大气层结。强对流天气对应强的条件不稳定层结，低层暖湿，高层干冷；稳定性降水对应弱的稳定层结或中性层结以及深厚的湿层；（4）强烈的上升运动乃是产生强降水的基本动力条件。

7.6.2.3　构造综合预报因子

由诊断模型构造综合预报因子：

(1)水汽因子：由低层水汽辐合项 RA 和水汽的上下游效应项 RF 构成。

低层水汽辐合项 RA 由 925 hPa，850 hPa，700 hPa 三层的水汽通量散度和表示。即：

$$RA=(RA)_{700}+(RA)_{850}+(RA)_{925}$$

水汽的上下游效应项 RF 由预报站点南部 925 hPa，850 hPa，700 hPa 三层的水汽通量和表示。即：

$$RF=[(RF)_{700}+(RF)_{850}+(RF)_{925}]_S$$

注：方括弧外下角标 s 表示预报站点南部的意思，N 表示站点北部。

(2)冷暖空气强度因子：由高低层冷暖空气对比项 TC、能量输送项 θ_{se}、总能量项 E 和锋生及锋区强度项 F 构成。

高低层冷暖空气对比项 TC 由 850 hPa 预报站点南部与 500 hPa 预报站点北部温度平流差表示。即：

$$TC=(TC)_{850S}-(TC)_{500N}$$

能量输送项 θ_{se}、由 850 hPa 预报站点南部 θ_{se} 通量输送表示。即：

$$\theta_{se}=\theta_{se850s}$$

总能量项 E 由 500 hPa，700 hPa，850 hPa 三层的 θ_{se} 和表示。即：

$$E=\theta_{se500}+\theta_{se700}+\theta_{se850}$$

锋生及锋区强度项：

$$F=Q\cdot\nabla\theta_{se}=Q_x\cdot\frac{\partial\theta_{se}}{\partial x}+Q_y\cdot\frac{\partial\theta_{se}}{\partial y}$$

用 700 hPa 和 850 hPa 两层的湿锋生函数相加表示。

(3)大气层结因子：由大气稳定度项 K、整层水汽饱和度项 TH 构成。

大气稳定度项 K 由 KI 表示。

整层水汽饱和度项 TH 由 500 hPa，700 hPa，850 hPa 三层的温度露点差和表示。即：

$$TH=TH_{500}+TH_{700}+TH_{850}$$

(4)上升运动因子：由上升运动项 W 和螺旋运动项 VO 构成。

由涡度方程可知，当涡度＞0 时，水平辐合使气旋性涡度增加，水平辐散使反气旋性涡度增加。因此，低层辐合，高层辐散是上升运动维持的重要条件。因此，选用 200 hPa 和 850 hPa 的散度场作为上升运动项。即：

$$W=DI_{200}-DI_{850}$$

螺旋上升运动项 VO 对应低层(850 hPa)正涡度，高层(200 hPa)负涡度，中层(700 hPa)上升运动。即：

$$VO=VO_{850}-VO_{200}-W_{700}$$

7.6.2.4　由数值模式的降水预报性能和质量优劣特点构造判别因子

数值模式输出的降水量预报值是制作降水量预报相关最好的预报因子。因此，将 MM5、GRAPES、T213、日本等数值模式输出的降水量预报值按照定性技巧评分和定量技巧评分的均值进行权重集成后纳入综合预报因子。建模试验表明，无选择地将所有模式的降水量预报值权重集成后进入综合预报因子建立的预报方程，不但平滑掉了大的降水过程，而且还增加了空报次数。因此，根据各种数值模式的降水预报性能和质量优劣特点比较，用 500 hPa 的 V 分量和地面气压作为判别条件，对各种数值模式输出的降水量有选择地进行权重集成。具体为：

在 T213 数值模式 500 hPa 的 V 分量预报场和地面气压预报场中，取 33°～42°N，108°～117°E 范围，10×10 个格点，自西向东设 $j=1,2,\cdots,10$，对应 108°E,109°E,$\cdots$,117°E 10 个经距，自北向南设 $i=1,2,\cdots,10$，对应 42°N,41°N,$\cdots$,33°N 10 个纬距。若 $V_{ij}<0$(偏北气流)($j=3,4,$

$\cdots, 10, i=1,2,\cdots, 8,$ 与 $P_0 = (P_{i+3,j}+P_{i+4,j}+P_{i+5,j}+P_{i+6,j})-(P_{i,j}+P_{i+1,j}+P_{i+8,j}+P_{i+9,j})$ <0(山西境内的气压低于周边气压)同时成立时$(i=1,2,\cdots, 8, j=3,4,\cdots, 10)$,舍弃日本降水格点资料,用其他三种模式的降水资料进行权重集成。若 $V_{ij}<0$ 与 $P_0<0$ 不能同时成立,此时,若日本降水格点资料输出某站无降水,则该站按无降水处理;若此时日本降水格点资料输出某站有降水,则将四种模式预报结果进行权重集成作为该站的降水预报因子。

7.6.2.5 处理预报对象

(1)降水量气候概率分布分析

分析近 20 年山西省各站的 24 h 降水量资料发现,6—9 月全省各站无雨的气候概率在 0.58~0.69,有雨的气候概率为 0.31~0.42;在有雨的个例中,各量级的气候概率有显著的差异,随着降水量的增加,气候概率迅速减小。各降水量级的气候概率呈现出明显的偏态分布。由经典统计理论,预报因子和预报对象接近正态分布时建立的统计方程才较稳定。因此,必须对降水量进行正态化处理。

(2)正态化处理方案

由于无雨的气候概率最大,因此,首先将降水量分为有雨和无雨两档,有雨时用 1 表示,无雨时用 0 表示,建立晴雨预报方程。然后对有雨的个例进行正态化处理。

细分降水量的等级从理论上和实际上都可使降水量的气候概率接近正态分布,但存在不连续因素,适合制作降水等级预报,而不适合制作降水量预报。因此,对降水量进行开 4 次方、5 次方、6 次方、7 次方模拟计算处理,并将处理后的数据与相应的气候概率分别绘制曲线,发现:对降水量开 6 次方处理后的数据与相应的气候概率点绘,曲线更接近正态分布。因此选用对降水量开 6 次方的方案对预报量进行正态化处理。

7.6.2.6 预报因子累积处理

根据经典动力学理论,任一瞬间降水强度应当是那一瞬间各种物理过程复合作用的结果。在假定数值模式输出产品完全可靠时,任一时刻的降水率 $I=\frac{dR}{dt}$ 可以视为相同时刻数值模式输出的若干物理因子 $X_n(t)$ 的函数。按一级线性近似处理,则有:

$$I = \frac{dR}{dt}\sum_n A_n x_n^{\alpha_n}(t) \tag{7.4}$$

则某一时段 $t_1 \sim t_m$ 的累积降水量为:

$$R = \sum_n -\int_{t_1}^{t_n} A_n x_n^{\alpha_n}(t)dt \tag{7.5}$$

对(7.5)式采用中值差分近似计算,可有:

$$R \approx \sum_n A_n \sum_{k=1}^{m-1}\frac{x_n^{\alpha_n}(t_k)+x_n^{\alpha_n}(t_{k+1})}{2}\times(t_{k+1}-t_k) \tag{7.6}$$

在模式各物理因子的输出时效间隔都相同时,上式可写为:

$$R = \sum_n A_n\left[\frac{1}{2}(x_n^{\alpha_n}(t_1)+x_n^{\alpha_n}(t_m))+\sum_{k=2}^{m-1}x_n^{\alpha_n}(t_k)\right]\times \Delta t \tag{7.7}$$

定义物理因子 $X_n(t)$ 的累积因子为

$$X_n = \left[\frac{1}{2}(x_n^{\alpha_n}(t_1)+x_n^{\alpha_n}(t_m))+\sum_{k=2}^{m-1}x_n^{\alpha_n}(t_k)\right]\times \Delta t \tag{7.8}$$

则 7.6 式可改写为

$$R = \sum_n A_n X_n$$

数值模式输出的物理因子都按照上式进行累积处理,就可以避免预报量和物理因子之间时间尺度不相匹配的问题[14]。

7.6.2.7 对预报因子与预报对象进行相关分析

诊断模型中所有物理量因子的资料都采用2002—2006年,6月1日至9月30日逐日的T213数值模式资料,降水量预报因子则选用了与其他物理量因子相同时段的四种模式的预报值在通过判别条件后的权重集成值。

表7.13 太原站预报因子与预报对象相关系数

预报因子	晴雨		未处理		开6次方处理	
	24 h	48 h	24 h	48 h	24 h	48 h
降水量	0.62	0.55	0.59	0.56	0.71	0.65
K 指数	0.59	0.41	0.49	0.33	0.63	0.54
总能量	0.58	0.42	0.56	0.53	0.66	0.59
水汽饱和度	−0.57	−0.41	−0.49	−0.47	−0.59	−0.49
水汽效应	0.43	0.38	0.48	0.56	0.57	0.62
能量输送	0.30	0.27	0.49	0.56	0.59	0.54
冷暖空气	0.34	0.27	0.25	0.10	0.35	0.29
水汽辐合	−0.43	−0.39	−0.48	−0.47	−0.55	−0.50
螺旋运动	−0.24	−0.21	−0.33	−0.26	−0.41	−0.34
锋生	0.19	0.14	0.21	0.20	0.29	0.27
上升运动	0.15	0.12	0.24	0.22	0.30	0.24

首先对物理因子的网格点值进行累积处理使其与预报量时间尺度相匹配,然后插值到站点,并对通过判别条件后的降水量权重集成值进行开6次方处理。表7.13为太原站各预报因子与不同处理方案的预报对象之间的相关系数。由表7.13可知,正态化处理后的相关系数明显高于正态化处理前的相关系数;降水量、K指数、总能量、水汽饱和度、水汽上下游效应、能量输送、水汽辐合、螺旋运动等预报因子的相关系数都通过了$\alpha=0.05$的显著性检验,降水预报的相关系数最高。可见,根据各模式的降水预报性能和质量优劣特点有选择地进行权重集成后的预报值无论降水量有无进行正态化处理都是诊断模型中最优的预报因子,正态化处理后其相关系数又有明显的提高;K指数、总能量、水汽饱和度与晴雨的相关系数较高,因而是判断有无降水的重要指标。

7.6.2.8 建立预报模型

建立逐站的12 h,24 h,36 h,48 h,72 h降水预报模型,并将每站的预报模型分为两个模块,即晴雨预报和雨量预报模块。只有在晴雨预报模块报有降水时方启动雨量预报模块。

晴雨预报建模步骤:处理预报对象,有雨为1,无雨为0;在初选的物理量因子中,用线性逐步回归法筛选建立统计预报方程;以太原站24 h预报为例,进入预报方程的因子有:降水、K指数、总能量、水汽饱和度、低层水汽辐合、水汽上下游效应6个因子,拟合率为93%。

类似晴雨预报建模步骤,分别对正态化处理前和正态化处理后的预报量,应用线性逐步回归法建立统计预报方程。计算两套方案建模的拟合率,经过正态化处理(开6次方)的平均拟合率为98%,未经正态化处理的平均拟合率为94%,拟合率得到较明显的改善。

7.6.3　基于现代精细化监测资料的山西暴雨预报模型建立

7.6.3.1　资料与方法

逐日和逐时降水量实况资料、气柱水汽总量资料、自动气象站以及区域雨量站资料和多普勒雷达资料均由山西省气象信息中心提供,气柱水汽总量资料和区域雨量站资料长度均为2009—2011年3年的资料(2009年才开始有气柱水汽总量资料),自动站和多普勒雷达资料为2007—2011年5年的资料。为说明气柱水汽总量空间分布的水平梯度大小与降水量大小的关系,本省区域内只要有3个以上(包括3个)区域雨量站或1个人工观测站出现暴雨(不包括有大暴雨),则定义为1个暴雨日;有2个以上(包括2个)区域雨量站出现大暴雨则定义为1个大暴雨日。为在图例中叙述简洁,文中将"气柱水汽总量空间分布的水平梯度大值区"称为"水汽锋"。

采用的方法:(1)对比分析气柱水汽总量空间分布与暴雨日暴雨空间分布的关系;(2)对比分析气柱水汽总量的局地变化与单站降水量的关系;(3)自动站瞬间风向风速与暴雨落区的关系与自动站极大风速风场资料与暴雨落区关系的对比分析;(4)应用VAD风廓线资料对对流性暴雨和稳定性暴雨过程进行对比分析。

7.6.3.2　气柱水汽总量与各种流型配置下暴雨落区的关系

7.6.3.2.1　气柱水汽总量空间分布与暴雨日暴雨空间分布的关系

表7.14　气柱水汽总量空间分布的水平梯度与暴雨的统计关系

类别	气柱水汽总量空间分布的水平梯度		
	≥25 mm/°N(E)	25~40 mm/°N(E)	≥40 mm/°N(E)
暴雨日数	32	29	4
大暴雨日数	10	3	7
暴雨及其以上日数	42	32	11
无暴雨日数	0	0	0

利用2009—2011年,5—9月山西63个GPS/MET监测站反演的逐时气柱水汽总量空间分布图与有气柱水汽总量资料以来的459 d气象观测资料及42个暴雨及其以上降水日的暴雨落区以及对应的流型配置图,进行对比分析,发现:(1)逐时气柱水汽总量空间分布图可提供水汽的空间分布、水汽的辐合辐散、不同属性气团间的相互作用等重要信息(图7.21);(2)当气柱水汽总量空间分布的水平梯度≥25 mm/°N(E)时,未来12—36 h,在水平梯度的大值区(水汽锋)及其南北(东西)0.5~1.0个经纬度的范围内出现暴雨及其以上降水的概率达100%(据表7.14计算),出现大暴雨日的概率为23.8%,出现暴雨日的概率为76.1%;当气柱水汽总量空间分布的水平梯度在25~40 mm/°N(E)时,未来12—36 h,在水平梯度的大值区(水汽锋)及其南北(东西)0.5~1.0个经纬度的范围内,暴雨及其以上降水出现的概率为100%,大暴雨日出现的概率为9.3%,暴雨日出现的概率为90.6%;当气柱水汽总量空间分布图中水汽含量的水平梯度≥40 mm/°N(E)时,在水汽锋及其南北(东西)0.5个经纬度的范围内,暴雨及其以上降水出现的概率为100%,大暴雨日出现的概率为63.6%,暴雨日出现的概率为36.3%;(3)暴雨落区是在气柱水汽总量空间分布图中水平梯度大值区及其以北(西)还是以南(东)0.5~1.0个经纬度的范围出现,不同的流型配置会出现不同的结果。

7.6.3.2.2　气柱水汽总量空间分布图中水汽含量的水平梯度演变规律

图 7.22(a)为 2010 年 8 月 18—19 日强对流大暴雨过程中气柱水汽总量空间分布的水平梯度与暴雨中心乡宁尉庄逐时降水量的演变。由图 7.22(a)可知,暴雨发生前 24 h,气柱水汽总量空间分布的水平梯度逐渐增大;暴雨发生前 12 h,气柱水汽总量空间分布的水平梯度达到最大 40.5 mm/°N(E);乡宁尉庄降水开始出现前 2 h(实际上暴雨中心附近已经出现降水),气柱水汽总量空间分布的水平梯度发生陡降;乡宁尉庄降水开始后,气柱水汽总量空间分布的水平梯度继续下降;暴雨期间,气柱水汽总量空间分布的水平梯度很小。

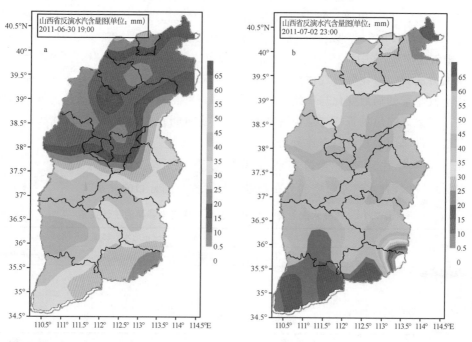

图 7.21　2011 年 6 月 30 日 19:00(a)和 2011 年 7 月 2 日 23:00(b)气柱水汽总量空间分布

气柱水汽总量空间分布图上水汽含量水平梯度的演变过程印证了暴雨发生前能量的积累和降水开始后能量的释放过程。

图 7.22(b)为该次大暴雨过程中靠近水汽锋湿区一侧和靠近水汽锋干区一侧气柱水汽总量的增量随时间的变化。图 7.22(b)和图 7.22(a)对比分析发现:降水开始出现前(8 月 18 日 18 h 前),水汽锋湿区一侧的水汽增量大于干区一侧的水汽增量,说明气柱水汽总量空间分布的水平梯度在增大;降水开始后(8 月 18 日 18 h 及其以后的时间),水汽锋干区一侧的水汽增量则大于湿区一侧的水汽增量,从而导致在暴雨期间气柱水汽总量空间分布的水平梯度很小。

对 42 个暴雨及其以上降水日(图略)和对应的气柱水汽总量资料对比分析发现:降水开始前 24~36 h,气柱水汽总量空间分布图中水汽含量的水平梯度逐渐增大;降水开始前 12~24 h,气柱水汽总量空间分布的水平梯度达到最强(水汽锋达到最强);随着降水的开始,靠近水汽锋湿区的一侧水汽增量呈现减小趋势,靠近水汽锋干区的一侧水汽增量呈现出增大趋势,结果使水汽锋的强度不断减弱;暴雨期间,暴雨区气柱水汽总量均在 40 mm 以上,但气柱水汽总量空间分布的水平梯度很小;未来 12~36 h 无暴雨产生时,水汽含量的水平梯度<25 mm/°N(E);未来 12~36 h 无降水产生时,气柱水汽总量空间分布的水平梯度为 0 或几乎为 0。

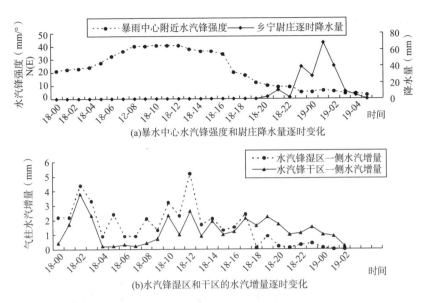

(a)暴水中心水汽锋强度和尉庄降水量逐时变化

(b)水汽锋湿区和干区的水汽增量逐时变化

图 7.22　2010 年 8 月 18—19 日大暴雨过程水汽锋强度变化(a)以及水汽锋两侧水汽增量的变化(b)

7.6.3.2.3　气柱水汽总量的局地变化与单站降水量的关系

(1)暴雨落区在气柱水汽总量空间分布水平梯度大值区以北时

降水开始前,气柱水汽总量缓慢上升,当气柱水汽总量≥26 mm 时,降水开始;降水开始后 2~3 h 或 2~8 h,气柱水汽总量上升幅度增大;之后,气柱水汽总量基本稳定在 40 mm 上下;降水结束后,气柱水汽总量缓慢下降。小时降水量极大值不足小时气柱水汽总量极大值的 1/2,即不足 20 mm。如 2010 年 6 月 30 日暴雨过程中暴雨区兴县的气柱水汽总量与降水量演变和 2010 年 8 月 10—11 日暴雨过程中暴雨中心岚县的气柱水汽总量与降水量演变(图 7.23)。

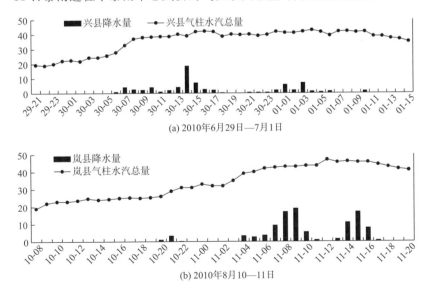

(a) 2010年6月29日—7月1日

(b) 2010年8月10—11日

图 7.23　暴雨落区在水汽锋以北时局地气柱水汽总量与降水量的演变

(2)暴雨落区在气柱水汽总量空间分布水平梯度大值区以南时

降水开始前,气柱水汽总量波动增长,从降水开始到结束,整个降水过程气柱水汽总量稳定在 42 mm 以上,降水结束后,气柱水汽总量下降。小时降水量极大值接近小时气柱水汽总量极大值。

如 2010 年 8 月 18—19 日暴雨过程中,18 日 23 h 晋城市 1 h 降水量达 46.1 mm,对应的气柱水汽总量为 44.2 mm,降水结束后气柱水汽总量缓慢下降(图 7.24(a))。又如 2011 年 7 月 28—29 日暴雨过程中,29 日 11 h 襄汾 1 h 降水量达 31.6 mm,对应的气柱水汽总量为 50 mm,降水结束后,气柱水汽总量迅速下降(图 7.24(b))。

同样是发生在水汽锋以南的暴雨,局地气柱水汽总量与单站降水量有不尽相同的演变规律,因此,用局地气柱水汽总量的变化与单站降水量的变化很难把握降水的开始与结束时间以及降水强度的预报。

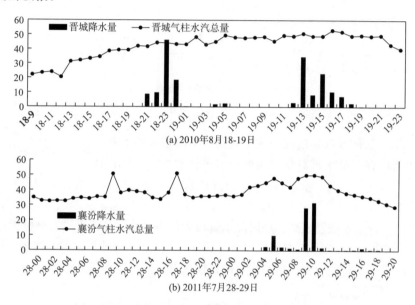

(a) 2010年8月18-19日

(b) 2011年7月28-29日

图 7.24　暴雨落区在水汽锋以南时局地气柱水汽总量与降水量的演变

(3)中尺度对流辐合体(MCC)影响时气柱水汽总量与降水量的局地变化

降水开始前 24 h,即 MCC 移入山西(或在山西生成)前,暴雨区的气柱水汽总量已达 50 mm 以上。降水开始前 6 h 气柱水汽总量超过 60 mm,或者在降水峰值出现前 1 h,气柱水汽总量陡升,小时降水量极大值接近小时气柱水汽总量极大值。如 2010 年 8 月 11—12 日大暴雨过程中,暴雨中心临猗县杨范,降水开始前 6 h,临猗县气柱水汽总量超过 60 mm,临猗县杨范 1 h 最大降水量为 69.3 mm,气柱水汽总量极大值为 72.9 mm(图 7.25)。又如 2011 年 7 月 2—3 日大暴雨过程中,暴雨中心阳城县横河,在降水峰值出现前 1 h,气柱水汽总量从 58.0 mm 陡升到 72.8 mm,横河 1 h 最大降水量达 99.1 mm。同是 MCC 影响,局地气柱水汽总量与单站降水量有不尽相同的演变特征。

以上分析表明,在利用单站气柱水汽总量估算单站降水量时,应结合气柱水汽总量的空间分布特征和流型配置。

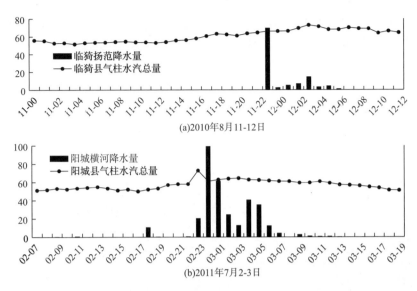

图 7.25 MCC 影响时局地气柱水汽总量与降水量的演变

7.6.3.3 自动站极大风速风场资料与暴雨落区关系

表 7.15 边界层极大风速风场切变线前后风速大小与暴雨出现站数的统计

自动站极大风速(m·s⁻¹)	≥4(站数/概率)	4～6(站数/概率)	≥6(站数/概率)
暴雨(包括区域雨量站)	1055(72.3%)	753(61.4%)	31(13.3%)
大暴雨(包括区域雨量站)	199(13.6%)	302(23.9%)	168(72.1%)
暴雨及其以上(包括区域雨量站)	1254(85.9%)	1055(83.3%)	199(85.4%)
无暴雨(包括区域雨量站)	205(14.1%)	171(13.5%)	34(14.6%)

利用自动气象站瞬间风场资料和自动气象站极大风速风场资料进行对比分析,发现:由于山西地形复杂,自动气象站逐时瞬间风场资料风向对暴雨的落区预报没有很好的指示意义,而经过处理后的自动气象站极大风速风场资料则对暴雨落区预报有很好的指示意义。当自动气象站逐时或逐 2(3 或 6)h 极大风速风场中有中小尺度切变线生成、且中切变线前后风速≥4 m·s⁻¹时,未来 12 h 在切变线前后将有暴雨及其以上降水出现的概率为 85.9%,出现大暴雨的概率为 13.6%,出现暴雨的概率为 72.3%,无暴雨出现的概率为 14.1%;(表 7.15);当中切变线前后风速≥6 m·s⁻¹时,未来 12 h 在切变线前后将有暴雨及其以上降水出现的概率为 85.4%,大暴雨出现的概率为 72.1%,暴雨出现的概率为 13.3%,无暴雨出现的概率为 14.6%(表 7.15)。进一步的统计分析表明,当边界层极大风速风场切变线前后的风速≥4 m·s⁻¹而无暴雨出现的区域主要是在山西省的北部 3 地市;另外当系统风很强时(如冷锋过境),自动站极大风速风场与暴雨发生的相关性较小。

7.6.3.4 VAD 风廓线资料分析

VWP(Velocity Azimuthal Display)产品即 VAD(VAD WIND PROFFILE)风廓线,它是指雷达用每个体扫资料(6 min 一次)在不同高度上,通过用 VAD 技术得到该高度上的平均风的风向风速。这是一种间接探测水含量的方法。在 VWP 中,每个风向杆是由某个体扫某层高度的一圈探测资料点通过 VAD 技术得到的,在算法中必须满足三个条件,才能得到一个平均的风向风速。一是降水数据点不少于 25 个;二是这些点至少要分布在一定大小的扇型区域内;三是这些点的风向离散度不能太大。上述三个条件中任一个不满足,算法将在 VWP 中对应位置标"ND"(No Data)。因此,该方法适应范围是较均匀的降水过程。

通过对 42 次暴雨过程的逐时和逐 6 min 多普勒雷达 VAD 风廓线分析发现:稳定性暴雨(包括对流转稳定),降水开始前 11~13 h,风场显示从高层(6~9 km)开始出现(即从高层开始增湿)并向下伸展,风速随高度的增高而增大,风向随高度增高顺转,整层风出现时间较降水开始时间和雨峰出现时间分别有 9 h 和 15 h 以上的提前量;降水结束前 3~4 h,从高层开始风场迅速被 ND 取代(如 2009 年 7 月 8 日暴雨过程,图 7.26,2009 年 7 月 7 日 11:01—20:53

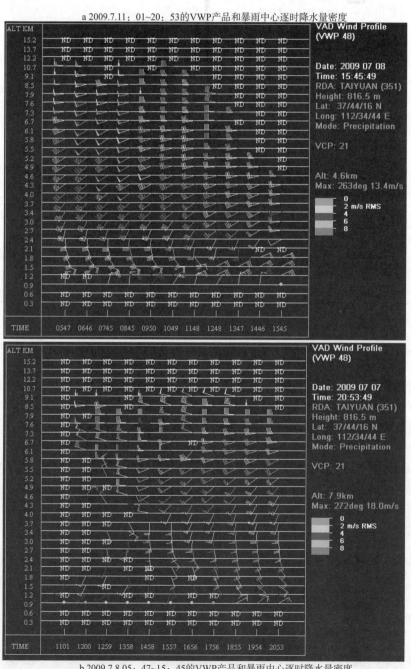

a 2009.7.11:01~20:53的VWP产品和暴雨中心逐时降水量密度

b 2009.7.8 05:47~15:45的VWP产品和暴雨中心逐时降水量密度

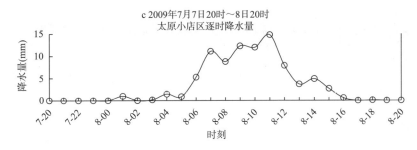

图 7.26　2009 年 7 月 8 日的 VWP 产品和逐时降水量演变(北京时)

和 7 月 8 日 05：47—15：45 的 VWP 产品和暴雨中心逐时降水量演变);对流性暴雨,降水开始前 1~13 h,风场显示从低层开始出现(即从低层开始增湿)并向高层扩展,风向和风速分别随高度的增高顺转和增大,整层风出现时间较降水开始时间和雨峰出现时间分别有 1~13 h 和 3~13 h 的提前量;降水结束前从高层开始风场迅速被 ND 取代,风向随高度的升高逆转(如 2009 年 7 月 17 日暴雨过程,图 7.27,7 月 16 日 10：53~20：46 和 7 月 17 日 07：38~17：31 的 VWP 产品和暴雨中心逐时降水量)。稳定性暴雨过程有降水量越大风的垂直切变越大的特征(图略);而对于强对流暴雨过程则有雨强越强整层风场出现时间比降水开始时间提前量越少的特征,如 2009 年 8 月 25—26 日的暴雨过程,整层风出现时间比降水开始时间和雨峰出现时间仅有 1 h 和 3 h 的提前量。

风廓线资料分析结果印证了深厚的湿层、源源不断的水汽输送是稳定性暴雨形成的主要特征,而上干冷、下暖湿强烈的不稳定是强对流暴雨形成的特征。

风廓线资料分析结果表明:风的垂直分布和演变特征可以提前 12 h 判断是稳定降水还是对流降水,避免当要出现强对流降水时,由于水汽锋形成较晚而放弃预报强对流暴雨的失误。

a 7.16 10：53~20：46的VWP产品和暴雨中心逐时降水量密度

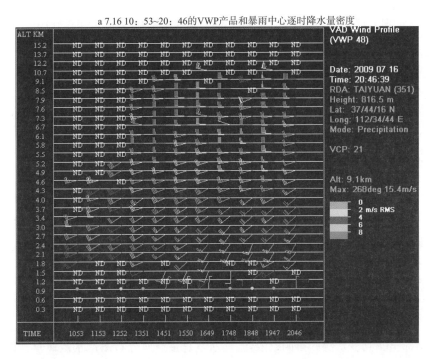

b 7.17 07：38~17：31的VWP产品和暴雨中心逐时降水量密度

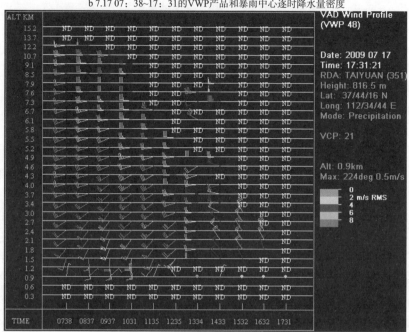

c 2009年7月16日20时—17日20时
石楼逐时降水量

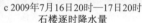

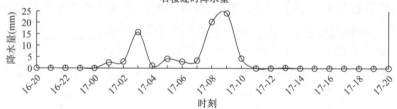

图 7.27　2009 年 7 月 17 日的 VWP 产品和逐时降水量演变(北京时)

7.6.3.5　暴雨概念模型建立[39]

由于暴雨的发生在中低层常伴有切变线(槽线),因此,应用逐时 GPS/MET 资料和逐时自动气象站极大风速风场资料,依据暴雨出现在气柱水汽总量空间分布水平梯度大值区的不同位置,建立不同流型配置下暖切变和冷切变为触发机制的 α 和 β 中尺度的多种暴雨概念模型。

7.6.3.5.1　暖切变暴雨概念模型

(1)无副高影响时

①山西境内,500 hPa,700 hPa,850 hPa 三层均有暖切变线存在,且中低层至少有一层(850 hPa 或 700 hPa)为低涡切变,此时若有边界层风切变线或辐合线配合,则暴雨发生在切变低涡的第一和第四象限、气柱水汽总量空间分布图上水汽锋及其以北 0.5~1 个经纬距内、低空西南(东南)急流的北侧,700 hPa 水汽通量散度 $\leqslant -16\times10^{-8}$ g・hPa^{-1}cm^{-2}・s^{-1} 的区域。暴雨中心位于 700~850 hPa 暖切变线之间,边界层风切变线或辐合线附近,700 hPa 或 850 hPa 水汽通量散度的辐合中心附近区域(如:2009 年 7 月 8 日暴雨过程,图 7.28)。

②山西境内,700 hPa,850 hPa 两层均有暖切变线存在,且至少有一层为低涡切变,此时若有边界层风切变线或辐合线配合,则暴雨发生在 700~850 hPa 暖切变线之间、850 hPa 切变低涡的第一象限或 700 hPa 切变低涡的第四象限,气柱水汽总量空间分布图上水汽锋及其以北 0.5~1

个经纬距内,低空西南(东南)急流的北侧;暴雨中心位于 700 hPa(850 hPa)切变低涡的第四(一)象限、边界层风切变线或辐合线附近,700 hPa 或 850 hPa 水汽通量散度的辐合中心附近区域(图略)。

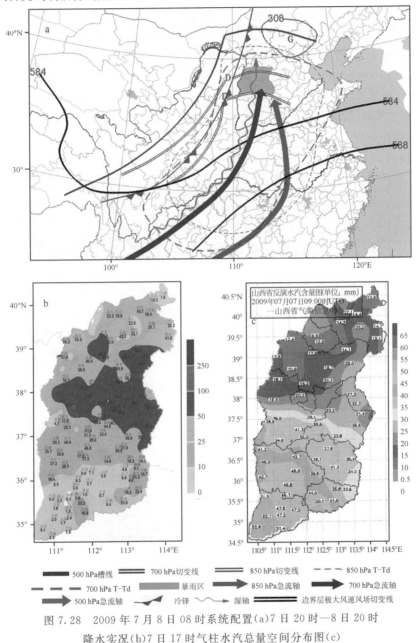

图 7.28　2009 年 7 月 8 日 08 时系统配置(a)7 日 20 时—8 日 20 时
降水实况(b)7 日 17 时气柱水汽总量空间分布图(c)

③山西境内,700 hPa,850 hPa 两层均有暖切变线存在,且 700 hPa 暖切变线位于 5800 gpm 线以北,850 hPa 暖切变线则位于 5800~5840 gpm 线之间,此时容易形成南、北两条暴雨带,气柱水汽总量空间分布图上提前 12~24 h 会有两条水汽锋对应形成。北部的暴雨带位于700 hPa 切变线附近,气柱水汽总量空间分布图上水汽锋及其以北 0.5°~1°N(E)的区域内,暴雨中心一般位于边界层风切变线或辐合线附近;南部的暴雨带位于 5800~5840 gpm 线之间,850 hPa 暖切变线以北或以南的区域,具体的位置视边界层切变线的位置而定,如果边界层切变线位于 850 hPa 暖切变线

以北,则暴雨发生在850 hPa暖切变线以北的区域,若边界层切变线位于850 hPa暖切变线以南,则暴雨将落在850 hPa切变线－5840 gpm线之间的区域,若此时850 hPa暖切变线的北侧和南侧都有边界层风切变线或辐合线配合,则在850 hPa的南侧、北侧都有暴雨产生。暴雨发生在气柱水汽总量空间分布图上水汽锋及其以南(东)0.5°～1°N(E)的区域内,低空西南(东南)急流的北侧,700 hPa或850 hPa水汽通量散度的辐合中心或中心附近区域(图略)。

④山西境内,700 hPa或850 hPa仅有一层有暖切变线存在,此时若有边界层切变线或边界层辐合线配合,则暴雨发生在暖切变线—边界层风切变线(辐合线)之间且靠近边界层切变线(辐合线)一侧、低空西南(东南)急流北侧、气柱水汽总量空间分布图上水平梯度的大值区(图略)。

(2)有副高影响时

①山西境内,700 hPa,850 hPa两层均有暖切变线存在,且两层的切变线均落在5880～

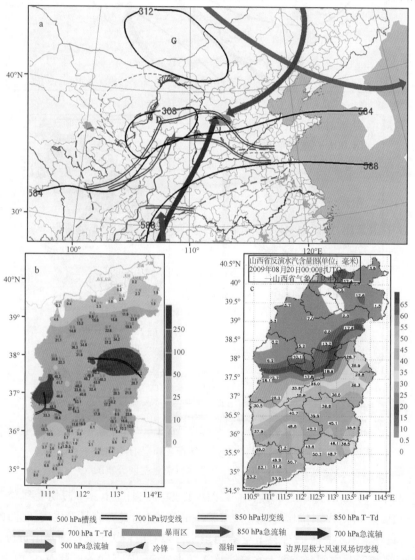

图7.29 2009年8月21日08时系统配置(a)8月21日08时—22日08时降水量分布和20日09—13 h边界层极大风速风场切变线(b)8月20日08时气柱水汽总量空间分布图(c)(见彩图)

5840 gpm 线,此时若有边界层风切变线或辐合线配合,则暴雨发生在 5880～5840 gpm 线之间、700～850 hPa 暖切变线之间、气柱水汽总量空间分布图上水汽锋及其以南(东)0.5～1 个经纬距内、低空西南(东南)急流的北侧;暴雨中心位于 700～850 hPa 切变线之间的边界层风切变线(辐合线)附近,700 hPa 或 850 hPa 水汽通量散度的辐合中心附近区域(如:2009 年 8 月 21 日 08 时—22 日 08 时暴雨过程和 2011 年 8 月 17 日 08 时—18 日 08 时暴雨过程,图 7.29 和图 7.30)。

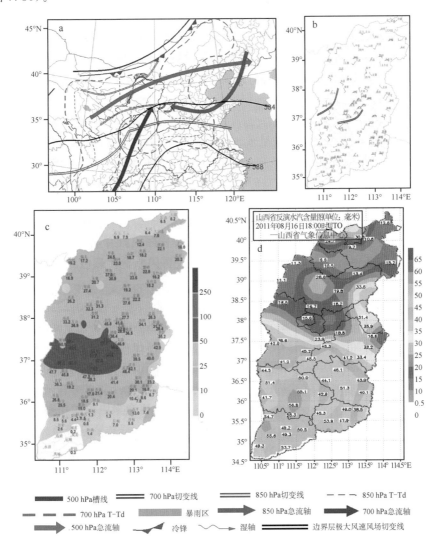

图 7.30　2011 年 8 月 17 日 08 时系统配置(a)2011 年 8 月 16 日 21—23 时(b)边界层极大风速风场
(c)8 月 17 日 08 时—18 日 08 时降水量实况(d)8 月 17 日 02 时气柱水汽总量空间分布

②山西境内,700 hPa,850 hPa 两层均有暖切变线存在,且 700 hPa 暖切变线位于 5840 gpm 线以北,850 hPa 暖切变线则位于 5880～5840 gpm 线,此时容易形成南、北两条暴雨带,气柱水汽总量空间分布图上提前 12～24 h 会有两条水汽锋对应形成。北部的暴雨带位于 700 hPa 切变线的南侧,气柱水汽总量空间分布图上水汽锋及其以北 0.5°～1°N(E)的区域内,暴雨中心一般位于边界层风切变线或辐合线附近;南部的暴雨带位于 5880～5840 gpm 线,850 hPa

暖切变线以北或以南的区域,具体的位置视边界层切变线的位置而定,如果边界层切变线位于850 hPa暖切变线以北,则暴雨发生在850 hPa暖切变线以北的区域;若边界层切变线位于850 hPa暖切变线以南,则暴雨将落在850 hPa切变线—5880 gpm线之间的区域,若此时850 hPa暖切变线的北侧和南侧都有边界层切变线或辐合线配合,则在850 hPa的南侧、北侧都有暴雨产生。总之,暴雨发生在低空西南(东南)急流的北侧,气柱水汽总量空间分布图中水平梯度大值区南北(东西)0.5°N(E)范围与边界层风切变线相重叠的区域,以及700 hPa或850 hPa水汽通量散度辐合中心附近区域(图略)。

③在5880～5840 gpm线,山西境内700 hPa或850 hPa仅有一层有暖切变线存在,此时若有边界层风切变线或辐合线配合,则暴雨发生在暖切变线—边界层切变线(辐合线)之间靠近边界层切变线(辐合线)一侧,低空西南(东南)急流北侧、气柱水汽总量空间分布图上水汽锋及其南北0.5个经纬距的区域(图略)。

7.6.3.5.2 冷切变暴雨概念模型

(1)700 hPa或850 hPa冷性切变线呈东北—西南向出现在5840 gpm线以北(内蒙)或以西(河套地区)的区域。暴雨发生在700 hPa或850 hPa冷性切变线东南部(前部)—5840 gpm线以北(西)的区域,气柱水汽总量空间分布图上水汽锋及其以南(东)0.5～1个经纬距内,低空西南(东南)急流的北侧,$K \geqslant 36℃$,$SI \leqslant 0℃$,$T_{850} - T_{500} \geqslant 28℃$,$CAPE \geqslant 350$ J·kg^{-1},700 hPa水汽通量散度$\leqslant -4 \times 10^{-8}$ g·$hPa^{-1}cm^{-2}$·s^{-1}相重叠的区域(如:2010年6月30日08时—7月1日08时暴雨过程,图略)。

(2)700 hPa或850 hPa冷性切变线呈东北—西南向出现在5840～5880 gpm线之间。暴雨可能发生在700 hPa或850 hPa冷性切变线以南—5880 gpm线以北的区域,也可能发生在700(850 hPa冷性切变线以北、5840 gpm以南的区域。究竟发生在哪个区域要视气柱水汽总量空间分布图上水汽锋及其南北0.5个经纬距范围内,边界层风切变或辐合线的位置而定。如2011年7月28日20时—29日20时暴雨过程中(图7.31),边界层风切变线位于气柱水汽总量空间分布图上水汽锋及其以南0.5个经纬距的范围内,暴雨落在水汽总量空间分布图上水汽锋及其以南0.5个经纬距范围内;而2009年8月25日08时—26日08时的暴雨过程中(图7.32),边界层风切变线位于气柱水汽总量空间分布图上水汽锋及其以北0.5个经纬距的范围内,暴雨落在水汽总量空间分布图上水汽锋及其以北0.5个经纬距范围内。总之,暴雨落区位于低空西南(东南)急流的北侧,$K \geqslant 36℃$,$SI \leqslant 2℃$,$T_{850} - T_{500} \geqslant 27℃$,$CAPE \geqslant 300$ J·kg^{-1},700 hPa水汽通量散度$\leqslant -8 \times 10^{-8}$ g·$hPa^{-1}cm^{-2}$·s^{-1},气柱水汽总量空间分布图中水平梯度大值区附近与边界层风切变线相重叠的区域。

水汽锋形成较暴雨出现提前24 h。暴雨发生在5880～5840 gpm线、5840 gpm线—850 hPa切变线之间、边界层风切变线附近,气柱水汽总量空间分布图中水平梯度达35 mm/°N(E)区域及其以南1个经纬度的范围内。

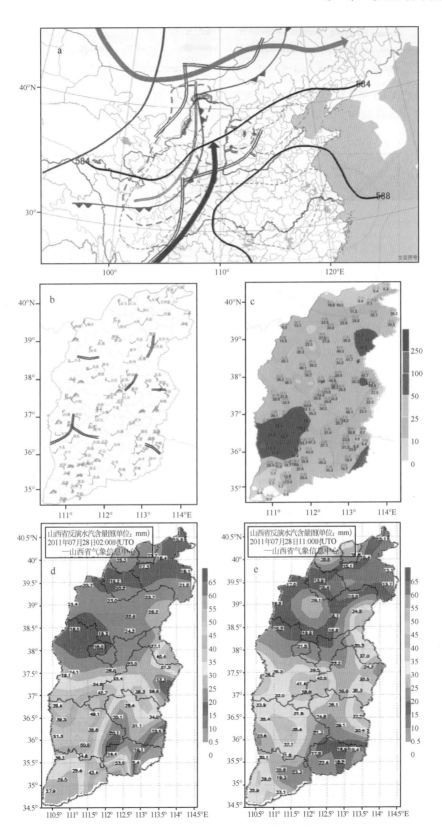

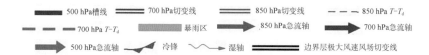

图 7.31　2011 年 7 月 28 日 20 时系统配置(a)2011 年 7 月 28 日 16—17 时自动站风场(b)
28 日 20 时—29 日 20 时降水量实况(c)7 月 28 日 10 时气柱水汽总量(d)
7 月 28 日 19 时气柱水汽总量(e)

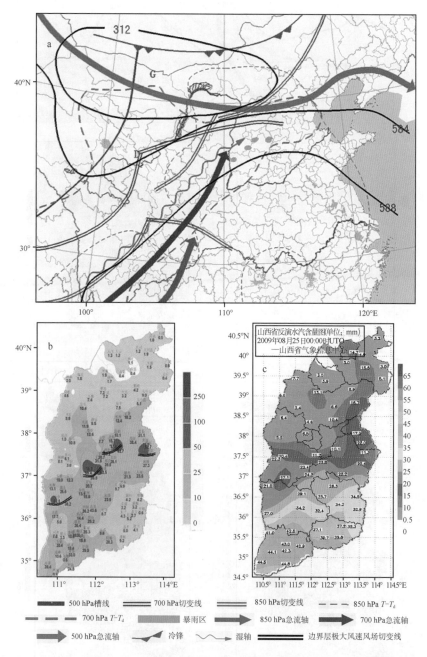

图 7.32　2009 年 8 月 25 日 08 时系统配置(a)2009 年 8 月 25 日 08 时—26 日 08 时降水量
8 月 24 日 21—23 时边界层极大风速风场切变线(b)8 月 25 日 08 时气柱水汽总量空间分布图(c)

7.6.3.6　暴雨概念模型应用

7.6.3.6.1　程序设计

依据建立的暴雨概念模型,采用轮廓识别技术在 C/S 架构下,服务器端完成数据的收集、处理、分发;客户端主要完成数据的浏览功能。其中服务器端编写定时程序,利用 python 的 MySQL 模块从水汽反演实时数据库和自动气象站极大风速风场数据库中读取最新的数据。读取到的数据写成 Grads 的站点数据格式。利用 grads 中的 Cressman 函数转化为110°～115°E,34°～41°N,格点间距为 0.5 的网格数据。遍历网格所有的点,找到满足气柱水汽总量空间分布图中水平梯度和边界层风场切变线和辐合线的阈值条件的点,将这些点的经纬度坐标保存到数组中,形成目标点集 A。遍历目标点集 A,如果一个目标点在目标点集 A 中存在相邻点,且相邻点的数目大于等于 3,将这个点和相邻点保存在一个新的数组 N 中,同时从目标点集 A 中将这些点移除;如果一个目标点不存在相邻点或者相邻点的数目小于 3,则从目标点集 A 中将这个点移除。在新的数组 N 按照上述的方法依次遍历点,按照上述方法从目标点集 A 抽取满足条件的点,直到目标点集 A 中不存在目标点。将新的数组 N 保存在一个列表中,形成一个目标形状。根据不同流型配置下改进的暴雨概念模型,将目标形状中每个目标点的经纬度数据进行一定的数值调整形成暴雨落区。根据暴雨落区的坐标值,逐一替换基于中尺度数值模式的暴雨动力诊断模型输出的未来 12 h,24 h,36 h,48 h 的降水预报场中对应的点,自动形成订正后的本地暴雨落区预报场。

7.6.3.6.2　应用效果

2011 年 7—9 月,利用改进的暴雨落区概念模型订正基于中尺度模式的暴雨动力诊断模型输出的未来 12 h,24 h 以及 36 h 降水预报场后,暴雨落区预报和暴雨落点预报 TS 评分分别提高了 7 个百分点和 6 个百分点。

7.6.3.7　预报着眼点

(1)通过逐时气柱水汽总量空间分布图观察水汽的空间分布、水汽的辐合辐散、不同属性气团间的相互作用等重要信息。

(2)降水开始前 24～36 h,气柱水汽总量空间分布的水平梯度逐渐增大;降水开始前 12～24 h,气柱水汽总量空间分布的水平梯度达到最强(水汽锋达到最强);随着降水的开始,靠近水汽锋湿区的一侧水汽增量呈现减小趋势,靠近水汽锋干区的一侧水汽增量呈现出增大趋势,结果使水汽锋的强度不断减弱;暴雨期间,暴雨区气柱水汽总量均在 40 mm 以上,但气柱水汽总量空间分布的水平梯度很小。

(3)当气柱水汽总量空间分布的水平梯度≥25 mm/°N(E)时,未来 12～36 h,在水汽锋及其南北(东西)0.5～1 个经纬度的范围内出现暴雨以上降水天气的概率达 100%,当气柱水汽总量空间分布的水平梯度≥40 mm/°N(E)时,在水汽锋及其南北(东西)0.5 个经纬度的范围内出现大暴雨的概率为 63.6%。

(4)自动气象站极大风速风场资料对暴雨落区预报有很好的指示意义。当自动气象站逐时或逐 2(3 或 6)h 时极大风速风场中有中小尺度切变线生成、且中切变线附近风速≥4 m·s^{-1}时,未来 12 h 在切变线附近将出现暴雨以上降水的概率为 85.9%;当中切变线附近风速≥6 m·s^{-1}时,未来 12 h 在切变线附近将出现大暴雨的概率为 72.1%。当地面有冷锋过境时则不然。

7.7　典型个例分析

7.7.1　MCC影响典型暴雨个例

在山西暴雨过程中,β中尺度云团常见,更大尺度的 MCC 少见。可以说有利于 MCC 发生的条件也是一般暴雨云团发生的条件。他们都满足三个基本要素:丰富的水汽条件,条件不稳定层结,抬升气块到凝结高度的触发机制。但 MCC 作为暴雨中的一种特殊系统,尺度大,生命史长,和一般暴雨云团发生发展所要求的大尺度天气背景及环境条件显然不尽相同。

2010 年 8 月 11—12 日,在副高西进北抬背景下,山西境内出现了南、北两个暴雨带。下面比较这次暴雨过程中,山西南部的 MCC 和山西北部的一般暴雨云团的发生发展物理条件,以及在现代高分辨率监测资料上的表现,对两个暴雨带的成因进行综合分析,以便更好地了解 MCC 形成机理和特点。Maddox 在尺度、生命史、外形等方面给出了 MCC 的标准,这里予以采用。

7.7.1.1　天气背景及雨情

2010 年 8 月 9 日 08 时,副高特征线 5880 gpm 位于东南沿海,之后西进北抬,11 日 20 时,西边界伸至 90°E,北边界到达 37°N,12 日 08 时缓慢南压至 36°N(图 7.33a 副高动态图)。受其进退影响,2010 年 8 月 11 日 05 时—12 日 05 时,山西省境内出现了南北两个暴雨带(图 7.33b,24 h 降水量的空间分布)。北部的暴雨主要出现在 11 日白天,南部的暴雨主要出现在 11 日夜间。全省有 17 个县市、48 个乡镇 12 h 降水量超过 50 mm,5 个乡镇 12 h 降水量超过 100 mm,其中运城地区 4 个乡镇 6 h 降水量超过 100 mm。北部的暴雨带靠近 5840 gpm 线,表现为混合型降水;南部的暴雨出现在 5880 gpm 线边缘,为强对流降水。北部暴雨中心在吕梁的岚县,12 h 最大降水量为 101 mm,1 h 最大降水量为 18.8 mm;南部的暴雨有两个中心一个位于临猗县的杨范,6 h 最大降水量为 105.2 mm,1 h 最大降水量为 69.3 mm,5 min 最大降水量为 9 mm;另一个暴雨中心位于运城市的北陈乡,6 h 最大降水量均为 124.3 mm,1 h 最大降水量为 35.1 mm,5 min 最大降水量为 6.2 mm(图 7.34)。

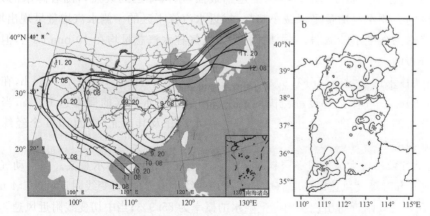

图 7.33　2010 年 8 月 9—12 日副高动态及 11 日 05 时—12 日 05 时降水量(单位:mm)

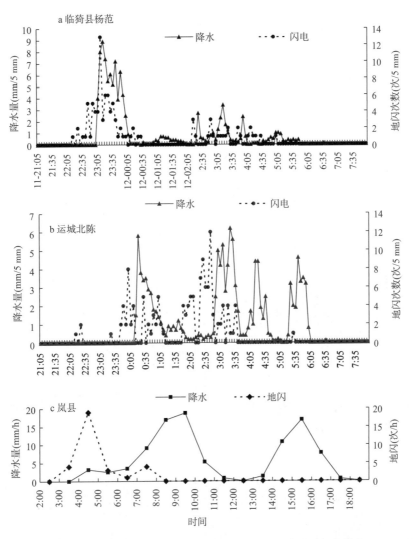

图 7.34　暴雨中心分钟和小时降水量与地闪频数随时间的演变

7.7.1.2　0811 山西北部和南部中尺度对流系统及形势场特征

(1)中尺度对流系统演变特征

①山西北部中尺度对流系统的演变

2010 年 8 月 11 日 04:30,在副高边缘母体云系中,山西北部(850 hPa 暖切变线南部)有云顶亮温为−43℃,−53℃,−53℃,−53℃ 的 β 中尺度对流云团 A,B,C,D 生成,河套地区(850 hPa 暖切变线南部)有云顶亮温为−63℃ 的 α 中尺度对流云团 E 覆盖;05:30,A 对流云团东移出山西境内,C 对流云团发展东移,与 D 对流云团在岚县(地面切变线附近)合并;中尺度对流云团 E 东移进入山西境内且强度明显减弱,之后在东移过程中继续减弱;06:30,河套北部(850 hPa 暖切变线南部)又有云顶亮温为−43℃ 的 β 中尺度对流云团 F 生成;07:30,C+D 云团东移与 B 云团合并,此时 F 云团东移并发展;09:00,F 云团与 C+D+B 云团合并时,暴雨中心岚县雨势加强出现第一次雨峰(图 7.34c 和图 7.35)。07:30—09:30,F 云团在东移过程中发展与 C+D+B 云团合并成为近似东西向的 α 中尺度对流云团,造成山西北部近似东西向的暴雨带。

2010 年 8 月 11 日 13:00，在吕梁岚县和晋陕的交界处分别有 G 和 H 对流云团生成(图 7.36)，之后两对流云团在东移过程中发展，14:00 在岚县(地面切变线附近)合并，14:00—15:00，暴雨中心岚县出现第二次雨峰。

综上，山西北部的对流云团在 850 hPa 暖切变线南部生成、发展，并在地面切变线附近合并，山西北部暴雨带主要由 6 个 β 中尺度对流云团发展合并所致。

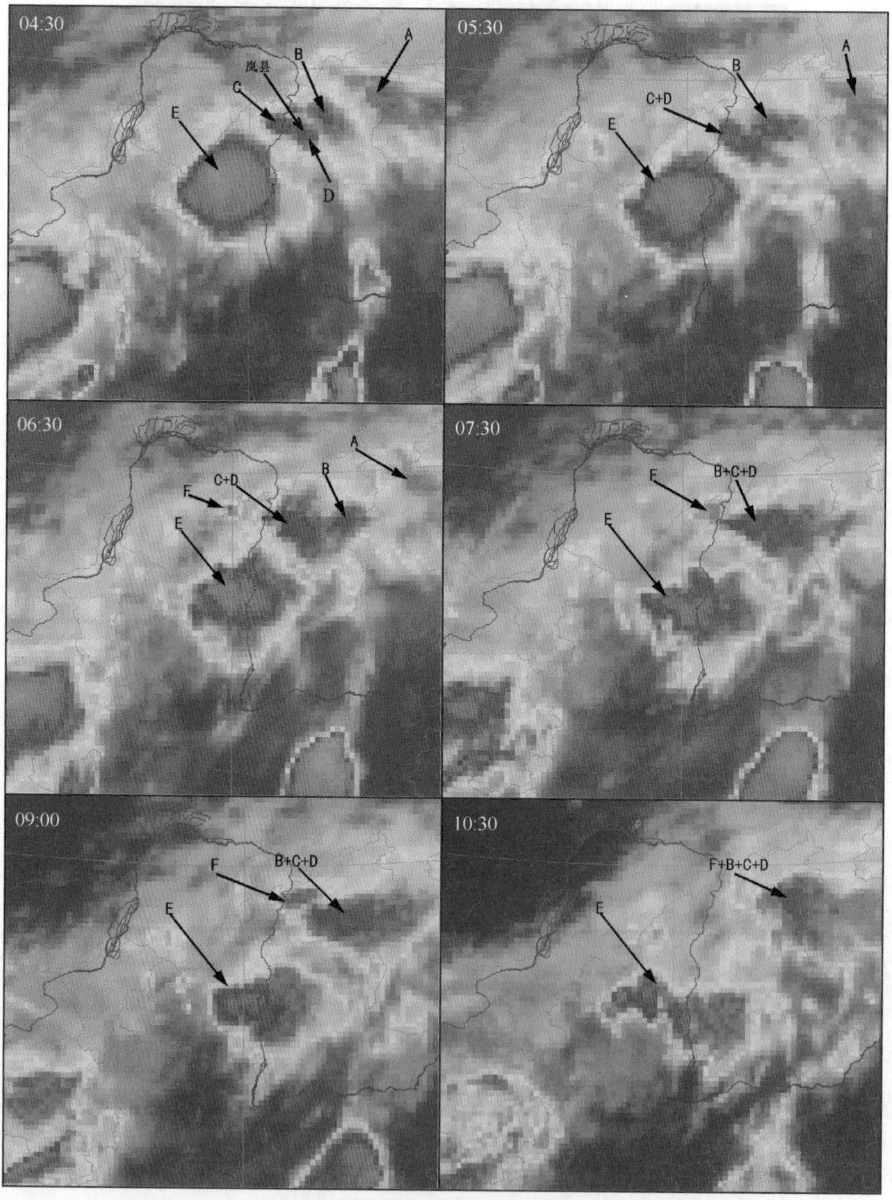

图 7.35　8 月 11 日白天山西北部第一次雨峰对流云团随时间的演变

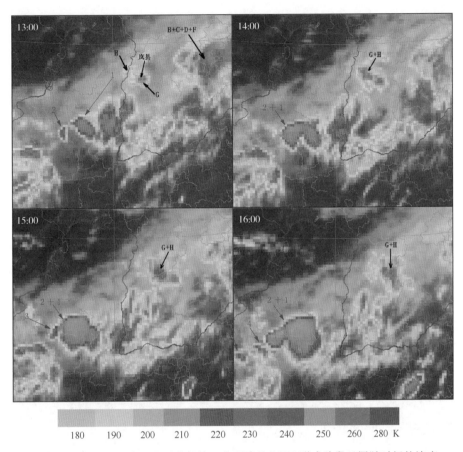

图 7.36　8 月 11 日白天山西北部第二次雨峰及 MCC 形成阶段云团随时间的演变

②山西南部 MCC 的云图特征

（a）形成阶段（11 日 13:00—16:00,图 7.36）,从 β 中尺度对流串生成,到其发展合并形成的 α 中尺度云团≤−53℃冷云盖面积即将达到 50000 km²。11 日 13:00,在河套东南部,原减弱的 MCS(E 对流云团)后边,在呈东北—西南向的 700 hPa 次天气尺度切变线上生成最低云顶亮温分别达−63℃和−53℃的 1 号和 2 号 β 中尺度对流云团,之后两云团迅速发展;14:00合并;15:00 在合并的 1 和 2 号云团的西部有 3 号 β 中尺度对流云团生成;16:00 迅速发展的 3号云团与 1 号和 2 号云团合并成一个 α 中尺度对流云团,≤−53℃冷云盖面积达到 26741 km²。云团中有两个 β 中尺度核,最低 TBB 分别为−63℃和−68℃(图 7.36)。

（b）发展阶段（11 日 17:00—12 日 01:00,图 37）,(红外云图上,≤−53℃线比较光滑呈现环形时段),从 α 中尺度对流云团≤−53℃冷云盖面积约 50000 km² 到最大面积的阶段。此阶段 α 中尺度对流云团≤−53℃冷云盖面积迅速扩大,呈椭圆形,−53℃线光滑,中心有两个 β 中尺度核,最低 TBB 分别≤−83℃和≤−73℃,1 h 最大降水量分别为 69.3 mm 和35.1 mm,5 min 最大降水量分别为 9.0 mm 和 6.2 mm,1 min 最大降水量分别为 1.9 mm和 1.5 mm。

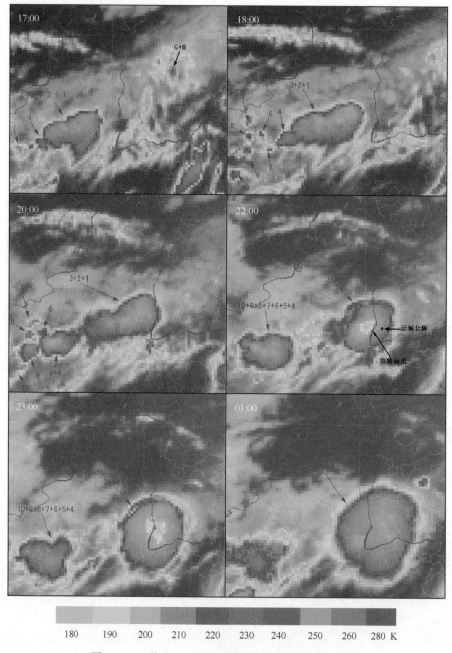

图 7.37　8 月 11 日 MCC 发展阶段云团随时间的演变

　　17:00,1+2+3 号 α 中尺度对流云团已经发展成为一个 MCC,此时≤－53℃冷云盖面积达到 60984 km²,同时在其西部生成的 4 号 β 中尺度对流云团发展与 MCC 相接;18:00;4 号 β 中尺度对流云团发展与 MCC 合并,其西部又有 6 个 β 中尺度对流云团生成;20:00—23:00,4 号云团与 MCC 分离并与其西部发展的 6 个 β 中尺度对流云团合并生成一个 MCS;23:00,一个标准的 MCC 位于晋陕交接处,其中心位于山西省运城市的临猗县,最低 TBB≤－83℃,造成该县 3 乡镇 1 h 降水量达 69.3 mm。23:30,MCC 进一步发展,强度达到最强;12 日 01:00,≤－53℃冷云盖面积为 152218 km²,即将达到最大面积(图 7.35)。11 日 17:00—12 日 01:00

由 1、2、3 号 β 中尺度对流云团发展、合并生成的 MCC 沿 925 hPa 暖切变线缓慢东移,沿途造成暴雨天气。

(c)成熟阶段(12 日 01:30—05:30,图 7.38),从 α 中尺度对流云团≤−53℃冷云盖面积达到最大到其面积即将<50000 km²。此阶段 α 中尺度对流云团呈椭圆形,≤−53℃冷云盖面积逐渐减小,由 12 日 01:30 的 179080 km² 减到 12 日 05:30 的 50005 km²,−53℃(220K)线开始出现锯齿状。云团中对流开始减弱,边界变得不光滑,最低 TBB 值开始升高,由 12 日 01:30 的 −81℃升高到 12 日 05:30 的 −63℃;1 h 最大降水量为 35.1 mm,最大降水强度呈减小趋势。

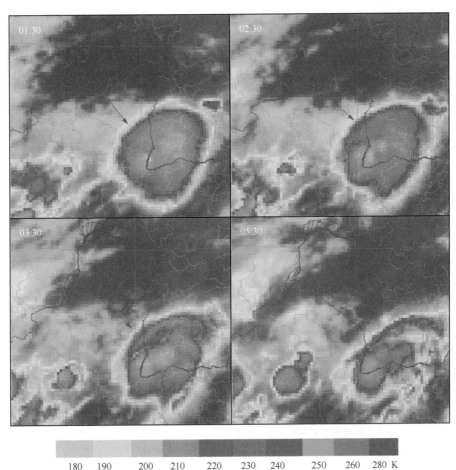

图 7.38　8 月 11 日 MCC 成熟阶段云团随时间的演变

(d)减弱阶段(12 日 06:00 开始,图略),从 α 中尺度对流云团≤−53℃冷云盖面积<50000 km² 开始。此阶段随着副高的南压,≤−53℃冷云盖面积迅速减小,向南移动加快。12 日 06:00 以后 1 h 降水量已经减小到 10 mm 以下。

综上,MCC 各个阶段的云图及降水特征可以看出,MCC 是由 3 个 β 中尺度对流云团发展合并形成的,而这些 β 中尺度对流云团是在 700 hPa 次天气尺度切变线上触发生成。在 MCC 发展、成熟阶段,深厚对流持续发展,有 2~3 个 β 中尺度对流云团持续活动,表现为 2~3 个 TBB 最小值中心。在 MCC 形成、发展、成熟和减弱阶段,α 中尺度云团的长轴始终呈东北—

西南走向;MCC 发展、成熟阶段,α 中尺度云团沿 925 hPa 暖切变线缓慢东移,而在 MCC 的减弱阶段,随着副高的南压,α 中尺度云团迅速减小南压。

（2）形势场特征

①地面及对流层中层环流形势

8 月 11 日山西南、北暴雨带形成前,地面冷锋呈东北—西南向,位于 95°E 以西,蒙古国为一低压,内蒙古位于低压前等压线较密集区,山西位于低压前弱高压控制下,气压场很弱(图略)。对流层中层 500 hPa 形势(图略),11 日 08:00,亚洲中高纬为两槽一脊型,贝加尔湖为一弱高脊,40～45°N 环流平直,河套西部有东北—西南向的短波槽;副高位于东南沿海,其特征线 5880 gpm 已西伸到 95°E,北抬至 35°N(山西省南部),5840 gpm 线抵达 38.8°N(山西省北部地区)。副高的西进北抬导致西南气流加强,在对流层低层形成偏南风低空急流,向晋、陕地区输送水汽和不稳定能量。11 日 08:00 以后短波槽东移,短波槽前弱冷空气触发对流层低层对流发展,11 日白天北部暴雨发生,11 日夜间,受 MCC 影响,南部暴雨发生;11 日 20:00,5880 gpm 继续北抬至 36.5°N,12 日 08:00,5880 gpm 缓慢南压,暴雨过程结束。

②高低空急流

（a）低空急流

8 月 11 日 08:00,当副高加强西进北抬,副高外围西南气流加强时,在低空形成偏南风急流。从图 39a 可看出,河套地区 700 hPa 切变线(图 7.39a)前部有大范围的西南气流,河套西南部和晋陕交界处有 12 m·s^{-1} 的强风核。西南急流将南方水汽源源不断的向晋陕输送,使对流层低层形成对流不稳定。急流前段风速梯度较大,有强烈的风速辐合,水平散度中心≤ $-13×10^{-5}$ s^{-1}。850 hPa 上(图 7.39b),偏南风从长江流域以南源源不断向北输送,在晋陕交界处,暖切变线南侧(37°～39°N)风速梯度较大,形成较强的风速辐合,为晋陕地区 MCC 和 β 中尺度对流云团的生成、发展与合并提供了有利条件。

8 月 11 日 20:00,925 hPa 上(图 7.39c),人字形切变位于晋、陕南部交界处,散度场强辐合区也位于该地区,辐合中心强度为 $-9.5×10^{-5}$ s^{-1}。20:00 以后,在河套南部生成发展的 MCC 沿人字形切变东部的暖切变线东移进入山西,给山西南部带来大暴雨。

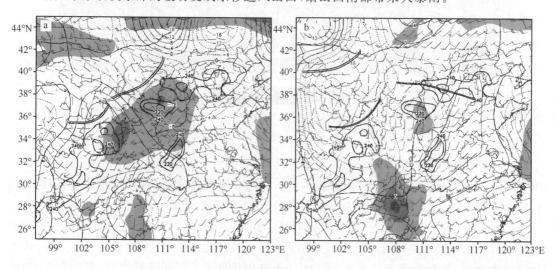

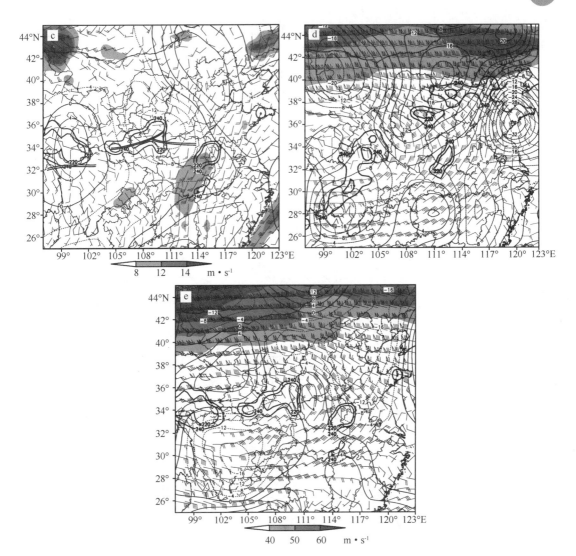

图 7.39　2010 年 8 月 11 日 08:00700 hPa(a)850 hPa(b)风场和散度场及 TBB 等值线

8 月 11 日 20:00925 hPa(c)8 月 11 日 08:00200 hPa(d)风场和散度场及 TBB 等值线

8 月 11 日 20:00200 hPa(e)风场和散度场及 TBB 等值线

注:从内向外粗合闭合实线分别为 TBB≤240 K,220 K 等值线,双实线为切变线。虚、实细线条为散度等值线,
实线表示辐散(≥0),虚线表示辐合(<0)。图 7.39 的 a、b、c 为相同的风标,d、e 为相同的风标。

(b)高空急流

在 MCC 形成前和其发生、发展阶段,对流层上层 200 hPa 上高空急流为平直西风环流(图 7.39 的 d 和 e),这与吕艳彬等[6]对华北平原 MCC 合成分析得出的结论相一致。

在对流层上层 200 hPa 高空,晋、陕南部 MCC 形成前 12 h(图 7.39d,11 日 08:00),MCC 区域为反气旋环流、辐散区;山西北部一般暴雨云团则位于高空西风急流入口区右侧,强辐散中心附近。11 日 20:00,与 925 hPa 辐合中心相对应,200 hPa 上反气旋环流、强辐散中心位于山西西南部,因此,20:00 以后在陕西中南部生成发展的 MCC 进入山西后强度更强,范围更大。

综上分析,2010 年 8 月 11 日的暴雨过程,山西南部的 MCC 和山西北部的一般暴雨云团发生发展的差异在对流层中、高层表现明显,在低层都出现在切变线上或南(东)部。北部一般暴雨云团的环境具有和冷空气(冷温槽)相联系的明显的斜压特征,而山西南部的 MCC 发生在弱斜压环境中。另外,山西南部的 MCC 出现在 200 hPa 上高压北侧的反气旋环流中,山西北部一般暴雨云团则位于高空急流入口区东南侧的强辐散中心区域附近(图 7.39 的 d 和 e)。

7.7.1.3　物理条件差异

(1)能量及不稳定条件差异

由图 7.40 和图 7.39 可知,同一次暴雨过程中,山西北部的一般暴雨云团发生在能量锋区南侧切变线附近,山西南部的 MCC 则发生在靠近高能中心一侧(84~92℃线)的区域,说明MCC 比一般暴雨云团要求更高的暖湿条件。

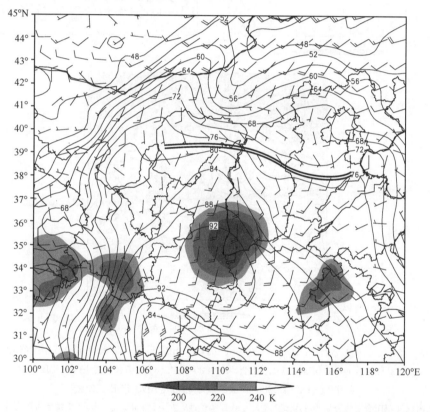

图 7.40　2010 年 8 月 11 日 08 时 850 hPa 风场和 θ_{se}(单位:K)场及 12 日 00:00 TBB 值
注:黑色实线为等 θ_{se} 线,双实线为 850 hPa 切变线,阴影区从外向内为 TBB≤240K(−33℃)、
TBB≤220K(−53℃)、TBB≤200K(−73℃)的区域。

2010 年 8 月 11 日,山西北部暴雨发生前,一般暴雨云团出现在 500 hPa 的 5840 gpm 线边缘、冷温槽前等温线梯度的大值区(图略),山西南部暴雨发生前 12 h,MCC 则发生在 5880 gpm线边缘的暖区(−2~0℃线,图略);500 hPa 温度和温度平流场叠加表明:MCC 发生在500 hPa 暖温度脊和暖平流中心相重叠的区域(图略)、850 hPa 温度梯度与暖平流梯度大值区相重叠的区域、925 hPa 的温度槽底及正负温度平流的过渡区(温度平流梯度最大的区域,图略);山西北部的一般暴雨云团则出现在 500 hPa 暖平流中心的北侧冷温槽前(图略)、850 hPa 冷平流区与温度梯度大值区相重叠的区域、925 hPa 温度槽区与冷平流叠置区(图略）。进一步分析可知,山西南部的 MCC 发生、发展、成熟阶段,其上空 700～200 hPa 均为暖区和暖平流区(图略);而山西北部的一般暴雨云团发生、发展阶段,其上空多为温度梯度的大值区,温度平流则为冷、暖相间(图略)。

综上,同一次暴雨过程,山西南部的 MCC 与山西北部的一般暴雨云团温度场的差异主要发生在中高层,MCC 的发生、发展需要更深厚的暖温结构。

过南、北两个暴雨中心做 θ_{se} 的高度—时间剖面(图 7.41)发现:11 日 20 时(图 7.41a)山西南部暴雨区上空,地面—500 hPa,θ_{se} 随高度的升高而减小,200～400 hPa,θ_{se} 呈漏斗状下伸,使大气极不稳定;11 日 08—20 时(图 7.41b),山西北部暴雨区上空,地面—700 hPa,θ_{se} 随高度的升高而减小,250～400 hPa,θ_{se} 呈漏斗状下伸,大气层结不稳定。说明:同一次暴雨过程,MCC 作为大型的中尺度对流系统,对低层高温高湿能量的需求比一般暴雨云团更多,因此,在水平方向更容易在靠近高能中心的区域形成、发展;垂直方向要求高能舌更深厚,与此相联系的位势不稳定区域也更大。

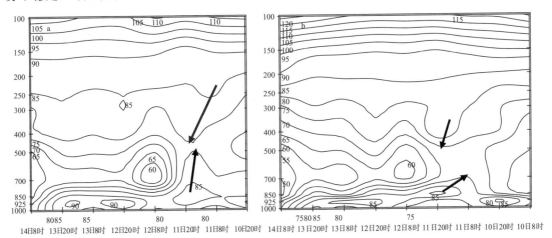

图 7.41　南(a 临猗)、北(b 岚县)两个暴雨中心区 θ_{se} (单位:K)的高度—时间演变

(2)水汽条件差异

为了分析暴雨云团活动期间水汽的空间分布及散合情况,穿过南、北两个暴雨中心做水汽通量散度和相对湿度的高度—时间演变图(图 7.42)。

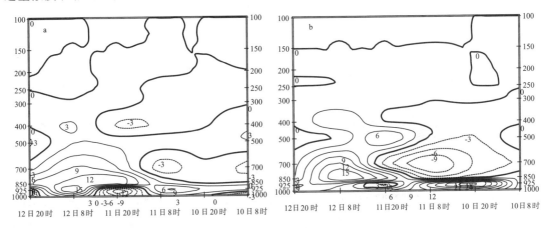

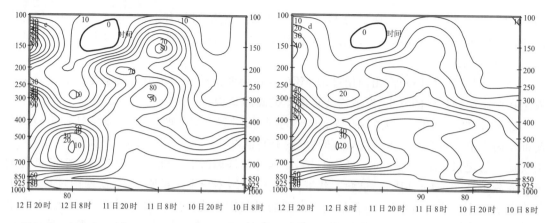

图 7.42　南(a 和 c)、北(b 和 d)两个暴雨中心区水汽通量散度(a 和 b)和相对湿度(c 和 d)的高度—时间演变

(单位分别为：$\times 10^{-8}\,\mathrm{g \cdot hPa^{-1} \cdot cm^{-2} \cdot s^{-1}}$ 和%)

　　MCC 发生前(11 日 08 时)水汽先在中低层辐合，MCC 发展移入山西前(11 日 20 时)，水汽的空间分布为随高度的升高辐散辐合相间，辐合层主要在地面—925 hPa、500—400 hPa 层(图 42a)；MCC 发生前，150 hPa 以下相对湿度均在 80%以上(图 42c)；一般暴雨云团发生前，10 日 08 时—11 日 08 时，水汽辐合在 850—500 hPa 层；11 日 08 时，湿度随高度的增加而减小，≥80%的相对湿度主要位于 400 hPa 以下，即湿层主要在地面—400 hPa。

　　分析表明：MCC 的发生与发展比一般暴雨对流云团的发生与发展要求有更深厚的湿层和源源不断的水汽输送。

　　(3)动力条件差异

　　图 7.43 的 a,c 分别是 MCC 发展、影响山西南部前(11 日 20:00)，沿暴雨中心 111.2°E 涡度和散度的垂直剖面，b,d 分别是北部一般暴雨云团发生、发展时(11 日 08:00)沿暴雨中心 111.6°E 涡度、散度的垂直剖面图。

　　从图 7.41 可以看出，不论是南部的 MCC 还是北部的一般暴雨云团，环境场涡度和散度的垂直分布都有利于产生上升运动，从而有利于对流发展。南部 MCC 的涡度和散度垂直结构体现了大、中尺度系统的共同作用，而北部一般暴雨云团发展时的涡度、散度分布则是大尺度的。另外，南部 MCC 发生发展时，低层正涡度和高层负涡度较北部一般暴雨云团发生发展时更强，说明南部 MCC 发生发展时需要更强的动力条件。

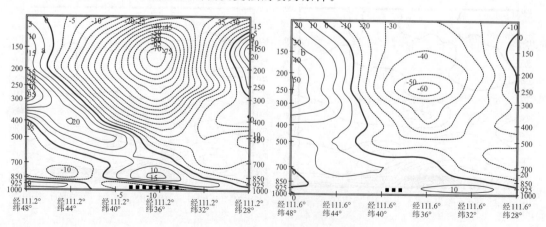

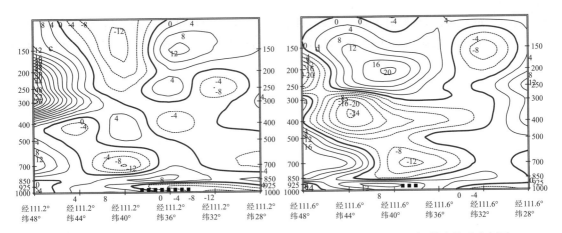

图 7.43　8 月 11 日 08:00 和 20:00 沿 111.2°E(a,c)和 111.6°E(b,d)涡度、散度的垂直剖面
（单位分别为：×10⁻⁵ s⁻¹ 和 ×10⁻⁶ s⁻¹）

7.7.1.4　现代监测资料表现特征

（1）地闪特征差异

①地闪的空间分布差异

2010 年 8 月 11 日 05:00—12 日 05:00 降水量的空间分布与对应时段的地闪空间分布有很好的对应关系，暴雨发生在地闪的密集区，暴雨带与地闪密集区走向基本一致。南部 MCC 影响区及 5880 gpm 线边缘为负地闪覆盖区，正地闪主要出现在北部一般暴雨云团影响区及 5840 gpm 线附近。

②地闪的局地变化差异

由图 7.34 暴雨中心分钟和小时降水量与地闪频数随时间的演变可知：南部 MCC 影响下，局地闪电开始及闪电峰值的出现较降水的开始及降水峰值的出现仅有 15—35 min 的提前量；而对于山西北部一般对流云团产生的降水，闪电的开始及闪电峰值的出现则比降水的开始及降水峰值的出现有 1 h 以上的提前量。说明试图利用闪电频数来预报南部 MCC 影响时降水的开始和降水峰值的出现难度更大。

（2）气柱水汽总量分布差异

分析由山西 63 个 GPS 站计算得到的逐时气柱水汽总量空间分布图可知，气柱水汽总量对该次暴雨预报有 36 h 的提前量，且对暴雨的落区有很好的指示意义。图 7.44c 为 2010 年 8 月 10 日 07:00 山西气柱水汽总量空间分布图。该图上有两条水汽锋，分别位于山西的中北部和西南部，图 7.44a 与图 7.44c 对比可知，山西北部暴雨发生在气柱水汽总量梯度的大值区也即水汽锋上，北部水汽锋与 700 hPa 切变线走向基本一致。山西南部 MCC 影响区，暴雨发生在水汽锋的南侧气柱水汽总量的大值区。说明南部 MCC 的发生发展比北部一般暴雨云团的发生发展需要更深厚的湿层。

7.7.1.5　结论与讨论

（1）0811 暴雨过程中，山西北部暴雨带主要由 6 个 β 中尺度对流云团生成、发展、合并造成。山西南部区域性暴雨则由 MCC 的生成、发展、东移所引发。山西北部的对流云团在 850 hPa 暖切变线南部生成、发展，并在地面切变线附近合并；山西南部的 MCC 是由 3 个 β 中尺度对流云团发展、合并形成，这些 β 中尺度对流云团是在 700 hPa 次天气尺度切变线上触发生成；在

MCC 发展、成熟阶段，深厚对流持续发展，并有 2～3 个 β 中尺度对流持续活动。在 MCC 形成、发展、成熟和减弱阶段，α 中尺度云团的长轴始终呈东北—西南走向；MCC 发展、成熟阶段，α 中尺度云团沿 925 hPa 暖切变线缓慢东移，而在 MCC 的减弱阶段，随着副高的南压，α 中尺度云团迅速减小南压。

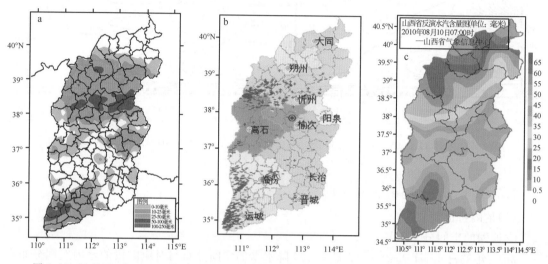

图 7.44　11 日 05 时—12 日 05 时雨量及对应时段地闪空间分布和暴雨前 36 h 气柱水汽总量空间分布

（2）在副高西进北抬背景下，同一次暴雨过程中，山西南部的 MCC 发生在 5880 gpm 边缘弱的斜压环境里，低层有暖式切变线相配合，高层则出现在高压北侧的反气旋环流中；山西北部的一般暴雨云团发生在 5840 gpm 边缘较强的斜压环境里，中层有槽线相配合，低层有暖式切变线，高层则出现在急流入口区的右侧。

（3）同一次暴雨过程中，MCC 作为大型的中尺度对流系统，不但对低层高温高湿能量的需求比一般暴雨云团更多，而且在垂直方向上，要求湿层、高能舌、暖温结构更深厚。

（4）暴雨发生在地闪的密集区，暴雨带与地闪密集区走向基本一致。南部 MCC 影响区及 5880 gpm 线边缘为负地闪覆盖区，正地闪主要出现在北部一般暴雨云团影响区及 5840 gpm 线附近。MCC 影响下，局地闪电开始及闪电峰值的出现较降水的开始及降水峰值的出现仅有 15～35 min 的提前量；一般暴雨云团影响下，局地闪电开始及闪电峰值的出现较降水的开始及降水峰值的出现有 1 h 以上的提前量。

（5）8 月 11 日暴雨过程，山西气柱水汽总量空间分布图上有两条水汽锋，分别位于山西的中北部和西南部。山西北部暴雨发生在气柱水汽总量梯度的大值区及水汽锋上，而山西南部 MCC 影响区，暴雨则发生在水汽锋的南侧气柱水汽总量的大值区。气柱水汽总量空间分布的差异，印证了 MCC 的发生、发展比一般暴雨云团的发生、发展需要更深厚的湿层。气柱水汽总量对 0811 暴雨过程有 36 h 的提前量，对暴雨的落区有很好的指示意义。

7.7.2　台风倒槽特大暴雨典型个例

1996 年 8 月 3—5 日，晋冀地区受 9608 号台风低压影响发生了一场特大暴雨，大范围的洪涝灾害使晋冀两省人民的生命和财产遭到巨大损失。利用自记资料，GMS-5 的每小时增强红外云图和每 0.1 经纬度 TBB 资料、常规气象资料以及山西地面汛图，分析这场特大暴雨期间的中尺度天气过程演变特征,从而得到的台风暴雨预报着眼点。

7.7.2.1 过程雨量及环境场

(1)过程雨量

3 日 08 时—5 日 08 时,晋冀地区出现大范围降水,最大雨量中心为 473 mm,发生在河北省井陉县,山西省最大降水量为 460 mm,出现在昔阳县泉口(水文站),另一个 314 mm 的降水中心在太原市梅洞沟(水文站)。

(2)雨量特点

①降水时段集中。主要出现在 3 日 20 时—4 日 20 时。

②面雨量大,降水强度特强。山西中南部的东部和河北中南部的西部,120 个站中有 107 个站 24 h 雨量达暴雨或大暴雨,19 个县市雨量达特大暴雨,河北的井陉和山西昔阳的泉口日雨量超过 400 mm,井陉 1 h 雨量达 80 mm。

(3)环境场特征

8 月 1 日上午,9608 号台风在福建沿海登陆,此时西太平洋高压中心强度达 5950 gpm,在 115°~120°E 之间,副热带高压脊线位于 35°N。3 日 08 时 700 hPa 上,位于河套北部的大陆高压与副热带高压打通,使副热带高压轴向转为西北—东南向。与此同时,9608 号台风低压正移至 30°N,113°E。在台风登陆 46 h 后,即进入第二关键区(直接影响区,即 30°N 以北、114°E 以西),这标志 24 h 内在台风低压北侧 2~4 个纬距(山西和河北境内)将有大或特大暴雨发生。另外,700 hPa 台风低压东北侧与副热带高压南侧建立起一支风速≥16 m·s^{-1}的东南中尺度气旋式强风带,这支强风带运载着暴雨发生所需的充足水汽和能量直达晋冀地区。

7.7.2.2 α 中尺度天气过程特征

这次特大暴雨由两次降水过程组成。第一次过程由一个尺度约 600 km 左右的 α 中尺度系统引发,第二次过程由一个尺度约 900 km 左右的 α 中尺度系统引发。第一次过程起于 3 日 14 时止于 4 日 18 时,从第一个胚胎云核初生到消亡经历约 28 个 h。第二次过程由 4 日 11 时起,5 日 04 时止,经历约 17 h。严重影响山西晋东南地区的主要是第一次过程,山西北中部和河北中西部则是两次过程共同影响的结果。

(1)α 中尺度系统形成阶段特点

从每小时的 TBB 演变看,这两个 α 中尺度系统的形成阶段存在明显差异。

第一个 α 中尺度系统的第一个胚胎云核源于黄河中下游,与这个胚胎云核相伴出现的另外两个 β 中尺度云核源于山西南部,它们各自发展并迅速合并,尔后东南急流中共有 6 个新的云核生成北涌,并与这个较大的对流组合系统合并、扩展,这是第一个 α 中尺度系统形成的特点(图 7.45)。3 日 15:33 的 TBB 上(图 7.45a),在 35°N,114°E 和 36.3°N,111.4°E 以及 36°N,112.5°E 附近分别有 A,B,C 三个云核新生。16:33,在 A,B,C 三云核发展的同时,A 云核的两侧和东南侧又有 D,E,F 云核新生(图 7.45b)。17:33,A,C,D,E,F 云核发展、合并形成一个较大的对流系统,在 B 云核发展靠近这一对流系统的同时,东南急流中有 G,H 云核新生(图 7.45c)。18:26,G,H 云核北涌与较大的对流系统合并,此时东南急流中再生 I 云核(图 7.45d)。19:33,发展的 B 云核及 I 云核同时并入较大的对流系统中。至此,一个近似圆球状的 α 中尺度系统形成(图 7.45e)。从发现第一个胚胎云核到 α 中尺度系统形成,仅经历 4 h。

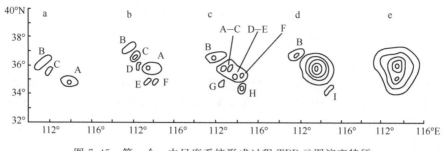

图 7.45　第一个 α 中尺度系统形成过程 TBB 云图演变特征

a：3 日 15：33；b，c，d，e 分别为后推 1 h；

等值线由外往内分别为 −42，−48，−53，−63，−69，−76，−79℃

第二个 α 中尺度系统的第一个胚胎云核 A′ 在第一个 α 中尺度系统北抬后，4 日 11：33，源于 35.5°N，113.7°E（图略）。12：26，A′ 云核明显发展并略向北移（图 7.46a），13：32，35.5°N，114.3°E 又有 B′ 云核诞生（图 7.46b）。14：33，A′，B′ 云核融为一体（图 7.46c）。15：33，在 A′，B′ 云核迅速发展并向东北扩展的同时，东南急流中有 C′ 云核、副高边缘有 D′ 和 E′ 云核新生（图 7.46d）。16：32，C′，D′ 云核迅速并入 A′，B′ 云核。此时，由 A′，B′，C′，D′ 云核组成的强对流体已发展为西北—东南轴向的椭圆形 α 中尺度系统。在副高边缘 E′ 云核迅速发展的同时，椭圆形 α 中尺度系统后部东南急流中又有 F′，G′ 云核生成（图 7.46e）。这一过程从发现第一个胚胎云核到 α 中尺度系统的形成，约经历 5 h。因此，单个云核迅速发展北扩，东南急流和副高边缘强对流云核同时并入，是第二个 α 中尺度系统形成的特点。

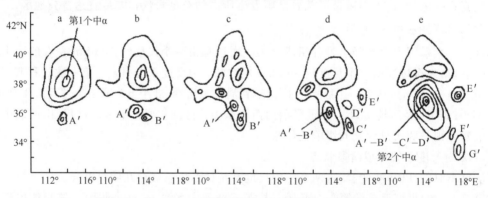

图 7.46　第二个 α 中尺度系统形成过程 TBB 云图演变特征

a：4 日 12：26；b：13：32；c：14：33；d：15：33；e：16：32（说明同图 7.45）

（2）α 中尺度系统的维持与发展

仔细观察、分析、研究这场特大暴雨时段两个 α 中尺度系统的维持、发展情况，发现其特点差异甚大。

第一个 α 中尺度系统形成以后，3 日 22：32 开始，东南急流中有 J，K 云核新生（图 7.47a），23：33，在 J，K 云核并入 α 中尺度的同时，东南急流中又有 M，L 云核生成，此时 α 中尺度系统的云顶温度达 −76℃（图 7.47b）。4 日 00：33 M，L 云核北涌并入 α 中尺度系统（图 7.47c）。尔后，此 α 中尺度系统不断北扩、发展。06：25，空间尺度达 600 km 左右（图 7.47d），这样的空间尺度足足维持 7 h 之久。

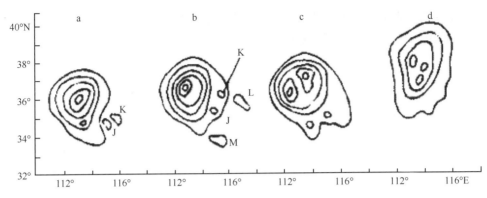

图 7.47　第一个 α 中尺度系统维持阶段 TBB 云图演变特征
a:3 日 22:32;b:23:33;c:4 日 00:33;d:06:25;(说明同图 7.45)

图 7.48 是第二个 α 中尺度系统维持、发展(β 中尺度云核在系统的左侧、右侧及后部新生发展)的数字化云图演变特征。4 日 17:33,在 α 中尺度系统的后部东南急流中有 F′,G′云核北涌并入,左侧有 H′云核新生,右侧有 E′云核发展。18:33,右侧有 E′云核向 α 中尺度系统靠近,后部有 I′,J′,K′三云核新生。此时 α 中尺度系统的强度发展到鼎盛,云顶温度达−79℃。19:33,右侧的 E′云核、后部的 I′,J′云核同时并入 α 中尺度系统,左侧又有 L′,M′云核新生。20:33,L′云核并入 α 中尺度系统。21 时,M′云核东移,K′云核北涌同时并入 α 中尺度系统。

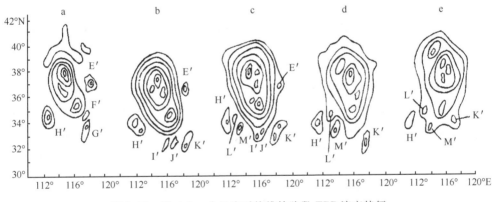

图 7.48　第二个 α 中尺度系统维持阶段 TBB 演变特征
a:4 日 17:33;b,c,d,e 分别后推一小时(说明同图 7.45)

综上所述,第一个 α 中尺度系统维持阶段其后部只有 4 个 β 中尺度云核随东南急流北涌并入,第二个 α 中尺度系统维持阶段则有 8 个 β 中尺度云核从其后部、左侧、右侧不断并入。因此,第二个 α 中尺度系统无论是强度还是范围都大于第一个 α 中尺度系统。第一个 α 中尺度系统形成后 9 h,空间尺度由形成时的 300 km 左右扩展到 600 km 左右,而第二个 α 中尺度系统形成后,在短短的 3 h 内,其空间尺度就由 300 km 扩展到 900 km 左右。由于两个 α 中尺度系统在维持阶段存在的差异,使其带来的降水一个以雨强强(1 h 最大降水量为 58.6 mm)、持续时间长、影响范围广为特征,另一个则以雨强特强(1 h 最大降水量为 80.0 mm)、持续时间短、影响范围广为特征。

(3)α 中尺度系统的消亡

第一个 α 中尺度系统,主体北移消散过程中,在其尾部又有新生云核发展,这些云核虽排列散乱,但它的存在却造成了局地强降水(如太原梅洞沟的强降水)。第二个α中尺度系统,主要由于西部冷空气侵入,副高东退,致使其减弱、解体而消散。

7.7.2.3　β中尺度对流系统及其与地面流场的关系

(1)源地与路径

从每小时的 TBB 统计云顶温度≤−53℃的β中尺度系统发现,β中尺度云团生成源地大致有四。其一是,东南急流带中生成的β中尺度云团,这类云团沿东南急流方向北涌。α中尺度系统的形成与维持以及晋冀特大暴雨的发生主要是这类云团。其二是,副高边缘生成的强对流β中尺度云团。这类云团一般向偏西方向移动并入α中尺度系统,主要影响晋冀的中部地区。其三是,台风低压左前方生成的β中尺度系统。这类系统一般随东北气流并入α中尺度系统或并入另外一个β中尺度系统,对α中尺度系统的形成、扩展具有一定的作用。最后一个是台风低压左后部偏北气流中形成的β中尺度云团,这类云团在α中尺度系统形成前不出现,α中尺度系统维持阶段生成并进入α中尺度系统。进一步的观察发现,正是由于此类云团进入α中尺度系统,3 h后,发展旺盛的α中尺度系统突然开始瓦解,9 h后即消散,暴雨结束。这一观察事实表明:台风低压直接影响时,α中尺度系统左后部若有β中尺度系统并入,标志着台风暴雨过程在6~9 h内即将结束。

(2)β中尺度云团生命史及移向移速

统计发现,暴雨期间共有30个β中尺度云团活动,其空间尺度为60~230 km。40%的β中尺度云团生命时间≥5 h,最长的达15 h。在中、低空东南急流引导下,83%的β中尺度云团向偏北方向移动,7%的β中尺度云团向偏西方向移动,10%的β中尺度云团向偏东方向移动。大部分的β中尺度云团移速在40~50 km·h^{-1},有10%移速≥100 km·h^{-1}。

(3)β中尺度云团与地面中尺度系统的关系

从3日08时地面流场(图略)可知,隰县与蒲县之间有偏北风与偏南风形成的中切变线,6 h后,这一中切变线附近有β中尺度云核新生。同一时间,35°~36°N,112°~114°E区域内是偏北风与偏东风形成的中切变线。14—16时,在该切变线附近相继有5个β中尺度云团形成,它们相互作用、发展、合并,对形成第一个α中尺度系统及晋东南地区的大暴雨起了决定性作用。4日08时的地面流场(图略),在35.2°~36°N,112°~114°E区域内,有偏北风与偏东风形成的中切变线。11—13时,这一区域内相继生成两个β中尺度云核(A′,B′云核),这两个β中尺度云核的形成与合并,对第二个α中尺度系统的诞生起了至关重要的作用。同一时刻,在昔阳、和顺、邢台、石家庄、平山、阳泉区域为一气旋性辐合区。这一椭圆形辐合区的形成,使得β中尺度云核不断向该区涌动。8 h后,第二个α中尺度系统形成。2 h后,该α中尺度系统发展成为以上述辐合区为中心、云顶温度达−79℃、空间尺度达900 km左右的西北—东南向椭圆云体。位于该辐合区内及其右前方的井陉、昔阳泉口、元氏、平山、石家庄12 h雨量分别达到260,260,213,275,294 mm,18时井陉1 h雨量达80 mm。位于该辐合区后部的昔阳、和顺、阳泉12 h降水量达100 mm或以上。另外,4日08时,地面流场还显示(图略),太原地区有东北风与西北风形成的中、小尺度辐合线,14 h,流场转为偏北风与偏东风的切变。与每小时 TBB 对应,第一个α中尺度系统北移减弱时尾部又有新生云核发展。因此,太原梅洞沟的314 mm局地特大暴雨是由第一个α中尺度系统的发展与维持以及在其消散时新生云核又发展、再加上后来第二个α中尺度系统的西北向发展三者共同影响所致。

综上所述,地面中、小尺度切变线及气旋性辐合区是β中尺度云核新生源地和β中尺度云核集中流入发展区。分析地面流场及其变化,可提前 6～12 h 预测 β 中尺度云核的形成和移动,提前 12～24 h 预报出大暴雨及特大暴雨的落区。

(4)β 中尺度云核与每小时雨团的关系

用山西中、南部的东部和河北中、南部的西部所有气象站及部分水文站的每小时雨量资料与每小时 TBB 资料进行对比分析,发现大多数每小时 >10 mm 以上的雨团出现在强对流云核等 TBB 线密集区内。有的雨团能在某地持续 5～8 h,且是由几个 β 中尺度系统先后经过共同影响所致。因此,单从每小时雨团跟踪 β 中尺度系统有很大缺陷。

7.7.2.4 小结

(1)在有利的环境流场条件下,地面中小尺度切变线及气旋性辐合区是 β 中尺度系统新生源地和集中流入发展区。当台风低压进入第二关键区(30°N 以北、114°E 以西)后,若地面流场有中小尺度切变线和气旋性辐合区形成,12～24 h 内,气旋性辐合区内及右前方将有特大暴雨产生,气旋性辐合区后部或中切变线附近将有大暴雨发生。

(2)台风低压直接影响时,在 α 中尺度系统发展鼎盛阶段,若其左后部有 β 中尺度云核形成并入 α 中尺度系统,标志着 3～6 h α 中尺度系统即将瓦解,6～9 h 台风暴雨即将结束。

(3)台风低压直接影响时,α 中尺度系统在维持、发展阶段若其左后部没有 β 中尺度云核形成并入,α 中尺度系统北移消散时,在地面中小尺度切变线附近易再生 β 中尺度云核,发生局地强降水。

(4)1996 年 8 月 3—5 日的特大暴雨过程,先后有两次长生命史的 α 中尺度对流系统活动,这两个 α 中尺度系统在形成、维持与消散阶段均存在较大差异。

(5)有分析地应用各类数值产品及科研成果,严密监视 β 中尺度云核的形成、发展、合并,把握 β 中尺度云核与地面流场的关系,对作好台风暴雨预报十分重要。

7.7.3 西风槽和副高及低空暖切变线共同影响型暴雨个例

7.7.3.1 雨情和灾情概述

2007 年 7 月 29—30 日,受西风槽和副高进退影响,山西南部 23 个县市 24 h 降水量超过 50 mm,其中 4 个县市的雨量超过 100 mm,运城市的垣曲县达 313.3 mm,1 h 降水强度为 78.8 mm。位于该县的朱家庄自动雨量站记录 24 h 降雨量达 384.7 mm。强降雨造成运城市 16 条主要河流、117 条峪口沟道暴发超标洪水。政府公布的灾情:这次强降水造成的灾害,范围之广、程度之重、损失之巨,均为历史上所罕见。据不完全统计,仅运城市受灾人口达 20 万余人,死亡 13 人、失踪 3 人、受伤 14 人,倒塌损毁房屋 3857 间(孔),桥梁被毁 138 座,道路被毁 297 km,河堤被毁 72 km,农田及大田作物被毁 25.36 万亩,直接经济损失达 14.96 亿元。

7.7.3.2 影响系统动态与观测资料来源

(1)天气背景及影响系统

①系统配置及动态

表 7.16 给出了 2007 年 7 月 28—30 日,30°～40°N,105°～115°E,700 hPa 冷切变和暖切变、500 hPa 槽线和暖切变线的动态变化。35°～40°N,5880 gpm 线和 5840 gpm 线的位置变化。

表 7.16 　 中低层天气系统配置及动态变化

	28 日		29 日		30 日	
	08 时	20 时	08 时	20 时	08 时	20 时
700 hPa 冷切变	106.0°E	105.0°E	108.0°E	109.5°E	111.5°E	113.5°E
700 hPa 暖切变	38.5°N	37.5°N	37.0°N	36.0~37.0°N	消失	消失
500 hPa 槽线	105.0°E	106.0°E	106.0°E	108.5°E	109.0°E	114.0°E
500 hPa 暖切变	39.0°N	38.0°N	37.5°N	37.5°N	消失	消失
5880 gpm 线	119.5°E	118.5°E	117.0°E	114.0°E	116.5°E	118.0°E
5840 gpm 线	114.0°E	112.5°E	111.2°E	110.5°E	113.4°E	114.0°E
850 hPa 暖切变	38.5°N	37.5°N	37.0°N	36.0~37.0°N	消失	消失

28—29 日,副高特征线 5880 gpm 不断西进,29 日 20 时西进至 114.0°E(表 7.16),与此相对应 500 hPa 槽线和 700 hPa 冷切变线东移至河套地区(分别位于 108.5°E 和 109.5°E), 700 hPa 冷切变线前西南急流建立,暖切变线南压至 36°~37°N,冷暖空气在山西交绥,强降水开始。之后副高开始东退,30 日 20 时副高特征线 5880 gpm 移出山西退至 118°E(表 7.16), 700 hPa 暖切变线消失,暴雨过程结束。

②不稳定能量的变化

表 7.17 　 2007 年 7 月 28—30 日垣曲稳定度指数

	28 日		29 日		30 日	
	08 时	20 时	08 时	20 时	08 时	20 时
K 指数(℃)	33	38	38	39	37	36
SI 指数(℃)	0	-1.7	-1.1	-2.0	-0.9	-0.5
I_{Conve}(℃)	-5	-7	-13	-13	-3	-2

表 7.17 中:

$$SI = T_{500} - T'$$ 　　　　　7.9

式中,SI 为肖沃特指数,属于条件性稳定度指数,$SI<0$ 时,大气层结不稳定,负值越大,不稳定程度越大;反之,则表示气层是稳定的;T_{500} 为 500 hPa 等压面上的环境温度,T' 为 850 hPa 等压面上的湿空气块沿干绝热线抬升,到达抬升凝结高度后再沿湿绝热线上升至 500 hPa 时的气块温度。

$$I_{Conve} = (\theta_{se500} - \theta_{se850})$$ 　　　　　7.10

式中 I_{Conve} 是对流性稳定度指数,θ_{se500} 是 500 hPa 的假相当位温,θ_{se850} 是 850 hPa 的假相当位温。$I_{Conve}<0$ 时为对流性不稳定,$I_{Conve}>0$ 时为对流性稳定,$I_{Conve}=0$ 时为中性。

由表 7.16 可知,2007 年 7 月 28 日 08 时—29 日 20 时副高西进,29 日 20 时以后副高东退,30 日 20 时,5880 gpm 东撤到 118°E 处。28 日 08 时,700 hPa 暖切变位于 38.5°N,之后逐渐南压,29 日 20 时南压到 36°~37°N(110°E 处暖切变位于 36°N,115°E 处暖切变位于 37°N), 30 日 08 时暖切变消失。表 7.17 的各项指数表明,28 日 08 时—29 日 20 时,随着副高的西进大气层结不稳定度迅速增加,29 日 20 时以后随着冷空气的入侵副高东退,不稳定能量释放, 大气层结由不稳定趋于稳定状态。

③观测资料来源

2005 年,山西省气象局在太原、长治、晋中、阳泉、大同、离石和运城 7 个地市安装了"中国科学院空间科学与应用研究中心"研制的"ADTD 雷电监测定位系统"。该雷电监测定位系统的特征参数见表 7.18。

表 7.18 ADTA 探测仪的探测参量与指标

参数	回击波形到达精确时间	方位角	磁场峰值	电场峰值	波形特征值(四个)	陡度值
指标	精度优于 10^{-7} s	优于 $\pm 1°$	优于 3%	优于 3%	精度优于 10^{-7} s	优于 3%

文中所用的雷电资料为上述 7 个地市组网后 1 min 的累积地闪资料(组网后的特征参量见表 7.19)、山西 78 个自动站的逐时雨量、垣曲县加密雨量站每分钟的雨量资料、108 县常规气象观测资料和自记雨量资料。卫星资料为风云 2C 卫星每 30 min 的 TBB 资料。

表 7.19 组网后的雷电监测定位系统的探测参量与指标

参数	回击发生的精确时间	回击位置(经纬度)	强度	波形特征参量	陡度值	放电量	峰值功率
单位	0.1 μs	度	KA	0.1 μs	KA/μs	库仑	兆瓦
指标	精度优于 10^{-7} s	网内精度优于 300 米	相对误差优于 15%	精度优于 10^{-7} s	相对误差优于 15%	相对误差优于 30%	相对误差优于 30%

7.7.3.3 地闪特征分析

(1)地闪密度分布与高低层系统配置

2007 年 7 月 29 日 08 时—31 日 08 时,全省范围总地闪次数为 7376 次,其中负地闪 6815 次,正地闪 561 次,在总地闪次数中,负地闪所占比例为 92.4%;1 min 地闪频数的最大值是 22 次/min。地闪出现在 500 hPa 上 5840 gpm 与 5880 gpm 之间的区域(图 7.49a,5880 gpm 线是副高的特征线,象征着副高的动态,在副高东退南压过程中 5840 gpm 线象征着西风带中纬度系统,象征着冷空气的动态,若 5840 gpm 线偏西或偏北,与 5880 gpm 线之间的距离超过 4 个经纬距,则说明中低纬系统的相互作用不明显),地闪密集区位于低空急流左侧 3 个经距内、700 hPa 暖切变南侧 2～3 个纬距内(图 7.49a),地闪密集区与暴雨落区有较好的对应关系(图 7.49b 过程降水量分布与图 7.49a 地闪分布图)。

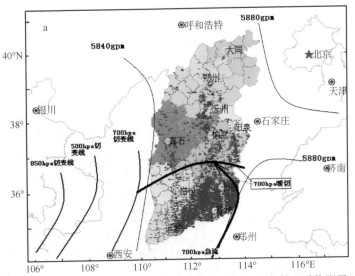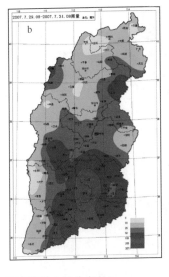

图 7.49 降水过程地闪分布与 29 日 20 时高低空系统配置(a)及过程降水量分布(b)

　　(2)影响特大暴雨区的对流云团及地闪分布特征

　　①中尺度对流云团的演变

　　卫星红外云图动画显示,29 日 12:00 位于运城市的 1 号对流云团东移发展,13:30 进入垣曲县,此时云顶亮温 TBB(以下简称 TBB)达 210 K(−63℃,图 7.50),13:00—14:00,垣曲县

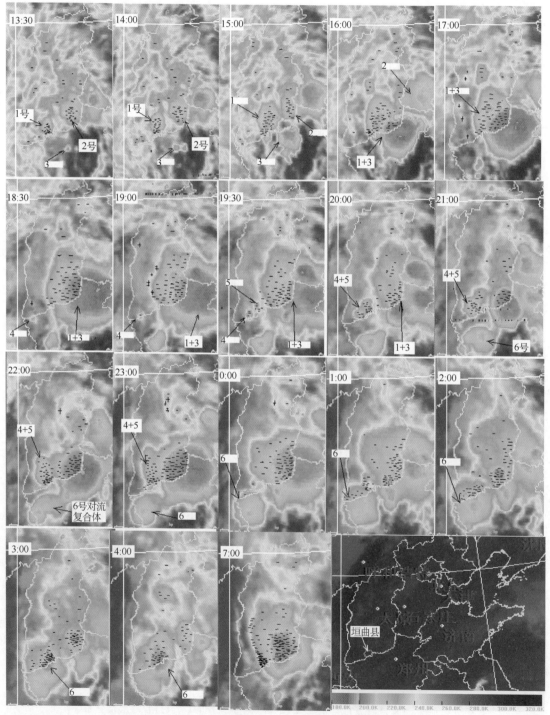

图 7.50　7 月 29 日 13:30—30 日 07:00 对流云团的演变及地闪分布

1 h降水量达40.1 mm,同时有2号α中尺度对流云团覆盖在晋东南地区,3号β中尺度对流云团在河南省境内生成。1号对流云团在垣曲县滞留2 h后东移与发展北上的3号对流云团16:00在晋东南地区合并。18:30,4号β中尺度对流云团在山西西南边界生成;19:30,5号β中尺度对流云团在垣曲县附近生成;20:00,北上发展的4号β中尺度对流云团与5号β中尺度对流云团在垣曲县合并发展,22:00—23:00,垣曲县1 h降水量高达78.8 mm。17:00,在河南省境内又有两个β中尺度对流云团生成,18:30,这两个β中尺度对流云团合并,之后在北上过程中不断发展,21:00已经发展成为TBB值达210 K(-63℃)的α中尺度的6号对流云团(达到MCC的标准)。6号对流复合体在30日0:00进入山西省境内,之后不断北上发展,30日01:00—04:00影响垣曲县,该县3 h降水量达86.0 mm。30日04:00—09:00,6号中尺度对流复合体在北上东移过程中使临汾东部、长治、晋城地区出现区域性暴雨,沁源县6 h降水量达91.0 mm。

　　②影响垣曲县的对流云团及地闪分布

　　由图7.50对流云团的演变及地闪分布可知,造成垣曲县特大暴雨的主要影响云团有:1号β中尺度对流云团、4号与5号β中尺度对流云团合并发展后的中尺度对流云团、以及在河南生成北上发展的6号中尺度对流复合体(MCC)。由图7.50还可看出,地闪主要分布在云顶亮温TBB≤230 K(-43℃)的区域内以及云团南部TBB水平梯度的大值区。图7.51是7月29日12时—30日08时垣曲县地闪频数与TBB的时间序列图。由图7.51可知,7月29日12时—30日05时单站的地闪频数与TBB成反比,TBB越小,地闪频数越高。

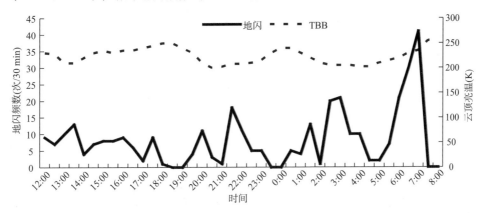

图7.51　7月29日12时—30日08时垣曲县地闪频数与TBB的时间序列图

7.7.3.4　地闪频数与雨强的相关性分析

　　7月29日08:00—30日08:00,特大暴雨过程的降水主要分三个时段。第一个降水时段为29日的12:00—14:00。在此时段,垣曲县受1号β中尺度对流云团影响,1 h最大降水量达40.1 mm,1 min最大降水量为2.1 mm。第二个降水时段为29日的20:00—23:00。该时段,垣曲县首先受本地生成的5号β中尺度云团影响,接着又受4号与5号β中尺度对流云团合并发展的影响,垣曲县3 h降水量为125.5 mm,1 h最大降水量达78.8 mm,1 min最大降水量为2.2 mm。第三个降水时段为30日01:00—04:00。该时段主要受6号中尺度对流复合体(MCC)影响,3 h降水量为86.0 mm,1 h最大降水量为42.9 mm,1 min最大降水量为1.8 mm。

图 7.52a 给出了垣曲县地闪频数与降水强度的时间相关图。右边纵坐标是每 6 min 的地闪频数,单位是次数·(6 min)⁻¹;左边纵坐标是每 6 min 的累计降水量,单位是 mm·(6 min)⁻¹。图 7.52a 中的降水量曲线由垣曲县加密雨量站每分钟的降水量资料 6 min 累计点绘。

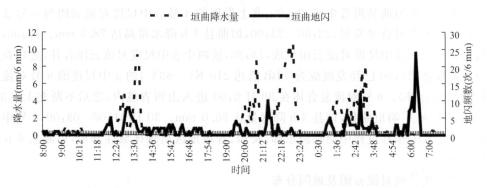

图 7.52a　2007 年 7 月 29 日 08 时—30 日 08 时垣曲县地闪与降水强度随时间的变化

图 7.52b 为垣曲县、绛县每小时的地闪频数与每小时的降水量随时间的变化。右边纵坐标是每小时的地闪频数,单位是次数·h⁻¹;左边纵坐标是每小时的累计降水量,单位是 mm·h⁻¹。闪电探测距离为 300 km;探测范围分别取垣曲县和绛县辖区。绛县与垣曲县交界,位于垣曲的北部。由图 7.50 对流云团的演变可知,特大暴雨过程中绛县与垣曲县受相同的对流云团影响。

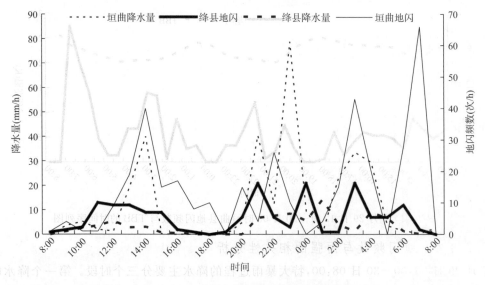

图 7.52b　29 日 08 时—30 日 08 时绛县和垣曲县地闪与降水强度随时间的变化

"070729"特大暴雨过程的特征从图 7.52b 可得到印证:垣曲县和绛县降水时段为 3 段,4 次地闪峰值分别对应有 4 次雨峰。而从图 7.52a 可以得到更有力的说明,不同的是,第一、第二时段,地闪与降水均为双峰型;第三时段,地闪与降水均为三峰型。说明在第一和第三降水时段,还有 γ 中尺度的对流系统活动。图 7.52a 表明,每 6 min 累积地闪与累计降水量随时间的演变,可以识别 γ 中尺度对流系统,提前 30~40 min 预测雨强峰值的到来。

利用 7 月 29 日 08 时—30 日 05 时山西省南部 46 个气象站的降水资料和对应时段的地闪

资料计算表明:同一地域、同一对流云团影响时,地闪频数与降水强度基本上可用一种线性关系描述;同一地域、不同对流云团影响时,通过非线性回归近似拟合,得到平均降水强度与对应时段内的地闪数回归方程为 $R=1.687\ln F-0.208$,相关系数 r 为 0.801;不同的地域、同一对流云团影响时,地闪与对流性天气中的降水虽有较好的相关性,但很难通过非线性回归近似拟合得到一个适合不同地域的平均降水强度与对应时段内地闪数的回归方程(R 为平均降水强度,F 为地闪数,r 为相关系数)。

观测和分析表明:"070729"垣曲特大暴雨过程中,29 日 08 时—30 日 05 时,垣曲县和绛县地闪频数与雨强随时间的变化都有很好的相关性;负地闪的出现及其频数的增加意味着影响该地区的对流风暴正在发展并向本地移来,地闪频数峰值的出现意味着降水强度峰值的迅速到来。30 日 05:00—07:00,垣曲县和绛县都出现了频数很高的地闪,但随后并没有再度出现雨峰,且实况降水量特小或无降水。这说明仅靠单站地闪频数峰值还不能更准确地预测未来降水强度的峰值。

7.7.3.5　干雷暴成因探讨

由表 7.16 可知,30 日 08 时,850—500 hPa 的暖切变全部消失,5880 gpm 线已东退到 116.5°E,5840 gpm 线已东退到 113.4°E(山西省的东部地区),特大暴雨区已经失去了副高边缘充足水气输送的条件,这一点可以从 30 日 08 时水气通量散度(29 日 20 时为 -1.0×10^{-7} g/(cm²·hPa·s),30 日 08 时为 0.4×10^{-7} g/(cm²·hPa·s))的分析场得到证实(图略)。使特大暴雨区产生高频数雷电的动力条件可能是 700 hPa 的冷式切变和 500 hPa 的槽线。

7.7.3.6　结论与讨论

(1)070729 特大暴雨过程发生在副高西进北抬和冷空气东移南下的背景下,低空切变线是特大暴雨的主要影响系统。地闪出现在 500 hPa 的 5840 gpm 与 5880 gpm 之间的区域,地闪密集区位于低空急流左侧 3 个经距内、700 hPa 暖切变南侧 2～3 个纬距内,地闪密集区与暴雨落区有较好的对应关系。

(2)特大暴雨过程主要由:1 号 β 中尺度对流云团、4 号与 5 号 β 中尺度对流云团合并发展、以及在河南生成北上发展的 6 号中尺度对流复合体(MCC)引起。地闪主要分布在云顶亮温 TBB≤−43℃的区域内,高频数的地闪主要集中在 TBB≤−63℃的区域内和云团南部 TBB 水平梯度的大值区。一般情况下单站的地闪频数与 TBB 成反比,TBB 越小,地闪频数越高。

(3)利用单站逐时地闪与降水强度随时间的演变关系可以识别 β 中尺度的对流系统,利用单站每分钟地闪的累积数以及与加密降水量站每分钟雨量的关系,可以识别 γ 中尺度对流系统,提前 35～40 min 预测降水强度峰值的到来。

(4)同一地域、同一对流云团影响时,地闪频数与降水强度可用一种线性关系描述;同一地域、不同对流云团影响时,通过非线性回归近似拟合,可以得到平均降水强度与对应时段内的地闪数回归方程;不同地域、同一对流云团影响时,地闪与对流性天气中的降水虽有较好的相关性,但很难通过非线性回归近似拟合得到一个适合不同地域的平均降水强度与对应时段内地闪数的回归方程。

(5)只有在 5840 与 5880 gpm 控制区域内、低空急流左侧 3 个经距内、700 hPa 暖切变南侧 2～3 个纬距内,局地地闪频数与降水强度随时间的变化才有很好的相关性,利用地闪频数峰值能预报强对流风暴产生的局地强降水。

7.7.4 低空暖切变线和冷切变线影响暴雨个例

2009 年汛期在山西的北中部几乎是同样的经、纬距范围内出现了 5 次横切变线,但暴雨的落区不尽相同,暴雨的站数从 8 站到 34 站相差很大。这里从日常预报业务出发,从 MICAPS 平台上能够快捷获得的资料中进行探讨,旨在提高暴雨的短期预报质量。

7.7.4.1 2009 年山西横切变暴雨概况

表 7.20 2009 年汛期山西横切变暴雨概况

时间	暴雨站数	700 hPa 急流走向	850 hPa 急流走向	横切变类型和位置	24 h 最大降水量(mm)	降水性质
7.07.20—7.08.20	34	西南	西南转东南	暖切(山西北中部)	96	对流转稳定
7.16.20—7.17.20	8	西南	西南转东南	冷切(山西北中部)	82	混合
8.21.08—8.22.08	14	西南	偏东	暖切(山西北中部)	77	稳定
8.25.08—8.26.08	9	西南	南	冷切(山西北中部)	89	对流
9.06.08—9.07.08	8	西南	东北和东南	冷切(内蒙古南压至山西)	78	稳定

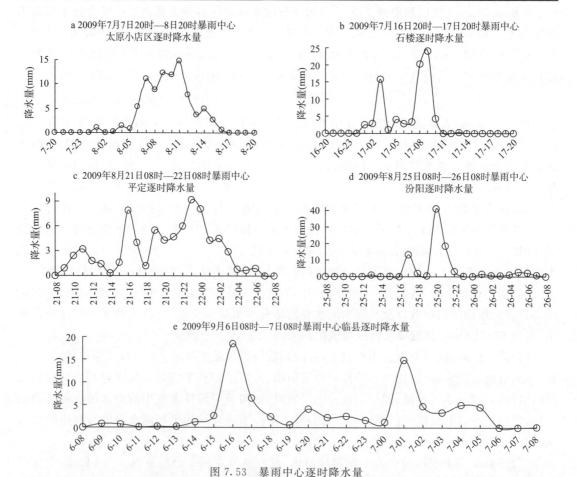

图 7.53 暴雨中心逐时降水量

由 5 次暴雨过程暴雨中心站点逐时降水量演变表明,2009 年 8 月 25—26 日对流性暴雨 1 h降水强度最强,但强降水维持的时间最短;7 月 7—8 日降水总量最大,1 h 强降水持续的时间最长。

7.7.4.2　系统配置与暴雨落区

图 7.54 的 A,B,C,D,E,F 图分别为 2009 年 7 月 8 日 08 时、7 月 16 日 20 时、8 月 21 日 08 时、8 月 25 日 08 时、9 月 6 日 08 时和 9 月 7 日 08 时的系统配置与 7 月 7 日 20 时—8 日 20 时、7 月 16 日 20 时—17 日 20 时、8 月 20 日 20 时—21 日 20 时、8 月 25 日 08 时—26 日 08 时、9 月 6 日 08 时—7 日 08 时的暴雨落区以及 9 月 7 日 08 时—8 日 08 时的大雨落区图。

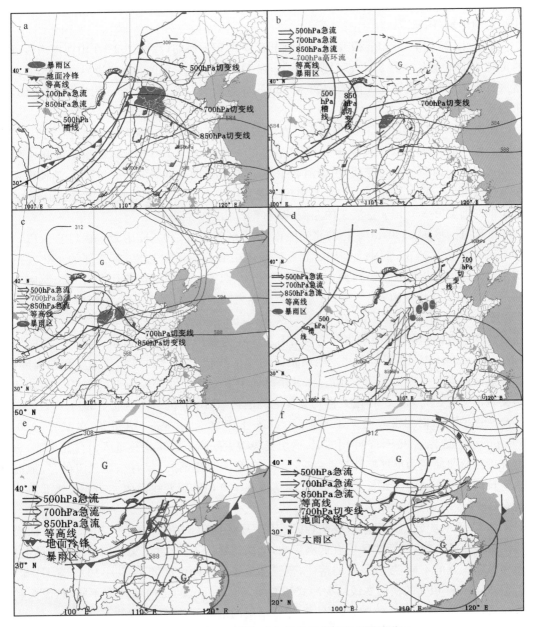

图 7.54　2009 年山西横切变暴雨的系统配置与暴雨落区

由图7.54可知:5次暴雨过程副高均呈纬向型,5个暴雨日和1个大雨日700 hPa均有西南急流相伴,不同的是暴雨日700 hPa急流呈气旋性弯曲,大雨日700 hPa急流呈反气旋性弯曲,且急流头不在山西境内。

7月8日08时,位于河套中东部的500 hPa,700 hPa,850 hPa的槽线、地面冷锋均呈东北—西南走向;700 hPa上,大陆小高压位于内蒙的中东部地区;700 hPa和850 hPa分别有3040 gpm和1400 gpm的闭合低涡,中心位于河套的东北部,700和850 hPa位于山西北中部的暖切变线近似西北—东南走向;暴雨落区在700 hPa低涡的第一和第四象限、850 hPa低涡的第一象限、地面冷锋前、700 hPa急流头的北端和850 hPa急流头的左前方(朔州以南、吕梁—晋中以北),暴雨中心在700 hPa与850 hPa暖切变线之间,700 hPa急流头与850 hPa急流头相汇的区域(图7.54a)。

7月16日20时,500 hPa槽线位于河西走廊,700 hPa横切(冷式切变)在山西境内段近似东西走向,副高位置比7月8日08时明显偏北,在110°~120°E,5880 gpm北边界达34.8°N。暴雨落区位于700 hPa横切变线南侧、700和850 hPa急流头左侧、5840 gpm附近(图7.54b,山西中西部)。

8月21日08时,500 hPa中纬度环流平直,在110°~120°E之间,5880 gpm北边界达34.7°N;700 hPa上,大陆小高压位于内蒙中部,其底后部的东南气流与700 hPa的西南急流在山西境内形成近似东—西向的横切变线,由于河套中3080 gpm闭合低涡的形成与发展,迫使横切变演变为近似西北—东南走向的暖切变;暴雨落区主要位于700~850 hPa暖切变线之间、700 hPa急流头的左前侧和850 hPa急流头的左侧(图7.54c,山西中部)。

8月25日08时,500 hPa上东北—西南向的槽线位于100°E附近,在110°~120°E,5880 gpm线北边界达36.6°N;700 hPa上大陆高压中心位于中蒙边界,其前部的东北气流与西南急流之间形成近似东北—西南向走向横切变(冷切变);暴雨落区位于700 hPa西南急流头前部、700 hPa横切变南侧—5880 gpm线北边界之间的区域(图7.54d,山西中部)。

9月6日08时,500 hPa上,在110°~120°E,5880 gpm线北边界达34°N;700 hPa上,大陆高压位于蒙古国,其前部的东北气流与西南急流在内蒙中部形成近似东—西走向的横切变线(冷切变);850 hPa上,近似东北—西南走向的切变线位于山西的西北部到河套的南部,有东北和东南两支急流在切变线前部汇合;暴雨落区主要位于地面冷锋后部、850 hPa东北和东南两支急流交汇处与东北—西南走向切变线之间的区域(图7.54e,山西北中部)。

与9月6日08时相比,9月7日08时,500 hPa上,5880 gpm线进一步北抬,在110°~120°E,5880 gpm线北边界达35°N;700 hPa上,横切变线随大陆高压的东南移进入山西北中部,急流轴由气旋性弯曲演变为反气旋性弯曲;850 hPa上,东南急流消失,仅有东北急流尚存;地面冷锋由6日的黄河流域南压到长江流域。大雨落区在700 hPa切变线南侧、850 hPa东北急流头的前端(图7.54f,山西中部)。

图7.54系统配置与暴雨落区表明,2009年7月8日和8月21日700和850 hPa的横切变线均为暖式切变线,河套地区均有低涡影响,低涡的强度不同、急流头和切变线位置的差异、高低空系统配置的不同,导致暴雨的落区、范围和量级的不同。2009年7月16日、8月25日、9月6—7日700 hPa的横切变线均为冷式切变线,5880 gpm的走向和纬度不同,急流头和切变线位置的差异、高低空系统配置的不同,导致暴雨的落区、范围和量级的不同。

7.7.4.3　物理量诊断分析

（1）水汽通量散度

图 7.55 为 2009 年汛期山西 5 次横切变暴雨过程各层水汽通量散度随时间的变化。图 7.55 表明：5 次区域性暴雨过程有 4 次水汽通量在 700 hPa 辐合最强，且对于暴雨的发生有 12~24 h 的提前量；与 9 月 6 日 08 时相比，9 月 7 日 08 时 700 hPa 的水汽辐合量显著下降，尽管 7 日 08 时横切变线南压到山西的北中部，但由于 6 日 08 时 850 hPa 的两支湿急流仅剩下一支偏东急流，700 hPa 的暖湿急流轴由 6 日的气旋性弯曲演变为反气旋性弯曲，气流克服阻力作功，非地转风动能减少，降水量明显减小。

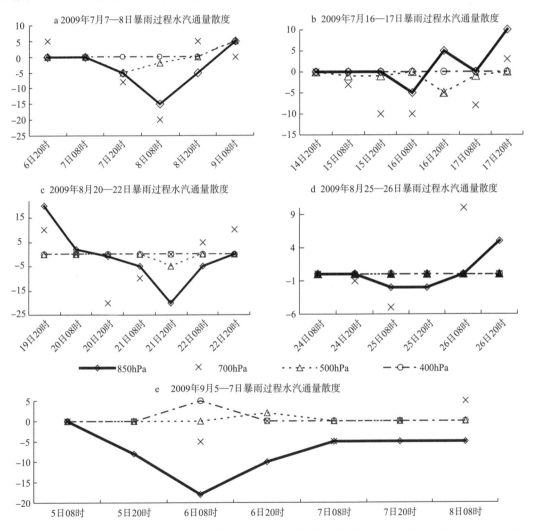

图 7.55　2009 年山西横切变暴雨过程水汽通量散度随时间的变化（单位：×10^{-8} g·hPa·cm^{-2}·s^{-1}）

图 7.56 的 a,b,c,d,e,f,g,h 分别为 2009 年 7 月 8 日 08 时、7 月 8 日 20 时、7 月 16 日 20 时、7 月 17 日 08 时、8 月 20 日 20 时、8 月 21 日 08 时、8 月 25 日 20 时、9 月 6 日 08 时，各时次沿 112.3°E 水汽通量散度的垂直剖面图。稳定性（包括对流转稳定）暴雨前 12 h 水汽辐合轴线随高度的增加向北倾斜，水汽先在中层辐合而后向下扩散，湿层增厚；而对流性暴雨前 12 h 水

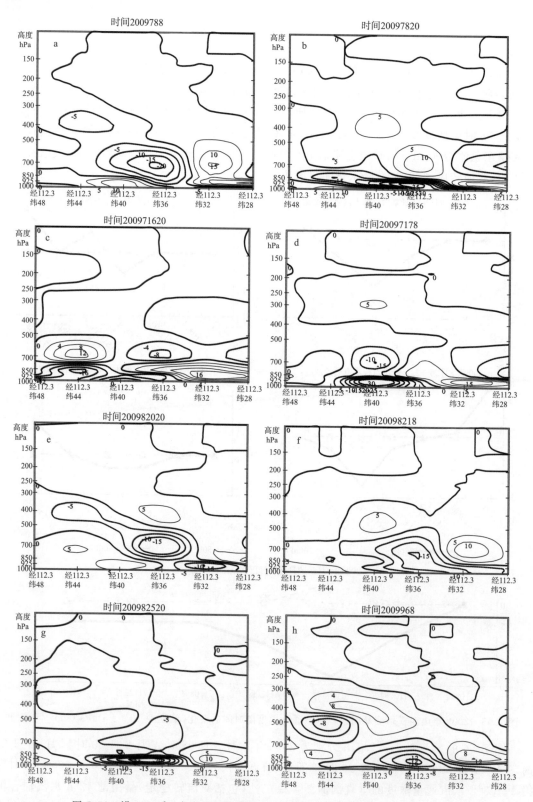

图 7.56　沿 112.3°E 水汽通量散度垂直剖面(单位：×10⁻⁸ g・hPa⁻¹cm⁻²・s⁻¹)

汽辐合轴线随高度的增加向南倾斜,水汽先在低层辐合而后向上扩散,湿层增厚;24 h 最大降水量与该过程中水汽通量散度的最大辐合量成正比。例如:2009 年 7 月 8 日暴雨过程中暴雨中心 24 h 最大降水量为 96 mm,水汽通量散度的最大辐合量为 -35×10^{-8} g · hPa^{-1} cm^{-2} · s^{-1},2009 年 8 月 21 日暴雨过程中暴雨中心 24 h 最大降水量为 77 mm,水汽通量散度的最大辐合量为 -15×10^{-8} g · hPa^{-1} cm^{-2} · s^{-1}。

(2)垂直速度

图 7.57 的 a、b、c、d、e 分别为 2009 年 7 月 8 日、7 月 17 日、8 月 22 日、8 月 26 日、9 月 7 日各暴雨中心区垂直速度的高度—时间演变图。暴雨中心 24 h 最大降水量与各过程中垂直上

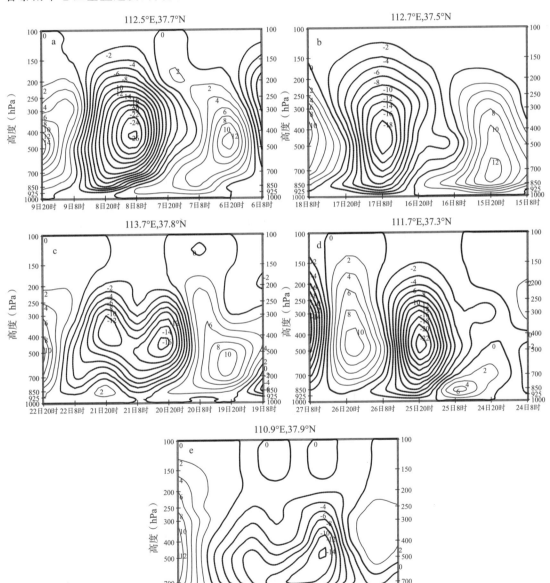

图 7.57　暴雨中心区垂直速度的高度—时间演变(单位:10^{-3} hPa · m · s^{-1})

升速度最大值基本成正比（a,b,c,d,e 图对应的暴雨中心 24 h 最大降水量分别为 96 mm，82 mm，77 mm，89 mm，78 mm，最大垂直上升速度分别为：$-26\times10^{-3}\cdot hPa\cdot m\cdot s^{-1}$，$-18\times10^{-3}\cdot hPa\cdot m\cdot s^{-1}$，$-16\times10^{-3}\cdot hPa\cdot m\cdot s^{-1}$，$-22\times10^{-3}\cdot hPa\cdot m\cdot s^{-1}$，$-14\times10^{-3}\cdot hPa\cdot m\cdot s^{-1}$）；5 次暴雨过程最大上升运动中心大多位于 500～400 hPa；稳定性降水暴雨过程，垂直速度有 12～24 h 的提前量（图 7.57 的 c 和 e），对流性降水暴雨过程垂直速度仅有 0～12 h 的提前量（图 7.57 的 a,b 和 d）。

图 7.58 为 5 次横切变暴雨过程暴雨前 12 h 垂直速度随高度的变化。稳定性暴雨过程，上升运动主要发生在 700～300 hPa，对流性、混合性及对流转稳定性暴雨过程，上升运动主要发生在 700～200 hPa。说明对流性降水较稳定性降水有更强的上升运动。

（3）相对湿度

由暴雨区上空各层相对湿度随时间的变化（图略）可知：对流性暴雨过程，暴雨前 12～24 h 湿度从低层开始增加，而后向上扩散湿层增厚；稳定性、混合性、对流转稳定性暴雨过程，暴雨前 12～24 h 湿度从中层开始增加，而后向低层扩散湿层增厚；但连阴雨过程中的暴雨日和非暴雨日，中低层相对湿度都很大，对此不敏感。

（4）假相当位温

对流性、混合性和对流转稳定性暴雨，在暴雨发生前 12～24 h 500 hPa 及其以下都具有 θ_{se} 随高度的增加而减小、500 hPa 以上都具有 θ_{se} 随高度的增加而增加的特征（图 7.59 中 7 月 7 日 20 时、7 月 16 日 20 时和 8 月 20 日 20 时 θ_{se} 随高度的演变曲线），而稳定性暴雨则具有 θ_{se} 随高度的增加而增加的特征（图 7.59 中 8 月 21 日 08 时和 9 月 6 日 08 时 θ_{se} 随高度的演变曲线）。

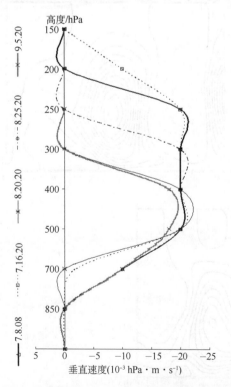

图 7.58　暴雨前 12 h 垂直速度随高度的变化

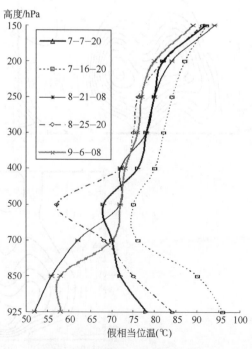

图 7.59　暴雨前 12 h 假相当位温（θ_{se}）随高度的变化

（5）风的垂直切变特征

①常规探空资料分析

由常规探空资料（图略）分析可知：2009 年 5 次暴雨过程太原站风随高度和时间的变化为暴雨前 24 h 风速随高度的增加而增加，风向随高度顺转，有暖平流，是 5 次暴雨过程的共同特征（图略）；暴雨结束时风速随高度的增加而增加，但风向随高度逆转，有冷平流是 7 月 7—8 日、7 月 16—17 日、8 月 21—22 日、8 月 25—26 日 4 次暴雨过程的共同特征。9 月 5—10 日是一个连阴雨天气过程，其中 6 日 08 时—7 日 08 时出现了区域性暴雨，9 月 7 日暴雨结束，但降水依然维持。7 日 08 时，850 hPa 以上太原站为一致的西风控制，且风速随高度的增加而减小。横切变线虽然压到山西中部，但由于风速随高度的增加而减小，低空急流呈反气旋式弯曲，9 月 7—10 日降水虽维持，但无暴雨产生。说明风随高度的变化无论是稳定还是不稳定，无论是连阴雨过程中的暴雨还是非连阴雨过程的暴雨都很敏感。

②VAD 风廓线资料分析

图 7.60 的 a 和 b 分别为 2009 年 7 月 7 日 11:01—20:53 和 7 月 8 日 05:47—15:45 的 VWP 产品，图 7.560 的 c 和 d 分别为 7 月 16 日 10:53—20:46 和 7 月 17 日 07:38—17:31 的 VWP 产品。

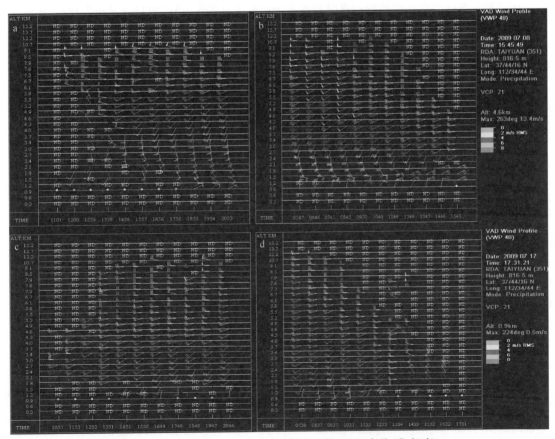

图 7.60 2009 年 7 月 8 日和 7 月 16 日的 VWP 产品（北京时）

7 月 7 日 12:00，从 6.1～9.1 km 开始出现风场显示（即从高层开始增湿），而后向下伸展；7 日 15:57，从 0.9～9.1 km 整层有风显示（整层增湿），且风向随高度的升高顺转，有弱的暖平流（图 7.60a）；7 日 22:52—23:51 风的垂直切变达到最大（图略），9 h 后，太原小店区 1 h 降水量达 10 mm 以上并持续 5 h 之久(图 7.53a)。风的垂直切变最大值出现时间比降水峰值出现时间提前 13 h;整层风场出现时间比降水开始时间提前 10 h(图 7.60 a 和图 7.53a);当高层风场被 NO 开始取代时,降水在 3~4 h 内结束(图 7.60b 和图 7.53)。8 月 21—22 日和 9 月 6—7 日的稳定性暴雨过程,风场随时间和高度的变化与 2009 年 7 月 8 日的暴雨过程类似,但风的垂直切变均小于 7 月 8 日(图略)。

7 月 16 日 10:53 风场显示从低层开始出现(低层开始增湿),而后向高层扩展;14:51,1.8~9.1 km 整层风场显示,且风向随高度顺转,风速开始加大(图 7.60c),之后对流进一步向高层发展,17 日 07:38,风场高度达 12.2 km(图 7.60d),2 h 后,暴雨中心石楼县 1 h 降水量达 24.1 mm;17 日 11:35,风场高度迅速下降(图 7.60d),17 日 14:00 降水停止。17 日 01:00 降水开始出现到 14:00 降水过程结束,降水持续时间为 13 h。整层风场出现时间比降水开始时间提前 9 h。8 月 25—26 日的强对流暴雨,风场的时间—高度演变与 7 月 16—17 日的对流性暴雨类似(图略),不同的是整层风场出现时间仅比降水开始时间提前 30 min,风的垂直切变最大值出现时间比降水峰值出现时间仅提前 24 min(4 个体扫时间)。这反映了 8 月 25—26 日强对流暴雨过程的中小尺度特征。

通过对 5 次横切变暴雨过程的逐时和逐 6 min 多普勒雷达 VAD 风廓线分析发现:稳定性暴雨(包括对流转稳定),降水开始前 9~11 h,风场显示从高层(6~9 km)开始出现(即从高层开始增湿)并向下伸展,风速随高度的增高而增大,风向随高度增高顺转;降水结束前 3~4 h,从高层开始风场迅速被 NO 取代;对流性暴雨,降水开始前 1~9 h,风场显示从低层开始出现(即从低层开始增湿)并向高层扩展,风向和风速分别随高度的增高顺转和增大;降水结束前从高层开始风场迅速被 NO 取代,风向随高度的升高逆转。在 3 次(2009 年 7 月 8 日、7 月 16—17 日、9 月 6—7 日)稳定性暴雨过程中,风的垂直切变越大,过程降水量也越大;在 2 次(2009 年 7 月 16—17 日、8 月 25—26 日)对流性暴雨过程中,由于过程降水总量差别不大,因此风的垂直切变差别也不大;不同的是对流越强,即雨强越强整层风场出现的时间比降水开始时间的提前量越少。

对流性暴雨与非对流性暴雨在湿度层扩散方向上的不同和垂直运动提前量的不同,反映了两者在产生垂直运动机制上的不同。风廓线资料分析结果表明了深厚的湿层、源源不断的水汽输送是稳定性暴雨形成的主要特征,而上干冷、下暖湿强烈的不稳定是强对流暴雨形成的特征。

7.7.4.4 气柱水汽总量特征分析

图 7.61 的 a,b,c,d,e,f 分别是 2009 年 7 月 7 日 17 时、7 月 8 日 08 时、7 月 17 日 06 时、8 月 20 日 08 时、8 月 25 日 08 时、9 月 6 日 08 时(图 7.61 中显示时间为世界时)的气柱水汽总量图。

对山西 63 个 GPS/MET 站逐时监测资料反演获得的气柱水汽总量空间分布图分析发现:2009 年 7 月 7 日 20 时—8 日 20 时,暖性切变线影响,暴雨发生在气柱水汽总量空间分布图上水汽梯度大值区及其以北 1 个经纬距的范围内,及 700 hPa 低涡切变的第一和第四象限(图 7.54a 和图 7.61a 和图 7.61b);2009 年 7 月 16 日 20 时—17 日 20 时,副高影响,但 700 hPa 冷性切变位于 5840 gpm 线以北,暴雨出现在气柱水汽总量空间分布图上水汽梯度大值区及其以南 0.5 个经纬距的范围内(图 7.54b 和图 7.61c);2009 年 8 月 21 日 08 时—22 日 08 时,副高影响,700 hPa 暖性切变线位于 5840 gpm 线以北,暴雨出现在水汽锋及其以南 0.5 个经纬距的区域内(图 7.54c 和图 7.61d);2009 年 8 月 25 日 08 时—26 日 08 时,副高影响,700 hPa 冷性切变线位于 5840~5880 gpm 线,暴雨出现在水汽锋及其以北 0.5 个经纬距的范围内(图 7.54d 和图 7.61e);2009 年 9 月 6 日 08 时—9 月 7 日 08 时,副高影响,700 hPa 冷性切变线位于 5840 gpm 线以北,暴雨出现在水汽锋及其以南(东)0.5 个经纬距的范围内(图 7.54e 和图 7.61f)。无论是冷性切变还是暖性切变影响,水汽锋走向与中低层切变线走向基本一致。

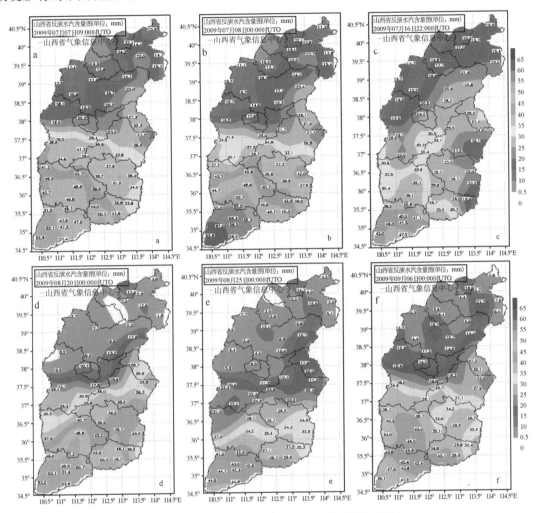

图 7.61 2009 年 5 次暴雨过程的气柱水汽总量图(世界时)

总之,5 次横切变暴雨过程,无副高影响时,暴雨出现在水汽锋及其以北 1 个经纬距的区域内;有副高影响时,无论是冷性切变影响还是暖性切变影响,只要横切变位于 5840 gpm 线以北,暴雨就出现在水汽锋及其以南(东)0.5 个经纬距的区域内;横切变线位于 5840~5880 gpm 线时,暴雨则会出现在水汽锋及其以北(西)0.5 个经纬距的范围内。

不同的是:(1)稳定性暴雨过程比强对流暴雨过程,水汽锋形成时间比降水开始时间有较长的提前量(约 24 h 的提前量,参见图 7.61 的 a,d,f 图和图 7.53 的 a,c,e 图),且对流越强烈水汽锋形成的时间越晚,反映了稳定性降水暴雨过程中大、中尺度系统的相互作用以及强对流暴雨过程发生的中小尺度特征。如:2009 年 8 月 25—26 日,水汽锋在 25 日 16 时形成(25 日水汽含量演变图略),比降水开始时间提前 1 h,比降水峰值出现时间提前 3 h(图 7.61e 和图 7.53d)。(2)稳定性暴雨过程,山西运城地区整层水汽含量较高(一般高于 50 mm,图 7.61 的 a,d,f 图),而对流性暴雨过程,运城地区整层水汽含量较低(一般低于 50 mm,图 7.61 的 c 和

e 图),反映了稳定性降水与强对流降水在水汽输送方面的差异。(3)稳定性暴雨过程,降水开始前 24 h 水汽含量梯度较大,而对流性暴雨过程则水汽含量梯度较小,反映了稳定性降水形成的暴雨过程与强对流降水暴雨过程在水汽辐合方面的差异;(4)稳定性暴雨过程,降水开始前 24 h,水汽含量梯度南(或东)部 0.5 个经纬度区域内,水汽含量可达 35～40 mm,而对流性暴雨,降水开始前 24 h,水汽含量梯度南(或东)部 0.5 个经纬度区域内,水汽含量不足 30 mm。反映出深厚的湿层和源源不断的水汽输送是稳定性降水暴雨过程发生、发展、维持的关键,而中上层冷空气的强度以及它与中低层暖湿空气的垂直配置则是强对流暴雨过程发生的关键。

7.7.4.5 卫星云图特征

图 7.62 中 a,b,c,d,e,f,g,h 分别为 7 月 8 日 3:30,5:30,6:30,11:00;8 月 21 日 22:00,

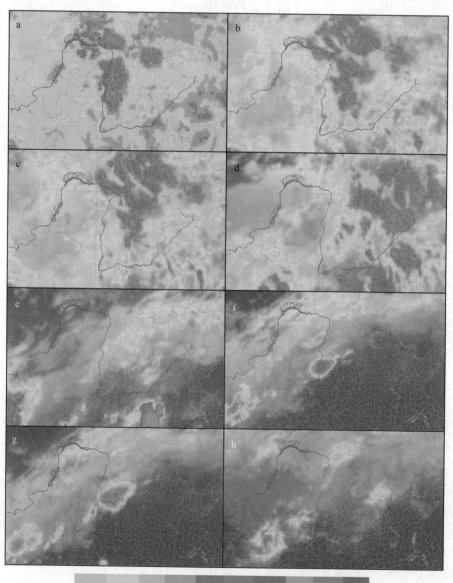

图 7.62 2009 年汛期横切变暴雨主要降水时段的红外云图

8 月 25 日 18：00，20：00；9 月 6 日 15：00 的红外卫星云图(降水最强时段的卫星云图)。对流性、混合性、对流转混合性暴雨过程，云顶亮温较低，云顶亮温的最低值达-70℃(图 7.62 的 a，b，c，d，f，g 图)；稳定性降水暴雨过程，暴雨的发生主要以降水持续时间长为特征，云顶亮温一般高于-40℃(图 7.62 的 e 和 h 图)。

7.7.4.6　预报可靠性分析

(1)当 700 hPa 大陆小高压位于内蒙古的中东部时，在 700 hPa 和 850 hPa 容易形成暖式横切变线，暴雨的落区会出现在 700 hPa 与 850 hPa 暖切变线之间，700 hPa 西南急流头的北(前)端和 850 hPa 偏东急流头的西(左)侧，若此时地面有冷锋配合，暴雨落区在锋前暖区。7 月 8 日和 8 月 21 日均为暖式切变暴雨，但 7 月 8 日地面有冷锋配合，河套低涡更强、高低空系统配置更完整，暴雨的范围也更大、强度也更强。24 h 暴雨落点预报可靠性强，TS 评分也较高。

(2)当 700 hPa 大陆小高压位于内蒙古的中西部时，在 700 hPa 容易形成冷式横切变线，850 hPa 一般没有横切变线与 700 hPa 的冷式横切变线相配合。暴雨的落区较复杂，与暖式切变线暴雨落区预报相比，预报可靠性差。当地面有冷锋配合时，暴雨落区会在锋后冷区与 700 hPa 横切变线之间。24 h 暴雨落点预报空报率较大，TS 评分较低。

(3)对流性暴雨过程，暴雨前 12～24 h 湿度从低层开始增加，而后向上扩散湿层增厚；稳定性、混合性、对流转稳定性暴雨过程，暴雨前 12～24 h 湿度从中层开始增加，而后向低层扩散湿层增厚；连阴雨过程中的暴雨日和非暴雨日，中低层相对湿度都很大，对暴雨的预报不敏感。

(4)假相当位温因子用于对流性、混合性、对流转稳定性暴雨的发生与结束预报指示性很强，但对稳定性暴雨过程没有指示意义。

(5)水汽通量散度对于稳定、非稳定、连阴雨、非连阴雨暴雨过程暴雨的开始与结束都有很强的指示意义，且对暴雨的发生与结束有 12～24 h 的提前量。

(6)多普勒雷达 VAD 风廓线分析和 GPS/MET 资料反演的气柱水汽总量分析都表明对流性暴雨过程比稳定性暴雨过程预报难度更大。

7.7.4.7　结论与讨论

(1)2009 年汛期 5 次横切变线暴雨过程，系稳定性降水，暴雨前 12 h 水汽辐合轴线随高度的增加向北倾斜，水汽先在中层辐合而后向下扩散，湿层增厚；而对流性暴雨前 12 h 水汽辐合轴线随高度的增加向南倾斜，水汽先在低层辐合而后向上扩散，湿层增厚；24 h 最大降水量与该过程中水汽通量散度的最大辐合量成正比。此结论是否符合不同年份、是否适合南北向切变线还需做进一步的研究。

(2)5 次横切变线暴雨过程的物理条件差异主要在温度场和湿度场的垂直分布上，温度场和湿度场的垂直分布决定了对流是否可以发生。

(3)根据环流形势和湿度场判断有连阴雨天气过程时，用水汽通量散度、垂直风切变、垂直速度判断暴雨的发生和结束更敏感。暖式切变暴雨比冷式切变暴雨在落区和落点预报上可靠性更强。

(4)5 次暴雨过程，无副高影响时，暴雨出现在水汽锋及其以北 1 个经纬距的区域内；有副高影响时，无论是冷性切变影响还是暖性切变影响，只要横切变位于 5840 gpm 线以北，暴雨就出现在水汽锋及其以南(东)0.5个经纬距的区域内;横切变线位于5840~5880 gpm线时,暴雨则会出现在水汽锋及其以北(西)0.5个经纬距的范围内。水汽锋区走向与中低层切变线走向基本一致,在降水开始前,稳定性暴雨过程比强对流暴雨过程水汽锋区形成时间有更多的提前量(稳定性暴雨过程一般有12~24 h的提前量,对流性暴雨仅有2~12 h的提前量),且对流越强烈提前量越短。未来24 h有暴雨即将出现时,气柱水汽总量的水平梯度一般要求达到30 mm/°N(E)。

气柱水汽总量的空间分布反映出:稳定性暴雨过程中,大、中尺度系统的相互作用以及强对流暴雨过程发生的中小尺度特征;稳定性降水与强对流降水在水汽输送方面的差异;稳定性暴雨过程与强对流暴雨过程在水汽辐合方面的差异。

(5)多普勒雷达VAD风廓线分析发现:稳定性暴雨,降水开始前9~11 h,风场显示从高层开始出现并向下伸展(从高层开始增湿),风速随高度的增高而增大,风向随高度增高顺转;降水结束前3~4 h,从高层开始风场迅速被NO取代;对流性暴雨,降水开始前1~9 h,风场显示从低层开始出现并向高层扩展(从低层开始增湿),风向和风速分别随高度的增高顺转和增大;降水结束前从高层开始风场迅速被NO取代,风向随高度的升高逆转。

对流性暴雨与非对流性暴雨在湿度层扩散方向上的不同和垂直运动提前量的不同,反映了两者在产生垂直运动机制上的不同。风廓线资料分析结果反映了深厚的湿层、源源不断的水汽输送是稳定性暴雨形成、发展的关键,而上干冷、下暖湿强烈的不稳定是强对流暴雨形成的关键。

在目前数值预报产品形势场优于要素场预报的前提下,系统配置依然是预报暴雨落区的有效手段。根据归纳出的各物理量因子对暴雨发生、发展、消亡的提前量,物理量场结合系统配置,是提高短期暴雨预报准确率的有效途径。

7.7.5 西南涡影响特大暴雨个例

7.7.5.1 雨情概况

1963年8月2—8日,山西省东部太行山一带出现了特大暴雨。过程雨量在200~800 mm之间,和顺县青城公社新庄村过程雨量达829 mm。暴雨过程从8月2日开始,榆次首先出现了102 mm的局地暴雨中心,该暴雨中心在东移过程中减弱。另一个暴雨中心由河南南部北上,8月3日影响和顺县的东部,4—5日,松烟村24 h雨量达496 mm,之后该雨区与西来雨区合并,8月7日影响灵丘县的南部,最后雨区向东北方向移出山西,5—7日,长治和晋城出现另一暴雨中心。

7.7.5.2 大尺度环流背景

“63.8”特大暴雨出现在稳定的大尺度环流背景下。图7.63是1963年8月4—8日亚洲和西太平洋地面平均图。4—8日每天的地面天气图在大形势上与此图相似。地面图上,贝加尔湖附近有稳定的高压区,日本海到西太平洋也是稳定的高压区,日本海高压在暴雨期间一直维持,在日本南面海上为一移动缓慢的台风,中国东南沿海为高压脊控制。高压系统之间是一条东北—西南走向的狭长低压带。

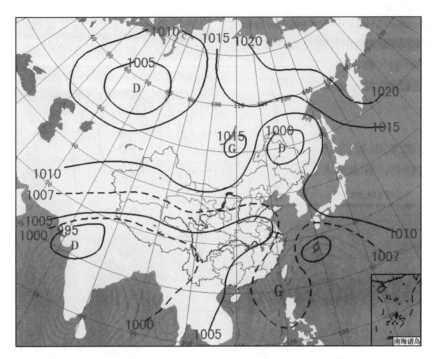

图 7.63　1963 年 8 月 4—8 日亚洲和西太平洋 5 d 平均地面图

　　暴雨期间,地面大尺度流场稳定,图 7.63 上的平均等压线从华南到华北,由反气旋弯曲变成气旋性弯曲,而且在暴雨附近气旋性曲率最大。对应在长江以北地区(尤其是华北)地面为辐合流场。暴雨期间。850 hPa 和 700 hPa 平均等高线形势图与图 7.63 相似。

　　上述低层形势对于"63.8"暴雨期间的水汽输送非常有利。此次过程共有两条水汽输送带,一支来自南海,一支来自东海和黄海。

　　500 hPa 平均图(图略)上,日本海和西藏高原维持一个稳定的高压带,中国东南沿海是一个高压区。从华北经华中到云贵高原维持一条狭长的低压带。这条狭长的低压带处于四周稳定高压系统的包围之中,使得中国西南部移向暴雨区的低涡出现停滞或移速缓慢,因此造成持久的暴雨。此外,500 hPa 平均流场与对流层低层一致,表明对流层中层也有湿空气向暴雨区输送。

　　300 hPa(图略)平均等高线的曲率从上风方进入暴雨区时,由气旋性弯曲转为反气旋性弯曲,与地面等压线从反气旋性弯曲变成气旋性弯曲相对应,上述配置有利于大尺度上升运动发展。

7.7.5.3　天气尺度条件分析

　　山西"63.8"暴雨过程,暴雨主要出现在 8 月 3—5 日和 8 月 7 日。

　　8 月 3—5 日的暴雨是由于北上的西南涡出现减速和停滞造成的。7 月 31 日 20 时,西南涡在一条东北—西南向的 700 hPa 切变线上生成,之后沿切变线向东北方向移动。8 月 2 日 20 时,低涡在郑州附近减速停滞,位于低涡东北象限(第一象限)的山西太行山区出现大暴雨。8 月 3—5 日的暴雨除受西南涡的影响外,从河西走廊移来的高空西风槽也起了重要的作用。8 月 3 日 20 时—4 日 08 时高空槽前部的正涡度平流区位于山西东部—河北上空。正涡度平流与西南涡的作用叠加,造成强烈的大尺度上升运动发展。

图 7.64 是 8 月 4 日 08 时地面天气图,此时高空槽已移到地面冷锋前部河套地区。暴雨区位于最有利于强对流中尺度扰动生成的大尺度深厚湿区和位势不稳定区内。

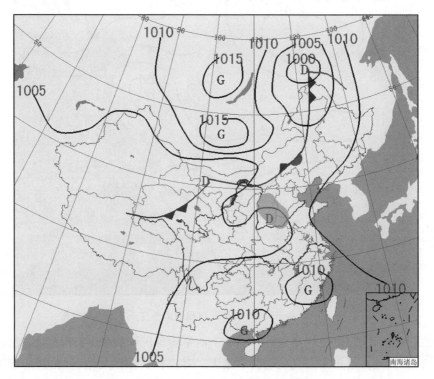

图 7.64　1963 年 8 月 4 日 08 时地面天气图
(绿色区域为雨区)

8 月 4 日从河西走廊东移到华北上空的高空槽开始形成一条南北向准静止切变线,同时从河南又有一个低涡北上,并与上述南北向切变线相交,低涡的东北象限内发生了 8 月 7 日的暴雨(图略)。暴雨区地面盛行强东南风,东南风厚度一直伸展到 600 hPa,500 hPa 转为西南风。说明暴雨区湿层很厚。8 月 7 日暴雨区的湿层厚度和位势不稳定条件与 8 月 4 日相当。

7.7.5.4　地形作用

"63.8"暴雨期间,河北獐么过程降水量为 2051 mm,山西和顺新庄村为 829 mm,迎风坡地形的增雨作用十分明显。8 月 4 日 08 时强劲的东北风与太行山山脉正交,湿层很厚,且在暴雨区已经有西南涡云系覆盖,低空潮湿不稳定空气由于地形强迫抬升和位势不稳定能量的释放,形成暴雨云团。

7.7.5.5　小结

(1)在特定的长波形势下,天气尺度系统的停滞,充分的水汽输送供应以及有利的地形条件是造成这次持续大暴雨过程的原因;西南涡北上和西风带高空槽活动,是引起这次大暴雨的主要天气尺度系统。

(2)稳定的大环流形势是暴雨持续的主要原因。贝加尔湖和日本海高压的阻塞作用是稳定环流形势维持的重要条件。在这种形势下,不仅造成副热带高压脊边缘强劲的西南气流,日本海高压后部的偏东气流和北方的冷空气活动持续交汇于华北地区,而且还使西南涡和西风槽移到河南北部后停滞,暴雨区出现持续的西南气流同日本海高压后部偏东气流之间的质量辐合和水汽通量辐合。

(3)太行山脉对偏东气流的地形抬升作用使得降水增幅。

参考文献

[1] 冯伍虎,程麟生."98.7"突发性特大暴雨中尺度切变线低涡发展的涡源诊断[J].高原气象,2002,**21**(5):447-456.

[2] 冯伍虎,程麟生."98.7"特大暴雨中尺度系统发展的热量和水汽收支诊断[J].应用气象学报,2001,**12**(4):419-432.

[3] 隆霄,程麟生."99·6"梅雨锋暴雨低涡切变线的数值模拟和分析[J].大气科学,2004,**28**(3):343-355.

[4] 谌贵,何光碧.2000~2007年西南低涡活动的观测事实分析[J].高原山地气象研究.2008,**28**(4):60-65.

[5] 张腾飞,鲁亚斌,普贵明.低涡切变影响下云南强降水的中尺度特征分析[J].气象,2002,**29**(12):29-33.

[6] 李鲲,徐幼平,宇如聪,等.梅雨锋上三类暴雨特征的数值模拟比较研究[J].大气科学,2005,**29**(2):236-248.

[7] 师锐,顾清源,青泉.西南低涡与不同系统相互作用形成暴雨的异同特征分析[J].高原山地气象研究,2009,**29**(2):9-18.

[8] 肖递祥,顾清源,祁生秀,等."07.7"川东北连续3场大暴雨过程的诊断分析[J].暴雨灾害,2008,**26**(3):256-261.

[9] 胡明宝,高太长,汤达章,等.多普勒天气雷达资料分析与应用[M].北京:解放军出版社,2000:52-62.

[10] 姚晨,张雪晨,毛冬艳.滁州地区不同类型特大暴雨过程的对比分析[J].气象,2010,**36**(11):18-25.

[11] 郑媛媛,张小玲,朱红芳,等.2007年7月8日特大暴雨过程的中尺度特征[J].气象,2009,**35**(2):3-7.

[12] 金少华,葛晓芳,艾永智,等.低纬高原两次冷锋切变天气对比分析[J].气象,2010,**36**(6):35-42.

[13] 张端禹,王明欢,陈波.2008年8月末湖北连续大暴雨的水汽输送特征[J].气象,2010,**36**(1):49-53.

[14] 曹晓岗,张吉,王慧,等."080825"上海大暴雨综合分析[J].气象,2009,**35**(4):51-58.

[15] 项素清,徐燕峰.浙北地区一次强对流天气过程分析[J].气象,2003,**29**(5):46-50.

[16] 漆梁波,陈永林.一次长江三角洲飑线的综合分析[J].应用气象学报,2004,**15**(2):162-173.

[17] Rutledge S A,Lu C,Mac Gorman D R. Positive cloud-to-ground lightning in meso scale convective system [J]. *J Atmos Sci*,1990,**47**(17):2085-2100.

[18] 张义军,华贵义,言穆弘等.对流和层状云系电活动,对流及降水特性的相关分析[J].高原气象,1995,**14**(4):396-405.

[19] 周筠珺,郄秀书,王怀斌,等.利用对地闪的观测估算对流性天气中的降水[J].高原气象,2003,**22**(2):168-172.

[20] 周筠珺,郄秀书,张义军,等.地闪与对流性天气系统中降水关系的分析[J].气象学报,1999,**57**(1):103-111.

[21] 袁铁,郄秀书.青藏高原中部闪电活动与相关气象要素季节变化的相关分析[J].气象学报,2005,**63**(1):123-128.

[22] Williams E R. The electrification of severe storms//Severe Convective Storms[J]. *Meteorol Monogr*,2001,**28**(50):527-561.

[23] 吕艳彬,郑永光,李亚萍,等.华北平原中尺度对流复合体发生的环境和条件[J].应用气象学报,2002,**13**(4):406-412.

[24] 苗爱梅,吴晓荃,薛碧清.1996年8月3—5日晋冀特大暴雨中尺度分析与预报[J].气象,1997,**23**(7):

24-28.

[25] 苗爱梅,吴晓荃.汛期影响山西的低涡统计分析[J].山西气象,1995,(1):11-17.

[26] 苗爱梅,吴晓荃.一次致洪暴雨的中分析与数值预报能力检验[J].气象,1994,**20**(7):14-18.

[27] 苗爱梅,贾利冬,郭媛媛,等.060814 山西省局地大暴雨的地闪特征分析[J].高原气象,2008,**27**(4):873-880.

[28] 苗爱梅,贾利冬,吴蓁.070729 特大暴雨的地闪特征与降水相关分析[J].气象,2008,**34**(6):74-80.

[29] 苗爱梅,梁海河,贾利冬,等.副高边缘两次暴雨过程的地闪特征[J].气象科技,2007,**35**(S):8-14.

[30] 苗爱梅,郭玉玺,梁明珠,等.夏季分县降水量集成预报试验[J].气象,2000,**26**(5):8-12.

[31] 苗爱梅,郭玉玺,武捷,等.山西省主要河流流域面雨量预报业务流程[J].气象,2004,**30**(9):24-27.

[32] 苗爱梅,梁明珠,吴晓荃,等.聚类分析在数值产品统计释用技术研究中的应用[J].山西气象,1998,(3):9-12.

[33] 苗爱梅,李旭峰,贾利冬,等.山西省暴雨落点落区预报业务系统研究[J].山西气象,2001,第 4 期:2-5.

[34] 苗爱梅,武捷,赵海英,等.低空急流与山西大暴雨的统计关系及流型配置[J].高原气象,2010,**29**(4):939-946.

[35] 苗爱梅,郭玉玺,武捷,等.江河流域面雨量预报方法研究[J].中国高校科技与产业化,2006,(1):209-212.

[36] 苗爱梅,高建峰,贾利冬,等.两次极端天气事件的多普勒雷达回波特征[J].气象学报,2005,**63**(S):154-167.

[37] 苗爱梅,董春卿,张红雨,等."0811"大暴雨过程中 MCC 与一般暴雨云团的对比分析[J].高原气象,2012,**31**(3):731-743.

[38] 苗爱梅,贾利冬,李苗,等.2009 年山西 5 次横切变暴雨的对比分析[J].气象,2011,**37**(8):956-968.

[39] 苗爱梅,郝振荣,贾利冬,等.精细化监测资料在山西暴雨预报模型改进中的应用[J].气象,2012,**38**(7):786-794.

第8章　寒潮分析与预报

8.1　寒潮气候标准

参考中国气象局定义结合山西省天气气候特征,寒潮定义如下:

(1)单站寒潮标准:冷空气过境后:①日最低气温 24 h 下降 8℃ 以上,且最低气温下降到 4℃ 以下(以下称 24 h 标准);②日最低气温 48 h 下降 10℃ 以上,且最低气温下降到 4℃ 以下(以下称 48 h 标准);③日最低气温 72 h 连续下降 12℃ 以上,且最低气温下降到 4℃ 以下(以下称72 h标准)。符合以上任一条件则为一次寒潮过程。

(2)各市寒潮标准:当某市辖区内有 3/5 的气象站达到寒潮标准时,称该市有一次寒潮过程。

(3)全省性寒潮标准:当全省有 3/5 的气象站达到寒潮标准时,称全省有一次寒潮过程。

8.2　寒潮气候概况

8.2.1　山西省寒潮频数分布

在 1981—2010 年的 30 a 中,影响山西的全省性寒潮达到 24 h 标准的有 6 次,达到 48 h 标准的有 28 次,达到 72 h 标准的有 12 次。以同时达到其中两个或三个标准,以及连续两天达到同一个标准,算一次寒潮过程,共计 32 次(表 8.1)。如 2009 年 11 月 2 日同时达到 48 h 和 72 h 的标准,11 月 3 日达到 72 h 的标准,算一次过程。其中同时达到 24,48,72 h 三个标准的有 2 次过程,同时达到 24 h 和 48 h 的有 1 次过程,同时达到 48 h 和 72 h 的有 6 次。总次数和以 48 h 为标准的寒潮次数仅相差 4 次,故对寒潮的统计以 48 h 标准为主。

表 8.1　1981—2010 年全省寒潮过程

序号	过程日期	过程类型	影响站数	最大降温幅度(℃)		
				24 h	48 h	72 h
1	1981.10.21—23	——	72	12.9	17.1	18.3
2	1982.11.09—11	——	67	11.2	14.1	15.6
3	1983.02.17—19	——	65	12.3	20.3	16.1
4	1987.11.27—29	横槽转竖型	107	20.3	22.3	27.7

续表

序号	过程日期	过程类型	影响站数	最大降温幅度(℃)		
				24 h	48 h	72 h
5	1988.01.22—24	小槽发展型	91	11.5	16.3	20.7
6	1989.10.16—17	横槽转竖型	76	9.7	16	15.7
7	1990.11.20—22	小槽发展型	102	13.5	17	17.8
8	1990.11.30—12.01	小槽发展型	68	16.2	22.8	22.9
9	1991.10.17	低槽东移型	91	11.3	14.7	14.4
10	1991.10.26—28	低槽东移型	68	12.8	16.2	16.1
11	1992.01.30—02.01	小槽发展型	76	12.2	16.8	17.5
12	1993.02.07—08	低槽东移型	81	14.1	19.4	11.4
13	1993.04.24—25	小槽发展型	82	15.7	21.3	19.8
14	1994.01.17—19	横槽转竖型	97	13.4	19.1	20.1
15	1995.03.16—17	横槽转竖型	94	14.1	16.8	17.5
16	1996.01.07—09	小槽发展型	73	14.2	17.1	15.9
17	1998.11.17—18	低槽东移型	72	11.7	19.1	20.7
18	1999.02.18—20	横槽转竖型	90	13.2	20.3	18.6
19	2000.01.13—14	低槽东移型	73	15.3	22.4	17.7
20	2002.12.24—26	横槽转竖型	95	13	24.8	24.5
21	2004.10.01—02	横槽转竖型	76	11.7	15.7	19.7
22	2005.02.18—19	横槽转竖型	71	17.4	22.1	20.4
23	2005.10.14—15	小槽发展型	71	11	16.9	16.8
24	2006.03.11—13	横槽转竖型	88	12.5	17.8	19.6
25	2006.04.02	低槽东移型	67	14.9	11.2	5.6
26	2006.04.11—13	小槽发展型	78	18.4	23.1	19
27	2007.04.02—03	小槽发展型	71	11.1	17.7	18.7
28	2007.10.28—29	小槽发展型	71	10.8	13.3	12.4
29	2008.12.04—06	小槽发展型	73	12.8	15.8	18.5
30	2008.12.21—22	横槽转竖型	86	16.7	19.4	19.5
31	2009.01.22—24	小槽发展型	74	20.2	23.8	21.1
32	2009.11.01—03	小槽发展型	109	15	20.5	23.6

注:序号12,16,25为只有24 h达到标准;序号6为只有72 h达到标准;最大降温幅度为过程期间降温幅度的最大值。

寒潮过程是冷空气自北向南大规模入侵的过程。在冷空气势力较弱的情况下,大部分只能影响到山西的北部或中北部地区,因此,北部多于南部。从11个地市的寒潮次数来看(表8.2),朔州市出现的次数最多,达204次,平均每年6.8次,运城市最少,仅23次,平均每年0.8次。山西省全省性寒潮出现在9月至次年4月,运城市和全省一致,而大同市和朔州市出现在9月至次年6月。从各月次数分布来看,山西各地在气温相对较暖的深秋(10月和11月)出现较多,而在全年气温最低的隆冬季节中,由于持续受蒙古冷高压控制,大型环流比较稳定,基础温度很低,侵袭山西的冷空气达到寒潮标准的反而较少。

表 8.2 分月统计全省和各市以 48 h 降温为标准的寒潮次数　　　（单位：次）

	1月	2月	3月	4月	5月	6月	9月	10月	11月	12月	合计
全省	5	3	2	3	——	——	——	6	5	4	28
大同	23	25	23	13	10	1	5	13	24	31	168
忻州	11	9	8	9	4	——	4	8	14	18	85
朔州	29	28	32	20	13	1	8	16	24	37	208
阳泉	6	3	7	8	1	——	——	4	13	7	49
吕梁	14	7	5	6	1	——	2	6	11	16	68
太原	10	8	8	8	1	——	3	8	11	16	73
晋中	9	7	6	6	1	——	3	10	11	9	62
临汾	3	3	4	6	——	——	1	6	8	8	39
运城	1	——	1	5	——	——	——	2	12	2	23
长治	8	3	7	6	2	——	2	10	9	11	58
晋城	7	2	5	5	——	——	1	3	8	3	34

8.2.2 最低气温的最大降温幅度

从 109 站最低气温的降温幅度（附三表表 8.1～表 8.3）看，各月最大降温强度由北向南减小。24,48 和 72 h 最大降温幅度分别出现在右玉的 11 月份（21.4℃）、五寨的 3 月份（27.7℃）和 12 月份（31℃），最小降温幅度分别出现在 6 月份的阳城（6.2℃）、沁水（7.7℃）和屯留（8.6℃）。

8.2.3 寒潮起讫日

8.2.3.1 各市寒潮起始和终止日

11 个地市出现寒潮的起始日（表 8.3）在 9 月 15 日—10 月 2 日，多集中于 9 月中旬，占到 6/11。终止日在 4 月 13 日—6 月 6 日，其中 5 月上旬占到 6/11,4 月中旬—5 月上旬占到 9/11,仅有大同市和朔州市出现在 6 月上旬。

表 8.3 全省及各市寒潮起始和终止日及分年度统计以 48 h 降温为标准的寒潮次数 （单位：次）

	大同	忻州	朔州	阳泉	吕梁	太原	晋中	临汾	运城	长治	晋城	全省
80.9—81.6	5	1	10	2	2	3	2	1	1	1	——	
81.9—82.6	4	1	7	3	1	1	1	1	——	2	——	1
82.9—83.6	4	3	5	1	3	4	4	1	1	2	——	2
83.9—84.6	4	4	5	1	3	2	2			2	——	
84.9—85.6	2	1	4	1	2	2	3	1		3	1	
85.9—86.6	5	2	8	1	2	2	1		1		1	
86.9—87.6	11	4	16		3	3	2			1	1	
87.9—88.6	7	5	8	4	5	6	7	4	3	6	4	2
88.9—89.6	8	1	13	3	——	1	1			1		
89.9—90.6	5	1	6					3	1	1		
90.9—91.6	7	3	8	1	1	2	2	2	2	2	1	2
91.9—92.6	4	5	5	2	4	2	2	3	1	4	2	3

续表

	大同	忻州	朔州	阳泉	吕梁	太原	晋中	临汾	运城	长治	晋城	全省
92.9—93.6	6	1	6	1	1	2	3	2	—	3	2	1
93.9—94.6	9	6	11	1	3	3	2	2	2	1	2	1
94.9—95.6	8	3	7	1	3	1	3	1	1	2	2	1
95.9—96.6	2	—	3	—	—	1	1	1	1	—	2	—
96.9—97.6	5	1	4	—	1	2						
97.9—98.6	8	4	8	3	4	2				3	2	
98.9—99.6	5	3	5	2	1	2	3	1		2	1	2
99.9—00.6	6	5	7	1	2	3	3	—	1	1	1	1
00.9—01.6	7	2	6	3		3						
01.9—02.6	3	3	4	—	2	3				1		
02.9—03.6	4	4	4	1	3	2	2	2		2	1	1
03.9—04.6	3	2	4	—	2	1	1	1			2	
04.9—05.6	4	4	9	4		5	4	3	1	3	2	2
05.9—06.6	7	4	7	2	4	4	3	2	1	2	1	3
06.9—07.6	3	1	3	1	—	1	1	1	1	1	1	1
07.9—08.6	5	2	6	1	3	1	1	1		2	2	1
08.9—09.6	6	7	8	5	7	5	3	3	1	6	2	3
09.9—10.6	8	3	7	2	4	2	2	3	3	2	2	1
合计	165	86	204	48	68	73	62	39	23	57	34	28
平均	5.5	3.0	6.8	1.9	2.7	2.5	2.4	1.9	1.4	2.2	1.6	0.9
起始日期	18/9	18/9	15/9	2/10	21/9	26/9	21/9	28/9	2/10	21/9	26/9	2/10
终止日期	6/6	10/5	6/6	3/5	10/5	6/5	10/5	25/4	13/4	10/5	27/4	25/4

8.2.3.2　各县寒潮起始和终止日

通过统计全省 109 站寒潮出现的起始日期(附录 3 表 2)发现,随着纬度的降低,寒潮出现的起始日在逐渐推迟,最早出现在北部的五寨(8 月 10 日),最晚出现在南部的永济(10 月 27 日),同时,由于海拔高度的关系,海拔高的地方寒潮出现得早,如临汾的安泽、蒲县和乡宁,出现在 9 月上旬,其他县(市)主要出现在 9 月下旬到 10 月上旬。从各县出现寒潮起始日看,忻州市的跨度最大,最早的 8 月 10 日(五寨)和最晚的 10 月 9 日(河曲)相差 60 d。

寒潮出现的终止日期的变化形式刚好与起始日期相反,随着纬度的升高,寒潮出现的终止日在逐渐推迟,海拔高的地方寒潮结束得晚,最早出现在垣曲(4 月 10 日),最晚出现在 7 月 15 日(五台山),次晚是 6 月 16 日(岚县)。同时,从各县出现寒潮结束日与起始日比较看,每个地市的各县结束日比较一致。

8.2.4　各年度寒潮次数(9 月至次年 6 月,以次年的年份计)

由于各年大气环流条件的差异,寒潮过程的年际变率十分显著(表 8.3)。30 年中有 13 年没有出现全省性寒潮,1984—1987 年连续 4 年没有出现寒潮,而最近连续 6 年(2005—2010 年)出现全省性寒潮,且在 2006 年和 2010 年达到了最多(3 次)。从各市分年度统计寒潮次数来看,1987—1988 年和 2009—2010 年是寒潮次数较多的年份,大同市和朔州市在 1987 年达到最多(分别达 11 次和 16 次),有 6 个地市在 1988 年达到最多,3 个地市在 2009 年达到最多,其中运城市在 1988 年和 2010 年、长治市在 1988 年和 2009 年同时达到最多,且大同市和朔州市在接下来的 20 多年中波动减少。

8.3　寒潮天气形势分型

影响山西省的寒潮天气形势每次都各不相同。一般而言,寒潮爆发(即冷空气大规模南下),首先需要有冷空气的积聚,酝酿阶段,),此时,南北空气交换少,冷空气的积聚也是能量的积聚过程;其次,积聚后大量冷空气向南爆发,即爆发阶段,此阶段,伴有大范围的强偏北风,在高空有较强的长波槽脊配合,在我国东部建立大槽,西部存在大脊,我省位于槽后脊前。值得注意的是,在寒潮开始时,这种大槽大脊并不存在,而是由小槽小脊东移逐渐发展而成的。实际天气分析表明,强冷空气或寒潮爆发南下,往往是一次高空槽发展加深成东亚大槽的过程,槽后的偏北气流不仅为冷空气南下提供了合适的环流条件,而且随着槽的不断发展加深,气旋涡度不断加大,使冷空气能保持一定的厚度和强度。可见,寒潮过程需要具备两个基本条件:①要有冷空气的酝酿和积聚过程,即冷源条件;②要有引导冷空气入侵山西省的合适流场,即引导条件。

寒潮天气形势基本上可归纳为三类:横槽转竖型(阻高崩溃型)、小槽发展型(经向型)和低槽东移型(纬向型)。经统计,30a 中小槽发展型和横槽转竖型所占比例较大,分别为 13/29 和10/29,而低槽东移型仅占 6/29,不到小槽发展型的一半。

8.3.1　横槽转竖型

横槽转竖型寒潮是阻塞形势崩溃引起的强冷空气爆发。在酝酿阶段,500 hPa 天气图上,乌拉尔山地区有一个东北—西南向的阻塞高压,阻塞高压以东的贝加尔湖到巴尔喀什湖为一个横槽,50°N 以南地区环流较平直,多小波动东移。该环流形势比较稳定,并切断了正常的西风环流,使亚洲高纬地区成为北高南低的气压形势。在地面图上,整个欧亚大陆几乎全部为强大的冷高压所占据。一旦乌拉尔山高压脊上游有不稳定小槽出现,阻高崩溃,横槽转竖,引导聚集在西西伯利亚和蒙古西部的冷空气大举南下,寒潮爆发。此类寒潮的冷空气源地偏东,多在中西伯利亚以东的内陆或北冰洋上,一般取西北路径南下,但当横槽偏西时,冷空气主力经河西走廊从西路东移;横槽偏东时,冷空气则从北路南侵。这三条路径的冷空气都能造成剧烈降温。在 1981—2010 年的 30a 中,有 10 次属于这种类型,占 34.4%(10/29),如 2005 年 2 月 19 日的寒潮过程。

8.3.2　小槽发展型

小槽发展型是由不稳定短波槽引起强冷空气爆发而造成的。通常寒潮过程的酝酿阶段,在高空,乌拉尔山地区有高压脊或阻高,亚洲中纬度环流平直,东亚大槽平浅,西风带偏北,不稳定小槽出现在格陵兰以东洋面上。不稳定小槽东移到西伯利亚西部时,发展成一个较深厚的冷性低槽,槽后地面冷高压在西伯利亚强烈发展到极盛。此后,由于小槽不稳定,在一定条件下,它在南下过程中不断强烈发展,亚欧环流形势也由纬向型转为经向型,该过程就伴随着寒潮的爆发。小槽发展型的冷空气从新地岛附近的北冰洋出发,在西伯利亚加强后进入"关键区",取西北路径侵入我国再转向出海。在 1981—2010 年的 30a 中,有 13 次属于这种类型,占44.8%(13/29),如 2009 年 11 月 2 日的寒潮过程。

8.3.3　低槽东移型

低槽东移型的高空环流形势的特点是西风带环流较平直,并有西边移来的具有一定振幅的低槽,槽在到达蒙古西部山区以前一般不会发展。冷空气在槽前偏西气流的引导下东移。该槽移过蒙古西部山区以后,往往获得发展,移向折向东南,引导冷空气南下。低槽东移型的冷空气源地和路径偏西,因路径很长,冷空气容易变性,所以寒潮强度相对较弱。在1981—2010年的30a中,有6次属于这种类型,占20.7%(6/29),如1991年10月17日的寒潮过程。

上述三类寒潮天气过程是较典型的,掌握它们的特点有助于我们从大的环流形势认识寒潮规律。但是它们并不能包括所有的寒潮天气过程。不少强冷空气活动不一定都有以上典型的形势。但作为寒潮都有其共同点,即有冷空气的积聚。这是各类寒潮爆发的必要条件。

8.4　山西省寒潮个例分析

8.4.1　横槽转竖型(阻高崩溃型)

(1)实况

2005年2月19日,山西省出现了全省性的寒潮天气过程,71个气象站的降温幅度达到了寒潮的强度。从2005年2月14—19日的降温幅度变化情况来看,14—15日山西各站处于增温状态,从2月16日开始出现降温,有些站的降温幅度达到了10℃,降温主要集中在18—19日,降温幅度分布如图8.1所示。2月14—18日均有不同程度的降水,主要集中在14—17日。14日有74站出现了降水,降水区域集中在山西的北部;15日则是109站全部出现了降水;16日有22站有降水,量级均不大;17日全省出现了降水,81站达到小雪,25站达到中雪,3站达到大雪的量级,兴县最大(7 mm)。大风主要出现在14和15日,有5站的风速均超过了10 m·s^{-1},最大为19.8 m·s^{-1}(14日,五台山)。

(2)环流形势

500 hPa图上,2月14日08时中纬度环流较平,贝加尔湖西北边至巴湖北边为中心为5200 gpm的低压,对应−44℃的冷中心,在乌拉尔山地区有中心为5440 gpm的高压脊,到20时随着高压脊加强北伸(中心达5520 gpm),横槽也随之在东南压的过程中加深。15日08时低涡南压的过程中加强到−48℃,一直到16日20时横槽均缓慢南压,温度槽落后于高度槽。从17日08时(图8.2a)开始,温压场趋于一致,冷中心加强到−49℃,槽东南移加快,18日08时(图8.2b)低压中心已到贝加尔湖至内蒙古之间,冷中心减弱到−46℃,20时低压中心移到东北西部,槽到河套北部。19日08时山西省已经受槽后脊前西北气流控制。

700 hPa图上,14—15日山西省受槽前西南暖湿气流的影响,贝加尔湖和巴湖之间的低涡对应的冷中心也由14日08时的−32℃加强到15日08时的−35℃。16日08时开始山西省受脊前西北气流控制,横槽在南压的同时冷中心维持在−35℃,温压场趋于一致。17日08时(图8.2c)横槽旋转,锋区南压到河西走廊一带,等高线与等温线的交角有60°左右,冷平流变得明显。18日08时(图8.2d)槽南压到河套,冷中心减弱到−32℃,锋区影响山西,山西省中南部已经受西北气流控制。到19日08时,山西省全部受槽后脊前西北气流控制。

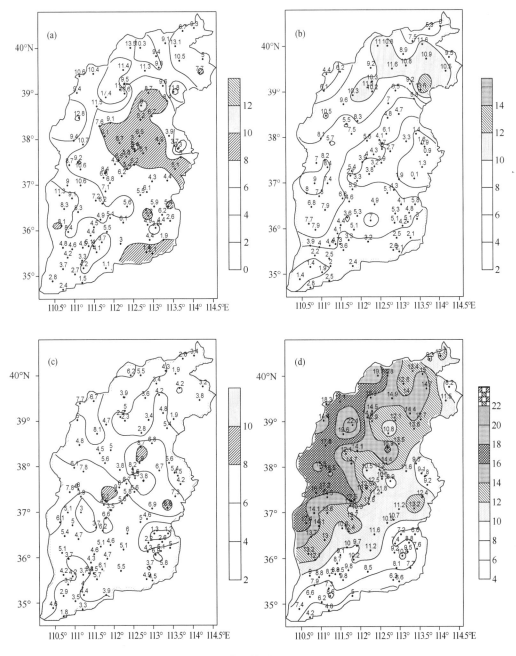

图 8.1　2005 年 2 月 18—19 日降温情况(阴影区域为达到寒潮的区域;单位:℃)

(a),(b)分别为 2005 年 2 月 18 日 24 h 和 48 h 降温情况;(c),(d)分别为 2005 年 2 月 19 日 24 h 和 48 h 降温情况

地面图上,2 月 14 日 08 时开始,中高纬度主要被横向的高压控制,山西处于弱的倒槽内,15 日 08 时随着倒槽的发展,东边高压底部冷空气的输送,山西出现了降雪天气。16 日 08 时,高压南压,倒槽减弱,高压中心维持在贝加尔湖至巴尔喀什湖之间,高压中心达 1059.7 hPa,14 时开始河套南边的倒槽又发展起来,山西处于其前部。17 日 08 时(图 8.2e)倒槽进一步发展,在河套西部出现了弱的锋面,河西走廊至山西均出现了降雪。18 日 08 时(图 8.2f)高压东南压,山西处于高压前部,等压线较密集,高压中心达到 1060.0 hPa 以上,最大 1072.6 hPa(接

下来有 1072.6,1068.0,1067.5,1066.2,1064.7 和 1063.0 hPa)。19 日 08 时山西处于高压内部偏前部,高压中心仍达 1059.8 hPa。

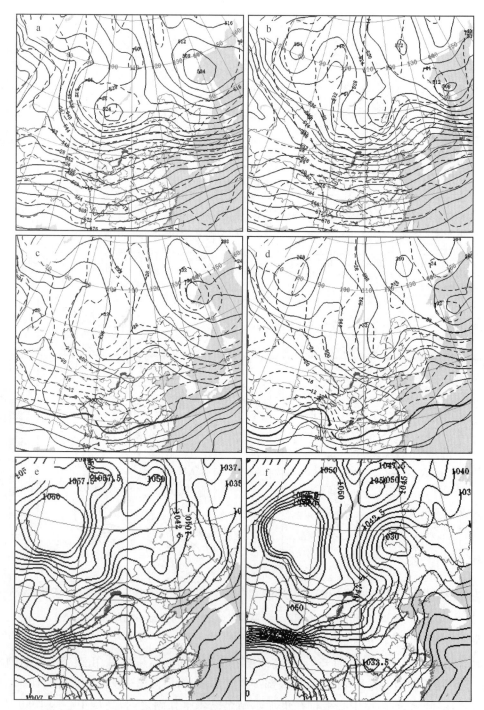

图 8.2　2005 年 2 月 17—18 日天气图

(a),(b)分别为 2005 年 2 月 17 日和 18 日 08 时 500 hPa 位势高度场(实线)和温度场(虚线);

(c),(d)分别为 2005 年 2 月 17 日和 18 日 08 时 700 hPa 位势高度场(实线)和温度场(虚线);

(e),(f)分别为 2005 年 2 月 17 日和 18 日 08 时海平面气压场

8.4.2　小槽发展型(经向型)

(1)实况

从 2009 年 10 月 30 日－11 月 3 日的降温幅度变化可以看出,10 月 30 日基本上为正变温,说明有升温的过程,从 10 月 31 日开始,部分地区出现了负变温,但没有达到寒潮的强度,11 月 1 日开始北部的部分县市和西部山区达到了寒潮,一直持续到 3 日,2 日同时达到了24 h,48 和 72 h 的寒潮标准。11 月 1—3 日的降温幅度分布如图 8.3 所示。

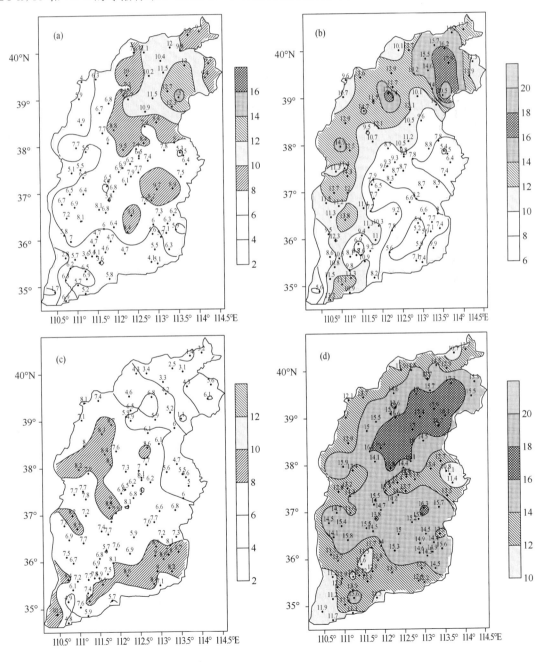

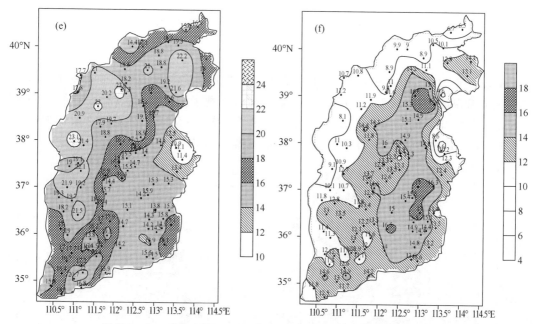

图 8.3　2009 年 11 月 1—3 日降温情况(阴影区域为达到寒潮的区域)
(a),(b)分别为 2009 年 11 月 1 日 24 h 和 48 h 降温情况;(c),(d),(e)分别为 2009 年 11 月 2 日 24 h,
48 h 和 72 h 降温情况;(f)为 2009 年 11 月 3 日 72 h 降温情况

10 月 28 日—11 月 1 日均有不同程度的降水,降水主要集中在 10 月 30—31 日。30 日 12 站出现了微量降水,73 站小雨,8 站中雨,最大降水量为 21 mm(出现在左云);31 日 3 站微量降水,61 站小雨,18 站中雨,1 站大雨(30.1 mm,出现在永济)。

11 月 1—2 日出现了大风。1 日有 43 站的最大风速超过 10 m·s^{-1},五台山最大(17.2 m·s^{-1}),其次是中阳(14.2 m·s^{-1})。2 日有 8 站的最大风速超过 10 m·s^{-1},五台山最大(15.6 m·s^{-1}),其次是垣曲(11.8 m·s^{-1})。

(2)环流形势

10 月 28 日 08 时 500 hPa 图上,中高纬度环流较平,贝加尔湖与巴尔喀什湖之间的冷中心为 −24℃,到 20 时贝加尔湖北部形成一东西向轴较长的低涡,冷中心加强到 −48℃,锋区南压到东北至巴尔喀什湖北部。29 日 08 时低涡东移,20 时中心减弱到 −44℃,同时,贝加尔湖西北边的冷中心也在南压的同时减弱为 −40℃,温度槽落后于高度槽,且高度槽是疏散槽,预示着槽将发展且移动较慢,到 30 日 08 时温压场趋于一致。31 日 08 时(图 8.4a)槽快速东移到河西走廊一带,锋区前部到达山西北中部,20 时后锋区进一步南压。11 月 1 日 08 时(图 8.4b)槽移到东北至河套西北部,20 时槽南压到山西省北部,2 日 08 时山西省已受槽后脊前西北气流控制,基本上处于脊内。

700 hPa 图上与 500 hPa 大体相同,29 日 08 时贝加尔湖附近的冷中心强度达到 −32℃,31 日 08 时(图 8.4c)在东移的过程中加强到 −33℃,到 11 月 1 日(图 8.4d)锋区影响山西时,仍维持在 −30℃以下。等高线与等温线的交角接近垂直,冷平流明显。

地面图上,10 月 28 日 08 时,山西省处于均压场内,东北至蒙古为低压带所控制,中心仅为 1027.5 hPa。29 日 08 时高压位置少动,中心加强到 1035.0 hPa,17 时开始河套西南边的倒槽开始发展北伸。30 日 08 时高压中心加强到 1040.0 hPa(贝加尔湖至巴尔喀什湖之间),低压则加强到 1017.5 hPa。31 日 08 时(图 8.4e)高压中心加强到 1050.0 hPa,低压中心东移,

但山西仍处于倒槽内,处于 1027.5 hPa 线附近。11 月 1 日 08 时(图 8.4f),高压中心加强到
1057.5 hPa,山西省处于 1032.5 hPa 线附近的倒槽内,14 时高压中心在东南移的过程中减弱
到 1055.0 hPa,20 时南压到河套西北边。2 日 02 时,山西省已经全部被高压控制。

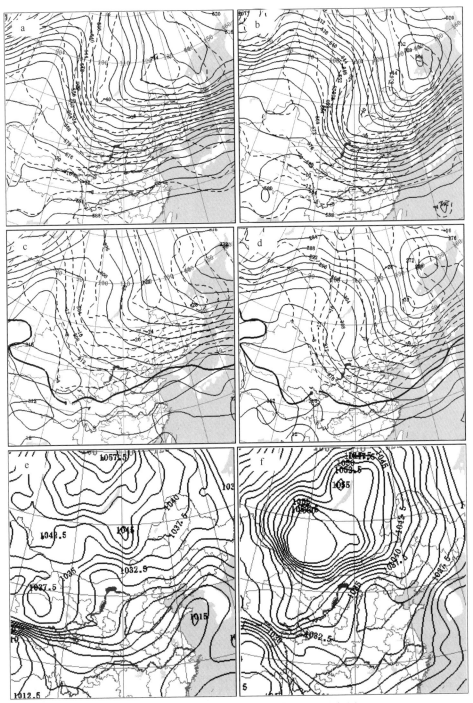

图 8.4 2009 年 10 月 31 日—11 月 1 日天气图

(a),(b)分别为 2009 年 10 月 31 日和 11 月 1 日 08 时 500 hPa 位势高度场(实线)和温度场(虚线);

(c),(d)分别为 2009 年 10 月 31 日和 11 月 1 日 08 时 700 hPa 位势高度场(实线)和温度场(虚线);

(e),(f)分别为 2009 年 10 月 31 日和 11 月 1 日 08 时海平面气压场

8.4.3 低槽东移型(纬向型)

(1)实况

从温度变化情况可以看出,12—13 日略有降温,14—15 日是升温的过程,且 15 日的升温幅度较大,大部分站达到或超过了 5℃,还有 3 站达到了 10℃,最大的 10.8℃。16—19 日是连续降温的过程,最大的降温幅度出现在 17 日,按 24 h 的标准有 31 站达到(最大−11.3℃,原平),按 48 h 的标准有 80 站达到(最大−14.7℃,文水)。24 h 和 48 h 降温幅度分布如图 8.5 所示。这次过程的降水主要出现在 15 日,44 站小雨,8 站中雨(最大 18.1 mm,出现在阳高)。14 日有 9 站的最大风速达到 10 m·s⁻¹,最大 12.3 m·s⁻¹(永济);15 日有 4 站达到,16 日有 18 站达到,最大 12 m·s⁻¹(大同县、古交和陵川)。

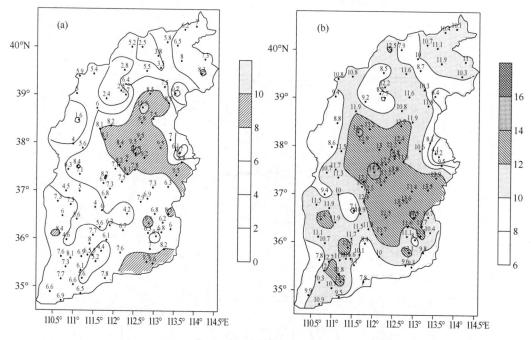

图 8.5　1991 年 10 月 17 日降温情况(阴影区域为达到寒潮的区域)
a,b 分别为 1991 年 10 月 17 日 24 h 和 48 h 降温情况

(2)环流形势

500 hPa 图上,10 月 10 日 08 时中高纬度环流较平,多波动,山西处于浅槽的前部,贝加尔湖西北边有冷槽,中心达−40℃,巴尔喀什湖西边有低涡,对应−24℃的冷中心,20 时冷槽开始东移,11 日 08 时移到河套北部,开始影响山西,20 时环流变平,但在巴尔喀什湖西边冷槽东移的过程中,贝加尔湖东部的槽不断有冷空气补充。12 日 08 时,东边的槽进一步加深,底部到河套北部,两槽之间是一暖脊,山西仍处于弱脊内,一直维持到 12 日 20 时,河西走廊及其以北为一浅的冷槽,冷中心为−24℃。13 日 08 时,冷槽快速减弱东移,影响山西,20 时山西再次被暖脊控制,西边的冷槽移到贝加尔湖至巴尔喀什湖东部,且温度槽超前于高度槽。14 日 08 时—15 日 08 时(图 8.6a)槽东移变浅,但温度槽落后于高度槽,15 日 20 时浅槽移到河套西北部,北疆东部还有一浅槽。16 日 08 时(图 8.6b)河套西北边的槽移过山西,山西受 WNW 气流控制,同时北疆的小槽移到河西走廊,20 时冷槽影响山西。17 日 08 时山西受 WN 气流控

制,一直维持到 19 日。

700 hPa 图上,10 月 10 日 08 时中高纬度环流较平,多波动,山西处于浅槽的前部,巴尔喀什湖西边低涡对应-8℃的冷中心,11 日 08 时—12 日 08 时,槽东移的过程中冷中心减弱,但温度槽落后于高度槽。13 日 08 时,冷中心加强到-16℃,温压场趋于一致,山西处于弱的暖脊中。14 日 08 时(图 8.6c)槽东移到北疆西部,温度槽略超前于高度槽。15 日 08 时冷槽东移变浅,等高线和等温线的交角变大,但等温线较稀疏,冷平流不明显。16 日 08 时冷槽进一步东移南压影响山西。17 日 08 时(图 8.6d)山西受西北气流控制,但河套北边仍有浅槽,18 日 08 时山西完全受偏北气流控制。

地面图上,10 月 10 日 08 时山西处于高压内部,东北、河套至高原为低压带,北疆则被高压控制。11 日 08 时山西处于均压场内,12 日 08 时随着高空槽的加深,地面图上贝加尔湖至东北被高压控制,高压中心为 1028.0 hPa,山西处于高压底部。13 日 08 时高压进一步南压,中心加强到 1033.0 hPa。14 日 08 时高压中心东移南压到东北,山西处于高压后部,一直到 20 时(图 8.6e),山西处于弱的鞍型场内,河套、山西北部至河套南部出现了降水,一直到 16 日 08 时(图 8.6f)山西处于高压前部,20 时山西处于高压内部。

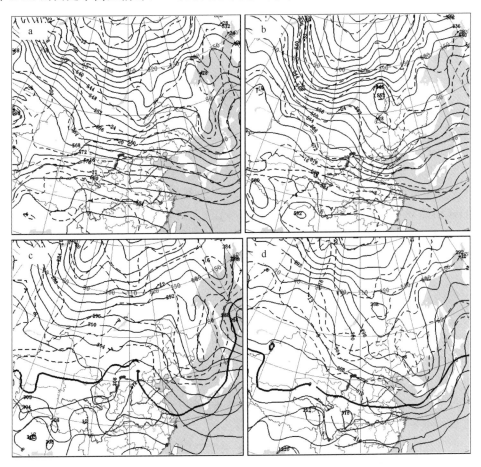

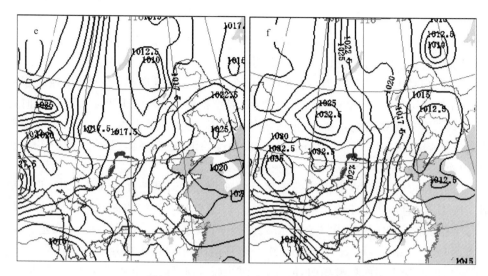

图 8.6 1991 年 10 月 14—17 日天气图
(a),(b)分别为 1991 年 10 月 15 日和 16 日 08 时 500 hPa 位势高度场(实线)和温度场(虚线);
(c),(d)分别为 1991 年 10 月 14 日和 17 日 08 时 700 hPa 位势高度场(实线)和温度场(虚线);
(e),(f)分别为 1991 年 10 月 14 日 20 时和 16 日 08 时海平面气压场

8.5 寒潮的分析和预报

对于寒潮预报,应考虑冷空气积聚、冷空气爆发南下、寒潮强度、路径和天气等方面。随着数值模式的不断发展和完善,数值天气预报的准确率已经有了很大的提高,尤其是形势预报场的可信度更高。在做寒潮预报时,对于冷空气的积聚与暴发、高空天气系统的发展演变、地面冷高压的移动路径可以数值预报场为参考,用实况检验订正。对于寒潮强度,出现区域的判断,则以分析各种实况资料为重点,结合预报经验和地方特点,做出寒潮的预报。寒潮的预报可以从以下几方面考虑。

8.5.1 冷空气的堆积

强冷空气在西伯利亚、蒙古西部堆积是寒潮暴发的必要条件。一般根据各层天气图上冷中心(或冷舌)及地面图上冷高压的配合情况,可以判断有无强冷空气堆积。如 500 hPa 图上,在西伯利亚或蒙古有一中心强度为 -48℃ 的冷中心,相对应在 700 hPa 有一 -36℃ 的冷中心,地面图上有一强冷高压与之配合,就说明已经有强冷空气堆积了。由于有的冷空气堆积在开始阶段表现并不明显,但在以后可发展为强冷空气堆,所以还要注意初始时表现为弱小的冷空气能否发展为强冷空气。

8.5.2 寒潮暴发的预报

8.5.2.1 横槽转竖型预报

预报这类寒潮暴发的关键是预报横槽何时转竖。若横槽后部为暖平流,前面为冷平流,则横槽将要转竖或缓慢南移;若横槽后部的东北风逆转成北或西北风,预示横槽将南移或转竖;若横槽南部有小槽东移与其配合,使横槽槽前等高线明显地辐散,出现较强的正涡度输送,是横槽迅速转竖的有利形势;若在阻塞高压的脊线西侧 15～25 个经距内,24 h 变高≤－100 gpm 的变高时,预示阻高将要被破坏;若横槽后部为一大片正变高区,横槽前为一大片负变高区时,预示着横槽将转竖或南移;若阻高不连续后退,横槽也会转竖或南移。

8.5.2.2　低槽东移型预报

从低槽的温压场结构看,若温度槽落后于高度槽,槽前等高线辐散,有正涡度输送,有利于低槽发展。若低槽后有高压脊跟过来且槽后有明显冷平流,则低槽移过阿尔泰山后,一般都要发展;若欧洲地区有低槽发展,使其前部的高压脊向北发展加强,则脊前的低槽也将加深;若东亚大槽东移减弱,则有利于其西面的小脊发展;若北支槽在东移过程中赶上南支槽出现同位相叠加时,则有利于北支槽发展或两槽合并加强。

8.5.2.3　小槽发展型预报

与低槽东移型类似,不同的是小槽沿脊前西北气流南下发展。

8.5.3　寒潮的强度和路径预报

寒潮强度的含义是指:高空图上冷中心的数值,锋区等温线密集程度,冷区范围和冷平流强度;地面图上冷高压的中心数值,范围大小,等压线密集程度以及冷锋后降温幅度,锋区变压中心强度和偏北风大小等。寒潮路径一般是以地面冷高压中心及冷锋锋后 24 h 正变压和高空冷中心(24 h 负变温)的移动方向来表示。

预报寒潮的强度与路径一般从以下几方面考虑:700 hPa 冷平流区移向常常就是寒潮袭击的方向;地面冷高压的长轴方向往往能指示寒潮路径的方向;地面正变压中心的移动可以大致反映寒潮的移向。

8.5.4　与寒潮相伴的天气现象的预报

一般来说,西来的冷空气强度较弱,常伴有降水;北路和西北路来的寒潮主要是带来大风、剧烈降温、霜冻或冰冻;从东北来的冷空气往往伴随回流降雪天气。

8.5.4.1　强降温预报

(1)预报山西寒潮的着眼点

首先是高空槽后高压脊的变化。当高压脊的西南部有冷平流侵入,使脊由稳定转为东移,脊后的暖平流扩展到北部,使高脊保持一定的强度,这个脊称为"起报脊"。若起报脊跟着低槽东移,则冷空气一般是一次影响山西;有时高压脊不跟着东移,或东移很慢,则冷空气常是先后两次影响山西。预报过程中还要抓住几个重要系统:

①偏北急流,起报脊前和低槽后有一条很强(风速在 20 m·s^{-1}以上)的偏北风带,宽度达 10～15 个经度,向南延伸到 45°N 附近,有利于冷空气东移并向南暴发;

②诱导系统,在新疆上空有小槽或冷平流,或河西有小槽或负变高,都有利于冷槽的加深和冷空气的东南下;

③新疆或蒙古低压系统,当冷低槽在东移过程中有时发展成北疆低压或蒙古低压时,会使冷空气的移动路径和对山西天气的影响强度有较大不同,前者主要天气为降水,后者主要带来

降温、大风天气。

（2）寒潮与冷空气的关系

统计山西各地出现寒潮与关键区 08 时 500 hPa,700 hPa 等压面上温度最低值以及对应于地面冷高压中心的强度（分别用 08 时 T_{500}、08 时 T_{700}、08 时 $P_地$ 表示）之间有以下关系：

北部出现寒潮时,关键区冷空气强度一般为:08 时 T_{700}≤−16℃,08 时 T_{500}≤−32℃,08 时 $P_地$≥1030 hPa;北中部出现寒潮时,关键区冷空气强度一般为:08 时 T_{700}≤−24℃,08 时 T_{500}≤−40℃,1035 hPa≤08$P_地$≤1040 hPa;全省性寒潮出现时,关键区冷空气强度一般为:08 时 T_{700}≤−32℃,08 时 T_{500}≤−40℃,08 时 $P_地$≥1045 hPa。

8.5.4.2 寒潮大风预报着眼点

（1）高空冷平流区的分布

与地面冷锋相配合的高空槽越深,槽后的冷平流越强,就越有利于冷锋后出现大风;大风出现在冷平流最强区或冷舌的前方位置上。

（2）3 h 变压数值

冷锋前后 3 h 变压正负中心的差值越大,风力越强。大风区出现在正变压中心附近变压梯度最大的地方。一般锋前后变压中心值相差 7 hPa 或者正变压中心值大于 4 hPa 时,锋面过后常出现大风。

（3）风的日变化

由于天空状况和地形的影响,冷锋在白天过境时风力要比夜间大;冷锋越过山脉时风力一般都加大。

第9章　大雪天气分析与预报

大雪是指 24 h 降雪量≥5.0 mm 的天气现象。大雪往往伴随着强降温,造成道路积雪和结冰,给交通运输带来很大影响,但它也有利于小麦安全越冬等。因此,做好大雪天气预报服务,及时发布有关灾害预警信号,为相关部门及早采取措施提供科学依据,有着非常重要的意义。

9.1　大雪天气气候特征

降雪天气主要出现在冬半年,山西省冬半年以寒冷干燥为主,降雪稀少,其特点主要为:一是降雪量少,年平均降雪量仅占全年降水量的 3‰～5‰;二是年际变化大,例如太原 1976 年 10 月至 1977 年 4 月总降雪量为 10.9 mm,而 2009 年 11 月 10 日 24 h 降雪量就达 36.0 mm;三是降雪量集中,往往一次过程的降雪量即占冬季总量的 60%。因此,山西省大雪预报难度较大,是冬季预报服务的重点之一。

以全省 108 个地面气象站为分析对象,有 5 站或 5 站以上的日降雪量(以纯雪计算)≥5.0 mm,定为一次大雪天气过程。统计 1981—2010 年 30 年的 10 月至次年 4 月逐日降雪资料,共有 113 次大雪天气过程,平均每年 3.8 次,其中 1990 年最多,为 12 次;1983 年没有出现大雪天气过程。一次降雪天气过程中日降雪量达到大雪的最多有 90 站,为 2009 年 11 月 11 日;一次降雪天气过程中日降雪量达到大雪的站数在 60 站的有 8 次,分别为 1987 年 10 月 31 日、1987 年 11 月 27 日、1991 年 3 月 7 日、1993 年 11 月 19 日、1994 年 11 月 15 日、2009 年 11 月 11 日和 2009 年 11 月 12 日;一次降雪天气过程中日降雪量达到大雪的站数在 20 站的有 44 次。

山西省大雪往往连续 2 日以上出现,1981—2010 年 30 年间,共有 33 次出现连续性的大雪天气,最长连续 5 d 出现,如 1990 年 3 月 24—28 日,特别是 25—26 日,连续 2 d 出现全省性大范围的大雪天气,全省分别有 41 站和 51 站 24 h 降雪量达到大雪及以上量级。

山西省大雪一般出现在 10 月至次年 4 月,主要集中在 11 月和 3 月,以下旬居多,且多出现在夜间。

山西省大雪最早出现在 10 月下旬,如 1981 年 10 月 21 日,北部的神池、宁武、左云、右玉共 4 站达到大雪,24 h 降雪量分别为 8.4 mm,10.1 mm,15.6 mm,14.2 mm;最晚出现在 4 月下旬,如 1983 年的 4 月 28 日,北部的神池,24 h 降雪量 5 mm。1981—2010 年,全省年大雪总日数为 5～69 d,(图 9.1),最少出现在天镇,为 5 d,平均每年 0.17 d;最多出现在东南部的陵川,其次是西部的交口,分别为 69 d 和 63 d,平均每年 2.3 d 和 2.1 d。山西省大雪出现的日数总体上是东南部多,西北部少,山区多,盆地少。

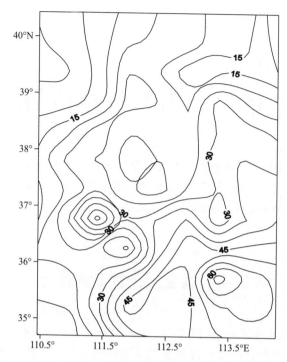

图 9.1　1981—2010 年山西省年大雪日数分布图（单位:d）

山西省日降雪的最大值为 42.4 mm,出现在阳泉市(2009 年 11 月 10 日)。各地降雪日数及极值见表 9.1。

表 9.1　　各地市大雪概况

地市名	平均日数(d)	极值(mm)	极值出现日期及县市	备注
大同	15.1	19	1992.11.7,阳高	
朔州	17.3	22.5	1997.11.10,朔州	
忻州	19.6	26.3	2009.11.10,忻州	五台山除外
太原	19.4	36.0	2009.11.10,太原	
阳泉	36	42.4	2009.11.10,阳泉	
晋中	26.8	34.6	1987.10.31,介休	
吕梁	26.1	33.3	2009.11.10,交城	
长治	43	33.2	2009.11.11,长子	
晋城	49	27.3	1971.11.8,陵川	
临汾	24	30.8	1987.10.31,汾西	
运城	20.5	29.2	2009.11.11,绛县	
全省	25.6	42.4	2009.11.10,阳泉	

注:五台山由于地形特殊,30 年间大雪日数达 320 d,平均每年 10.7 d,历史极值为 41.0 mm,出现在 1997 年 10 月 3 日。

9.2　主要影响系统

造成山西冬季大雪的天气系统以地面形势分类,一般分为三类,一是地面回流,二是河套倒槽(发展强盛时可为气旋),三是地面回流和河套倒槽共同强烈发展。统计分析发现,第一类出现的概率为 35% 左右,第二类出现的概率为 6% 左右,第三类出现的概率为 59% 左右。可见,第三类为造成山西冬半年大雪的主要影响系统。

9.2.1　地面回流类

大雪前期,欧亚大陆受大陆高压控制,高压中心一般位于西伯利亚,强度较强,一般在 1040 hPa 以上,在高空偏西或偏西北气流引导下,高压向东伸展,从其前部不断分裂小股冷空气,其南部的偏东气流从渤海一带迁回到华北平原形成冷空气楔,同时,高空有西风槽东移,使华北地面气压场呈现"东高西低"的形势,山西处在高压底部的偏东气流里。降雪前 36~24 h 高压加强,中心强度常超过 1040 hPa,一般位于山西正北方蒙古国到东北西部一带(约 45°N,110°~120°E 处),冷空气从北路直灌山西,这种形势降温幅度较大,干冷空气主要来自各层的高纬地区。

对应高空 500 hPa 上,中纬度环流多为两槽一脊型,乌拉尔山附近存在一个稳定的高压脊或阻塞高压,西西伯利亚为一低槽,东亚中纬度环流较平直,盛行偏西或弱西南气流,多短波槽活动;700 hPa 和 850 hPa 上,常有西南涡形成并伴有切变线东移。降雪前 36~24 h,500 hPa 上,随着阻高前冷空气的南下,短波槽开始加深,槽前西南气流明显加强,在地面高压中心对应区域,有 -40℃ 以下的冷中心。700 hPa 和 850 hPa 上,常常形成西南急流和东风急流。

此类系统影响下,大雪落区主要在中南部;如果系统强盛,也会出现全省性大范围的大雪天气,大雪落区有从北向南压的特点。一般持续时间较短,多为 1 d,随着冷空气的大举南下,高压不断南压并减弱,山西受高压控制,大雪逐步减弱结束。

如 1990 年 1 月 30 日出现的全省性大雪天气过程就属此类(图 9.2 和图 9.3)。

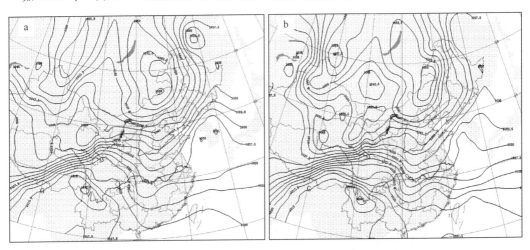

图 9.2　1990 年 1 月 29 日 08:00(a)和 20:00(b)地面形势

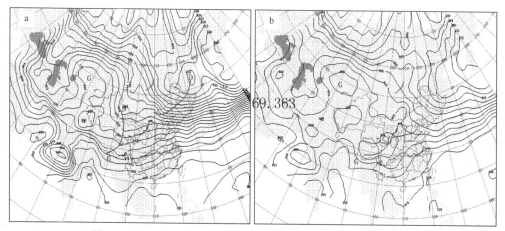

图 9.3 1990 年 1 月 29 日 08:00 500 hPa(a)和 700 hPa(b)形势

9.2.2 河套倒槽(气旋)类

降雪前期,地面上,欧亚大陆高压势力较弱且偏北,而低值系统活跃。降雪前 48～36 h,河套倒槽形成,山西位于倒槽前,受偏东南气流影响。降雪前一日的 14:00,河套倒槽发展达到最强盛,有时会在约 30°N,100°～110°E 处形成气旋,倒槽向北发展,曲率最大处往往深达约 50°N 处;而冷高压中心则位于 50°N 甚至以北。干冷空气主要来自中高层的高纬地区。

对应高空 500 hPa 上,中纬度环流多为一槽一脊型,黑海和里海附近存在一个稳定的高压脊,贝加尔湖西侧到新疆西北部为一横槽,东亚中纬度环流较平直,盛行偏西气流,横槽稳定少动;700 hPa 和 850 hPa 上,有时有西南涡形成并伴有切变线东移。降雪前 24 h,随着横槽后部冷空气的南下,500 hPa 出现弱的西南气流,贝加尔湖附近有−40℃以下的冷中心;700 hPa 和 850 hPa 上,常常形成西南急流和偏南风急流。

此类系统影响下,大雪落区主要在北中部;如果系统强盛,也会出现全省性大范围的大雪天气(如 1991 年 3 月 26 日,全省有 48 县市出现大雪以上天气),大雪落区有从南向北推的特点。冷空气主要从西北路入侵山西,随着 500 hPa 横槽的转竖,冷空气大举南下,山西受槽后西北气流控制,大雪逐步减弱结束。

如 1987 年 11 月 25—27 日出现的连续大雪天气过程就属此类(图 9.4、图 9.5 和图 9.6)。

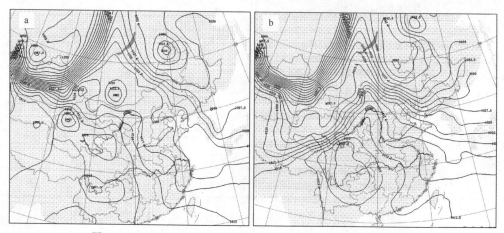

图 9.4 1987 年 11 月 24 日 20:00(a)和 25 日 14:00(b)地面形势

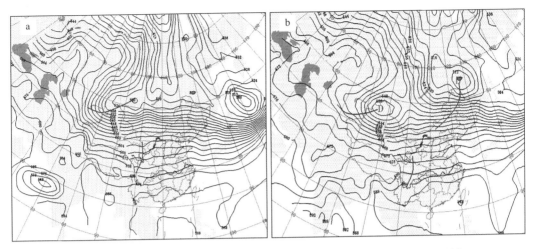

图 9.5　1987 年 11 月 24 日 20:00(a)和 25 日 20:00(b)高空 500 hPa 环流形势

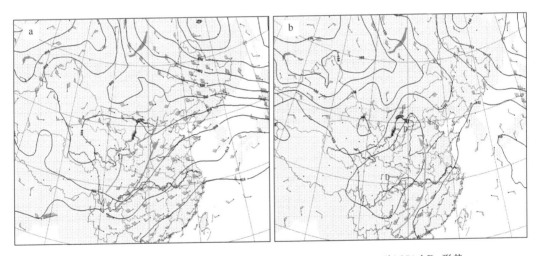

图 9.6　1987 年 11 月 25 日 20:00(a)700 hPa 和 25 日 20:00(b)850 hPa 形势

9.2.3　地面回流与河套倒槽共同作用类

降雪前期,欧亚大陆受大陆高压控制,高压中心一般位于西伯利亚,强度较强,一般在 1040 hPa 以上,在高空偏西或偏西北气流引导下,高压向东伸展,从其前部不断分裂小股冷空气,其南部的偏东气流从渤海一带迂回到华北平原形成冷空气楔,高空有西风槽东移,使华北地面气压场呈现"东高西低"的形势,山西处在高压底部的偏东气流里。降雪前 36~24 h 高压加强,中心强度常超过 1035 hPa,一般位于我国东北西部一带(43°~45°N,113°~118°E 处),同时,河套倒槽形成,山西受回流高压的底后部和倒槽前的偏东南气流影响。降雪前一日的 14 时,河套倒槽发展达到最强盛,有时会在约 30°N,100°~110°E 处形成闭合气旋,倒槽呈东北—西南走向,向东北发展,曲率最大处往往深达约 45°N 处。冷空气实际上是从西北、北、东北三路入侵山西,干冷空气主要来自中高层的高纬地区,来自低层的为湿冷空气。此类系统影响下,河套往往出现锢囚锋。

对应高空 500 hPa 上,中纬度环流多为一槽一脊型,乌拉尔山附近存在一个稳定的高压脊或阻塞高压,西西伯利亚为一横槽,东亚中纬度环流较平直,盛行偏西或弱西南气流,多短波槽活动;700 hPa 和 850 hPa 上,常有西南涡形成并伴有切变线东移。降雪前 36～24 h,500 hPa 上,随着阻高前、横槽后冷空气的南下,短波槽开始加深,槽前西南气流明显加强,在地面高压中心对应区域,有−40℃以下的冷中心。700 hPa 和 850 hPa 上,常常形成西南急流和东南急流。

此类系统影响下,大雪落区主要在中南部或全省范围,大雪落区有从北向南压和从南向北推两种特点;降雪有爆发性增幅的特点。此种形势往往维持时间较长,伴随的降雪持续时间也较长,山西常常出现持续 2 d 以上的大雪天气。随着冷空气的南下,高压不断南压,同时倒槽减弱,山西地面受高压、高空受西北气流控制,大雪逐步减弱结束。

如 1993 年 11 月 19 日出现的全省性大雪天气过程就属此类(图 9.7 和图 9.8)。

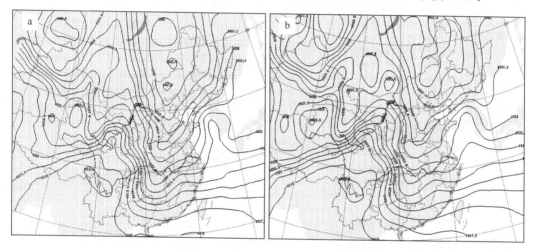

图 9.7　1993 年 11 月 18 日 14:00(a)和 20:00(b)地面形势

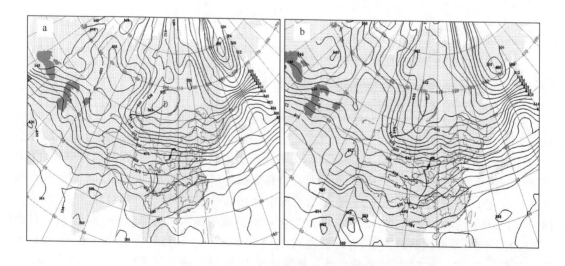

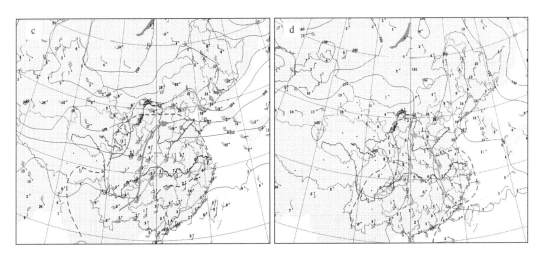

图 9.8　1993 年 11 月 18 日 08:00(a)、20:00(b)500 hPa 环流形势
1987 年 11 月 18 日 08:00(c)700 hPa 和 18 日 20:00(d)850 hPa 形势

9.3　大雪天气的预报

大雪由于其出现几率小,较之降水预报难度更大。要做好大雪天气的预报,首先应掌握大雪天气出现的特点;其次,应掌握大雪天气的主要影响系统及其演变特点;第三,要分析相关物理量场的变化特征,建立相关预报指标。

9.3.1　分析大雪出现的特点

山西省大雪天气的出现,具有以下特点:一是冷空气势力较强(具体分析);二是水汽输送和补充很重要,常常在中低层形成西南和东南两支急流;三是有较长的持续时间,一般会持续 20 多个小时,从夜间开始,持续到次日白天,夜间和次日白天分别出现两次降雪的增幅。

9.3.1.1　冷空气势力强、阻塞高压稳定

大雪天气过程与强冷空气活动关系密切。赵桂香等[1]分析晋中大到暴雪天气过程发现,每次大雪天气均伴有强烈的降温天气,14:00 48 h 降温幅度达 6～22℃,其中尤以 2 月份突出,不仅降温幅度大,而且降雪当日 14:00 气温均为 2 月份 14:00 气温最低值。不仅如此,前期高空冷空气堆积,500 hPa 和 700 hPa 的冷空气中心强度最大可达−42℃,而地面冷高压中心可达 1065 hPa。

另外[2],大范围的大雪天气过程,48 h 前后,500 hPa 上,在乌拉尔山地区附近有阻塞形势形成,从鄂霍次克海到贝加尔湖地区为一宽广的低值区,即在中高纬度地区维持"单阻"型,横槽从鄂霍次克海经贝加尔湖地区一直伸向我国内蒙古西部。冷空气沿贝加尔湖槽区南下和由乌拉尔山阻塞高压的南支西风进入低纬度,暖湿气流由孟加拉湾输入,降雪开始后,又有来自东海的湿空气补充。冷暖空气在山西交汇,形成大范围的雨雪天气。一般分为 3 个阶段,第一

阶段为形成期,在大雪出现前120～72 h,这一阶段的特征为,阻塞高压尚未建立,亚洲中高纬度环流较平直,多移动性短波槽活动,锋区位于50°～60°N,基本呈西北—东南走向;第二阶段为建立到维持期,一般出现在大雪前72～48 h,这一阶段的特征为,在黑海到咸海、乌拉尔山地区,阻塞高压建立,并维持,从鄂霍次克海到贝加尔湖地区为一横槽,冷空气在横槽尾部、贝湖地区堆积,环流经向度开始加大,有时会有切断低压形成;第三阶段为崩溃期,一般在大雪出现前24～12 h,这一阶段的特征为阻塞高压崩溃,横槽转竖,南支槽发展加深,冷空气沿贝加尔湖西侧东南下,影响山西地区。

9.3.1.2　水汽输送和补充

山西冬季干燥,降水稀少,水汽条件是大雪预报的一个关键因素。水汽条件一般应从两个方面考虑[2-5],一是降雪前水汽的累积:大雪出现前36～24 h,从孟加拉湾到四川盆地一带,会出现气柱可降水量的显著增幅,而从河套到山西常常会形成一个水汽通量的大值区;二是降雪开始后水汽的输送和补充:山西省的大雪天气过程一般存在两条水汽输送带,分别对应西南急流和偏东南急流,两支急流共同为大雪天气过程提供水汽和热量输送,在山西形成一个强的辐合中心。降雪出现后,近地层偏东水汽的补充也很重要。

降雪前水汽的累积,可以从大气可降水量的分析得到,也可从中层西南气流的加强来判断;深厚的湿层是降雪的必要条件,湿层往往可达600 hPa。

9.3.1.3　较长的持续时间

降水持续时间的长短,影响着降水量的大小。山西省大雪往往连续2日以上出现,最长连续5日出现,如1990年3月24—28日,特别是25—26日,连续2 d出现全省性大范围的大雪天气,全省分别有41站和51站24 h降雪量达到大雪及以上量级。可见,降雪持续时间长,是大雪及以上天气出现的重要条件之一。

9.3.2　分析主要影响系统及其演变特点

做好影响系统的分析,是做好各类天气预报的第一步。首先分析地面形势,看有无Ⅰ、Ⅱ、Ⅲ类影响系统形成。如无,则不考虑降雪;如有,确定是哪一类,分析冷空气活动特征,以及高低空流型配置;并分析是否具备水汽条件。如不具备,则考虑有降雪,但不考虑大雪;如具备水汽条件,则结合物理量场特征等确定降雪开始时间、落区及强度等。

作为重点以地面系统为依据划分的影响系统,分析掌握冷空气活动关键区非常重要。大雪期间,与三类主要影响系统相对应,入侵山西的冷空气路径有三条:偏西路径、偏西北路径(转北路)、偏北路径(转东北路)。

重点掌握各类影响系统的形成前兆和关键区[2](表9.2)以及高低空流型配置特点(图9.9～9.11)等。

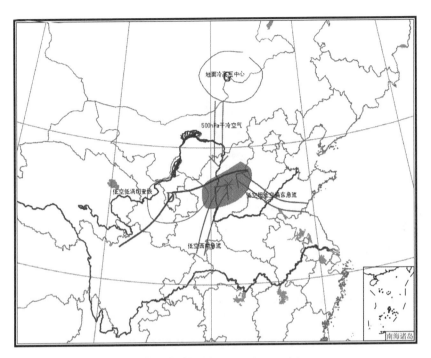

图 9.9　地面回流类高低空流型配置

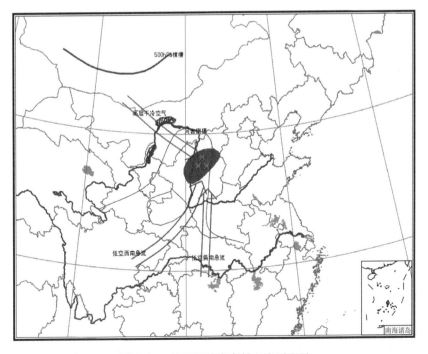

图 9.10　地面倒槽类高低空流型配置

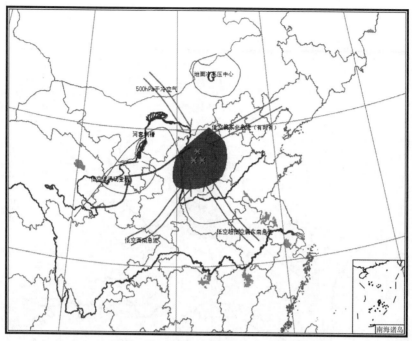

图 9.11　地面回流与倒槽共同作用类高低空流型配置

表 9.2　影响系统前兆及冷空气活动特征

影响系统类型	48 h 前		36~24 h		降雪及降温特点
	地面冷高关键区	高空形势特点	地面系统	高空形势特点	
I	35°~45°N，95°~105°E 强度：1032/1058 hPa	500 hPa 为两槽一脊型，乌拉尔山有阻塞高压形成；700 hPa 和 850 hPa 上，有西南涡伴随切变线形成	地面冷高压东移发展，形成回流，中心：45°N，110°~120°E	500 hPa 对应位置上有 −40℃冷中心；700 hPa 川陕到山西形成 12 m·s⁻¹ 以上的西南急流；850 hPa 上，从东海经安徽到河南一带出现 12 m·s⁻¹ 以上的偏东急流	大雪主要出现在白天，落区多在中南部，两支急流头附近、切变线东南侧；降温弱，但低温持续时间长
II	42°~52°N，98°~108°E 强度：1032/1068 hPa	500 hPa 为一槽一脊型，贝加尔湖西侧到新疆西北部为一横槽	河套倒槽形成，前一日 14 时，达到最强盛，(30°N，110°~120°E)	500 hPa 高原到山西出现弱西南气流，贝湖附近有一 −40℃冷中心；700 hPa 川陕到山西形成 12 m·s⁻¹ 以上的西南急流；850 hPa 上，从两广经陕、豫到山西出现偏南急流	大雪常出现在夜间，落区多在北中部，两支急流头附近；降温强，但低温持续时间短
III	45°~55°N，108°~118°E 强度：1038/1068 hPa	500 hPa 为一槽一脊型，乌拉尔山有阻塞高压形成，中纬度多短波槽活动；700 hPa 和 850 hPa 上，有低涡伴随切变线形成	地面冷高压东移发展，形成回流，中心：45°N，110°~120°E；河套倒槽前一日 14 时，达到最强盛，(30°N，110°~120°E)	500 hPa 高原到山西西南气流加强，冷高对应位置有一 −40℃冷中心；700 hPa 川陕到山西形成 12 m·s⁻¹ 以上的西南急流；850 hPa 上，从福建经武汉、河南到山西有偏东南急流形成；有时从东北经北京到山西还有东北急流形成	大雪常连续 2 日出现，落区在中南部或全省，切变线东南侧、几支急流头交汇的地方；降温强，低温持续时间长

9.3.3 相关物理量场的变化特征

在 9.4 节中叙述。

9.4 数值诊断方法在大雪天气预报中的应用

数值诊断分析方法是使用某一(或某些)时刻的真实大气或模式大气的资料,应用由大气动力学和热力学方程导出的各种诊断方程,对各种物理量的平衡和变化进行定量分析,从而来了解支配天气过程发生、发展及演变机制和规律的一种方法。它有助于深刻认识各种天气系统和天气过程的动力热力结构及特征,并在此基础上建立天气概念模型,有利于提高天气预报准确率,所以,近年来,越来越受到广大气象工作者的重视,在理论和实践中都得到广泛应用。

常用的物理量诊断产品有涡度及涡度平流、散度、垂直速度、气柱可降水量、水汽通量、水汽通量散度、位涡、螺旋度、熵、假相当位温、总温度等。

通过历史个例计算分析,提炼大雪出现前 12 h 物理量特征及阈值,可为大雪天气预报提供重要参考,具体见表 9.3。

涡度:涡度场的演变与天气系统的发生、发展密切相关。在大雪出现前一日,500 hPa 上,从河套到山西常常会出现一个涡度大值区,并有正涡度平流向山西输送。大雪区常位于正涡度带到负涡度带过渡、正涡度梯度最大的区域。在引导气流的作用下,正涡度带一般向偏东北方向移动,当正涡度带被负涡度带取代时,强降雪会逐步减弱、结束[6]。

散度:散度场上,在大雪出现前一日,从河套到山西常常会形成高空辐散、低层辐合的垂直配置,这种垂直配置为强降雪的出现提供了有利的动力条件,而且这种垂直结构出现在暴雪出现前 24～12 h,对大雪及以上天气的预报有明显的先兆指示意义[4-6]。

垂直速度:在大雪出现前一日,从河套到山西往往会有强烈的上升运动出现,最大上升中心的高度与降雪强度有着密切的关系[4-6]。

气柱可降水量:某地气柱可降水量出现增幅时,预示着未来 24 h 后有较大降水过程出现[7,9]。

水汽通量及水汽通量散度:在大雪出现前一日,从河套到山西常常会形成一个水汽通量的大值区,结合中低空天气图分析,往往有向大值区的水汽输送;在大雪出现前 12 h,中低层从河套到山西常常会形成一个水汽的辐合区,强降雪就出现在水汽通量轴东南侧靠近大值中心、存在水汽辐合的区域,而且,降雪强度与水汽辐合中心数值具有密切关系[3,7,9]。

位涡:在强降雪出现前 24～12 h,强降雪区上空从低层到高层存在一个湿相对位涡的负值中心,强降雪中心将出现在负值中心附近;随着这个负值中心的增强,降雪会出现一个明显的增幅[6]。

螺旋度:强降雪出现前 12 h,降雪区上空低层为负的、中高层为正的螺旋度分布,其强度随高度向上递增,一般在 500 hPa 达到最大,且成对出现。正负螺旋度对出现的时间和强度对预报强降雪的出现及落区有着重要意义[6]。

熵:500 hPa 等熵温度梯度小于零的大值区为能量锋区,其数值越大,锋区越强,等熵温度梯度大值区与 700 hPa $(T-T_d)<3℃$ 的区域相重合,是该区高能高湿的指示,未来 12 h 后将产生强降雪。

假相当位温 θ_{se}，强降雪出现前 36～24 h，从河套到山西会出现一个 θ_{se} 的大值区，这个大值区从地面向高空伸展，在对流层高层常常出现闭合中心[7]。

总温度，强降雪出现前 24～12 h，从河套到山西会出现一个总温度的大值区，尤其在 850 hPa 表现突出[5]。

表 9.3　强降雪出现前 12 h 物理量特征及阈值

物理量	指标阈值
比湿	＞9.5 g·kg^{-1}，局地暴雪；＞10 g·kg^{-1}、湿度峰强时，暴雪范围大；＞12 g·kg^{-1}、湿度峰强、Ω 型结构径向度大时，大暴雪
大气可降水量	＞7 mm，大雪；＞9.5 mm 和累计可降水量＞20 mm，暴雪；强降雪落区与大值轴顶点对应
θ_{se}	能量为 Ω 型结构，降雪强度与高能中心强度关系不是很大，但与 Ω 型结构的强弱有关
热力平流	低层 850 hPa 以下有冷平流侵入，高层为暖平流；近地层冷平流越强，高层暖平流越小，降雪强度越小
散度	低层辐合、高层辐散的垂直结构，降雪量与辐合、辐散层厚度及其中心强度关系密切
垂直速度	降雪量与上升运动高度、中心强度、环流圈结构有关；持续时间与上升运动持续时间有关，结构的转向、强度的增强预示着降雪再次增幅
变形	强降雪中心出现在总变形和切变变形大值中心轴东南侧、大值中心附近，E2＜20×10^{-6}s^{-1} 时，则不会出现大雪，E2 为 20×10^{-6}s^{-1}～30×10^{-6}s^{-1} 时，大雪，E2＞30×10^{-6}s^{-1}，出现暴雪的可能性就很大
水汽散度通量	上正下负结构，降雪强度与水汽散度通量中心强度、伸展高度、低层负值中心强度均有关；降雪持续时间与这种结构持续时间有关，水汽散度通量正值中心与未来 12 h 强降雪中心对应
地面风场	地面出现中尺度辐合线或中尺度涡旋，其持续时间与降雪持续时间有关；若仅出现中尺度辐合线，且持续时间＜5 h，≥4 m·s^{-1} 的偏东南风持续 3 h 以上，大雪；若出现持续时间较长的中尺度涡旋，≥6 m·s^{-1} 的偏东南风持续 3 h 以上，考虑暴雪

另外，对于同样是回流与倒槽共同影响下的大（暴）雪天气，其物理量特征差异显著。因此，针对不同影响系统，还应仔细分析，综合考虑（见 9.6.2 的分析）。

9.5　山西省降雪天气的云系分型及特征[10]

气象卫星资料以其分辨率高、覆盖范围广的优点，在天气分析和预报中发挥了重要作用。

分析山西降雪天气的卫星云图特征，可以将造成山西省降雪天气的云系概括为高空槽云系、锋面云系、高空急流云系、螺旋状云系、叶状云系 5 种。

9.5.1　降雪天气的云系分型

9.5.1.1　高空槽云系
高空槽云系又可分为高空槽云系过境型和后部云团发展型两类。

（1）高空槽云系过境型

降雪前 12 h，500 hPa 上，山西多受高空槽或高原槽前西南气流控制，对应高空槽云系多位于河套地区，呈西南—东北向的带状分布，红外云图上多表现为黄褐色和灰色相间。由于高原槽移动较快,云系也移动较快,因此,此类云系影响下,造成的降雪小,持续时间短。若云层薄,云顶亮温高,降雪以小雪为主;若随着贝加尔湖冷空气补充南下,高原槽有所发展,云层变厚,云系变得密实,云顶亮温降低,则山西会出现大范围小雪天气,有时会出现局部大雪。

如 2011 年 2 月 8—10 日的降雪就属此类。

8 日 20:00,500 hPa 上(图 9.12a),山西受高原槽前弱西南气流控制,对应 8 日夜间,高空槽云系位于河套地区,山西受高空槽云系前部一些零散云系影响,夜间开始出现零星降雪。9 日凌晨,随着云系的移入,降雪范围扩大,强度有所增大,但云层薄,云顶亮温高,降雪以零星小雪为主。9 日白天,随着贝加尔湖冷空气补充南下,高原槽发展,河套地区又有一股高空槽云系发展东移,到 9 日下午,云系基本覆盖山西,云层变厚,云顶亮温降低,中心值接近 235K,山西出现大范围降雪,9 日 18:00(图 9.12c)达到最强,北部地区云团比较密实,云顶亮温较低,中心值在 230K 左右,而中南部云层较薄(图 9.12d),云顶亮温相对较高,在 230~240K,受以上云系影响,山西北中部以连续性小雪为主,局部还出现大雪,南部则为阵性降雪。到 10 日凌晨,云系基本移出山西(图 9.12e),降雪结束。此次降雪主要集中在 9 日白天到夜间,全省普降小雪,24 h 降雪量 0.1~7.4 mm(图 9.12b),其中北部 2 县、南部 3 县达到大雪,大雪出现在黄褐色云团内、TBB 等值线梯度最大靠近中心(中心值小于 220K)一侧。

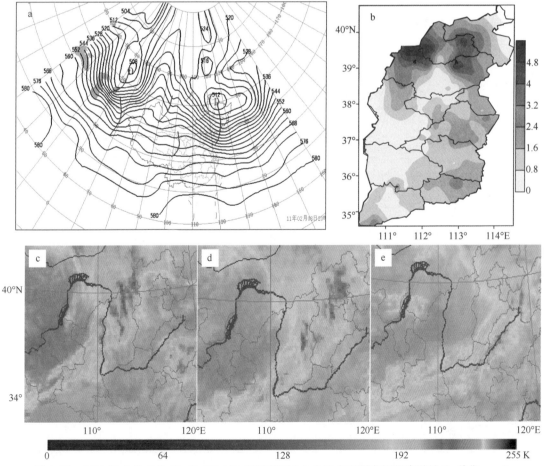

图 9.12　2011 年 2 月 8 日 20:00 500 hPa 环流形势(a),9 日白天到夜间的降雪量(b,单位:mm)
9 日 18:00(c),20:00(d),10 日 00:00(e)的红外云图

（2）高空槽云系后部云团发展型

与高空槽云系过境型不同的是，500 hPa 上，新疆北部、贝加尔湖以西的地区常存在阻塞形势，贝加尔湖地区存在切断低压，河套地区多有高原槽形成。由于切断低压前冷空气不断南下，使得高原槽后不断有短波槽发展，与高原槽合并，使得高原槽不断发展加深，槽前水汽输送得到加强，高空槽云系后部会不断有新的云团生成、发展并移入山西，在山西形成盾形云团或叶状云团，云团呈黄褐色与灰色相间，期间往往会有红色小块云团，随着云团的不断变得密实，云顶亮温降低，云层变厚，山西出现大范围降雪，降雪以小到中雪为主，部分地区还会出现大雪或暴雪，大雪或暴雪出现在盾形云团内或叶状云团内的红色或褐色云团区域。一般叶状云团较盾形云团更易出现暴雪。此类云系影响下，云系移动较慢，造成的降雪大，持续时间也长。

如 2009 年 11 月 9—12 日的降雪就属此类。

降雪前期 7 日 08：00，500 hPa 中高纬度为宽广的低值系统，低压中心位于雅库次克地区，强度达 5010 gpm，对应冷中心达−45℃，且温度槽落后于高度槽，锋区位于蒙古国；该冷气团和锋区一直稳定少动，冷中心强度不断增强；8 日 20：00，横槽穿越贝加尔湖一直到我国新疆以北地区，而位于黑海附近的高压脊开始迅速向东北方向发展，于 9 日 20：00（图 9.13a）在俄罗斯中部的安加拉河附近形成阻塞高压，在其南侧俄罗斯与蒙古国接壤的地方形成切断低压，前述东部冷空气南压约 8 个纬度，而此期间，山西一直处于偏西或西南气流控制中。受以上冷暖空气共同影响，9 日夜间山西省出现大范围强降雪。10 日 08：00—11 日 08：00（图 9.13b，c），

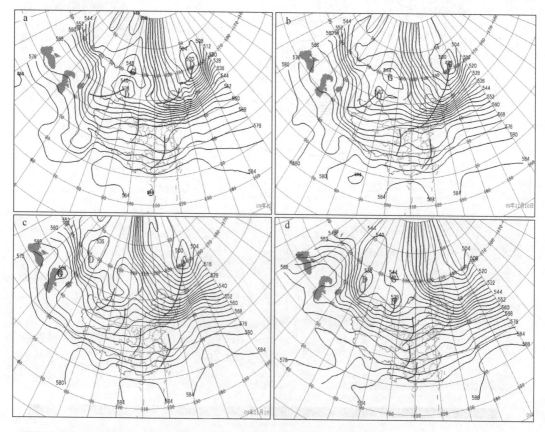

图 9.13　2009 年 11 月 9 日 20：00(a)，10 日 08：00(b)，10 日 20：00(c)，11 日 20：00(d)500 hPa 环流形势演变

锋区不断南压,但阻塞形势稳定维持,直到 11 日 20∶00(图 9.13d),阻塞形势依然存在,切断低压位于贝加尔湖西侧,冷空气沿切断低压底后部不断南下,与山西上游不断加强的西南暖湿空气不断交汇,造成此期间山西大范围持续强降雪天气;直到 12 日 20∶00,山西才转为槽后偏西北气流控制,强降雪结束。

　　分析卫星云图演变发现,此次降雪过程,高空槽云系后部不断有新的云团生成、发展、东移,先后由叶状云团、盾形云团、高空槽云系过境及叶状云团造成山西大范围大暴雪天气,历史罕见。

　　9 日 20∶00,河套地区形成高空槽云系,云系呈近似南北向,为黄褐色与灰色相间,其云顶亮温较低,中心值小于 230 K。该云系于 10 日凌晨进入山西,山西开始出现降雪,随着高空短波槽的补充南下,槽前西南气流不断加强,云系后部不断有新的云块生成、发展、东移,并入云系内,于 10 日 06∶00 形成叶状云团,呈红色,云顶亮温不断降低,其中心值小于 215 K,且整个云团覆盖了山西的忻州到临汾一带,造成此区域大范围强降雪,降雪以中到大雪为主,红色云团内出现暴雪。此云团在山西停留时间较长,而且后部不断还有云块移入、合并,10 日 09∶00(图 9.14a)达到最强。10 日午后,云团开始减弱,颜色由红变为黄褐色,云顶亮温有所升高,中心值升高到 225 K 左右,降雪强度有所减小,10 日 17∶00 发展为盾形云团,盾形向西北上拱,之后,云团范围不断扩大(图 9.14b),云顶亮温持续降低,其中心值又下降到 220 K 左右,降雪

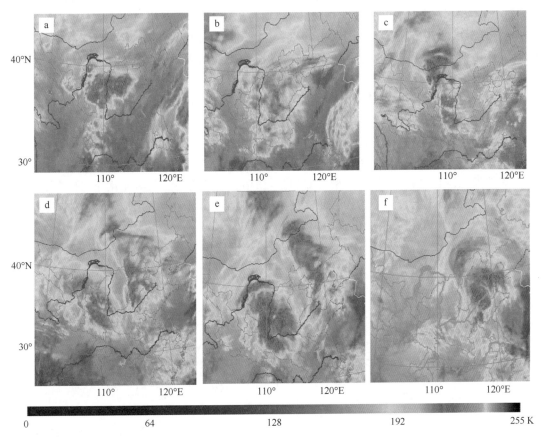

图 9.14　2009 年 11 月 10 日 09∶00(a),10 日 19∶00(b),11 日 08∶00(c),
11 日 18∶00(d),11 日 22∶00(e),12 日 08∶00(f)红外云图

持续,以中雪或大雪为主。该盾形云团于 11 日 04:00 移出山西,山西受其后部零散灰色云团影响,11 日上午降雪出现短暂的减小,但河套又有高空槽云系发展东移(图 9.14c),该云系属过境型云系,移动速度较快,11 日 18:00(图 9.14d)已移出山西,但河套地区又有叶状云团发展东移,于 11 日 22:00(图 9.14e)达到最强,其间还出现红色小云块,其云顶亮温降到很低,接近 205 K 左右;叶状云团范围较大,持续时间较长,造成山西 11 日夜间再次出现降雪的增幅。此云团覆盖山西中南部,强降雪也位于中南部,暴雪出现在红色云团内、TBB 等值线梯度最大处靠近中心值附近。此云团于 12 日 08:00(图 9.14f)基本移出山西,并入前述过境型高空槽云系内,山西强降雪结束,但受其影响,内蒙古、河北、北京、天津、山东出现强降雪。12 日白天,受其后部灰色零散云系影响,山西仍出现小雪。

9.5.1.2 锋面云系影响型

降雪前,地面图上,存在典型的锋面,对应 500 hPa 上,锋区位于 50°~60°N 附近,贝加尔湖以西存在横槽,南支槽位于河套南部,横槽和南支槽在东移过程中同位相叠加,使得槽前水汽输送不断加强,横槽转竖又导致冷空气大举南下,造成冷暖空气的强烈交汇。锋面云系首先生成于河套地区,呈带状分布,宽约 60 km,长约 130 km,呈红色,其西北方存在向西北上拱的红色云罩。发展初期,前部较毛,为黄色毛齿状;发展强盛时,云罩后部边界光滑,干区非常明显,有时地面会出现锢囚,云系头部出现气旋式弯曲。此种云系影响下,山西出现大范围降雪,以小到中雪为主,部分地区出现大雪或暴雪,若地面出现锢囚,则降雪量更大,暴雪出现在干湿交界处接近湿区一侧。随着锋面的移出,云系也逐步移出山西,后部边界更为光滑,则降雪结束,降雪后山西出现大风天气。后部边界非常光滑是典型的大风云型特征。锋面云系云顶伸展得更高,云层更厚,此类云系影响下,降雪持续时间较长,降雪强度大,若地面出现锢囚,降雪则出现爆发性增幅的特点,降雪后伴有大风和强降温天气。如 2010 年 3 月 14—15 日的北中部区域暴雪就属此类。

13 日 20:00,500 hPa 上(图 9.15a),贝加尔湖地区存在切断低压,横槽穿越贝加尔湖地区,锋区位于 40°~50°N 附近,贝加尔湖西南方有短波槽,南支槽位于 30°~38°N,90°~95°E 附近,短波槽在东移过程中,与南支槽合并加强,横槽转竖使得冷空气大举南下,冷暖空气在山西地区交汇。地面图上,13 日 20:00,回流倒槽形势强盛,在河套地区形成锋面,在东移发展过程中,于 14 日 05:00(图 9.15b)出现锢囚。

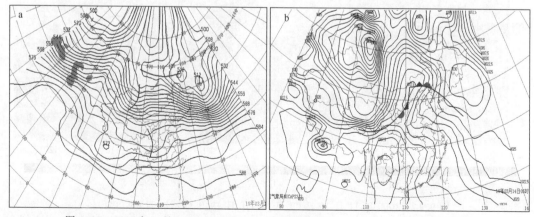

图 9.15 2010 年 3 月 13 日 20:00 500 hPa 环流形势(a),14 日 05:00 地面形势(b)

对应卫星云图上,13 日 20:00(图 9.16a),锋面云系位于河套地区已移近山西,其前部呈灰色毛齿状,后部有伸展的较高的向西北方上拱的红色云罩,整个云团的 TBB 值小于 220 K。在高空引导气流作用下,云系向偏东方向移动,逐步进入山西,且云顶亮温一直很低,造成山西大范围降雪,14 日 05:00(图 9.16b),云系发展达到最强盛,TBB 中心值小于 210 K,而前部毛齿状变为黄色,TBB 开始增大,后部云罩曲率达到最大,且云罩后部边界非常光滑,此时地面正好出现锢囚,此云团移动较慢(图 9.16c 和 d),造成 14 日上午山西北中部的降雪出现爆发性增幅,降雪强度大,持续时间也较长,暴雪出现在锋面云系内红色云团周围、TBB 中心值接近 210 K 附近区域。14 日 14:00(图 9.16e),锋面云系在东移过程中逐步减弱,颜色变为黄色或灰色,云顶亮温逐步升高,但后部边界仍非常光滑,14 日下午,降雪减弱,出现大风强降温天气,14 日 17:00(图 9.16f),云系移出山西,降雪结束,大风持续。

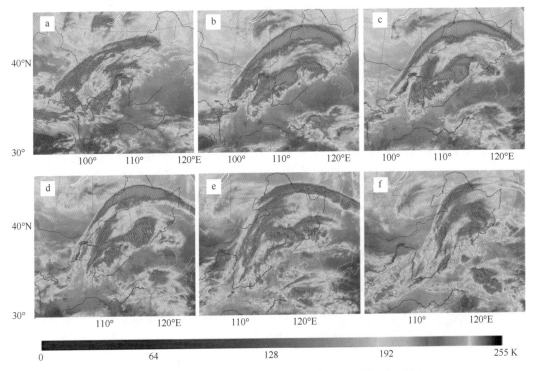

图 9.16　2010 年 3 月 13 日 20:00(a),14 日 05:00(b),08:00(c),
10:00(d),14:00(e),17:00(f) 红外卫星云图

9.5.1.3　高空急流云系

高空 200 hPa 存在西风急流,500 hPa 中高纬度环流较平,地面多为回流形势或回流与倒槽共同影响。此种环流形势下易出现高空急流云系。云系呈近似东—西向带状分布,与 200 hPa 急流位置和走向均一致,一般为红色或黄色,色调较均匀,说明云顶高度伸展得更高。云系发展初期,四周边界清晰,发展强盛时,宽可达 70 km 左右,长达 230 km 左右。在高空引导气流作用下,向东移动,移动速度与高空 200 hPa 西风风速有关,在东移过程中,前部会逐步变毛。发展后期,内部出现丝缕状结构,此时,云系已开始减弱。此类云系造成的降雪范围大,但强度小,一般以小雪为主,降雪分布相对均匀,持续时间较短。如 2012 年 12 月 20 日的降雪就属此类。

12 月 20 日 08 时,高空 200 hPa 中纬度形成强的西风急流(图 9.17a),对应 500 hPa 上(图

9.17b),中高纬度环流较平,水汽相对较差,冷空气势力也较弱,内蒙古到河套一带存在短波槽,在短波槽东移南下过程中,与弱的偏西南气流交汇,造成弱的降雪。

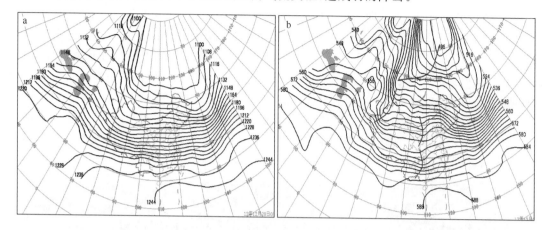

图 9.17　2012 年 12 月 20 日 08:00 200 hPa(a)和 500 hPa(b)高度场

　　对应卫星云图上,12 月 20 日凌晨(图 9.18a),在河西走廊形成高空急流云系,呈东西向带状分布,边界较光滑,呈红色,色调均匀,云系宽约 50 km,长约 200 km,云顶亮温较低(说明云伸展得很高),在高空引导气流作用下,云系不断向东移动,于 03:00(图 9.18b)进入山西西南部,山西出现零星小雪。之后,迅速向东移动,10:00(图 9.18c)覆盖山西,造成山西大范围降雪,但降雪较小,此时,云系前部已出现黄色毛齿状,这已是云系开始减弱的信号;12:00(图 9.18d),云系变得弯曲,色调不均匀,变为红黄色相间,毛齿状加剧,降雪明显减弱。

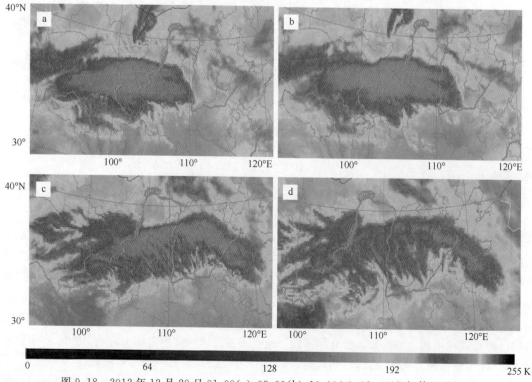

图 9.18　2012 年 12 月 20 日 01:00(a),03:00(b),10:00(c),12:00(d)红外卫星云图

计算多个个例表明,当200 hPa西风急流>60 m·s^{-1}时,云系平均移速约1.1个纬距/h,当200 hPa西风急流为50～60 m·s^{-1}时,云系平均移速约0.85个纬距/h,当200 hPa西风急流为40～50 m·s^{-1}时,云系平均移速约0.73个纬距/h。

9.5.1.4 螺旋状云系

地面常为回流与倒槽共同影响,500 hPa上高原槽走向呈西北—东南向(这是与其他类云系明显不同之处),对应云系也呈西北—东南向,但分布呈现出明显的螺旋状结构,丝缕状层次感强烈,黄褐色、灰色相间,其TBB中心值一般在220～240 K,有时中间会有红色小云块,其TBB中心值一般小于220 K,地面记录多为层状云,云顶高度较低,云层较厚。云系宽约60 km,长约220 km,其移向为西南—东北,在东北移过程中,逐步影响山西,造成山西大范围降雪,降雪以小到中雪为主,部分地区会出现大雪或暴雪,大雪或暴雪出现在黄褐色或红色云团内,TBB等值线梯度最大处靠近中心区域。如2006年1月18—19日的降雪就属此类(图略)。

9.5.1.5 叶状云系

降雪前12 h,地面常为回流形势,冷高压中心位于贝加尔湖以西,对应500 hPa上极涡偏北,冷空气势力偏北,中高纬度环流较平,贝加尔湖地区为发展强盛的高压脊。一般先形成盾形云团,造成小雪,河套西部地面高压底部、500 hPa短波槽底前部易形成叶状云系,叶状云系形成于回流加强时期。云系首先生成于河套地区,形似一片叶子,呈红色,色调较均匀,云顶亮温较低,一般小于220 K,说明云顶高度较高,其北侧边界比较光滑,其他方向边界较毛。在高空引导气流作用下,向东移动。在移动过程中,影响山西地区,造成山西大范围降雪,以中到大雪为主,云团最密实区域则出现暴雪。一般叶状云系造成的降雪范围大,强度也大,如2006年2月26—27日的降雪就属此类。此次过程先后由盾形云团和叶状云系共同影响造成(图9.19和图9.20)。

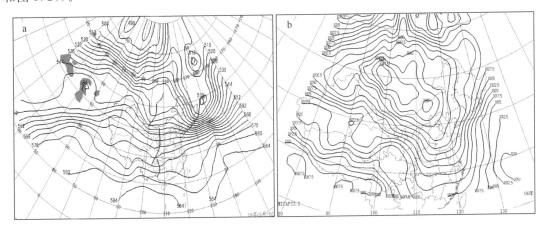

图9.19 2006年2月27日08:00 500 hPa高度场(a)和26日08:00地面形势(b)

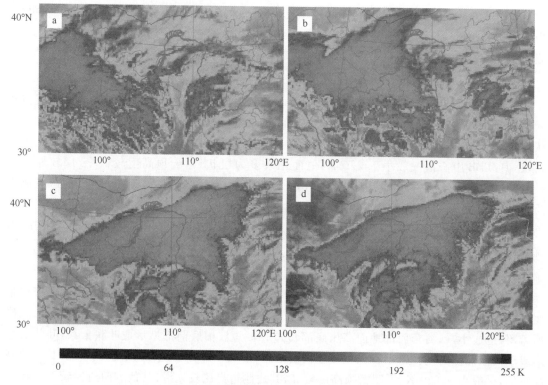

图 9.20 2006 年 2 月 26 日 21:00(a),27 日 02:00(b),08:00(c),10:00(d)红外卫星云图

9.5.2 TBB 和 TZT 分布与降雪关系

从以上分析不难看出,降雪一般出现在 TBB 小于 240 K 的冷云团内,大雪或暴雪则出现在 TBB 等值线梯度最大处靠近低值中心附近的区域,且 TBB 大小与未来 6 h 或 1 h 降雪量关系密切,可概括为表 9.4。

表 9.4 TBB 与降雪

TBB 阈值(K)	降雪量级	时间提前量(h)	降雪落区
230~240	小雪	6	该区域内
220~230	中雪	6	该区域内
<220	大雪	3	等值线密集处、靠近大值中心附近
<210	暴雪	1	等值线密集处、靠近大值中心附近

另外,分析降雪过程的 TZT(对流层中上层大气水汽含量)资料分布特征(图略)发现,降雪前,河套到山西的水汽含量明显增加,会出现一条水汽输送带,一般水汽输送带与云系走向接近,期间会出现大值中心,水汽含量大值区与未来 6 h 的降雪落区相对应,降雪出现在水汽带东南侧,湿度大值中心附近。若水汽含量>60%,以小雪为主,水汽含量>70%,会出现中雪,水汽含量>80%,会出现大雪,>90%则是暴雪的信号。

可见,对流层上层水汽含量的增加,是降雪出现的先兆信号,水汽含量大值区与未来 6 h 大的降雪落区对应,且先于降雪出现,对预报降雪有指示意义。

9.5.3　各类云系及其环境场特征

高空槽云系影响下,如果是过境型云系影响,一般降雪较小,持续时间也短,如果是后部云团发展型,则降雪时间长,强度也大。锋面云系影响下,降雪范围大,强度大,但时间相对短,若地面出现锢囚,降雪存在爆发性增幅的特点;降雪过后,会出现大风强降温。高空急流云系影响下,降雪范围大,但强度小,这是各类云系中,强度最小的一种。螺旋状云系影响下,降雪范围主要集中在中南部,但强度较大。叶状云系影响下,降雪强度大,范围也大,但持续时间相对较短,若有其他云系合并影响,降雪持续时间则较长。

另外,一次过程中,有时会出现先后两种云系影响,特别是出现云系合并时,降雪不仅会持续,而且会出现降雪的增幅,造成降雪持续时间长、强度大、影响范围大。

各种云系影响下,其云型及其环境场特征以及降雪特点概括为表 9.5。

表 9.5　云型及其环境场特征以及降雪特点

云系分类		云型特征	环境场特征	降雪特点
高空槽云系	过境型	西南—东北向带状分布,黄褐色与灰色相间	500 hPa 高原槽,低空无明显系统配置,地面常为回流弱	降雪分散,量级小,持续时间短
	后部云团发展型	形似盾形或叶子状,近似南北向,盾形向西北上拱,其间黄褐色与灰色相间,有时会有红色云块	500 hPa 高原槽,上游不断有短波槽补充,低空存在低涡或切变线配置,常形成低空急流,地面回流明显	降雪范围大、强度大,持续时间长
锋面云系		呈带状分布,宽约 60 km,长约 130 km,红色,其西北方存在向西北上拱的红色云罩。发展初期,前部较毛,为黄色毛齿状;发展强盛时,云罩后部边界光滑,有时云系头部出现气旋式弯曲。其间会有对流云团发展	地面存在典型的锋面,500 hPa 高原槽,上游不断有短波槽补充,低空存在低涡或切变线配置,常形成低空急流;环境场会出现不稳定层结,地面有时会有锢囚	降雪范围大、强度大,有爆发性增幅特点,持续时间较短;降雪后会伴随大风降温
高空急流云系		近似东西向带状分布,一般为红色或黄色,色调较均匀。发展初期,四周边界清晰,发展强盛时,宽可达 70 km 左右,长达 230 km 左右	200 hPa 西风急流,500 hPa 中纬度环流较平,地面多为回流形势;低空切变线不明显	降雪分布较均匀,量级小,持续时间短
螺旋状云系		西北—东南向,但分布呈现出明显的螺旋状结构,丝缕状层次感强烈,黄褐色、灰色相间,有时中间会有对流云团。云系宽约 60 km,长约 220 km	地面多为回流与倒槽共同影响,500 hPa 西风槽为西南—东北走向;环境场会出现不稳定层结;低空会伴有低涡切变线	降雪范围大,强度大,持续时间较长
叶状云系		形似一片叶子,呈红色,色调较均匀,其北侧边界比较光滑,其他方向边界较毛。形成于地面回流加强期间	500 hPa 中纬度环流较平,冷空气势力偏北;地面多为回流形势	降雪范围大,强度大

9.6　典型个例分析

9.6.1　2006年1月18—19日山西中南部暴雪天气分析

2006年1月18—19日,山西省中南部出现连续性区域暴雪天气过程,降雪持续时间长,强降雪集中,影响范围大,给交通运输和人民生活带来很大影响。此次过程系地面回流与河套倒槽共同作用所致。

9.6.1.1　降雪实况分布

图9.21为此次暴雪的12 h降水量分布。从图可看出,1月18日08:00,降雪从山西西南方开始,向东北方向发展,雨带呈西南—东北走向,这与水汽输送带非常一致。18日夜间降雪范围明显扩大,强度增强,最大降雪中心达9 mm,位于山西中部的孝义市,山西南部大部分地区12 h降雪量在4~8 mm;19日白天降雪达到最强,降雪范围迅速扩展到整个山西,最大降雪中心达11 mm,仍位于孝义市,但北部也出现5 mm的降雪中心,南部降雪量在3~7 mm,雨带转为南北向;19日夜间降雪逐步减弱。此次降雪维持时间较长,降雪强度较大,18日夜间和19日白天连续出现暴雪,最大降雪中心位于中部。

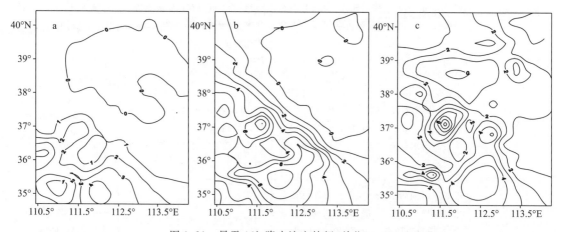

图9.21　暴雪12h降水演变特征(单位:mm)
(a)2006年1月18日08:00—20:00,(b)2006年1月18日20:00—19日08:00,(c)2006年1月19日08:00—20:00

9.6.1.2　环流形势及影响系统分析

500 hPa图上,暴雪出现前,东亚维持两槽一脊形势,极涡稳定加强,极锋位置偏北,山西受中纬度较平直的环流影响。对应温度场上,山西一直处于温度锋区底部。随着极涡的南压,沿极涡外围极锋锋区上分裂的短波小槽,与南支槽同相叠置,使得南支槽发展加深,这在冬季较为少见。17日南支槽发展开始影响山西,山西南部局部出现小雪,18日20:00(图9.22)南支槽加深东移,达到最强,槽前西南气流强盛,河套地区湿度明显增大,大部分站点 $T-T_d \leqslant$ 3.6℃(700 hPa),山西大部分地区出现小雪,中南部出现大雪,部分地区达到暴雪。19日08:00,系统缓慢东移,整个山西处于强盛的西南气流中,湿度继续增大,降雪加强,直到20日08:00,山西上空被西北气流控制,降雪才逐步减弱、结束。

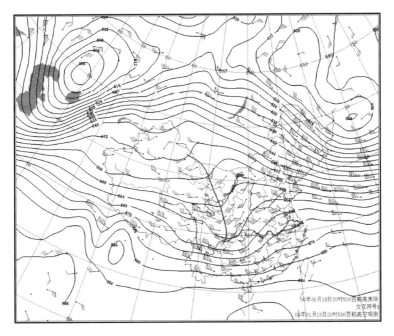

图 9.22　2006 年 1 月 18 日 20:00 500 hPa 形势(单位:dgpm,粗实线为槽线)

对应地面图上,暴雪出现前期,庞大的大陆高压一直盘踞欧亚大陆,16 日分裂为两个中心,山西一直处在高压底前部的偏东气流里,在之后的 48 h 内该高压稳定少动;河套倒槽从 18 日 05 时开始向北发展,18 日 14:00(图 9.23)达到强盛,且维持时间较长(一直持续到 19 日 23:00)。山西处于高压底后部强盛的东南气流里。河套倒槽前的暖湿空气与东南气流相遇,两支气流耦合加强,与北方冷空气在山西中南部强烈交汇,使得山西中南部出现了暴雪天气。这种回流形势与倒槽同时强烈发展的形势是造成这次暴雪范围大、持续时间长的重要原因。

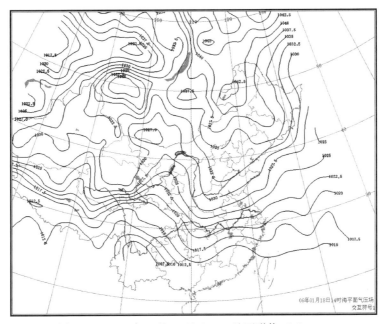

图 9.23　2006 年 1 月 18 日 14:00 地面形势(单位:hPa)

9.6.1.3 深厚的湿层和强烈的水汽辐合

沿 34.5°N 作温度露点差的剖面图,可看出,从 18 日 08:00 开始,从暴雪区上游到暴雪区一直维持大范围的深厚湿层,湿层厚度达到 600 hPa 左右,18 日 20 时到 19 日 08:00 达到最强,600 hPa 以下 $T-T_d \leqslant 4℃$(图 9.24)。而 18 日 20:00,700 hPa(图 9.25)水汽通量上,在暴雪区的西南方和东南方分别存在一个强水汽通量中心,中心数值分别达到 18.2 g·(s·hPa·cm)$^{-1}$ 和 14.3 g·(s·hPa·cm)$^{-1}$,西南方的水汽通量轴线呈近似西南—东北走向,东南方的水汽通量轴线呈近似东南—西北走向,暴雪中心就位于两条水汽通道交汇的南侧。由此也可看出,此次暴雪天气过程存在两条水汽输送带,分别对应西南急流和东南急流,两支急流共同为此次暴雪天气过程提供水汽和热量输送,在山西中部形成一个强的辐合中心。这也可从水汽通量散度图(图略)上看到,山西中南部到河南北部地区为强烈的水汽辐合区,最大辐合中心数值达到 -22 g·(s·cm^2·hPa)$^{-1}$。一般,如果在夏季,湿层厚度达到 700 hPa 时就会为暴雨的产生提供充足的水汽,而暴雪的发生,其湿层厚度更厚。因此,深厚的湿层和强烈的水汽辐合为此次暴雪提供了充分的水汽条件。

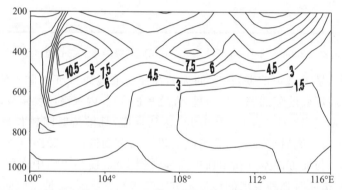

图 9.24 2006 年 1 月 18 日 20:00 沿 34.5°N 的温度露点差剖面图(单位:℃)

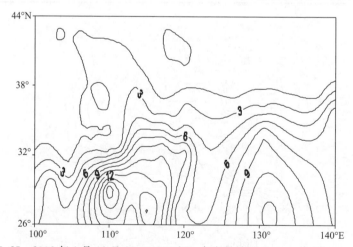

图 9.25 2006 年 1 月 18 日 20:00 700 hPa 水汽通量(单位:g·(s·hPa·cm)$^{-1}$)

9.6.1.4 低空急流

9.6.1.4.1 东南急流

由于 500 hPa 东亚大槽稳定少动,槽后冷空气出现了强烈下沉,并从低层向南扩散,表现为黄渤海到黄河下游地区出现了较强的偏东风。因此,从 925 hPa 图上可看出,从 17 日 20:00 开始,来自黄海和东海的水汽,穿越江苏、安徽、河南等省,形成≥14 m·s⁻¹ 的超低空偏东风急流,与 700 hPa 上低涡前≥16 m·s⁻¹ 的西南急流,在山西西南部形成辐合,并与北路冷空气交汇,在山西中南部产生强烈的降水。直到 20 日 08:00 偏东风急流和西南急流减弱,山西降雪才减弱、结束。

9.6.1.4.2　西南急流

暴雪出现前 3 d,高空西风带形成了乌拉尔山高脊、中亚槽和高空纬向西风急流,高空极涡稳定加强。之后,从极地南下的冷空气,沿极涡外围极锋锋区不断分裂小股冷空气出来,沿中纬度的偏西北气流东移,进入高原地区。暴雪出现前 48 h,在高原地区堆积、加强,暴雪出现前 36 h,开始明显东移,并与南支槽同相叠置,使得南支槽前的西南气流和西来槽前的西南气流互相贯通,并引导秦岭以南的低层暖湿气流向北方输送。北上的西南气流又与华北脊后的偏南气流产生辐合,造成西南气流的进一步加强,在高空急流的耦合作用下,于暴雪出现前 12 h,形成了中低空川、陕直至山西的≥16 m·s⁻¹ 的西南急流。

这两支急流分别对应着中低层的两个水汽通量轴线和能量密集带,因此它们为此次暴雪天气提供了水汽和热量输送,不仅如此,它们还使得高空急流入口区右侧和低空急流右前方产生较强的动力抬升运动,同时与低层暖湿气流北进过程中,因热力作用产生的爬升运动相叠加,加强了抬升运动。而抬升冷却作用将使上升的湿空气接近饱和,出现重力惯性波不稳定发展的条件,对降水有明显的触发作用。

9.6.1.5　涡散场和上升运动分布

9.6.1.5.1　高层辐散、低层辐合

分析散度场分布演变特征,18 日 08:00,暴雪区上空 300 hPa 出现一个辐散区,而低空 850 hPa 存在一个辐合区。18 日 20:00(图 9.26),高层辐散和低层辐合都在加强,暴雪区上空 300 hPa 辐散中心数值达到 36×10⁻⁶ s⁻¹,850 hPa 辐合中心数值达到 -4.2×10⁻⁶ s⁻¹。这种高层辐散、低层辐合的垂直结构一直维持到 19 日 2:00:00。高层辐散的抽吸作用,加强了低空暖湿气流的上升运动,是触发不稳定能量释放的重要启动机制。因此,高层辐散、低层辐合的垂直配置为强降雪的出现提供了有利的动力条件,而且这种垂直结构出现在暴雪出现前 12~24 h,对暴雪的预报有明显的先兆指示意义。

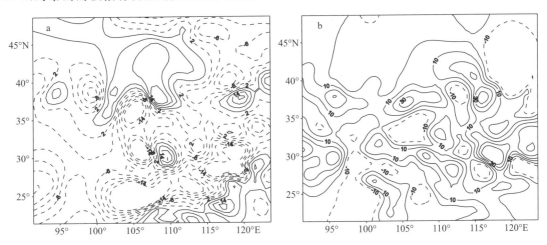

图 9.26　2006 年 1 月 18 日 20:00 850 hPa(a)和 300 hPa 散度场(b)(单位:×10⁻⁶ s⁻¹)分布

分析 500 hPa 涡度场,暴雪区位于正涡度带到负涡度带过渡、正涡度梯度最大的区域。19日 08:00(图 9.27),在较强西南气流的作用下,正涡度带向东北方向移动,中心强度明显增强,最大中心数值 12 h 增强 20×10^{-6} s^{-1},对应 19 日白天暴雪出现一个明显增幅期,之后,正涡度带继续向偏东北方向移动,19 日 20:00,暴雪区上空为正涡度中心所取代,降雪开始减弱。

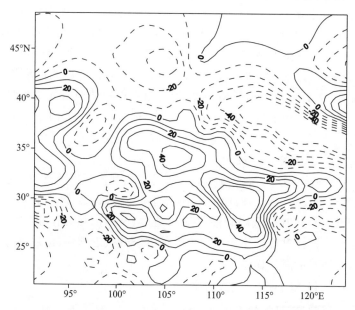

图 9.27 2006 年 1 月 19 日 08:00 500 hPa 涡度(单位:$\times10^{-6}$ s^{-1})

9.6.1.5.2 强烈的上升运动

沿暴雪区上空 111.7°E 作垂直上升速度的剖面图。从图可看出,暴雪区上空从 17 日开始就出现上升运动,随着时间的临近,上升运动在不断加强,上升运动的伸展高度不断增加。暴雪出现前 12 h(图 9.28),暴雪区上空几乎整层为上升运动,垂直上升运动达到 250 hPa 以下,

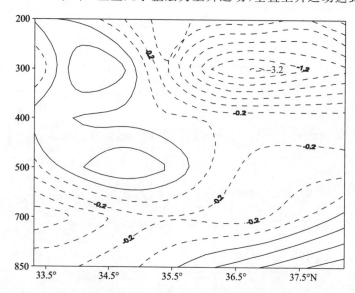

图 9.28 2006 年 1 月 18 日 20:00 暴雪区上空(111.7°E)垂直上升速度剖面图(单位:$\times10^{-3}$ m·s^{-1})

而且数值相对较大,在 300 hPa 达到最大,中心数值为-3.2×10^{-3} m·s^{-1}。这种强上升运动一直维持到 19 日 20:00,20 日 08:00 开始减弱。这是水汽和热量输送的重要因素。这种分布特征不仅维持时间长,而且出现在暴雪出现前 24～12 h,对预报暴雪的出现具有明显的先兆指示意义。

9.6.1.5.3　抬升系统——露点锋

分析 17 日 08:00 到 19 日 08:00 的 850 hPa 露点分布图的演变特征,发现,18 日 20:00(图 9.29)到 19 日 08:00,东部沿海地区的等露点线呈 Ω 型,且向北强烈伸展,山西正好位于露点锋区密集带的西北侧,是高不稳定能量的爆发区,低层露点锋的抬升作用触发了中层高不稳定能量的释放。可见,低层露点锋的维持与发展,是造成山西中南部连续暴雪天气的重要触发机制。

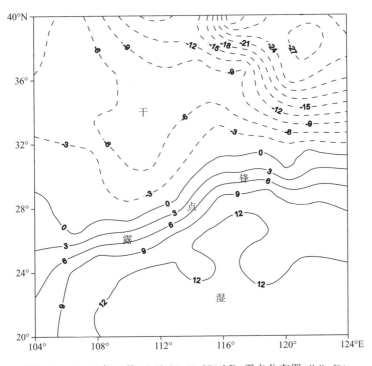

图 9.29　2006 年 1 月 18 日 20:00 850 hPa 露点分布图(单位:℃)

9.6.1.6　预报着眼点

通过以上分析,得出此次暴雪的预报着眼点为:

(1)分析 500 hPa 图,是否存在稳定的两槽一脊型环流形势,乌拉尔山高脊的发展和极地冷空气的南侵以及其在高原地区的先堆积、后东移,是使得南支槽发展加深的重要原因;同时,地面图上,回流形势与河套倒槽同时强烈发展,两支气流耦合加强,与南支槽后部冷空气在山西中南部交汇。这种大型环流形势的形成、维持与发展,是暴雪产生的基本背景,可通过欧洲数值预报产品来提前得到信息。

(2)深厚的湿层和强烈的水汽辐合为此次暴雪提供了充分的水汽条件,暴雪中心位于中低层两个水汽通量轴线交汇的南侧。这可提前 24～12 h 通过物理量场的诊断分析得到。

(3)500 hPa 沿极涡外围极锋锋区分裂的短波槽,与南支槽同相叠置,是低空西南急流形成的重要原因,而东亚大槽后的冷空气在低层向南扩散,形成超低空东南急流,两支急流耦合加强,不仅为此次暴雪提供水汽和热量输送,而且使得重力惯性波不稳定发展,加强了抬升运动。此种形势要考虑暴雪将有可能持续。

（4）高层辐散、低层辐合的垂直配置，以及深厚而强烈的上升运动，是强降雪出现的动力条件，这种结构提前 24～12 h 出现，对暴雪的预报有指示意义；而低层露点锋的存在，是不稳定能量的重要触发机制；500 hPa 正涡度梯度的增强，将预示着暴雪出现一个增幅期。

以上分析表明，通过数值预报产品分析形势演变以及物理量诊断分析，不仅可以提前 24～12 h 作出暴雪预报，而且可判断暴雪的持续或加强。

9.6.2　三次回流倒槽作用下山西大（暴）雪天气比较分析

2011 年 2 月 9—10 日（以下简称个例 1）、25—28 日（以下简称个例 2）和 2010 年 3 月 13—14 日（以下简称个例 3），山西出现了三次大雪或暴雪天气，三次过程均系地面回流与倒槽共同作用所致，但三次过程中降雪强度、强降雪落区、降雪持续时间均存在很大差异。

9.6.2.1　降雪特征与流型配置

9.6.2.1.1　降雪特征及差异

个例 1：降雪从 8 日夜间由南部开始，9 日（图 9.30a）白天降雪范围迅速向北扩大，降雪强度迅速增大，9 日夜间（图 9.30b）降雪范围和强度均呈增强趋势，10 日夜间逐步减弱结束，历时 48 h。降雪主要集中在 9 日白天到夜间，全省普降小到中雪，24 h 降雪量为 0.0～7.4 mm，其中北部 2 县、南部 3 县达到大雪。伴随着降雪和降温，10 日早晨全省大部分地区出现积雪，积雪深度为 0～9 cm，其中 14 县积雪深度大于等于 5 cm。

个例 2：25 日白天自西南开始出现小雪，26 日（图 9.30c），降雪范围迅速向东北扩大，降雪强度迅速增强，全省 24 h 降雪量为 0.0～12.1 mm，南部 20 县、中部 3 县、北部 1 县达到大雪，南部 7 县出现暴雪；27 日（图 9.30d），降雪强度有所减弱，全省 24 h 降雪量为 0.0～7.1 mm，南部 7 县、中部 12 县、北部 3 县仍达到大雪；28 日（图 9.30e）降雪出现二次显著增幅，暴雪区再次南压，全省 24 h 降雪量为 0.0～13.0 mm，南部 7 县达到暴雪、30 县达到大雪；直到 28 日夜间，降雪才逐步减弱结束，共历时 96 h。26 日早晨，出现大范围积雪，积雪深度为 0.0～17 cm，全省有 29 县积雪深度超过 5 cm。

个例 3：降雪从 13 日夜间开始，到 14 日下午结束，历时 15 h，降雪主要集中在中部的吕梁以及北部的朔州、忻州、大同等市，24 h（图 9.30f）降雪量在 1.0～18.1 mm，其中 13 县市出现大雪，16 县市出现暴雪。

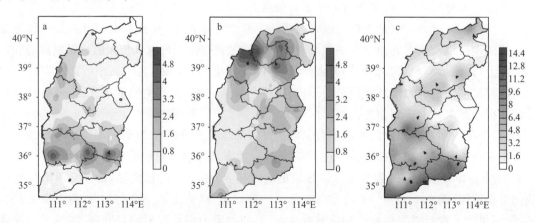

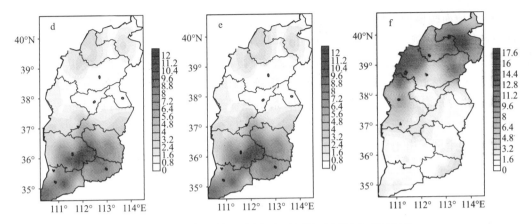

图 9.30　2011 年 2 月 9 日(a)、10 日(b)、26 日(c)、27 日(d)、
28 日(e)，2010 年 3 月 14 日(f)24 h 降雪量分布(单位:mm)

从以上分析,可将三次降雪特点概括为表 9.6。

表 9.6　三次降雪特点比较

个例	持续时间	范围	24 h 最大降雪量(mm)	最大积雪(cm)	特点
1	48 h	全省	5.3/北部	9	持续时间较长,范围大,但强度较小;降雪存在从南向北推的特点
2	96 h	全省	13.0/南部	17	持续时间长,范围大,强度也大,降雪存在先从南向北推、再向南压的特点
3	15 h	全省	18.1/北部	23	持续时间短,但强度大,范围大,积雪深,降雪存在从北向南压的特点

9.6.2.1.2　环流形势演变与流型配置

对比三次过程的形势演变,地面均为回流与倒槽共同影响,系统结构呈先南—北向,后转为西南—东北向;低空存在切变线,水汽条件较好,风场也较强,但高低空系统配置不同,导致强降雪落区、降雪强度、持续时间上均存在很大差异。

个例 1:地面暖倒槽位置偏南;对应 500 hPa 为短波槽和高原槽相继影响,冷空气势力较弱;700 hPa 低涡切变线偏南且逐步北抬,急流偏南,强度弱;850 hPa,9 日 20:00 以后才在山西北部形成切变线;高低空配置较弱,不利于大范围强降雪的出现。

个例 2:地面暖倒槽维持时间长,且向北发展强盛,25 日 23:00,还出现锢囚,山西位于锢囚锋前部;26 日 20:00 以后,随着高压前部冷空气扩散南下,西南暖湿气流持续向北输送,27 日回流倒槽共同影响的形势再次加强。对应 500 hPa 极地冷空气活跃,并不断分裂小股冷空气东移南下,中高纬度地区多短波槽活动,山西持续受槽前偏西南气流影响,期间 2 次出现阻塞形势,而低空 700 hPa 持续存在切变线,其前部形成西南急流,急流轴位于陕西到山西一带,其两侧温度露点差<4℃,形成很强的水汽输送,且在山西南部存在明显的风速辐合,26 日 20:00,还出现一支风速≥6 m·s^{-1} 的东北气流,两支气流交汇在山西;850 hPa 上形成西南涡伴随冷暖两条切变线,偏东南急流强盛。造成冷暖空气持续在山西上空交汇,这是降雪稳定维持的重要原因之一,暴雪出现在阻塞形势出现 12 h 后,切变线东南侧、三支强气流交汇的区域。

个例3:地面暖倒槽维持时间较长,但中心位置偏西,向北发展强盛,14日05:00,出现锢囚,锢囚点位置较个例2偏北。对应500 hPa上,中高纬度为两槽一脊,山西受槽前偏西南气流影响,700 hPa上,形成低涡切变线,切变线东南侧形成偏西南急流,但急流头位于山西北部;850 hPa和925 hPa上,也存在急流,但急流风向在30°N处发生逆转,30°N以南为西南急流,30°N以北为东南急流,急流轴非常偏北,东南急流头位于山西西北部,该处形成西北风和东南风的辐合。暴雪出现在切变线东南侧、急流头附近。

个例2和个例3由于锢囚锋的出现,降雪存在爆发性增幅特点(表9.7)。

表9.7　三次降雪形势特点比较

个例	500 hPa	700 hPa	850 hPa	地面	系统配置
1	两槽一脊型,短波槽和高原槽共同影响	西北涡切变线,偏南风急流,强度弱,且急流轴偏南	切变线,偏东急流	倒槽位置偏南	系统配置较弱,但移动较慢
2	一槽一脊型,2次出现阻塞形势,"单阻"型	切变线,西南急流持续存在	偏东风,第二次暴雪前出现较强偏东北风	倒槽持续时间长,第一次暴雪出现锢囚	系统稳定、深厚,配置完整,移动慢
3	低值系统,高原槽发展东移	西北涡切变线,急流头位于山西北部	东南急流,急流轴偏北,急流头位于山西北部	出现锢囚,锢囚点偏北	系统配置完整,但移动较快

总体来看,个例1(图9.31 a和b)系统配置较弱,但移动较慢;个例2(图9.31c和d)系统配置完整,且稳定维持;个例3(图9.31e)系统配置完整,但移动较快,持续时间较短。

500 hPa出现阻塞形势是导致系统稳定维持的最重要因素;急流强度、湿层厚度与降雪强度关系密切;地面特征线、急流位置、切变线位置与强降雪落区关系密切。

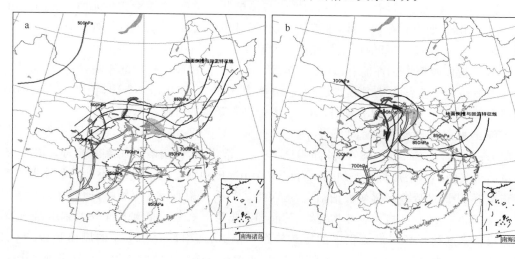

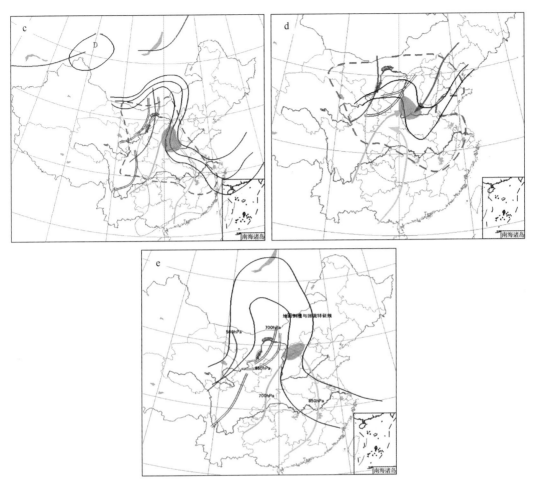

图 9.31　2011 年 2 月 8 日 20:00(a)、9 日 20:00(b)，2 月 25 日 20:00(c)、
27 日 20:00(d)，和 2010 年 3 月 13 日 20:00(e)的流型配置

9.6.2.2　水汽输送特征比较

9.6.2.2.1　比湿分布特征及差异

计算三个个例降雪期间的各层比湿，分析发现，850 hPa 最能反映降雪变化特征（图 9.32）。三次过程的共同点为：大雪或暴雪出现前 12 h，低层比湿出现增幅，在河套到山西出现 Ω 型结构的大值区，强降雪位于湿度峰东南侧。不同点为：降雪量与比湿大小有关，降雪强度与 Ω 型结构径向度有关，降雪持续时间与湿度峰维持时间有关，强降雪落区与 Ω 型结构向北伸展的顶点有关。比湿>9.5 g·kg^{-1}是局地暴雪的阈值；比湿>10 g·kg^{-1}、湿度峰强时，暴雪范围可能会大，降雪量也会增大；比湿>12 g·kg^{-1}、湿度峰强、Ω 型结构径向度大时，暴雪强度大，量级也大。

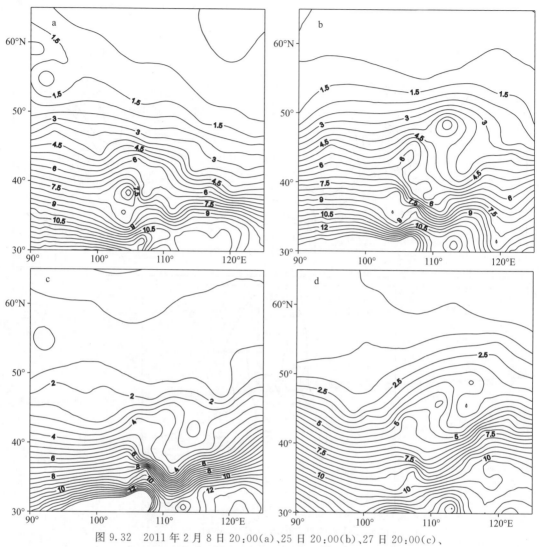

图 9.32　2011 年 2 月 8 日 20:00(a)、25 日 20:00(b)、27 日 20:00(c)、
2010 年 3 月 14 日 08:00(d)850 hPa 比湿(单位:g·kg^{-1})

9.6.2.2.2　大气可降水量演变及差异

计算三个个例降雪期间的大气可降水量,进行比较:

个例 1:8 日 20:00(图 9.33a)—9 日 08:00,与河套倒槽相对应,从河套到山西地区,形成一个大值区,整个山西上空的大气可降水量>7 mm,中南部>9.5 mm。降雪期间,累计可降水量达到 17~23 mm。

个例 2:25 日 20:00—28 日 08:00,从河南到山西地区,形成一个大值区,整个山西上空的大气可降水量>7 mm,暴雪出现前一日 20:00(图 9.33b 和 c),中南部>11 mm。降雪期间,累计可降水量达到 22~30 mm。

个例 3:13 日 20:00,与河套倒槽相对应,从河套到山西地区,形成一个大值区,大值轴走向呈西南—东北向,大值顶点一直伸展到山西北部,整个山西上空的大气可降水量>7 mm,北中部>9.5 mm。14 日 08:00(图 9.33d),大值区东移,白天暴雪区也随之东移。24 h 累计降水量最大达 23 mm。

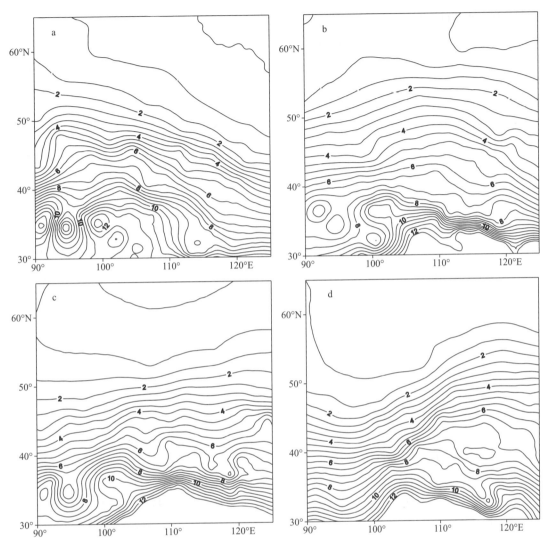

图 9.33　2011 年 2 月 8 日 20:00(a)、25 日 20:00(b)、27 日 20:00(c)、
2010 年 3 月 14 日 08:00(d)大气可降水量(单位:mm)分布

　　总之,强降雪前 12 h,低层水汽持续向山西地区输送,使得山西上空大气可降水量持续增加。随着回流形势和低层偏东气流的维持,经河南到山西南部的东路也出现大值区(较西路小),说明降雪开始后,低层偏东水汽的补充非常重要。与低层水汽输送相对应,山西上游到山西地区会出现一个>7 mm 的大值区,降雪强度与最大可降水量有关,>9.5 mm 和累计可降水量>20 mm 是出现暴雪的阈值;降雪持续时间与水汽持续输送和补充有关;强降雪落区与大值轴顶点对应,顶点偏南,暴雪出现在南部;顶点接近中部,暴雪出现在中部;顶点在北部,暴雪落区在北部。

9.6.2.3　热力、动力结构特征与降雪

9.6.2.3.1　热力结构特征

(1)能量分布

利用网格化资料,计算强降雪期间 850 hPa 的 θ_{se}(单位:K)和热力平流(单位:$\times 10^{-6}$ K·s^{-1}),

分析其演变特征(图略)。

个例 1:8 日 20:00 强降雪开始前,850 hPa 河套地区出现伸向山西的高能舌,呈 Ω 型结构,闭合中心位于山西西南部,强度为 296 K,未来 12 h 后强降雪出现在高能轴东南侧的高能中心附近;9 日 20:00,随着能量梯度密集带的东移、北抬,高能舌向北发展并东移,舌尖附近范围出现闭合中心,中心强度为 284 K,9 日夜间到 10 日白天,再次出现大雪天气,大雪落区位于高能轴东南侧的高能中心附近。10 日 08:00 能量梯度密集带迅速东移,山西变为低值区,降雪逐步减弱结束。

个例 2:25 日 20:00 强降雪开始前,850 hPa 河套地区出现伸向山西的高能舌,呈 Ω 型结构,闭合中心一个位于内蒙古与山西交界,强度为 286 K,另一个位于山西中西部,强度为 292 K,未来 12 h 后高能轴东南侧普降大雪,暴雪位于第二个中心南侧;26 日 08:00,随着能量梯度密集带的南压,第二个高能中心消失,第一个高能中心南压,强度减弱为 282 K,27 日降雪有所减弱,大雪区北抬;27 日 20:00,高能舌再次向北发展,中心强度为 284 K,27 日夜间到 28 日白天,高能轴东南侧再次出现大范围大雪天气,暴雪位于高能轴南侧。28 日 08:00,随着冷空气的大举入侵,能量梯度密集带迅速南压,山西变为低值区,降雪逐步减弱结束。

个例 3:13 日 20:00 强降雪开始前,850 hPa 河套地区出现伸向山西的高能舌,呈 Ω 型结构,闭合中心位于地面冷锋辐合最强的区域,强降雪出现在能量锋区东南侧高能中心附近;14 日 08:00,随着能量锋区的东移、南压,高能舌向北发展并东移,舌尖附近出现范围较小的闭合区。

比较三个个例,降雪前 12 h,河套地区均出现 Ω 型结构的高能舌,大雪或暴雪的落区均位于高能轴东南侧。个例 1,Ω 型结构弱即径向度小,持续时间也短,因此降雪强度小;个例 2,Ω 型结构强即径向度大,持续时间也长,因此降雪强度大,持续时间也长;个例 3,Ω 型结构强即径向度大,但持续时间短,因此降雪强度大于个例 1,小于个例 2,持续时间短。可见,Ω 型结构的能量分布的出现,对大雪或暴雪天气有指示意义,降雪落区与高能轴位置关系密切;降雪强度与高能中心强度关系不是很大,但与 Ω 型结构的强弱有关;降雪持续时间与 Ω 型结构持续时间呈正比。

沿大雪区或暴雪区作热力平流的垂直剖面(图略),分析其特征。

三个个例的共同点为:强降雪前一日 20:00,山西低层 850 hPa 以下均有冷平流侵入,形成"冷垫",冷垫厚度一般达 850 hPa,而高层为暖平流。强降雪期间,"冷垫"一直存在,随着高层强冷空气的侵入,"冷垫"逐渐消失,山西上空整层为强冷平流区控制时,强降雪结束。结合湿度场分析表明,临近强降雪开始,"冷垫"区的湿度大于 70%。

不同点为:强降雪出现前,"冷垫"厚度差异不明显,但平流强度存在明显差异,个例 1,"冷垫"中心强度大,小于 -280×10^{-6} K·s^{-1},暖中心强度也较大,大于 210×10^{-6} K·s^{-1},但小于冷中心强度;个例 2 与个例 3,均为冷中心强度小于个例 1,二者均为 -140×10^{-6} K·s^{-1},暖中心强度大于个例 1,二者均为 -280×10^{-6} K·s^{-1},但个例 2 暖中心高度高于个例 3。可见,降雪前,近地层冷平流越强,高层暖平流越小,降雪强度越小;降雪结束时,冷平流中心位置越高,降温幅度越大。

(2)逆温层情况

分别制作三个个例的温度廓线(图 9.34),分析,强降雪前 925 hPa 以下均存在逆温,但逆温强度和持续时间存在明显差异:

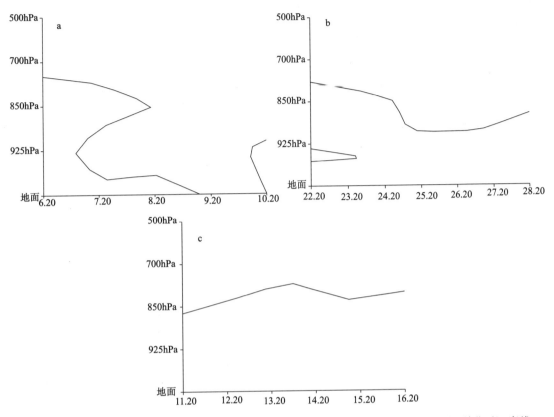

图 9.34 2011 年 2 月 6—10 日(a)、2 月 22—28 日(b)、2010 年 3 月 11—16 日(c)温度(单位:℃)廓线

个例 1,降雪前连续 4 d 存在逆温,逆温强度一般在 2~3℃;个例 2,降雪前连续 7 d 存在逆温,逆温强度一般在 3~5℃;个例 3,降雪前连续 2 d 存在逆温,逆温强度在 2~4℃。

可见,强降雪前,逆温持续时间越长,强降雪持续时间就越长;逆温强度越强,降雪强度就越大。另外,分析 3 个个例的 0℃层变化情况,发现,强降雪前一日,太原 0℃层一般在 925~800 hPa,0℃层高,强降雪落区偏北;0℃层低,强降雪落区偏南。

9.6.2.3.2 动力结构特征

(1)散度垂直结构

分别沿大雪区或暴雪区上空 111°E,112.4°E,113.8°E 作散度垂直剖面(图 9.35),分析其演变发现,强降雪前 12 h,三个个例均存在低层辐合、高层辐散的垂直结构,但辐合、辐散层厚度及其中心强度差异较大。

个例 1:辐合在 850 hPa 以下,中心强度 $-15.2 \times 10^{-6} \cdot s^{-1}$,辐散达到 600 hPa,中心强度 $-14.8 \times 10^{-6} \cdot s^{-1}$。

个例 2,辐合在 800 hPa 以下,中心强度 $-29.3 \times 10^{-6} \cdot s^{-1}$,以上为辐散层,最强达到 400 hPa,中心强度 $-28.8 \times 10^{-6} \cdot s^{-1}$。

个例 3,辐合在 850 hPa 以下,中心强度 $-15.8 \times 10^{-6} \cdot s^{-1}$,以上为辐散层,最强达到 400 hPa,中心强度 $22.7 \times 10^{-6} \cdot s^{-1}$。特别是对于个例 2,此种结构维持时间较长,降雪持续时间也较长,随着辐合、辐散层厚度及强度的变化,降雪出现减弱和增幅的跳跃式变化,此种结构加强后 12 h,降雪出现增幅。

可见,三个个例散度的垂直结构存在较大差异,降雪量与辐合、辐散层厚度及其中心强度关系密切;此种结构的维持影响着降雪的持续时间。

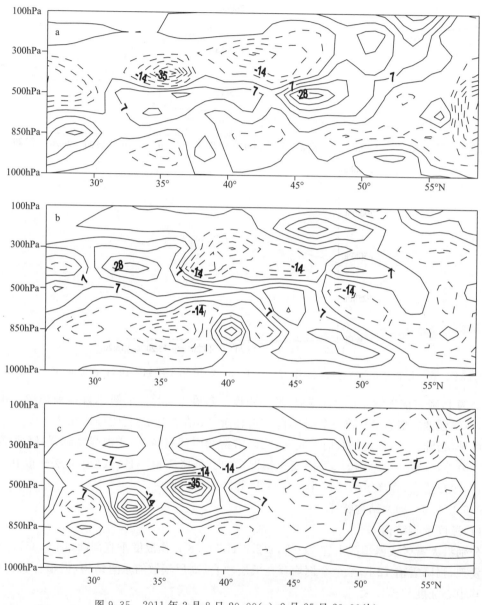

图9.35 2011年2月8日20:00(a),2月25日20:00(b),
2010年3月13日20:00(c)分别沿大雪或暴雪区上空的散度(单位:×10⁻⁶ s⁻¹)垂直剖面

(2)垂直速度分布及演变

分别沿大雪或暴雪区上空35.5°N,36.2°N,39.7°N作垂直速度垂直剖面(图略),分析其演变发现,强降雪前12 h,暴雪区上空均出现强烈的上升运动,但上升运动高度、中心强度差异较大。

个例1:8日20:00,暴雪区上空700 hPa以上出现强烈的上升运动,上升运动高度伸展至200 hPa,最大上升运动中心达到400 hPa,中心强度为−29.6×10⁻⁶ hPa·s⁻¹;9日08:00,上升运动高度迅速下降到 650 hPa,中心强度也迅速减到 -10.5×10^{-6} hPa·s^{-1}。8 日夜间出现强降雪,9 日白天降雪维持,但没有明显增幅。从结构上看,暴雪区两侧存在两个正反环流圈,结构为西南—东北走向。

个例 2:25 日 20:00,暴雪区上空整层山现强烈的上升运动,最大上升运动中心达到 400 hPa,中心强度为 -31.8×10^{-6} hPa·s^{-1};26 日 08:00,整层仍然维持较强的上升运动,最大上升运动中心仍达到 400 hPa,中心强度减弱为 -22.7×10^{-6} hPa·s^{-1},26—27 日,降雪出现减小;27 日夜间,再次出现中心强度加强,27 日夜间到次日,再次出现暴雪。整个降雪期间,暴雪区两侧也存在两个正反环流圈,但结构为近似南北向。

个例 3:13 日 20:00,暴雪区上空 300 hPa 以下出现强烈的上升运动,最大上升运动中心达到 400 hPa,中心强度为 -32.5×10^{-6} hPa·s^{-1};14 日 08:00,上升运动高度向上发展,但最大上升运动中心降低到 600 hPa,中心强度增强到 -36.1×10^{-6} hPa·s^{-1}。13 日夜间和 14 日白天出现 2 次降雪的增幅。13 日 20:00 为西南—东北走向结构,14 日白天,转为南北向。

可见,强降雪前 12 h,暴雪区上空均出现强烈的上升运动,降雪量与上升运动高度、中心强度、环流圈结构有关;降雪持续时间与上升运动持续时间密切相关,结构的转向、中心强度的增强预示着降雪再次增幅;南北向结构较西南—东北向结构降雪强度大。

9.6.2.4 地面中尺度特征与卫星资料

9.6.2.4.1 地面中尺度特征比较

分析三个个例的地面风场变化(图略):

个例 1:整个降雪期间地面风场较弱,在大雪出现前 10~6 h,大雪区出现中尺度辐合线,但持续时间较短,偶有中尺度涡旋出现,风速较小,西北部大雪区的中尺度辐合线持续时间超过 5 h。

个例 2:整个降雪期间地面风场较强,在强降雪出现前 10 h,强降雪区出现中尺度涡旋或中尺度辐合线,且持续时间较长,超过 5 h。

个例 3:整个降雪期间地面风场较强,在强降雪出现前 10 h,强降雪区出现中尺度涡旋或中尺度辐合线,且持续时间较长。

比较三个个例风场结构变化得出:地面风场强弱与降雪强度关系密切,风场越强,降雪越强;强降雪开始前和强降雪阶段东南风大于东风和偏北风(一般大 4~8 m·s^{-1} 左右),而随着东南风的减小,降雪趋于减小;降雪结束阶段,偏北风大于东南风(一般大 4~6 m·s^{-1} 左右);中尺度辐合和中尺度涡旋持续时间越长,降雪持续时间越长,强度也大;中尺度涡旋较中尺度辐合的降雪强度大;若地面仅出现中尺度辐合线,且持续时间小于 5 h,则只考虑大雪,不考虑暴雪;若地面出现持续时间较长的中尺度涡旋,则未来 6~10 h 后,要考虑暴雪。

9.6.2.4.2 云型特征及云系发展

(1)红外卫星云图与 TBB

分析三个个例的红外卫星云图和 TBB 演变特征:

个例 1:为高空槽云系影响,属于云系过境型。

8 日夜间,高空槽云系位于河套地区,山西受高空槽云系前部一些零散云系影响,夜间开始出现零星降雪。9 日凌晨,随着云系的移入,降雪范围扩大,强度有所增大,但云层薄,云顶亮温高,降雪以小雪为主。9 日白天,随着贝加尔湖冷空气补充南下,高原槽发展,河套地区又有一股高空槽云系发展东移,到 9 日下午,云系基本覆盖山西,云层变厚,云顶亮温降低,山西出现大范围降雪,9 日 18:00 达到最强,北部地区云比较密实(图 9.36a),云顶亮温降低,而中南部云层较薄,受以上云系影响,山西降雪持续,大雪出现在 TBB 小于 230 K 的中心东南侧。到 10 日早晨,云系移出山西,降雪结束。整个过程中,云层薄,云顶低,云顶亮温较高,云系移动快,造成的降雪小,持续时间短。

个例 2:为 2 个高空槽云系先后影响山西地区,属于槽后云团发展型。

25 日 20:00(图 9.36b),高空槽云系位于河套但已逼近山西,山西受高空槽云系前部薄云系影响,出现较小降雪。之后,高空槽云系不断发展东移,但云层薄,移动快,造成山西地区持续小雪天气。在上述云系东移过程中,随着 500 hPa 切断低压前冷空气补充南下,高原槽不断发展加深,槽前水汽输送,前述高空槽云系后部不断有云团发展并移入山西,于 26 日 10:00,在山西南部形成一个盾形云团,该云团不断发展加强,变得密实,于 16:00(图 9.36c)达到最强,同时云顶亮温不断降低,低于 230 K,暴雪出现在盾形云团内、TBB 小于 230 K 中心东南侧。之后,山西持续有云系覆盖,降水以小到中雪为主。28 日白天(图 9.36d),随着东亚大槽形成发展,高空槽云系再度形成并发展东移,其后部不断有云系发展,形成叶状云团,云层加厚,云顶变高,降雪再次出现增幅,暴雪出现在叶状云团内,TBB 小于 230 K 的中心东南侧。整个降雪过程中,云层厚,云顶高,云顶亮温较低,造成的降雪大,持续时间长。

个例 3:为典型的锋面云系影响。

13 日 20:00,锋面云系位于河套地区已移近山西,在高空引导气流作用下,云系向偏东方向移动,造成山西大范围降雪。锋面云系云顶伸展得更高,云层更厚,后部干区非常明显,暴雪出现在干湿交界处接近湿区一侧,即 TBB 线密集带东南侧、中心强度小于 210 K 的附近(图 9.36e)。14 日 17:00(图 9.36f),云系快速移出山西,其后部边界非常光滑,随着锋面的移出,降雪结束,但对应地面强冷高压前部的等压线梯度非常大,降雪后山西出现大风天气,后部边界非常光滑是典型的大风云型特征。

总之,个例 1,云层薄,移动快,云顶亮温高,大雪出现在 TBB 小于 230 K 的东南侧;云系持续时间较长,但降雪强度小。个例 2,云层厚,移动慢,后部不断有云团生成并发展东移,云顶亮温低,暴雪出现在 TBB 小于 220 K 的东南侧;云系持续时间长,降雪强度大。个例 3,云层厚,移速较快,云顶亮温更低,暴雪出现在 TBB 小于 210 K 的东南侧;云系持续时间短,但降雪强度大。

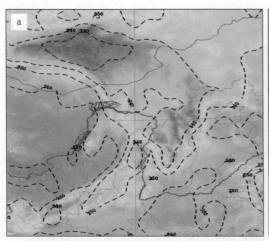
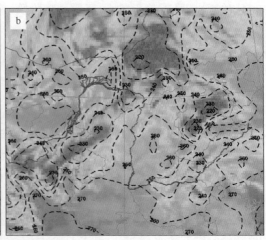

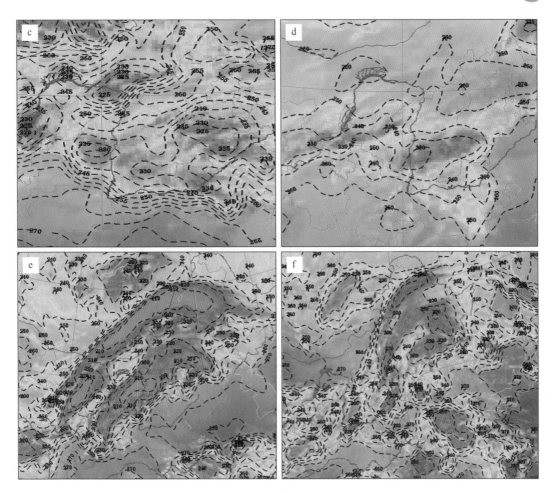

图 9.36 2011 年 2 月 9 日 18:00(a)、25 日 20:00(b)、26 日 16:00(c)、
28 日 09:00(d),2010 年 3 月 14 日 03:00(e)和 17:00(f)红外卫星云图与 TBB

(2)对流层中上层水汽含量分布

分析 FY-2Y 产品 TZT(对流层中上层水汽含量)(图略):

个例 1:8 日 20:00,河套到山西的水汽含量增加,出现一条>60%的水汽带,期间存在>
80%的中心,未来 12 h 后大雪出现在该中心附近。

个例 2:25 日 20:00 开始,山西省上空水汽含量逐步增加,23:00,中南部>60%,在山西省
西南部出现一条>70%的水汽带,期间有 2 个大于 90%的中心,未来 24 h 的暴雪落区就在这
2 个中心附近。27 日 05:00,水汽含量大值区北推,在山西北部出现一条>70%的水汽带,28
日水汽带再次南压,中南部>80%,期间出现>90%的区域,与暴雪位置基本接近。

个例 3:从 13 日 17:00 开始,河套地区水汽含量不断增加,20:00,山西北部水汽含量>
70%,西北部达到 100%,大气已处于饱和状态,13 日夜间到 14 日白天,山西省北部出现大范
围强降雪,暴雪中心与 100%的区域位置吻合。

总之,对流层上层水汽含量的增加,是降雪出现的先兆信号,水汽含量大值区与大的降雪
落区对应,且先于强降雪出现,对预报强降雪有指示意义。

9.6.2.5 结论与讨论

通过以上分析,提炼出回流与倒槽共同影响下山西大雪或暴雪天气的预报着眼点和关键预报技术指标。

预报着眼点:

第一步:判断地面是否有回流与倒槽共同影响的形势,若已经出现,至少要考虑大雪天气过程。

第二步:分析高低空流型配置特点,初步判断降雪时间、强度和落区。

强降雪落区:(1)强降雪出现在地面倒槽与回流特征线之间、低空切变线东南侧、低空急流头附近三者重合的区域,其中判断地面倒槽与回流特征线是难点。(2)对于首次出现强降雪,则一般 700 hPa 和 850 hPa ($T-T_d$)<4℃的区域不重叠;对于次日连续出现强降雪,则 700 hPa 和 850 hPa 的 ($T-T_d$)<4℃的区域重叠。

强降雪强度:(1)低空风速是否达到急流标准是判断降雪强度的重要指标之一,若达到,一般考虑暴雪,若达不到急流,但风速较强,存在 6~10 m·s^{-1} 的风速带,一般考虑大雪。(2)700 hPa 上和 850 hPa 上 ($T-T_d$)<4℃的区域重叠与否,也是判断降雪强度的重要指标之一,若重叠,则降雪量级较大;若不重叠,则降雪量级相对小,考虑大雪。

强降雪出现和结束时间:出现以上配置 12 h 后,出现强降雪。系统配置稳定维持,是判断强降雪能否持续的重要因素。强降雪的结束:以上配置消失,地面转为高压或高压前部、高空为偏北气流控制,同时低空不再存在明显切变线,强降雪结束。如果低空依然存在明显切变线,水汽条件满足,要考虑降雪的持续,至少会有小雪甚至中雪出现。

第三步:结合物理量场分布特征(表 9.3),最后确定强降雪强度、落区与持续时间。

参考文献

[1] 赵桂香.晋中地区冬季大到暴雪的分析预报[J].山西气象,2000,(2):17-19.

[2] 赵桂香,杜莉,范卫东,等.山西省大雪天气的分析预报[J].高原气象,2011,**30**(3):727-738.

[3] 赵桂香.一次回流与倒槽共同作用产生的暴雪天气分析[J].气象,2007,**33**(11):41-48.

[4] 赵桂香,许东蓓.山西两类暴雪预报的比较[J].高原气象,2008,**27**(5):1140-1148.

[5] 赵桂香,杜莉,范卫东,等.一次冷锋倒槽暴风雪过程结构特征及成因分析[J].高原气象,2011,**30**(6):1516-1525.

[6] 赵桂香,程麟生,李新生."04.12"华北大到暴雪过程切变线的动力诊断[J].高原气象,2007,**26**(3):615-623.

[7] 赵桂香,秦春英,赵彩萍,等.2009 年冬季黄河中游一次由旱转雨雪天气的诊断分析[J].高原气象,2010,**29**(4):864-874.

[8] 赵桂香,杜莉,郝孝智,等.3 次回流倒槽作用下山西大(暴)雪天气比较分析[J].中国农学通报,2013,**29**(32):337-349.

[9] 赵桂香.诊断分析技术在山西强降雪预报中的应用[J].高原气象,2014,**33**(3):838-847.

[10] 赵桂香.山西省降雪天气的云系分型及其发展原因[M].北京:气象出版社,2014:139-153.

第10章 霜冻天气分析与预报

霜冻是指受强冷空气影响,地面温度突然下降到0℃及以下,使农作物遭受冻害的现象。霜冻有白霜和黑霜之分,地面温度下降到0℃及以下,近地面或农作物叶面上有水汽凝华的白色结晶物时,为白霜;无白色结晶物的,为黑霜。

10.1 霜冻的分类及其影响

10.1.1 霜冻的分类

10.1.1.1 按其形成原因分

按其形成原因分类,霜冻可分为三类,即平流霜冻、辐射霜冻以及平流—辐射霜冻。

10.1.1.1.1 平流霜冻

平流霜冻是指北方强冷空气南下直接引起的霜冻。这种霜冻常见于早春和晚秋,在一天的任何时间内都可能出现,而且影响范围广,可以造成大面积作物受冻,带来区域性灾害。山西省的初霜冻以此类为多。

10.1.1.1.2 辐射霜冻

辐射霜冻是由于夜间辐射冷却而引起的霜冻。这种霜冻只出现在少云或风弱的夜间或早晨,通常是一块一块地出现在一个区域内,且常见于低洼地方。山西省的山区由于海拔较高,温度昼夜差别较大,常出现这种单纯的辐射霜冻,而中部的低洼地区则由于夜间风力小,湿气重,常在次日早晨出现此类霜冻。

10.1.1.1.3 平流—辐射霜冻

平流—辐射霜冻是由平流降温和辐射冷却共同作用而引起的霜冻。这种霜冻的后期可转为辐射霜冻。此类霜冻常见于连续数日出现霜冻,造成的灾害也较重。

10.1.1.2 按其出现时间分

按其出现时间分类,霜冻又可分为初霜冻和终霜冻。

10.1.1.2.1 初霜冻

初霜冻是指因冷空气影响,入秋后地面最低温度第一次下降到0℃及以下,使大秋作物遭受冻害的现象。初霜冻又称早霜冻或秋霜冻。

10.1.1.2.2 终霜冻

终霜冻是指春季气温回升后,因冷空气影响,使得地面最低温度最后一次下降到0℃及以下,使冬小麦和秋作物幼苗受到冻害的现象。终霜冻又称春霜冻或晚霜冻。

10.1.2　霜冻的影响

10.1.2.1　霜冻的影响
霜冻主要对农作物造成影响。

10.1.2.1.1　初霜冻的影响
初霜冻出现时,正值玉米、棉花、大豆、谷子等大秋作物成熟期,因此常常使这些作物未熟先死,造成严重减产,一般减产10%～20%,最严重时将减产40%～50%[1],部分作物甚至绝收。山西中部的初霜冻常出现在冬小麦播种刚刚出幼苗时,常使冬小麦幼苗大面积受到严重冻伤,严重时需毁苗重种,严重影响了冬小麦正常进入生长发育期。秋季发生霜冻越早,危害性越大。

10.1.2.1.2　终霜冻的影响
终霜冻因出现在春季气温回升后,冬小麦已返青拔节,大秋作物正值幼苗期,果树花蕾刚现,所以它出现时,常使小麦受冻、作物幼苗冻死冻伤、果树花蕾冻伤,造成严重减产。春季终霜冻发生越晚,危害越大。

10.1.2.1.3　霜冻强度的影响
当出现轻霜冻时,对农作物影响较小,温度回升后作物可继续生长;当出现中等强度霜冻时,农作物将受到不同程度的影响,特别是当霜冻持续时间长时,农作物遭受冻害的程度将大大提高;当出现重度霜冻时,农作物将停止生长,可造成很大损失。如果同一地区出现同一等级霜冻时,此地区的半山区和洼地的霜冻强度将提高一个量级,同时,作物受到冻害的程度也将增加。

10.1.2.2　山西省霜冻灾害的特点
(1)影响范围广,作物受害种类多,造成的灾害重

山西省由于地理特殊,南北气候差异较大,农作物种植结构不同,作物种类较多,分布范围较广,不同作物的生长期、抗寒性不同,遭受冻害的程度也不同。主要受灾作物有小麦、玉米、大豆、棉花、白菜、果树等。当强霜冻灾害袭击时,常造成多种作物大面积受冻,造成严重减产。仅晋中市每年因初、终霜冻成灾面积约占农作物总播种面积的10%左右。据统计,1971—2000年的30年内,全省造成受灾农田面积在300万亩以上(个别年份在1000万亩甚至2000万亩以上),或粮食严重减产,部分县(市)基本绝收的有8年,即1978年、1979年、1980年、1982年、1989年、1993年、1994年、1995年[2]。平均3～4年中就有1年发生霜冻重灾。

(2)霜冻灾害有连续数年出现的特点

山西省霜冻灾害常呈现连续2年、3年甚至更长的特点。例如1978—1980年,1993—1995年,就出现连续3年的全省性重灾;1987—1995年山西省中部出现连续9年的霜冻灾害。霜冻灾害这种连续数年出现的特点,对我们的实际防霜工作具有指导意义。

(3)霜冻灾害可能出现在作物生长发育旺盛期

历史上,霜冻灾害在作物生长的所有月份均可出现,影响最大的在初秋和晚春,但值得注意的是,霜冻灾害在作物生长的旺盛期也可出现。例如1972年8月28日凌晨,方山县开府、马坊、麻地会、横尖4个公社遭受霜冻灾害,28个大队的1,3695万亩秋作物受灾减产;1976年7月4日,怀仁县出现严重霜冻,受灾面积50%;1980年8月17日,蒲县遭受霜冻,古县、黑龙关、刁口、曹村等10个公社271个生产队受灾面积6.6万亩。

10.2　霜冻天气气候特征

10.2.1　初霜冻

山西省平均初霜冻日期,北部地区比南部地区出现早,山区比谷地出现早。全省平均日期为 10 月 8—9 日,北部地区平均初霜冻日期一般在 9 月中旬至下旬出现,个别地方在 10 月上旬出现;中部地区平均在 9 月下旬或 10 上旬,谷地一般在 10 月上旬或 10 月中旬出现;南部地区平均在 10 月以后,长治地区为 10 月上旬,临汾和晋城大部分县市在 10 月中旬,临汾部分县市和运城的大部分县市则在 10 月下旬,有的年份甚至出现在 11 月。

全省初霜冻最早出现在 9 月 2 日,为 1997 年北部的右玉,最晚出现在 11 月 19 日,1984 年运城地区的平陆和永济。初霜冻出现时,全省平均最低地温为 −1.5℃,极端最低地温为 −6.9℃,为 2000 年 10 月 14 日的应县。

山西省初霜冻有连续数日出现的特点,最长连续日数为 5 日,为 1997 年的 9 月 17—21 日,有 59 县市陆续出现初霜冻。

一次降温过程使全省有 20 个及以上县市出现初霜冻的有 48 次,有 50 个及以上县市出现初霜冻的年份有 11 次,最多的有 61 县市出现初霜冻,分别为 1982 年 9 月 26—28 日和 1995 年 9 月 24—25 日;最少的只有 1 县市出现初霜冻,如 2005 年 9 月 22 日,只有左云 1 县。

各地市初霜冻平均出现日期概况见表 10.1。

表 10.1　各地市初霜冻出现日期概况

地市	平均	最早	最晚
大同	9 月 25 日	9 月 6 日(2000 年天镇、左云、浑源)	10 月 11 日(1983 年大同、浑源、广灵、灵丘)
朔州	9 月 25 日	9 月 2 日(1997 年右玉)	10 月 16 日(2006 年应县)
忻州	9 月 30 日	9 月 6 日(1982 年神池和 2000 年岢岚)	10 月 29 日(2001 年偏关)
太原	10 月 9 日	9 月 18 日(1993 年阳曲)	10 月 29 日(2001 年太原、清徐、古交、小店)
阳泉	10 月 12 日	9 月 18 日(1990 年盂县)	11 月 2 日(1985 年平定)
晋中	10 月 6 日	9 月 5 日(1994 年和顺)	11 月 1 日(2009 年介休)
吕梁	10 月 6 日	9 月 1 日(2008 年柳林)	11 月 1 日(2001 年柳林)
长治	10 月 10 日	9 月 12 日(1993 年长治、襄垣、武乡、沁源)	10 月 30 日(2000 年黎城)
晋城	10 月 16 日	9 月 12 日(1993 年陵川)	11 月 7 日(2006 年晋城、阳城)
临汾	10 月 17 日	9 月 10 日(2006 年隰县)	11 月 16 日(1996 年翼城)
运城	10 月 18 日	9 月 24 日(1995 年万荣闻喜)	11 月 19 日(1984 年平陆)
全省	10 月 9 日	9 月 1 日(2008 年柳林)	11 月 19 日(1984 年平陆)

10.2.2　终霜冻

山西省终霜冻平均在 5 月初结束,其结束日期由南向北逐渐推迟,谷地比山区结束早。北部地区平均终霜冻一般在 5 月中旬结束,个别县市个别年份在 6 月中旬结束;中部地区平均在 4 月底到 5 月初结束,个别县市个别年份在 6 月上旬结束;南部在 4 月中旬到下旬结束,临汾和运城的个别年份在 3 月中下旬就结束,而长治地区结束得较晚,平均在 5 月初结束。

全省终霜冻最早在 3 月 8 日结束,为 2004 年南部的永济,最晚在 6 月 29 日,为 2009 年北部的平鲁。终霜冻出现时,全省平均最低地温为一1.3℃,极端最低地温为一9.6℃,为 1982 年 4 月 9 日的垣曲。

山西省终霜冻也有连续数日出现的特点,最长连续日数为 6 日,分别为 1982 年 4 月 14—19 日,1987 年 4 月 12—17 日和 1988 年 24—29 日,特别是 1988 年 24—29 日,从北到南,造成全省大范围的强降温天气,有 60 个县市出现终霜冻。

一次降温过程使全省 50 个及以上县市出现终霜冻的年份有 10 次,最多的有 65 县市出现终霜冻,为 1985 年 4 月 26—29 日;最少的只有 1 县市出现终霜冻。终霜冻较初霜冻的局地性更强,所以预报难度更大。

各地市终霜冻出现日期概况见表 10.2。

表 10.2   各地市终霜冻出现日期概况

地市	平均	最早	最晚
大同	5 月 16 日	4 月 21 日(2003 年灵丘)	6 月 16 日(2009 年大同)
朔州	5 月 17 日	4 月 21 日(2003 年怀仁)	6 月 29 日(2009 年平鲁)
忻州	5 月 11 日	4 月 9 日(2004 年忻州、保德)	6 月 28 日(2009 年繁峙)
太原	4 月 29 日	4 月 1 日(1998 年清徐)	6 月 9 日(2010 年阳曲、古交、娄烦)
阳泉	4 月 26 日	4 月 2 日(1998 年阳泉)	6 月 9 日(2010 年盂县)
晋中	5 月 3 日	4 月 4 日(2004 年太谷、平遥、祁县、介休)	6 月 30 日(1996 年寿阳)
吕梁	5 月 4 日	4 月 8 日(2003 年汾阳)	6 月 30 日(2010 年交口)
长治	4 月 30 日	4 月 1 日(1998 年屯留和长子)	6 月 29 日(2010 年武乡)
晋城	4 月 24 日	3 月 26 日(1981 年沁水和 2008 年阳城)	6 月 29 日(2010 年陵川)
临汾	4 月 21 日	3 月 24 日(1998 年翼城)	6 月 30 日(2010 年安泽)
运城	4 月 10 日	3 月 8 日(2004 年永济)	5 月 26 日(2010 年绛县)
全省	4 月 30 日	3 月 8 日(2004 年永济)	6 月 30 日(2010 年安泽、交口,1996 年寿阳)

10.2.3　无霜期

农业气象学常用地面最低温度<0℃的初、终日期间持续的天数来表示无霜期,也即一地春天最后一次霜至秋季最早一次霜之间的天数。由于每年的气候情况不全相同,出现初霜和终霜的日期也就有早有晚,每年的无霜期也就不一致。一年中无霜期越长,对作物生长越有利。

山西省无霜期(图 10.1)北部短,南部长,山区短,盆地长,由北向南逐步延长。北部一般为 125～187 d,中部为 154～209 d,南部为 160～236 d。其中北部的五台山最短,1981—2010 年 30 年平均为 115 d,南部运城的河津最

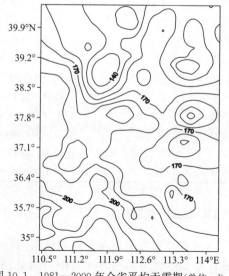

图 10.1   1981—2000 年全省平均无霜期(单位:d)

长,平均为 237 d。

全省无霜期最长为 304 d,出现在 1999 年南部运城的河津,最短为 91 d,出现在 1987 年的五寨。

全省各地市无霜期概括见表 10.3。

表 10.3　各地市无霜期概况

地市名	平均(d)	最长日数/地点/年份	最短日数/地点/年份
大同	161	220/大同县/2006	110/左云/1987
朔州	162	232/应县/2006	92/右玉/1997
忻州	161	254/偏关/1999	91/五寨/1987
太原	191	276/古交/2008	141/阳曲/1981
阳泉	201	258/平定/1981	143/盂县/1987
晋中	180	288/榆次/1999	116/左权/1994
吕梁	188	303/兴县/1999	125/岚县/2001
长治	179	233/屯留/2006	129/武乡/1994
晋城	192	250/沁水/2001	136/陵川/1990
临汾	199	249/洪洞/2000	129/安泽/1994
运城	216	304/河津/1999	158/万荣/1989
全省	185	304/河津/1999	91/五寨/1987

10.3　环流形势概述

10.3.1　初霜冻

将 500 hPa 作为预报初霜冻的关键层次。按照产生初霜冻的冷空气活动路径,将高空形势分为三类,分别是极地、超极地北路冷空气直灌类(以下简称 N)、西北路冷空气东移南压(简称 NW)类、偏西路冷空气移动类(简称 W)。

10.3.1.1　N 类

初霜冻出现前 24~12 h,500 hPa 上(图 10.2),中高纬度为两槽一脊,东亚大槽位于(30°~60°N,100°~120°E),在(50°N,113°~120°E)附近有深厚的闭合低中心存在,在(60°N,85°~95°E)附近有阻塞高压形成,另一个槽位于阻塞高压西侧。山西省受槽后脊前强盛的偏北气流控制,且槽后形成 16~28 m·s^{-1} 的偏北风急流,等温线与等高线基本平行,温度槽稍落后于高度槽,在贝加尔湖东侧有 −28~−36℃ 的冷温度中心与低压中心配合,等 −12℃ 线穿过山西省南部;中低层 700 hPa 和 850 hPa 上,山西受一致的偏北气流控制,偏北风风速分别达到 12~16 m·s^{-1} 和 8~12 m·s^{-1},贝加尔湖东侧分别有 −16~−20℃ 和 −6~−8℃ 的冷温度中心,700 hPa 上等 0℃ 线穿过山西省南部。

对应地面图上(图 10.3),在贝加尔湖东南侧有 1030 hPa 以上的冷高压中心,冷高压呈南北向块状分布,山西省位于高压底部正南方,冷空气取北路直灌山西。如果之后冷空气南压,则次日一般不再出现霜冻;若冷高压继续加强至 1036 hPa 以上,则之后会连续数日出现霜冻,随着冷空气的南压,山西南部也会出现初霜冻。

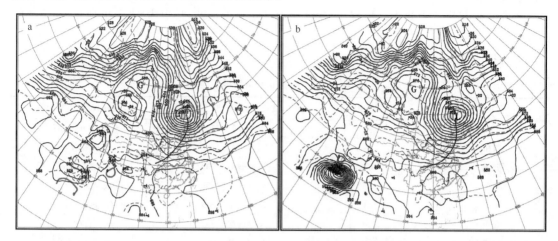

图 10.2　1989 年 10 月 4 日 20:00(a)和 5 日 08:00(b)500hPa 环流形势(实线为等高线,虚线为等温线)

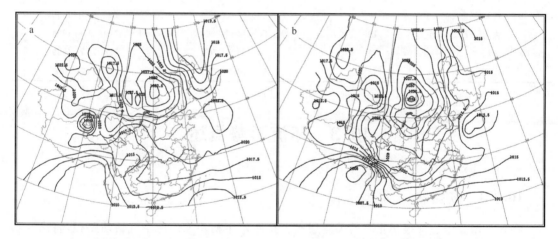

图 10.3　1989 年 10 月 4 日 08:00(a)和 5 日 20:00(b)地面形势

这种形势下,常常伴随有 6 级以上大风,造成的降温幅度大,影响范围广。通常,偏北类最强,会持续数日降温。

10.3.1.2　NW 类

初霜冻出现前 24~12 h(图 10.4a),500 hPa 上,也为两槽一脊,与 N 类不同的是,与东亚大槽相对应的低压中心没有闭合,山西受槽后脊前西北气流控制,没有阻塞高压形成,高压脊后冷空气势力更强;等温线与等高线交角小于 45°,槽后形成 16~28 m·s^{-1} 的西北风急流;冷温度中心强度与 N 类接近,但中心位置明显偏北,700 hPa 和 850 hPa 上,山西受一致的西北气流控制,西北风风速一般大于 10 m·s^{-1}。

对应地面图上(图 10.4b),高压呈东北—西南走向的带状分布,高压前等压线梯度异常大,随着冷高压的东南压,冷空气取西北路径入侵山西。

此类多为一次性入侵,降温幅度较大。

以上两类均为干冷型,一般只有大风降温,少有降水。

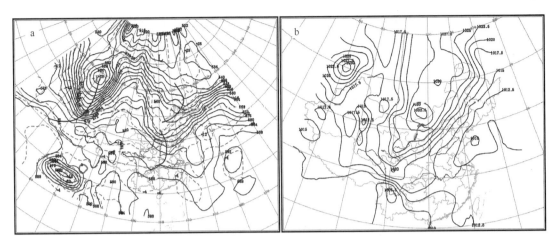

图 10.4　1987 年 9 月 24 日 08：00(a)500 hPa 环流
(实线为等高线,虚线为等温线)和 24 日 20：00(b)地面形势

10.3.1.3　W 类

初霜冻出现前 24～12 h,500 hPa 上(图 10.5),中高纬度一般为宽广的低值系统,山西上游多为移动性短波槽或环流较为平直,对应温度场上,在蒙古国到东北地区有<−20℃的冷中心,等温线与等高线基本平行,−12℃压至山西以南甚至深入河南南部。在短波槽东移过程中,常常会带下一股股冷空气,造成山西地区的降温。

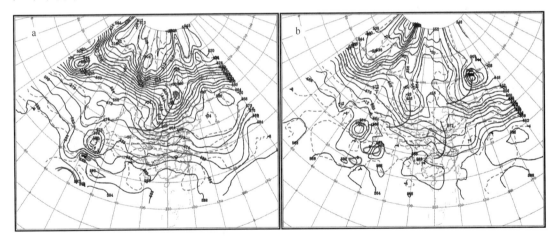

图 10.5　1990 年 10 月 23 日 08：00(a)和 1991 年 9 月 14 日 08：00(b)500 hPa 环流形势
(实线为等高线,虚线为等温线)

对应地面图上(图 10.6),如果是出现在 9 月份,则一般有河套气旋形成,气旋西侧为冷高压;如果是出现在 10 月份,则整个高压盘踞亚洲大陆,高压中心常常位于新疆地区,中心强度在 1040 hPa 以上,山西位于高压前部,等压线梯度较大,冷空气取偏西路径向东移动影响山西。

此类常会连续数日出现,初霜冻分布不均匀,且常伴有阵雨(雪)天气,为湿冷型。这种形势影响下,虽然降温幅度较前两类小,但由于常常伴随的雨(雪)天气,湿冷危害更大。

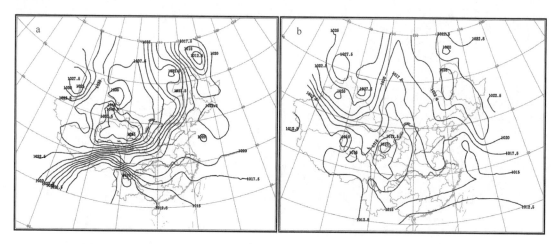

图 10.6　1990 年 10 月 23 日 20:00(a)和 1991 年 9 月 14 日 08:00(b)地面形势

10.3.2　终霜冻

终霜冻的预报也可将 500 hPa 作为关键层次,按照产生终霜冻的冷空气活动路径,仍将高空形势分为 3 类,分别是极地、超极地北路冷空气直灌类(以下简称 N)、西北路冷空气东移南压(简称 NW)类、偏西路冷空气移动类(简称 W)。但各类形势的演变特点与初霜冻有所不同。

10.3.2.1　N 类

终霜冻出现前 24~12 h,500 hPa 上(图 10.7),中高纬度为两槽一脊,在(50°~60°N,90°~110°E)附近常有阻塞形势形成,阻塞高压前部横槽位于(45°~52°N,105°~125°E)附近,在(50°N,100°~120°E)附近有深厚的闭合低中心存在,另一个槽位于阻塞高压西侧。山西省受横槽后阻高前强盛的偏北气流控制,且槽后形成 20~36 m·s^{-1} 的偏北风急流,等温线与等高线基本平行,温度槽稍落后于高度槽,在贝加尔湖东侧有-28~-40℃的冷温度中心与低压中心配合,等-16℃线穿过山西省南部;中低层 700 hPa 和 850 hPa 上,山西受一致的偏北气流控制,偏北风风速分别达到 12~18 m·s^{-1} 和 8~16 m·s^{-1},贝加尔湖东侧分别有-16~-20℃和-8~-12℃的冷温度中心,700 hPa 上等-4℃线穿过山西省南部。

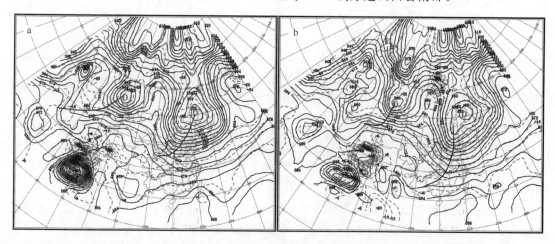

图 10.7　1986 年 4 月 21 日 08:00(a)和 20:00(b)500 hPa 环流形势(实线为等高线,虚线为等温线)

对应地面图上(图 10.8),在贝加尔湖东南侧有 1020 hPa 以上的冷高压中心,冷高压呈南北向块状分布,山西省位于高压底部正南方,冷空气取北路直灌山西。如果之后冷空气南压,则次日一般不再出现霜冻;若冷高压继续加强至 1030 hPa 以上,则之后会连续数日出现霜冻,随着冷空气的南压,山西南部也会出现霜冻。

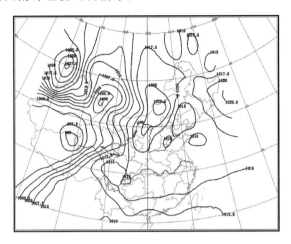

图 10.8　1986 年 4 月 22 日 02:00 地面形势

与秋季初霜冻不同的是,阻塞形势位置偏东,一般于 24 h 前形成阻塞形势,12 h 前形成阻塞高压,12 h 后,阻塞高压崩溃,冷空气大举南下,且高空冷空气强度大,地面冷高压中心强度明显小于秋季。

10.3.2.2　NW 类

终霜冻出现前 36～24 h(图 10.9),500 hPa 上,也为两槽一脊,与 N 类不同的是,没有阻塞高压形成,山西位于蒙古冷涡底部,受偏西气流控制,冷温度中心位于贝加尔湖西南侧;终霜冻出现前 24～12 h,随着冷空气的东南压,山西受槽后西北气流控制,槽后形成 28～36 m·s⁻¹ 的西北风急流,冷温度中心强度与 N 类接近,但中心位置明显偏西南;700 hPa 和 850 hPa 上,山西受一致的西北气流控制,西北风风速一般为 10～16 m·s⁻¹。

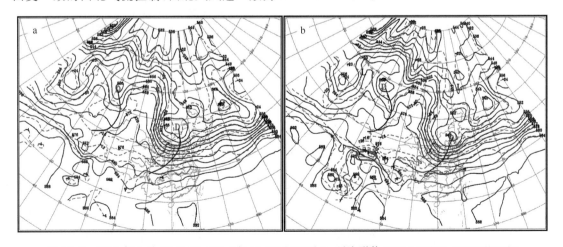

图 10.9　1989 年 5 月 12 日 08:00(a)和 20:00(b)500hPa 环流形势(实线为等高线,虚线为等温线)

对应地面图上(图10.10),冷高压呈西北—东南走向的带状分布,高压中心位置一般位于贝加尔湖西南侧,中心强度一般在1020~1025 hPa,高压前等压线梯度密集,随着冷高压的东南压,冷空气取西北路径入侵山西。

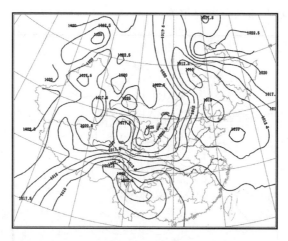

图10.10 1989年5月12日08:00地面形势

此类可为一次性入侵,也可随着冷空气的不断补充,连续数日出现霜冻。

与秋季初霜冻不同的是,霜冻出现前36~24 h,山西位于蒙古冷涡底部,冷温度中心位置明显偏西南,对应地面冷高压中心也偏西偏南,且常有倒槽或气旋形成,高空冷空气强度大,地面冷高压中心强度明显小于秋季。

10.3.2.3 W类

终初霜冻出现前24~12 h,500 hPa上(图10.11),中高纬度一般为一槽一脊型,或为宽广的低值系统,或高空锋区呈西北—东南走向;对应温度场上,在贝加尔湖西侧有<-20℃的冷中心,等温线与等高线交角明显,等-12℃线压至山西中南部甚至深入河南北部。

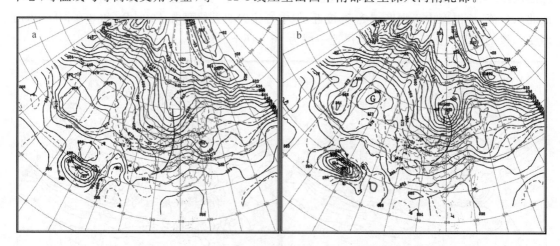

图10.11 1991年5月6日08:00(a)和20:00(b)500 hPa环流形势(实线为等高线,虚线为等温线)

对应地面图上(图10.12),冷高压盘踞亚洲大陆,呈东西向带状分布,高压中心常常位于新疆地区,中心强度在1028 hPa以上,山西位于高压前部,冷空气取偏西路径扩散东移,影响山西。

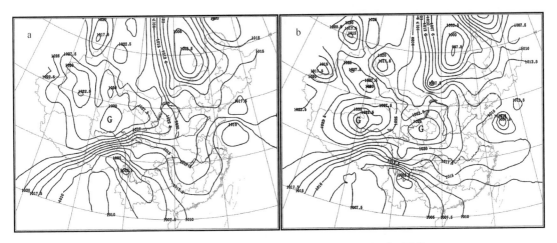

图 10.12　1991 年 5 月 6 日 08:00(a)和 20:00(b)地面形势

　　此类常会连续数日出现,终霜冻分布极不均匀,且常伴有阵雨(雪)天气,为湿冷型。这种形势影响下,虽然降温幅度较前两类小,但由于常常伴随的雨(雪)天气,湿冷危害更大。

　　与秋季初霜冻不同的是,500 hPa 没有移动性短波槽,且地面冷高压中心强度明显比秋季偏小。

10.4　霜冻的预报

　　霜冻能否对农作物产生危害,不仅决定于气温的高低,还与地形、土壤特性、地势、作物的抗寒性、降温的速度、升温的快慢、天空状况和风力等都有很大关系。

10.4.1　霜冻强度的划分

　　根据中国气象局《突发气象灾害预警信号及防御指南》规定,48 h 内最低气温降至 0~2℃ 称为轻度霜冻,48 h 内最低气温降至 0℃以下、−2℃以上称为中度霜冻,24 h 内最低气温降至 −2℃以下称为严重霜冻。

10.4.2　霜冻的预报着眼点

　　霜冻的预报首先要了解有利于霜冻天气发生的环流形势,其次要掌握各类霜冻天气特点,最后要熟悉当地地形特点,结合单站气象要素变化做出霜冻的预报。

10.4.2.1　霜冻天气的环流形势

有利于霜冻发生的环流形势在 10.3 中已详细分析,在此不再赘述。

10.4.2.2　各类霜冻天气特点

10.4.2.2.1　初霜冻

10.4.2.2.1.1　N 类

该类冷空气在极地堆积,一般有 3~5 d 的酝酿期,该类霜冻强度强,影响范围一般较大,以突然强降温为主(平流霜冻),但持续时间相对短,霜冻后第二天,气温会明显上升,造成的灾害重。

关注重点为冷空气的堆积、冷空气爆发的时间以及 500 hPa 温度中心强度。

该类霜冻出现前期,地面有连续 5 d 以上的升温。

系统配置如图 10.13 所示。

10.4.2.2.1.2　NW 类

该类霜冻强度较 N 类弱,较 W 类强,影响范围一般为全省性或区域性,可以是突然强降温(平流霜冻),也可以是持续降温(后期转为辐射霜冻),持续时间一般在 2 d 以上,造成的灾害较重。

关注重点为降温幅度和持续时间。

系统配置如图 10.14 所示。

10.4.2.2.1.3　W 类

该类霜冻强度上较弱,影响范围也小,以区域或局地霜冻为主,但持续时间一般在 3 d 以上,多为辐射降温。

重点关注地面要素变化情况。

系统配置如图 10.15 所示。

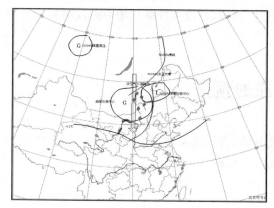
图 10.13　N 类初霜冻高低空流型配置

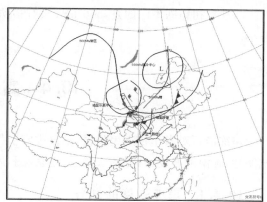
图 10.14　NW 类初霜冻高低空系统配置

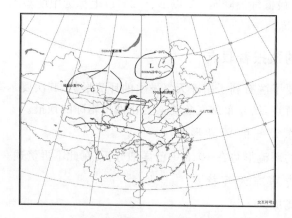
图 10.15　W 类初霜冻高低空系统配置

10.4.2.2.2　终霜冻

10.4.2.2.2.1　N 类

该类 500 hPa 上一般有阻塞形势,伴随有横槽,地面冷高压中心在贝加尔湖东侧,关注重点是横槽转竖的时间。

10.4.2.2.2.2　NW 类

该类高空一般在 12 h 前转为西北气流,地面冷高压中心在贝加尔湖西南侧,关注重点是冷高压中心强度。

10.4.2.2.2.3　W 类

该类高空为一槽一脊型或高空锋区呈西北—东南走向,地面冷高压中心位于新疆地区,关注重点是冷高压中心强度。

10.4.3　霜冻的一般预报方法

霜冻预报方法有,天气学分型预报法、利用统计方法建立预报方程、经验指标等。

10.4.3.1　天气学分型

该方法将造成霜冻的天气以 500 hPa 环流形势或地面形势为背景,在普查历史天气图的基础上,与实况相对应,将环流形势分为不同的类型。如上面分析的环流形势概述。这种方法直观,易于掌握,但只能定性判断有无霜冻和霜冻的大概落区,不能做出定点预报和霜冻强度的预报。

10.4.3.2　预报方程

霜冻是以地面最低温度为判别指标的,但日常业务中,不做最低地温的预报,所以,常常选取影响霜冻的气象因子作为自变量,利用统计回归方法,建立地面最低温度与其他气象因子之间的回归方程。最常用的是逐步回归方法。这种方法简单易行,不仅能做出霜冻的定点预报,还能做出霜冻强度的预报,缺点是拟合率高,空漏报现象较多,在业务实际中,常采用指标叠套法,进行消空处理,以提高预报准确率。

10.4.3.3　点聚图法

选取影响霜冻的气象因子作为横、纵坐标,绘制霜冻强度图。这种方法简单易行,适合基层台站制作霜冻预报。

10.4.3.4　经验指标

利用一些农谚,对霜冻历史资料进行统计分析,建立判别霜冻出现的指标。这种方法只能制作有无霜冻的定性预报。

10.4.4　以空气相对湿度为基础划分的霜冻型

以空气相对湿度为基础,当前一日有降水时,空气相对湿度较大,次日产生的霜冻为湿冷型,否则为干冷型。

10.4.4.1　湿冷型霜冻的预报

此类霜冻,由于前期有降水出现,空气相对湿度较大,一般夜间云量仍较多,辐射冷却的概率较小,以平流降温为主,因此,冷空气强度的预报是重点。

10.4.4.2 干冷型霜冻的预报

此类霜冻,可以是辐射降温、也可以是平流降温,还可以是平流降温转化为辐射降温,要考虑的因素较多,如,冷空气强度、冷空气路径、风力大小、云量多少、湿度状况等。

10.5 典型个例分析

10.5.1 天气实况

受强冷空气影响,1995 年 9 月 24—25 日,山西省出现大范围霜冻天气,共有 80 个县市最低地温≤0℃(图 10.16),其中 9 月 24 日北部有 12 县市、中部 28 县市、南部 19 县市,25 日南部 2 县市共计 61 个县市出现初霜冻,部分地区还伴有 4～6 级西北风,最大定时风速 4～10 m·s⁻¹,与 22 日相比,临汾以北的大部地区,14:00 气温 48 h 下降 9℃以上(图 10.16),降温幅度最大的是左云,48 h 下降 15.8℃,最小降温幅度也达到 6.5℃。此次天气过程,降温幅度较大,是有历史记录以来影响范围最大的一次初霜冻天气过程。

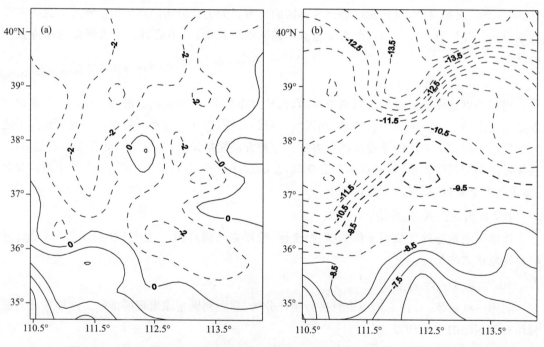

图 10.16 1995 年 9 月 24 日最低地面气温分布(a)和 48 h 降温分布(b)(单位:℃)

10.5.2 环流形势分析

10.5.2.1 高空环流形势

此次霜冻天气过程为典型的 N 类形势。霜冻出现前 24 h(图 10.17a),500 hPa 中高纬度环流形势为两槽一脊,环流径向度很大,一个槽位于 70°～80°E,40°～60°N 处,另一个槽(即东亚大槽)位于 110°～115°E,35°～65°N 处,贝加尔湖地区形成阻塞高压,对应温度场上,在阻塞高压附近有－36℃的冷中心,等－12℃线穿越山西南部,且温度槽落后于高度槽,斜压性很大,致使冷空气移动速度缓慢,可以看出,前一股冷空气势力明显较后一股冷空气势力强,即冷空气在贝加尔湖地区堆积,山西省处于东亚大槽后部、阻塞高压前部强盛的偏北气流里,形成16～20 m·s^{-1}的偏北风急流,冷平流非常强;随着阻塞高压的崩溃(图 10.17b),冷空气沿阻高前部偏北气流大举南下,侵入山西地区,造成山西省大范围大风和强降温天气,到 24 日早晨(图 10.18),山西依然受强偏北气流控制,等温线与等高线基本平行,温度槽与高度槽叠置,等－12℃线深入到河南省南部,整个山西被强冷空气团控制。对应 700 hPa 和 850 hPa 上(图略),23 日 08:00,山西受强偏北气流控制,冷空气中心强度分别达到－22℃和－12℃,到 24 日08:00,山西仍受强偏北气流控制,－2℃和 0℃线穿越山西中部。

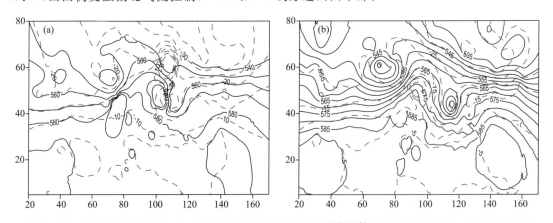

图 10.17　1995 年 9 月 23 日 08:00(a)和 20:00(b)500 hPa 环流形势(黑色实线为等高线,虚线为等温线)

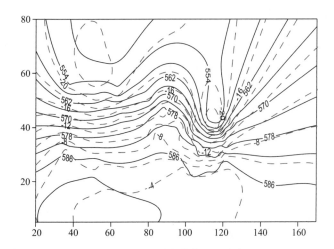

图 10.18　1995 年 9 月 24 日 08:00 500 hPa 环流形势和温度场(黑色实线为等高线,虚线为等温线)

10.5.2.2　地面形势

地面图上,从 22 日开始,在贝加尔湖南侧就有冷空气的堆积,高压中心强度达到 1032 hPa,到 23 日 14:00(图 10.19),冷高压持续加强,高压中心稳定,高压前部等压线异常密集,山西受高压前部强劲的偏北风控制,23 日 20 时到 24 日凌晨,强冷空气取偏北路径入侵山西,造成山西地区大范围的大风降温天气。

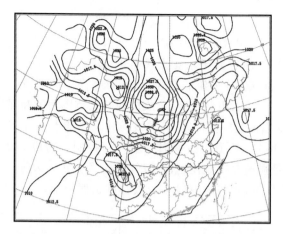

图 10.19　1995 年 9 月 23 日 14:00 地面形势

10.5.3　霜冻天气特点

(1)霜冻天气发生前,一般都有 3～5 d 的气温迅速回升期,累计升温达到 10℃以上,这是一种能量的积累过程。

(2)此次霜冻天气发生时,14 时空气相对湿度均<50%,属于典型的干冷型霜冻天气过程。

(3)此次霜冻天气发生时,高空有强冷平流,地面以晴朗为主,夜间风力较小,属于平流+辐射冷却型,这种类型的霜冻往往造成的灾害较重。

10.5.4　物理量场分析

分析 23 日 08:00—24 日 08:00 高空 500 hPa 温度平流和北风分量演变(图 10.20～图 10.22),发现,23 日 08:00—24 日 08:00,山西上空从贝加尔湖地区持续有强冷平流向山西输送,强度在 23 日 20:00 达到最强,中心数值为 -9×10^{-4}℃·s^{-1},而在 24 日 08:00 迅速深入山西地区,冷平流中心达到山西中部偏南地区,中心数值有所减小;对应北风分量图上,从 23 日 08:00—24 日 08:00,从贝加尔湖地区到山西,一直有强北风持续存在,也是在 23 日 20:00 达到最强,而 24 日 08:00 深入到山西甚至河南地区。这是典型强北风直灌山西造成的霜冻天

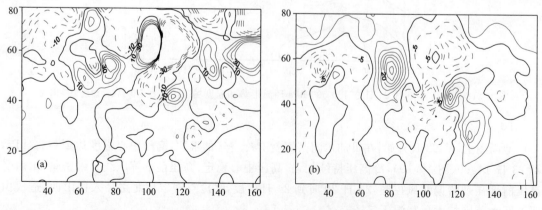

图 10.20　1995 年 9 月 23 日 08:00 500 hPa 温度平流(a)和北风分量(b)

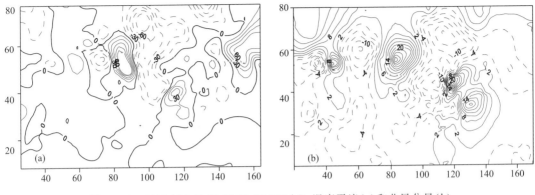

图 10.21　1995 年 9 月 23 日 20:00 500 hPa 温度平流(a)和北风分量(b)

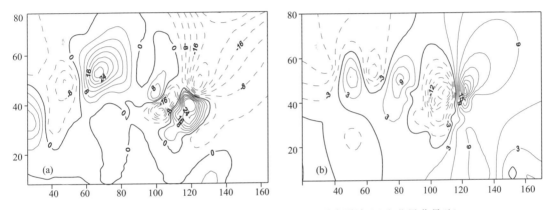

图 10.22　1995 年 9 月 24 日 08:00 500 hPa 温度平流(a)和北风分量(b)

气。分析 23 日 08:00—23 日 20:00 各层总温度平流(图略),从高层到低层,贝加尔湖地区到山西一直存在闭合的强冷平流中心,各层中心几乎垂直分布,说明冷空气深厚,势力较强,且在 500 hPa 和地面分别达到最强。24 日 08:00,强冷平流中心深入到山西省上空。深厚的冷平流层是造成 24 日和 25 日早晨连续 2 日出现霜冻的主要原因。

10.5.5　小结

(1)霜冻天气总是伴随着 500 hPa 环流形势的调整,霜冻出现前,环流经向度明显加大,温度槽落后于高度槽,大气斜压性很强。

(2)深厚的冷平流层是造成 24 日和 25 日早晨连续 2 日出现霜冻的主要原因;降温幅度与高空冷平流中心强度以及地面总温度平流中心强度关系密切。

(3)霜冻落区与 500 hPa 等−12℃线、700 hPa 等 0℃线南压位置关系密切。

(4)大风不是出现在 23 日夜间,而是 23 日白天和 24 日白天,23 日夜间和 24 日夜间风力较小,有利于辐射冷却,致使 24 日早晨和 25 日早晨连续 2 日出现霜冻。

(5)对应北风的加强南压,没有南风的加强北跳,为干冷型强冷空气入侵山西造成的霜冻天气。

参考文献

[1] 耿怀英,曹才瑞.自然灾害与防灾减灾[M].北京:气象出版社,2000:226-228.

[2] 刘庆桐.中国气象灾害大典山西卷[M].北京:气象出版社,2005:711-752.

第 11 章　大风分析与预报

11.1　大风标准

　　大风是在大尺度环流天气系统或局地强对流天气系统条件下产生的一种灾害性天气现象。风速大小一般用平均风速（m·s^{-1}）大小来表示，其阵性（瞬时）风速有时可能更大，比平均风速大一倍或一倍以上。据统计 6 级以下的风通常不会引起较大的危害，而 6 级以上的大风常伴有较大级数的阵性大风出现，其危害较大。

　　《地面气象观测规范》中规定：最大风速是指某个时段内出现的最大 10 min 平均风速值。极大风速（阵风）是指某个时段内出现的最大瞬时风速值。瞬时风速是指 3 秒钟的平均风速。一般将平均风速≥10.8 m·s^{-1}（≥6 级）或瞬时风速≥17.2 m·s^{-1}（≥8 级）的风，称为大风。本章中大风日指一天中风速只要出现达到大风标准，即统计为一个大风日。

11.2　山西大风的气候背景

　　大风的形成与天气系统、热力因素及地理纬度、地形地貌等都有很大的关系[1]，而这些因素中的天气系统及热力因子等与山西上空热带气团和极地气团活动的季节性交替变更相关联，所以大风具有明显的季节性时空分布特点。

11.2.1　大风日数空间分布及年代际特征

　　山西省地形复杂，各地大风日数差异很大。从山西省气候中心 1981—2010 年气候整编资料统计来看，山西省年平均大风日数在 0.1 到 37.1 d 之间（除五台山站为 101.8 d），分布很不均匀，北多南少，丘陵山区多，平川盆地少。图 11.1 为山西省大风日数历年平均值分布图。由图可见，省内大风日数最多的地区集中分布于东西部海拔较高的地区，海拔较低的晋东南地区大风日数相对较少。分析 30 a 整编数据发现，在山西省存在几

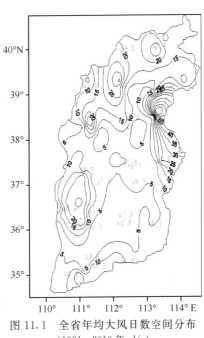

图 11.1　全省年均大风日数空间分布
（1981—2010 年，d/a）

个大风多发区,除五台山区外,还有大同市城区和大同县,朔州的平鲁区、右玉县,忻州的岢岚、神池、宁武,阳泉市平定县、吕梁市交口县、岚县和中阳县,临汾市的蒲县,运城市盐湖区等地,上述站年平均大风日数达 20 d 以上。

有关研究表明[2],全省平均大风日数存在明显年际变化,总体呈逐年下降趋势(过去 10 a 全省平均大风日数为 172.5 d(1990—1999 年),最近 10 a 全省平均大风日数为 126.8 d (2000—2009 年),整体下降趋势为 1.58 d/10 a,且下降趋势显著(通过 $\alpha=0.01$ 显著性检验)。

11.2.2 大风日数季节空间分布

不同季节出现大风的频率不相同,季节变化较明显。计算表明,山西大风春季最多(出现频率为 47.0%),其次为冬季和夏季(出现频率分别为 20.7% 和 18.0%),秋季最少(出现频率为 14.3%)。图 11.2 为山西省大风日数季节分布状况。春季是低压槽和气旋活动最多的季节,使得山西春季的风速明显增大,尤其是北中部地区。北部大部、吕梁市东北部及南部、阳泉市全区、临汾市西山区、运城市东南部、晋城市西部的大风日数在 5 d 以上,其中,五台山站大风日数最多(达 35.0 d),大同市城区及大同县、天镇、右玉、平鲁、岢岚、神池、中阳、岚县、交口、平定、蒲县共 12 个县市大风日数在 10~17.5 d。夏季(b)大风日数较春季明显减少,五台山仍最多(10.3 d),其次为岢岚 10.1 d,大同市城区和中阳、运城盐湖区、石楼县、平鲁县大风日数在 5~7 d。大风日数在 3 d 以上的区域主要分布在五台山区、大同市平川区和西部丘陵、朔州市、忻州市西部、吕梁市、阳泉市及运城市东南部。秋季(c)五台山大风日数平均大风日数为 21.6 d,平鲁区、神池县、宁武县等地大风日数达 5 d。大同市西部丘陵、朔州市、忻州市西部山区、五台山区、阳泉市、晋中市东山北部、吕梁市南部至临汾市西山区北部、运城市东南部至晋城市西部一带大风日数在 2~8 d,其他地区大风日数不足 2 d。在冬季,五台山大风日数多达 34.9 d,其次为宁武 10.9 d,大同县、平鲁县、神池县、交口县、平定县、蒲县、垣曲县等县大风日数在 5~9 d;大同市、朔州市、忻州市北部和五台山区,晋中市东山北部、阳泉市、临汾市西山区、运城东南部到晋城西部等地大风日数在 2~5 d。

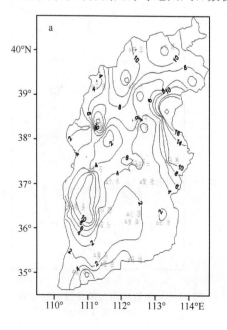
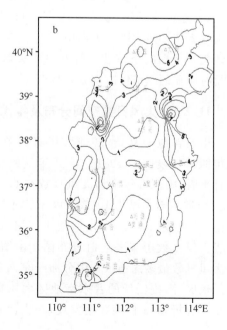

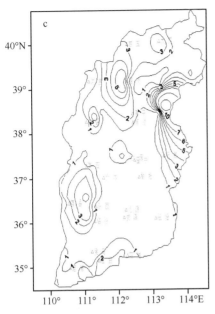
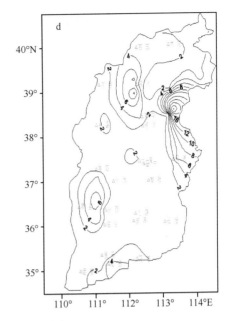

图 11.2　山西四季大风日数空间分布

(1981—2010 年,(a)春季,(b)夏季,(c)秋季,(d)冬季,d/季)

11.2.3　大风风速极值分布特点

山西瞬时极大风速值在 24.3~58 m·s^{-1},极大风速记录出现在 2005 年 10 月 13 日石楼(53759 站)58.0 m·s^{-1},最大风速最大值出现在 1986 年 8 月 5 日的石楼(53759 站)为 33.0 m·s^{-1}。图 11.3 为建站至 2009 年间极大风速最大值分布。可以看出,极大风速分布与山西地形有一定的关系,西部沿黄河和吕梁山脉一线和东部太行山脉的五台山所在地区风速值较大,风速一般随海拔高度增加而增加。但也应注意有些地区海拔虽高,但台站位于河谷地形或凹洼地形之中,其所在的地形造成大风日数却偏少。

11.2.4　历年山西大风主要天气过程汇总

表 11.1~表 11.3 分别给出了西北大风和东南大风的主要天气过程列表以及省内 27 个基准站或基本站大风日数表。可以看出,西北路径大风在省内引起大风站点数较多,且最大风速值较大,其影响较大。

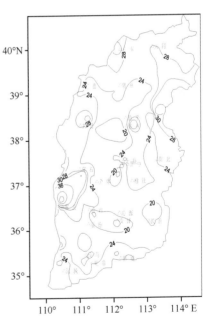

图 11.3　建站至 2009 年间极大风速最大值分布(单位:m·s^{-1})

表 11.1　省内区域单日出现 40 站以上西北方向大风的主要天气过程

过程时间	出现大风站数	最大风速(m·s⁻¹)	风向	最大风出现站
1988 年 1 月 22 日	59 站	20.7	NW	蒲县 53864
1988 年 4 月 17 日	68 站	20.0	WNW	平鲁 53574
1990 年 4 月 6 日	62 站	21.0	NNW	中阳 53767
1993 年 4 月 23 日	51 站	20.7	WNW	文水 53771
1998 年 4 月 16 日	64 站	23.3	NW	平定 53687
2000 年 3 月 27 日	64 站	20.7	NNW	朔州 53578,蒲县 53864
2000 年 4 月 9 日	59 站	21.0	NNW	蒲县 53864
2001 年 3 月 3 日	62 站	20.0	WNW	平鲁 53574
2002 年 3 月 20 日	51 站	20.0	W	平鲁 53574
2004 年 3 月 29 日	53 站	22.3	W	平定 53687
2005 年 4 月 19 日	65 站	18.9	W	五台山 53588
2006 年 3 月 27 日	53 站	27.7	NNW	中阳 53767

表 11.2　省内区域单日出现 15 站以上东南方向大风的主要天气过程

过程时间	出现大风站数	最大风速(m·s⁻¹)	风向	最大风出现站
1987 年 8 月 10 日	19 站	15.7	ENE	临汾 53868
1991 年 3 月 6 日	33 站	19.0	ENE	榆次 53776
1991 年 3 月 20 日	21 站	16.7	ENE	陵川 53981
1991 年 5 月 22 日	27 站	17.0	SE	五寨 53663
1994 年 4 月 7 日	24 站	18.3	NE	孝义 53768
1995 年 5 月 16 日	19 站	15.3	W	平定 53687
1997 年 6 月 6 日	18 站	16.0	SSE	交口 53860
1998 年 4 月 27 日	15 站	17.7	S	石楼 53759
1999 年 4 月 10 日	18 站	18.7	SSE	蒲县 53864
2001 年 4 月 19 日	27 站	16.0	NE	介休 53863,晋城 53976
2001 年 6 月 7 日	17 站	19.0	SSE	介休 53863
2008 年 2 月 23 日	15 站	15.9	SSE	岢岚 53662

表 11.3　省内部分市、县大风日数表(基准站和基本站)

项目 站名	大风日数(d) 年平均	年最多	年最少	项目 站名	大风日数(d) 年平均	年最多	年最少
右玉	21.8	46	3	太原	15.9	41	0
大同市	25.3	56	2	隰县	16.6	34	5
天镇	19.7	44	5	吉县	1.6	5	0
河曲	7.0	14	1	介休	6.4	19	0
朔州	18.2	39	7	临汾市	4.0	12	0
五台山	101.8	137	68	安泽	0.1	2	0
灵丘	6.9	28	0	长治县	8.0	18	2
五寨	12.4	24	5	襄垣	6.7	15	0
兴县	3.7	8	0	运城市	21.0	53	3

项目	大风日数(d)			项目	大风日数(d)		
站名	年平均	年最多	年最少	站名	年平均	年最多	年最少
原平	16.5	39	3	侯马	2.5	9	0
平定	26.0	48	12	垣曲	14.1	40	3
离石	7.4	18	0	阳城	12.0	25	2
太谷	8.6	16	1	永济	7.1	21	1
榆社	6.6	15	1	共 27 站			

11.3　山西大风的环流形势

根据引起山西大风天气的影响系统和环流形势特点[3-6]，可将山西大风分为以下几种情况：冷锋大风、低压大风、高压后部偏南大风及中尺度强对流大风等。本章仅对引起山西大范围大风的天气尺度系统性大风进行分析和总结，未对中尺度天气系统下的大风进行总结。通过对某日出现 15 站以上的大风天气过程进行筛选后，共挑选了 83 次大风天气过程。经过分析大风天气过程发生发展的高低空形势特征及形成原因，可将山西大风天气的环流形势分为以下三种类型。

11.3.1　地面冷锋型

冷锋后偏北大风，出现在冷锋后高压前沿气压梯度最大的地方。冷锋是造成山西出现大风的主要天气系统之一，当较强的冷空气侵入山西时，冷空气前锋后部等压线密集，水平气压梯度大，往往造成全省性的冷锋大风。冷锋后部的强冷空气活动使锋区的大气斜压性加强，环流加速度使冷空气下沉、暖空气上升。在低层水平方向上加速度的方向由冷气团指向暖气团，这就使冷锋后的偏北大风加大。冷空气下沉，动量下传也使锋后地面风速加大。另外，冷锋后上空的冷平流使锋后近地面层出现较大的正变压中心，变压风加强了地面风速。在中纬度大尺度系统的运动中，风和气压场的分布满足地转风原理，地转风速大小与水平气压梯度力成正比，山西地处中纬度，地面风的强度与气压形势有着密切的关系。气压系统加强或气压梯度加大，风力就要加大；反之，气压系统减弱，气压梯度减小，风力就会减小[7]。当较强的冷空气侵入山西时，冷空气前锋后部等压线密集，水平气压梯度大，往往造成全省性的偏北大风。图 11.4a 为造成山西大风的冷锋型天气的地面气压平均场。预报冷锋后偏北大风，重点应分析冷锋后的冷空气活动。首先可分析地面图上 3 h 变压的分布和强度。冷锋先后 3 h 变压正负中心的差值越大，则风力越强。大风区往往出现在正负变压梯度最大的地方。一般锋前后变压中心值相差 7 hPa 以上，表现为在山西境内东北—西南向平行等压线达 3 根以上，锋面经过时，常有大风出现。图 11.4b 为对应的 500 hPa 平均气压场。分析高空图时应分析冷平流的分布和强度。一般情况下，与冷锋向配合的高空槽愈深，愈有利于冷锋后大风的出现，大风区出现在冷平流最强区域所对应的位置，大多表现为山西境内 500 hPa 等压线达 6 处以上。

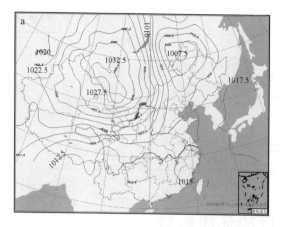 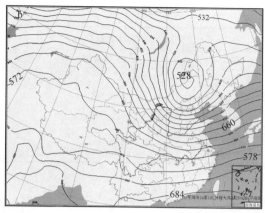

图 11.4　冷锋型大风的平均气压场(海平面气压场(a),500 hPa 平均位势高度场(b))

由冷锋造成的大风以春季最多,秋冬季次之,夏季最少。且此类大风形势出现情形最多,约占到所统计天气过程的 51%。

11.3.2　低压大风型

低压大风即在低压发展加深时,一般在低压周围气压梯度最大地区出现的大风。蒙古气旋是引起山西大风的主要低压系统。在蒙古气旋发展并东移南压时,在低压周围易出现大风,使山西省北部出现偏北大风或西北大风。图 11.5 为造成山西大风的低压环流系统气压平均场。蒙古气旋一年四季均可出现,其中以春季最多,其次是秋冬季,夏季最少。此类大风形势出现情形次多,约占到 25%。

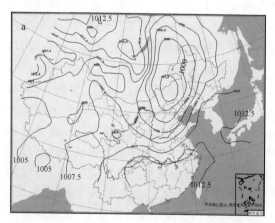 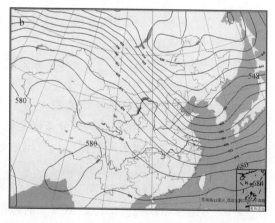

图 11.5　低压大风的平均气压场(海平面气压场(a),500 hPa 平均位势高度场(b))

11.3.3　地面倒槽型

地面倒槽型又可称为高压后部型。这类大风的地面气压场特点是在山西省境呈现"东高西低"形势。当高压系统显著加强,河套地区或以南又有低槽发展时,遂使偏东南方向的水平气压梯度增大,容易出现山西省偏东区域的偏南或东南大风。图 11.6 为造成易山西东部大风的地面倒槽型的气压平均场。此类大风形势出现情形最少,约占到 22%。

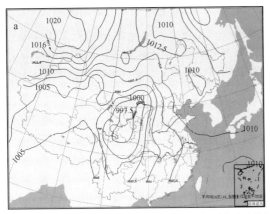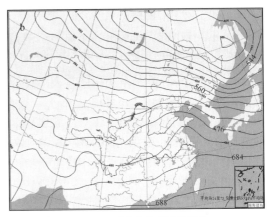

图 11.6　地面倒槽型大风的平均气压场(海平面气压场(a),500 hPa 平均位势高度场(b))

11.4　山西大风天气典型个例

11.4.1　地面冷锋型

地面冷锋型大风有两种不同的高空形势场,分别可归类为:两槽一脊型和横槽转竖型。

11.4.1.1　两槽一脊型

2006 年 11 月 6 日,高空 500 hPa 中高纬度欧亚环流形势呈两槽一脊型,长波脊位于 90°E 以东乌拉尔山与贝加尔湖之间,两槽分别位于乌拉尔山附近及东亚沿岸。山西处于槽后脊前西北气流中,温度场落后于高度场,大风出现当天暖脊随着其后暖平流的加强而加强北抬,而东亚沿岸的冷槽由于贝加尔湖北部冷空气的侵入而加强南压,乌拉尔山附近冷槽也由于新地岛以西洋面冷空气的加强而加深,环流经向度加大,由于东边冷槽强于西边冷槽,系统移动受阻,致使槽后脊前等高线梯度加大,动量快速下传,导致山西的偏北大风天气(图 11.7)。对应地面气压场为冷锋型,整个河套以西为庞大的西伯利亚冷高压控制(图 11.8)。山西处于地面冷锋后西北气流中,控制山西省的地面等压线并不密集,但此时高空下沉气流加强,大风区反而有所扩大。随着东亚沿岸冷槽的减弱东移,大风天气趋于结束。

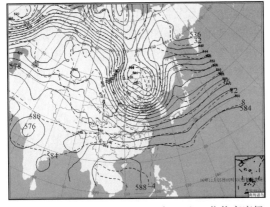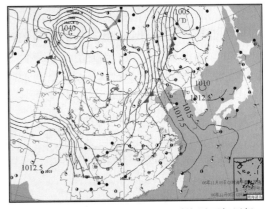

图 11.7　2006 年 11 月 5 日 08 时 500 hPa 位势高度场　　　图 11.8　2006 年 11 月 6 日 08 时海平面气压场

11.4.1.2　横槽转竖型

地面冷锋引起大风的另一个典型个例是横槽转竖型[8]，此类大风往往伴随着较强冷空气的堆积和寒潮的爆发，如 2005 年 12 月 21 日(图 11.9，图 11.10)。中高纬度 500 hPa 高空环流形势在贝加尔湖以西到乌拉尔山附近为稳定的深厚暖性高压脊或阻塞高压，高压脊线为东北—西南走向，贝加尔湖东到新疆北一带有一横槽，而东亚中纬度环流平直，河套上空为高空槽前偏西气流控制。乌拉尔山高压脊区温度场落后于高度场，脊后西南风速较大，暖平流强盛，促使高压脊加强北抬，主体东移，导致横槽加速东移南压至河套上空。脊前偏北气流引导冷空气在横槽内堆积。当高压脊后有不稳定小槽出现，阻塞高压崩溃，横槽由东北—西南向转为南—北向，槽内冷空气爆发南下，山西处在槽底部强冷平流控制下，导致大风降温天气过程的发生。对应地面气压场中，河套西到西伯利亚为强大的高压，随着冷空气的堆积逐渐增强，中心气压达 1060 hPa，等压线密集(山西境内东北—西南向平行等压线达 7 根)，在高空气流的引导下，逐渐东移，山西受冷高压前沿西北风控制，气压梯度增大，系统快速南压造成大风天气。当乌拉尔山以东出现新的低槽，横槽转竖南下东移后，环流形势逐渐转为两槽一脊型，大风天气过程基本结束。

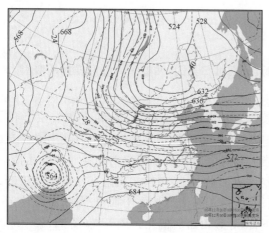 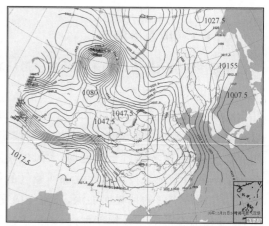

图 11.9　2005 年 12 月 20 日 08 时 500 hPa 位势高度场　　图 11.10　2005 年 12 月 21 日 14 时海平面气压场

11.4.2　低压大风型

2006 年 6 月 9 日，中高纬度 500 hPa 高空环流形势为东北冷涡型，贝加尔湖以西的西伯利亚一带为一长波脊，贝加尔湖东部到我国东北地区为一深厚的低涡，冷空气主要来自新地岛以东的洋面，从贝加尔湖以北经蒙古、华北南下途中，低层冷空气折向西入侵山西(图 11.11)。随着冷空气的侵入，冷涡加强南压，使环流经向度加大，偏北风力加强。对应地面气压场为"西高东低"形势，低压发展较强(图 11.12)，低压中心值为 990 hPa 或以下，位于我国东北地区，同时在西部高原上存在一高压，随着东北冷空气的加强与侵入，西边高压减弱，东北低压加强南压，山西处于低压后部的偏北大风区域中。随着东北冷涡的减弱消散，山西偏北大风结束。

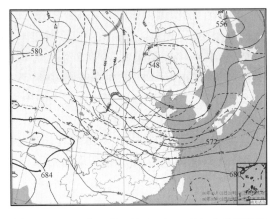

图 11.11 2006 年 6 月 8 日 20 时 500 hPa 位势高度场

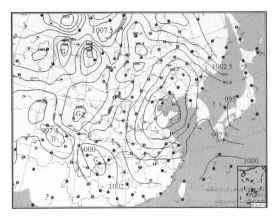

图 11.12 2006 年 6 月 9 日 14 时海平面气压场

11.4.3 地面倒槽型

1997 年 6 月 6 日,高空 500 hPa 中高纬度欧亚环流形势呈两脊一槽型,贝加尔湖附近为一宽广的低槽系统(图 11.13),其两边分别在乌山附近及东亚沿岸各有一脊,而且西脊强于东脊,整个河套上空为宽广的冷槽控制,温度场落后于高度场,随着贝加尔湖北部新地岛以东洋面上的冷空气的南侵,而同时低纬暖空气也加强北抬,在 40°N 附近等值线加密。对应地面气压场多为“东高西低”形势,印度低压发展强盛,向东北伸展,整个河套以西为大的低压倒槽控制(图 11.14)。山西处于倒槽前偏南大风中,地面等压线加密,气压梯度增大。随着东边系统减弱东移,大风过程趋于结束。

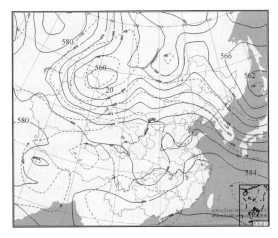

图 11.13 1997 年 6 月 6 日 20 时 500 hPa 位势高度场

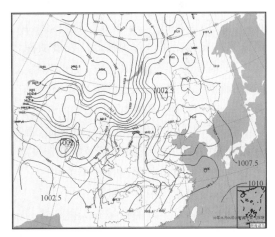

图 11.14 1997 年 6 月 6 日 08 时海平面气压场

11.5 大风天气预报着眼点

气压梯度是形成大风的根本动力,当气压梯度达到一定程度就容易产生大风天气。大风预报可以从关键环流形势场入手,且当形势比较稳定时,大风可持续数日,具体在预报不同类型大风时应注意分析以下要素:

(1)根据地转风、梯度风关系,当近地面场中气压梯度加大时,风力要加大。当冷锋逼近时,冷平流最强的地方风力最大[9]。在冷锋后偏北大风的预报中,河套地区东西向的气压梯度差达 20 hPa 以上就会产生大风,气压梯度达到 25～30 hPa,就会产生较强大风,冷高压中心参考值 1030～1045 hPa;也用地面图上冷锋前后 3 h 变压来判断,其正负中心的差值越大,则风力越强[10],冷锋前负变压并且锋后正变化,大风区往往出现在正变压中心附近变压梯度最大的地方,出现时间为冷锋过境时。若采用 3 h 变压来预报大风,其时效较短,以 6～12 h 效果较好。

冷锋前后温度变化也可反映冷锋的强度,温度差越大,风力往往也越大。冷锋前若有气旋或低压时,偏北大风出现的几率比单一冷锋时高的多,风力也大的多。实践表明,如锋前后变压中心值相差 7 hPa 或者正变压中心值大于 4 hPa 时,则在锋过后常出现大风。另外,移动速度快的冷锋更易产生大风。

从高空图上来看,与地面冷锋相配合的高空槽愈深,槽后的冷平流愈强,就愈有利于冷锋后出现大风;一般来说,大风风区的宽窄、风力的强弱及持续时间的长短取决于冷空气的强度,冷平流越强则风力越大,大风区越宽,持续时间也越长;大风出现在冷平流最强区或冷舌的前方位置上。

(2)除冷锋大风外,东北冷涡形势下的低压大风也是引起山西省春季偏北大风的一种常见形式。它是由贝加尔湖和蒙古一带产生的低压东移到我国东北地区时,或在东北当地生成的低压发展加深时,在低压周围出现的大风,低压中心气压参考值为 990.0～997.5 hPa。这种低压大风发生时,范围广,风力强,可达 6～8 级。如果低压连续地无大变化,大风可持续三天左右。当低压发展成为浓厚冷性低压时,低压后部常有副冷锋生成,而且锋后常出现偏北大风。

低压大风的预报应着重抓低压的发展和加深。如果天气图上已出现了低压大风,则应着重分析低压未来的移向和强度变化,判断低压的后部是否影响到山西省区域。若没有减弱的征兆,则可进行外推。如果在预报时,低压周围没有出现大风,则需应用形势预报方法预报低压未来的发展变化。若预报低压发展加深,则应预报有大风。

(3)高压后部或地面倒槽引起的偏南大风多在春季出现,出现偏南大风时的气压场多是"东高西低"的形势。预报这类大风,首先应考虑未来气压场是否会出现"东高西低"形势,然后再进一步分析东边高压、西边低压的强度变化、移动情况及其与大风的关系。

(4)不同季节产生大风的形势不同,首先要做好形势预报分析,如未来冷锋是否影响本地、有无较强的冷高压活动、有无气旋发生发展等。在分析环流背景场的同时,应注意到偏西、偏北的冷空气影响山西要经过 2 个关键区:(1)河套关键区:主要是西方路径冷空气影响造成大风天气;(2)内蒙古中部关键区:主要是偏北路径冷空气影响造成大风,降温较明显,有时会持续低温天气。对大风的预报除天气形势分析外,还可以运用 MOS 预报方程、大风预报专家系统以及数值预报产品解释应用方法来做大风预报。

(5)风随高度变化也是不容忽视的。当高空风有较强的风速垂直切变时,有利于上下层之间的能量交换,把高层具有较大动量的空气下传到低层,使低层风速增大,并使风向趋于高层风的风向,也使风具有阵性。统计表明,10 m 高处的风速为 3 级时,风速平均为 4.4 m/s;这时20 m 高处风速可以达到 4 级,其增值为 12%～26%,即 4.9～5.5 m/s;200 m 高处风速可增大到 6 级,其增值约为 54%,平均风速达 11.9 m·s^{-1},其瞬时风速更大。在考虑风速随高度变化时,要注意空气上下交换的问题。通常,风随高度分布是上层风速大,下层风速小,若上下层风向差别不大,考虑上下交换的结果,常使上层较大的空气动量传递到下层,可使下层风速加大;反之下层空气较小的动量传递到上层,也可使上层风速减小。值得提出的是这种动量传递作用的强弱,与大气的层结稳定度和风的垂直切变相关。大气越不稳定,风的垂直切变越大,则动量的传递作用就越强。

（6）风速的日变化主要与下垫面有关[11]。地表面受热与散热在一天之中变化十分明显,太阳辐射在午后可达到极大值,近地面层空气增热最多,于是空气膨胀上升,引起高层较冷的空气下沉,易形成对流运动和湍流,导致高层动量下传,表现为高空较大风速传播到低层,在近地面层就出现较大风速,所以一天中午后风速可达到最大值。以后高层对地面的影响也随之减弱,近地面风速也就随之减小,加之夜间辐射冷却,直到次日清晨日出前,地面风速可达到最小。

（7）考虑天空状况和地形的影响,冷锋在白天过境时风力要比夜间大;冷锋越过山脉后风力要加大,另外,当空气从开阔地带进入地形构成的峡谷地带时,由于空气质量不能大量堆积,加速通过峡谷地带,风速加大,当流出峡谷后空气流速也会减慢。例如:南部中条山一带的晋东南的阳城、晋城等地大风日数偏多,多由狭管效应加大风速所致。中条山山体不大,但坡度很陡,当偏东气流越过中条山脉时,在其陡峭的北坡倾泻而下,产生强烈的下冲气流,导致运城盆地较平川地区多东南大风。当北路或西北路冷空气大举南下时,处于忻州市的神池、岢岚等地,处于管涔山脉西侧的峡谷中,在狭管效应作用下风速都要相对其他地区偏大。

11.6　大风天气客观预报

（1）指标判别法。

由于地形复杂,省内各站海拔落差明显。同一环流背景形势下,各站出现大风的情况不一,需根据本地特点总结判别指标。高源(2010)总结归纳了阳泉市大风天气特点及预报思路[12],指出在进行大风预报时首先要对环流形势进行主观判断,再根据本地的具体预报指标。阳泉市本地预报大风时重点关注关键区的范围:45°～57°N,90°～115°E 内的气象物理因子变化,具体因子是:在 08 时 500 hPa 环流场中 44231(MUREN)、44292(乌兰巴托)、52267(额济纳旗)、52495(巴音毛道)和 53772 的温度差;14 时地面图中 53231(海力素)、53502(吉兰太)、53614(银川)、53529(鄂托克旗)、53543(东胜)、53646(榆林)、53463(呼和浩特)的风速值。判别指标为:实况因子 $T(53772-44231)\geq10℃$, $T(53772-44292)\geq10℃$, $T(53772-52267)\geq8℃$, $T(53772-52495)\geq8℃$,14 时风速≥5 m·s^{-1} 出现 5 站以上(平定站用),14 时风速≥7 m·s^{-1} 出现 5 站以上,14 时风速≥9 m·s^{-1} 出现 4 站以上。预报因子 500 hPa 南北高度差≥23 hPa,850 hPa 南北温度差$\geq7℃$,海平面气压场南北差≥10 hPa,海平面气压场东西差≥7 hPa。对于阳泉市区和盂县来说,以上 5 个因子中至少有 3 个达到指标,并且实况的风速值因子和预报场因子至少有一个满足,才预报未来有大风天气。对平定县来讲,以下条件至少有一个满足:风速值 9 m·s^{-1} 的测站至少有一站;风速值≥7 m·s^{-1} 的测站至少有一站,风速值≥5 m·s^{-1} 的测站至少有两站;高度场差值≥18 gpm。

（2）最优子集回归方程法。

亦称最佳子集回归,是拟合多元线性回归方程的自变量选择的一类方法。杨晓玲等(2012)采用 ECMWF 数值预报格点场资料[13],按照 Press 准则进行预报因子初选,运用逐步回归预报方法进行预报因子精选,使用最优子集回归建立大风预报方程,并用双评分准则(CSC,couple score criterion)确定各季节各地大风预报全局最优的显著性方程,采用最大靠近原则确定大风预报临界值和预报预警的级别。首先选取一定范围 ECMWF 数值预报格点场资料,层次为 850 hPa,700 hPa,500 hPa,200 hPa,基本要素为位势高度(h)、温度(t)、相对湿度(H_R)以及风速的U,V分量等做为初选预报因子,同时选取预报站点做为预报对象。由于ECMWF数值预报产品为格点资料,首先利用线性内插方法对格点资料进行插值处理。差分得到的关键区物理量格点资料采用诊断方法、因子组合等多种组合方法构造出多个预选组合因子[14-15],共2485个预报因子作为初选因子库,供预报方程进行初选。

按照Press准则对大风预报因子初选[16-17],初选因子的标准为:(1)预报因子与预报对象的相关系数≥0.5;(2)因子物理意义清晰;(3)同一因子场上最多选取5个因子;(4)初选后的因子数控制在80~100个之间。采用CSC双评分准则选取最优方程。将精选的8~10个最优预报因子代入最优子集回归进行初选,若有P个因子,则将得到(2^p-1)个可能的预报方程,当CSC评分接近时,挑选预报因子较少的那个预报方程,最终确定每个站各季节大风预报方程。入选的预报因子有:(1)500 hPa的变高(h_0);(2)850 hPa的温度(t);(3)700 hPa,500 hPa,200 hPa的全风速(w)及其分量(u)和(v)。

某站春季最优方程举例:

$$y=6.9321-0.0569\,w_7(3,3)+0.5752\,w_7(6,6)-0.0575\,h_{b5}(1,6)+0.2861\,h_{b5}(2,3)-0.1539\,w_7(5,7)$$

方程中下标8表示800 hPa,7表示700 hPa,5表示500 hPa,2表示200 hPa;h_b为变高;t为温度;w为全风速;u和v为全风速的分量。对各站点利用最优子集回归求得的四季大风预报方程,采用最大靠近原则确定大风预报临界值及预报预警级别。(1)$y<8$ m·s^{-1}(<5级),不可能出现大风;(2)8 m·s^{-1}≤y<10.8 m·s^{-1}(5级),有大风出现的可能性,根据情况发布大风蓝色预警信号;(3)10.8 m·s^{-1}≤y<17.2 m·s^{-1}(6~7级),会出现一般性或中等强度的大风,发布大风蓝色预警信号;(4)17.2 m·s^{-1}≤y<24.5 m·s^{-1}(8~9级),会出现强大风或特强大风,发布大风黄色预警信号。

参考文献

[1] 朱乾根,林锦瑞,寿绍文,等.天气学原理和方法(第四版)[M].北京:气象出版社,2007.

[2] 苗爱梅,贾利冬,武捷.近51 a山西大风与沙尘日数的时空分布及变化趋势.中国沙漠,2010,**30**(2),452-460.

[3] 李瑞萍,李斯荣.一次大风天气过程分析[R].山西省气象学会年会交流,2006.

[4] 梁明珠,骆丽楠,杨小萍,等.2000年春季大风特征分析[J].山西气象,2000,**51**(2):20-23.

[5] 郭继奋,张年成,王丽丽,等.晋中市2000年3月27日大风天气过程分析[J].山西气象,2002,**53**(1):11-13.

[6] 申建华.山西省大风气候变化特征及成因研究[D].南京信息工程大学硕士论文,2012.

[7] 中国气象局科教司.省地气象台短期预报岗位培训教材[M].北京:气象出版社,1998:75-111.

[8] 山西省气象局.山西天气预报手册[M].北京:气象出版社,1989.

[9] 李延香.主要气象要素预报[M].中国气象局培训课件.

[10] 姚学祥.天气预报技术与方法[M].北京:气象出版社,2001.

[11] 李国华.季节与山西气候[M].太原:山西人民出版社,1990.

[12] 高源.阳泉市大风天气及其预报初探[J].科技咨询.2010,(4):136-137.

[13] 杨晓玲,丁文魁,袁金梅,等.河西走廊东部大风气候特征及预报[J].大气科学学报,2012,**35**(1):121-127.

[14] 牛叔超,朱桂林,李燕,等.T106产品夏季降水概率预报自动化系统[J].气象,2000,**26**(3):37-39.

[15] 陈百炼.降水温度分县客观预报方法研究[J].气象,2003,**29**(8):48-51.

[16] 谷湘潜,李燕,陈勇,等.省地气象台精细化天气预报系统[J].气象科技,2007,**35**(2):166-170.

[17] 裴洪芹,邵庆国,吴君,等.临沂中尺度数值预报系统及应用[J].气象科技,2007,**35**(4):464-469.

第12章 沙尘天气分析与预报

12.1 沙尘天气、沙尘天气过程及沙尘暴

12.1.1 沙尘天气

沙尘天气是一种严重的灾害性天气现象,根据气象观测规范,沙尘天气分为浮尘、扬沙、沙尘暴、强沙尘暴和特强沙尘暴五类。是中国北方春季3到5月重要的天气现象。在气象上的定义:浮尘是指尘土、细沙均匀地浮游在空中,使水平能见度小于10 km的天气现象;扬沙是指风力较大,将地面尘沙吹起,使空气相当浑浊,水平能见度在1~10 km的天气现象;沙尘暴是指强风把地面大量沙尘卷入空中,使空气特别浑浊,水平能见度低于1 km的天气现象;强沙尘暴是水平能见度小于500 m的天气现象;特强沙尘暴是水平能见度小于50 m的天气现象。

沙尘天气的发生不仅能加剧土地沙漠化,对生态环境造成巨大破坏,对交通和供电线路产生重要影响,而且还能造成严重的大气污染,威胁到人类的生存环境。做好沙尘天气的研究工作,找出影响其发生、发展的动力因子,可为预报沙尘天气提供一定的参考依据,对防灾减灾具有十分重要的意义。

12.1.2 沙尘天气过程

沙尘天气过程分为五类:浮尘天气过程、扬沙天气过程、沙尘暴天气过程、强沙尘暴天气过程和特强沙尘暴天气过程。

浮尘天气过程:在同一次天气过程中,我国天气预报区域内5个或5个以上国家基本(准)站在同一观测时次出现了浮尘天气,称为一次浮尘天气过程。

扬沙天气过程:在同一次天气过程中,我国天气预报区域内5个或5个以上国家基本(准)站在同一观测时次出现了扬沙天气,称为一次扬沙天气过程。

沙尘暴天气过程:在同一次天气过程中,我国天气预报区域内3个或3个以上国家基本(准)站在同一观测时次出现了沙尘暴天气,称为一次沙尘暴天气过程。

强沙尘暴天气过程:同一次天气过程中,在我国天气预报区域内至少有一个区域相邻3个或以上国家基本(准)站同时出现了沙尘暴天气且其中有3个或以上的水平能见度小于500 m,称为一次强沙尘暴天气过程。

12.1.3 沙尘暴天气成因及其物理机制

沙尘暴天气是在特定的地理环境和下垫面条件下,由特定的的大尺度环流背景和某种天

气系统发展所诱发的一种小概率、大危害的灾害性天气,多发生在春季。沙尘暴天气的发生,严重影响了人们的正常活动,对社会经济造成了一定程度的危害。

目前国内外已从观测分析、遥感、数值模拟及陆面过程等广泛开展研究并取得重要的进展。沙尘暴产生的主要条件有:(1)有利于产生大风或强风的天气形势;(2)不稳定的大气层状况;(3)丰富的沙尘源分布。强风是沙尘暴产生的动力,沙尘源是沙尘暴物质基础,不稳定的热力条件是利于风力加大、强对流发展,从而夹带更多的沙尘,并卷扬得更高。除此之外,前期干旱少雨,天气变暖,气温回升,是沙尘暴形成的特殊的天气气候背景。同时冷空气的活动能激发冷锋、气旋及中尺度系统生成。地面冷锋前对流单体发展成云团或飑线是有利于沙尘暴发展并加强的中小尺度系统;有利于风速加大的地形条件即狭管作用,是沙尘暴形成的有利条件之一。在极有利的大尺度环境、高空干冷急流和强垂直风速、风向切变及热力不稳定层结条件下,引起锋区附近中小尺度系统生成、发展,加剧了锋区前后的气压、温度梯度,形成了锋区前后的巨大压温梯度。在动量下传和梯度偏差风的共同作用下,使近地层风速陡升,掀起地表沙尘,形成沙尘暴或强沙尘暴以及特强沙尘暴天气。

沙尘暴的气候成因比较复杂,研究表明沙尘暴发生日数与东亚冬季风的异常、ENSO、北极涛动、北半球极涡的异常以及春季气旋异常有密切关系,也与冬春气温、降水和土壤湿度等气候因子密切相关。

12.1.4 沙尘暴天气的危害及对策

沙尘暴天气是我国西北地区和华北北部地区出现的强灾害性天气,可造成房屋倒塌、交通供电受阻或中断、火灾、人畜伤亡等,污染自然环境,破坏作物生长,给国民经济建设和人民生命财产安全造成严重的损失和极大的危害。沙尘暴危害方式主要在以下几方面:强风、风蚀与磨蚀、沙埋、大气污染、生命财产损失。

沙尘暴的形成是由于自然因素和人类活动的共同影响造成的,人类目前还不能控制它,但可以通过科学的方法和有效的综合治理来减轻其所造成的危害。一方面要加强沙尘暴监测,针对我国沙尘暴的特点,研究沙尘暴监测方法,利用气象卫星、雷达和探空等手段,对沙尘暴的形成、发展和传播进行跟踪观测。并及时发布信息,以利各方面提前安排好生产、交通和群众生活,尽可能减少损失。另一方面要不断加强科学研究,加强对沙尘暴形成条件和机理以及预报预警技术的研究,开展气候变化对沙尘暴演进的影响研究。

12.2　沙尘天气的时空分布特征

利用山西省 108 站 1981—2010 年的气象资料,通过对沙尘暴天气发生日数的统计分析,对山西省沙尘暴天气的时空分布特征及其变化规律进行研究,给出山西省沙尘天气随时间日变化、月变化、季节性变化以及山西沙尘天气的空间分布特征。

12.2.1 沙尘暴天气的日变化特征

沙尘暴的发生有比较明显的日变化特征,由图 12.1 可见,白天较夜间易发沙尘暴,沙尘暴多发时段集中在 8—20 时,15 时、17 时达到极值。发生沙尘暴初始时刻的峰值主要出现在当地午后 14—17 时,午后到傍晚是沙尘天气发生最为频繁的时段,后半夜和午前发生的相对较少,说明沙尘暴的触发机制与大气的热对流不稳定有关,因为午后近地面气层处于明显不稳定状态,热对流最易发展,若遇冷空气过境,极易激发热对流发展成强沙尘暴天气。

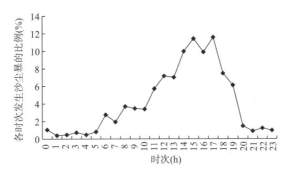

图 12.1 沙尘的初始时刻在各时次所占的比例

12.2.2 沙尘天气的月、季变化特征

沙尘天气的月变化特征由图 12.2 可以看出:出现沙尘天气的极值在 4 月份,多发时段集中在 1—6 月,尤以 3—5 月最多,少发时段主要出现在 7 月,8 月,9 月。沙尘暴、扬沙和浮尘均为 4 月份最多,沙尘暴占到 44%,扬沙占到 26.6%,浮尘占到 25.4%;沙尘暴、扬沙和浮尘均为 8 月份最少,沙尘暴只占 0.2%,扬沙只占 0.6%,浮尘只占 0.5%。

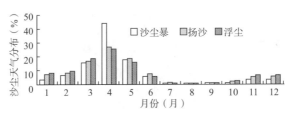

图 12.2 山西沙尘天气的月变化

季节变化特征由图 12.3 可以看出:出现沙尘天气最多的季节在春季,夏季是浮尘天气最少的季节,秋季是扬沙和沙尘暴天气最少的季节。这主要是因为春季和初夏季节土壤表层疏松,并且冷空气活动频繁,在午后不稳定的大气层结状态下就容易产生沙尘天气[1]。

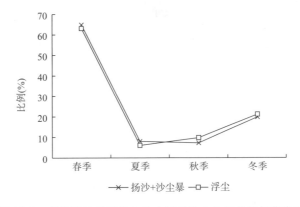

图 12.3 各季平均的扬沙＋沙尘暴日数占全年的比例曲线图

12.2.3　沙尘暴天气的空间分布特征

对山西省 108 站近 51 年出现的沙尘暴、扬沙、浮尘日数分别进行了统计分析,发现:全省各地均有不同程度沙尘天气出现,其地理分布极不均匀,差异非常悬殊。沙尘暴主要分布在山西省的西北部,全省沙尘暴天气发生日数的地理分布总体呈西北多东南少的趋势[2]。年平均沙尘暴日数≥5 d 的县市分别在神池、五寨、朔州,属于沙尘暴的多发区;≥2 d 的区域分别在忻州的西部、大同的西部、朔州的全区、吕梁的临县和运城的临猗;<0.6 d 的分布在中南部的部分地区;<0.1 d 属于不易发区,分布在五台山和中部的东部以及南部(图 12.4a)。

扬沙日数与沙尘暴日数一样都具有高纬多于低纬、北部多于南部的空间分布特征,年平均扬沙日数≥20 d 的县市位于朔州的山阴、忻州的河曲,为全省之最,属于扬沙天气的高频区;≥15 d 的地区位于北部的大同、右玉、应县、偏关,中部的临县和榆次;年平均扬沙日数≥9 d 的区域分布于北部的大部分地区(五台山除外)、晋中的西部和临汾的西部;其余县市年平均扬沙日数≤1 d,属于扬沙的不易发生区(图 12.4b)。

浮尘日数与沙尘暴、扬沙日数的空间分布相反,有低纬多于高纬、南部多于北部的空间分布特征,年平均浮尘日数≥35 d 的地区位于临汾的汾西、长治的屯留,为全省之最,属于浮尘天气的高频区;≥15 d 的地区位于中南部和忻州的西部;年平均浮尘日数≥5 d 的地区分布于山西的大部分地区,属于浮尘的易发区;年平均浮尘日数不足 1 d 的属于浮尘的不易发生区(图 12.4c)。

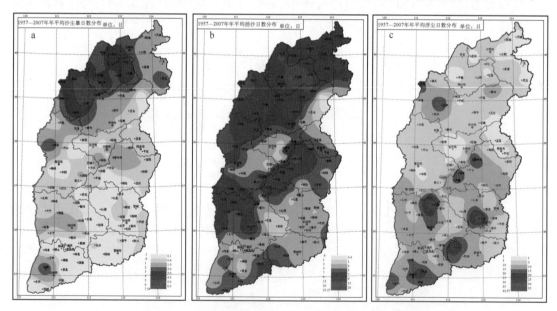

图 12.4　山西沙尘天气年发生日数分布(a)年平均沙尘暴日数的空间分布;
(b)年平均扬沙日数的空间分布;(c)年平均浮尘日数的空间分布)

12.3　影响山西省沙尘天气的气候因子

沙尘天气发生的频次和强度与其气候背景密切相关,研究表明沙尘暴频发期大致对应于气候干冷期,减弱期对应为气候暖湿期,干冷冬、暖春容易诱发沙尘天气。大风日数多,年降水量少,土质干燥疏松;持续干旱(多年或冬春连旱),植被差;气温偏高,土壤水分耗散快;解冻早,无明显雪盖等都是沙尘暴形成的有利的气候背景。利用山西省 18 个站 1961—2003 年 43 a 的浮尘、扬沙、沙尘暴、大风日数、降水量、温度、风速、湿度、水面蒸发量的逐年逐月资料;风速的逐日资料,采用了气象统计学上的相关分析方法。对与沙尘事件关系较为密切的地面气象要素包括降水、温度、风、湿度、蒸发量作了详细的相关分析和对比分析,揭示了控制沙尘天气变化的敏感因素,发现沙尘日数的逐年变化与降水、温度、风、湿度、蒸发量均存在一定的相关性,可以归纳为:(1)春季降水量增多可以抑制春季的沙尘天气的发生频次。(2)在温度偏高、湿度较大、风力偏弱、蒸发量不大的年份,少沙尘天气。(3)风要素是影响沙尘天气的最为直接、最优相关的因子,风速的大小、大风日数的增减直接关系到沙尘天气频数的变化。

12.3.1　降水

对比图 12.5 和图 12.6,可以看出:山西春季降水量与春季沙尘日数呈反位相变化的关系。计算春季平均的扬沙+沙尘暴日数、浮尘日数与春季降水的逐年序列的相关系数分别为 -0.281, -0.158。而年降水量与年沙尘天气日数的这种负相关性在 20 世纪 60—80 年代特别是 1961—1975 年表现得比较明显,年平均的扬沙+沙尘暴日数、浮尘日数与年降水的逐年序列的相关系数分别为 -0.419, -0.356。说明降水对沙尘天气有一定的抑制作用,在沙尘天气极易发生的春季二者关系更为密切。因为沙尘起动的物质条件是丰富、干燥、疏松的地表,而充沛的降水量有利于改善地表条件,因此春季降水量偏大的年份,沙尘频次相对越低。

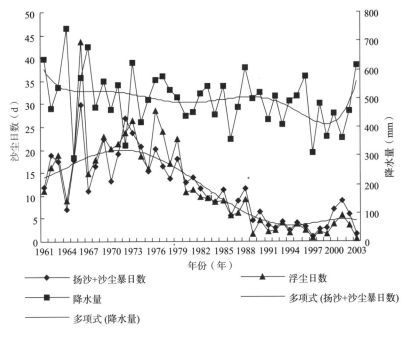

图 12.5　山西省年降水量与年沙尘天气日数的平均值曲线图

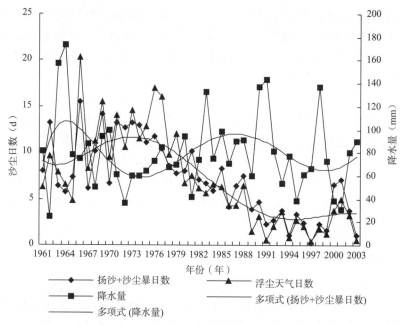

图 12.6   山西省春季降水量与春季沙尘天气日数的逐年平均值曲线图

12.3.2   温度

图 12.7 给出山西省年平均温度与年沙尘天气日数的平均值曲线,可以看出,年均温度在波动中逐年上升。与相应平均的逐年扬沙＋沙尘暴日数、浮尘日数求相关,得到相关系数分别为 -0.409, -0.426,信度水平均超过了 99%。说明近 43 a 温度的升高可能通过大气环流间接地抑制了沙尘天气的发生。把温度分离出前冬季和春季平均温度,沙尘分离出春季沙尘,发现冬春季平均气温差与年扬沙＋沙尘暴(浮尘)日数或春季扬沙＋沙尘暴(浮尘)日数呈正相关,相关系数分别为 0.147(0.114), 0.239(0.212)。前冬季平均气温与年扬沙＋沙尘暴(浮尘)日数或春季扬沙＋沙尘暴(浮尘)日数呈显著负相关,相关系数分别为 -0.347(-0.336),

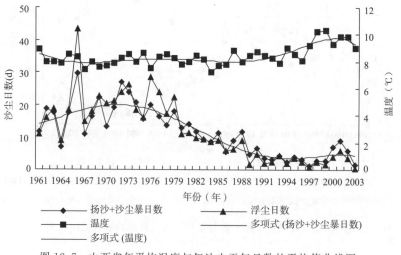

图 12.7   山西省年平均温度与年沙尘天气日数的平均值曲线图

−0.406(−0.402),通过了 α＝0.01 的信度检验。从而证实了:

(1)如果前冬气温偏低,很容易诱发沙尘天气的发生,因为在冬季低温情况下土壤冻结层比较厚,春暖后疏松的厚地表层为沙尘天气的发生提供了丰富的物质基础。

(2)平均温度与沙尘天气日数的逐年序列有显著的负相关性,温度偏高的年份少沙尘天气,反之,则多沙尘天气。这和钱维宏等研究指出的近些年北半球中高纬度地区明显变暖导致了温带气旋锋生作用减弱、沙尘天气日数减少的结果是一致的。20 世纪 70 年代及以前处于冷期,也是我国北方大部分地区沙尘暴的频发期。冷期亚洲中高纬地区经向环流偏强,冷空气活动频繁,大风日数多;同时冬季气温偏低,土壤冻结层厚,春季升温解冻后松土层也偏厚,具备了丰富的沙尘源条件。可见,温度对沙尘天气的影响是比较复杂的,年际或年代际变化中,主要是通过调整大气环流减弱了风的作用(动力条件),从而间接地影响了沙尘天气的发生;季节变化中,主要是冬季(气温低)向春季(气温高)过渡时,提供了比较丰厚的沙尘源(物质条件)。

12.3.3　风

形成强沙尘天气的一个必要条件是地面大风,在以往对沙尘源的数值模拟中,指出达到起沙的风速存在一定的临界值,因此将对风速、大风日数、风速大于等于 5 m·s⁻¹ 的日数与沙尘日数的关系进行具体分析。

比较图 12.8、图 12.9、图 12.10 发现,年扬沙＋沙尘暴日数与年平均风速、年大风日数、年风速≥5 m·s⁻¹ 日数的逐年变化趋势相当,即先升后降,近几年又有所回升。各类风因子与扬沙＋沙尘暴(浮尘)日数相关系数值分别为 0.752(0.734),0.866(0.844),0.815(0.779),正相关性的可信度很高。以上分析表明,山西省大风与扬沙＋沙尘暴日数的年际振荡及多年变化趋势具有一致性。说明了风要素在各区沙尘日数的月、季、年际变化中,都是很重要的、决定性的影响因子。

山西的沙尘暴、扬沙与大风日数均有北部多于南部的空间分布特征,沙尘暴、扬沙与大风日数具有同位相、一峰一谷的逐月变化特征,沙尘暴、扬沙和大风日数的变化趋势有很好的一致性,线性相关系数分别达到 0.80 和 0.82,这表明山西沙尘暴和扬沙的变化趋势主要是随大风的变化而变化,沙尘暴、扬沙与当地大风的多寡密切相关。浮尘则与大风相反具有南部多于北部的空间分布特征,是由于浮尘主要受上游沙尘高空漂移影响,与当地大风的多寡关系不大。

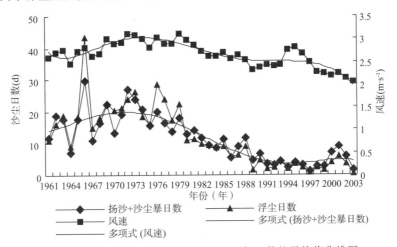

图 12.8　山西省年平均风速与年沙尘天气日数的平均值曲线图

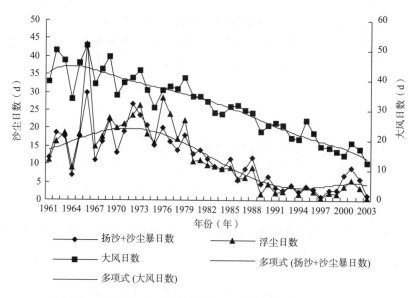

图 12.9　山西省年大风日数与年沙尘天气日数的平均值曲线图

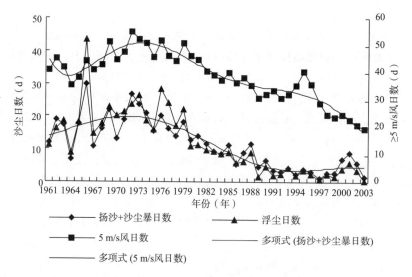

图 12.10　年山西省年内风速≥5 m·s⁻¹的日数与年沙尘天气日数的平均值曲线图

12.3.4　相对湿度

从图 12.11 可以看出,43 a 来,山西的年平均相对湿度表现出弱的上升趋势,与相应平均的逐年扬沙＋沙尘暴(浮尘)日数求相关,得到相关系数为－0.238(－0.194)。可见湿度偏高时,可以减弱沙尘天气的影响。因此,一个地区的沙尘天气是和本地的干旱程度密切相关的,同时也反映了变湿的气候趋势对沙尘天气的减弱有一定的影响。

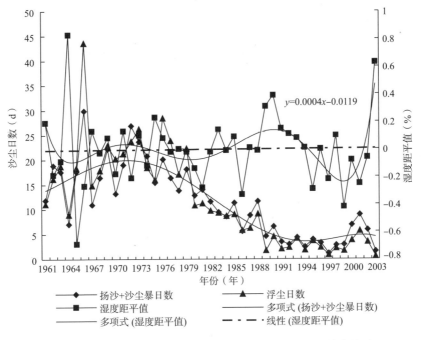

图 12.11　山西省年平均相对湿度与年沙尘日数的平均值曲线图

12.3.5　水面蒸发量

水面蒸发量和实际蒸发量有一定差距,但可以大体反映实际蒸发量的变化趋势及在各区的量级差异。从图 12.12 可以看出,山西省 41 a 来年平均蒸发量的下降趋势是明显的,计算逐年年平均蒸发量的距平值与扬沙＋沙尘暴(浮尘)日数序列的相关系数分别为 0.493(0.411),二者呈显著的正相关性。因为一个地区的蒸发量大小是和温度、风速密切相关的,各区年平均风速显著减小是和年蒸发量也在减少的总体趋势是一致的,而全球变暖也在影响着1990 年以后蒸发量的增加。所以水面蒸发量对沙尘天气的影响是其他气候因子的间接反映。

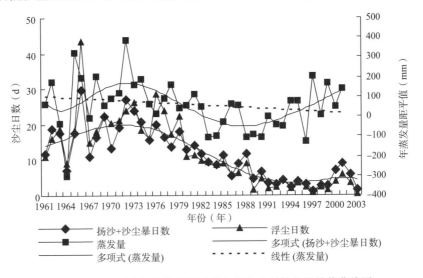

图 12.12　山西省年蒸发量距平值与年沙尘日数的平均值曲线图

12.4　沙尘天气的环流形势和影响系统

　　沙尘暴是多种因素共同作用的产物,沙尘暴的发生发展,在具备宏观的气候和下垫面条件的前提下,还需要有利的环流形势和天气系统相配合。

12.4.1　环流形势

　　沙尘天气只有在适当的大气环流背景条件下才能发生。大范围沙尘暴天气过程的发生发展,总伴随着一次大尺度环流调整,位于西伯利亚的冷空气迅速向我国境内由西北向东南爆发,若此时处在春季,且前期久旱无雨,对流层低层处于强烈不稳定时,则易造成大范围沙尘暴天气。用动态聚类法对沙尘暴日进行环流分型,将发生沙尘暴天气的环流形势分为西北冷锋型、槽脊东移型和北方路径型,并发现此三类环流形势的主要相同点是:(1)亚洲中高纬均为一脊一槽型;(2)经纬向环流调整;(3)槽东移均明显加深;(4)温度槽落后于高度槽;(5)锋区均明显加强南压;(6)南支槽不明显;(7)地面正变压加强且东移南掉,但负变压变化不大。以 4 月为例,将山西省多沙尘年与少沙尘年的 500 hPa 环流背景特征进行比较,发现多沙尘日数年大气环流的经向度较强,乌拉尔山高压脊偏强,东亚大槽位置偏西且加深,少沙尘日数年则相反,大气环流经向度减小,中纬度以纬向环流为主,乌拉尔山脊偏弱。

12.4.1.1　500 hPa 位势高度场特征

　　1957,1958,1960,1969,1973 年是近 51 年来沙尘天气发生最多的 5 年,而 1989—1991 年,1994—1998 年,2003 年,2005 年和 2007 年是沙尘暴发生最少的 11 a。利用 NCEP/NCAR 1957—2007 年再分析资料,分析沙尘暴多、少年的环流,做两组样本均值差异的显著性水平检验,发现沙尘暴多年、少年与常年有显著差异。由 4 月沙尘暴多年、少年对应的 500 hPa 位势高度的距平合成图(图略)可知,在多沙尘暴年,北半球 4 月 500 hPa 距平场在 60°N 以北存在一个正距平中心,两个负距平中心。正距平中心呈偶极子型,中心分别位于乌拉尔山东部和鄂霍次克海西北部,两者强度相当(中心值为 +300 gpm)。负距平中心位于白令海西部和芬兰,其中心值分别为 −400 gpm 和 −300 gpm。中纬度从巴尔喀什湖西部往东到我国北方及日本海均为负距平,中心值为 −300 gpm;地中海上空有一负距平中心,中心值为 −300 gpm。从里海到黑海之间有一正距平,中心值为 100 gpm。太平洋东岸也有一弱的正距平中心。乌拉尔山一带的正距平表明,在沙尘暴的多发年,乌拉尔山脊强度比常年偏强,并且高压脊维持时间长。从巴尔喀什湖西部往东、贝加尔湖以南到我国北方及日本海的负距平区则说明东亚大槽位置偏西、槽加深。我国北方上空的负距平区则说明蒙古气旋在此区域加强,且较常年偏强。从这种正、负位势高度距平分布可以看出,大气环流经向度加大,冷空气频繁入侵,且强度强,风卷起裸露地表沙尘,造成沙尘暴天气。

　　春季沙尘暴天气偏少年,北半球 4 月 500 hPa 位势高度距平场分布与偏多年有明显差异。偏少年欧亚有两个负距平中心,两个正距平中心。两个负距平中心分别位于东西伯利亚海到鄂霍次克海(中心为 −200 gpm)和乌拉尔山南部(中心为 −300 gpm),两个正距平中心分别位于贝加尔湖东南部(中心为 +500 gpm)和里海与黑海之间(中心为 +200 gpm)。乌拉尔山一带的负距平表明,在沙尘暴少年,乌拉尔山脊偏弱,并且高压脊维持时间短。从我国北方到日

图 13.7 的 a、b 分别为 5 月和 6 月山西持续性高温的 500 hPa 环流形势,其基本特征为欧亚中高纬度地区是较稳定的两槽一脊型,不同的是,随着副高的西进北抬,6 月份(5840 gpm 线控制)控制山西的高压脊比 5 月份(5800 gpm 线控制)更强。

综上,影响山西高温的 500 hPa 环流形势主要有副高纬向型、副高经向型以及大陆高压控制型,副高控制时为闷热天气,大陆高压控制时为干(晴)热天气。

13.7.2　地面气压场特征

统计分析表明:大陆高压控制下的晴热高温天气(5—6 月),14:00 地面图上 90°~120°E,30°~50°N 范围一般为热低压控制;副高控制下的闷热高温天(7—9 月),地面形势一般为东高西低型和热低压型(图略)。

13.7.3　850 hPa 流场特征

图 13.8 的 a、b、c 分别为副高纬向、副高经向和大陆高压控制型下对应的 850 hPa 温度和高度场特征。副高控制时,无论是副高纬向还是副高经向,热低压中心均位于中蒙边界(图 13.8 的 a 和 b 图),不同的是副高纬向型时,850 hPa 高度场山西为东高西低型(图 13.8a),副高经向型时,与 500 hPa 高度场相对应,850 hPa 图上山西为高压环流所控制(图 13.8b);大陆高压控制型下,850 hPa 为一个暖低压带(图 13.8c),山西被 28℃的等温线所包围,热低压中心温度达 33℃,山西的中西部 850 hPa 温度高达 32℃以上。如:2005 年 6 月 17—24 日的持续性高温天气过程,6 月 22 日和 23 日≥35℃的高温站数分别达到 107 和 105 个县市,≥37℃的高温站数分别达到 102 和 88 个县市,≥40℃的高温站数分别达到 33 和 23 个县市。

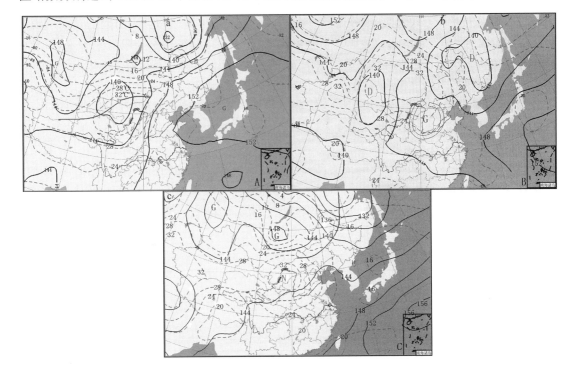

图 13.8　高温天气 850 hPa 环流特征

13.8　影响山西高温的主要因子及预报要点

据大气热力学能量方程：

$$\frac{\partial T}{\partial t}=-V\cdot\mathbf{\nabla}T-\omega(\gamma_d-\gamma)+\frac{1}{C_{pd}}\frac{\mathrm{d}Q}{\mathrm{d}t} \qquad 13.3$$

气温的局地变化由温度平流、垂直运动及非绝热作用引起。首先应考虑基础温度，统计表明，高温当日与前一日最高气温温差平均 4.1 ℃，最大一般不超过 10 ℃。其中，温差在 6 ℃以下的占 90%，说明前一日的基础温度是先决条件之一。

（1）平流项的作用主要体现在暖气团的移动上，造成山西高温的暖气团多由陕西、内蒙古移来。它对温度的作用在 24 h 只能造成 3～4 ℃的变化，预报员可以由实况外推做出比较准确的预测。因而平流项的作用不是高温预报的难点。

（2）垂直运动项对升温的贡献。山西省地形复杂，但 37 ℃以上的高温主要分布在忻州及以南的盆地。西来气流越山后，下坡风风速加大，气温剧烈上升。尤其临汾、运城盆地最为显著。设空气因地形下滑引起的地面风速为 V

则
$$V=\sqrt{2gh\,\frac{T_0-T_h}{T_0}} \qquad 13.4$$

所以
$$T_0=\frac{2gh\times T_h}{2gh-V^2} \qquad 13.5$$

式中：g 是重力加速度；h 是地形引起的地形差；T_h 是气团滑坡前的地面气温；T_0 是气团滑坡后的地面气温。上式表明：地势差异 h 和滑坡后的地面风速 V 越大，引起的地面增温越强。以临汾盆地为例，它南北长达 110 km，东西宽仅 20～25 km，狭窄处只有几千米，盆地内海拔高度 400～600 m；它的西侧是吕梁山系，东侧是太岳山系，两山高度都在 1300～1500 m，两山系的余脉在霍州北部相连接，形成东、北、西三面屏障，遇有西来干暖气团下坡，焚风效应十分显著，这是与同纬度的长治相比临汾夏季高温日数显著多、高温持续时间显著长的重要原因之一。夏初，冷空气活动仍有一定势力，当冷空气经蒙古南下，进入河套和华北很快变性，形成华北地形槽，山西出现偏西风。对 1957—2006 年，391 个 37 ℃以上的高温日当日有无偏西风进行的统计（表 13.1）表明，约 54% 的高温过程与偏西风有关。因此，在高温预报中，准确预报次日是否会出现偏西风形势以及偏西风造成的升温幅度很关键。另外，当偏西风形势建立时，由于地形强迫造成的下沉运动，常使天气晴朗，湿度下降，大气透光度好，地面的辐射增温剧烈，加强非绝热项的作用。

表 13.1　高温当日各型有无偏西风的次数

分型	暖高型	低前型	锋前暖区型	纬向型	其他
有西风	112	42	29	17	11
无西风	0	88	68	14	10
有/(有+无)	100%	32.3%	29.9%	54.8%	52.4%

（3）非绝热项是造成高温的最重要的因素。这主要体现在：①太阳辐射使近地面层加热升温，在晴空少云，大气透光度好的条件下，往往使气温日较差达 16℃以上。391 个≥37℃高温日中，高温当日平均升温 17.6℃，最大达 25.1℃。而当天空状况为多云到阴天时，气温的日较差较小，最低气温不低最高气温不高。②冷锋前暖空气的堆积。在地面图上，表现为冷锋逼近。高温前一日 14 h 冷锋常在二连—磴口一线，次日东移南压到呼和浩特，山西处于锋前暖低压中，高温天气出现（图略）。因此在冷暖空气势力相当的情况下，准确判断冷空气移速，预报锋区（或锋面）次日到达的位置对准确预报高温天气很重要。

13.9　高温天气的流型配置与预报指标

根据 1958—2008 年 5 a 间 373 次持续性高温天气过程统计分析，获得各种流型配置下的预报指标和出现的高温落区见表 13.2～13.4。

表 13.2　山西高温天气的流型配置与预报指标（1）

流型配置	预报指标	地面最高气温≥35℃区域	地面最高气温≥37℃	地面最高气温≥40℃
1. 500 hPa 副高纬向型 2. 700 hPa 东高西低型 3. 850 hPa 东高西低型 4. 地面东高西低或热低压型 5. 850 hPa 偏南风	$T_{700}≥13℃$，$T_{850}≥25℃$，110°～115°E,34°～42°N 范围内 500 hPa 高度值≥5880 gpm	运城、临汾		
	$T_{700}≥14℃$，$T_{850}≥26℃$，110°～115°E,34°～42°N 范围内 500 hPa 高度值≥5880 gpm	运城、临汾、阳泉、晋城	运城、临汾	
	$T_{700}≥15℃$，$T_{850}≥28℃$，110°～115°E,34°～42°N 范围内 500 hPa 高度值≥5880 gpm	运城、临汾、阳泉、晋城、太原、阳泉、吕梁、晋中、长治、忻州及大同和朔州的平川	运城、临汾、阳泉、晋城、太原、吕梁、忻州的盆地、大同和朔州的平川地带	运城、临汾、阳泉
	$T_{700}≥16℃$，$T_{850}≥32℃$，110°～115°E,34°～42°N 范围内 500 hPa 高度值≥5880 gpm	山西全省	山西全省	运城、临汾、阳泉、晋城及忻州和吕梁的盆地

表 13.3   山西高温天气的流型配置与预报指标(2)

流型配置	预报指标	地面最高气温 ≥35℃区域	地面最高气温 ≥37℃	地面最高气温 ≥40℃
1.500 hPa 副高经向型 2.700 hPa 暖高型 3.850 hPa 高环流型 4. 地面东高西低或热低压型 5.850 hPa 偏南风或偏西风	$T_{700} \geq 13℃$，$T_{850} \geq 25℃$，110°~115°E,34°~42°N 范围内 500 hPa 高度值≥5880 gpm	运城、临汾		
	$T_{700} \geq 14℃$，$T_{850} \geq 26℃$，110°~115°E,34°~42°N 范围内 500 hPa 高度值≥5880 gpm	运城、临汾、忻州西部	运城、临汾	
	$T_{700} \geq 15℃$，$T_{850} \geq 28℃$，110°~115°E,34°~42°N 范围内 500 hPa 高度值≥5880 gpm	运城、临汾、阳泉、晋城、太原、阳泉、吕梁、晋中、长治、忻州及大同和朔州的平川	运城、临汾、阳泉、晋城、太原、吕梁、忻州的西部、大同和朔州的平川地带	运城、临汾、阳泉
	$T_{700} \geq 16℃$，$T_{850} \geq 32℃$，110°~115°E,34°~42°N 范围内 500 hPa 高度值≥5880 gpm	山西全省	山西全省	运城、临汾、阳泉、忻州西部、吕梁的盆地

表 13.4   山西高温天气的流型配置与预报指标(3)

流型配置	预报指标	地面最高气温 ≥35℃区域	地面最高气温 ≥37℃	地面最高气温 ≥40℃
1.500 hPa 大陆高压型 2.700 hPa 暖高型 3.850 hPa 暖低压型 4. 地面热低压型 5.850 hPa 偏南风或偏西风	$T_{700} \geq 12℃$，$T_{850} \geq 23℃$，110°~115°E,34°~42°N 范围内 500 hPa 高度值≥5800 gpm （6 月份高度值≥5840 gpm）	运城、临汾		
	$T_{700} \geq 14℃$，$T_{850} \geq 25℃$，110°~115°E,34°~42°N 范围内 500 hPa 高度值≥5800 gpm （6 月份高度值≥5840 gpm）	运城、临汾、阳泉、晋城	运城、临汾	
	$T_{700} \geq 15℃$，$T_{850} \geq 28℃$，110°~115°E,34°~42°N 范围内 500 hPa 高度值≥5800 gpm （6 月份高度值≥5840 gpm）	运城、临汾、阳泉、晋城、太原、阳泉、吕梁、晋中、长治、忻州及大同和朔州的平川	运城、临汾、阳泉、晋城、太原、吕梁、忻州的盆地、大同和朔州的平川地带	运城、临汾、阳泉
	$T_{700} \geq 16℃$，$T_{850} \geq 32℃$，110°~115°E,34°~42°N 范围内 500 hPa 高度值≥5800 gpm （6 月份高度值≥5840 gpm）	山西全省	山西全省	运城、临汾、阳泉、晋城及忻州和吕梁的盆地

13.10　高温的定量预报方法

13.10.1　统计预报方法

(1)资料选取及方法

根据影响山西高温的主要因子,对 1957—2006 年,50 a 山西 108 个县市共 391 个≥37℃的高温个例资料进行分析,选取了 T213 格点资料,14 h:850 hPa 的温度和风预报场、850 hPa 的相对湿度的分析场和预报场,08 hT213 地面气温预报场、高温日前一天的最高气温(在自动站资料中选取温度最大值)等作为主要预报因子,建立了高温定量预报方程。

(2)高温预报方程

在取信度 $\alpha = 0.05$ 的情况下,$F_\alpha = 2.01$ 时,以太原市为例得到的高温预报方程为:

$$y = 0.1079x_1 - 0.0301x_2 - 0.0883x_3 + 0.1273x_4 - 0.0141x_5 + 0.0282x_6 + 33.9029$$

式中:

x_1:高温前一日最高气温(℃);

x_2:高温前一日 14 时 850 hPa 的相对湿度预报场值(%);

x_3:高温当日 14 时 850 hPa 相对湿度预报场值(%);

x_4:高温当日 08 时地面气温预报值(℃);

x_5:高温当日 08 时 850 hPa 风向预报值;

x_6:高温当日 14 时 850 hPa 风向预报值。

13.10.2　优化卡尔曼滤波法

$$W \approx \begin{bmatrix} (\Delta\beta_1)^2/\Delta T & 0 & \cdots\cdots & 0 \\ 0 & (\Delta\beta_2)^2/\Delta T & \cdots\cdots & 0 \\ \cdots\cdots & \cdots\cdots & \cdots\cdots & \cdots\cdots \\ 0 & 0 & \cdots\cdots & (\Delta\beta_m)^2/\Delta T \end{bmatrix}$$

其中 $\Delta T = 30$

$$V = \begin{bmatrix} g_1/(k-m-1) & 0 & \cdots\cdots & 0 \\ 0 & g_2/(k-m-1) & \cdots\cdots & 0 \\ \cdots\cdots & \cdots\cdots & \cdots\cdots & \cdots\cdots \\ 0 & 0 & \cdots\cdots & g_n/(k-m-1) \end{bmatrix}$$

(1)资料和主要预报因子的选取

主要选用了 T213 数值模式的输出产品,主要预报因子有:850 hPa 的温度场、700 hPa 的温度露点差、850 hPa 的风场、1000 hPa 温度场。

(2)建立高温定量预报方程

(a)递推系统参数初值的计算

对预报因子 $X_k(i)$ 和预报量 $Y(i)$,按照通常求回归系数估计值方法求得 $\hat\beta_0$,假定 β_0 与理论值相等,C_0 即被确定为 m 阶零方阵。$g_1, g_2, \cdots, g_n$ 为预报量 $Y(i)$ 的 n 个残差,K 为样本容量(这里取 90)，m 是因子个数(这里 $m=4$)。

(b)递推计算

在确定了起步参数、建立了所需的数据文件后，将这些数据读入递推滤波系统，递推系统就可根据下面给出的六个递推滤波公式：

$$\hat{Y}_t = X_t\hat{\beta}_{t-1} \qquad 13.6$$
$$R_t = C_{t-1} + W \qquad 13.7$$
$$\sigma_t = X_t R_t X_t^T + V \qquad 13.8$$
$$A_t = R_t X_t^T (\sigma_t^{-1}) \qquad 13.9$$
$$\hat{\beta}_t = \hat{\beta}_{t-1} + A_t(Y_t - \hat{Y}_t) \qquad 13.10$$
$$C_t = R_t - A_t \sigma_t A_t^T \qquad 13.11$$

进行递推计算。递推滤波公式中：$\hat{Y}_t$ 是递推系统在 $t-\Delta t$ 时刻输出的 t 时刻的预报值，X_t 为预报因子，$\hat{\beta}_{t-1}$ 为预报量和预报因子所产生的方程系数估算值；R_t 为 t 时刻 β 外推值的误差方差阵，C_{t-1} 为滤波值 $\hat{\beta}_{t-1}$ 的误差方差阵，W 是动态噪声的方差阵；σ_t 是预报误差方差阵，X_t^T 为预报因子 X_t 的转置矩阵，V 是量测噪声的方差阵；A_t 是增益矩阵，σ_t^{-1} 是 σ_t 的逆矩阵。以上 6 个方程中，除 W，V 在确定后不发生变化，其他均在发生变化。式 13.8 为系数 β_t 的订正方程，Y_t 为 t 时刻站点的实测值，C_t 为 t 时刻的误差方差，A_t^T 是增益矩阵 A_t 的转置矩阵。

利用卡尔曼滤波可以改变方程中的回归系数的特点，对每一个预报站点建立相应的数据文件，数据文件中存入预报因子的预报场值和分析场值(预报场和分析场均为 T213 的输出产品)，对每个预报因子计算其逐日的误差和平均误差；对预报量建立包括预报量的预报值和实况值的数据文件，计算每一天的预报误差。利用 13.6~13.11 式的滤波递推公式，对经过误差订正和未经过误差订正的递推结果进行再次滤波输出最终预报结果。

13.10.3　高温预报方程检验及分析

检验分析及解决方案，将 2004—2005 年山西 5—9 月的观测资料代入高温预报方程进行检验，结果发现：

(1)统计预报方法和 KLM 滤波对高温出现和不出现的平均预报准确率分别达到 93.3% 和 94.1%，故两种预报方法对山西的高温都有一定的预报能力。

(2)空报现象比较明显，2 年内，统计法空报共 10 次，KLM 滤波空报 11 次。这对于年平均高温日数($\geqslant37$℃)只有 10.8 次来说，还是相当可观的，因此必须找到另外的因子来减少空报。在业务实践中发现，高温当日 20 h 的 850 hPa 温度<24℃时，是一很好的消空指标。为此，选用了 20 h 欧洲中心预报的 850 hPa 温度作为先决条件，进行消空处理，不消空时再用方程进行计算。值得注意的是，临汾和运城地区特殊的地形条件使两地具有明显的西风升温效应，尤其是临汾。

利用上述方法对 11 次空报进行消空处理，除 2 次未被消空外其余均消空。

(3)2 年共出现 3 次漏报，经分析发现，这 3 次高温方程预报温度均在 36.5℃以上，实况有 2 次 8 个站达到 38℃，另外 1 次是 2005 年 6 月 16—23 日持续 8 d 的高温，忻州地区第一天的高温全部漏报，反查发现：漏报原因是前一天最高和最低温度均比较低，致使两种预报方法均出现漏报。反查还发现，持续高温的第一天 20 h 的 850 hPa 的温度晋西北均在 27℃以上，欧洲中心 20 h 的 850 hPa 温度预报场河套地区为高温中心，山西境内西北部温度在 27℃以上。

可见,20 h 欧洲中心 850 hPa 的温度预报值≥27℃是预报山西北部高温很好的指标,即使方程计算不预报高温,但当 20 h 欧洲中心预报的 850 hPa 温度≥27℃时,根据具体的天气情况,应考虑次日预报该区高温或局部高温。

　　综上,得到山西高温的定量预报流程(图 13.9),该流程对 37℃以上的高温天气具有了一定的预报能力。

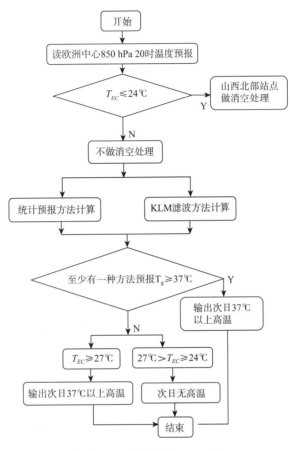

图 13.9　高温定量预报流程

参考文献

[1] 苗爱梅,武捷,贾利冬.1958—2008 年山西气温变化的特征及趋势研究[J].地球科学进展,2010,**25**(3): 264-272.

[2] 苗爱梅,贾利冬,李苗,等.近 50 a 山西高温日的时空分布及环流特征[J].地理科学进展,2011,**30**(7): 837-845.

[3] Karl T R,Kukla G,Razuvayev V N,*et al.*,GlobalWarming:Evidence for asymmetric diurnal temperature change[J].*Geophys Res Lett*,1991,**18**:2253-2256.

[4] Horton B.Geographical distribution of changes in maximum and minimum temperatures[J].*Atmos Res*, 1995,**37**(1):101-117.

[5] Karl T R,Jones P D,Knight R W,*et al.*,A new perspective on recent global warming:asymmetric trends

of daily maximum and minimum temperature[J]. *Bull of the Amer Mete Soci*,1993,**74**(6):1007-1023.

[6] Cooter E J and LeDuk S K. Recent frost data trends in the northern United States[J]. *Int J Climatology*, 1993,15:65-75.

[7] Gruaz G,Rankova E,Razuvaev V. Indictors of climatechange for the Russian Federation[J]. *Climatic Change*,1999,**42**(1):219-242.

[8] Frich P,Alexander L V,Della-Marta P,*et al*.,Observed coherent changes in climate extremes during the second half of the 20th century[J]. *Clim Res*,2002,**19**(3):193-212.

[9] Manton M J,Della-Marta P M,Haylock M R,*et al*.,Trend in extreme daily rainfall and temperature in southeast Asia and the South Pacific:1961—1998[J]. *Int J Climatology*,2001,**21**(3):269-284.

[10] 任福民,翟盘茂.1951—1990 年中国极端温度变化分析[J].大气科学,1998,**22**(2):217-227.

[11] Zhai P,Sun A,Ren F,*et al*.,*Changes of climate extremes in China//Uleather and climate excthemes*. Springer Netherlands,1999,203-218.

[12] 马柱国,符宗斌,任小波,等.中国北方年极端温度的变化趋势与区域增暖的联系[J].地理学报,2003,**58**(增):11-20.

[13] 翟盘茅,潘晓华.中国北方近 50 年温度和降水极端事件变化[J].地理学报,2003,**58**(增):1-10.

[14] 龚道溢,韩晖.华北农牧交错带夏季极端气候的趋势分析.地理学报,2004,**59**(2):230-238.

[15] Deng Z,Zhang Q,Xu J,*et al*.,Comparative Studies of the Harm Characteristic of Hot-dry Wind and High Temperature Heat Waves[J]. *Advances in Earth Science*,2009,(8):865-873.[邓振镛,张强,徐金芳,等.高温热浪与干热风的危害特征比较研究[J].地球科学进展,2009,(8):865-873.]

第 14 章　干热风分析与预报

14.1　干热风定义及影响

干热风是北方冬小麦产区的主要农业气象灾害之一,在山西省一般出现在每年的 5 月中旬至 6 月中旬,南部明显早于北部。干热风的实质是高温、低湿引起农作物(对山西省主要是小麦)生理干旱,而风又加重了干旱危害的程度。在小麦扬花灌浆期,干热风强烈地破坏植株水分平衡和光合作用,影响子粒灌浆成熟,导致粒重明显下降,冬小麦严重减产。

干热风危害是在一定的温度、湿度、风速条件下形成的,因此,选用这 3 个气象要素作为干热风的气象指标。其中:温度取每日 14 时平均气温,它能反映小麦受热害的程度,且便于比较;湿度选取每日 14 时相对湿度,它近似于一日最小相对湿度,可反映干旱程度;风速选用 14时风速值,基本上能代表正午最热时风的情况。

表 14.1　山西省干热风分级标准

要　　素	轻干热风	重干热风
14 时平均气温(℃)	≥32	≥35
14 时相对湿度(%)	≤30	≤25
14 时平均风速(m·s⁻¹)	≥2	≥3

14.2　山西省干热风气候统计特征

14.2.1　出现频次的分布

图 14.1 给出了 1981—2010 年 30 年间,5 月上旬—6 月中旬的 50 d 内我省干热风平均日数,全省 109 县平均出现干热风 0~6.4 d 不等。显见,干热风发生的频数由南向北递减,又因我省南北跨度大,干热风存在明显的南北差异:北部的忻州、朔州、大同一带不足 1 d,其中东西部的高寒地区几乎不出现(此地带非山西小麦的主产区);中部河谷地带为 2~4 d,其他地区为1 d 左右;南部小麦主产区大多在 3 d 以上,最多在临汾南部和运城北部一带,达 6 d 以上。

干热风出现的日数年际变化大,少则全省除临汾、侯马一带 1~2 d 外,其他地区几乎不出现,而出现最多日数在太原以南的平川、河谷地带可达一周以上,临汾南部和运城大部最多可达 10 d 以上,最多达 16 d(临汾、侯马、万荣等)。

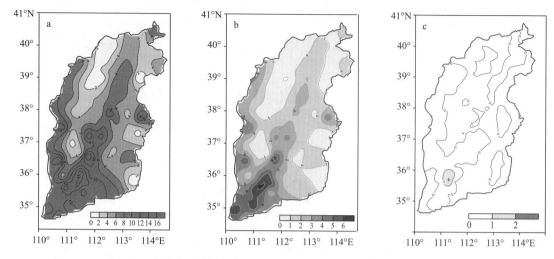

图 14.1　山西省干热风年出现频次((a)年平均;(b)年最多;(c)年最少)

　　随着气候变暖的影响,山西省出现干热风的频次有明显增加趋势。图 14.2 给出 20 世纪
80 和 90 年及 2000 年代干热风出现频次分布图,可明显看出,三个年代中,干热风出现的频次
在持续增加,太原以南的 61 个站,20 世纪 80 和 90 年代出现干热风总计分别为 1177 和 1459
站次,而 2000 年出现站次达到 2127 站次,较前 20 世纪 90 年代增加了 0.46 倍。

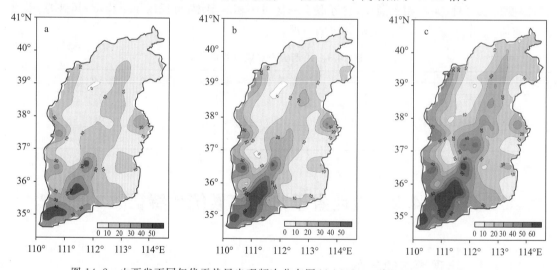

图 14.2　山西省不同年代干热风出现频次分布图((a)1980 s;(b)1990 s;(c)2000 s)

14.2.2　出现时间的分布

　　山西省各麦区受干热风危害期约为 40~50 d(5 月中旬—6 月中旬)。由于地理位置、地形
和位势的不同,各地开始出现的时间也存在差异,运城市主要出现在 5 月的中下旬(个别在 5
月上旬);临汾市主要出现在 5 月下旬至 6 月上旬(个别在 5 月中旬);太原以南其他地区主要
在 5 月下旬到 6 月中旬。干热风持续的时间以 1~2 d 最多,最长时间可达 9 d(如 2002 年 5
月 29 日—6 月 6 日霍州、2005 年 6 月 12—20 日孝义)。

14.2.3　历史样本(分级)

把太原中南部主要干热风影响区的 61 站中,有一日出现 10 站以上弱干热风、前后相邻日期至少 5 站以上区域出现弱干热风作为一次干热风过程统计,1981 年以来的干热风过程见表 14.2,可作为预报工作中历史个例的参考。

表 14.2　1981—2010 年山西主要干热风过程列表

序号	出现日期	持续天数(d)	轻度以上影响情况		重度影响情况	
			总影响站次	最多一日影响站数	总影响站次	最多一日影响站数
1	1981.5.24—26	3	49	21	1	1
2	1981.5.30	1	13	13	0	0
3	1981.6.5—6	2	46	30	3	3
4	1981.6.12—18	7	182	51	63	25
5	1982.5.22—26	5	135	46	16	8
6	1982.6.13	1	15	15	3	3
7	1982.6.16—20	5	85	25	17	10
8	1983.6.10	1	11	11	0	0
9	1983.6.15—17	3	30	16	0	0
10	1984.6.10—11	2	24	14	0	0
11	1985.6.7—8	2	28	22	5	5
12	1986.5.15—16	2	31	24	1	1
13	1986.6.2	1	19	19	0	0
14	1986.6.17—18	2	38	28	7	7
15	1987.5.23	1	16	16	2	2
16	1987.6.3	1	26	26	9	9
17	1988.6.13—19	7	161	44	19	10
18	1989.6.1—2	2	40	26	6	5
19	1989.6.5	1	16	16	2	2
20	1990.6.3—5	3	55	28	10	9
21	1990.6.9	1	16	16	1	1
22	1992.5.22	1	14	14	0	0
23	1992.5.30—6.1	3	33	15	0	0
24	1992.6.4—5	2	59	36	24	12
25	1992.6.8—10	3	54	24	24	13
26	1993.6.5——6	2	27	14	1	1
27	1993.6.8—10	3	54	31	1	1
28	1993.6.14—15	2	38	20	5	4
29	1993.6.18—20	3	94	42	14	9
30	1994.5.28—29	2	41	29	0	0
31	1994.5.31—6.3	4	59	21	5	2
32	1994.6.18—19	2	23	13	0	0

序号	出现日期	持续天数 (d)	轻度以上影响情况		重度影响情况	
			总影响站次	最多一日影响站数	总影响站次	最多一日影响站数
33	1995.5.25	1	16	16	0	0
34	1995.5.30—31	2	20	11	1	1
35	1995.6.3—5	3	29	13	0	0
36	1995.6.15	1	12	12	0	0
37	1995.6.18—19	2	33	24	5	5
38	1996.6.10—13	4	47	19	0	0
39	1997.5.31	1	14	14	0	0
40	1997.6.3—5	3	31	18	9	8
41	1997.6.11—15	5	100	27	18	10
42	1997.6.18—19	2	43	22	3	3
43	1998.6.16	1	12	12	1	1
44	1998.6.19—20	2	56	42	12	12
45	1999.5.27	1	17	17	0	0
46	1999.6.10—12	2	44	19	1	1
47	2000.5.20—24	5	151	49	26	18
48	2000.5.30—6.1	3	64	47	14	14
49	2000.6.8—9	2	20	15	0	0
50	2000.6.11—15	5	35	19	1	1
51	2001.5.19—23	5	109	25	3	2
52	2001.6.1—3	3	50	24	1	1
53	2001.6.5—7	3	89	41	7	6
54	2001.6.11	1	10	10	0	0
55	2001.6.18—20	3	26	11	3	2
56	2002.5.29—6.7	10	234	38	30	8
57	2002.6.12—13	2	22	13	0	0
58	2002.6.17	1	21	21	4	4
59	2003.5.29—30	2	25	16	0	0
60	2003.6.14	1	15	15	0	0
61	2003.6.19	1	13	13	0	0
62	2004.5.24	1	17	17	0	0
63	2004.6.9—12	4	53	18	0	0
64	2004.6.19—20	2	26	20	3	3
65	2005.6.1—4	4	85	40	9	5
66	2005.6.11.20	1	276	45	43	14
67	2006.5.29—30	2	23	16	0	0
68	2006.6.11—12	2	37	23	3	2
69	2006.6.15—19	5	140	50	51	34
70	2007.5.14—15	2	19	13	1	1

续表

序号	出现日期	持续天数 (d)	轻度以上影响情况		重度影响情况	
			总影响站次	最多一日影响站数	总影响站次	最多一日影响站数
71	2007.5.17	1	16	16	1	1
72	2007.5.26—29	4	84	27	11	9
73	2007.6.2—4	3	42	19	1	1
74	2007.6.6—12	7	146	32	17	5
75	2008.6.8—9	2	33	28	1	1
76	2009.6.2—5	4	52	17	2	1
77	2009.6.12—16	5	61	18	2	2
78	2010.5.24	1	15	15	0	0
79	2010.6.12—20	9	196	35	29	6

14.3　干热风的归因及其发展过程

14.3.1　干热风的归因

干热风的出现,与当地的气候背景及东亚大气环流的演变过程密切相关。多数干热风过程可总体归因为:①春夏之交,由于内陆地区气候干燥,日照充足,空气增温快;②当北方弱冷空气南下,从高空到地面为下沉气流,受绝热增温的影响,冷高压变性成为干热的大陆性气团,高空为西北偏西气流,而地面气压场为南高北低形势时,午后近地面干而热的西南气流向东北吹送,进而形成了干热风。

14.3.2　干热风的主要发展阶段

从天气形势分析,主要分为酝酿、形成、维持和结束四个阶段。以 2002 年 5 月 29 日—6 月 6 日发生在山西临汾、运城等地的重干热风过程(图 14.3)为例,来说明干热风的主要演变过程。

(1)酝酿阶段

干热风形成前 3~4 d:从 500 hPa 看,极地分裂冷涡或低槽东移南下,使前期东亚大槽和其后暖脊趋于崩溃,中亚(乌拉尔山以西)有暖脊发展东移,干冷空气沿贝加尔湖或其东南下,调整中的欧亚天气

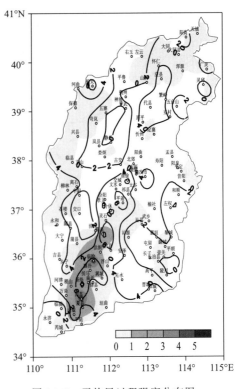

图 14.3　干热风过程强度分布图

(阴影部分和图标表示达到重干热风天数的分布)

形势有利于东亚大槽的重新建立(图 14.4a);中低层有干冷空气入侵山西,近地层大气湿度急剧下降(干热风前期的重要条件之一),而同时,在河西走廊有暖脊发展东移,850 hPa 的 24℃以上暖中心接近河套地区(图 14.4b)(干热风形成前热量输送的重要条件);午后地面盛行偏南风,最高气温接近 30℃。(图 14.4c,d)

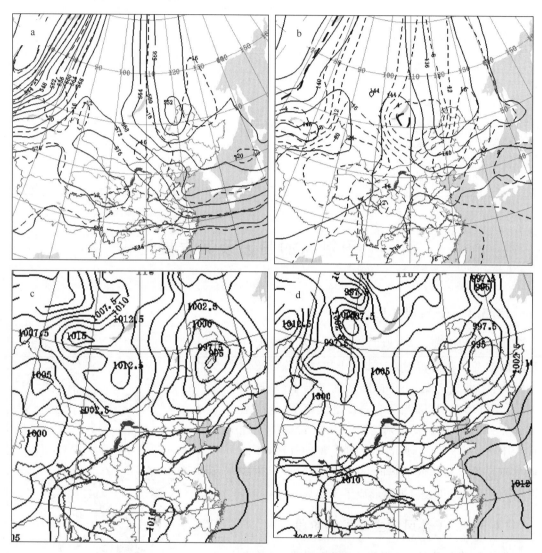

图 14.4　干热风酝酿阶段天气形势

((a),(b)分别为 2002 年 5 月 28 日 08 时 500 hPa 和 850 hPa 位势高度场(实线)和温度场(虚线);(c),(d)分别为 2002 年 5 月 28 日 08 时和 14 时海平面气压场)

(2)形成阶段

干热风出现初日即形成阶段:500 hPa 东亚中纬度为一槽一脊形势,在中纬度中国东部(125°E)附近高空的东亚大槽建立,蒙古—贝加尔湖为一较强暖脊,山西处于其间宽广的西北偏西气流中。西太平洋副高势力较弱,远离大陆,位置偏南(图 14.5a);850 hPa 上,暖中心发展达 20℃以上,并控制山西中南部,暖脊向北伸展(图 14.5b);近地面为南高北低形势,迅速增温减湿(图 14.5b)。

图 14.5　干热风形成阶段天气形势

((a),(b)分别为 2002 年 5 月 29 日 08 时 500 hPa 和 850 hPa 位势高度场(实线)和
温度场(虚线);(c),(d)分别为 2002 年 5 月 29 日 08 时和 14 时海平面气压场)

(3)维持阶段

干热风形成及影响期间:高空东亚大槽稳定少动于 125°～130°E(图 14.6a);中低层 850 hPa山西西部(或西南部)暖中心位置少动(图 14.6b);影响区域 700 hPa 以下维持明显的下沉气流和暖平流输送;地面南高北低形势维持(图 14.6c,d),天气晴热,高温、低湿、弱风状况加重或持续。

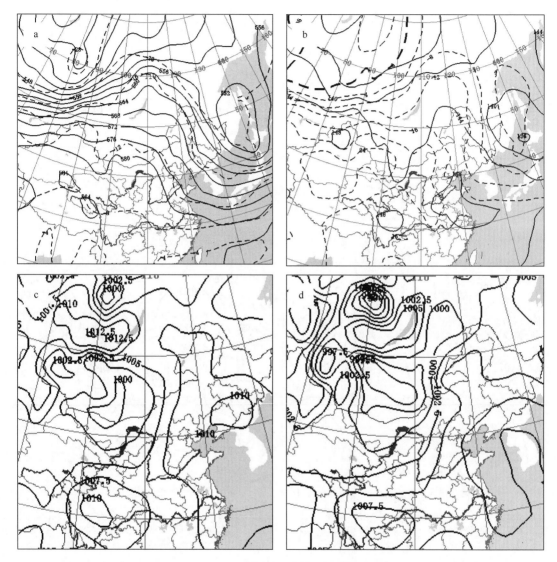

图 14.6　干热风维持阶段天气形势

((a),(b)分别为 2002 年 6 月 2 日 08 时 500 hPa 和 850 hPa 位势高度场(实线)和
温度场(虚线);(c),(d)分别为 2002 年 6 月 2 日 08 时和 14 时海平面气压场)

（4）结束阶段

高空东亚大槽减弱东移,中亚暖脊明显减弱或崩溃,中高纬度小槽东移影响进入河套地区(图 14.7a);低空 850 hPa 暖中心东移或减弱移出 120°E(图 14.7b);由于环流趋于平直并有小槽活动影响,槽前有中高云系发展,低层和近地面层锋区南压(图 14.7c,d),风向有明显转变,气温下降,干热风天气过程结束或将结束。

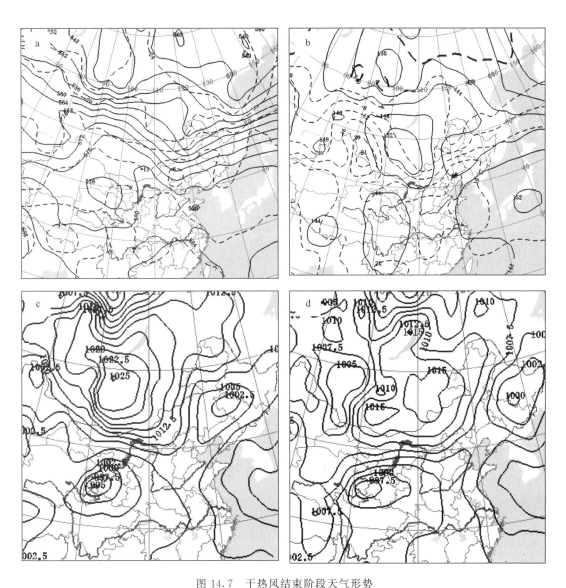

图 14.7　干热风结束阶段天气形势

((a)、(b)分别为 2002 年 6 月 7 日 08 时 500 hPa 和 850 hPa 位势高度场(实线)和
温度场(虚线);(c)、(d)分别为 2002 年 6 月 7 日 08 时和 14 时海平面气压场)

14.4　干热风天气的预报着眼点及相关指标

干热风的预报涉及到前期天气形势的分析和形成干热风相关要素的把握两个方面。

(1)在形成的前期应注意大的环流形势的调整,看东亚中纬度高空是否可能会有一脊一槽形势的建立,同时关注低空西南方向暖中心的发展。

(2)14 时气温、相对湿度和风速等要素的定量预报要在天气形势分析基础上,结合数值预报产品进行订正及定量预报。

（3）在环流形势有利于干热风形成时，应关注低空、近地面气象要素（温度、露点温度或温度露点差等）及相关物理量（冷暖平流、垂直速度）指标的未来变化趋势，在订正各时效数值预报产品结果基础上，综合分析定点温、湿、风状况，综合确定未来干热风影响区域及持续时间的预报。

第 15 章　雾和灰霾天气的分析与预报

15.1　雾和霾的区别

雾是悬浮于近地面层中的大量水滴或冰晶,使水平能见度小于 1 km 的现象。

灰霾又称大气棕色云,在中国气象局的《地面气象观测规范》中,定义灰霾天气为:"大量极细微的干尘粒等均匀地浮游在空中,使水平能见度小于 10 km 的空气普遍有混浊现象,使远处光亮物微带黄、红色,使黑暗物微带蓝色。"

雾和霾都会对人们的视程产生影响,给生活带来不便。但二者也存在很大的区别,这主要体现在三个方面:

(1)相对湿度

雾主要是以水汽为主,雾的相对湿度一般在 90% 以上,而霾在 80% 以下。80%~90% 之间的,是雾和霾的混合物,但主要成分是霾。

(2)能见度

如果目标物的水平能见度降低到 1 km 以内,就是雾;水平能见度在 1~10 km 的,称为轻雾或霭;水平能见度小于 10 km,且是灰尘颗粒造成的,就是霾或灰霾。另外,雾和霾还有一些肉眼看不见的"不一样":雾的厚度只有几十米至 20 m,霾则有 1~3 km。

(3)颜色与其他

从辨别颜色来讲,雾的颜色是乳白色、青白色,霾则是黄色、橙灰色;雾的边界很清晰,过了"雾区"可能就是晴空万里,雾滴浓度分布不均匀,而且雾滴的尺度比较大,从几微米到 100 μm,平均直径大约在 10~20 μm 左右,肉眼可以看到空中飘浮的雾滴。由于液态水或冰晶组成的雾散射的光与波长关系不大,因而雾看起来呈乳白色或青白色。但是霾则与周围环境边界不明显,霾的厚度比较厚,可达 1~3 km 左右。霾与雾、云不一样,与晴空区之间没有明显的边界,霾粒子的分布比较均匀,而且灰霾粒子的尺度比较小,从 0.001~10 μm,平均直径大约在 1~2 μm 左右,肉眼看不到空中飘浮的颗粒物。由于灰尘、硫酸、硝酸等粒子组成的霾,其散射波长较长的光比较多,因而霾看起来呈黄色或橙灰色。

15.2　雾的种类、形成条件及其影响

近地面大气层中水汽达到饱和以后,水汽即可凝结或凝华而形成雾。根据雾的物理机制和形成条件,可将雾分为:辐射雾、平流雾、平流辐射雾、地方性雾等。

15.2.1　雾的种类及形成条件

15.2.1.1　辐射雾

由于辐射冷却作用使近地面气层水汽凝结(凝华)而形成的雾,称为辐射雾。

形成辐射雾的条件:

一是冷却条件:晴朗少云的夜间或清晨,地面有效辐射强,散热迅速,近地面层降温明显,有利于水汽的凝结,而形成雾。

二是水汽条件:近地气层中水汽含量充沛,当空气被雨和潮湿的地面增湿以后,对形成雾非常有利;相反,空气干燥,湿度小时,则不利于雾的形成。

三是风力条件:微风,风速为$1\sim3~m\cdot s^{-1}$时,最有利于雾的形成。地面为静风时,辐射冷却只能达到近地层,要形成一定强度及一定厚度的辐射雾,仅有辐射冷却还不够,还必须有适度的垂直混合作用相配合,以便形成较厚的冷却层,这就需要有一定的风将水汽和辐射冷却均扩散到一定高度。而风速过大($>3~m\cdot s^{-1}$)及温度层结不很稳定时,垂直混合又太强,水汽大量扩散到空中,也不利于形成辐射雾。

四是层结条件:近地层出现逆温层,稳定层结加上水汽多半聚集在这一层中,最有利于辐射雾的形成。

15.2.1.2　平流雾

平流雾是暖而湿的空气流经下垫面逐渐冷却而形成的。

形成平流雾的条件:

一是平流条件;二是冷却条件。

15.2.1.3　混合雾

实际中,陆地上的平流雾和辐射雾是很难区分的,特别是在温暖的季节,因为在陆地上形成雾时,往往开始时是暖湿平流,随后而来的却是辐射冷却,所以,又常常将这种雾称为平流辐射雾。

15.2.1.4　地方性雾

受局地条件的影响特别明显。

当空气沿山地爬升产生冷却时形成的雾称为斜坡雾,而随天气系统活动的低云移动到山地时,就形成山地雾。

在山间盆地,如果相对湿度较高的季节,在层结稳定时,常常形成辐射雾。

15.2.2　雾的影响

雾虽然持续时间较短,但出现在交通高峰期,常常导致工业、交通事故,给城市经济和人民生命财产带来重大损失。尤其是在大雾弥漫的清晨,雾使能见度迅速降低,而能见度的降低使司机可视距离缩短,造成对车辆控制困难,以致于发生交通事故;其次,雾导致司机对车距的判断发生错觉;第三,雾天气时路面极易形成薄霜,车辆打滑造成翻车、追尾;第四,冬季雾天气时,常会造成车窗内侧水汽凝结,影响司机视线。据有关部门资料显示,雾造成的能见度下降是交通事故频发的最重要原因之一。更为严重的是,由于浓雾发生时,近地面风力很小,加之浓雾中存在大量的悬浮物,给呼吸道疾病患者带来严重威胁。雾的污染已经成为目前导致城市居民呼吸道疾病发病率居高不下的主要原因之一。

15.3　雾和灰霾天气气候特征分析

15.3.1　雾天气气候特征分析

以全省 108 个地面气象站为分析对象,有 1 站或以上出现雾,定为一次雾天气过程。统计 1981—2010 年 30 a 逐月雾资料,共有 6836 次雾天气过程,平均每年 227.9 次,其中 2003 年雾出现最多,为 300 次;1981 年最少,为 161 次。一次雾天气过程中最多有 58 站出现,为 1985 年 10 月 10 日;一次有 50 站以上出现雾的过程有 5 次,分别为 1985 年 10 月 10 日(58 站),1993 年 11 月 12 日(50 站),1994 年 11 月 18 日(53 站),1994 年 11 月 20 日(50 站),2000 年 11 月 25 日(51 站)。小于 10 站、10～20 站、20～30 站、30～40 站、40～50 站、大于 50 站各级出现频次分别为 82%,14%,3%,1%,0.3% 和 0.1%,可见,山西省雾天气以局地为主,区域性雾相对较少。

山西省雾往往连续数日甚至两周以上出现,最长连续 33 d 出现雾,为 1994 年 11 月 16 日—12 月 1 日,连续 16 d 出现大范围雾天气,其中有 13 日超过 25 站。

山西省一年四季均有雾发生,但主要发生在秋季,约占 40%;其次为夏季,约占 26%;春季最少;而个别站(如中部的兴县)以冬季为主。从各月雾日分布来看,全省 9 月雾日最多,其次是 10 月,4 月最少。

山西省年雾日数东南部多,西北部少,大体上为由东南向西北逐渐减少(图 15.1),但最少的地区不在北部,而在中部的吕梁地区的兴县,30 a 间共出现 8 d,平均每年不到 0.27 d,最多的站为襄汾,30 年间共出现 1197 d,平均每年为 39.9 d,五台山由于地理环境特殊,平均每年有超过 200 d 浓雾缭绕。

山西省雾的生成时间主要集中在 03:00—08:00,其中 6:30—08:00 时生成雾的频率最大;雾的消散时间主要集中在 09:00—11:00,而持续时间一般较短,最长为 24 h,出现在 1994 年 11 月 19 日的太原、1994 年 11 月 22 日的榆社和灵石,1987 年 11 月 25 日;最短仅 1 min,出现在 2000 年 3 月 15 日的大同县。

15.3.2　灰霾天气气候特征分析

以全省 108 个地面气象站为分析对象,有 1 站或以上出现霾,定为一次霾天气过程。统计 1981—2010 年 30 年逐月霾资料,1981—2010 年 30 年间共出现 9627 次霾天气过程,平均

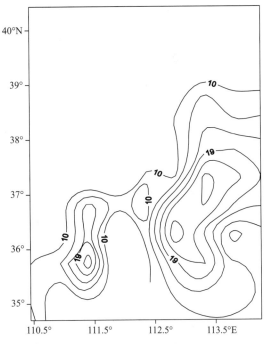

图 15.1　1981—2010 年平均年雾日数(单位:d)

每年 320.9 次；其中 2005 年霾出现最多，为 355 次；1982 年最少，为 223 次。一次霾天气过程中最多有 36 站出现，为 2007 年 1 月 24 日；小于 10 站、10～20 站、20～30 站、30～40 站各级出现频次分别为 66%、26%、0.7%、0.01%，可见，山西省霾天气的局地性更强。

山西省霾也是连续数日甚至更长时间出现，最长连续 91 d 出现霾，为 1996 年 12 月 1 日—1997 年 3 月 1 日，期间有 49 d 出现超过 10 站的霾天气，12 月 24—31 日，连续 8 d 出现大范围霾天气，每日均有 20 站以上出现霾。

山西省一年四季均有霾发生，但主要发生在冬季，约占 36%；其次为秋季，约占 25%；夏季最少，占 17%。从各月霾日分布来看，全省 1 月霾日最多，其次是 12 月和 11 月，8 月最少；对于大范围的霾，仍以 12 月为最多，占 42%，1 月次之，占 33%，4 月、9 月和 10 月没有出现大范围的霾天气。这与雾的分布特征明显不同。

山西省年霾日数分布与雾明显不同，主要集中在太原盆地、临汾盆地和运城盆地，其他地区很少有霾出现（图 15.2），其中山阴、平鲁、右玉、保德、繁峙、岢岚、盂县、昔阳、汾西和吉县没有出现过，而侯马最多，30 年霾日数达到 6180 d，平均每年 206 d 被霾天气笼罩。

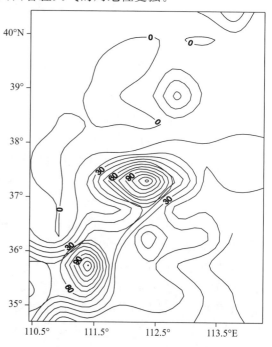

图 15.2　1981—2010 年年平均霾日数（单位：d）

山西省霾的生成时间主要集中在 11:00—17:00，其中 11:00—14:00 生成霾的频率最大；霾的消散时间主要集中在 14:00—17:00。

15.4　雾和灰霾天气的环流形势

15.4.1　雾天气的环流形势

大雾的形成是由多种天气条件、环境因素决定的。其形成受到天气系统、本地气温、相对湿度、风速、大气稳定度、大气成分（各种颗粒物）等诸多条件的影响。具有出现几率高、发生范围广、危害程度高的特点。

雾形成前，高低空环流形势复杂，但大范围雾的发生，以高空 500 hPa 形势为依据，可以分为四类：两槽一脊型（即单阻型）（占 47%）、一槽一脊型（占 9%）、宽广低值型（占 40%）、两槽两脊型（双阻型）（占 4%）；对应地面形势有均压型、高压影响型、倒槽影响型，其中高压影响型又可分为变性小高压、（弱）高压前部、（弱）高压底部、回流底部、回流底部倒槽前部、高压后部等，可见，雾的形成与地面高压关系密切。

15.4.1.1　两槽一脊型（即单阻型）

有两种情况，一种是中阻型（图 15.3a），阻塞高压位于贝加尔湖附近地区，西部槽较宽，山西受东部槽底部偏西气流或阻高前部弱西北气流控制，雾形成前 24 h，500 hPa 等温线与等高线几乎平行，地面多为弱高压影响型，近地层水汽条件较好，夜间辐射冷却条件较好。另一种是西阻型（图 15.3b），阻塞高压位于乌拉尔山以西地区，东部槽较宽，环流较平直，山西受槽底部偏西气流或偏西南气流控制，水汽输送较明显，雾形成前 24 h，500 hPa 上有弱暖平流向山西输送，850 hPa 上高原有弱暖脊存在，近地层有逆温层存在，大气层结稳定，对应地面图上，多为均压场，风力较小，天气以晴为主。

此型是出现最多的一种类型，且主要出现在 10 月到次年 1 月，其中 11 月最多。

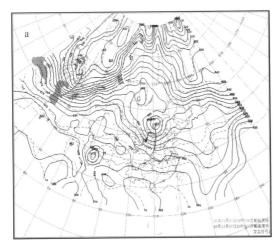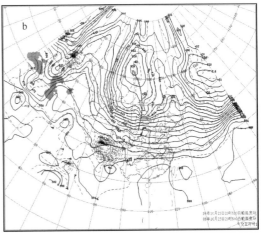

图 15.3　1986 年 10 月 7 日 20:00(a)和 23 日 20:00(b)500 hPa 环流形势

15.4.1.2　宽广低值型

雾出现前，500 hPa（图 15.4a）中高纬度为宽广低值系统控制，锋区大约位于 45°~60°N，基本呈西北—东南走向，中纬度多短波槽活动，山西位于低值系统底部，受偏西气流（水汽条件

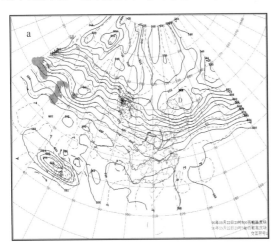

图 15.4　1990 年 9 月 22 日 20:00 500 hPa(a)和 850 hPa(b)环流形势

较好)或弱西北气流(平流降温)控制,等高线较稀疏,有弱冷平流向山西输送,而850 hPa 上 (图 15.4b),高原上有暖脊存在,有暖平流向山西输送,近地层有弱的上升运动,地面多为均压 场或弱高压前部,等压线稀疏,风力较小,天空云量较多,因此,以平流雾为主。

此型是次多的一种类型,也是以 11 月最多,10 月次之。

以上两类是最多的,造成的雾范围一般在 20～50 站不等,全省自北向南均会出现,尤 其是北部和南部偏东的区域;若地面配合回流形势或均压,水汽条件好,常常会连续数日出现 大范围雾天气,如 1989 年 12 月 21—25 日;1990 年 2 月 9—19 日;1994 年 11 月 18 日—12 月 8 日等。

15.4.1.3　一槽一脊型

有两种情况,一种是槽在东部型(图 15.5a),位于乌拉尔山以东地区,且较宽,下游多短波 槽活动,山西多受短波槽前弱西南气流控制,水汽条件较好,但 500 hPa 上有弱冷平流向山西 输入,多出现在山西中南部,主要集中出现在 11 月。另一种是槽在西部型(图 15.5b),槽位于 乌拉尔山附近地区,其以东多为弱高压脊或副高控制,暖平流明显,主要出现在夏季。此型出 现较少,且持续时间较短。

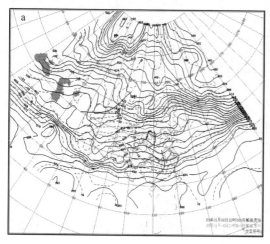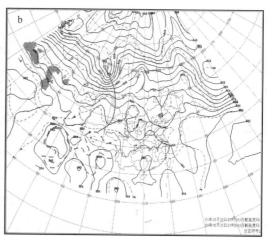

图 15.5　1989 年 1 月 8 日 20:00(a)和 8 月 25 日 20:00(b)500 hPa 环流形势

15.4.1.4　两槽两脊型(双阻型)

雾出现前,500 hPa 环流形势为双阻型(图 15.6),贝加尔湖和乌拉尔山地区分别为两个阻 塞高压,贝加尔湖阻高前一般有切断低压存在,山西位于切断低压底部或暖脊前部,受偏西气 流或弱西北气流控制,暖平流明显,地面为弱高压底部或前部,偏东或东北风为主,近地层水汽 上升冷却,导致雾的出现。

此型是出现最少的一类,且基本出现在 8 月,9 月较少,其他月份几乎没有,且范围较小, 以中部居多,持续时间较短。

对于辐射雾,高空多为弱西北气流或偏西气流,有弱冷平流向山西输送,地面多为均压型 影响,风力较小,以夜间辐射为主。而对于平流雾,高空多为偏西气流或偏西南气流,水汽条件 更好,850 hPa 上,高原多有暖脊存在,雾出现前,多有弱暖平流向山西输送,近地层多为弱高 压影响型,以偏东风为主。

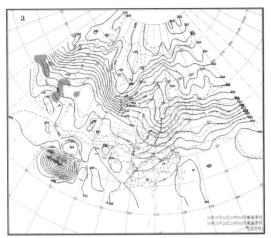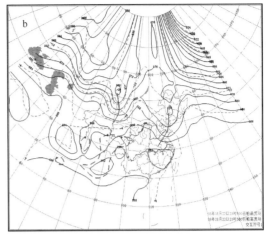

图 15.6　1990 年 9 月 26 日 20:00(a)和 1998 年 8 月 22 日 20:00(b)500 hPa 环流形势

15.4.2　霾天气过程的环流形势

　　霾的出现与气象条件关系密切,统计分析霾出现时的高低空天气形势发现,各种天气形势下都有可能出现霾,但一次过程超过 20 站的较大范围的霾的出现,还是需要满足一定条件的。以 500 hPa 环流形势为依据来分,更容易些。归纳起来,有四类,即两槽一脊型、一槽一脊型、宽广低值型、两槽两脊型。但不同季节,环流特点仍有所不同,特别是对于持续数日的大范围霾天气,会出现不同类型之间的转换(如 2000 年 1 月 8—10 日的连续大范围霾天气)。

15.4.2.1　两槽一脊型

　　此型形势特点为:霾天气出现前,500 hPa 中高纬度环流为两槽一脊(图 15.7a),冷空气势力较弱,锋区偏北。其中东亚大槽位于 120°~140°E,另一个槽位于乌拉尔山地区,而高压脊位于贝加尔湖西部地区,常形成阻塞形势,中纬度多短波槽活动,位于孟加拉湾一带较为宽阔的南支槽前的西南气流与中纬度短波槽汇合,阻止了短波槽中冷空气的南下,致使冷空气扩散南下,不仅势力减弱,而且速度减慢,在低层有弱的上升运动;对应温度场上,从陕西到山西或从河南到山西有弱温度脊存在,山西一般位于高原槽前,有暖湿气流输入;850 hPa 上(图 15.7b),贝加尔湖西部或西南地区,高压脊非常强盛,与 500 hPa 同样位置上,温度脊表现得更为明显,0℃线(夏季则为 16℃线)北跳,有时深达山西北部。对应地面图上(图 15.7c 和 d),有时先处于均压场中,后有弱倒槽向北发展;或者是均压场,或者是弱高压前部,但等压线稀疏,风力较小,天空状况以晴间多云为主,极易形成逆温层,近地层弱的上升运动卷起地表污染物,污染物滞留空中,从而形成霾。此型出现霾的个例最多,对应地面场最为复杂,且常会在阻塞形势形成前,先维持数日小范围霾天气,如果阻塞形势维持时间较长,霾持续的时间会更长。

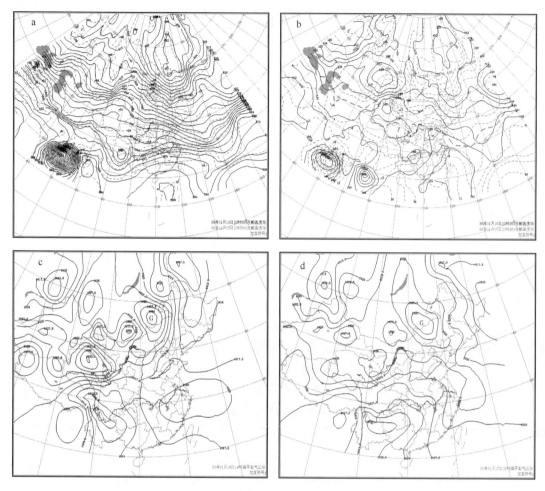

图 15.7　1986 年 1 月 16 日 20:00 500 hPa(a)、850 hPa(b)、16 日 14:00(c)和 17 日 02:00(d)地面形势

15.4.2.2　一槽一脊型

有两种情况,一种是槽比较深厚,位于乌拉尔山地区(图 15.8),山西甚至整个华北受高压脊或副高(夏季)控制,槽前西南气流与高压脊后部(或副高西侧)的西南气流叠加,缓慢东移,850 hPa 上,高原上为暖气团控制,有暖平流输入山西;地面位于蒙古气旋前部(图 15.9),等压线稀疏,梯度小,风力小。另一种是脊位于乌拉尔山地区(图 15.10),贝加尔湖以东地区为宽广的低值区,从蒙古国到河套一带多短波槽活动,从河南到山西或从河套到山西有弱温度脊存在,对应 850 hPa 上,贝加尔湖西部为强盛的高压脊,同样位置上,温度脊更加明显,等 0℃线常常穿越山西中部;地面为变性弱高压控制,整个大气层结稳定并出现逆温现象,漂浮在空中的尘埃、烟粒子等不能扩散或沉降,导致其在近地面的集聚,形成霾。以上两种情况都是脊区较窄,而槽区较宽,锋区偏北,冷空气势力较弱。

此型出现霾的个例相对较少,且维持时间相对较短,但造成的能见度较差,特别是第二种情况。

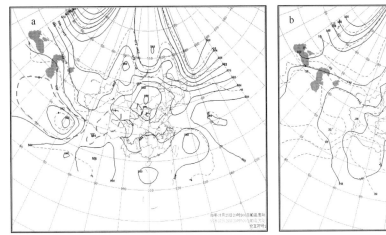
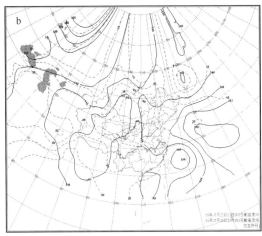

图 15.8　1999 年 7 月 25 日 20:00 500 hPa(a)和 850 hPa(b)环流形势

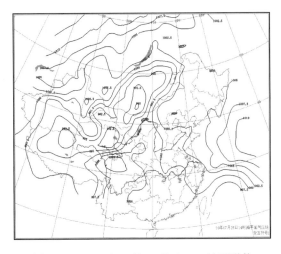

图 15.9　1999 年 7 月 25 日 14:00 地面形势

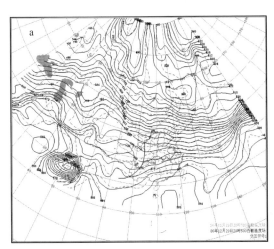
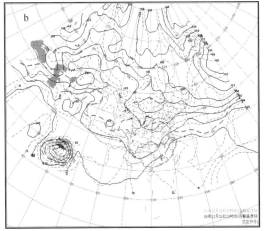

图 15.10　1986 年 12 月 29 日 20:00 500 hPa(a)和 850 hPa(b)环流形势

15.4.2.3　宽广低值型

霾天气出现前,500 hPa 上,中高纬度为宽广低值系统控制(图 15.11),锋区偏北,基本呈西北—东南走向,从河南到山西有弱暖脊存在,850 hPa 上,贝加尔湖西部为发展强盛的高压脊控制,而暖脊更加明显,等 0℃线常常穿越山西南部。随着锋区的南压,贝加尔湖西北侧有弱冷空气沿锋区侵入中纬度地区,山西位于短波槽前,受弱西南气流控制。对应地面图上,山西位于均压场中或弱高压前部,风力较小,天气以晴间多云为主,云量＜3 成,多为高云,相对湿度较小,但由于层结稳定,不利于近地层污染物的扩散,而形成霾。

而在春末夏初,暖脊位于高原上,850 hPa 上,高原上为深厚暖气团,有暖平流向山西输入。对应地面图上,庞大的低值系统盘踞大陆西部,山西位于低值系统前部,霾出现前 6 h,等压线梯度明显减小。

此型个例位居第二,且多维持数日。

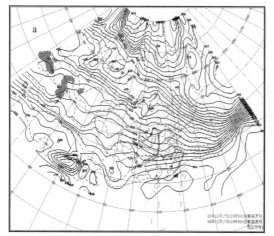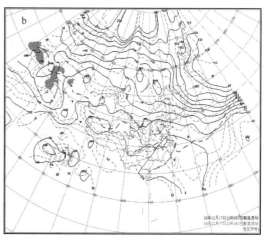

图 15.11　1988 年 12 月 17 日 20：00 500 hPa(a)和 850 hPa(b)环流形势

15.4.2.4　两槽两脊型

此型一般出现在夏季。霾出现前 12 h,500 hPa 中高纬度环流为两槽两脊型(图 15.12a),槽分别位于贝加尔湖西部和海上,脊分别位于贝加尔湖东部和乌拉尔山西部,西部槽较为宽阔,山西受弱脊或其后部控制,脊后存在偏西南气流,从贝加尔湖西部扩散南下的冷空气,受脊后偏西气流影响,逐步减弱,对应温度场上,为弱脊控制或暖脊前方,有暖湿气流向山西输送;850 hPa 上(图 15.12b),高原上为深厚暖气团,有暖平流向山西输入;地面则位于均压场中,风力小,低层有上升运动。

此型个例最少,且维持时间最短,常会由于低层的上升运动造成对流天气而破坏层结,导致霾的结束。

无论是哪种环流型,其共同特点为,霾天气出现前,500 hPa 上,锋区偏北,冷空气势力较弱,中纬度多半有短波槽活动,山西常常受弱西南气流影响,高原上或从河南到山西有弱的温度脊存在;850 hPa 上,温度脊更加明显,等 0℃线(夏季为等 16℃线)常常穿越山西,有暖平流向山西输送;对应地面图上,一般等压线稀疏,风力较小;近地层有逆温层存在,大气层结稳定。

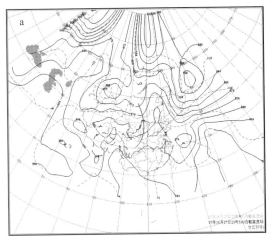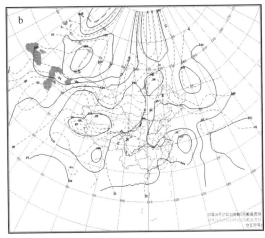

图 15.12　1997 年 6 月 27 日 20：00 500 hPa(a)和 850 hPa(b)高度场和温度场形势

15.5　雾和灰霾天气的预报

山西省雾霾天气的区域性特征非常明显,当地地形、气象条件对雾霾的形成影响很大,因此,雾霾天气的预报,除了要考虑高低空环流形势以外,更多的要考虑当地气象要素的变化,掌握气象要素与雾霾天气的关系,对做好雾霾天气的预报预警,意义非常重大。

15.5.1　雾天气的预报

雾天气的预报包括其形成的预报和消散的预报,以及雾伴随的能见度的预报,主要采用的方法有天气学分型法、统计回归法、数值模拟法。

15.5.1.1　天气学分型法

根据雾出现历史个例,结合高低空形势变化特征,将其分为不同类型,根据出现的环流型来判断可能出现的雾天气。此法直观易行,但对于局地雾,空漏报现象都较多。

15.5.1.2　统计法

根据雾天气历史个例,分析雾天气与各气象要素之间的关系,采用统计对比分析方法,建立判别指标或回归方程,来判断有无雾天气的出现。此法客观易行,考虑了局地因素的影响,更能反映雾的局地特征,但缺点是拟合率高,准确率较低。

常用的方法有事件概率回归法、判别回归法、神经元网络、极值剔除等。

实际工作中,常常将以上两种方法结合使用,并建立一些消空指标,以提高预报准确率。

15.5.1.3　数值模拟及数值预报产品的解释应用

15.5.1.3.1　数值模拟

"数值模拟"是根据影响雾发展过程的基本规律所遵循的数学物理方程组,按实测的初始条件和边界条件,利用计算机求数值解,将所得结果与自然界实际雾发展的探测数据进行对比。这种模拟可以考虑较多因子的影响,更能近似地表达出雾的客观规律。自 Fisher、

Zdunkowski 等建立雾的数值模式以来,雾的数值模拟得到了迅速发展。国内对雾的数值模拟研究始于 20 世纪 80 年代中期。目前,较为完善的雾模式有一维、二维、三维雾模式[1]。模拟研究都是根据雾的观测事实,针对实际雾而进行的。不仅考虑了复杂地形和下垫面的影响,而且结合实际大气环境的变化,对空气污染和植被的作用也进行了研究。

（1）辐射雾数值模式

一维辐射雾模式是在 Brown(1980)模式基础上改进与发展的,将运动方程引入该模式,并用模式预报的风温场计算湍流交换系数,模拟辐射雾的形成和发展过程,并研究辐射雾的微物理特征。

（2）二维非定常雾模式

雾发生于近地气层,它与地形和下垫面条件关系密切。张利民等建立了一个复杂地形下的详细考虑长波辐射冷却、地表热量平衡、雾水沉降及湍流交换等二维非定常数值模式。

（3）复杂地形上辐射雾三维模式

为了比较全面地考虑复杂地形和下垫面的影响,进一步考虑了湍流交换、地表及大气的长波辐射,太阳短波辐射,水汽蒸发和凝结,雾水重力沉降和地表能量平衡等,又进一步考虑了大气气溶胶粒子辐射及植被的影响,并改进了地形坐标系下气压梯度力的计算方法,发展了三维非定常雾模式(LSH-3)。

（4）大气能见度预报

由中尺度数值模式、精细边界层模式和大气污染输送化学模式组合,建立城市灰霾数值预报模式,根据气溶胶分布浓度,计算城市能见度。

15.5.1.3.2　数值预报产品的解释应用

随着数值预报技术的发展,数值模式输出的产品越来越丰富,加强客观解释应用技术的研究,研制客观实用的技术方法,对提高灾害天气的预报准确率非常有帮助。目前,在制作雾的客观预报方面,主要解释应用方法有 PPI 法、MEC 法、MOM 法等。

15.5.1.3.2.1　PPI 方法

雾的形成和相对湿度、温度、风等气象要素有关。

统计发现,雾的出现和各种气象要素有一临界值[2],即：

$$P(y) = f(x_i)$$

x 为相对湿度、温度、风等,i 为某时段内的样本数。

应用完全预报(PP)方法思路,$P(y^{-1}) = f(x_i) \leqslant A$,认为该事件即不出现,由此确定这个值 A 为预报该类事件(雾)的指标,即消空指标,称作 PPI 方法。

15.5.1.3.2.2　MEC 法

此方法称为模式误差订正法。即采用前一时刻的预报误差订正后一时刻的预报值。

15.5.1.3.2.3　MOM 法

雾的形成是多种气象要素综合作用的结果,但相对湿度和风是两个重要因素,相对湿度的增大有利于雾的形成,但风需在一定临界值范围内。因此,根据雾出现时的历史资料,确定二者的阈值,作为是否形成雾的判据。

15.5.1.4　预报思路

15.5.1.4.1　了解雾天气形成的环流形势：

500 hPa 锋区明显偏北,中纬度环流较平直,多短波槽活动,700 hPa 和 850 hPa 高原东侧有西南暖湿气流向山西输送,或者 500 hPa 受弱偏西北气流控制,等高线与等温线稀疏且基本平行,700 hPa 和 850 hPa 从高原或河南有向山西输送的暖平流;地面气压场较弱,或为均压场或回流偏东气流,等压线梯度小。

15.5.1.4.2　掌握雾天气的气象要素场变化特征[3](以太原为例)

(1)气压

雾往往发生在较弱的气压场中,气压梯度减小是雾发生的必要条件之一。当冷高压加强南下或气压梯度加大时,雾都会消散。雾发生日的 24 h 变压一般为负值,偶有弱的正变压。

(2)温度

形成雾时的温度要求并不严格,不像湿度和风那样,能找出一个比较明显的界限,但雾发生前后温度升高明显。雾发生日的 24 h 变温秋季一般<0℃,其他季节则>0℃。

(3)湿度

湿度是形成雾最重要的条件,近地层湿度越大,湿层越厚,越有利于形成雾。分析雾发生前一日 14:00 和 20:00 的湿度场变化,在雾形成前,有一个湿度增大的过程,24 h 变湿>0。秋季雾形成前一日 14:00 相对湿度一般在 40%～75%,其他季节则>65%。秋季是由湿季向干季过渡的季节,夜间近地层水汽条件好,主要以辐射冷却为主。

(4)风

风对雾的形成有明显影响。微风更易形成雾。一般,雾形成前一日 20 时风速下半年≤2 m·s⁻¹,冬半年≤4 m·s⁻¹,风向秋季和春季多为偏西北风,其他季节多为偏南风或偏东风,当风向转为西北风、风速>6 m·s⁻¹时,雾即消散。

(5)云

雾的形成,尤其是辐射雾的形成,与辐射冷却关系密切。天空云量越少,天空状况越好,越有利于辐射冷却。雾发生前一日无降水时,20:00 天空总云量一般<3 成(多半为高云,而无中低云,此时辐射冷却最强);雾发生前一日有降水时,20:00 的云多半为中云,云量为 9～10 成。

15.5.1.4.3　建立综合预报模型

根据历史个例,结合数值预报产品,综合分析雾形成的条件,建立综合预报预测模型。

15.5.2　霾的预报

15.5.2.1　预报方法

霾的预报起步较晚,而且产生雾、霾的天气背景通常较为相似,雾和霾在一定条件下还可相互转化,因此预报方法可参照雾的预报方法,但霾与雾的区别在霾的预报中至关重要。

15.5.2.2　与雾的区别

环流形势的差异:雾出现前一日,500 hPa 有时会为弱西北气流,会有弱冷平流,而地面较少有低压系统,霾则不同,500 hPa 和 850 hPa 多半有暖平流,较少有冷平流,地面常常会受低值系统控制。

气象要素的差异:对比结果表明,霾的相对湿度比雾低,风力更弱,霾发生前一日 20:00 静风较多,<4 成的高云情况较多,霾发生日气压有时会有小幅升高;霾的逆温强度比雾弱,大气混合层高度比雾高,这些可为霾的预报提供一些参考。

15.5.2.3　雾与霾的转换

雾发生前一日20:00为高云,云量<4成,静风,前一日14:00相对湿度<72%,一般次日雾会转为霾,而前一日14:00相对湿度>72%,一般雾不会转为霾。

15.6　典型个例分析

15.6.1　实况概述

1994年11月8—12日,山西省连续5 d出现大范围霾天气,之后,16日至12月1日,又长时间出现大范围雾天气。其中11月10日,霾范围最大,北部2县、中部10县市、南部19县市共31县市出现霾(图15.13a),而从11月18日开始,连续14日出现雾的县市超过20个,11月18—22日,连续5日有38个以上县市出现雾,18日出现雾县市最多,为53个(图15.13b),其中北部9县市,中部24县市,南部20县市,27—30日,又连续4日,出现雾的县市超过30个,有的能见度不足50 m,直到12月2日,大范围雾才逐步消散。此次雾天气,持续时间长,影响范围大,因雾山西省高速公路全线封闭而造成的直接经济损失大,为历史罕见。

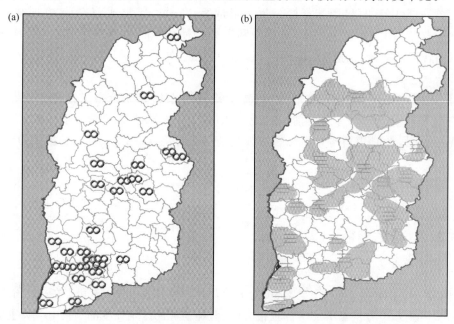

图15.13　1994年11月10日霾实况(a)和11月18日大雾实况(b)

15.6.2　环流形势分析

从11月1日开始,500 hPa中高纬度受宽广低值系统控制,锋区偏北,冷空气势力较弱,这种形势一直稳定维持到11日,期间5日,受波动性槽影响,山西省出现降水,随着弱冷空气的南下,6日20时,转为西北气流控制,冷空气前锋过后,从7日20:00开始,中纬度环流一直较平,多移动性短波槽活动,山西一直受偏西气流或偏西南气流控制(图15.14a),直到12日

20:00,随着极地冷空气沿贝加尔湖西侧东南下,环流形势才开始发生调整,环流径向度加大,环流形势转为两槽一脊型,到 13 日 20:00,山西受脊前偏西北气流控制。对应 850 hPa 上,一直有暖平流向山西输送,等 0℃线一直跃至 40°N 以北(图 15.14b),山西持续受暖脊控制。地面图上,前期气压场一直较弱,7 日到 8 日,山西位于均压场中,9 日,形成回流,山西位于回流底部,受偏东气流影响,此种形势维持到 12 日,由于受高空冷空气从极地东南下,在蒙古国到我国东北地区堆积,12 日,回流高压迅速加强,低层冷空气从东北入侵山西,13 日冷高压继续加强,中心强度达 1055 hPa(图 15.14d,而 850 hPa 等 0℃陡然南压 10 个以上纬度,山西受冷温度槽控制(图 15.14d),持续数日的大范围霾天气才结束。

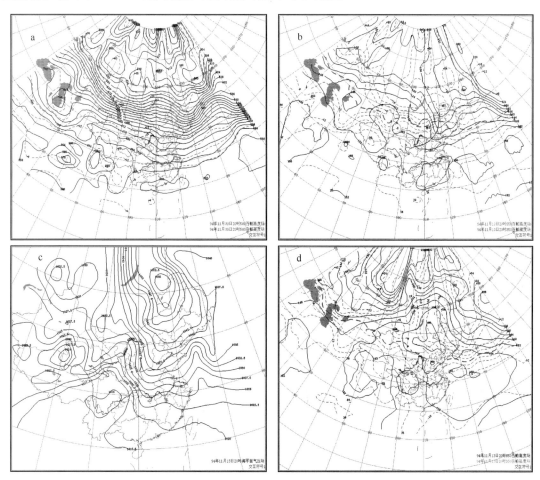

图 15.14 1994 年 11 月 9 日 20:00 500 hPa 环流形势(a)、
10 日 20:00 850 hPa 形势(b)、13 日 20:00 850 hPa 形势(c)和地面形势(d)

之后,随着冷空气的不断侵入,500 hPa 环流出现典型的阻塞形势,自 11 月 15 日形成到 26 日,阻高一直没有崩溃,只是偶尔在东移过程中有所减弱,27 日,为宽广低值系统控制,中纬度多短波槽活动,29 日,阻高又明显发展,30 日(图 15.15a),略有东移,直到 12 月 1 日,阻塞形势减弱,冷空气沿脊前偏北气流入侵山西,在切断低压内堆积,等压线密集(图 15.15b),风力加大,冷平流强盛;850 hPa 上,贝加尔湖西部一直维持高压(图 15.16a),从河南到山西有暖平流向山西输送,等 0℃线长期位于山西北部,而对应地面图上,前期多受弱高压前部或回流前底部影响(图

15.16b),等压线稀疏,风力较小,直到 12 月 2—3 日,冷高压控制山西,雾才散去。

　　综观这次霾天气过程,500 hPa 为典型的宽广低值型,锋区偏北,冷空气势力较弱,中纬度环流较平,多短波槽活动,山西受偏西或偏西南影响;低层有暖平流向山西输送,对应地面图上,气压场较弱,为均压场转为回流底部。而之后的持续大范围雾天气过程,500 hPa 中纬度为典型的阻塞形势,且深厚稳定,弱西北气流和偏西南气流交替出现,山西一直处于槽底部或脊前,受偏西南气流或弱西北气流控制,暖平流和弱冷平流交替向山西输送,对应地面为弱高压前部、回流底部,致使水汽条件持续较好,而地面等压线稀疏,梯度小,风力较小,致使水汽稳定向上输送,湿层厚度较厚,弱西北气流又使得辐射冷却达到最强。

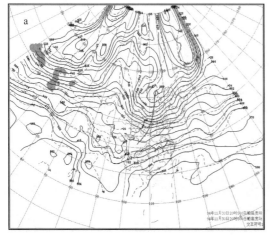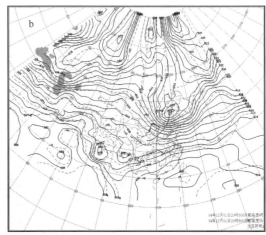

图 15.15　1994 年 11 月 30 日 20:00(a)和 12 月 1 日 20:00(b)500 hPa 环流形势

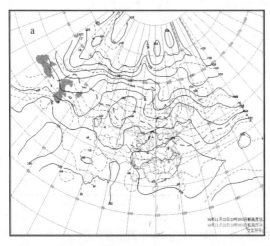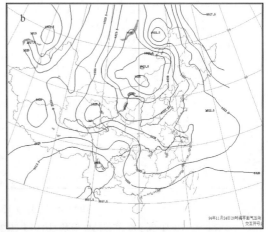

图 15.16　1994 年 11 月 22 日 20:00 850 hPa 环流形势(a)和 11 月 24 日 20:00(b)地面形势

15.6.3　物理量场分析

15.6.3.1　850 hPa 相对湿度场

水汽条件是形成雾的关键因素,而霾形成则低层较干。分析 1994 年 11 月逐日 20:00

850 hPa相对湿度演变(图15.17),发现,13日以前,低层都比较干,相对湿度一般小于60%,特别是8—12日,山西大部分地区的相对湿度在30%~50%,13日以后,低层一直保持潮湿的状态,相对湿度持续在60%以上,为后期连续性大范围雾的出现提供了水汽条件。对应雾出现前一日20:00,都有一个相对湿度增大的过程,太原一般>80%,湿度越大,越有利于雾的形成,而浮山、大同和平定相对湿度一般在60%~80%,太大反倒没有雾。这可能与地形条件有关。4日20:00,相对湿度突增,5日早晨全省有35个县市出现雾,特别是太原,相对湿度达到91.9%,次日出现能见度不足1000 m的雾,而且持续时间较长。

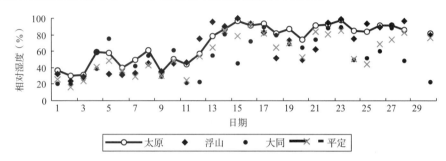

图15.17　1994年11月850 hPa的逐日20:00相对湿度演变

15.3.2　总温度平流

总温度是个综合性的物理量,它不仅反映了暖湿空气流的活动,而且在一定意义上,反映了地形的影响,500 hPa上它的平流大小最具代表意义。分析1994年11月总温度平流逐日演变(图略),可知,在霾出现期间,山西的总温度平流很小,基本维持在0左右,而在雾出现前一日20:00,总温度平流一般在-2~$+1.5\times10^{-4}$ K · s^{-1},如果太小,表明空气较干,不利于雾的形成,而有利于霾的形成;而对于太原到平定中部盆地一带,还有一种可能,即总温度平流$>10\times10^{-4}$ K · s^{-1},且相对湿度$>60\%$,次日也会出现大雾。

15.6.3.3　涡度平流

分析1994年11月涡度平流(单位:$\times10^{-11}$ s^{-2})逐日演变(图略),可知,在大范围霾出现前,1000 hPa以下,一般$\leqslant0$,1000~925 hPa>0,而700~500 hPa$\leqslant0$,且值较小,其绝对值一般$\leqslant20$,而没有霾出现的日子,700 hPa以上的涡度平流的绝对值可以达到很大。雾出现前一日20:00,涡度平流有两种特征:一种是925 hPa以下$\geqslant0$,而850~250 hPa则<0,且在500 hPa或300 hPa达到最小,200 hPa以上>0,即近地层有弱的上升运动,这有利于水汽的向上输送,从而形成一定的湿层厚度;另一种是整层>0,且一般在200 hPa达到最大,大气层结非常稳定。以上两种情况,都有利于大雾的形成。而霾的形成,近地层弱的上升运动高度更低,不利于水汽的向上输送。

15.6.4　气象要素特征分析

大范围雾出现前一日20:00,气压场是减弱的趋势,24 h变压一般$\leqslant0$ hPa,湿度在增大,而温度下降,风速一般$\leqslant4$ m · s^{-1},风向则与所处位置有关,若为高压影响型,则以偏东风为主,若为均压或倒槽影响型,则多以偏西风为主;雾出现后,气压场会有增大的趋势,温度则有大幅度回升,温度露点差在减小,风速在增大。说明,雾来临前,气压减弱,风力较小,湿度增大,且有弱冷平流侵入;而随着高压的侵入,风力的加大,湿度的减小以及温度的迅速升高,雾消散。

　　而对于霾则有所不同,霾出现前,气压场也是减弱的趋势,24 h 变压一般≤0 hPa,但湿度在减小,温度在升高,风速减小,而随着气压的升高,温度的下降,湿度的增大以及风力的加大,霾即消散。

15.6.5　逆温层的作用

　　分析 *T-LNP* 图发现,8—11 日和 16—21 日,均有逆温层存在,使低空形成一个暖区,对比地面和 850 hPa 温度差异,也发现,8—11 日 20:00 和 17—21 日 20:00,地面温度持续低于 850 hPa 温度,其差值一般≤0℃,只是霾出现时的差值为 0～4℃,而雾出现时的差值＞3℃,说明逆温层的持续存在,是霾和雾天气持续出现的条件之一,霾的逆温强度较雾弱。

15.6.6　小结

　　(1)霾出现前,500 hPa 为典型的宽广低值型,锋区偏北,冷空气势力较弱,中纬度环流较平,多短波槽活动,山西受偏西或偏西南气流影响;有暖平流向山西输送,对应地面图上,气压场较弱,为均压场转为回流底部。

　　(2)雾出现前,500 hPa 中纬度为典型的阻塞形势,且深厚稳定,弱西北气流和偏西南气流交替出现,山西一直处于槽底部或脊前,受偏西南气流或弱西北气流控制,暖平流和弱冷平流交替向山西输送,对应地面为弱高压前部、回流底部。

　　(3)霾出现前,空气较为干燥,850 hPa 相对湿度在 30％～50％;而雾出现前,空气较为潮湿,850 hPa 相对湿度一般＞60％。

　　(4)霾出现前,总温度平流很小,基本维持在 0 K·s^{-1} 左右,而在雾出现前一日 20:00,总温度平流一般在 -2～$+1.5\times10^{-4}$K·s^{-1} 或＞10×10^{-4}K·s^{-1},同时相对湿度＞60％。

　　(5)雾霾出现前,均有以下特征:近地层有弱的上升运动,气压场减弱,风力减小,大气层结稳定,有逆温层存在。但不同的是:霾出现前,地面温度升高,湿度减小,而雾出现前,地面温度略有下降,湿度增大;霾的逆温强度较雾弱;霾的上升运动高度较雾低。

参考文献

[1] 张利民,石春娥,杨军,等.雾的数值模拟研究[M].北京:气象出版社,2002.
[2] 贺皓,姜创业,徐旭然.利用 MM5 模式输出产品制作雾的客观预报[M].气象,2002,**28**(9):41-43.
[3] 赵桂香,杜莉,卫里萍,等.一次持续性区域雾霾天气的综合分析[M].干旱区研究,2011,**28**(5):871-878.

第 16 章　强对流天气分析与预报

16.1　山西中尺度系统

16.1.1　雷暴

16.1.1.1　雷暴定义

雷暴是积雨云中、云间或云地之间所带电荷产生一定电位差,发生放电和雷声的天气现象。由于雷击导致人员伤亡、火灾、爆炸、信息系统瘫痪等事故频繁发生,所以雷电也被称为一种高影响天气事件。

雷暴的发生与地理、地形、季节、气候等因素有关。了解山西雷暴的气候特征,包括地域分布、季节变化及年际变化规律,一方面为防灾减灾提供气候背景,另一方面为进一步研究雷暴与冰雹、暴雨之间的联系,以及雷暴的成因奠定基础。

参加统计的数据来自山西省气象信息中心,109 个站资料长度完全相等,资料起止时间为 1979—2011 年,年限为 33 a。气候背景资料为 1981—2010 年。

16.1.1.2　山西雷暴的气候特征

(1)雷暴发生的时间分布特征

表 16.1　山西省各月平均雷暴日数

月	1	2	3	4	5	6	7	8	9	10	11	12
雷暴日(d)	0	0	1.23	6.90	16.87	22.87	26.40	23.43	15.07	5.57	0.47	0
占百分比(%)	0	0	1.04	5.80	14.20	19.25	22.22	19.72	12.69	4.69	0.39	0

从表 16.1 可清楚地看出:山西省雷暴天气主要集中发生在夏季 6—8 月,占全年日数的 61.19%。其次是春季,占 21.4%。秋季最少 17.77%,冬季没有。从逐月分布看,7 月最多,占 22.22%,6 月和 8 月相差不多,分别占 19.25% 和 19.72%。其次是 5 月和 9 月,分别占 14.2% 和 12.69%。3 月、4 月、10 月和 11 月发生的几率很少,12 月、1 月和 2 月没有雷暴天气发生。

(2)雷暴日的空间分布特征

图 16.1 为 1981—2010 年,30 a 年平均雷暴日空间分布图。从图 16.1 中可以看出,平均雷暴日空间分布为北部多,南部少,东西山区多,平川少。

(3)雷暴日数的年际变化

图 16.2 是 1979—2011 年山西 33 a 雷暴日数的年际变化。1979—1990 年年雷暴日数呈增多趋势,1990—2011 年年雷暴日数缓慢减少。1979—1990 年、2003—2011 年年雷暴日数变

幅较大,1991—2002年年雷暴日数变化平稳,33 a间,1990年年雷暴日数最多达 161 d,2007年年雷暴日数最少为 114 d。

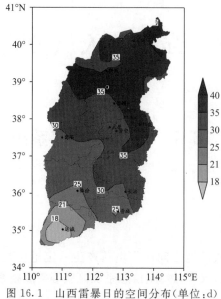

图 16.1　山西雷暴日的空间分布(单位:d)

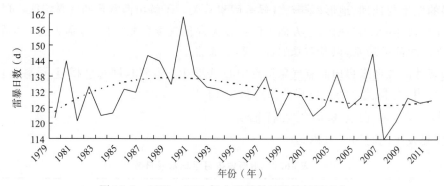

图 16.2　1979—2011 年山西雷暴日数的年际变化

　　图 16.3 是 1979—2011 年山西雷暴日数距平随时间演变曲线及趋势。1979—2011 年山西雷暴日数以 1.551 d/10 a 速率减少。

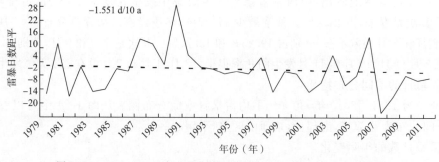

图 16.3　1979—2011 年山西雷暴日数距平随时间演变曲线及趋势

(气候背景资料为 1981—2010 年)

16.1.2　飑线

16.1.2.1　飑线的定义

飑线是线状的中尺度对流系统(MCS),其水平尺度约为 150～300 km,生命期一般为 4～10 h。飑线是强天气中破坏性最强的,沿飑线经常可见大风、强雷暴、强降水和冰雹等天气现象,有时还伴有下击暴流或龙卷。

在中纬度不同的环境条件下,有不同的飑线结构,较常见的有两类飑线:一类是发生在有明显风向垂直切变环境中的飑线,飑线南端的风垂直切变明显,非常利于新对流的生成,使飑线不断伸展。在飑线北段,老单体不断衰亡,逐渐演变成层状云。这种飑线的特点是砧状云伸向飑线前方。另一类型的飑线是发生在风垂直切变较小的环境中,它的前方有一支由前向后的入流迎着飑线上升,到高层分裂成向前、向后的两支气流。其后部中层另有一支由后向前的入流,在由前向后的气流中,由于老单体衰亡,形成了宽广的层状云,这些云也可产生降水,对飑线维持有利。

16.1.2.2　山西飑线的气候特征

(1)飑线发生的时间分布特征

由图 16.4 1979—2011 年山西各月飑线平均日数图可知,一年当中,飑线一般出现在 4—10 月,3 月最早(最早出现在 3 月 10 日,如:2004 年 3 月 10 日大同出现飑线),11 月最晚(最晚出现在 11 月 28 日,如:1990 年 11 月 28 日左云县出现飑线)。6—8 月,飑线出现的频次最高,其次是 5 月和 9 月。6 月平均飑线日数为 5.6 d,位于一年各月平均飑线日数之最(图 16.4)。成灾飑线主要发生在 6—8 月。历史资料统计表明,一天当中,飑线多发生于下午至傍晚。

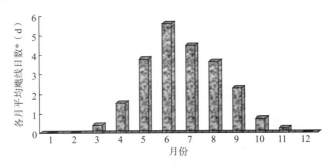

图 16.4　1979—2011 年山西省各月平均飑线日数

(2)飑线发生的地域特征

图 16.5 为 1979—2011 年山西省飑线年平均日数空间分布图。飑线年平均日数整体有东部多于西部的分布特征,大同、晋中、阳泉、长治、晋城是飑线的高发区,年均飑线日数大部分在 1 d 以上,忻州、吕梁西部、临汾北中部、运城南部、大同东部年均飑线日数在 0.4 d 以下。

(3)飑线日数的年际变化及趋势

图 16.6 是 1979—2011 年山西 33 a 飑线日数的年际变化。1979—2011 年飑线发生日数变幅很大。1982 年、1992 年、2002 年、2004 年是 33 a 间飑线的多发年,发生日数分别达到 51 d,44 d,46 d 和 50 d,2011 年飑线发生日数最少仅有 7 d。

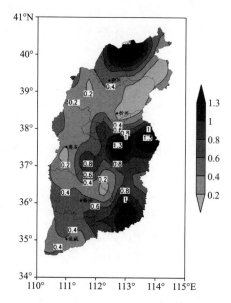

图 16.5   山西省飑线年平均日数空间分布(单位:d)

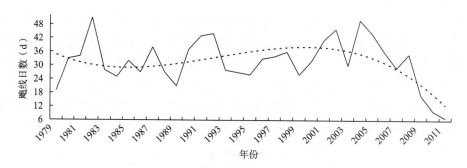

图 16.6   1979—2011 年山西省飑线日数年际变化

图 16.7 说明 1979—2011 年山西飑线日数以 0.034 d/10a 的速率减少。

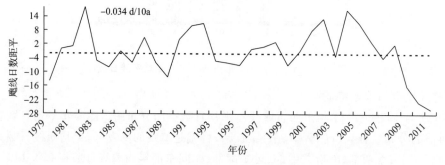

图 16.7   1979—2011 年山西飑线日数距平随时间演变曲线及趋势

(气候背景资料为 1981—2010 年)

16.1.2.3   飑线回波的演变特征

(1)形成阶段

在此阶段,雷达上所反映的是雷雨或阵雨单体回波群,分布松散,单体体积较小,强度较弱,无明显的带状排列,这种情况一般仅能持续 1～3 h。

(2)发展成熟阶段

雷达观测到的是一条多个雷暴单体组成的回波带,回波带的移出非常快,可达 40 km/h 以上。在回波带的右前方新生的对流小单体不断并入带中,使回波带得以维持和发展,并可能形成明显的特征,诸如钩状、弓状、指状、V 型缺口等,灾害性的恶劣天气就出现在这些特征点附近。完全成熟的飑线表现为带上单体的尺度比较均匀,排列密集,对流发展旺盛。

(3)衰亡阶段

这个时段的飑线回波带松散,范围变小,移动减慢,回波高度降低,降水分散,雨强减弱,回波逐渐消散。

16.1.2.4　飑线的移动

飑线的移动是通过传播的方式进行的。传播反映的是飑线的新陈代谢过程,雷达回波表现为飑线以"跳跃"的形式前进。造成传播的主要原因是环境风的垂直切变,它促成了云体右前部或右前方对流的发生发展,云体左后部对流的减弱消散,使飑线产生了位移。新生回波相对于老回波的方向就是飑线的传播方向。传播向量应是云体位移向量与近地层流入向量的矢量差。近地层流入向量可以通过中尺度分析得到,一般取地面到 850 hPa 层平均风矢,位移向量可以取 700～500 hPa 的平均风矢。

山西区域的飑线多数为东南向移动,少数为向南移动。

(1)东南向移动型

东南移动方向特征是回波带呈东北—西南向排列,系统整体向东或东南方向移动。飑线发生在高空槽或切变线前部的西南气流中,近地层为东南风入流。由于环境风矢量是向东北方向吹,而近地层入流在它的右侧,因此飑线整体向东南方向移动。

(2)向南移动型

飑线由多个离散的单体组成,呈东西向排列。常有一个比较大的主体回波可造成地面特强天气或强降水。飑线一般发生在高空槽过境后的西北气流中。中空西北气流下沉生成中尺度高压,高压前沿和底层的偏南暖湿气流相互作用,使飑线向南传播。

16.1.3　阵风锋

阵风锋是雷暴周围低层环境暖湿气流与来自中层准饱和空气之间的交接面。在雷暴强回波的前方,常常观测到一条窄带回波,也呈弧状。由于阵风锋是雷暴出流强风的前缘,它常和气压跳跃、风向转变、风速突增、温度降低等强天气联系。当与低层下沉气流相联系的风切变十分强烈时,可以引起飞机失事。灾害性的地面风也会直接引起大量的人员伤亡事故。

研究表明,阵风锋的典型速度是 10 m·s^{-1},也曾观测到超过 20 m·s^{-1} 的速度。阵风锋与其他中尺度边界层诸如冷锋、干线、海陆锋或者另外的阵风锋相互作用,在对流云的形成中是重要的机制。阵风锋的辐合抬升作用可以产生准稳态风暴,会引起风暴的逆切变传播和风暴的再生。

16.1.4　下击暴流

对流风暴发展到成熟阶段后,其中雷暴云中冷性下降气流能达到相当大的强度,到达地面形成外流,并带来雷暴大风,这种在地面引起灾害性风的向外暴流的局地强下降气流称为下击暴流。因为它生命史短,影响的范围小,因此成为短时预报和航空预报的难点之一。研究表明,大多数下击暴流常伴随着两种类型的雷达回波即"钩状回波"和"弓状回波"。下击暴流的位置经常出现在钩内或钩的周围,或弓状回波中心的前部附近。藤田(Fujita)将弓状回波的生命期描述为:它从大的、强的、高的回波逐渐转变为弓形,又常转变为逗点状回波。

下击暴流的形成是与雷暴云顶的上冲和崩溃紧密联系的。上升气流在上升和上冲的过程中,从高层大气运动中获得水平动量。随着上冲高度的增加,上升气流的动能变为位能(表现为重、冷的云顶)被储存起来。当云顶迅速崩溃时,位能又重新变成下降气流的动能。

重、冷云顶的崩溃取决于雷暴云下阵风锋的移动。阵风锋形成后,它加速朝前部的上升气流区移动。随着阵风锋远离雷暴云母体,维持上升气流的暖湿气流供应逐渐被阵风锋切断,云中上升气流迅速消失,重、冷云顶下沉,产生下沉气流。下降空气由于从砧状云顶以上卷挟了移动快、湿度小的空气,增强了下降气流内部的蒸发,同时,这个下降气流的单体,由于吸收了巨大的水平动量,迅速向前推进。下降气流到达地面时,就可形成下击暴流。

16.1.5 强风暴

16.1.5.1 产生强风暴的条件

雷雨大风、下击暴流、冰雹、龙卷和强雷暴等中尺度强风暴天气发生的重要条件是:中层干空气(干暖盖)和强垂直风切变。中层干空气的作用,增强了热力(浮力)不稳定度,它主要控制对流风暴的强度,垂直风切变主要影响对流风暴的类别。

16.1.5.2 产生强风暴的天气形势

(1)冷涡、槽后型主要特征

冷涡、槽后类风暴主要出现雷雨大风和冰雹天气,呈现"干"对流风暴特征。

①冷涡槽后部存在准东西向的短波横槽

在对流风暴出现前,500 hPa涡槽后部,存在东西向横槽,其附近冷平流较强,并有较小范围的辐合上升运动,它镶嵌在涡槽后部大范围辐散下沉气流中。

②对流层中低层存在干暖盖

中低层干暖盖的高度在900~600 hPa之间,多见于800 hPa附近,主要出现在850 hPa槽线附近至500 hPa涡槽后部的范围内,呈倾斜分布,它和地面的交线就是干线。干暖盖为形成对流风暴所需能量积累及爆发式释放提供重要条件。干暖盖维持时间越长,越有利于对流风暴的产生。

③低空存在暖温度脊

涡槽后部850 hPa上存在东西走向的温度脊,其形成与涡槽后部的下沉增温及低空暖平流有关,在偏西(或西南)气流作用下,暖空气向东、向北输送,铺垫在500 hPa冷平流区的下方,这种垂直配置,导致大气层结不稳定。

④高空有明显的急流活动

大多有高空急流活动,其平均强度以槽后型的为最大。对流风暴发生区,位于急流出口区的左前侧或入口区的右后侧,那里有高层辐散叠加在低层辐合区的上方,易形成贯穿性上升运动,提供深对流发展的条件。有低空急流活动时,它常出现在边界层内,并且强度较弱。中低空垂直风切变主要表现在风向的变化上,850~500 hPa风向顺转可达90°以上。

(2)槽前型主要特征

槽前类的对流风暴在盆地多出现强雷雨天气,呈现"湿"对流风暴的特征。

①三层槽前。对流风暴出现地区,位于500,700,和850 hPa三层槽前,受深厚西南风控制。分析发现,槽前类中的斜槽型,直接影响对流风暴生成的是槽前短波槽,其作用表现在两方面:一是它携带小股干冷空气向东伸展,提供中层干冷空气入侵条件;二是短波槽前的辐合上升对强对流形成有利。竖槽型的显著特征是槽后的中空急流,它将中空干冷空气迅速向对流风暴发生区输送。中空急流干平流,增强大气层结的对流不稳定度和中层气流辐合,使辐合层从地面延伸至中空,有利于对流迅速向高空伸展,它可能是槽前出现"干"对流风暴的重要条件。

②低空急流活跃。槽前类对流风暴发生前,常伴有低空急流活动(概率近76%),急流尺度有的可达上km,层次厚,强度强,一般为14~18 m·s^{-1},特别强的可达30 m·s^{-1}。急流区的水汽能量输送及辐合上升运动,是对流风暴形成的必要条件,对流风暴一般产生在急流大风核的左前方。

③对流不稳定的建立主要由湿度差动平流引起。分析表明,槽前类水汽主要集中在低层,中低层有明显的湿度差异。水汽通量辐合主要存在于低层,中层迅速减小,两者的差别接近一个量级,中低层水汽通量的差别,大于温度平流差,因而槽前类对流不稳定的建立,主要由湿度差动平流引起。

16.2 冰雹

山西省是中国雹灾较为严重的省份。山西冰雹灾害具有范围广、雹期长、频次高、雹粒大、成灾重的特点。冰雹灾害平均每年造成的受灾面积占总耕地面积的4.5%。

根据对山西1978—2011年34 a的降雹资料统计,降雹伴有短时局地大雨或暴雨产生的占34%,伴有瞬间大风的占28%;飑线上发生的冰雹大多同时有强降水或瞬间大风出现。它们对工农业生产、交通运输、建筑设施以及人民生命财产等都具有极大的破坏性。因此,冰雹是山西重要的灾害性天气之一。

16.2.1 山西冰雹的气候特征

16.2.1.1 冰雹的定义

冰雹是从发展强烈的积雨云中降落到地面的坚硬的球状、锥状或形状不规则的固态降水物。是由不透明的雹核和透明的冰层,或由透明的冰层与不透明冰层相间组成。常见的冰雹如豆粒大小,但也有如鸡蛋或更大的,有时是几个冰粒的融合体。

16.2.1.2 冰雹发生的时间分布特征

图16.8a是1958—2011年山西各月降雹累计日数。由图16.8a可知,一年当中,冰雹一般出现在4—10月,3月最早(最早出现在3月11日,如:1964年3月11日偏关出现冰雹),11月最晚(最晚出现在11月8日,如1977年11月8日祁县出现冰雹)。6—8月,冰雹出现的频次最高,其次是5月和9月。6月平均降雹日数为9.84 d,位于一年各月平均降雹日数之最

（图 16.8b）。成灾冰雹主要发生在 6—8 月。历史资料统计表明，一天当中，冰雹多发生于下午至傍晚。各时段的比例为：08—14 时占 21％，14—20 时占 76％，20—08 时占 3％。

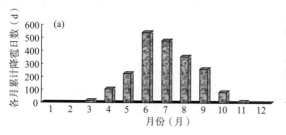

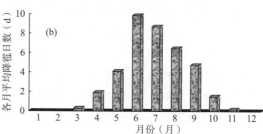

图 16.8a　1958—2011 年各月降雹累计日数　　　图 16.8b　1958—2011 年各月平均降雹日数

16.2.1.3　冰雹发生的地域特征

山西省平均年降雹日数的地域分布具有显著的特点（见图 16.9 冰雹发生的空间分布）。总的来讲，具有北部多于南部、山区多于盆地、东部山区多于西部山区。在同一经度范围内，年冰雹日基本随纬度增加而增加，随海拔高度的升高而增加。

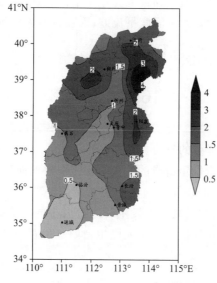

图 16.9　冰雹日数的空间分布

（气候背景资料为 1981—2010 年）（单位：d）

16.2.1.4　冰雹日数和站次的年际变化

图 16.10a 和图 16.10b 是 1958—2011 年山西 54 a 冰雹日数的年际变化和 1978—2011 年山西 34 a 冰雹站次的年际变化。

1958—1984 年，冰雹发生日数变化较平稳，1985—2011 年，冰雹发生日数变幅较大且呈明显的减少趋势。1959 年、1985 年、1990 年是 54 a 间冰雹的多发年，发生日数分别达到 71 d，73 d 和 68 d，2009 年冰雹发生日数最少为 14 d。

1978—1985 年，冰雹站次呈增多趋势（见图 16.10b），1985—2011 年山西冰雹站次整体呈减少趋势（见图 16.10b）。冰雹最多年有 255 站次（1985 年），最少年为 33 站次（2009 年）。

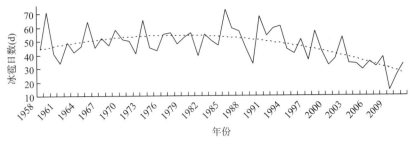

图 16.10a　1958—2011 年冰雹日数的年际变化

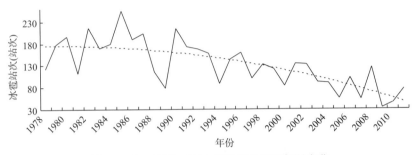

图 16.10b　1978—2011 年冰雹站次的年际变化

16.2.1.5　冰雹日数和站次距平随时间的演变及趋势

1958—2011 年山西冰雹日数以 2.947 d/10 a 的趋势减少（见图 16.11a）；1978—2011 年 34 a 山西冰雹站次以近于 22 站次/10a 的趋势减少（见图 16.11b）；

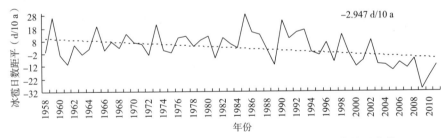

图 16.11a　1958—2011 年山西冰雹日数距平随时间演变曲线及趋势

（注：气候背景资料为 1981—2010 年）

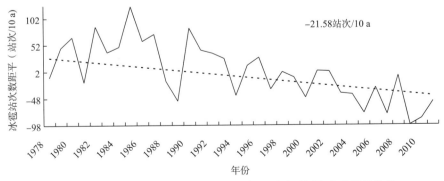

图 16.11b　1978—2011 年山西冰雹站次距平随时间演变曲线及趋势

（注：气候背景资料为 1981—2010 年）

16.2.1.6　雹云的移动与地形的影响

(1)雹云及冰雹的移动

雹云的移动,除受天气系统和引导气流制约外,还受山区地形的影响。山西雹云一般沿500 hPa 强风带方向移动,移速大多在 30～70 km·h⁻¹ 之间,快速移动的雹云常伴有大风;移速较慢的雹云往往伴有局地短时强降水;雹云的合并或停滞可造成局部洪涝和严重雹灾。初生雹云一般偏于 500 hPa 引导气流方向的右方 15°～35°移动;成熟阶段的雹云移动大致与500 hPa 风向一致;衰减阶段则偏于 500 hPa 引导气流方向的左方 10°～15°移动。因此,冰雹的移动路径常常呈 S 形。

(2)地形对冰雹的影响

地形对冰雹移动的影响较为明显,主要有约束、冲抬、热力不均、背风坡等作用。约束作用使雹云沿谷道移动,并在谷道"分叉"和合并的地方出现"分云"和"接云"现象。在下坡作用和狭管作用下,由于动能的增大,加强了地形作用,易有雹云发展。山区地面受热不均,多跳跃性降雹。背风坡的作用,使雹云在波谷区衰减,波峰区加强。这些作用都可使雹云消长,从而使山区的冰雹路径变得复杂。

16.2.2　冰雹天气环流类型及特征

降雹是一个区域或局地性的中小尺度天气事件,但其发生和发展在特定的大尺度环流背景下。将大尺度环境和雹暴天气结合,通过聚类分析,山西省产生冰雹的环流形势一般分为 4类(降雹前 6—24 h 500 hPa 形势):

16.2.2.1　冷涡型

对流层中层冷平流是冰雹发生的必要条件之一。冷涡型是有利于对流层中层冷空气入侵山西的一种有利形势。该形势多发生在初夏。其特征是:①500 hPa 上蒙古西部有明显的高压脊;②内蒙古中东部有一冷涡,山西处于冷涡底部;③影响降雹的槽线位于二连浩特至银川一线,槽后沿 5640 gpm 线有≥16 m·s⁻¹的强风带。对流层中层冷空气沿西北或偏北路径入侵山西,而地面山西则处于锋前暖区(图 16.12)。

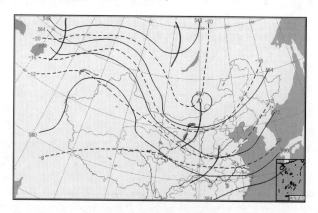

图 16.12　冷涡型 500 hPa 形势场

(实线为等高线,虚线为等温线)

16.2.2.2　小槽东移型(或中纬度环流平直型)

小槽东移型(或中纬度环流平直型)是有利于对流层中层冷空气入侵山西的又一种有利形势,分盛夏型和初秋型两种。其特征是:

500 hPa,东亚 50°N 以南的气流较平直,但在 55°~65°N 之间的中西伯利亚地区维持一个阻塞高压,西西伯利亚为一稳定的冷低压,其底部不断有冷空气分股快速东移,影响山西,这是盛夏山西产生冰雹的主要形势。在此类形势下,地面图上山西多处于暖倒槽前部或变形小高压内部,冷锋一般不明显。

500 hPa 上,亚洲中高纬地区盛行西风气流,从新疆到蒙古西部一带有小槽快速东移,伴随小槽的 24 h 负变温区自西向东进入山西;低层多受暖倒槽前部偏南气流控制,地面冷锋明显,但位置偏西(图 16.13)。在这种形势下形成的冰雹以初秋居多。

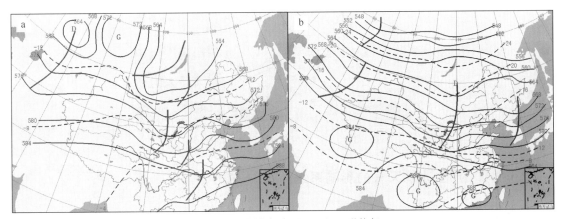

图 16.13　小槽东移型 500 hPa 形势场
(实线为等高线,虚线为等温线,(a)为盛夏,(b)为初秋)

16.2.2.3　阶梯槽型

本型为典型的西高东低型。如图 16.14 所示,500 hPa 西西伯利亚到新疆为一长波脊,中国东北、华北为一大低压区。新疆东部到山西为一致的西北气流控制。在此西北气流中,位于 95°~110°E,35°~45°N 有一低槽生成或移入,同时在此槽的上游 20 个左右经距范围内有一短波槽。在这两个低槽中至少有一根等高线都通过它们,两槽线中点纬距差达 8 个以上,构成阶梯状形势。它的影响系统是沿西北气流东南下滑的短波槽。

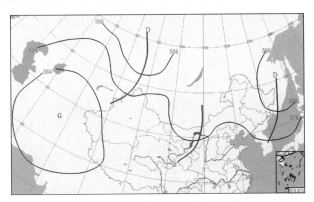

图 16.14　阶梯型 500 hPa 形势场

16.2.2.4　西北气流型

本型也属于西高东低型。如图 16.15 所示,是山西冰雹天气的又一种 500 hPa 形势。影响系统是西北气流中的冷温度槽。500 hPa 在新疆或 95°E 以西,35°~55°N 有长波脊建立。脊前长波槽位于 110°E 以东,温度槽落后于高度槽,槽后西北气流较强,有"强风核"(≥12 m·s⁻¹ 以上的强风速),穿过温度槽,并有锋区配合。

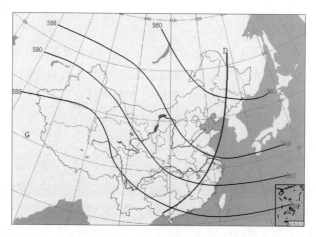

图 16.15　西北气流型 500 hPa 形势场

16.2.3　产生冰雹天气的影响系统

16.2.3.1　先到槽

山西冰雹过程发生前 1~2 d,通常有一个影响山西、产生降水的高空槽过境,习惯上称为先到槽。起作用为:①在下游地区的对流层中高层建立正涡度平流,诱导北方冷空气南下;②与山西上游槽之间有时形成阶梯,构成阶梯式的疏散槽,导致中高层辐散,地面降压;③由于降水使低空水汽有明显的增长;④当 850 hPa 先到槽过后天气转晴,地面急剧增温增湿,为层结趋于不稳定创造了条件。且当先到槽处于华北东部沿海时,不利于南来暖湿气流北上。统计表明:先到槽过境后,500 hPa 气温平均下降 0.8℃、露点温度平均下降 3.7℃,而 850 hPa 气温平均上升 0.7℃、露点温度平均上升 1.4℃,使未来冰雹区上空的潜在不稳定明显增大。

16.2.3.2　中低层系统

山西冰雹天气发生当日 08 时,位于 105°~110°E,35°~45°N 区间的 500 hPa 冷低槽移速较快,而 850 hPa 槽的移速相对较慢,山西附近常常形成前倾槽,造成对流层中层的冷温度槽叠置在对流层低层的暖温度脊上,形成上冷下暖的位势不稳定区。同时这个区也是中层强西北风与低层偏南风形成强的垂直切变的动力不稳定区,为冰雹天气的发生发展提供了必要条件。

上述天气学分析给出可能出现冰雹的区域,具体的冰雹落区预报还需更细致的分析。对低层流场和温度场的分析发现,山西中尺度雹区同冰雹日 08 时近地层或 850 hPa 暖平流区和流场的辐合区有一定关系。其表现形式有以下三种:

①冷(南北向)切变,雹区常出现在 08 时低层冷性切变前方的暖平流区域内。

②暖(东西向)切变,雹区多出现在 08 时地面或 850 hPa 暖切变南侧的暖平流区。

③人字形切变,雹区多出现在人字形切变交点(类似锢囚点)附近及其下游方向的暖平流区域。

16.2.4　冰雹天气的物理量特征

冰雹形成的基本物理条件:(1)强的不稳定层结;(2)适中的水汽含量;(3)适宜的 0℃ 和 −20℃层高度;(4)有触发机制和强的垂直风切变。

16.2.4.1　位势不稳定

(1)大气不稳定层结

统计表明,当有强对流出现前,08 时单站探空温湿曲线常呈"喇叭型",是强对流天气发生前的一种典型层结结构。即在强的不稳定层结下,边界层之上有一适当的阻挡层(等温、逆温或温度递减率很小的气层)相配合。阻挡层之上为条件性不稳定,其下为接近饱和的稳定层。这样的层结,边界层有利于增温、增湿,抑制低层对流的发展,使潜在的不稳定能量不至于过早释放。当有触发机制时,低层积累的不稳定能量突破阻挡层,有强的对流发展。

雹日 08 时的探空曲线一般存在两个相对湿层,分别位于地面到 850 hPa 层之间和 0℃ 层附近。800 hPa 和 500 hPa 附近分别为相对干层,温度露点差随高度增加,曲线呈散开状。

雹日 08 时的 0℃ 和 −20℃ 层高度均低于历年同期平均高度(偏低 100~800)。0℃ 层一般在 630~570 hPa 之间,−20℃ 层在 420~375 hPa 之间,0~ −20℃ 层的厚度在 190~220 hPa 之间。

(2)层结不稳定的变化

在下列情况下有利于大气层结不稳定的发展:

①雨后的晴朗天空。

②上干下湿的水汽分布,是位势不稳定发展的重要因素。上干下湿时,整层抬升后水汽的蒸发潜热释放就会变得更不稳定。

③冷暖平流的作用。低层暖湿平流的发展和中高层冷平流的侵入,使大气层结急剧向不稳定发展。

④启动能量的大小。在一定条件下气块做上升运动,必须由外力给一定量级的启动能量。启动能量的大小与自由对流高度有关,自由对流高度低,需要的能量小,反之则大。

(3)不稳定指数的使用

①沙氏指数 SI

沙氏指数 SI 是表征大气潜在不稳定的重要指标,统计山西冰雹发生前 08 时的 SI 分布表明,大约有 80% 的冰雹发生在 $SI < 0℃$ 区域的下风方,$SI \leqslant -3℃$ 区域内可能有强冰雹;$SI \leqslant -6℃$ 的区域有可能发生龙卷风。

②ST 指数

这是把沙氏指数 $SI \leqslant -1℃$ 和 $\Delta T = (T_{850} - T_{500}) \geqslant 25℃$ 结合起来考虑的一种综合指数。统计冰雹日 08 时的 ST 指数与未来冰雹落区的关系表明,冰雹大多数发生在 $SI \leqslant -1℃$,$\Delta T \geqslant 25℃$ 叠置区的下风方。当冰雹日 08 时 $SI \leqslant -3℃$ 和 $\Delta T \geqslant 27℃$ 叠加时,其下风方常有强冰雹发生。

③A 指数

A 指数由下式表示:

$$A = (T_{850} - T_{400}) - (T - T_d)_{850} - (T - T_d)_{700} - (T - T_d)_{600} - (T - T_d)_{500} - (T - T_d)_{400}$$

式中各下标值分别表示各层等压面。对流天气大多发生在 $A \geqslant 0$ 的情况下。

④*K* 指数

$$K = T_{850} - T_{500} + T_{d850} - (T - T_d)_{700}$$

当 K>45℃时有成片对流性天气,当 K≥35℃时有对流天气发生的可能。

⑤θ_{se} 廓线

通常 $\theta_{se850} - \theta_{se500}$ 用来表征大气的对流和条件稳定度。山西冰雹天气发生时最不稳定层结在 600 hPa 以下,那里 θ_{se} 随高度增加而降低最快。

16.2.4.2　不稳定能量

不稳定能量积聚的条件主要有两个:一是地形聚能作用,在高原或高大山脉背风坡的喇叭口谷地,处于死水区盛行气流弱,午后谷风向山区或高原辐合,暖湿空气易于在这些地区集中,致使高原东侧边坡某些特殊地形区常出现一些准定常的次天气尺度和中尺度系统。二是较大范围内一定厚度逆温层,抑制了低层对流的发展,使热量和水汽积存在逆温层下,山西绝大多数冷气团冰雹逆温层接近地面,随着地面气温的增高将自动破坏,而释放不稳定能量造成午后降雹。

16.2.4.3　水汽条件

(1)水汽的垂直分布

通过对降雹区附近的水汽垂直剖面分析表明,生成冰雹的水汽主要集中在对流层的低层,雹区附近有一向上凸起的等比湿线"湿丘",丘顶一般在 700 hPa 以下。

(2)水汽的水平分布

山西区域性冰雹与 850 hPa 上狭长的湿舌相对应。850 hPa 湿舌的 T_d 值春、秋两季在 4~8℃,夏季在 8~12℃;$T - T_d$ 一般小于 10℃,多数≤6℃。

雹日 08 时地面露点温度多在 12~16℃,雹区一般在 08 时地面露点锋(干线)前100~300 km 区间内,降雹区 14 时的露点比 08 时平均下降 4℃左右。

16.2.4.4　动力条件

(1)垂直速度、散度和涡度的垂直分布

统计分析表明,850 hPa 以下为弱的辐合上升气流,800~500 hPa 为辐散下沉气流,400 hPa 以上为辐合下沉气流;涡度的垂直分布是,700~600 hPa 为弱的负涡度,其他各层为正涡度,且以 300~200 hPa 层正涡度最大。

雹区上空 800~500 hPa 的辐散下沉气流和 700~600 hPa 弱的负涡度,同影响系统和先兆槽之间的弱脊线控制区相对应。这是冰雹天气发生前层结不稳定,但又能维持晴朗天气的动力原因。"条件性不稳定层凌驾于边界层稳定层之上"的层结结构,往往是这种不及地的中层下沉气流在探空曲线上的反应。因此,上午的晴朗天气,有利于强烈的日射增温增大不稳定能量,而边界层上部的下沉逆温又有利于不稳定能量的积累,两者结合常常酝酿有强对流天气发生。

降雹发生时,上述降雹前 8~12 h 的垂直速度、散度和涡度的垂直分布有以下显著变化:800~500 hPa 的下沉气流转为上升气流;低层辐合气流加强,层次增厚;高空 300 hPa 以上由辐合转为辐散;300 hPa 以下正涡度加强,且以 300 hPa 增强最明显。

可见,冰雹是在深厚的上升气流环境中形成的,这种深厚上升气流是与低层辐合气流的加强、增厚及高层的辐散相关联的。对流层中高层(600~300 hPa)明显的正涡度平流,在这种动力过程中起着重要作用。

（2）垂直风切变

雹区上空 10～12 km 的高空风速一般不小于 23 m·s^{-1}，而在 4 km 以下风速一般小于 10 m/s。强的垂直风切变起到诱生动力湍流，激发重力波，并使冰雹云的上升气流发生倾斜，有利于增强雹云系统环流"新陈代谢"的作用。区域性降冰雹日强垂直风切变多出现在 8～9 km，9～10 km 和 10～12 km 高度上。根据 1978—2008 年的雹日资料统计，08 时 850～500 hPa 层的 $\dfrac{\Delta V}{\Delta Z}$ 值多在 $2\times10^{-3}s^{-1}$～$5\times10^{-3}s^{-1}$ 之间。

（3）触发系统

山西发生冰雹天气的触发系统主要有以下几种：

①冷锋。冷锋并不都能产生强对流天气，而且强对流天气也并不都与冷锋相联系。但下半年具有分支结构的下滑冷锋，由于对流层中层有干冷气流移到地面冷锋前方 100 km 或更远处的暖区上导致位势不稳定。这支中层干冷气流与暖区上空中层的暖湿气流之间常有明显的界面，形成高空冷锋。上述这支中层干冷空气开始是下沉的，但当它移到冷锋前方某一位置时常转为上升运动，使原先存在的干暖盖消失，导致深厚的对流甚至强对流发展。

②露点锋或干线。地面或 850 hPa 上的露点锋（干线），其一侧空气干燥，另一侧空气潮湿，有明显的露点温度梯度（气温梯度甚小）。在露点锋上空，当 500 hPa 有冷温槽移入时，会出现强对流天气。

③地面或 850 hPa 切变线。低层切变线有的与冷锋一致，但多数是与冷锋无关的中小尺度辐合线，在适宜的环境条件下，切变线附近气流的辐合加强，往往触发雹云的生成。

④地形。气流在适宜的地形条件下产生辐合或抬升作用，可触发对流不稳定能量的释放。如果近地面的湿层上存在有逆温层，则山脉背风坡一侧产生的地形波也能使不稳定能量释放。

⑤边界层非均匀加热。山区下垫面性质和天空状况的差异，都可造成地面日射增温有明显的差别。对山西雹源的初步调查表明，冰雹往往是在几片森林覆盖区中间植被稀疏的向阳坡上发展起来的，然后随着盛行风向下游传播。但是对流强烈发展后，云层对辐射加热又起到负反馈作用。通常所说的在雾区或低云边缘地带容易发展的对流天气，在山西并不多见。

⑥中高层正涡度平流。根据 ω 方程，正涡度平流随高度升高而增大，将会产生上升运动。因此，中高层的正涡度平流对冰雹天气发生是十分重要的条件。

⑦密度流和弧状云线。从降雹气流中流出的冷空气，经常启动下游的对流单体发生。在较近的距离处，这种作用最强。这支流出气流有时可从母体向外扩展数百千米，在那里触发对流的产生。在卫星云图上，可见到有弧状排列的层积云和积云。这条弧状云线，是这种密度流的前沿，其后面冷而密度大的空气是由原先的雷暴下击暴流产生的。当弧状云线移到不稳定区时，就可发展成对流云团，在两条弧状云线交点处，有时可有强烈的对流风暴产生。

综上，山西冰雹天气的环境条件中，以稳定度和触发机制最为重要；冰雹的水汽条件夏季是经常可以满足的，并不需要从低纬输送水汽。冰雹最易发生在层结最不稳定区的下风方一侧，500～400 hPa 冷平流叠置在 700 hPa 以下的暖平流区上，是山西形成较大范围潜不稳定能量的主要原因；在冰雹发生前多为下沉气流，但这种下沉气流在很短时间内可以转变为上升气流；而中高层的正涡度平流区与低层低值系统的叠加则是造成较大范围冰雹天气的一种重要触发机制。

16.2.5 冰雹的预报

16.2.5.1 700 hPa 天气型加指标法

山西省初夏产生冰雹的 700 hPa 形势主要有:冷低涡型、冷低槽型、西北气流型等。其中,冷低涡型冰雹占 43.6%、冷槽型冰雹占 33.3%、西北气流型冰雹占 10.3%,其他型占 12.8%。

(1)冷低涡型

冷低涡中心位于 $110°\sim125°E$,$40°\sim55°N$,有明显的冷温度槽或冷中心配合。锋区位于中蒙边界处。山西受低涡后部的西北或偏西气流控制,有明显的冷空气入侵,上游地区24 h降温可达 $2\sim6℃$。在本型影响下,山西有时连续几天降雹,雹区主要在太行山区。在冷低涡影响山西之前,有先到槽过境。冰雹发生日,先到槽与冷涡低槽形成阶梯槽。

地面有时有快速冷锋东移,有时地面锋不明显。冰雹一般发生在下午。

(2)冷槽型

从河西走廊到河套东移的强冷低槽,大多数为前倾槽,槽后冷平流很强,地面冷锋明显,冰雹落在槽后锋前狭长地带内。

(3)西北气流型

本型的特征是700 hPa降水性低槽过境后,山西维持小于 $8\ m\cdot s^{-1}$ 的西北气流,河套的弱负变温区沿西北气流进入山西。由于雨后地面比较潮湿,午后在山西东部山区常产生冰雹天气。

此外,在高压脊后部型或暖切变型下,发生的冰雹大多为离散性小冰雹。

当出现以上形势,如果用太原探空计算的总温度廓线(以 850 hPa 的 T_σ 为基线),其超温转折点在 400 hPa 以下,而且对流不稳定能量指数($T_{\sigma850}-T_{\sigma500}$)$\geqslant4℃$,则午后到夜间,太行山区至少有 2 个以上县出现冰雹。

16.2.5.2 参数预报法

表 16.2 所列主要参数是预报山西冰雹天气的形势场特征和主要物理量参数,表中①～④为主要参数。把天气形势和各种物理量条件结合起来应用仍然是制作有无冰雹的一种方法。

表 16.2 山西冰雹发生的主要参数

		主要参数	形势特征
①	两层气流	500 hPa 风向 $250°\sim315°$	500 hPa 冷温度槽 850 hPa 暖温度脊 $\Big\}$ $T^{500}_{850}\geqslant25℃$
	温度差动平流	$\dfrac{\Delta A}{\Delta Z}<0$	500 hPa 冷平流 850 hPa 暖平流 $\Big\}$ 平流零线交割区
	500 hPa 急流	极锋急流($\geqslant20\ m\cdot s^{-1}$)中心前部副 热带急流($\geqslant16\ m\cdot s^{-1}$)中心左前部 两支急流合并型	5640 gpm 线两侧 5800 gpm 线上 5640 gpm 和 5800 gpm 线间的散开区
②	不稳定指数	ST 指数 $\begin{cases}SI(沙瓦特指数)\leqslant0\\25℃\leqslant\Delta T^{500}_{850}\leqslant34℃\end{cases}$	强不稳定中心的前半部
		$I=(I_1+I_2)<0$	850 hPa 等 T_σ 线分布为 Ω 或双 Ω 型分布
③	温度	850 hPa T_d　$8\sim14℃$	湿舌内
		0℃层 T_d　$-2\sim-8℃$	湿区内

续表

		主要参数	形势特征
④	风切变	$\dfrac{\Delta V}{\Delta Z}(850-500)=2-5[10^{-3}S^{-1}]$	在冰雹区上游
⑤	0℃，−20℃层高度	$H_0:3300\sim4400$ m $H_{-20}:6300\sim7300$ m $H_{-20}-H_0:2700\sim3500$ m	0℃层的高度槽前
⑥	边界层	600 m 流场辐合区	切变线
⑦	动力因子	300 hPa：$D<0,\xi>0$，下沉 700 hPa：$D>0,\xi<0$，下沉 850 hPa 及以下：$D<0,\xi>0$，上升	槽前气旋形弯曲 浅脊控制 辐合线、切变线、低值系统控制
⑧	高空急流	200 hPa 急流带（30 m·s^{-1}）内	200～300 hPa 正涡度中心，东南象限

16.2.5.3　冰雹落区预报方法

冰雹天气是不同天气尺度系统相互作用的结果，大尺度系统对中小尺度系统的发生起着制约作用，因而可以综合各种大尺度条件来预报冰雹及其落区。

（1）流型配置法

将 500 hPa 形势分为冷槽型（冷槽型又可分为后倾槽和前倾槽 2 种配置）、西北气流型和冷涡型 3 种。

冷低槽型（后倾槽）的特征是 500 hPa 上，50°N 以南盛行纬向环流，多小槽活动，冰雹日 08 时冷低槽一般位于河套地区。图 16.15 为山西低槽型流型配置法预报冰雹落区示意图。由图可见：850 hPa 的 $(T-T_d)\leqslant5℃$ 的湿舌区、500 hPa 从西北伸向山西的 $<-8℃$ 的冷温度舌区、$T_{850}-T_{500}\geqslant25℃$ 的区域相重合的地区为冰雹的落区（图 16.16a）。

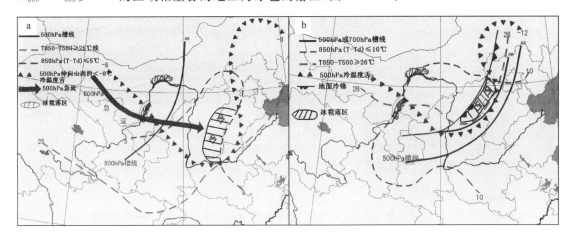

图 16.16　(a)冷低槽型流型配置与冰雹落区　(b)前倾槽流型配置与冰雹落区

冷槽型（前倾槽）的特征是 500 hPa 上，50°N 以南盛行西北气流，700 hPa 或 850 hPa 层盛行偏南气流。低层槽落后于 500 hPa 槽。此型下若有地面冷锋配合，冰雹一般落在 700 hPa 槽线与地面冷锋之间、850 hPa 的 $(T-T_d)\leqslant10℃$、$(T_{850}-T_{500})\geqslant26℃$、500 hPa 温度 $\leqslant-12℃$ 区域相重合的地区（图 16.16b）。

西北气流型的形势场特征是：500 hPa 上亚洲东部有一长波槽，温度槽落后于高度槽，山西位于此发展的长波槽后部,垂直风切变较强。本型在 4—9 月都可出现。山西在本型影响下的冰雹落区用统计得出的稳定度、湿度及垂直风切变 3 种物理量等值线包围的区域来确定,具体讲,即将同时满足 $\left(\frac{\Delta V}{\Delta Z}\right)_{500-850}\geqslant6\ \text{m}\cdot\text{s}^{-1}$,$(T_{850}-T_{500})\geqslant26℃$ 和 $(T-T_d)_{850}\leqslant10℃$ 条件的区域视为冰雹可能发生的区域(见图 16.17)。

冷涡型特征是:500 hPa 冷涡中心位于 106°~125°E,42°~50°N 范围内。若冷涡中心位置在 110°E 以东,山西冰雹的落区预报方法同西北气流型;若冷涡中心位置在 110°E 以西,山西冰雹的落区预报方法同冷低槽型。

(2)ST 指数法

这是一种用沙氏指数 $SI\leqslant-1℃$ 区和 $T_{850}-T_{500}\geqslant25℃$ 区相重合的区域预报冰雹落区的方法,简称 ST 指数法。冰雹一般落在 ST 指数重合区域的下风方。在 $SI\leqslant-3℃$ 和 $T_{850}-T_{500}\geqslant27℃$ 的重合区内常有强冰雹发生。

夏季山西连续数日午后出现冰雹的日数约占总降雹日数的 60%。ST 重合区出现位置不同与山西连续冰雹日的关系如下:如重合区位于 A 区(图 16.18),一般当天和次日山西北、中部的东部地区有小冰雹天气;如 ST 重合区出现在 B 区,则当日和次日山西中部地区可能出现小冰雹;ST 重合区在 C 区时,当日山西无冰雹,而次日和第三日午后山西中、南部可能出现冰雹。

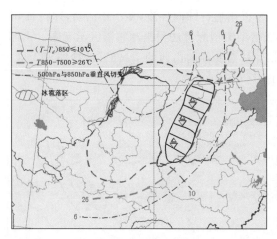 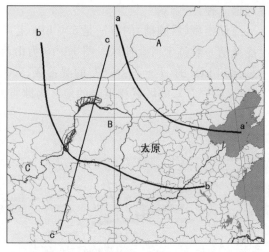

图 16.17　西北气流流型配置与冰雹落区示意图　　图 16.18　ST 指数分布与连续冰雹日冰雹落区关系

(3)两层气流叠套法

本方法主要将 500 hPa 与 850 hPa 两层气流叠套起来(图 16.19),并配合特征温湿场,根据动力和热力性质的有机配置作出冰雹落区预报。图 16.19 为两层气流叠套法预报山西冰雹落区的示意图。雹日 08 时,在 105°~117°E,33°~42°N 范围内大多出现 3 个以上站风向为 250°~40°、风速 $\geqslant16\ \text{m}\cdot\text{s}^{-1}$;有气旋性弯曲的偏西或偏北急流。冰雹出现在它与 850 hPa 偏南气流的重叠区内。当 500 hPa 气温 $\leqslant-8℃$(春秋 $\leqslant-14℃$)和 850 hPa 气温 $\geqslant12℃$(春秋 $\geqslant8℃$)区时,冰雹落在 850 hPa 偏南风轴右侧。

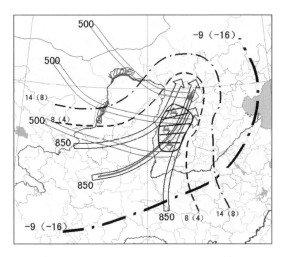

图 16.19　雹日 08 时 850 hPa 和 500 hPa 两层气流叠套示意图

注:(空心箭头分别为 850 hPa 和 500 hPa 气流,单实线箭头为 850 hPa 西南风轴,粗、细点划线分别为
850 hPa 和 500 hPa 平均等温线,断线为 850 hPa 等露点线,阴影区为降雹区。括弧内为秋季值)

16.2.6　冰雹的临近预报和预警

16.2.6.1　冰雹云的识别

（1）高悬的强反射率因子

对有 RHI 显示的 27 次冰雹过程分析发现,降雹前 20～30 min,当反射率因子强度 $Z \geqslant$ 45 dBZ,回波顶高 $H \geqslant 10$ km 时,可能产生冰雹,个别的回波顶高 $H \geqslant 9$ km 时就产生冰雹;5 次大冰雹强回波区达到 -20℃层高度层高度附近及以上,$Z \geqslant 45$ dBZ 强回波顶高 $H \geqslant 9$ km, 回波顶高达到 13～17 km。反射率因子强度越强,核心值越大,高度越高,降雹的直径也越大, 产生持续时间较长的大冰雹的可能性很大,灾情也更重。

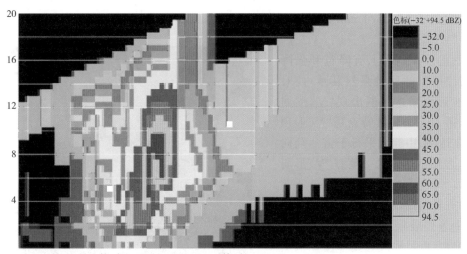

第1点：(33.9 km·42.9°)　　　第2点：(82.9 km·43.9°)

图 16.20　2006 年 7 月 13 日 18:33 雹暴 RHI 剖面图

（2）垂直累积液态水含量对冰雹云的识别

垂直累积液态水含量（VIL）是多普勒雷达的导出产品，是判断强降水、冰雹等灾害性天气的工具之一。回波特征分析表明，冰雹天气的垂直累积液态含水量可以达到很高，降雹时一般在 $45\sim82$ kg·m^{-2} 之间，最大可达 82 kg·m^{-2}，且垂直累积液态水含量（VIL）高值维持时间越长，冰雹维持时间就越长。如 2004 年 7 月 3 日榆次大冰雹过程，$15{:}07\sim17{:}51$，VIL 值均大于 45 kg·m^{-2}，$16{:}53$，VIL 值达到了 82.3 kg·m^{-2}。见图 16.21。

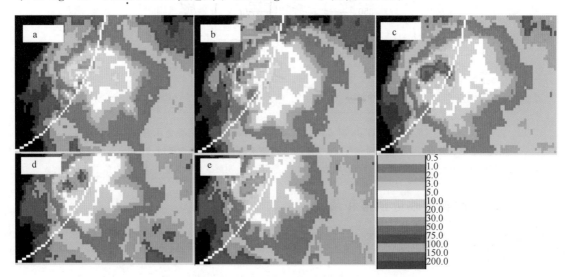

图 16.21　垂直积分液态水含量演变图

（时间分别是 7 月 3 日 16:43(a)，16:48(b)，16:53(c)，16:58(d)，17:04(e). 图象放大了 4 倍）

距雷达 $40\sim130$ km VIL 值大于 35 kg·m^{-2} 就可能出现冰雹。由于雷达扫描静锥区的缘故，在距雷达 50 km 以内、VIL 值是过低估计的。当 VIL 值达到 20 kg·m^{-2} 就可能产生冰雹，个别的如 2003 年 7 月 21 日，尖草坪 VIL 最大值 10 kg·m^{-2}，（$Z\geqslant45$ dBZ 回波顶高达到 7.0 km）出现了 1 h 58.1 mm 的暴雨，同时伴随有 13 mm 的冰雹。

（3）"V"形缺口

成熟雹云在地面上有降雹和强降水，它对应的雷达回波强烈衰减，使对流回波在远离雷达一侧出现"V"形回波缺口（图 16.22）。其特点是"V"形顶端对着雷达站，中缝线平行于雷达径向扫描线，远离雷达站的一侧有"V"形弱降水回波区。

（4）有界弱回波（BWER）和弱回波

在中等到强垂直切变环境中的多单体风暴中，低层回波强度梯度在低层入流一侧最大，风暴顶偏向低层高反射率因子梯度一侧，中层大于 20 dBZ 的回波向低层入流一侧伸展，悬垂于低层

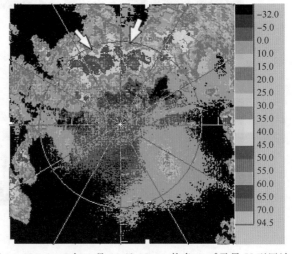

图 16.22　2008 年 6 月 28 日 18:33 仰角 1.5°雹暴 V 型回波

弱回波之上,形成弱回波区(WER)和高层回波悬挂。当一个风暴加强到超级单体阶段,其上升气流变成基本竖直时,回波顶移过低层高反射率因子的高梯度区而位于一个持续的有界弱回波区 BWER 之上(图 16.23)传统上称为穹窿,BWER 是被中层悬垂回波所包围的弱回波区,它是包含云粒子但不包含降水粒子的强上升气流区。当反射率因子垂直剖面图像中风暴出现有界弱回波区或弱回波区时,则可以发布冰雹预警。

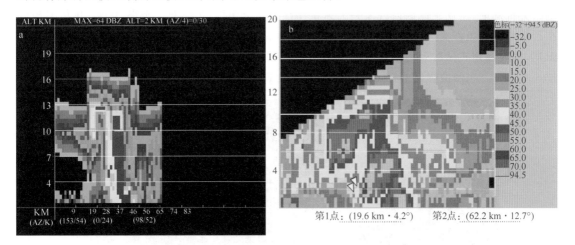

图 16.23 (a)2004 年 7 月 3 日 17:14 (b)2008 年 6 月 28 日 18:33RHI 剖面 BWER 特征

(5)钩状回波

旋转上升气流眼墙周围的回波随环境气流而移动,在移动中偏离气流方向移出主要回波时,就形成了钩状回波。这种雹云回波在雷达观测中较少见,一旦形成,就会造成严重灾害。

钩状回波(图 16.24)位于雹云回波主体右后侧,左侧是弱回波区,这里是雹云中强上升气流在低层进入的地方。钩的部位往往是强回波中心,故是云中主要的大粒子降落区。由于钩的尺度一般是几公里到十几公里,所以钩部回波强度梯度特别大。钩状回波是超级单体风暴的一个主要特征,而超级单体一般都产生冰雹天气,有时甚至还会出现龙卷。

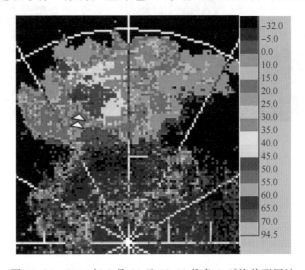

图 16.24 2005 年 8 月 26 日 18:41 仰角 1.5°钩状型回波

（6）三体散射长钉（threebody scatter spike）

三体散射回波是包含大的水凝结物对雷达米散射（普通降水粒子为瑞利散射）所引起的，是由于冰雹（强回波中心）和地面的反射使电磁波传播距离变长而产生的异常回波信号，是一个雷达回波假象，三体散射也称为"火焰回波"或"雹钉"。C 波段（波长 5 cm）的雷达容易探测到 TBSS 特征，但它可能是由大雨滴而不仅仅是冰雹造成。

分析发现，出现三体散射现象是大冰雹存在的充分条件，但不是必要条件。三体散射现象在预报业务中可作为冰雹预报的一个指标。观测时出现三体散射现象对预报员来说非常容易识别，而观测到三体散射可以肯定有大冰雹（大于 20 mm 的冰雹），TBSS 的预警时效一般在 10～30 min。当回波强度高于 65 dBZ 时，要注意观测三体散射回波（图 16.25）。

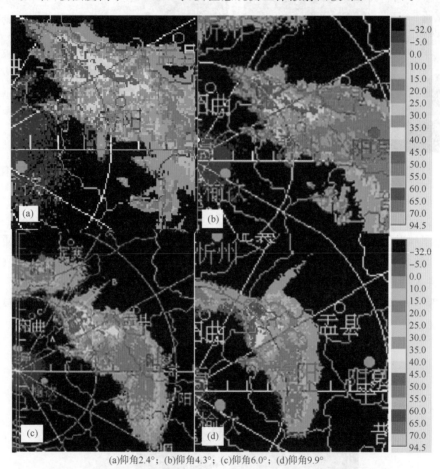

(a)仰角2.4°；(b)仰角4.3°；(c)仰角6.0°；(d)仰角9.9°

图 16.25　2006 年 7 月 13 日 16：40 不同仰角三体散射特征（见彩图）

（7）指状回波

指状回波是指冰雹云回波边缘（多位于后缘）上出现的手指状突起（图 16.26）。所谓指状回波，必须是经衰减后仍是强回波区的指状形态。

指状回波常常是由 1～2 个尺度小但强度强、发展快的单体并入原先存在的大单体后形成的。它的特点是在指状回波部位以及指根处，回波强度和强度梯度最大，地面降雹一般就在该部位，出现指状回波一般对应大的冰雹。

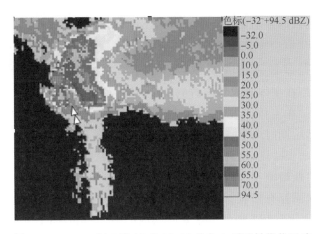

图 16.26　2006 年 7 月 12 日 17:22 仰角 1.5°雹暴指状回波

(8)径向速度及其中气旋

对 2004—2008 年太原多普勒雷达监测范围内出现的 49 个冰雹日对应的雷达回波速度图上,9 次出现中尺度气旋(图 16.27),33 次回波速度图上出现正负速度对且有较强的辐合,7 次回波速度图上只有正速度或只有负速度,但速度值很大,甚至出现速度模糊。对于中小尺度的正负速度对,要密切关注它的发展演变情况,由于中气旋形成之前首先观测到的是中小尺度的正负速度对,如果观测到中小尺度的正负速度对的速度值在增大,将有可能形成中气旋,并可能带来剧烈灾害性天气。

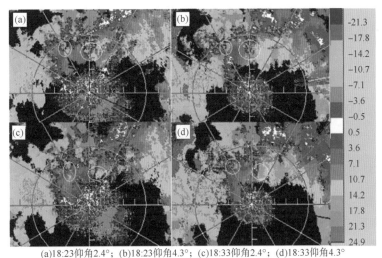

(a)18:23仰角2.4°;　(b)18:23仰角4.3°;　(c)18:33仰角2.4°;　(d)18:33仰角4.3°

图 16.27　2008 年 6 月 28 日 18:23—18:33 中气旋径向速度特征

16.2.6.2　冰雹云的回波尺度、形状及移速

(1)冰雹云的回波尺度

对 49 次回波统计表明,大部分呈块状分布,只有 7 次呈带状分布。统计回波尺度 35 dBZ 以上回波的范围,成熟时期平均尺度一般在 25 km×35 km,回波尺度最大 35 km×45 km。

(2)冰雹云移速

在发展初期,冰雹云的移动速度一般不大,发展较成熟时,移速加大,不同回波移动速度相差较大,一般在 30~60 km·h^{-1}。

16.2.6.3　冰雹云回波的形成及演变规律

冰雹云回波一般是在主体回波移向右侧新生,然后很快发展增强,同时主体回波移向左侧的回波减弱甚至消失。在主体回波移向右侧新生的回波一般都会发展增强,产生剧烈天气。回波先在中空生成,然后同时向上、向下迅速发展。对冰雹云发展早期进行连续跟踪观测都能发现冰雹云有爆发式增长阶段,这种现象被称为冰雹云的"跃增增长"现象,这是冰雹云发展的一个重要特征。出现"跃增增长"时,45 dBZ 强回波区比 0 dBZ 回波区增长得更快,观测到"跃增增长"的回波后在地面都有降雹。这是冰雹云从生成到发展再到成熟过程中的一个明显特征,在雷达 RHI 显示上,45 dBZ 强回波在短时间内(5~10 min)向上突增,常导致不久之后地面降雹,而雷雨云没有这种现象。

16.2.6.4　冰雹指数(59 号)产品的释用

对 2004—2008 年太原、临汾、大同多普勒雷达的冰雹指数产品进行了统计分析,表明:该产品对冰雹几乎无漏报,但空报率很大;当 59 号产品输出一般冰雹的发生概率在 90％以上时,山西出现<20 mm 冰雹的概率是 19％,当 59 号产品输出有大冰雹的概率在 70％以上时,山西产生<20 mm 冰雹的概率是 31％,当 59 号产品输出有大冰雹的概率在 90％以上时,山西产生≥20 mm 的大冰雹的概率是 29％;统计还发现:副高边缘的对流云团,59 号产品常常输出有冰雹和大冰雹的概率很高,但实际上,夏季副高边缘的强对流云团常常带来的是局地暴雨和大暴雨;因此,需要同时采用天气形势来减少空报率。

在天气型结合参数法潜势预报输出有冰雹时,叠加多普勒雷达 59 号产品能有效减少冰雹的空报率。

16.3　短时暴雨天气雷达回波概念模型

16.3.1　块状回波

(1)天气背景

这类降水高低空系统不配合,局部暴雨产生在深厚系统影响之前,但从雷达回波可分辨出两类中尺度系统。一类是西风带系统性降水的前锋,高空有短波槽东移,近地层配合有冷空气扩散,或边界层有切变线或辐合线;另一类是副高西进北抬时产生的局地强降水。

(2)雷达回波演变

①前期回波零散,但单体强度较强,能达到 40 dBZ 以上,回波在移动过程中逐渐加强,发展成组织性的强回波块。这类回波出现在系统性降水的前部,后期会逐渐发展成絮状或者带状回波,造成范围较大的降水(见图 16.28)。

②径向速度及其它产品特征:在径向速度图上表现为色块零散(见图 16.29b),不同于层云、混合云具有大片的连续风场结构,也没有明显的牛眼,零线不连续;回波顶高达到 8 km 以

上,垂直液态水含量在 20 kg·m^{-2}。

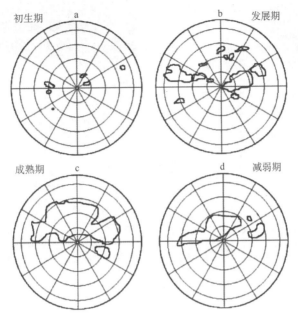

图 16.28　块状回波演变图

③强降水落区:这一类暴雨分布不均,局地性强。但强降水区与逆风区、中气旋区以及辐合区有较好的对应关系,在强降水发生的地方,有逆风区存在(图 16.29b)。

④回波特征综述:这类回波具有明显的局地性、突发性、生命史短和移动快的特征。从雷达回波看,这类回波较接近雷暴、冰雹等强天气回波,只是强度稍弱,回波发展高度低,顶高在 8 km 左右,一般<11 km。这类回波以对流性回波为主,尺度小,从几千米到几十千米。其内部结构密实,边界清晰,回波强度在 40~50 dBZ,移动速度慢。一般由局地发展的回波加强到 45 dBZ以上、或者局地回波和上游移来回波块的合并加强造成。这类强对流暴雨的预报,应从水平风场上注意中小尺度的扰动,特别要注意自动站极大风速风场切变线或辐合线的生成。

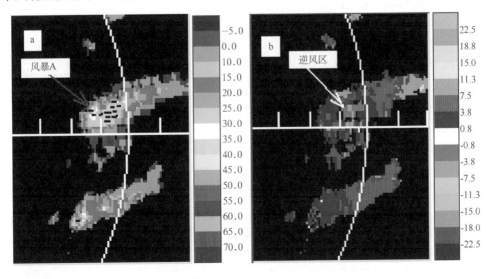

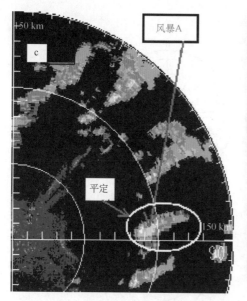

图 16.29　2006 年 8 月 13 日 16：30　1.5°仰角风暴 A 的雷达回波与地闪分布

(a,b 分别是 13 日 16：30 风暴 A 放大 2 倍的反射率因子强度与地闪分布、径向速度,
c 是 13 日 16：30 的反射率因子强度,d 是雷达地图,距离圈为 50 km)

⑤预报着眼点:地面有冷空气侵入,风场上注意中小尺度的扰动,特别是水体周围和山脉的迎风面。注意地闪的发生和雷达回波,反射率图上的回波由于突发性强,较难预测,但速度图上逆风区、边界层风场变化是防范重点。

16.3.2　带状回波

带状回波造成的短时暴雨主要发生在前 3 h 内,雨强大。其第 2 h 降水基本上都在20 mm以上。可见,带状回波造成的短时暴雨有局地性强、突发性强、雨强大、降水时间集中的特点。造成带状回波的主要是深槽和垂直分布的低层切变线,系统移动快。它又分成两类,一类是有急流型,另一类是无急流型。

16.3.2.1　有急流带状回波天气形势和雷达回波

(1)有急流带状回波天气形势

500 hPa 槽位于 103°～110°E,槽底伸过 35°N 以南,700 hPa 或 850 hPa 有冷式或暖式切变线配合(见图 16.30);地面在暖区中,高低空有急流,高空急流≥35 m·s^{-1},低空急流≥12 m·s^{-1},SI 指数在−3～−1℃左右。

(2)有急流带状雷达回波

①回波平均特征(图略):回波带长约 250 km,宽 25 km,长宽比例＞10：1,有强回波核,直径约为 10 km,强度在 45 dBZ 以上,回波整体向东南方向移动,移速为 20 km·h^{-1};单体向东北方向移动,移速为 50 km·h^{-1}。强回波核沿带状回波方向以列车效应依次影响暴雨站点。

②回波演变(图 16.31):强降水发生前 4 h,探测区内东北部 100 km 以内为分散的对流回波发展;强降水发生前 2 h 形成带状回波。冷空气型带状回波在原地发展,造成局地强降水。强降水发生后,从西北方向又有小的块状回波东移。回波源地的地面为暖区。回波从西北方向移来,强度较强,生命史前期易发生冰雹等强对流天气,南压过太原后,带状回波将逐渐演变

成絮状回波,并对太原以南县市造成较大降水。

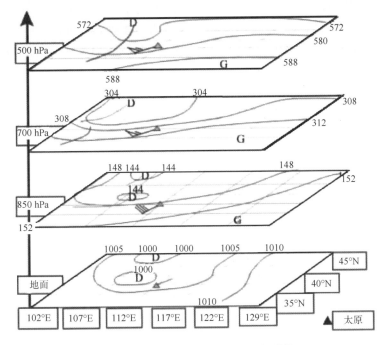

图 16.30　有急流型带状回波天气形势

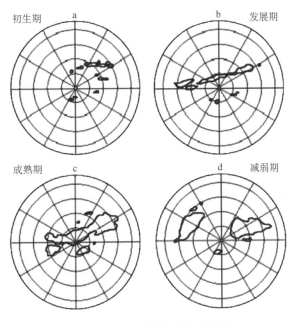

图 16.31　有急流带状回波的演变

③径向速度及其他产品特征:径向速度图(图略)上有逆风区,形成风向的辐合辐散,引起高低层垂直环流的发生,辐合向冷空气一侧倾斜;回波整体较强,降水具有对流性,回波顶可发展到 9 km 以上。受深厚的西南急流控制,带来了丰沛的水汽和热量。急流输送含水量较大,VIL 值较大,在 20~49 kg·m^{-2} 之间;低层有浅薄的冷空气扩散南下,使暖湿气流得以抬升,

是触发暴雨的关键。风廓线上 ND 层的高度与强降水的发生和结束相关。

④回波源地、路径(图略):冷空气型回波源地位于太原西北方向 100 km 以外,呈带状东南移,南移过程中强度维持,这类回波在经过太原后,常转变成絮状回波。

⑤预报着眼点:此类回波起因为深槽,且南伸过 35°N,SI 指数<0℃,环境对流性比较强。对于冷空气型的带状回波,主要以强降水为主;而对于暖区型带状回波,易于在山西东部县市造成冰雹、雷雨、大风等强对流天气;进入南部盆地,转变成絮状回波,对南部造成较大的降水。

16.3.2.2 无急流带状回波

(1)无急流带状回波天气形势

500 hPa 短波槽东移,低层有切变线配合,高、低层无急流(见图 16.32),SI 指数≤0℃。

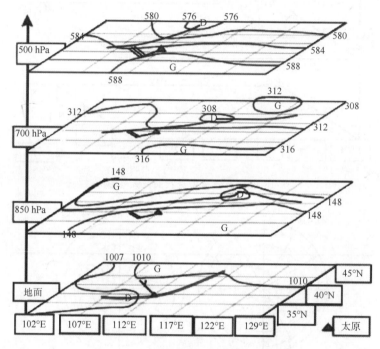

图 16.32 无急流型带状回波天气形势

(2)无急流带状雷达回波

①回波平均特征(图略):回波呈东北—西南向南压或者西北—东南向北抬。南压型源地在太原以北 100 km 内有分散回波,逐渐加强形成带状,但回波的强度较弱。回波呈带状,长200 km,宽20 km,结构松散,回波强度为 40~45 dBZ。回波移速慢,以 20 km·h^{-1} 左右整体东南移,回波单体发展直径可达 30 km。回波较强、移动速度慢、单体直径较大,是造成短时暴雨的直接原因。

②回波演变(图略):回波发展前在 100 km 范围内有零散回波;回波逐渐南移加强并形成带状回波;回波容易在晋中东山或晋城一带快速发展,强度加强,范围扩大,东移过程中,回波变形为块状,此类回波以东移出境为主。

③其他产品特征:径向速度图上(图略)环境风较小,平均在 4 m·s^{-1} 以下,而强降水发生区附近,径向速度可以达到低层急流强度,约 12 m·s^{-1},与环境风形成风速辐合;回波顶 10~12 km;由于没有低空急流,空气含水量低,VIL 值为 15~20 kg·m^{-2};短时暴雨发生前,中低

层环境风场突然减小。

④回波源地和移动(图略):雷达站附近的零散回波,东移或南压加强,在阳泉或晋中东山附近发展加强,移速慢。

⑤暴雨落区分布(图略):由于没有水汽输送和高层辐散,此类过程也较弱,主要由晋中东山、吕梁山等特殊的地形造成的。

⑥预报着眼点:短波槽、无急流、SI 指数小;无急流型带状回波,可能受地形影响,对晋中东山、吕梁山一带造成较大降水。

16.3.3　涡旋状回波

涡旋状回波是由于低层或地面的小低涡造成的。特征是移动缓慢,不断把南部的水汽和能量卷入低涡中心,造成影响范围大、持续时间长、雨强强度大的降水。

(1)天气背景

500 hPa 河西走廊—河套有小槽,700 hPa 在 36°~39°N 有低涡切变,850 hPa 或边界层有小低涡(图略)。

(2)涡旋状雷达回波

①回波演变特征(图 16.33):在涡旋状回波形成前 14 h,探测区内有分散的块状回波,强烈发展,最强的回波可造成局地暴雨;涡旋状回波形成前 3 h,探测区内回波呈絮状回波;涡旋状回波的形成、发展、成熟及消亡的时间大概在 5 h 左右;强降水主要发生在涡旋中心附近的东北象限。

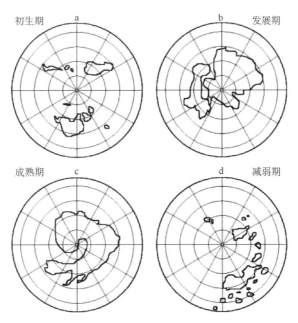

图 16.33　涡旋状雷达回波的演变

②其他特征:反射率回波呈涡旋状,强中心位于涡旋中心,强度可达 50 dBZ 以上。回波南部有明显的尾状回波,将水汽、能量夹卷进入涡旋中心。暴雨发生在涡旋中心强回波经过的路径上。在径向速度图上(图略),高低层吹东南风,风速随高度增加,近地层低压中心附近,吹弱

东北风,有逆风区,有利于辐合抬升运动,促进强对流短时暴雨发生。回波顶高为 6~11 km,回波顶最高位于低压中心位置和尾状回波处,可达 11 km。垂直液态水含量在低压中心位置最强,可达到 20 kg・m^{-2}。

③暴雨分布(图略):涡旋回波造成的暴雨范围大、大暴雨站数多,强降水主要集中在东北方向。

④回波源地、路径(图略):涡旋状回波主要是指在山西范围内的回波,逐渐形成涡旋状,强中心主要是在山西的北中部,随后缓慢旋转东南移。

⑤预报着眼点:注意低层及地面有小低涡,在雷达上有旋转的回波生成。此类回波造成的降水时间往往比较长,强度也比较大,易于给山西造成大暴雨。

16.3.4　絮状回波

絮状回波是由深厚的低值系统造成的。回波移动很慢,对应西南部的水汽和能量不断输送到山西上空产生辐合抬升,造成影响范围大、持续时间长、雨强较强的降水。

(1)天气背景

500 hPa 槽或切变在107°E附近,槽底在35°N以南;850 hPa 切变位于37°N附近;地面为锋前暖区(见图16.34)。

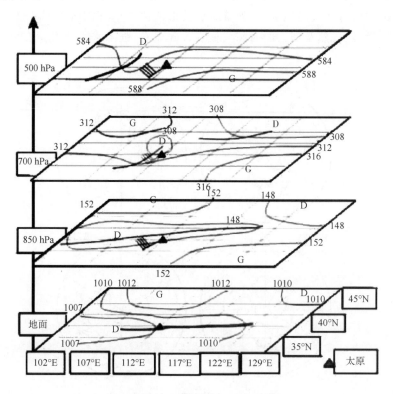

图 16.34　絮状回波天气形势

(2)絮状雷达回波特征

絮状回波的平均强度35~40 dBZ,回波体连续,强度较均匀,范围广,移速慢,形似大片棉花絮覆盖。

①回波平均特征(图略):回波平均强度 35～40 dBZ,回波体连续,强度较均匀,范围广,移速慢,形似大片棉絮覆盖。

②回波演变(图 16.35):初期,多个分散回波开始发展,整体范围小,强度偏弱,点状或块状,平均强度<35 dBZ;发展期,四周回波发展加强,整体回波面积扩大,呈絮状,强度加强达 35 dBZ 以上;成熟期,絮状回波成片,呈半圆或椭圆形,强回波体连续,整体回波块范围≥100×150 km²;减弱期,回波移出或减弱,强度面积减小,回波消散,强度≤30 dBZ。有时为特殊的(椭)圆形絮状回波(图略):700 hPa 和 850 hPa 接近圆形低涡时,系统性絮状回波接近圆形;切变辐合区为带状时,絮状回波呈椭圆形或接近带状。

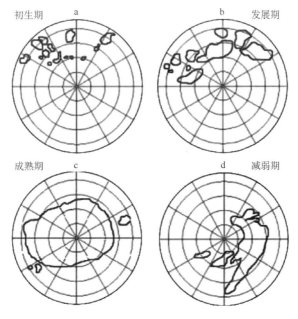

图 16.35　絮状回波的演变特征

③其他回波特征:基本速度特征是(图略),低层为偏东北风,中高层为西南风;零速度线为顺时针旋转,从低到高层为暖平流;负速度向正速度的偏转比正速度向负速度的偏转度大,负速度面积区比正速度面积区大,流入比流出量大,有径向风辐合,有利于对流抬升运动。中低层 700～850 hPa 有正、负速度大值中心,存在西南风低空急流,回波加强时伴有低空急流增强,出现明显的急流轴中心,回波平均顶高为 9 km,平均垂直累积液态水含量为 10～15 kg·m⁻²。

④回波移动(图略):按初始回波发展的位置分为西部发展类、西北部发展类和南部发展类。初始回波的位置与降水系统的位置对应,切变及锋面南压形成南部发展类,槽、切变及锋面从西(北)部东(南)移形成西(北)部回波发展类。短时暴雨絮状回波以西北部回波发展类占大多数。

⑤絮状回波发展与天气系统的关系:西(北)类絮状回波能否影响南部县与降水系统能否南压到南部相关,当槽、切变北侧的高压较强,副高较弱时,西北降水系统东南压,絮状回波可影响到南部,造成全省性降水;副高较强时,降水系统东移为主,对南部影响小。降水系统浅薄时,500 hPa 切变亦在 30°N 以北时,只有中低层切变及地面冷锋南移形成的絮状回波较窄。

⑥絮状回波与地形的关系:当絮状回波东(南)移影响时,在回波前沿易形成强对流回波

带。另外,在运城的垣曲、晋城的高平、陵川、阳城等地容易发展成强回波,从而造成强降水及强对流天气。这种现象与地形有关,迎风坡及喇叭口辐合地形有利于回波加强。

⑦预报着眼点:天气图上,有低空切变及锋面在河套一带东南移;对应切变系统位置处有初始回波发展,之后加强合并;大面积椭圆状絮状回波东南移,可造成山西大面积暴雨。

16.4　对流性天气的中尺度分析与预报

中尺度天气分析对象包括:①有利于中尺度对流系统产生和发展的天气尺度环流背景以及环境条件的分析;②直接触发对流的中尺度系统以及它们之间相互作用的分析。因此,中尺度分析应该是一个涵盖多种分辨率、多种形式资料的综合分析。

中尺度天气分析包括两部分。第一部分针对产生中尺度对流性天气和强对流发生发展的必要条件(水汽、稳定度、抬升和垂直风切变条件),分析各等压面上相关大气的各种特征系统和特征线,最后形成中尺度对流性天气发生、发展大气环境场"潜势条件"的综合分析图。该部分适用于 6 h 以上的短时和短期预报业务,主要对地面、高空常规和加密观测以及自动站观测资料和数值预报资料进行分析。第二部分是对中尺度过程的分析。它包括对强对流天气发生发展的中尺度环境场条件的分析和产生强对流天气的中尺度对流系统发生发展过程的分析。该部分适用于 6 h 以内的短时临近预报业务,主要对地面常规和加密观测资料、自动站资料,雷达、卫星、闪电定位仪、GPS/MET 等现代精细化探测资料,快速更新同化分析预报资料进行分析。

16.4.1　中尺度对流天气环境场条件分析

16.4.1.1　对流性天气发生发展的必要(天气学)条件分析

根据天气学原理,对流性天气发生需要具备以下三个基本条件:(1)丰富的水汽含量和水汽输送;(2)不稳定层结;(3)足够的抬升触发机制。

据此提出对流性天气的预报着眼点:

(1)分析、预测水汽含量和水汽输送

水汽含量可直接从天气图上本站和邻近的探空曲线上的气温与露点温度差,比湿及相对湿度等分析获得。通常在中低层天气图(850～700 hPa)上分析出明显的湿舌或 $T-T_d$ 小值区($T-T_d \leqslant 4℃$),强对流天气常常在湿舌西侧开始爆发,之后向南向东移动。湿舌与其北及西北或东北侧干区组成的强湿度梯度或称作湿线、干线或露点锋是强对流天气产生的一种触发机制。湿区上升运动与干区下沉运动构成中尺度垂直环流,强对流天气常发生在该区域内。但气柱中所含的水汽十分有限,即使水汽柱中所含的水汽能够全部凝结并致雨,降水量也是十分有限,因此需要分析水汽的输送和辐合,即水汽是否有充沛的供应。

①显著湿区分析

当低层露点达到下列标准时:地面≥20℃、850 hPa≥12℃,用显著湿区线分析露点高值区;

当地面到 700 hPa 温度露点差($T-T_d$)≤4℃,用显著湿区线分析温度露点差低值区(不同的天气系统、不同的月份、不同类型的对流天气,阈值不同,参见图 16.36 分类阈值图);

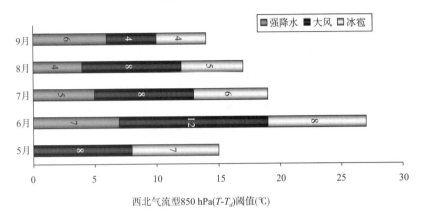

(a)西北气流型

西北气流型850 hPa(T-T_d)阈值(℃)

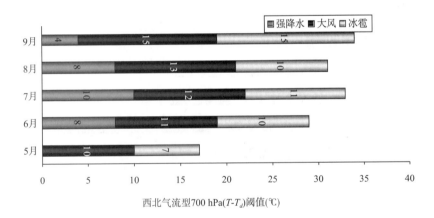

西北气流型700 hPa(T-T_d)阈值(℃)

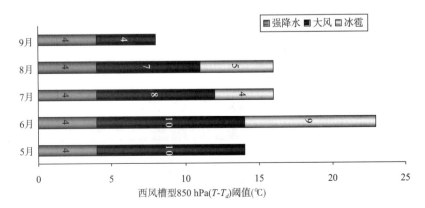

(b)西风槽型

西风槽型850 hPa(T-T_d)阈值(℃)

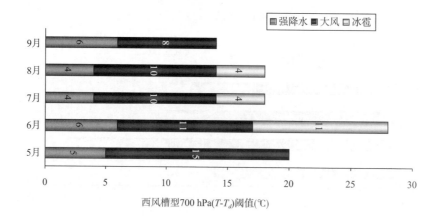

西风槽型700 hPa(T-T_d)阈值(℃)

(c)蒙古冷涡型

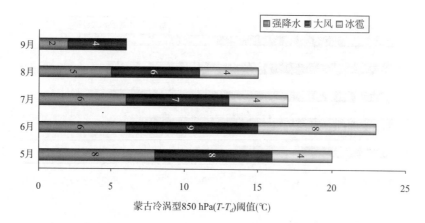

蒙古冷涡型850 hPa(T-T_d)阈值(℃)

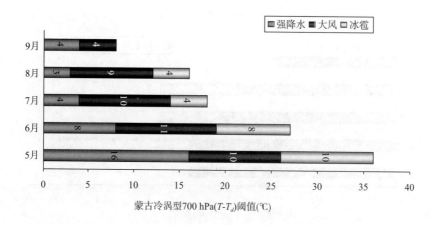

蒙古冷涡型700 hPa(T-T_d)阈值(℃)

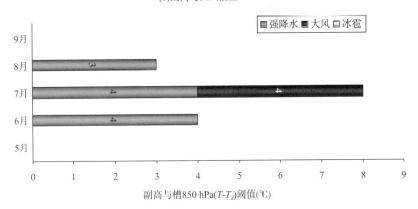

(d)副高与西风槽型

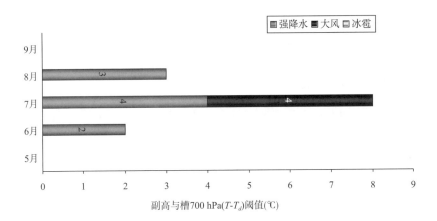

(e)横槽型

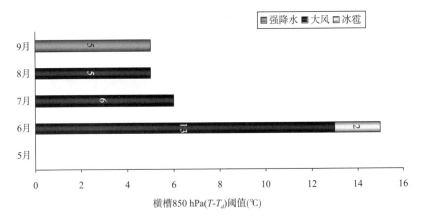

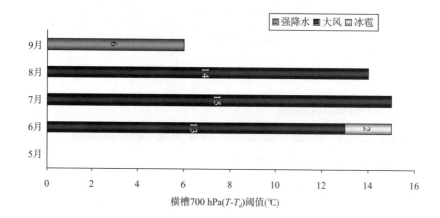

(f)平直环流型

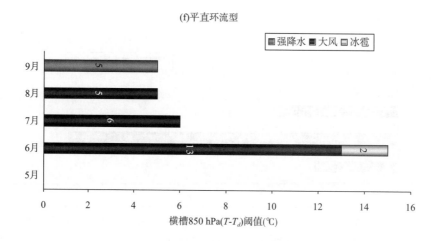

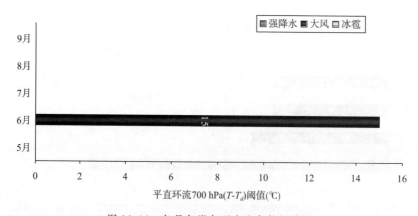

图 16.36 各月各类各型水汽条件阈值图

当数值预报产品预报未来 24 h, 48 h 或 72 h, 850 hPa 到 700 hPa 相对湿度(RH)≥70%, 用显著湿区线分析相对湿度高值区。

分析符号:┰┰┰┰;颜色:绿色。锯齿指向湿区内部。

②干舌分析

分析干舌旨在表现对流层中层的干空气夹卷进雷暴云的条件,它与雷暴大风强度有密切的联系。当对流层低层有显著湿区时,在对流层中层其对应处或其上游分析干舌。

干舌以 700 hPa 或 500 hPa 的温度露点差($T-T_d$)$\geqslant 15℃$,或相对湿度(RH)$\leqslant 40\%$的区域显示。

分析符号:┯┯┯┯;颜色:橘黄色。锯齿指向干舌内部。

③干线分析

分析干线能够判断水平干湿分布不均匀引起的大气不稳定。最大风速带穿越干线进入显著湿区的地方,强对流天气最易发生。

干线(露点锋)表现为湿度(露点温度或比湿)的不连续线。通常在边界层及近地面分析干线。如在盆地,当 850 hPa 或 925 hPa 上相邻两站的露点温度最大相差 10℃ 以上时,地面相邻两站的露点温度最大相差 5℃ 以上时,且有显著气流自干区进入湿区时沿湿度梯度最大处分析干线(露点锋)。

地面分析符号:◠◠◠◠◠;颜色:黑色。锯齿指向湿区一侧。

925 hPa 分析符号:◠◠◠◠◠;颜色:灰色。锯齿指向湿区一侧。

850 hPa 分析符号:◠◠◠◠◠;颜色:红色。锯齿指向湿区一侧。

700 hPa 分析符号:◠◠◠◠◠;颜色:棕色。锯齿指向湿区一侧。

(2)分析、预测大气不稳定层结

在实际业务中,对层结稳定度或不稳定能量的分析,可直接利用 $T\text{-}\ln P$ 图分析。从单站 $T\text{-}\ln P$ 图上可以得到该地大气温湿特征量,如比湿(q)、饱和比湿(q_s)、相对湿度(f),也可计算出不同高度的位温(θ)、假相当位温(θ_{se})、以及假湿球温度(T_{sw})、虚温(T_v)和对流温度等,还可得到某些特征高度,如标准等压面位势高度(H_p)、抬升凝结高度(LCL)、自由对流高度(LFC)、经验云顶高度(对流上限)、对流凝结高度(CCL)、0 层高度(H_0)和 -20 层高度(H_{-20})等。估算各种不稳定能量或稳定度指标。有关稳定度的分析主要有:

①静力不稳定:根据"气块浮生"理论有:

$\gamma > \gamma_d > \gamma_s$:绝对不稳定。稍有扰动垂直对流就发展。

$\gamma_d > \gamma > \gamma_s$:条件不稳定。空气未饱和时是稳定的,饱和后转为不稳定。即要求有外力作用,将气块抬升到凝结高度,气块饱和后垂直对流发展。

$\gamma_d > \gamma_s > \gamma$:绝对稳定。抑制垂直对流。

式中,γ 为层结曲线垂直递减率,γ_d 为干绝热递减率,γ_s 为湿绝热递减率。实际上,大气层结达到绝对不稳定的情况极少,绝对稳定层结意味着天气晴好,条件不稳定是对流性天气产生与发展的常见情形。

②对流性不稳定:静力不稳定是针对气块被抬升而言的,但对流性不稳定是就整层空气被抬升而言的。当此气层下湿上干时,即使原来是绝对稳定的层结,被抬升后也可能变成不稳定层结,这种层结称之为对流性不稳定或位势不稳定,判据为:

$$\frac{\partial \theta_{se}}{\partial z} \text{ 或 } \frac{\partial \theta_{sw}}{\partial z} \begin{cases} < 0 & \text{对流性不稳定层结;} \\ = 0 & \text{中性层结;} \\ > 0 & \text{对流性稳定层结。} \end{cases}$$

③沙氏稳定度指数(SI):500 hPa 面上的层结曲线温度 T_{500} 与气块从 850 hPa 层上沿干绝热线抬升到凝结高度后,再沿湿绝热线抬升到 500 hPa 的温度(T_s)之差称之为 SI。

$$SI \begin{cases} < 0 & \text{表示不稳定;} \\ > 0 & \text{表示气层稳定。} \end{cases}$$

实际业务应用中,SI 为负值时,其绝对值越大越有利于强对流天气的发生。但在 850 hPa 与 500 hPa 之间有锋面或逆温层时不能使用该指数。

④不稳定能量(E):不稳定大气中可供气块作垂直运动的潜在能量为:

$$E = \int_{p0}^{p} \Delta T R_d \mathrm{d}(\ln p)$$

在 $T\text{-}\ln P$ 图上,可依据层结曲线与状态曲线之间所包围的正面积的代数和来估算。所包围的面积越大,或 E 的正值越大,则不稳定性越强,不稳定能量就越大,就越有利于对流天气发展,反之则抑制对流发展。

⑤层结稳定度变化趋势分析:

利用单站高空风图分析时,若风随高度逆时针偏转表示该层有冷平流,反之则表示有暖平流;若低层有暖平流、高层有冷平流,预示未来层结趋于不稳定,反之亦然。

采用天气图分析时,当高空冷中心或冷温度槽与低层暖中心或暖温度脊相叠时,不稳定增强,有利于强对流天气发展。

当冷锋越山时,若其冷平流在山后的暖空气垫上叠加,不稳定度将显著增强,易形成或增强对流性天气发展。

在高空槽东移,冷空气入侵之后,若中层以下有浅薄的热低压接近或出现西南气流时,将使不稳定性增强,有利于对流天气发生和增强。

当低层有湿舌,上层覆盖干空气层或有干冷平流与其叠置时,将增大不稳定性。

⑥在 MICAPS 系统中分析大气稳定度

在 MICAPS 中不稳定条件重点分析由温度层结导致的热力不稳定。

分析内容主要包括暖脊、冷槽、变温、垂直温度递减率和冷暖中心。

分析层次包括 850 hPa,700 hPa 和 500 hPa。

(a)温度脊(暖脊)分析

分析暖脊是为了判断低层增暖引起的不稳定;综合低空急流及其显著流线分析判断暖平流。

分析规则:从暖中心出发,沿等温度线曲率最大处分析温度脊。山西属于山地和丘陵地带,南北海拔高度悬殊较大,中南部可以分析 850 hPa 温度场,在北部则可以分析 700 hPa 和 850 hPa 温度场。

850 hPa 分析符号:·‒·‒·;颜色:红色。

700 hPa 分析符号:·‒·‒·;颜色:棕色。

(b)温度槽(冷槽)

分析温度槽是为了判断由对流层中层降温引起的不稳定;综合低空急流及其显著流线分析判断冷平流。

分析规则:从冷中心出发,沿等温度线曲率最大处分析温度槽。一般分析 500 hPa 温度槽,通常仅在冷季分析 700 hPa 的温度槽。

500 hPa 分析符号：▼▼▼▼；颜色：蓝色。

700 hPa 分析符号：▼▼▼▼；颜色：棕色。

(c)850 hPa 与 500 hPa 的温度差

分析 850 hPa 与 500 hPa 的温度差是为了判断大气稳定度。

分析规则：当在某地区不能分析出暖脊和冷槽时，分析垂直温度递减率。当 850 hPa 与 500 hPa 的温度差（DT85）≥25℃（不同的天气系统、不同的月份、不同类型的对流天气，阈值不同，参见表 16.3～16.14 分类阈值表），或 700 hPa 与 500 hPa 的温度差（DT75）≥20℃ 时，分析等温差线。该项仅在干线的湿区一侧分析。

分析符号：— — —；颜色：橘黄色。

表 16.3　5 月 1 h 降水 ≥20 mm 特征物理参数的阈值

要素	西风槽	蒙古冷涡
$(T-T_d)_{500}$	6	8
$(T-T_d)_{700}$	5	16
$(T-T_d)_{850}$	4	8
K	23	14
SI	0	0
$CAPE$	20	0
DT85	25	24
自动站极大风速风场切变线附近风速	4	6
GPS/MET 水汽梯度	25	30

表 16.4　5 月冰雹特征物理参数的阈值

要素	西北气流	蒙古冷涡
$(T-T_d)_{500}$	11	15
$(T-T_d)_{700}$	7	10
$(T-T_d)_{850}$	7	4
K	28	30
SI	0	0
$CAPE$	29	490
DT85	30	26
自动站极大风速风场切变线附近风速	4	6
GPS/MET 水汽梯度	/	/

表 16.5　5 月雷雨大风特征物理参数的阈值

要素	槽后西北气流型	槽前偏南大风	冷涡底部偏西气流
$(T-T_d)_{500}$	12	10	6
$(T-T_d)_{700}$	10	15	10
$(T-T_d)_{850}$	8	10	8
K	20	18	16
SI	1	5	5

续表

要素	槽后西北气流型	槽前偏南大风	冷涡底部偏西气流
CAPE	11	50	3
DT85	27	26	24
自动站极大风速风场切变线附近风速	/	/	/
GPS/MET 水汽梯度	/	/	/

表 16.6　6 月 1 h 降水≥20 mm 特征物理参数的阈值

要素	西北气流	西风槽	蒙古冷涡	副高与西风槽
$(T-T_d)_{500}$	7	4	15	4
$(T-T_d)_{700}$	8	6	8	2
$(T-T_d)_{850}$	7	4	6	4
K	31	31	29	36
SI	0	0	1	0
CAPE	77	151	121	492
DT85	26	26	25	21
自动站极大风速风场切变线附近风速	5	4	5	4
GPS/MET 水汽梯度	25	28	25	30

表 16.7　6 月冰雹特征物理参数的阈值

要素	西北气流	西风槽	蒙古冷涡	横槽
$(T-T_d)_{500}$	10	10	10	40
$(T-T_d)_{700}$	10	11	8	2
$(T-T_d)_{850}$	8	9	8	2
K	30	30	25	28
SI	0	0	0	0
CAPE	71	373	231	356
DT85	28	29	30	28
自动站极大风速风场切变线附近风速	6	4	5	4
GPS/MET 水汽梯度	/	/	/	/

表 16.8　6 月雷雨大风特征物理参数的阈值

要素	西北气流	槽前	平直环流	蒙古冷涡	横槽
$(T-T_d)_{500}$	9	9	10	10	15
$(T-T_d)_{700}$	11	11	15	11	13
$(T-T_d)_{850}$	12	10	13	9	13
K	25	29	25	27	20
SI	0	0	1	0	0
CAPE	79	270	91	83	104
DT85	29	29	30	28	29
自动站极大风速风场切变线附近风速	/	/	/	/	/
GPS/MET 水汽梯度	/	/	/	/	/

表 16.9　7—8 月 1 h 降水≥20 mm 特征物理参数的阈值

要素	西北气流	西风槽	蒙古冷涡	副高与槽	副高与涡
$(T-T_d)_{500}$	17	4	6	5	4
$(T-T_d)_{700}$	10	4	4	4	6
$(T-T_d)_{850}$	5	4	6	4	4
K	26	33	32	36	34
SI	0	−1	−1	−1	−1
$CAPE$	200	270	440	230	676
$DT85$	28	26	27	24	25
自动站极大风速风场切变线附近风速	5	4	5	4	4
GPS/MET 水汽梯度	25	28	25	30	30

表 16.10　7—8 月冰雹特征物理参数的阈值

要素	西北气流	西风槽	蒙古冷涡	横槽
$(T-T_d)_{500}$	14	12	8	20
$(T-T_d)_{700}$	11	4	4	15
$(T-T_d)_{850}$	6	4	4	6
K	25	34	30	30
SI	0	−1	0	0
$CAPE$	170	490	270	210
$DT85$	28	26	26	28
自动站极大风速风场切变线附近风速	6	4	5	4
GPS/MET 水汽梯度	/	/	/	/

表 16.11　7—8 月雷雨大风特征物理参数的阈值

要素	西北气流	槽前	蒙古冷涡	副高与冷涡
$(T-T_d)_{500}$	10	16	19	20
$(T-T_d)_{700}$	12	10	10	4
$(T-T_d)_{850}$	8	8	7	4
K	28	26	26	36
SI	0	0	0	−2
$CAPE$	46	146	101	540
$DT85$	28	27	27	26
自动站极大风速风场切变线附近风速	/	/	/	/
GPS/MET 水汽梯度	/	/	/	/

表 16.12 9 月 1 h 降水 ≥20 mm 特征物理参数的阈值

要素	西北气流	西风槽	蒙古冷涡	横槽
$(T-T_d)_{500}$	12	12	14	8
$(T-T_d)_{700}$	4	6	4	6
$(T-T_d)_{850}$	6	4	2	5
K	34	30	32	29
SI	0	−1	0	0
$CAPE$	13	180	61	178
$DT85$	26	28	24	26
自动站极大风速风场切变线附近风速	5	4	6	4
GPS/MET 水汽梯度	25	28	25	30

表 16.13 9 月冰雹特征物理参数的阈值

要素	西北气流
$(T-T_d)_{500}$	8
$(T-T_d)_{700}$	15
$(T-T_d)_{850}$	4
K	25
SI	0
$CAPE$	68
$DT85$	28
自动站极大风速风场切变线附近风速	6
GPS/MET 水汽梯度	/

表 16.14 9 月雷雨大风特征物理参数的阈值

要素	西北气流	西风槽	蒙古冷涡
$(T-T_d)_{500}$	8	4	4
$(T-T_d)_{700}$	15	8	4
$(T-T_d)_{850}$	4	4	4
K	25	30	20
SI	0	0	14
$CAPE$	68	102	6
$DT85$	28	26	18
自动站极大风速风场切变线附近风速	/	/	/
GPS/MET 水汽梯度	/	/	/

(3)抬升触发机制分析

当大气处在条件不稳定或对流不稳定状态时,能否有对流天气发生,要看是否有足够强度的抬升触发作用,将低层气块或气层抬升到自由对流高度,自由对流发展,释放不稳定能量,使其位能转变为垂直运动的动能。抬升作用主要包括:

①天气系统的抬升作用。绝大多数雷暴等强对流天气都发生在气旋锋面或低空低涡,切变线,低压及高空槽等天气系统中,因此,要仔细分析未来影响本地的锋面气旋、低压、低涡、切变线及槽线等天气系统中不同部位辐合上升运动的强弱,并预测其未来的移动和演变。在没有上述明显天气系统时,要注意分析预报邻近区域低空流场中出现的风向或风速辐合线,低空急流或负变压(高)中心区等。特别注意分析高空急流或反气旋带来的高空气流辐散的抽吸作用,有时这种高空辐散抽吸作用比低空的辐合作用更大。

②局地热力抬升作用。山西地处黄土高原,地形地貌复杂。通常在夏季午后陆地受日射剧烈加热,可在近地层形成局地绝对不稳定层结,同时由于地表受热不均造成局地温差,形成局地性垂直环流,其上升支起着抬升触发机制的作用,释放不稳定能量,发展对流性天气。通常称为"热雷暴"。

③地形抬升作用。主要考虑迎风坡抬升和背风坡影响两种情况。当气流对迎风坡面的相对运动越强,其抬升作用就越大;在背风坡面,往往因气流越山而波动,会在其下游特定距离的河谷或盆地上空出现上升运动来触发对流性天气。这种波动的波长大约为 3~32 km,具体波长及振幅还取决于大气的稳定性,气流速度,风速的垂直切变,以及风与山脉的走向等因子。

④在 MICAPS 系统中抬升机制的分析要点

在 MICAPS 系统中抬升条件重点分析对流的动力触发条件和强对流的动力组织条件。

分析内容主要包括辐合区、大风速带和显著流线三类。辐合区包括锋、槽线、切变线(辐合线)分析;大风速带包括急流和达不到急流标准的最大风速带分析;显著流线用以辅助分析其他必要的气流。

分析层次包括地面、925 hPa,850 hPa,700 hPa,500 hPa 和 200 hPa。

(a)锋(边界线)

分析锋面是为了判断抬升触发条件。

分析规则:锋的分析是地面分析中的重要内容。水平锋的两侧各种气象要素急剧变化。分析规范参照大尺度天气图分析。在某区域,当气象要素的变化幅度达不到锋的分析要求,但出现由温度、露点、气压、风、天气、云覆盖导致的 2 个以上的不连续线时,分析中尺度边界线。业务预报中,在地势平坦地区参考气压场、温度场等的等值线客观分析结果,沿等值线密集区的前沿分析由气压、温度等的不连续产生的中尺度边界线。

冷锋分析符号:————▼——

暖锋分析符号:————●——

静止锋分析符号:——●——▲——

锢囚锋分析符号:——●——▲—

(b)槽线

分析槽线是为了判断大尺度强迫抬升条件。

分析规则:槽线是等压面图上低压槽内等位势高度线气旋性曲率最大处的连线。槽前为偏南风,槽后为偏北风。一般预报业务中仅分析 500 hPa 槽线,槽线的分析原则与大尺度天气图分析原则一致。

分析符号:━━━━━━;颜色,棕色。

(c)切变线(辐合线)

分析切变线是为了判断中尺度对流天气的抬升条件。

分析规则:当在某地不能分析出锋,则分析对流层低层的切变线。当地面锋和对流层低层的切变线都不能分析出,分析边界层或地面辐合线。

在盆地,当850 hPa风场具有明显的风向切变时,沿风的交角最大(风向改变最大)的位置分析切变线。在海拔高的地区,则分析700 hPa的切变线。

当850 hPa无法分析出切变线时,分析925 hPa或地面风场。当925 hPa或地面的风场具有明显的风向气旋性切变时,沿风的交角最大(风向改变最大)的位置分析辐合线;当925 hPa或地面风具有明显的风速辐合时,沿最大风速的前端分析辐合线。

850 hPa切变线分析符号:▬▬▬;颜色:红色。

700 hPa切变线分析符号:▬▬▬;颜色:棕色。

925 hPa辐合线分析符号:▬ × ▬;颜色,灰色。

地面辐合线分析符号:▬ × ▬;颜色,黑色。

(d)低空大风速带

分析规则:盆地在925 hPa或850 hPa分析,高海拔地区在700 hPa分析低空大风速带。

925 hPa分析符号:➡;颜色:灰色。

850 hPa分析符号:➡;颜色:红色。

700 hPa分析符号:➡;颜色:棕色。

(e)高空大风速带

分析规则:在200 hPa(夏季)或300 hPa(冬季)分析高空大风速带。

分析符号:➡;颜色,紫色。

(f)中空大风速带

分析规则:在500 hPa分析中空大风速带。

分析符号:➡;颜色:蓝色。

(g)急流核

分析急流核是为了综合判断与急流相伴的强风速切变区和有利于垂直运动的大尺度环境区。通常高空急流核入流的右后侧和出流的左前侧为大尺度强迫的抬升区。

分析规则:当最大风速带中有达到急流标准的风速(925,850,700 hPa上12 m·s^{-1},500 hPa上16 m·s^{-1},200 hPa上40 m·s^{-1})出现时,标出急流核。

穿越急流轴的闭合等风速线的最内圈为急流核,标注风速值。如"20"表示急流核风速达到或超过20 m·s^{-1}。

分析符号:▬▭▬;颜色:紫色。

16.4.1.2 对流性天气发生的动力学条件分析(特征物理量分析)

上节给出了对流性天气发生的必要(天气学)条件及其预报着眼点。但对于强对流天气的发生发展,还需要某些特定的环境条件。实际上,雷(风)暴的强度在很大程度上取决于热力不稳定和垂直风切变,因为热力不稳定决定垂直方向上空气加速度的大小,而垂直风切变则有利于雷(风)暴的发展、加强和维持。

(1)热力不稳定

热力不稳定可用对流有效位能(CAPE)表示,CAPE是气块在给定环境中绝热上升时的正浮力所产生的能量的垂直积分,是风暴潜在强度的一个重要指标。在实际业务中,可利用 T-$\ln P$ 图估算 $CAPE$,即 $CAPE$ 正比于气块上升曲线和环境温度曲线从自由对流高度至平衡高度所围成的区域面积。通常 $CAPE$ 数值的增大表示气流上升强度的加强和对流的发展。在实际应用中,$CAPE$ 作为影响对流风暴中上升运动的热力因子,十分重要,但在有强垂直风切变的动力作用下,即使 $CAPE$ 很小,仍会有强烈上升运动。

(2)垂直风切变

垂直风切变是指水平风速(包括风速大小和方向)随高度的变化,一般在一定的热力不稳定条件下,垂直分风切变将导致对流性天气进一步加强和发展,其作用主要有:

①能够产生强的雷(风)暴相对气流;

②能够决定上升气流(加强辐合)附近阵风锋的位置;

③能够延长上升气流和下沉气流共存的时间;

④能够产生影响雷(风)暴的组织和发展的动力效应。

在实际业务应用中,弱的垂直风切变通常表示环境气流较弱,而且使风暴移动缓慢。沿雷(风)暴阵风锋的辐合能够继续激发新的单体,但阵风锋在切断上升气流后,移动超前于雷(风)暴,使风暴很难有组织地增长。强的垂直风切变能够产生与阵风锋相匹配的雷(风)暴运动,从而使得暖湿气流源源不断地输送到发展中的上升气流中去。垂直风切变的增强导致对流产生,有利于上升气流和下沉气流在相当长的时间内共存,利于新单体将在前期单体的有利一侧有规则地形成。若有足够强的垂直风切变伸展到雷(风)暴的中层,则产生上升气流同垂直风切变环境相互作用的动力过程,能强烈影响雷(风)暴的产生和发展。

环境风垂直切变有助于形成雷(风)暴传播的机制,当风随高度作顺时针旋转切变时,在雷暴云前进方向的右侧低空辐合,高空辐散,其上升运动有利于新的对流云单体发生发展;而在左后方情况相反,有利于老的雷暴云中下沉气流发展,增强降水和大风天气,从而形成了雷暴云的新陈代谢和向前传播。

关于环境风垂直切变的大小,可选择邻近测站高层(如 200 hPa)风矢量与低层(如 850 hPa)风矢量之间的矢量差值进行估算。它与雷(风)暴的关系可能因地而异,需要做具体的统计和分析判断,表 16.15 是国外的统计结果,以供参考,同时也提供不同类型的雷暴与环境垂直风切变值之间的对应关系。

表 16.15 不同类型雷(风)暴与环境风垂直切变值的对应关系

雷暴类型	多单体雷暴	超级单体雷暴	强雷暴(飑线、雹暴等)
云底至云顶间的切变值(10^{-3} s^{-1})	1.5~2.5	2.5~4.5	4.5~8.0

(3)大气逆温层

强雷暴发生发展之前的典型层结特征是低空为湿层,高空是干空气,其间中低空有逆温层,这是产生强对流天气的重要环境场。逆温层像一个干而暖的盖子,阻碍低空暖湿空气向上的垂直交换,使得低空湿层在有利的水平输送和地表辐射加热作用下,变得更暖更湿,而高层相对更冷更干,从而积蓄了更多的位势不稳定能量。一旦有抬升触发条件的作用,冲破逆温层,强风暴便暴发。在夏季逆温层主要是低层的暖平流和中上层的弱下沉运动增温形成的。通常强对流天气起始于干暖盖(逆温层)较低的区域,然后向较高的地方移动。干暖盖过高,一般情况下的局地热力、动力扰动不易穿透,不利于产生强对流。

16.4.2 临近预报预警(中尺度过程)中尺度分析

强对流天气的临近预报以卫星、雷达、自动站、新型探测资料(如微波辐射仪、风廓线雷达、GPS-MET、闪电定位仪)以及基于数值模式的融合或反演资料为主要依据。有关雷达和卫星资料的分析参见有关章节。

16.4.2.1 对流性天气监测

对流性天气属中小尺度天气系统,对这类系统的监测,需要利用各种观测手段来获取信息,并采用有效的分析处理技术,计算与强对流密切相关的物理量来综合分析强对流天气的直接生成系统。

(1)分析信息

中尺度系统包括:次天气尺度系统,水平尺度在几百千米到上千千米,时间尺度在 10 h 到 24 h 左右;α 中尺度系统,水平尺度在几百千米,时间尺度在 10 h 左右;β 中尺度系统,水平尺度在几十千米到上百千米,时间尺度在几个小时;γ 中尺度系统,水平尺度在几千米到 10 km 左右,时间在几十分钟到 1 h 左右。对流性天气监测的关键是要分析和捕捉中尺度天气系统的发生发展信息,这是准确制作对流性天气短时临近预报预警的前提。

①探空观测资料的使用。探空观测站的间距在几百千米,观测时间间隔在 12 h,只能用来分析次天气尺度以上信息,反映中尺度系统,即强对流天气的环境场。

②地面加密自动气象观测站信息的使用。随着自动气象站和区域气象加密观测网的建设,自动站的间距已经达几千米,观测时次已达每小时一次,甚至根据需要可以几分钟获取一次观测信息,可以用来分析中小尺度天气系统、强对流天气,但只在近地面。

③卫星云图观测信息的使用。目前静止气象卫星的观测精度在 5 km,每小时可获取红外、可见光、水汽云图一次,夏季可 0.5 h 或一刻钟获取一次观测信息。利用卫星云图观测可获取 β 中尺度以上天气系统信息,可以分析强对流天气的直接影响系统,也可分析强对流天气的天气尺度背景场。

④雷达观测信息的使用。山西目前共布设 4 部新一代多普勒天气雷达,雷达观测半径均为 150 km。山西区域和周边省市共有 14 部多普勒雷达实现了组网拼图,能够全天候开机,6 min 获取一次观测信息和雷达拼图信息。利用雷达观测信息可获取 β 中尺度、γ 中尺度天气系统信息,可以分析强对流天气的直接影响系统,是强对流天气监测和短时临近预警的有效手段。

⑤中尺度数值预报模式输出信息的使用。目前在业务中运行的有限区中尺度数值天气预报模式,空间分辨率可达 5 km,垂直分辨率达 15~30 层以上,可以输出未来预报场的每小时格点资料和图像产品,从分辨率讲可以反映出 β 和 γ 中尺度以上的信息。

⑥闪电定位资料信息的使用。目前业务上可获得时间分辨率最高的闪电定位仪监测信息,为雷达不能够覆盖的地区提供了一种临近预报预警工具。

⑦GPS/MET 资料使用。目前业务上可以提供每小时 1 次的气柱水汽总量图形产品。气柱水汽总量空间分布图上至少可以获得:(A)气柱水汽总量的空间分布;(B)水汽的辐合与辐散;(C)不同属性气团间的相互作用等信息。强降水发生在气柱水汽总量空间分布图上水汽含量水平梯度的大值区及其南北(东西)0.5°~1.0°N(E)的范围内。

(2)分析技术

①对于高空探测信息可以采用尺度分离技术获取次天气尺度系统,也可采用动力学诊断

技术,获取对对流性天气有指示意义的物理量,如反映湿度场、能量场和大气稳定度的物理量等;还可以采用 T-$\ln P$ 技术等分析单站探空信息。

②对于区域加密自动气象站观测信息,可采用区域天气图,进行流线分析、地面中小尺度切变线、辐合线、干线以及三线图分析等技术手段,来有效分析 α 和 β 中尺度天气系统。

③对卫星云图和雷达观测,要充分利用其接受处理系统具有的功能,分析应用它丰富产品信息。特别要将卫星、雷达同加密自动站监测信息、闪电定位资料信息、数值模式预报产品信息进行综合分析应用。

④注意积累实时观测资料和中尺度模式预报资料相关要素的对应关系及其在灾害性天气预报中的应用。如实时观测资料的 $T-T_d\leqslant4℃$ 区域是山西暴雨落区水汽条件的预报指标,在中尺度分析中其等值线可表示湿舌,它与数值模式输出的相对湿度 $\geqslant80\%$ 相当。类似地可以利用数值模式输出的形势场、水汽条件、不稳定条件等因子来预报对流性暴雨的发生。

16.4.2.2　对流性天气的临近预警

当在短期天气预报时效内,发布了未来 24 h 内有对流性天气潜势预报。在 12 h 内又发布了对流性天气短时预报,预计未来 12 h 内将有强对流性天气发生。在这样的天气背景下,要及时准确作出强对流天气的定点、定时、定量临近预报预警是可能的。这要求预报员必须做到:

①有效使用各种监测手段;

②综合分析获得的各类监测信息;

③跟踪监测中尺度天气系统;

④密切监视天气变化;

⑤及时预警强对流天气。

这里最重要的是"综合分析"和"跟踪监测"。对于对流性天气预警首先是"监测"然后是"预警"。特别是对重大灾害性对流天气,一旦监测到就要立即发布预警信息。

16.4.3　强对流天气预报方法研究

16.4.3.1　基于中尺度分析的强对流天气概念模型法

山西省强对流天气个例的定义:根据山西省中小尺度灾害性天气的形成特点,在对 2002—2011 年所有对流天气进行中尺度天气分析、统计所涉及的所有物理量参数的最大值、最小值和平均值的基础上,按照灾害天气影响的范围和强度选取山西强对流天气个例。最终确定:雷暴或雷雨大风 $\geqslant30$ 站、冰雹 $\geqslant3$ 站、1 h 降水量 $\geqslant20$ mm 的站数 $\geqslant2$ 站,作为山西强对流天气个例。

按照短时强降水、雷雨大风、冰雹三类强对流天气,按月、分型统计分析每个特征物理量值在历史个例中出现的范围和出现的概率。当某个特征物理量的某个值历史概括率达到 75% 或 80% 以上时,将该值作为该物理量的阈值。并以此为基础,应用聚类分析的系统数方法,分类、分型、分月进行计算,确定山西中尺度强天气的特征物理参数及其指标体系;建立包括大尺度与中尺度相结合的强对流天气概念模型。

（1）基于中尺度分析的强降水概念模型（以 7—8 月为例）（图 16.37～图 16.43）

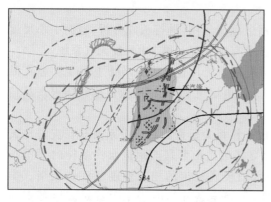

图 16.37　前倾槽强降水概念模型

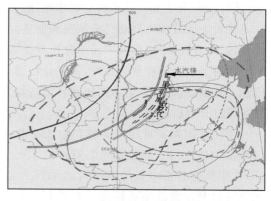

图 16.38　后倾槽强降水概念模型

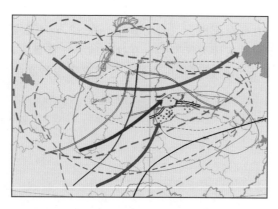

图 16.39　西风槽与低空暖切变线强降水
概念模型

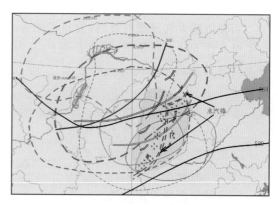

图 16.40　副高与西风槽强降水
概念模型

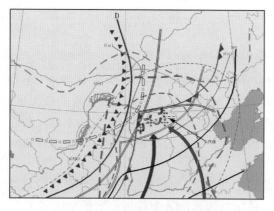

图 16.41　副高与蒙古冷涡强降水
概念模型

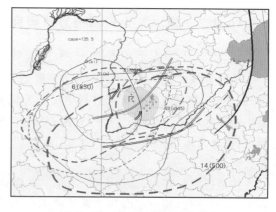

图 16.42　西北气流局地强降水
概念模型

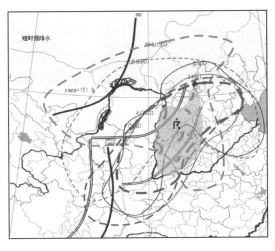

图 16.43　无急流蒙古冷涡局地强降水概念模型

(2)基于中尺度分析的客观化冰雹概念模型(以 6 月为例)(图 16.44～图 16.49)

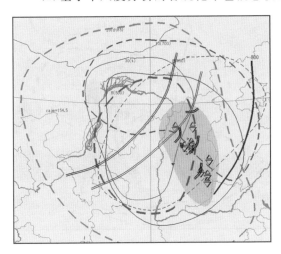

图 16.44　前倾槽冰雹概念模型

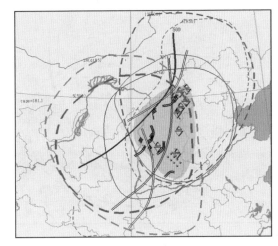

图 16.45　西风槽冰雹概念模型

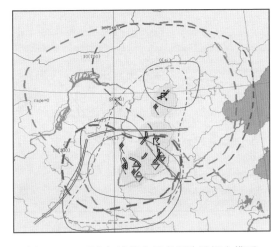

图 16.46　西北气流低空切变型冰雹概念模型

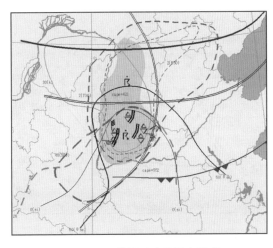

图 16.47　横槽型冰雹概念模型

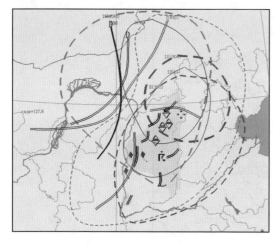

图 16.48　蒙古冷涡型冰雹概念模型

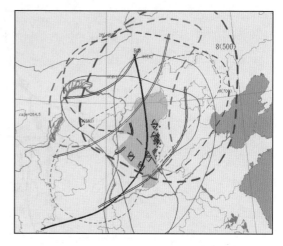

图 16.49　西风槽与低空切变冰雹概念模型

（3）基于中尺度分析的客观化雷雨大风概念模型（图 16.50～图 16.57）

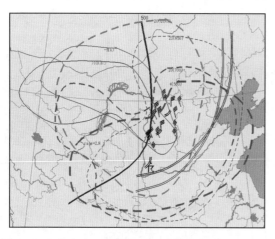

图 16.50　后倾槽雷雨大风概念模型

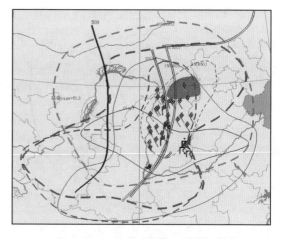

图 16.51　低空切变雷雨大风概念模型

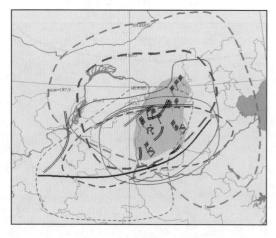

图 16.52　西北气流雷雨大风概念模型

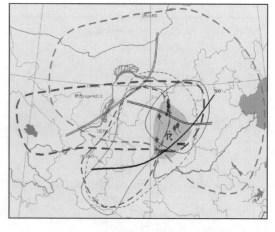

图 16.53　前倾槽雷雨大风概念模型

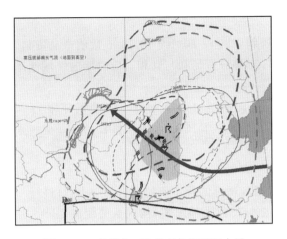

图 16.54　高低空一致偏东气流雷雨大风
概念模型

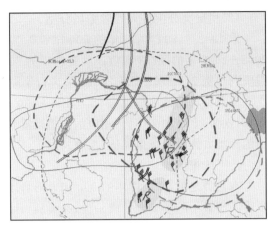

图 16.55　蒙古冷涡雷雨大风
概念模型

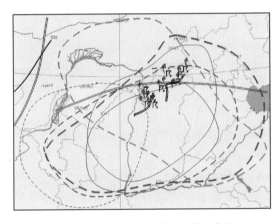

图 16.56　500 hPa 平直环流雷雨大风
概念模型

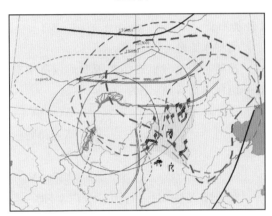

图 16.57　横槽雷雨大风
概念模型

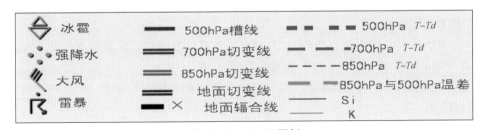

图 16.37—16.57 图例

16.4.3.2　冰雹潜势预报方法研究

（1）综合指数法对资料和预报因子的选取

经统计，山西省的冰雹一般出现在午后到傍晚，对比分析发现，采用 14 时和 17 时的资料计算预报效果好于 08 时。因此，选用 2006—2009 年、初始场为 08 时、网格距为 0.5°×0.5° 的 MM5 中尺度数值模式逐 3 h 的预报场，计算相关物理量，并用距离权重法插值到全省 109 个气象站点上。

（2）用聚类分析将天气形势场分型

取 1982—1999 年 18 年的 500 hPa 高空探测资料、2000—2001 年的 T106 数值产品资料、2002—2006 年的 T213 数值产品资料中的 500 hPa 形势分析场和与其相对应时期的区域性冰雹资料个例 212 个（1982—2006 年）进行聚类分析。

格点资料的处理范围为 95°～125°E，30°～50°N，网格距均处理为 1°×1°，资料年限为 25 年，时次为 08 时和 20 时。相应的冰雹实况资料为山西省 109 个站点的冰雹日共 212 个。采用的聚类方法为系统聚类法（系统树）。

①系统聚类法

在聚类之前，作为样本的 500 hPa 形势场分别对应所选的样本资料各自为一类，每进行一步将距离最小的两类合并成一类；并类后，计算新类与其他类的距离，构成新的距离矩阵。并类后，新类之间的距离有多种不同的定义方法，冰雹预报试验中采用的是类平均法。根据总结出的冰雹天气类型，程序设计当类别>3 时，继续聚类，当类别≤3 时，聚类结束。聚类终止后求出各类的平均场，作为各类的标准模型场。经聚类将 500 hPa 分为：西北气流、冷低槽、冷涡 3 种类型。

②样本矩阵

设某一数值预报产品在所取地域范围有 m 个网格点，对 n 份资料（n 个样本）来说，可以得到一组样本矩阵 X，记为

$$X = \begin{bmatrix} X_{11} & X_{12} & \cdots & X_{1j} & \cdots & X_{1m} \\ X_{21} & X_{22} & \cdots & X_{2j} & \cdots & X_{2m} \\ X_{i1} & X_{i2} & \cdots & X_{ij} & \cdots & X_{im} \\ X_{n1} & X_{n2} & \cdots & X_{nj} & \cdots & X_{nm} \end{bmatrix}$$

在矩阵 X 中，每一行为一个样本，即一份有 m 个格点的数值产品资料，例如第 i 个样本即为 $X_{i1}, X_{i2} \cdots X_{im}$。而矩阵中每一列为一个指标，即对应为某一固定序号的格点值。对于 n 份资料来说，即为第 j 号格点值。显然，每个样本的特征都可用相应的 m 个网格点值来描述，而每个样本又看作 n 维空间的一个点。

③距离系数（简称距离）

样本可视为 n 维空间中的点，样本间的距离也就是以各种形式定义的点与点之间的距离。设 d_{ij} 为第 i 个样本与第 j 个样本之间的距离，且有

（A）$d_{ij}=0$ 时，样本 i 与 j 恒等；

（B）对任何 i 与 j，$d_{ij} \geqslant 0$；

（C）$d_{ij}=d_{ji}$；

（D）$d_{ij}<d_{ik}+d_{kj}$；

由常用的欧氏距离公式

$$d_{ij} = \sqrt{\sum (X_{ik} - X_{jk})^2} \quad (i,j = 1,2,\cdots,n) \qquad 16.1$$

可知，两个样本越相似，则它们之间的距离越小。在聚类分析中，总是把两个距离最小的样本归为一类。

（3）天气型结合综合指数法冰雹潜势预报的设计思路

单纯的天气学方法只能做到对强对流天气落区的预报，且落区中针对站点强对流预报的

空报率很大。单纯的用对流参数和物理量做强对流潜势预报,受目前数值预报产品在要素场和物理量场预报上误差较大的限制,强对流潜势预报准确率的提高也受到很大限制。考虑数值预报产品的形势场预报优于要素场预报的现实,本研究试图用系统树聚类方法获得不同强对流天气型的平均场,在每一种天气型下,以逐步回归和经验相结合的原则,选定预报因子,试验确定其临界值,格点预报因子值达到临界值时,格点上的综合指数累加 1。完成所有因子的判断后,将格点上的综合指数插值到站点上,找到依此综合指数预报站点上强对流天气的指标,考察这种方法预报强对流出现的可能性。

(4)每一种天气型下冰雹预报指标的试验

①对 212 个冰雹个例归类

对 1982—2006 年的 212 个个例按照聚类得到的西北气流、冷低槽、冷涡 3 种天气型进行归类,归类结果见表 16.16。

表 16.16　冰雹个例分类表

天气型	西北气流型	冷低槽型	冷涡型
个例数	51	82	79

②试验确定每一类的预报指标

通过试验获得每一类的对流参数预报指标,见表 16.17。图 16.58 为天气型结合参数法冰雹预报流程图。

表 16.17　不同天气型的冰雹预报指标

临界值 天气型	$(T-T_d)_{850}$	$(T_{850}-T_{500})$	T_{500}	SI	K_i	$V_{500}-V_{850}$	$CAPE$ $(\text{J} \cdot \text{kg}^{-1})$
西北气流型	$\leqslant 10℃$	$\geqslant 26℃$	/	$<-0.8℃$	$\geqslant 34℃$	$\geqslant 8 \text{ m} \cdot \text{s}^{-1}$	$\geqslant 1575$
冷槽型	$\leqslant 5℃$	$\geqslant 25℃$	$<-8℃$	$<-0.6℃$	$\geqslant 32℃$	/	$\geqslant 1381$
110°E 以东冷涡	$\leqslant 10℃$	$\geqslant 26℃$	/	$<-0.8℃$	$\geqslant 34℃$	$\geqslant 8 \text{ m} \cdot \text{s}^{-1}$	$\geqslant 1575$
非 110°E 以东冷涡	$\leqslant 5℃$	$\geqslant 25℃$	$<-8℃$	$<-0.6℃$	$\geqslant 32℃$	/	$\geqslant 1381$

表 16.17 中,$(T-T_d)_{850}$ 为 850 hPa 的温度露点差,$(T_{850}-T_{500})$ 为 850 hPa 的温度与 500 hPa 温度的差值,T_{500} 为 500 hPa 的温度值,S_i 为沙氏指数。针对表 16.17 中的不同天气型和相应预报因子的临界值,在山西省的 16×12 个格点上(格距为 $0.5° \times 0.5°$),逐个格点进行判别,步骤如下:

(a)判断格点因子值

设有 N 个因子,Y_i 为第 i 个预报因子经判断后的量值,其判断规则为:

达到临界值时　$Y_i=1$;

不达临界值时　$Y_i=0$。

(b)累加 Y_i 得到综合指数值

定义 Z 为综合指数,则

$$Z = \sum_{i=1}^{n} Y_i$$

（c）将格点综合指数 Z 值插值到站点

插值方法采用距离权重插值法。

（d）判断站点是否有冰雹

设 Z_b 为已确定的判断站点是否有冰雹的最佳指标，则：

某站点 $Z_z \geqslant Z_b$ 时，预报该站点有冰雹，否则无冰雹。

通过试验，Z_b 等于 5。

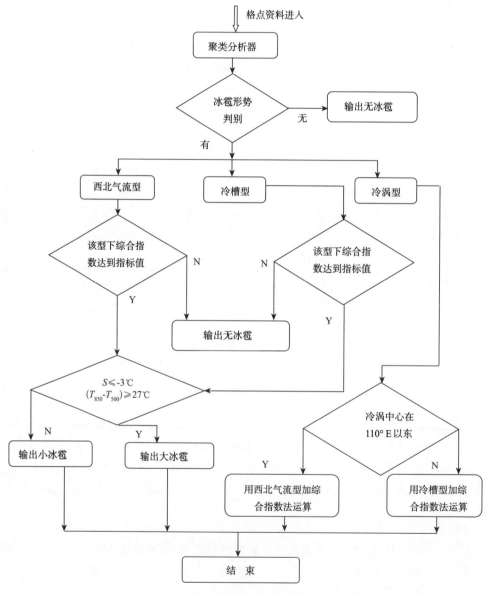

图 16.58　天气型结合综合指数法冰雹潜势预报流程图

16.4.3.3　雷暴潜势预报方法研究

（1）部分因子的季节平均值统计

表 16.18 部分因子在有雷暴活动和无雷暴活动时的季节平均值

因子	$CAPE(\text{J}\cdot\text{kg}^{-1})$		$(T_{850}-T_{500})$		SI		KI	
有无雷电	有	无	有	无	有	无	有	无
5 月	375.1	32.2	23	18	0.9	3.7	28.3	22.4
6—8 月	781.8	100.5	25	20	−0.9	1.8	34.0	28.1
9—10 月	691.1	0.3	23	19	−0.1	3.9	31.2	18.1

(2)采用聚类分析法对雷暴天气分型

以 2006—2008 年 3 年、337 个雷暴日的历史资料为基础,选用与 337 个雷暴日相对应的 500 hPa 高度场进行聚类。

采用系统树分析法,聚类前所用资料各自为一类,共 337 类。每计算一次将距离最短的两类合并为一类,最终将影响山西省的雷暴天气环流形势归纳为:蒙古低涡型(西北路径)、东北低涡型(偏北路径)、短波槽型(偏西路径)、副高边缘四种类型。

(3)综合指数预报方法

①思路:根据雷暴形成的物理机制,针对每一种环流形势,采用逐步回归和经验相结合的原则,选定预报因子,确定其临界值,格点预报因子达到临界值时,格点上的综合指数累加 1。完成所有因子的判断后,再将综合指数插值到站点上,找到依此综合指数预报站点上雷暴的最佳指标,考察这种方法预报雷暴出现的可能性。

②综合指数判断站点雷暴的步骤(同冰雹的步骤)。

③采用实况场诊断雷暴落点的试验。

对每一种环流形势下,经过试验给出预报因子的临界值(表 16.19～表 16.22)。

表 16.19 预报因子及其临界值(东北低涡型)

序数	预报因子	临界值	单位
1	沙氏指数 SI	$SI<0$	℃
2	温度指数 $(T_{850}-T_{500})$	$(T_{850}-T_{500})\geqslant25$	℃
3	A 指数	$A\geqslant0$	℃
4	$I_{conve}=(\theta_{500}-\theta_{850})$	$I_{conve}<0$	℃
5	对流有效位能	$CAPE\geqslant375$	$\text{J}\cdot\text{kg}^{-1}$
6	K 指数	$KI\geqslant32$	℃
7	300 hPa 的散度和涡度	$D<0,\zeta>0$	s^{-1}
8	700 hPa 的散度和涡度	$D>0,\zeta<0$	s^{-1}
9	850 hPa 的散度和涡度	$D<0,\zeta>0$	s^{-1}
10	风切变	$(V_{500}-V_{850})\geqslant5$	$\text{m}\cdot\text{s}^{-1}$

表 16.20 预报因子及其临界值(蒙古低涡型)

序数	预报因子	临界值	单位
1	沙氏指数 SI	$SI<0$	℃
2	温度指数 $(T_{850}-T_{500})$	$(T_{850}-T_{500})\geqslant26$	℃
3	A 指数	$A\geqslant0$	℃
4	$I_{conve}=(\theta_{500}-\theta_{850})$	$I_{conve}<0$	℃
5	对流有效位能	$CAPE\geqslant385$	$\text{J}\cdot\text{kg}^{-1}$
6	K 指数	$KI\geqslant32$	℃
7	300 hPa 的散度和涡度	$D<0,\zeta>0$	s^{-1}
8	700 hPa 的散度和涡度	$D>0,\zeta<0$	s^{-1}
9	850 hPa 的散度和涡度	$D<0,\zeta>0$	s^{-1}

表 16.21　预报因子及其临界值(短波槽型)

序数	预报因子	临界值	单位
1	沙氏指数 SI	$SI<0$	℃
2	温度指数($T_{850}-T_{500}$)	($T_{850}-T_{500}$)≥25	℃
3	A 指数	$A\geqslant1.0$	℃
4	$I_{conve}=(\theta_{500}-\theta_{850})$	$I_{conve}<0$	℃
5	对流有效位能	$CAPE\geqslant450$	J·kg^{-1}
6	K 指数	$KI\geqslant34$	℃
7	300 hPa 的散度和涡度	$D<0,\zeta>0$	s^{-1}
8	700 hPa 的散度和涡度	$D>0,\zeta<0$	s^{-1}
9	850 hPa 的散度和涡度	$D<0,\zeta>0$	s^{-1}

表 16.22　预报因子及其临界值(副高边缘)

序数	预报因子	临界值	单位
1	沙氏指数 SI	$SI<0$	℃
2	总指数	$T_{850}+T_{d850}-2\,T_{500}\geqslant25$	℃
3	A 指数	$A\geqslant1.0$	℃
4	$I_{conve}=(\theta_{500}-\theta_{850})$	$I_{conve}<0$	℃
5	对流有效位能	$CAPE\geqslant700$	J·kg^{-1}
6	K 指数	$KI\geqslant35$	℃
7	300 hPa 的散度和涡度	$D>0,\zeta<0$	s^{-1}
8	850 hPa 的散度和涡度	$D<0,\zeta>0$	s^{-1}

表 16.19~16.22 中,A 指数的表达式为:

$$A=(T_{850}-T_{400})-(T-T_d)_{850}-(T-T_d)_{700}-(T-T_d)_{600}-(T-T_d)_{500}-(T-T_d)_{400}$$

(4)预报试验

①初步预报试验

采集每天欧洲中心 08 时的高度预报场,送入聚类分析器,判定所属环流类别;提取 MM5 相应的预报因子并进行误差订正,与各对应的预报因子临界值进行对比,进而做出初步的预报结果。

②消空处理

(A)采用当天 08 时的实况进行消空处理。夏季($T_{500}-T_{850}$)<25℃,V_{200}>26 m·s^{-1} 强对流不会发生,因此选用($T_{500}-T_{850}$)和 V_{200} 作为消空因子。

(B)应用表 16.18 中部分因子各个季节的平均值进行消空处理。

16.4.4　对流性天气预报业务流程

对流性天气预报业务流程,如图 16.59 所示。对流性天气预报包括潜势预报、短时预报和邻近预报预警,即在短期范围内,综合分析高低空观测信息、物理量诊断结果、卫星云图、中尺度数值预报产品、客观潜势预报结果等信息,制作发布未来 24 h 对流性天气潜势预报;在对流性天气潜势预报背景下,综合分析中尺度数值天气预报输出产品、物理量诊断结果、12 h 客观潜势预报结果、卫星云图、地面加密监测信息,制作发布未来 12 h 对流性天气短时预报;在12 h 对流性天气短时预报背景下,综合分析中尺度数值预报输出产品、6 h 客观潜势预报结果、卫星云图、地面加密监测信息,制作发布未来 6 h 对流性天气短时预报;在发布短时对流性天气预报背景下,综合分析卫星云图、地面加密观测、雷达和闪电不间断监测信息,制作发布强对流性天气的临近预报预警,并发布相应的气象灾害预警。

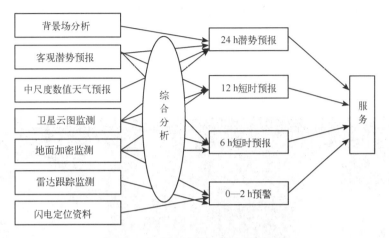

图 16.59　对流性天气预报业务流程

16.5　典型个例分析

16.5.1　超级单体风暴个例分析

(1)超级单体风暴的演变和结构特征

①灾情及天气背景

来自晋中市气象局的灾情报告:2004 年 7 月 3 日 16:40—20:30,榆次区 61 个自然村遭受大风、冰雹袭击。冰雹持续时间长达 40 min,最大直径 37 mm。全区受灾面积 8.57 万亩,大秋作物、经济作物绝收,直接经济损失 2728 万元。

2004 年 7 月 3 日 08 时 500 hPa 图上(图略),冷涡位于蒙古国,山西位于冷涡的底前部,河西走廊北部到山西北部为强盛的偏西气流;蒙古冷涡底部分裂的冷空气,表现为从酒泉经银川到太原的一支西北风向中空急流;太原位于急流头,西北风 11 m·s^{-1},温度 −11℃;在 850 hPa 图上(图略),山西受两支气流影响,一支为山西西部的 SW 气流,一支为东部高压底后部的 SE 气流。两支气流在太原交汇,太原站为南风 7 m·s^{-1},温度 21℃;太原站风向随高度顺转,有中等强度的垂直风切变,对流有效位能 $CAPE = 3076$ J·kg^{-1},中空有冷空气辐合,低空有暖湿气流汇合,本站和上游站大气层结处于极端不稳定状态。

②风暴的演化

2004 年 7 月 3 日 13:04,强度为 18 dBZ 的对流单体在山西的昔阳县(105°,92 km)生成;之后在向西北移动的过程中,13:54,14:36,15:12,16:08,在其前部和左前部共有 6 个对流单体生成、发展和并入。15:37,在风暴前进方向的左侧,0.5°仰角图上呈现出典型的超单钩状回波结构,相应在 0.5°~4.3°仰角的 V_r 图上出现了旋转速度达 24.8 m·s^{-1} 的强中气旋。沿入流方向穿过最

强回波位置的 R 垂直剖面上(见图 16.60b)表现出明显的 BWER(有界弱回波区)结构,表明超级单体形成(15:37)。16:13,它稳定在榆次区,不再北上,不再有新生单体并入。16:53,VIL(垂直累积液态水含量)达到这次大冰雹过程的最大值 82.3 kg·m^{-2}(见图 16.60c),相应的 VIL 密度为 4.8 g·m^{-3},R 强度达 63 dBZ,BWER 更加宽广(见图 16.60c)。17:56,中等强度的中气旋演变为弱中气旋;18:01—18:22,弱中气旋仅在 $0.5°\sim1.5°$ 仰角的浅薄气层残存(见图 16.61);18:22后,中气旋消失,风暴解体。中气旋在风暴中的生命史长达 4 h 02 min;从 15:37 BWER 的出现,到 17:56 BWER 演变为 WER(弱回波区),超级单体的生命史长达 2 h 14 min;从第一个对流单体出现,到多单体风暴的解体消亡,多单体风暴的生命史长达 5 h 18 min。

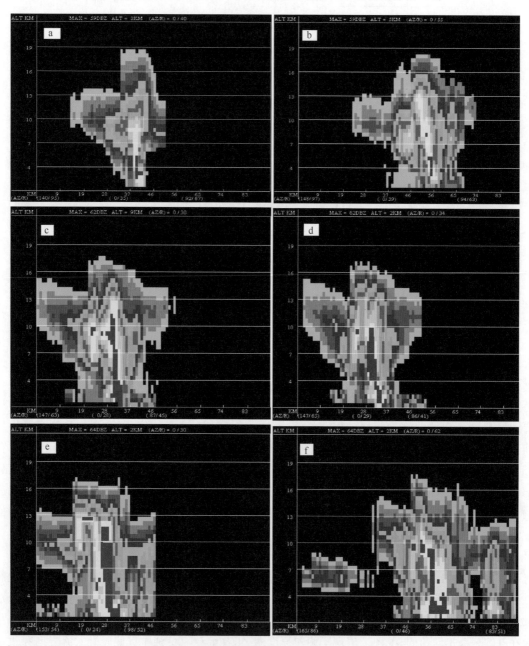

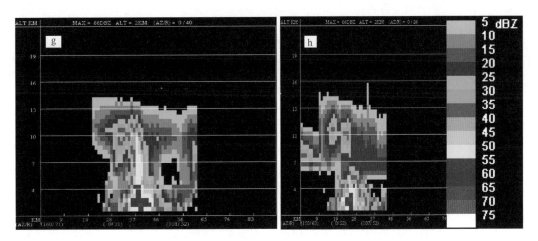

图 16.60　沿风暴低层入流方向经回波核心的反射率垂直剖面的时间演变

(a～h 分别为 15:12,15:37,16:53,16:58,17:14,17:30,17:51,17:56)

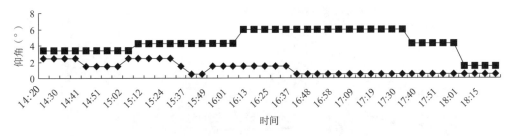

图 16.61　中气旋的演变

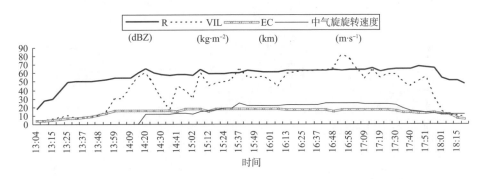

图 16.62　R、VIL、EC(回波顶高)及中气旋旋转速度随时间的演变

图 16.61 表明,14:20—16:31 为中气旋的发展阶段,此期间中气旋首先在中层形成,而后向下、向上伸展;16:32—17:34 为中气旋的成熟阶段,此期间,中气旋垂直伸展最高;17:35—18:22 为中气旋的减弱消亡阶段,此期间中气旋从高层逐渐向下萎缩。综合图 16.60、图 16.61 和图 16.62:(a)中气旋超前超级单体生成 1 h 17 min,其成熟期向减弱消亡期的转换时间也比超级单体向多单体的转换时间超前;(b)VIL 和中气旋的旋转速度对超级单体的形成、演变与大冰雹的产生最敏感;(c)BWER 的出现超前大冰雹出现(17:56)1 h 37 min。

③超级单体的结构特征

图 16.63 为 2004 年 7 月 3 日 16:53 放大 2 倍的 R 分布和 V_r 分布。图 16.63 表明,0.5°仰角钩状回波位于超级单体前进方向的左侧,其西北部有近似东东北—西西南走向的出流边界,长度约 12 km 左右;从 V_r 图看,与 R 图相对应的位置有一条 10 多公里长的辐散线,其离开超级单体一侧向着雷达移动,朝向超级单体一侧则远离雷达方向移动,此特征在 0.5°、1.5°仰角的 V_r 图上均可见(图 16.63 的 a1、b1)。与低层辐散线相对应的位置,6.0°仰角的 V_r 图上是一条 10 多 km 长的辐合线(图 16.63 的 d1),高层辐合低层辐散证实了该出流边界的存在。钩状回波的东南部,0.5°和 1.5°仰角 V_r 图上显示有一条西北—东南走向、长约 30 km 的反气旋式辐散线(1.5°仰角更清楚);在 6.0°仰角的 V_r 图的相应位置上显示有一条相同走向和长度的气旋式辐合线,高层辐合低层辐散,证实了与该超级单体东南侧下沉气流相联系的另一条出流边界的存在。与钩状回波中部相对应的是旋转速度达 24.8 m·s^{-1} 的强中气旋,它在 0.5°~4.3°仰角均为辐合式气旋性旋转,且旋转速度均≥24 m·s^{-1};6.0°仰角为气旋性旋转,旋转速度为 20 m·s^{-1};14.6°仰角演变为旋转速度达 20 m·s^{-1} 的反气旋性旋转(图略)。这次风暴中中气旋向上伸展很高,与成熟中气旋的概念模型相比,除在中上层没有观测到气旋性辐散特征外,其他都基本符合成熟中气旋的概念模型。

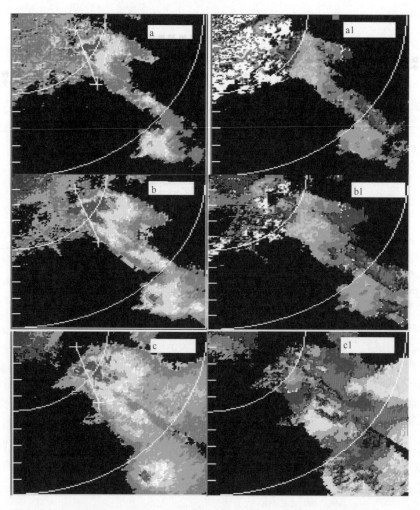

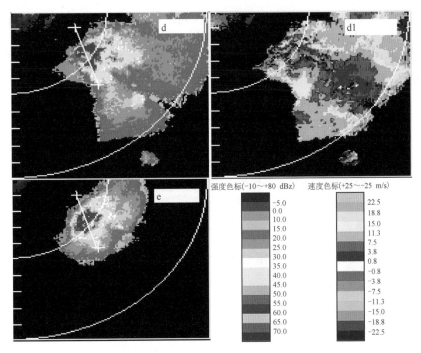

图 16.63　16 时 53 分 0.5°,1.5°,4.3°,6.0°,9.9°仰角反射率回波分布(a～e),钩状
回波 0.5°,1.5°,4.3°,6.0°仰角径向速度图(a1～d1)(图像放大了 2 倍)

(2)超级单体维持机理探讨

①观测事实

已有的研究表明:超级单体底部的低层外流特征是决定其特性和生命史的一个很重要因素。由风暴的演变可知,超级单体在 15:37 生成,但能分辨出低层外流的时间是 16:53。图 16.63 给出这一时刻多普勒雷达观测到的各仰角的 R 和 V_r 分布。由图 16.63 的 a1,b1 和 d1 比较可知,西北侧的出流边界正负速度的值都很小,只有 1～2 m·s^{-1};钩状回波东南侧的出流边界在 0.5°仰角径向速度图上朦胧可见,1.5°仰角 V_r 图上正负速度也都在 2～3 m·s^{-1}。而在 6.0°仰角 V_r 图上,西北侧的辐合带 V_r 在 11～14 m·s^{-1},东南侧的辐合带 V_r 在 10～13 m·s^{-1}。观测事实表明:超级单体的地面外流发展滞后和较弱;中层的干冷空气入流传播速度明显大于低层出流的传播速度。因此,中层冷空气的侵入使驾驭超级单体强弱和存亡的中气旋获得能量,迫使其内部的上升气流加强和维持。

②地面外流发展滞后和较弱的原因

由 7 月 3 日 08 时探空资料可知,冷空气位于 500 hPa 高度,太原站 500 hPa 的高度值为 5790 m,说明干空气位于更高的位置。分析图 16.63 的 a1～d1 发现,由低往中高层的辐合带向低层入流一侧倾斜明显,说明自下而上垂直风切变较大。由 08—20 时的探空资料可知,850 hPa 的风由南风 7 m·s^{-1} 演变为东南风 11 m·s^{-1},而 500 hPa 则由 11 m·s^{-1} 的西北风增大到 18 m·s^{-1} 的西北风,即大气层结由 08 时中等强度的垂直风切变演变为强垂直风切变。说明 16:53 的垂直风切变在中等强度以上。由于下沉气流经历的时间对于低层气流结构形态和演变都是重要的因子,它影响到低层中气旋的发展和强度[6]。当中层干空气所在高度较高和/或垂直风切变较强而延缓初始下沉气流时,已有的试验[6]表明超级单体能较好地保持其强度与组织状态,不管其初始外流如何[7]。榆次超级单体不但干冷空气的位置较高,而且有较强的垂直风切变,因而下沉气流稀释严重,地面外流发展滞后和较弱。这有利于形成一支较持久的上升气流,加强风暴的旋转特征。

(3)结论与讨论

①榆次超级单体为西北向移动的左移超级单体;其低层钩状回波位于其左前侧;榆次超级单体有两条出流边界,分别位于钩状回波的西北和东南。

②榆次超级单体初生阶段,上升气流的维持源于不断有新生单体生成、发展和并入。

③榆次超级单体成熟阶段,中—强的垂直风切变和较高位置的干冷空气入侵,使下沉气流稀释严重、地面外流发展滞后和较弱;中高层入流的干冷空气辐合传播大于低层出流边界辐散传播速度,使驾驭超级单体强弱和存亡的中气旋不断从环境场吸收能量,并在其内部维持一支强盛的上升气流,这是该超级单体得以维持的主要原因。

16.5.2 一次局地大暴雨的雷达及地闪特征分析

(1)天气背景特征与观测资料来源

①天气背景特征

(a)副热带高压的动态

表 16.23 给出了 2006 年 8 月 11—14 日,110°~115°E,5880 gpm 线的动态。

表 16.23　110°~115°E 5880 gpm 线的位置变化

11 日		12 日		13 日		14 日	
08 时	20 时	08 时	20 时	08 时	20 时	08 时	20 时
39°N	40°N	40°N	39°N	38°N	38°N	36°N	34°N

(b)不稳定能量的变化

表 16.24　2006 年 8 月 11—14 日太原的稳定度指数

	11 日		12 日		13 日		14 日	
	08 时	20 时	08 时	20 时	08 时	20 时	08 时	20 时
K 指数(℃)	26	28	35	34	38	38	35	27
SI 指数(℃)	0.9	−0.4	−1.1	−1.4	−2.4	−1.4	−0.4	4.2
$CAPE$(J·kg^{-1})	0	20	319	490	1169	421	30	0
I_{conve}(℃)	2	−6	−11	−13	−16	−14	−8	1

表 16.24 中:

$$SI = T_{500} - T'$$

16.2

(1)式中,SI 为肖沃特指数,属于条件性稳定度指数,$SI<0$ 时,大气层结不稳定,负值越大,不稳定程度越大;反之,则表示气层是稳定的;T_{500} 为 500 hPa 等压面上的环境温度,T' 为 850 hPa 等压面上的湿空气块沿干绝热线抬升,到达抬升凝结高度后再沿湿绝热线上升至 500 hPa 时的气块温度。

$$CAPE = g\int_{Z_{LFC}}^{Z_{EL}} \left(\frac{T_{vp} - T_{ve}}{T_{ve}} \right) \mathrm{d}z$$

16.3

(2)式中 Z_{LFC} 为自由对流高度,Z_{EL} 为平衡高度,T_{vp} 是气块温度,T_{ve} 是环境温度。$CAPE$

是对流有效位能。

$$I_{Conve} = (\theta_{se500} - \theta_{se850}) \hspace{5cm} 16.4$$

（3）式中 I_{Conve} 是对流性稳定度指数，θ_{se500} 是 500 的假相当位温，θ_{se850} 是 850 的假相当位温。$I_{Conve} < 0$ 时为对流性不稳定，$I_{Conve} > 0$ 时为对流性稳定。

由表 16.23 可知，2006 年 8 月 11—12 日副高稳定：110°～115°E 范围内，5880 gpm 稳定在 40°N 左右。13 日 08 时副高开始东退南压，14 日 20 时，5880 gpm 撤离山西。表 16.24 中各项指数表明，11—13 日，大气层结由稳定转为不稳定，13 日 20 时以后随着不稳定能量的释放，大气层结由不稳定转为稳定状态。

②观测资料来源

2005 年，山西省气象局在太原、长治、晋中、阳泉、大同、离石和运城 7 个地市安装了"中国科学院空间科学与应用研究中心"研制的"ADTD 雷电监测定位系统"。该雷电监测定位系统的特征参数见表 16.25。

表 16.25　ADTA 探测仪的探测参量与指标

参数	回击波形到达精确时间	方位角	磁场峰值	电场峰值	波形特征值（四个）	陡度值
指标	精度优于 10^{-7} s	优于 ±1°	优于 3%	优于 3%	精度优于 10^{-7} s	优于 3%

本文所用的雷电资料为上述 7 个地市组网后 1 min 的累积地闪资料（组网后的特征参量见表 16.26），探测半径为 150 km 的太原多普勒雷达 6 min 一次的体扫数据，55 个自动站的逐时雨量、阳泉市 24 个加密雨量站每分钟的雨量资料、108 县常规气象观测资料和自记雨量资料。为了与雷达资料的监测时间相匹配，地闪与雷达回波的相关分析中，地闪资料为 6 min 的累积地闪次数。

表 16.26　组网后的雷电监测定位系统的探测参量与指标

参数	回击发生的精确时间	回击位置（经纬度）	强度	波形特征参量	陡度值	放电量	峰值功率
单位	0·1 μs	度	KA	0·1 μs	KA/μs	C	MW
指标	精度优于 10^{-7} s	网内精度优于 300 m	相对误差优于 15%	精度优于 10^{-7} s	相对误差优于 15%	相对误差优于 30%	相对误差优于 30%

从表 16.25 和表 16.26 雷电监测定位系统的探测参量与指标可知，文中用到的雷电发生时间、发生地点、雷电的强度等一些数据是可靠的，不会因为雷电监测系统的误差而影响到分析结果。

（2）局地大暴雨的地闪特征分析

2006 年 8 月 13 日 15 时—15 日 08 时，全省范围总地闪次数为 22638 次，其中负地闪 22237 次，正地闪 401 次，在总地闪次数中，负地闪所占比例为 98.2%；1 min 地闪频数的最大值是 36 次/min；地闪出现在 500 hPa 的 5840 gpm 与 5880 gpm 之间的区域（见图 16.64）。整个过程中，中前期负地闪强度大于正地闪强度，过程结束时正地闪强度大于负地闪强度（见图 16.65）。

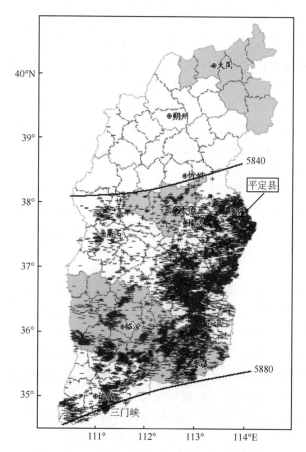

图 16.64　13 日 20 时—14 日 20 时地闪分布与
14 日 20 时 5880 gpm 及 5840 gpm 线的位置

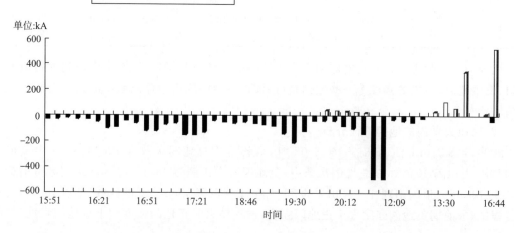

图 16.65　2006 年 8 月 13 日 15:51—14 日 16:44 山西省每 6 min 地闪强度随时间的变化

（A）地闪与多普勒雷达回波的相关性

060814 大暴雨过程的降水分为三个时段。第一个降水时段为 8 月 13 日的 17:00—

18:00。在此时段,平定县受多单体风暴影响(简称风暴 A),1 h 最大降水量达 41.3 mm,1 min 最大降水量为 1.0 mm。第二个降水时段为 8 月 13 日 20:30—22:40。该时段,阳泉市受多单体强风暴影响(简称风暴 B),平定县柏井 1 h 最大降水量达 57.0 mm,1 min 最大降水量为 2.7 mm。第三个降水时段为 8 月 14 日 12:00—18:00。该时段主要受大范围混合性降水云系影响,降水维持时间较长,7 h 降水量为 57.3 mm,1 h 最大降水量为 17.7 mm,1 min 最大降水量为 0.9 mm。太原 C 波段多普勒雷达完整的监测到了对流风暴 A,B 和混合性降水云系的生成、发展和消亡过程。图 16.66 是对流风暴 A、对流风暴 B 每 6 min 地闪频数随时间的演变。

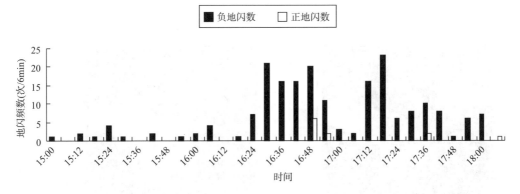

图 16.66a　2006 年 8 月 13 日 15:00—18:06 风暴 A 每 6 min 的地闪频数随时间的演变

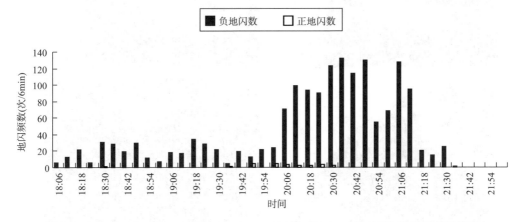

图 16.66b　2006 年 8 月 13 日 18:06—22:00 风暴 B 每 6 min 的地闪频数随时间的演变

由图 16.66 a 和图 16.66b 可以看出,对流风暴 A 和 B,在云团的发展阶段,地闪频数呈波动性缓慢增加,随后地闪频数出现跃增。16:30 风暴 A 的地闪频数高达 21 次/6 min,对应在 17:03 出现了 5.3 mm/6 min 的强降水(平定县);20:06 风暴 B 的地闪频数猛增到 71 次/6 min,20:36 地闪频数高达 132 次/6 min,20:39 平定县柏井出现了 13.3 mm/6 min 的强降水。在风暴发展的最初和成熟阶段主要为负地闪,风暴进入成熟维持阶段,负地闪频数持续较高,正地闪频数增加;风暴在消散阶段,地闪急剧下降。风暴 B 每 6 min 的地闪频数是风暴 A 每 6 min 地闪频数的 6 倍,正地闪存在于风暴 A 的成熟和消亡阶段,风暴 B 正地闪仅在成熟期出现。

多普勒雷达观测表明(见图16.67),对流风暴 A 中,地闪出现在反射率回波强度达40 dBZ (见图16.67 的 a 图)与径向速度图逆风区(见图16.67 的 b 图)相重叠的区域内。对流风暴 B 中,负地闪出现在径向速度图的逆风区和靠近逆风区左侧正速度区的大值区,并与反射率回波强度达40 dBZ 相重叠的区域内,正地闪出现在风暴后部正速度区的小值区、反射率回波强度达30 dBZ 的区域内(见图16.68 的 a,b 图)。混合性降水云系中,地闪出现在5880 gpm 与5840 gpm 所包围区域内的辐合、辐散带、逆风区以及中气旋、反气旋式辐合区的位置,且正地闪靠近5840 线(冷空气)一侧,位于辐散区、反气旋式辐合区或负速度区;负地闪则靠近5880 线(暖湿气流)一侧,位于辐合带、逆风区附近或中气旋的位置。进一步的观测分析发现,对流风暴 A 的逆风区水平尺度约 $10 \times 10 \ km^2$,同一体扫中有4个仰角可以观测到逆风区的存在(图略),逆风区附近正负速度的差值为 $15 \ m \cdot s^{-1}$(见图16.67 的 b 图);对流风暴 B 的逆风区

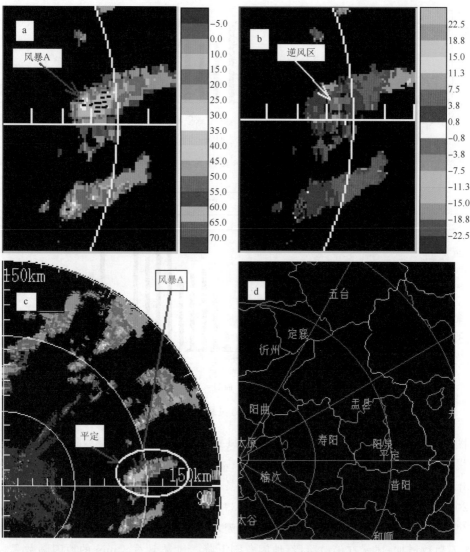

图 16.67　2006 年 8 月 13 日 16:30　1.5°仰角风暴 A 的雷达回波与地闪分布
(a、b 分别是 13 日 16:30 风暴 A 放大 2 倍的反射率回波强度与地闪分布、径向速度,
c 是 13 日 16:30 的反射率回波强度,d 是雷达地图,距离圈为 50 km)

水平尺度约 30×12 km^2，同一体扫中有 6 个仰角可以观测到逆风区的存在（图略），逆风区附近正负速度的差值为 16 m·s^{-1}（见图 16.68 的 b 图）；对流风暴 B 中的逆风区，无论是水平尺度，还是垂直厚度或是逆风区附近的正负速度差值都高于风暴 A 中逆风区的相应值。因此，风暴 B 带来的降水范围较大、强度较强、持续时间也较长。

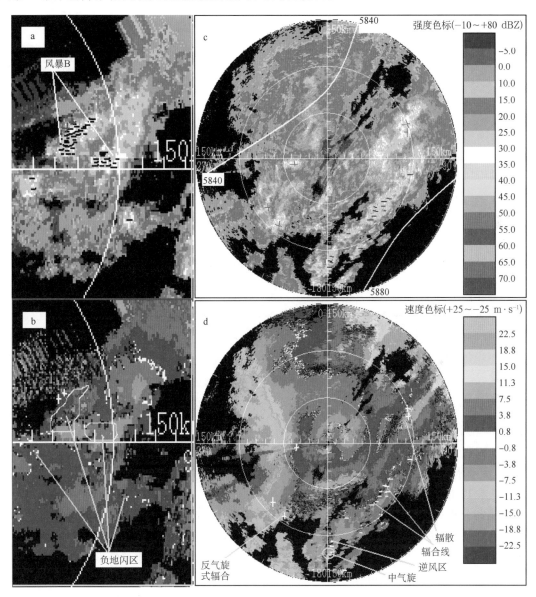

图 16.68　2006 年 8 月 13—14 日，1.5°仰角雷达回波与地闪分布

（a、c 分别是 13 日 20:34、14 日 15:00 反射率回波强度和地闪分布，b、d 是分别是 13 日 20:34、14 日 15:00 的径向速度，地闪次数是与雷达 6 min 一次体扫相对应时间内的次数，距离圈为 50 km，a、b 图放大了 4 倍）

（B）单点地闪频数与降水强度的相关性

图 16.69 给出了平定县柏井地闪频数与降水强度的时间相关图。右边纵坐标是每 6 min 的地闪频数，单位是次数/6 min；左边纵坐标是每 6 min 的累计降水量，单位是 mm/6 min。图

中的降水量曲线由平定县柏井加密雨量站每分钟的雨量资料 6 min 累计点绘。闪电探测距离为 300 km;探测范围取平定县辖区。

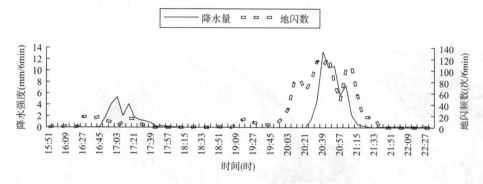

图 16.69a　2006 年 8 月 13 日 15—23 时平定县柏井地闪与雨强随时间的变化

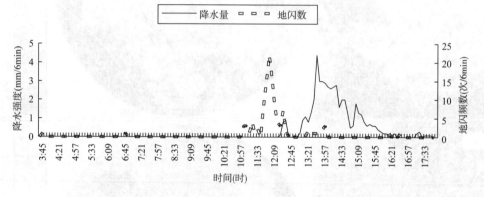

图 16.69b　2006 年 8 月 14 日 03—18 时平定县柏井地闪与雨强随时间的变化

　　"060814"局地大暴雨过程的特征是(图 16.69):平定县受两个中尺度雨团影响,3 次地闪频数峰值分别对应 3 次降水强度峰值。第一个中尺度雨团和第二个中尺度雨团分别影响 2 h 和 4 h,地闪频数峰值出现时间超前降水强度峰值 30~45 min,地闪停止 50 min 后降水完全停止;第 3 次降水由混合性降水云系引起,地闪频数峰值超前降水强度峰值 1 h 42 min,地闪完全停止 1 h 12 min 之后,降水完全停止。

　　观测和分析表明:"060814"局地大暴雨过程中,平定县地闪频数与降水强度随时间的变化有很好的相关性;负地闪的出现及其频数的增加意味着影响该地区的对流风暴正在发展并向本地移来,地闪频数峰值的出现意味着降水强度峰值的迅速到来,正地闪的出现意味着该对流风暴对本地区的影响即将结束。利用地闪频数峰值预报对流风暴 A 和 B 产生的局地强降水只有 30~45 min 的提前量,而利用地闪频数峰值预报混合性强降水可以提前 1~2 h。

　　(3)小结和讨论

　　①对流风暴 A 中,负地闪出现在反射率回波强度达 40 dBZ 的区域及径向速度的逆风区,强降水出现在地闪、反射率因子强度达 40 dBZ、径向速度图的逆风区三者相重叠的区域;对流风暴 B 中,负地闪出现在强度达 40 dBZ 且与径向速度图的逆风区或附近正速度区的大值区相重叠的区域内,正地闪出现在强度达 30 dBZ 风暴后部的正速度小值区。混合性降水云系中,地闪出现在 5880 gpm 与 5840 gpm 所包围的区域内,且正地闪靠近 5840 线(冷空气)一

侧,位于辐散区、反气旋式辐合区或负速度区;负地闪则靠近 5880 线(暖湿气流)一侧,位于辐合带、逆风区附近或中气旋的位置。

②"060814"局地大暴雨过程中,局地地闪频数随时间的演变不能完全代表整个对流风暴中地闪频数随时间的演变;但局地地闪频数与雨强随时间的变化却有很好的相关性,负地闪的出现及其频数的增加意味着影响该地区的对流风暴正在发展并向本地移来,地闪频数峰值的出现意味着雨强峰值的迅速到来,正地闪的出现意味该对流风暴对本地区的影响即将结束。利用地闪频数峰值预报强对流风暴产生的局地强降水只有 30~45 min 的提前量,而对于混合性强降水的预报则可有 1~2 h 的提前量;逆风区的水平尺度、垂直厚度、逆风区附近的正负速度差值直接影响风暴降水的范围、强度和持续时间。

16.5.3　一次典型飑线过程分析

(1)天气实况

2008 年 6 月 28 日 16 时—29 日 00 时,山西省受飑线弓形回波天气影响,山西中部出现了暴雨天气,和顺、忻府区、阳曲、太原、小店、岢岚 6 县市出现冰雹,最大冰雹直径达 18 mm;五寨、榆次、太谷、小店、榆社、平定、尖草坪 7 县市出现 7~10 级的瞬时大风,最大风速 26 m·s^{-1}。

飑线经过时,风向突变,风速加大,温度下降,气压陡升。飑线影响时地面气温迅速下降,1 h 降温幅度 8℃左右。对比 17:00 和 20:00 的 3 h 变压,可以看出飑线后部一直存在一个明显的雷暴高压。而且,飑线前,风向则是吹向飑线,与飑线前进方向相反,风向为东—东南。过境的瞬间,风向 180°大转向,风力依旧强烈,大雨瓢泼而至,见图 16.70。

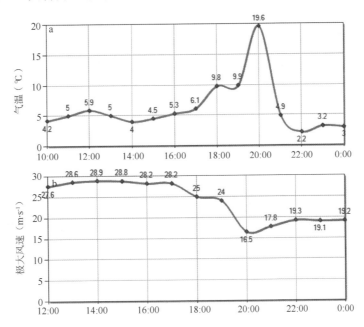

图 16.70　(a)太原(53772 站)2008 年 6 月 28 日 12 h—24 h 逐时气温

　　　　　　(b)太原(53772 站)2008 年 6 月 28 日 10 h—24 h 逐时极大风速

（2）天气背景分析

①环流形势及影响系统

从 2008 年 6 月 28 日 08 时到 20 时的 500 hPa 高空形势（图 16.71 的 a,b）演变上看出,山西处于东亚大槽后部,中层冷空气沿西北或偏北路径入侵山西,20 时高空 500 hPa 风力加大。

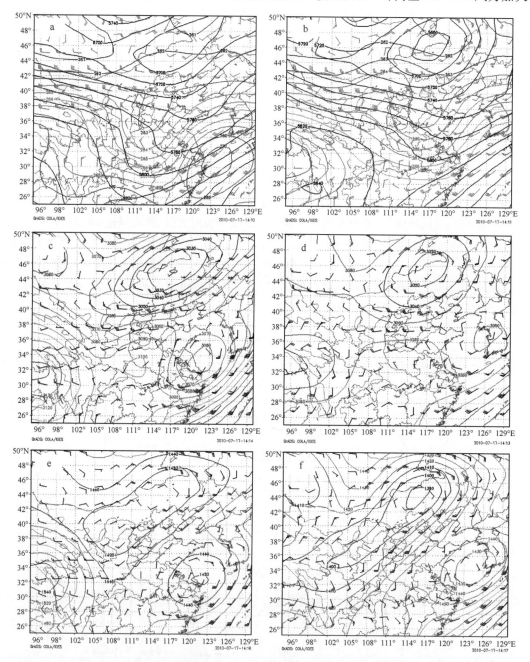

图 16.71　（a）2008 年 6 月 28 日 08 时 500 hPa 天气图;（b）2008 年 6 月 28 日 20 时 500 hP 天气图;

（c）和（d）2008 年 6 月 28 日 08 时和 20 时 700 hPa 天气图;

（e）和（f）2008 年 6 月 28 日 08 时和 20 时 850 hPa 天气图

700 hPa 图上(图 16.71 的 c,d),08 时和 20 时低槽切变线的位置基本不变,山西主要受西西南或偏西气流控制。850 hPa 图上(图 16.71 的 e,f),08 时和 20 时,低层切变线更为明显,山西受西南气流影响,风速达到 10 m·s⁻¹ 以上。中高层干冷空气南下和底层切变线辐合为这次飑线过程提供了非常有利的环境条件。

②产生对流的大气动力条件分析

利用 FNL(1°×1°)资料,沿着 37°N 分别对 2008 年 6 月 28 日 08 时、20 时的涡度场和垂直速度场作垂直剖面(图 16.72 所示)。08 时(图 16.72 的 a,b),500 hPa 以下为弱的上升气流,500 hPa 上为一个正涡度中心,500~200 hPa 为负涡度,600 hPa 左右存在一个负涡度中心,动力条件不显著。20 时(图 16.72 的 c,d),可以明显看出一个上升气流的倾斜结构。从下文的分析可知,此上升气流的倾斜结构正是与飑线系统从前向后的上升气流相对应。在 114°E 的925 hPa 左右,和 111°E 的 700 hPa 左右存在两个上升速度大值区,之间为倾斜的上升气流。111°E 的 700 hPa 以下为下沉气流。图 16.72 的 c,d 中(用黑色箭头表示上升气流),还可以看到在上升气流的上侧,相对环境风产生了负涡度;而在上升气流的下侧,相对环境风产生了正涡度。

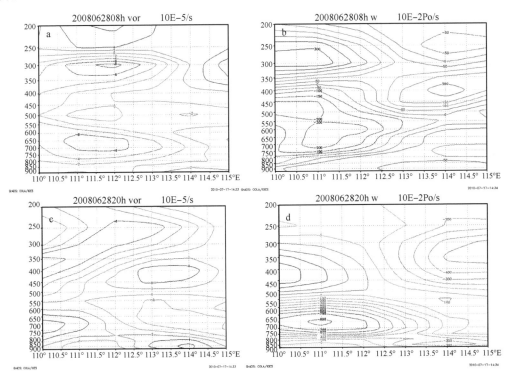

图 16.72　(a)和(c)2008 年 6 月 28 日 08 时和 20 时沿 37°N 的涡度垂直剖面图;
(b)和(d)2008 年 6 月 28 日 08 时和 20 时沿 37°N 的垂直速度剖面图

③产生对流的水汽条件分析

对流云的发展要求低层有足够的水汽供应,常在低层有湿舌或强水汽辐合区。从水汽通量散度图上,可以明显看出,20 时在山西中南部有一个水汽通量辐合区,为对流云的发展提供了旺盛的水汽条件,见图 16.73。

图 16.73 (a)2008 年 6 月 28 日 08 时 850 hPa 水汽通量散度；
(b)2008 年 6 月 28 日 20 时 850 hPa 水汽通量散度

④产生对流的大气热力条件分析

图 16.74 为 28 日 08 时、20 时太原站和邢台站的探空曲线，图中红色区域表示正的面积值，蓝色区域表示负的面积值，中间区域（自由对流高度和平衡高度之间的区域）面积表示 $CAPE$（对流有效位能）值。

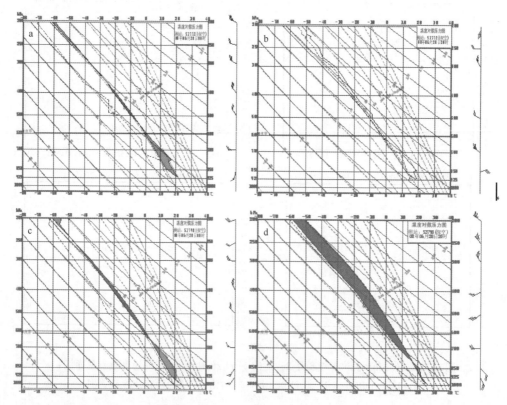

图 16.74 (a)和(b)2008 年 6 月 28 日 08 时和 20 时太原(53772 站) T-ln$P$ 图；
(c)和(d)2008 年 6 月 28 日 08 时和 20 时邢台(53798 站) T-ln$P$ 图

08 时(图 16.74a,c)，飑线均未过站，太原、邢台的 $CAPE$ 值均为正，表示具有对流不稳定，但 $CAPE$ 值并不大，表示为弱的对流不稳定。20 时(图 16.74b,d)，太原位于飑线后部，

$CAPE$ 值由 08 时的 160.8 J·kg^{-1} 降至 0.0 J·kg^{-1}，表示层结稳定。邢台位于飑线前，$CAPE$ 值已经由 08 时的 501.3 J·kg^{-1} 激增至 3335.2 J·kg^{-1}，表明存在很强的对流不稳定。

08 时，太原的 0～6 km 的垂直风切变约为 10 m·s^{-1}，到了 20 时，0～6 km 的垂直风切变约为 23 m·s^{-1}，明显加大；邢台 08 时 0～6 km 的垂直风切变约为 11 m·s^{-1}，到了 20 时，0～6 km 的垂直风切变约为 24 m·s^{-1}，也明显加大。其中 700 hPa 以下的垂直风切变达到 20 m·s^{-1}，占的比重很大。大气低层，风向随高度顺时针旋转，风速增大，特别是在地面到 700 hPa 之间的风向顺时针旋转幅度最大，有利于气旋式右移风暴的产生。强的垂直风切变起到诱生动力湍流、激发重力波、并使雹云的上升气流发生倾斜、增强雹云系统环流"新陈代谢"的作用。08 时与 20 时的探空曲线所展现出的对流不稳定和垂直风切变是一种非常有利于产生多单体风暴或飑线的背景。

可见，在事先未知是否有飑线存在的情况下，尽管太原上空垂直风切变很大，但是单从其 08 h，20 h 的 $CAPE$，K 指数等对流指数的分析，很难看出其具有发生强对流的潜势。主要原因在于：(A)飑线过后，各项对流参数都趋于稳定。(B)探空站的时空分辨率太低，其空间间距 200 km 左右，时间间隔 12 h，而暖季大气对流稳定度的时空变化是很大的。Weckwerth 等 (1996)指出，在大气边界层内的滚轴状对流的上升和下沉区，虽然相隔只有 20～30 km，但是由于湿度相差较大，其相应的 $CAPE$ 值可以相差很远，所以根据常规的探空资料计算的 $CAPE$ 值对于发生强对流的指示性是非常有限的。因此，0～6 km，0～3 km 的强垂直风速切变对于大气垂直稳定度是一个很好的判据。

(3)雷达回波资料分析

①飑线的演变

(A)飑线形成

图 16.75a 中可以看出，18:33 时，系统是一个大而强的对流单体群。0.5°仰角上，最大反射率回波位于雷达北部约 40 km 处(阳曲北)，有两个中心，分别为 61 dBZ 和 58 dBZ。相应在径向速度图上，表现为回波后部的入流(－21 m·s^{-1})与回波前出流(12 m·s^{-1})的强烈辐合。回波主体沿东南偏南方向朝着雷达移动。

19:42(图 16.75b)，回波主体移过雷达，初始时的单体演变为弓形的由强对流单体构成的线段，最强的地面风出现在弓形的顶点处。在线性回波后侧出现后部入流急流(速度模糊)，急流强度达到 26 m·s^{-1}。藤田在 1978 年曾经指出，与灾害性的下击暴流相伴随，一定存在一个强烈的后侧入流急流，它的核心位于弓形回波的顶点。在一个强烈的下击暴流爆发时，中层气流加速进入对流体，导致位于系统的中心部位的对流单体更快速地向前移动，有助于弓形回波的形成。回波主体向东南方向移动，移动速度约为 16 m·s^{-1}。

(B)飑线发展

在 19:42 到 19:52 时刻的雷达图上可以明显看出，随着后部入流急流(rear inflow jet)(出现速度模糊)的加大，弓形回波逐渐由线状转变为正弦状，反射率回波强度增大，出现大于 60 dBZ 强回波区。从 19:52(图 16.75c)开始，一个弱的反射率回波缺口出现在弧形的后部。到 20:08(图 16.75d)，这次风暴呈现出更为典型的弓形回波结构，其前沿具有较陡的反射率回波梯度，一个 35 m·s^{-1} 的后部入流急流(rear inflow jet)，随着较干较冷的空气平流进入系统的后部，一个显著的后部入流缺口(RIN)生成。

20:29(图 16.75e)，飑线发展到最强盛的时段，距离雷达约 70 km，最低扫描高度接近或大于 2 km,最强反射率回波强度为 63 dBZ。一个 29 m·s^{-1} 的后部入流急流(rear inflow jet)使得弓形回波的中心形成一个矛头,同时也探测到一个显著的后部入流缺口(RIN)。弓形回波的北端,第一次显示出一个较为明显的逗点头回波。径向速度图(图 16.76e)中显示一个和逗点头相对应的中气旋,位于弓形回波的北端,旋转速度为 13.5 m·s^{-1},距离雷达约 70 km。按照美国国家天气局中气旋判据它属于弱中气旋。而在入流急流的南边,呈现一个加强的反气旋涡度(图 16.76e 中蓝色圆圈表示),这表明在弓形回波的南端存在一个 bookend 涡旋。

藤田的弓形回波概念模型中,一个重要特征是弓形回波两端的中尺度流型,即北端的气旋式旋转和南端的反气旋式旋转。北端的气旋式旋转在演变过程中不断加强而变成一个旋转的逗点头,而南端的反气旋式旋转在演变过程中基本保持不变,弓形回波的形状也从开始时的南北对称机构逐渐转变为南北不对称的结构。本例中,系统回波继续东南移,20:45(图 16.75f),距离雷达约 90 km,可以明显看出逗点头和南北不对称结构。

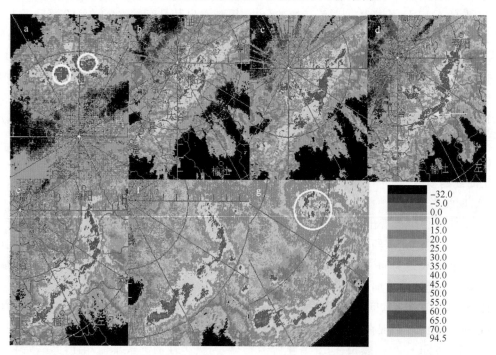

图 16.75 2008 年 6 月 28 日 18:33(a),19:42(b),19:52(c),20:08(d),20:29(e),
20:45(f),21:26(g)时刻 0.5°仰角反射率因子演变图

(C)飑线消散

飑线系统进入衰亡阶段。21:26(图 16.75 g),南北不对称结构更加明显,逗点头云系表现为一个最大回波强度 47 dBZ、旋转速度 12 m·s^{-1} 的、20 km 尺度的气旋(图 16.76 g 中白色圆圈表示),与弓形回波主体分离。

②飑线最强时段回波特征分析

如上所述,此次飑线过程的弓形回波特征在 8 月 26 日 20:29 达到最强。图 16.77(a~f)分别给出了 0.5°,1.5°,2.4°,3.4°,4.3°和 6.0°仰角的反射率回波图。从图中可看出:从低层到高层,最强反射率回波的轮廓向东南方向倾斜,即向前侧入流方向倾斜;逗点云系向上减弱,代表着北端的中气旋,而南端的反气旋式旋转却在 6.0°仰角上始终很清晰,弓形回波的形状也从低层的南北对称机构转变为上层的南北不对称结构。

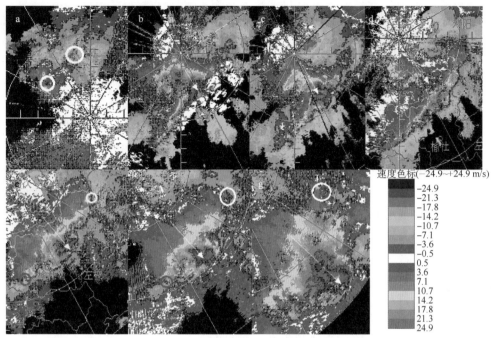

图 16.76　2008 年 6 月 28 日 18:33(a),19:42(b),19:52(c),20:08(d),20:29(e),
20:45(f),21:26(g)时刻 0.5°仰角径向速度演变图

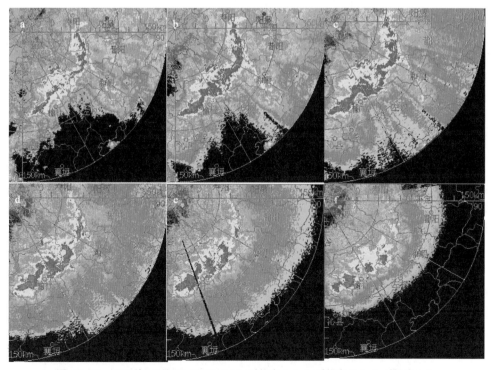

图 16.77　2008 年 6 月 28 日 20:29 0.5°仰角(a),1.5°仰角(b),2.4°仰角(c),
3.4°仰角(d),4.3°仰角(e)和 6.0°仰角(f)的反射率回波(左)和径向速度(右)图

③飑线雷达回波的垂直剖面分析

这次飑线过程中的雷暴前进方向与雷达的径向基本一致,20:29(图16.78),顺着飑线前进方向,穿过最强后部入流急流中心进行垂直剖面,可以看出:(a)低层弓形回波的前沿具有强的反射率梯度;(b)弓形回波前入流一侧存在弱回波区 WER;(c)回波为悬垂结构,最强回波区位于 WER 和高反射率梯度区之上;(d)弓形回波的后侧存在弱回波通道 RIN(2 km以下),表明有强大的后侧下沉入流急流 rear inflow jet;(e)反射率回波向后扩展为一个较弱的层状结构(4~6 km)。

图中飑线前沿低层的弱回波区、中高层的回波悬垂结构表明飑线中雷暴内的上升气流很强,有利于冰雹和强降水的发展。

④冰雹成因分析

回波强度最大值及所在高度、有界弱回波区 BWER 或弱回波区 WER 区域大小、垂直累积液态水含量 VIL 大值区等都是判断降雹潜势的指标。要产生大冰雹(直径超过 2 cm),雷暴中的上升气流要足够强,且能维持一段时间。所以有利于大冰雹产生的环

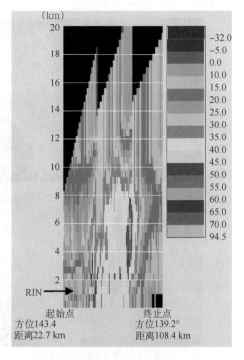

图 16.78　20:29 飑线雷暴的强度垂直剖面

境条件是:对流有效位能较大;0~6 km 之间的垂直风切变较大;0°层距高度较小。

根据雷暴发展最强时段 20:29 的强度垂直剖面(图 16.78),50 dBZ 以上强回波区的高度一直扩散到 6 km 以上,位于 0°层(4 km)以上、−20°层(约 7 km)以下,风暴顶达到 18 km 以上。当强回波区扩展到 −20°等温线高度以上时,对强降雹的潜势贡献最大;强回波区必须扩展到 0°等温线以上才能对强降雹潜势有所贡献。因此判断此次只会产生冰雹而不会产生大冰雹。

另外,分析逐个体扫的 VIL 产品,最大为 41.3 kg·m⁻²。根据美国俄克拉荷马州的统计,6 月份相应的 VIL 阈值为 65 kg·m⁻²,所以 VIL 值也没有达到强降雹标准。

(4)小结与讨论

①中高层干冷空气扩散南下、低层强烈的水汽输送、前倾槽结构等为这次飑线过程提供了非常有利的背景场。

②飑线呈现出典型的弓形回波特征,特别是后部入流急流(rear inflow jet)和后部入流缺口(RIN)等都很典型。弓形回波两端存在中尺度流型,即北端的气旋式旋转和南端的反气旋式旋转。北端的气旋式旋转在演变过程中不断加强而变成一个旋转的逗点头,而南端的反气旋式旋转在演变过程中基本保持不变,弓形回波的形状也从开始时的南北对称结构逐渐转变为南北不对称的结构。

③在飑线最强时段,最强反射率回波的轮廓向东南方向倾斜,即向前侧入流方向倾斜。另一方面,逗点云系代表着北端的中气旋,也从低往高逐渐减弱。而南端的反气旋式旋转却在6.0°仰角上始终很清晰,弓形回波的形状也从低层的南北对称结构转变为上层南北不对称

的结构。

④飑线系统的垂直剖面表明：低层弓形回波的前沿具有强的反射率梯度；弓形回波的前侧入流一侧存在弱回波区 WER；回波为悬垂结构，最强回波区位于 WER 和高反射率梯度区之上；弓形回波的后侧存在弱回波通道 RIN(2 km 以下)，有强大的后侧下沉入流急流 rear inflow jet；反射率回波向后扩展为一个较弱的层状结构(4～6 km)。

⑤08 时与 20 时的强对流不稳定和垂直风切变是一种非常有利于产生多单体风暴或飑线的环境条件。在强对流性天气的判据中，0～6 km，0～3 km 的强垂直风速切变是大气垂直稳定度的一个很好判据。

⑥在这次典型飑线过程中，20 时探空图上，太原(53772 站)和邢台(53798 站)受飑线系统的影响，表现出稳定度截然相反的大气层结结构。在强对流性天气的预报、预警中，受探空资料时空分辨率限制，如果选择探空站点不当，容易产生相反的结论。

16.5.4 2004 年 8 月 9 日短时特大暴雨的多普勒雷达回波特征

(1)灾情、天气背景及单站指数特征

①灾情报告

2004 年 8 月 9 日 19:30—21:30 榆社县出现强对流天气，最大雨量出现在 19:50—21:30，降水总量 103.2 mm，1 h 降水量 63.4 mm。其中 19:53—20:00，7 min 降水量达 30.7 mm。强降水造成房屋倒塌 454 间，冲毁河坝 4816 m、公路 13228 m，受灾农田 1.34×10^3 hm²，受灾人口 5.27 万人。直接经济损失 3972.92 万元。

②天气背景及单站指数特征

2004 年 8 月 9 日造成强降水的超级单体风暴生成在副热带高压西进北抬过程中。9 日 08 时太原站的 500 hPa 高度值为 5860 gpm，9 日 20 时增为 5880 gpm；14 时的地面图上，从阳泉经榆社到介休有一条东北—西南向的中尺度切变线，榆社是地面西南气流、西北气流、东北气流以及偏东气流的交汇点(图略)；08 时的探空资料表明，榆社站沿 5880 gpm 等高线的上风方最近站点上，风向随高度顺转，风的垂直切变很大，有很强的暖平流；K 指数为 40.0℃，沙氏指数 $SI = -3.9$℃，位温 $\theta = 31.8$℃，对流有效位能 $CAPE = 3992$ J·kg⁻¹，$T_{850} - T_{500} = 23.0$℃，整层水汽饱和度 $T_H = 4.3$℃+3.7℃+3.5℃=11.5℃。700 hPa 和 500 hPa 图(图略)上，暴雨区西南部有 12 m·s⁻¹ 的湿急流输送水汽和不稳定能量。

表 16.27 单站天气要素比较

站点	日期	时次	500 hPa 高度(gpm)	θ_v(℃)	KI(℃)	SI(℃)	$CAPE$ (J·kg⁻¹)	$T_{850} - T_{500}$ (℃)	(850−500 hPa) 水汽饱和度(℃)
榆社	8.9	08 时	5860	32.7	40.0	−3.9	3991	24.0	11.5
榆社	8.9	20 时	5890	39.0	45.0	−3.0	3997	23.0	13.1

表 16.27 是根据常规探空资料，计算并插值到灾害天气出现的站点上的虚位温(θ_v)、K 指数(KI)、沙氏指数(SI)、对流有效位能($CAPE$)、850～500 hPa 的温差($T_{850} - T_{500}$)、850～500 hPa 的温度露点差之和(水汽饱和度)。由表 16.27 可推断：8 月 9 日副热带系统在北抬，榆社特大暴雨发生在深厚的湿层中，其对流有效位能来源于副高边缘中低空的湿急流输送。

（2）多普勒雷达回波特征比较

①超级单体的演变

动画显示，包含非典型强降水超级单体的多单体风暴是由一左移、一右移的两个多单体对流风暴合并发展形成。8月9日18：03，与14时地面天气图上的中尺度切变线相对应的位置——多普勒雷达图上50～100 km的距离圈内，方位90°～153°范围内，①号对流单体生成于82.8 km，139.5°处，强度为33 dBZ；②号对流单体位于90.1 km，137.5°，强度只有11 dBZ，但速度达−22 m/s。6 min后两单体合并为1号对流风暴。之后到18：55，1号对流风暴的西部和西南部不断有对流云泡生成、发展、并入。在此期间，1号对流风暴的传播方向和平流方向的夹角为180度（传播方向是西南向，平流方向为东北向），即传播方向与平流方向相反，且传播速度大于平流速度。因此，1号对流风暴在18：55以前属左移风暴，18：55滞留在榆社东部不再左移。之后，在1号对流风暴的左侧再没有对流云泡或对流单体生成或并入。，而2号对流风暴的单体18：03在副高边缘暖湿气流中孕育（单体初生于105.4 km，178.8°），18：24北跳，随后在其北部、东北部、东部以及西南部30 min时间里共有4个对流单体生成、发展和并入，且在下风方生成的对流单体个数多于上风方。2号对流风暴的传播方向主要是东北东方向，与平流方向大致相同。因此在1号对流风暴停止左移时，2号对流风暴在传播加平流的作用下加快了右移速度，0.5 h后（19：27）在榆社一带与1号对流风暴结合并迅猛发展，19：32演变成弓形回波（见图16.79）；与此同时，反射率回波由低向高朝低层入流一侧倾斜，开始出现弱回波区WER（Weak Echo）；19：37，回波加强并纵向发展，WER演变为BWER，标志着超级单体的形成。19：42，是超级单体发展的最鼎盛阶段，此时BWER的水平尺度已由5 min前的3 km发展到12 km（见图16.80 d）。风暴的反射率回波强度达55 dBZ，垂直累积液态水含量达39 kg·m^{-2}相应的VIL密度为39 kg·m^{-2}/16 km＝2.44 g·m^{-3}。从19：37生成到20：14解体，超级单体的生命史为7个体积扫描的时间。但从第一个对流单体生成到两个不同移向的多单体风暴合并、发展、消亡，整个生命史达3 h 27 min。

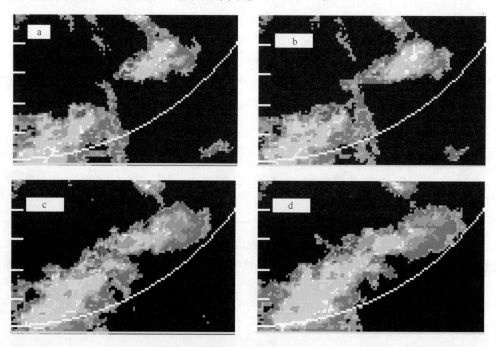

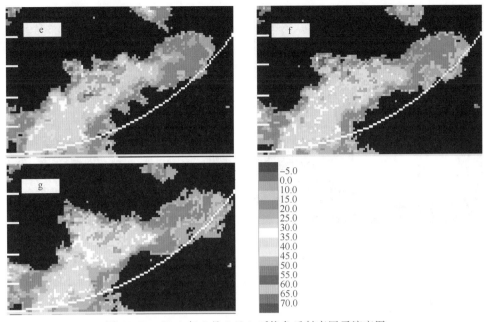

图 16.79 2004 年 8 月 9 日 1.5°仰角反射率因子演变图

(时间分别是 8 月 9 日 19:11(a),19:21(b),19:27(c),19:32(d),19:37(e),19:42(f),19:48(g).图像放大了 4 倍)

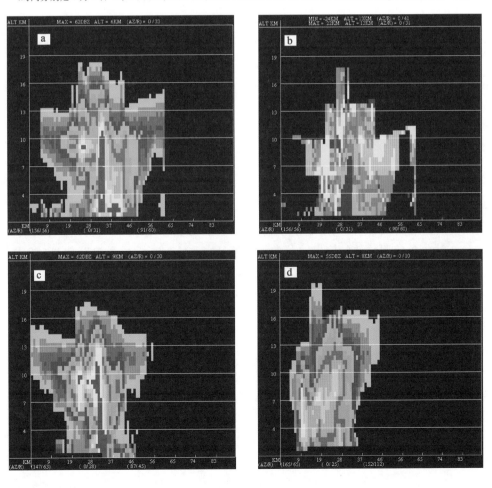

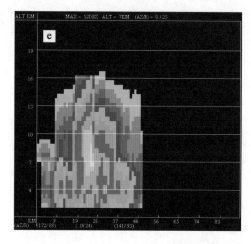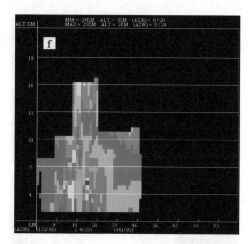

图 16.80　超级单体的垂直结构

(a,b.2004 年 7 月 3 日 16:53 穿过中气旋中心并与通过中气旋中心的雷达径向垂直的反射率回波和径向速度垂直剖面;c,d.7 月 3 日 16:53(c)和 8 月 9 日 19:42(d)沿风暴低层入流方向并通过风暴反射率回波核心的反射率回波垂直剖面;e,f.8 月 9 日 19:42 穿过中气旋中心并与通过中气旋中心的雷达径向垂直的反射率回波和径向速度垂直剖面)

②中气旋的演变特征

表 16.28　2004 年 8 月 9 日多单体强风暴中的中尺度气旋

标号	初生			消亡			连续体扫个数	连续仰角扫描最多个数	最大旋转速度(m·s^{-1})	类别
	时间	距离(km)	方位	时间	距离(km)	方位				
M1	18:55	79	147°	19:11	80	147°	4	2	13	辐合型
M2	19:00	101	179°	19:42	92	173°	9	2	17	辐合型
M3	19:11	90	172°	20:09	89	154°	12	6	19	辐合型
M4	19:21	83	169°	19:48	71	164°	6	2	14	辐合型
M5	19:27	79	150°	19:53	82	152°	6	2	15	辐合型
M6	19:37	75	162°	20:14	62	165°	8	3	17	辐合型
M7	20:14	79	169°	20:19	79	168°	2	2	16	对称型

按照美国国家强风暴实验室规定的中气旋判据,分析多普勒天气雷达体扫资料,结合 CINRAD 雷达气象应用软件包输出的龙卷涡旋特征(61 号)产品、风暴追踪信息(58 号)产品可知,2004 年 8 月 9 日 18:29—20:50,在 50~110 km,130°~180°的范围内,共有 7 个中气旋生成、发展和消亡。表 16.18 给出了这 7 个中气旋活动的有关资料。由表可知,在多单体强风暴的生命史中,从第一个中气旋生成到最后一个中气旋的消亡共计 1 h 24 分。在此期间,伴随非典型强降水超级单体的中气旋 M3,生命史最长、强度最强、垂直发展最旺盛。它在 19:50—21:30,100 min 的时间里,造成榆社降水总量达 103.2 mm,1 h 降水量达 63.4 mm,7 min 降水量达 30.7 mm 的短时特大暴雨,而其他中气旋由于仅在低层浅薄的大气中维持,因而只带来强雷暴,与强降水无缘。

图 16.81 是中气旋 M3 和 VIL 随时间的演变。可见,中气旋 M3 首先在边界层出现,1 号和 2 号多单体风暴合并前(19:27 前),M3 仅在低层浅薄气层(0.5°和 1.5°)中维持和发展(旋转速度增大),合并后,很快在垂直方向发展。当 M3 的旋转速度≥18 m·s^{-1},且垂直伸展≥5

个仰角扫描时,非典型超级单体形成。19:42 是非典型超级单体发展的最鼎盛时段,此时,同一体扫中有连续 6 个仰角的扫描,中气旋特征明显。图 16.81 还表明,中气旋的旋转速度增大超前 VIL 数值增大 3～4 个体扫的时间,而中气旋的旋转速度加快和 VIL 增大对超级单体的形成、强降水的产生具有一定的提前量。

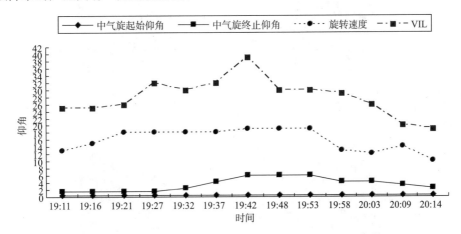

图 16.81　中气旋和 VIL 的演变(2004.08.09)

③超单的结构特征

图 16.82 为 8 月 9 日 19 时 42 分放大 2 倍和放大 4 倍的各仰角反射率回波和径向速度的分布。

图 16.82 显示的反射率回波,低层无典型的钩状回波结构,但有自低往高向低层入流一侧倾斜的特征,说明有 WER 或 BWER 的存在。图 16.80 给出了 2004 年 7 月 3 日 16:53 和 8 月 9 日 19:42 典型超级单体和非典型强降水超级单体垂直累积液态水含量最大时刻的反射率回波和径向速度垂直剖面。图 16.80 的 c 和 d(2004 年 7 月 3 日)为沿低层入流方向通过典型和非典型超级单体的 BWER 中心的反射率回波垂直剖面。由图 16.80c 可看到典型的 BWER和其上的强大回波悬垂以及 BWER 右侧的回波墙。BWER 的水平尺度约 7～8 km。强的反射率回波区(＞60 dBZ)是沿 BWER 右侧的一个 12 km 高度的竖直狭长区域一直伸展到低层,其中下部是大冰雹降落的区域。回波区中最大值为 63 dBZ,此时大冰雹还未降落地面。超级单体的回波顶接近 18 km,沿剖面方向的水平尺度超过 40 km。由图 16.80 d 可看到非典型强降水超级单体的 BWER,但其上的的回波悬垂大而不强,回波墙位于 BWER 的左侧而不是右侧。与图 16.80c 相比,回波墙更狭窄,回波墙上最大反射率回波强度只有 55 dBZ,BWER 的垂直伸展高度只有 3～5 km,但水平尺度却达到 12 km。图 16.80 的 a,b 和 e,f 是 7 月 3 日和 8 月 9 日分别通过两中气旋中心并与雷达径向垂直的反射率回波和径向速度的垂直剖面。图 16.80 的 b 和 f 是径向速度垂直剖面,暖色代表离开雷达向着画面的速度,冷色代表向着雷达离开画面的速度。由图 16.80b 与图 16.80f 比较可知,(a)典型超级单体内的中气旋垂直伸展高度大于非典型超级单体内的中气旋垂直伸展高度;(b)典型超级单体内的中气旋旋转速度明显大于非典型超单内的中气旋旋转速度;(c)典型超级单体内的中气旋 8 km 以下入流明显大于出流,8～12 km 出流大于入流,12 km 以上为辐散顶。非典型超级单体内的中气旋 6 km以下入流大于出流,6～10 km 出流大于入流,10 km 以上为辐散顶。

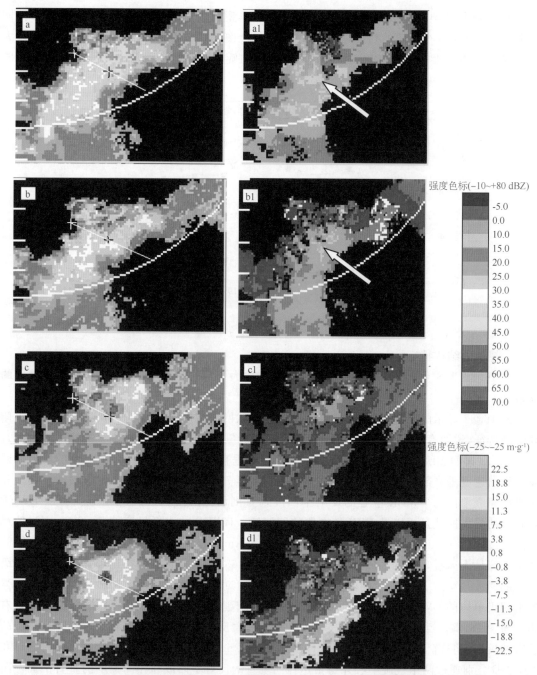

强度色标(-10~+80 dBZ)

-5.0
0.0
10.0
15.0
20.0
25.0
30.0
35.0
40.0
45.0
50.0
55.0
60.0
65.0
70.0

强度色标(-25~-25 m·g⁻¹)

22.5
18.8
15.0
11.3
7.5
3.8
0.8
-0.8
-3.8
-7.5
-11.3
-15.0
-18.8
-22.5

图 16.82　2004 年 8 月 9 日 19 时 42 分 0.5°、2.4°、4.3°和 6.0°仰角
反射率回波分布(a~d)和径向速度(a1~d1)分布(图像放大了 4 倍)

④VWP 产品特征

但当某地有较好的水汽输送时,可以利用强对流的不均匀性,反向思维地推断灾害天气的
种类和出现时间。图 16.83 给出了 2004 年 7 月 3 日和 8 月 9 日大冰雹和强降水出现前的
VWP 图。图 16.83a 表明,典型超级单体生成前,低层水汽输送较好,但中高层大气干燥;由图
16.83b 和 VWP 图像动画显示可知,非典型强降水超级单体生成前,整个对流层水汽含量较

高。第一个对流单体出现后,破坏了原来的风场结构,"ND"从中层开始向上、向下呈锥型扩展;中气旋生成时(19:11),整层出现"ND",40 min 后强降水袭来。因此,就我们讨论的两个个例而言,可以根据 VWP 图上风随高度的分布与变化以及"ND"随时间的演变大致估计灾害天气的种类和出现时间。

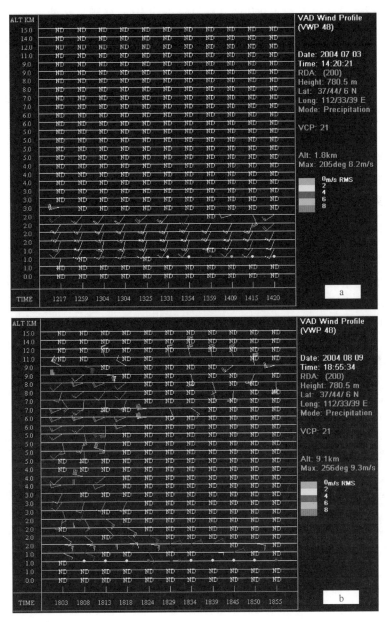

图 16.83　2004 年 7 月 3 日 14:20(a)和 8 月 9 日 18:55(b)的 VWP 产品

(3)结论与讨论

①2004 年 8 月 9 日榆社短时特大暴雨产生于副高西进北抬的过程中,极端强降水天气是对流有效位能(CAPE)释放所引起的浮力强迫作为极端天气发生的强烈上升运动;

②2004 年 8 月 9 日引发的特大暴雨除有中气旋伴随及有界弱回波区的存在可以界定为

超级单体外,低层无钩状回波、中气旋正负速度中心距雷达中心方位并非等距离等特征,表明榆社超级单体为非典型强降水超级单体;

③伴随非典型强降水超级单体的中气旋首先在边界层形成、发展,当中气旋的旋转速度达到一定量值并维持几个体扫时才纵向发展;

④从常规资料、单站要素和 VWP 产品资料分析均表明:暴雨发生前整个对流层大气已积聚了大量水汽,整层相对湿度较大;暴雨区南面副高边缘中低空急流的强输送(水汽和层结不稳定)是伴随非典型超级单体的中气旋持续发展的重要因子;两个多单体风暴相向移动并在榆社合并、发展、演变为超级单体风暴,除了有利的天气背景和地面的中尺度切变线外,榆社是西南气流、偏东气流、偏北气流的汇点,是两个多单体风暴在榆社合并发展的主要原因;

⑤对风暴的演变分析表明:对非典型超级单体风暴而言,VIL 和中气旋的旋转速度是超级单体生成的敏感因子,而反射率回波强度和回波顶高对超级单体的生成预报没有明显的警示意义。

⑥反向思维应用 VWP 产品,可以提前 1 h 50 min 预报副高边缘的突发性强降水;另外根据 VWP 产品图上风的垂直分布可以大致确定灾害天气的种类;但是否适合所有的对流天气还需要更多的实例来检验。

参考文献

[1] 刘健文,郭虎,李耀东,等.天气分析预报物理量计算基础[M].北京:气象出版社,2005:10-14.
[2] 刘健文,郭虎,李耀东,等.天气分析预报物理量计算基础[M].北京:气象出版社,2005:77-83.
[3] OTB/OSF/NWS:WSR-88 D Operations Course,1996,600pp.
[4] 俞小鼎等.新一代天气雷达原理与应用讲义.中国气象局培训中心,2004,114-138.
[5] 张培昌,杜秉玉,戴铁丕.雷达气象学[M].北京:气象出版社,2001:427-428.
[6] 胡明宝,高大长,汤达章.多普勒天气雷达资料分析与应用[M].北京:解放军出版社,2000:52-62.
[7] Lemon R L,Doswell Ⅲ C A. Severe thunderstorm evolution and mesocyclone structure as related tornado-genesis[J]. *Mon Wea Rev*,1979,**107**(9):1184-1197.
[8] 俞小鼎,王迎春,陈明轩,等.新一代天气雷达与强对流天气预警[J].高原气象,2005:**24**(3):456-464.
[9] 俞小鼎,郑媛媛,张爱民,等.安徽一次强烈龙卷的多普勒天气雷达分析[J].高原气象,2006,**25**(5):914-924.
[10] 刘勇,刘子臣,马廷标,等.一次飑线过程中龙卷及飑锋生成的中尺度分析[J].大气科学,1998,**22**(3):326-335.
[11] 漆梁波,陈永林.一次长江三角洲飑线的综合分析[J].应用气象学报,2004,**15**(2):162-173.
[12] 邵玲玲.中气旋在强风预报中的应用[J].气象,2005,**31**(9):34-38.
[13] Wolf P L. WSR-88 D Radar depiction of supercell-bow echo interaction:Unexpected evolution of a large,tornadic,"Comma-shaped"supercell over Eastern Oklahoma[J]. *Wea. Forecasting*,1998,**13**(2):492-504.
[14] 刘勇,刘子臣,马廷标,等.一次飑线过程中龙卷及飑锋生成的中尺度分析[J].大气科学,1998,**22**(3):326-335.
[15] 俞小鼎,姚秀萍,熊廷南,等.多普勒天气雷达原理与业务应用[J].北京:气象出版社,2006:311.
[16] 山西省气象局.山西天气预报手册[M].北京:气象出版社,1989:42-55.
[17] 苗爱梅等.山西省气象灾害预报与对策研究[R].技术报告.
[18] 苗爱梅,高建峰,贾利冬,等.两次极端天气事件的多普勒雷达回波特征[J].气象学报,2005,**63**(s):154-166.

[19] 苗爱梅,贾利冬,李清华.解析一次超级单体风暴过程的维持机理[J].自然灾害学报,2007,**16**(5):74-78.

[20] 苗爱梅,梁海河,贾利冬,等.副高边缘两次暴雨过程的地闪特征[J].气象科技,2007,**35**(S):8-14.

[21] 苗爱梅,贾利冬,郭媛媛,等.060814 山西省局地大暴雨的地闪特征分析[J].高原气象,2008,**27**(4):873-881.

[22] 董春卿,郭媛媛.一次典型飑线过程的多普勒天气雷达资料分析[J].山西气象,2010,**92**(3):9-15.

[23] 孙继松,赵秀英,李晓艳,等.与 CAPE 计算有关的几个问题//国外强对流天气的应用研究[M].北京:气象出版社,2001:89-95.

[24] 廖晓农,等.虚温订正对 CAPE 计算的影响//国外强对流天气的应用研究[M].北京:气象出版社,2001:96-102.

[25] 郭虎,等.相当位温的一种计算方法//国外强对流天气的应用研究[M].北京:气象出版社,2001:103-110.

[26] 彭志斑,周小刚,孟遂珍,等.NCAPE—归一化对流有效位能//国外强对流天气的应用研究[M].北京:气象出版社,2001:111-115.

[27] 李一平,等.关于 CIN 的一次观测分析与数值模拟//国外强对流天气的应用研究[M].北京:气象出版社,2001:116-122.

[28] 彭志斑,等.作为热机的自然对流:CAPE 理论//国外强对流天气的应用研究.北京:气象出版社,2001:123-136.

[29] 阿特金森 BW.大气中尺度环流[M].北京:气象出版社,1987:20-39.

[30] 俞小鼎,等.新一代天气雷达原理与应用讲义.中国气象局培训中心,2004,71-73.

[31] 郑媛媛,俞小鼎,方羽中,等.一次典型超级单体风暴的多普勒天气雷达观测分析[J].气象学报.2004,**62**(3):317-328.

[32] 张培昌,杜秉玉,戴铁丕,等.雷达气象学[M].气象出版社,2000:420-426.

[33] 北京敏视达有限公司.CINRAD PUP 使用手册[M].2003:5-2.

[34] Maddox R A. Meso-scale convective complexes. *Bull. Amer. Meteor. Sci.*[J],1980,**61**(11):1374-1387.

[35] Fang Z. The preliminary study of medium-scale cloud clusters over the Changjiang basin in summer[J]. *Adv. Atmos. Sci.*,1985,2(3):334-340

[36] 李玉兰,王婧嫆,郑新江,等.中国西南—华南地区中尺度对流复合体(MCC)的研究[J].大气科学,1989,**13**(4):417-422.

[37] 项续康,江吉喜.中国南方地区的中尺度对流复合体[J].应用气象学报,1995,**6**(1):1-17.

[38] 郑永光,陶祖钰,王洪庆.黄海及周边地区中尺度对流系统发生的环境条件[J].气象学报,2002,**60**(5):613-619.

[39] 吕艳彬,郑永光,李亚萍,等.华北平原中尺度对流复合体发生的环境和条件[J].应用气象学报,2002,**13**(4):406-412.

[40] 井喜,陈见,胡春娟,等.广西和贵州 MCC 暴雨过程综合分析[J].高原气象,2009,**28**(2):335-350.

[41] 覃丹宇,江吉喜,方宗义,等.MCC 和一般暴雨云团发生发展的物理条件差异[J].应用气象学报,2004,**15**(5):590-600.

[42] 苗爱梅,武捷,赵海英,等.低空急流与山西大暴雨的统计关系及流型配置[J].高原气象,2010,**29**(4):939-946.

[43] 范俊红,王欣璞,孟凯,等.一次 MCC 的云图特征及成因分析[J].高原气象,2009,**28**(6):1388-1398.

[44] 赵玉春,王叶红.高原涡诱生西南涡特大暴雨成因的个例研究[J].高原气象,2010,**29**(4):819-831.

[45] 黄楚慧,顾清源,李国平,等.一次高原低涡东移引发四川盆地暴雨的机制分析[J].高原气象,2010,**29**(4):832-839.

[46] 徐珺,毕宝贵,谌芸.济南 7.18 大暴雨中尺度分析研究[J].高原气象,2010,**29**(5):1218-1229.

[47] 吴海英,曾明剑,尹东屏,等.一次苏皖特大暴雨过程中边界层急流结构演变特征和作用分析[J].高原气象,2010,**29**(6):1431-1440.

[48] 王丽荣,刘黎平,王立荣,等.一次局地短时大暴雨中—γ尺度分析[J].高原气象,2011,**30**(1):217-225.

[49] Brooks H E,Doswell Ⅲ C A Wilhelmson R,B. The role of midtropospheric winds in the evolution and maintenance of low-level mesocyclones[J]. *Mon. Wea. Rev.* 1994,**122**(1):126-136.

[50] Brooks H E,Doswell Ⅲ C A and Cooper J. On the environments of tornadic and nontornadic mesocyclones[J]. *Wea. Forecasting*,1994,**9**(4):606-618.

[51] Gilmore,M S,Wicker. The influence of midtropospheric dryness on supercell morphology and evolution [J]. *Mon. Wea. Rev.* 1998,**126**(4):943-958.

[52] 段旭,赵秀英,彭治班,等.中层干燥度对超级单体雷暴形态和演变的影响 I:模拟结果//国外强对流天气的应用研究[M].北京:气象出版社,2001,18-34.

第17章 城市环境气象预报

17.1 城市环境气象概况

　　环境气象学是指所有研究与人类生活息息相关的大气现象及其变化规律的学科[1]。

　　广而言之,环境气象学包括的内容十分广泛,涉及空气质量、大气污染物扩散规律等大气边界层问题;酸雨、大气臭氧与紫外线辐射等大气化学问题;建设项目的大气环境评价、区域大气环境评价、住宅小区大气质量评估等污染气象学问题;温室气体引发的气候变暖问题、通过大气传播的传染病,以及生物气溶胶引发的过敏症与大气参数相关联的医疗气象问题;大型户外活动的气象保障任务;在人工生态系统中日益突出的城市高层建筑、大型桥梁抗风问题与城市排水系统等工程气象问题;高速公路、机场、港口面临受到浓雾严重影响的问题;以及人类通过人工手段抗击干旱、暴雨、冰雹、霜害、雾害、雷电等人工影响天气问题,均属于环境气象学研究的范畴。环境气象学的基础知识相当广泛,涉及气象学、气候学、大气物理学、大气化学、地理学、生态学、生物学、农学、林学、水利学、工程学、流行病学、环境卫生学、社会学、经济学、法学、民俗学、家政学等。

　　目前,城市化进程已成为全球经济发展的一个重要特征,城市的扩大伴随着一系列环境问题[2],对城市的可持续发展以及人类的健康、生态环境的保护等带来一些明显或潜在的负面影响,因而城市环境气象研究和服务受到了世界各国的高度重视。人们迫切需要了解同自己日常生活有密切关系的环境及影响环境条件的各种因素的变化状况,以便采取各种对策和措施来保护环境和保护人类自己,再加上政府部门与社会生产活动需求的增加,传统的天气预报已不能满足日常工作的需要,这就要求气象部门利用现有的气象要素和目前的预报产品进行深加工形成内容更为丰富、质量更高的预报产品,为社会相关部门及人们的日常生活服务,因此,城市环境气象预报服务应运而生。

　　国外在第二次世界大战结束后,社会稳定和经济发展使与人们日常生活息息相关的生活、环境气象服务得以迅速开展。许多发达国家如德国、澳大利亚、新西兰、加拿大、美国、日本、丹麦等相继在医疗气象预报、紫外线指数预报、花粉浓度监测和预测以及空气污染预报等多方面都进行了深入的研究和业务化预报。根据预测预报结果,对人们生活提出保护性措施和要求,指导人们趋利避害。

　　我国在城市环境气象方面的研究起步较晚[3],除 20 世纪 70—80 年代初期进行过一些疾病与气象的研究外,主要集中在城市气候的研究上,研究区域也多限于上海、北京及沿海等大中城市。这些研究受城市气象监测条件的限制,大多为定性的气候描述。进入 20 世纪 90 年代,北京、上海、广州、杭州、武汉等城市已进行了有关城市环境气象的研究和应用。随着我国国民经济的快速发展,城市大气环境污染问题引起了社会广泛关注。1999年中国气象局将城市环境气象工作正式纳入气象业务。2013年中国气象局印发《环境气象业务指导意见》,内容包括大气环境和大气成分监测预报预警,健康环境气象预报服务和突发环境气象应急预警等三方面业务。

17.2　空气污染潜势预报与空气质量预报

17.2.1　基本概念

空气污染预报分为空气污染气象条件预报和空气污染浓度预报两类。

空气污染气象条件预报又称为空气污染潜势预报,以预报可能影响空气中污染物扩散和稀释的气象条件为主。

空气污染浓度预报又称为空气质量预报,从预报方法上可分为统计预报和数值预报两种,统计预报是在对长期大量的污染浓度资料和气象资料进行统计分析的基础上,建立具有一定可信度的预报方程。如果统计方程建立前后,大气污染源的时空分布没有太大变化,统计预报的效果较好。空气污染浓度的数值预报是在气象预报模式的基础上,数值求解污染物有源汇的扩散传输方程,不但需要较详细的大气污染源时空分布资料,而且要求高时空分辨率的气象场与之相匹配。

17.2.2　空气质量预报业务模式简介

17.2.2.1　中国化学天气预报系统 CUACE

CUACE(Chinese Unified Atmospheric Chemistry Environment)是中国气象局开发的一个独立于气象、气候模式的大气化学系统,其主要目的是为大气空气质量及气候变化模式提供大气成分计算的通用平台。系统由四个功能模块组成:(1)人为及自然污染物排放;(2)大气气态化学模块;(3)大气气溶胶计算机制;(4)数值同化模块。CUACE 已经在 MM5、中国常规天气预报系统 GRAPES 及中国气候模式等模式中应用,提供大气化学组分的计算。污染物排放模块包含所有气态及颗粒物的排放,并由 SMOKE 排放源预处理系统进行时空分配,形成能够提供不同分辨率下的排放源数据。CUACE 实现了气态化学和气溶胶模块的在线耦合,臭氧、黑碳、有机碳、粉尘、硫酸盐、硝酸盐、铵盐及海盐气溶胶等主要气溶胶组分已经成功地进行了模拟试验,能够提供试验期间较为合理的模拟或预报结果。数值同化模块利用地面及卫星 AOD(aerosol optical depth)对预报的初始场进行了三维变分同化,大大提高了预报的准确度。

国家级空气质量预报业务是以改进后的 CUACE 数值模式输出的 6 种污染物(PM_{10}、$PM_{2.5}$,SO_2,NO_2,CO,O_3)浓度预报产品为基础,利用模式释用和订正技术,制作全国地级以上城市 6 种污染物浓度和空气质量指数(AQI)预报指导产品。

17.2.2.2　山西省环境空气质量预报数值模式 SXWRF-CHEM

WRF-CHEM(Weather Research and Forecast Model with Chemistry)模式是美国最新发

展的区域大气动力—化学耦合模式,最大优点是气象模式与化学传输模式在时间和空间分辨率上完全耦合,真正实现在线传输。模式考虑输送(包括平流、扩散和对流过程)、干湿沉降、气相化学、气溶胶形成、辐射和光分解率、生物所产生的放射、气溶胶参数化和光解频率等过程[4]。

山西省环境空气质量预报数值模式为基于山西 WRF 模式耦合 CHEM 建立的空气质量预报系统,范围包括山西及周边区域($34° \sim 41°N, 109° \sim 116°E$),模式中心点为太原($37.80°N$, $112.60°E$),水平分辨率最高为 9 km,对 6 种空气特征污染物 PM_{10},$PM_{2.5}$,NO_2,SO_2,CO,O_3 的空间分布和扩散路径进行数值预报,同时考虑化学过程对气象过程的反馈作用。

17.2.3 空气质量预报

根据国家级空气质量预报业务暂行规范,目前计入考核的有 6 种污染物:PM_{10},$PM_{2.5}$,SO_2,NO_2,CO,O_3,开展 6 种污染物浓度和 AQI 指数客观预报业务和相关服务。单项污染物浓度分级指标见表 17.1,空气质量 AQI 指数分级技术指标及提示语见表 17.2。

17.2.3.1 空气质量分指数计算方法

污染物项目 P 的空气质量分指数按式 17.1 计算:

$$IAQI_P = \frac{IAQI_{Hi} - IAQI_{Lo}}{BP_{Hi} - BP_{Lo}} (C_P - BP_{Lo}) + IAQI_{Lo} \qquad 17.1$$

式中:$IAQI_P$ 为污染物项目 P 的空气质量分指数;

C_P 为污染物项目 P 的质量浓度值;

BP_{Hi} 为表 17.1 中与 C_P 相近的污染物浓度限值的高位值;

BP_{Lo} 为表 17.1 中与 C_P 相近的污染物浓度限值的低位值;

$IAQI_{Hi}$ 为表 17.1 中与 BP_{Hi} 对应的空气质量分指数;

$IAQI_{Lo}$ 为表 17.1 中与 BP_{Lo} 对应的空气质量分指数。

表 17.1　污染物浓度分级指标

IAQI	污染物项目浓度限值					
	$PM_{10}(\mu g/m^3)$ 24 h 平均	$PM_{2.5}(\mu g/m^3)$ 24 h 平均	$SO_2(\mu g/m^3)$ 24 h 平均	$NO_2(\mu g/m^3)$ 24 h 平均	$CO(mg/m^3)$ 24 h 平均	$O_3(\mu g/m^3)$ 8 h 平均
0	0	0	0	0	0	0
50	50	35	50	40	2	100
100	150	75	150	80	4	160
150	250	115	475	180	14	215
200	350	150	800	280	24	265
300	420	250	1600	565	36	800
400	500	350	2100	750	48	—
500	600	500	2620	940	60	—

注:按照相关标准,臭氧(O_3)8 h 平均浓度高于 800 $\mu g/m^3$ 的,不再划分级别。

17.2.3.2 空气质量指数及首要污染物的确定方法

(1)空气质量指数计算方法

空气质量指数按式 17.2 计算:

$$AQI = \max\{IAQI_1, IAQI_2, IAQI_3, \cdots, IAQI_n\} \hspace{2cm} 17.2$$

式中:$IAQI$ 为空气质量分指数;

n 为污染物项目。

(2)首要污染物及超标污染物的确定方法

AQI 大于 50 时,$IAQI$ 最大的污染物为首要污染物。若 $IAQI$ 最大的污染物为两项或两项以上时,并列为首要污染物。

$IAQI$ 大于 100 的污染物为超标污染物。

表 17.2　空气质量 AQI 指数分级技术指标及提示语

AQI 指数	级别	空气质量状况及表示颜色		对健康影响情况	建议采取的措施
0~50	一级	优	绿色	空气质量令人满意,基本无空气污染	各类人群可正常活动
51~100	二级	良	黄色	空气质量可接受,但某些污染物可能对极少数异常敏感人群健康有较弱影响	极少数异常敏感人群应减少户外活动
101~150	三级	轻度污染	橙色	易感人群症状有轻度加剧,健康人群出现刺激症状	儿童、老年人及心脏病、呼吸系统疾病患者应减少长时间、高强度的户外锻炼
151~200	四级	中度污染	红色	进一步加剧易感人群症状,可能对健康人群心脏、呼吸系统有影响	儿童、老年人及心脏病、呼吸系统疾病患者避免长时间、高强度的户外锻炼,一般人群适量减少户外运动
201~300	五级	重度污染	紫色	心脏病和肺病患者症状显著加剧,运动耐受力降低,健康人群普遍出现症状	儿童、老年人和心脏病、肺病患者应停留在室内,停止户外运动,一般人群减少户外运动
>300	六级	严重污染	褐红色	健康人群运动耐受力降低,有明显强烈症状,提前出现某些疾病	儿童、老年人和病人应当留在室内,避免体力消耗,一般人群应避免户外运动

17.2.4　空气污染气象条件预报

空气污染气象条件是指大气对排入空气中的污染物稀释、扩散、聚积和清除等状态的总描述,空气污染气象条件预报(又称为空气污染潜势预报)则是不考虑污染源的情况,从气象角度出发,对未来大气污染物的稀释、扩散、聚积和清除能力的预报。

空气污染物进入大气后,其稀释和扩散、聚积和清除等能力受多种气象因素的综合影响。空气污染气象条件预报就是在统计分析的基础上,总结出当地有利于污染物稀释扩散和不利于污染物稀释扩散的天气形势类型以及各种气象参数(风向、风速、大气层结稳定度、混合层高度以及降水等)及其临界值,应用统计加权方法,给出空气污染气象条件预报结论。

以太原市为例,对于主要污染物 PM_{10},根据 PM_{10} 浓度与气象条件的关系,归纳出有利于或不利于 PM_{10} 扩散的天气形势和气象要素判据,并规定其加权数,见表 17.3,17.4:

表 17.3　地面天气型与加权数

不利于扩散的天气型	加权数	有利于扩散的天气型	加权数
高压内部	+2	冷锋	−2
高压后部、弱高压、变性高压	+3	冷高压前部	−3
高压底部	+2	回流降水	−3
均压场、鞍型场	+2	高压东部(冷锋后,风未停)	−2
锋前暖区	+3	低压中心上升区	−2

表 17.4　气象要素与加权数

气象要素		加权值
逆温	厚度<100 m	0
	100 m≤厚度<200 m,且逆温强度>2℃・hm^{-1}	+1
	厚度≥200 m,且逆温强度<2℃・hm^{-1}	+1
	厚度≥200 m,且逆温强度>2℃・hm^{-1}	+2
地面风速 V(m・s^{-1})	$V≤3$	+3
	$4≤V≤5$	+2
	$6≤V≤7$	0
	$V>7$	−1
850 hPa 温度平流	暖平流	+1
	冷平流	−1
1500 米风速 V(m・s^{-1})	$V≤8$	+1
	$8<V≤10$	0
	$V>10$	−1
视程障碍	雾	+2
	轻雾、霾、吹烟	+1
	扬沙、浮尘	+2
300,600,900 m 风速之和(m・s^{-1})	≤21	+1
	>21	−1
时段内降水量(mm)	1~5	−1
	>5	−2

　　污染气象条件等级判断:根据表 17.3,17.4 求出天气形势和气象参数加权数的合计值,由表 17.5 给出判断标准,确定空气污染气象条件预报的级别。

表 17.5　空气污染气象条件预报分级

等级	加权数	评价	描述
一级	<0	好	非常有利于空气污染物稀释、扩散和清除
二级	1~2	较好	较有利于空气污染物稀释、扩散和清除
三级	3~4	一般	对空气污染物稀释、扩散和清除无明显影响
四级	5~6	较差	不利于空气污染物稀释、扩散和清除
五级	7~8	差	很不利于空气污染物稀释、扩散和清除
六级	≥9	极差	极不利于空气污染物稀释、扩散和清除

17.3 城市环境气象指数预报

17.3.1 晨练指数

晨练是全民健身运动中最普遍的形式。气象条件的好坏直接关系到晨练人们的身体健康。

以太原市为例,根据气候特点,对影响晨练的气象因子用条件结合的方法确定晨练指数级别。所考虑的气象条件有:天空状况、风力、气温、降温和污染状况,共 5 种气象条件。各种气象要素对晨练的影响分成 3 种情况,分别为适宜晨练、不太适宜和不适宜。下面对 5 种气象条件分别进行分析如下:

天空状况

(1)当天空状况为晴、少云、多云时为适宜条件,能进行户外锻炼且效果好。

(2)阴天、轻雾、零星小雪、霜时为不太适宜,能见度稍差,对户外锻炼有影响且效果差,应选择合适的场地和适当的锻炼方式以减少不利天气对健康的影响。如阴天应避免在树林中晨练,以防止林中二氧化碳过多对身体有害;还可以选择在室内完成锻炼。

(3)雨、大雪、冰雹、大雾、浓雾或浮尘天气等为不适宜,不宜从事户外锻炼。否则,不仅达不到锻炼的目的,而且会对身体造成负面影响,对健康不利。如雾天,尤其是浓雾天气,雾滴中溶解了大气中的一些酸、碱、盐、胺、苯、酚以及尘埃、病原微生物等有害物质,晨练过程中,极易造成机体需氧量的增大与有害物质对呼吸系统的致害因而造成供氧不足之间的矛盾,产生呼吸困难、胸闷、心悸等不良症状,病原体也会趁虚而入,危害人体健康;雨雪天路滑,而且雪后人体皮肤和关节韧性降低,容易摔倒而造成崴脚、骨折等损伤,老年人尤其不要到户外晨练。

风力

风力对人体影响程度按高低将其分成 3 个等级:

(1)风力在 3 级或以下为适宜;

(2)3 级以上到 5 级以下为不太适宜;

(3)5 级及以上时为不适宜,尤其是空气较干燥时易形成浮尘或扬沙天气,对呼吸系统危害较大。

气温

早晨适宜晨练的气温标准:

(1)日最低气温在 5~20℃ 为适宜;

(2)日最低气温在 -10~5℃ 或 20~22℃ 为不太适宜;

(3)日最低气温小于 -10℃ 或大于 22℃ 为不适宜。

降温

根据降温对人体的影响可以划分为:

(1)24 h 内最低气温下降小于 4℃ 为适宜;

(2)24 h 内最低气温下降 4~8℃ 为不太适宜;

(3)24 h 内最低气温下降大于 8℃ 为不适宜,因为气温的剧烈下降,人体来不及适应,容易引发感冒、关节炎以及心脑血管疾病等症。

污染状况

当污染较重时进行晨练,对身体的损害是非常大的。按照空气污染指数来划分:

(1)空气质量指数为 1,2 级时为适宜;

(2)空气质量指数为 3,4 级时为不太适宜;

(3)空气质量指数为 4,5 级时为不适宜。

将上述各种气象条件分成 3 个等级:适宜、不太适宜和不适宜,然后进行组合来确定是否适于晨练。标准分为 4 级:

1 级:适宜晨练,各种气象条件都很好;

2 级:较适宜晨练,一种或两种气象条件不太好;

3 级:不太适宜晨练,三种或四种气象条件不太好;

4 级:不适宜晨练,五种条件中出现一种及以上的不适宜。

17.3.2　舒适度指数

所谓"舒适度",就是在不特意采取任何防寒保暖或防暑降温措施的前提下,人们在自然环境中是否感觉舒适及其达到怎样一种程度的具体描述。

舒适度指数划分为四级标准。级别内涵对应人体感觉天气舒适程度,由一级至四级舒适度依次下降(表 17.9)。

表 17.9　舒适度等级划分表

指数等级	级别内涵
一级	舒适
二级	较舒适
三级	不舒适
四级	非常不舒适

17.3.3　穿衣指数

根据自然环境对人体感觉温度影响最主要的天空状况、气温、湿度及风等气象条件进行分析研究,总结出穿衣气象指数,共分七级标准,由一级至七级适宜穿着衣物的厚度依次递减(表 17.10)。

表 17.10　穿衣指数等级划分表

指数等级	级别内涵
一级	严冬装:适宜穿着羽绒服、戴手套等
二级	冬装:适宜穿着棉衣、皮衣、厚毛衣等
三级	初冬装:适宜穿着夹克衫、西服、外套等
四级	早春晚秋装:适宜穿着套装、夹克衫、风衣等
五级	春秋装:适宜穿着棉衫、T恤、牛仔服等
六级	夏装:适宜穿着短裙、短套装等
七级	盛夏装:适宜穿着短衫、短裙、短裤等

17.3.4　开窗指数

随着生活水平的不断提高,人们对生活质量的要求也越来越高,而生存的环境有时并不尽如人意,冬季取暖期更是如此。在沙尘天气出现或空气污染比较严重时、在有强降温的天气系统影响时、在室外温度过低时,开窗都有不利的影响,而在环境舒适时,开窗可以交换新鲜空气;只要能够掌握合理时间,就可以充分利用有利气象条件进行自然净化,减少伤害。

开窗指数分为 5 级:

1 级:环境条件非常有利于开窗;下列条件全部符合,即为 1 级

(1)最高气温≥10℃;

(2)空气质量指数为 1 级;

(3)风力为 1～2 级。

12—18 时开窗较适宜;如最高温度≥15℃,10—20 时开窗较适宜;

2 级:环境条件有利于开窗;下列条件全部符合,即为 2 级

(1)10℃＞最高气温≥5℃;

(2)空气质量指数好或等于 2 级;

(3)风力≤3 级。

12—16 时开窗较适宜;

3 级:环境条件对开窗无明显影响;空气质量指数好于或等于 3 级,有下列任意一项符合条件即为 3 级:

(1)最高气温≤5℃;

(2)有降温,日平均气温下降 6～8℃;12—15 时开窗较适宜;

(3)有 4～5 级风,有尘土飞扬,但未达到浮尘或扬沙天气标准。

风小时可开窗 2～3 h;

4 级:环境条件不利于开窗,有下列任意一项符合条件即为 4 级:

(1)空气质量指数为 4 级;

(2)强降温,日平均气温下降 8℃以上;中午前后可开窗 1～2 h 左右;

(3)有 6 级及以上大风或有 4～5 级风,并伴有浮尘或扬沙天气。

风小时可开窗 1 h 左右;

5 级:环境条件差,全天都不利于开窗;有下列任意一项符合条件即为 5 级:

(1)6 级以上大风,并伴有沙尘暴天气;

(2)空气质量指数为 5 级或 6 级;

17.3.5　紫外线指数

紫外线是电磁波谱中波长 0.01～0.04 μm 辐射的总称。阳光中有大量的紫外线。紫外线对人类的生活和生物的生长有很大影响。

紫外线按其波长可分为三个部分:A 紫外线波长为 0.32～0.40 μm,对我们的影响表现在对合成维生素 D 有促进作用,但过量的 A 紫外线照射会引起光致凝结,抑制免疫系统功能,太少或缺乏 A 紫外线照射又容易患红斑病和白内障;B 紫外线波长 0.28～0.32 μm,对我们的影响表现在使皮肤变红和短期内降低维生素 D 的合成,长期接受可能导致皮肤癌、白内障及抑

制免疫系统功能;C 紫外线波长为 $0.01\sim0.28~\mu m$,几乎都被臭氧层所吸收,对我们影响不大。紫外线对人类的影响主要表现为 A 紫外线和 B 紫外线的综合作用。

　　紫外线辐射的强弱,用紫外线指数(即 UV 指数)表示。所谓紫外线指数,它是衡量某地正午前后到达地面的太阳紫外线辐射对人体皮肤(或眼睛)可能损害程度指标。它主要依赖于纬度、海拔高度、季节、平流层臭氧、云况、地面反射率和大气污染状况等条件。世界气象组织规定单位紫外线指数相当于 $25~mW\cdot m^{-2}$ 红斑加权剂量率。中国气象局紫外线指数分级标准见表 17.11。

表 17.11　中国气象局紫外线指数分级标准

级别	到达地面的紫外线辐射量 $(280\sim400~nm)W\cdot m^{-2}$	紫外线指数	紫外线辐射强度	对人体可能影响 (皮肤晒红时间(min))	需采取的防护措施
一级	<5	0,1,2	最弱	$100\sim180$	不需要采取防护措施
二级	$5\sim10$	3,4	弱	$60\sim100$	可以适当采取一些防护措施,如:涂擦防护霜等
三级	$10\sim15$	5,6	中等	$30\sim60$	外出时戴好遮阳帽、太阳镜和太阳伞等,涂擦 SPF 指数大于 15 的防晒霜
四级	$15\sim30$	7,8,9	强	$20\sim40$	除上述护措施外,上午十点到下午四点时段避免外出,或尽可能在遮阴处
五级	$\geqslant30$	10 和大于 10	很强	小于 20	尽可能不在室外活动,必须外出时,要采取各种有效的防护措施

参考文献

[1] 吴兑,邓雪娇.环境气象学与特种气象预报[J].气象,2000,**26**(8):3-5.

[2] 吴正华.我国城市气象服务的若干进展和未来发展[J].气象科技,2001,**29**(4):1-5.

[3] 陈碧辉,李跃清,闵文彬,等.城市环境气象的研究进展[J].四川气象,2005,**25**(2):27-29.

[4] Grell G A,Peckham S E,Schmitz R,*et al*.,Fully coupled "online" chemistry within the WRF model[J].*Atmospheric Environment*,2005,**39**(37):6957-6975.

第 18 章　数值预报与产品释用

18.1　数值预报概况与发展现状

18.1.1　数值预报概况

数值预报就是从观测到的大气信息出发,把大量的物理、化学定律引入到对天气系统各种演化过程的描述上来,根据大气内部的物理规律(质量守恒、能量守恒、动量守恒和水汽守恒等),建立了一套偏微分方程组来描述大气的运动和变化,在一定的初始状态和边界条件下,对这组方程组进行数值积分,求其数值解,从而对未来的天气或气候状况做出预报。由于目前人类尚不能给出这组方程的精确解,所以只能利用数值计算方法将偏微分方程组离散为计算机可以求解的差分方程组,围绕这组差分方程组建立起了各种数学模型,并将这些数学模型编成计算机程序,这就是通常所说的数值预报模式。

数值预报是现代天气预报的支撑工具,是目前制作中、短期天气预报最有效的科学方法。在数值预报出现前,天气预报基本上属于经验性的技术,与基于天气图分析或数理统计模型的预报技术相比,数值预报是建立在一组对大气运动规律了解了的数学物理方程组上,具有更坚实的物理基础,而且代表了数字化、定量客观化的预报方向,其效果不依赖于具体制作预报时的个人经验,并且可以获取定量的三维大气要素,还可以进一步加工成各种需要的预报产品,无论是精细与量化程度,还是准确率都已经超越单凭传统天气图分析制作的预报。

18.1.2　数值预报业务系统的构成

一般的数值预报系统应由观测资料的获取和预处理,资料质量控制和客观分析(资料同化),预报模式,预报产品的后处理及检验评价,产品的输出、图形和归档,以及预报产品的解释应用等六大部分构成,另外还需要高性能计算机、数据库、图形等数值预报支撑软件的支撑。图 18.1 是给出数值预报系统的工作流程。

(1)观测资料的获取和预处理子系统

观测资料是数值预报的基础。将全球探空与地面气象观测站,自动气象站、气象雷达与卫星遥感等多种观测手段获得的资料,通过多种通信途径传输与接收,再把这些资料通过数据解码、格式转换、数据整理、初步质量控制等过程后,存入观测资料数据库。

(2)资料质量控制和客观分析子系统

各种观测资料并不能直接用于模式,还必须经过质量控制和客观分析得到模式需要的初值,才能进入模式运算。质量控制是依据资料的统计特征和气象要素之间的内在关系来实现。

客观分析是将全球分布极不均匀、不完整的站点观测资料及卫星遥感等非大气要素观测资料转变为完整的规则分布格点上的模式初值。客观分析不是单纯的空间插值,它要实现背景资料与观测资料的有机融合,实现多变量之间的相互协调,并尽可能维持分析结果在动力学上的平衡。常用的客观分析方法有逐步订正法、二、四维变分同化法、集合卡尔曼滤波法等。

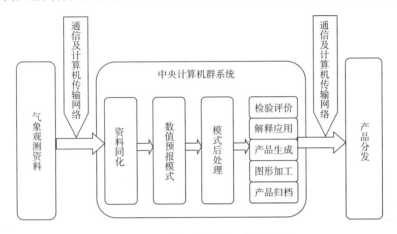

图 18.1　数值预报系统工作流程图

（3）预报模式子系统

预报模式是整个数值预报系统的核心部分。将描述大气演变的动力、热力方程组,加上适当的初始条件和边界条件,通过离散化数值方法求近似解,并编制成计算机程序,统称为数值预报模式。对数值模式进行时间积分可得到未来时间的大气状态。根据数值预报方程组在空间上的离散化方法分为格点模式和谱模式。

数值模式还包括物理过程参数化。影响天气变化的主要物理过程是:辐射及其传输,水的相变,边界层内的动量、热量、水汽输送,大气与下垫面的物质和能量交换,以及大气中的湍流和扩散。这些物理过程比模式变量的尺度小,故称为次网格过程,这些次网格过程与模式网格能够分辨的动力过程有物质与能量交换。例如大气辐射,大气湍流对动量、能量和水汽的输送,水汽的凝结降水等都属于次网格物理过程。这些次网格物理过程通过运动方程中的摩擦项、能量方程中的非绝热加热项以及水汽方程中的源、汇项等,对网格可分辨的动力过程产生影响。为了使预报方程组闭合,必须用模式的预报变量来表示这些次网格过程,即所谓的物理过程参数化。

（4）预报产品后处理子系统

将预报模式时间积分后的结果,由各模式层数据内插到标准的等压面上,并计算一些常用的诊断量,如垂直速度、涡度、散度、涡度平流、位温、假相当位温、水汽通量散度、温度露点差、位涡度、锋生函数、Q 矢量等。对模式自身输出的累积量如降水进行截断处理得到相应时段产品。

（5）数值预报产品的检验评价、图形生成和归档子系统

对模式输出及后处理生成的各类数据,检验评价产品的质量,按要求生成各种数据与图形产品,满足用户需求,并将这些后处理的产品建成数据库,便于用户检索。同时为加快传输速度,把它们编制成国际上通用的 GRIB 码的形式向外发送。

（6）预报产品的解释应用子系统

利用统计、动力、人工智能等方法,并综合预报经验,对数值预报的结果进行分析、订正,从

而获得比数值预报产品更为精细的客观要素预报结果或者特殊服务需求的预报产品。

由于单一数值预报系统在资料预处理、资料质量控制、客观分析方法、物理过程参数化及侧边界条件等过程中都存在一定的缺陷,数值预报结果具有较大的不确定性,因此业务中还普遍采用集合预报技术,利用多个单一模式进行预报。与此同时随着预报服务的需求,专业数值预报系统逐步完善,包括台风、风暴潮、海浪、海雾、沙尘浓度、环境污染物扩散、紫外线、人工影响天气条件、森林火险气象条件等级等。专业数值预报系统是现代数值预报业务的重要补充。

18.1.3　数值预报的发展与成就

数值天气预报理论和应用是过去一个多世纪以来地球科学的最重大进步和成就之一,1904 年,挪威学者 V. Bjerknes 首次对数值天气预报理论作了明确阐述,认为给定大气初始状态和边界条件,通过求解描述大气运动变化规律的数学物理方程组,可以把未来的天气较精确地计算出来。1950 年 Charney 借助美国世界首台电子计算机用滤掉重力波和声波的准地转平衡滤波一层模式,成功地制作出了 500 hPa 高度场形势 24 h 预报,开创了数值天气预报滤波模式时代。1954 年瑞典在世界上率先开始了实时业务数值天气预报,从此数值天气预报从纯研究探索走向了业务应用。20 世纪 60 年代中期起,包含有简单物理过程参数化方案的、较完善的原始方程数值天气预报全球模式逐渐形成。1975 年欧洲成立了 ECMWF,于 1979 年 8 月开始业务中期天气预报,标志着数值天气预报走向成熟。

随着数值预报理论与方法的进一步发展以及计算机、大气遥感等科学技术的飞速进步,数值预报技术不断发展,预报能力持续增强,应用领域越来越广泛。目前可信预报时效已经达到 8 d 左右,对气象要素的预报也已达到相当的精度,由数值预报模式直接制作温度、湿度、风、降水、云量等要素的预报已经在各地业务中得到广泛的应用。近二十几年来数值预报又进入了新的快速发展时期,概括起来这一阶段的数值预报技术主要取得以下成就[1,2]:

(1)模式动力框架的改进与发展

模式动力框架方面的主要进展有:(1)数值模式向高分辨率发展。目前全球模式格距已经普遍达到 50 km 或更小,区域中尺度模式格距达到了 10 km 或更小,模式垂直层数一般都多于 30 层。(2)对于空间离散,有限区域模式多采用欧拉差分格式,全球模式则多采用拉格朗日差分格式;对于时间离散,半隐式和将快慢波分离(分裂—显式)的时间分裂是较常用的时间积分方案。半隐式和半拉格朗日方法结合一起的方案已在业务数值预报模式中得到了最广泛的使用。(3)动力框架的改进与物理过程的改进同步进行,考虑到了模式动力过程与物理过程之间的协调性,以及模式的整体性。(4)致力于研发非静力多尺度一体化模式或非静力中尺度模式。

(2)资料同化的技术突破,极大地提高了数值预报的初始场质量

数值预报是一个数学中的初值问题,初值的质量对预报有决定性的影响。而初值是由对观测资料同化而获得的。数值预报的基本观测资料来源于全球探空与地面气象观测网,但占据地球大部分面积的海洋与人类难以生存的陆地区域上基本没有测站,测站分布的不全面不均匀造成数值预报的初值误差很大。从 20 世纪 90 年代初开始,利用三维与四维变分同化技术直接同化雷达、卫星等非常规观测数据取得突破,使得这些资料在数值预报里的定量应用有了大幅度改善,补充了常规探空观测的不足,大大改善了数值预报的初始场,并进而提高了预报的水平。

(3)模式物理过程日益完善与精细化

数值预报发展的初期,模式只包含大气动力过程,以后大气中的各类物理过程逐步引入到

模式中,使得"模式大气"越来越接近真实大气,不仅改进了对天气形势的预报,还使模式的预报内容扩展到各种天气要素。目前的数值预报模式一般都包括大气中的云与降水过程,辐射能量的传输过程、边界层过程、各种下垫面与大气的能量与物质交换过程等,这些过程的表述也越来越精细。与暴雨等天气直接有关的云与降水过程则已经由简单的大气饱和凝结过程与对流参数化向细致描写成云致雨的复杂微物理过程方向发展。模式所预报的不仅是地面的累积降水量,也包括云与降水的三维微物理信息,并在一定程度上预报了对流风暴内的环流过程。为了细致考虑下垫面的性质对大气的影响,先进的数值预报模式中下垫面的分类多达二十多种,界面与界面下发生的主要过程都被逐一加以考虑,使得模式能比较恰当地反映模式大气与海洋、陆面、地上或海上的冰雪等的相互作用及其对大气过程的影响。模式物理过程的细化进一步提高了模式预报的精度,也大大丰富了模式直接预报产品。

(4)模式程序软件

随着模式分辨率的提高和数值预报模式性能的完善,模式的计算量呈几何级数增加,需要更高性能的巨型计算机才能实现数值模式的大规模科学计算。同时也使得模式程序的研制、运行、维护、发展变得更加困难。这就要求模式程序的设计必须要标准化、模块化、并行化。模式程序每一单元的编写必须按给定的一体化编程标准严格进行。按数值模式的功能和算法将标准化的模式程序单元组合成一个个模块,以便人们可以"插一拔"式选择不同的模块装配成一套完整数值预报模式。高性能计算机的有效使用必须采用并行化的模式程序,模式程序要最大程度地并行优化。现代数值预报模式软件设计还要要求可移植性好、可扩充性好、可读性好。模式程序可以在不同的高性能计算机上运行,能够很容易地从一台计算机移植到其他计算机;模式程序可以不断地扩充和发展,允许并行计算专家和模式专家发挥各自的优势,共同发展模式。

(5)集合预报的发展

基于对数值预报不确定性的认识,近十几年发展起集合预报的概念与方法。集合预报即对同一有效预报时间,有一组不同的预报结果,各预报结果间的差异可提供有关被预报量的概率分布的信息。集合预报可以给出对预报可信度与误差范围的估计,增加了预报产品的应用价值。在集合预报中的各个预报可具有不同的初始条件、边界条件、参数设定,甚至可用完全独立的数值天气预报模式生成。集合预报在实际业务中发挥了很好的作用,因而已经成为各国数值预报业务的重要组成部分,还被广泛地应用于资料同化与观测系统的研究。

18.1.4　数值预报尚存在的问题

当代数值预报尽管取得了很大成就,但存在的问题也还很多。对天气尺度的系统,普遍接受的可预报时效的理论上限是两周,目前的实际可信预报时效离这一上限还很远。在非常规资料的应用上,尽管我们也使用了一定数量的卫星资料,但在卫星资料同化的种类和数量上还存在着明显的差距,在雷达资料等其他非常规资料的同化技术上还存在着明显不足。模式中的大气与地球其他圈层的耦合也还很粗糙,这在一定程度上影响了可信预报时效的延长。中尺度数值预报远不如大尺度预报那么成熟,模式对于云与降水过程的描写还存在很多不足,模式中的水物质变量的初值形成方法只是有了一个开端。对中尺度系统发生发展有明显影响的物理过程在中尺度模式中还没有被正确地描述,使得模式对中尺度系统的预报能力很低。集合预报尽管在一定程度上弥补了模式的缺陷,但集合预报不能替代模式的发展,而且集合预报技术也还有很多不足之处。

18.2　应用于山西的数值预报产品

数值预报产品在山西省天气预报业务中始终发挥着极其重要的作用。在应用 9210 下发的 ECMWF,T639,GRAPES 等数值预报产品的基础上,近年来逐步引进和本地化了若干中尺度数值预报模式,这些模式及其产品在山西气象业务与服务中发挥了巨大的作用。

18.2.1　T639L60

T_L639L60 全球谱模式简称 T639,是通过对 T213L31 模式进行性能升级发展而来。将模式的谱分辨率从 213 波提高到 639 波,格点空间水平分辨率从 T213 的 0.5625°×0.5625°提高到 0.28125°×0.28125°,有 1280×640 个格点,相当于水平分辨率为 30 km。T639 采用地形追随—等压面混合坐标,将模式垂直分辨率从 T213 的 31 层提高到 60 层,预报时效为 10 d。

T639L60 模式动力框架的改进主要有三个方面:一是水平格点由二次高斯格点改为线性高斯格点,同时采用改进的稳定外插两个事件层的半拉格朗日积分方案,使之在线性高斯格点下计算噪音问题得到有效克服,并延长积分时间步长。二是 T639 模式层顶从 T213 的 10 hPa 向上延伸至 0.1 hPa,包含平流层,温度有明显的跳跃,幅度可达到 40℃。模式顶提高对卫星 ATOVS 资料同化非常有用,但在 1~5 hPa 附近的平流层极夜急流附近风速很强,为避免模式在这些区域出现问题,在 9 hPa 以上采用 Rayleigh 摩擦,以增加平流层的稳定性。三是在 T639 中,改变了模式的基本结构,把欧拉型的 ξ—D(涡度—散度)模式转换为 U-V 型的动量方程型式,减少了花费机时很多的勒让德变换数。另外,模式采用虚温作为谱变量,当采用半拉格朗日方案时进一步减少所需的勒让德变换数,大大减少了模式每步的积分时间。

T639 模式物理过程是针对 T213 模式使用过程中发现的问题进行改进得来。T213 模式降水预报偏差偏大空报多,主要原因是小于模式分辨率的次网格对流参数化过程不够活跃,对大气中不稳定的消除不够有效,有太多格点尺度对流发生。另外,随着模式分辨率提高,需要保持模式可分辨对流和次网格参数化对流之间的合理平衡。改进方案主要增加了次网格的对流活动,对流强度增加了,因此对流降水占总降水的比例也增加了,从而格点尺度降水占总降水的比例减少了,从而使得降水预报偏差偏大空报多的问题有所克服。T639 模式物理过程的改进还包括云方案改进,下垫面资料处理和合理的初始化方案等方面。

T639 全球资料同化系统实现了最优插值向三维变分同化方案的升级,克服了 T213 模式采用最优插值同化分析系统、不能直接同化大量的卫星遥感资料的缺陷。除包含 T213 模式同化的全部常规资料外,目前 T639 模式还能直接同化美国极轨卫星系列 NOAA-15/16/17 的全球 ATOVS 资料,卫星资料占到同化资料总量的 30% 左右。ATOVS 资料是垂直探测仪资料,可以垂直探测多层大气信息,特别是微波垂直探测仪资料受云的干扰较小,像元分辨率与模式分辨率相当,对同化分析起到显著的改善作用。卫星资料的同化应用显著改善了模式预报效果,缩短了和国际先进模式的差距。

T639 模式首次在业务上采用了一个循环同化系统和一个预报系统,循环同化系统能够同化延迟 10 h 以上的卫星资料,为预报系统提供背景场,预报系统采用 5 h 截报同化分析,以满足业务实效性的要求。表 18.1 给出了 T639 与 T213 的对比。

表 18.1　T639 与 T213 模式比较

	T213L31	TL639L60
可分辨的最大水平波数	213	639
垂直层次	31	60
模式层顶	10 hPa	0.1 hPa
格点空间定义	二次高斯格点	线性高斯格点
格点空间	640×320	1280×640
水平分辨率	60 km	30 km
同化系统	OI	三维变分
数据格式	GRIB	GRIB2
文件个数	1800	38
文件大小	33 kB	1.7 MB
产品目录	44	15
预报时效	168 h	240 h
预报间隔	6 h	3 h

T639 模式产品从 2008 年 6 月开始下发。虽然 T639 能够提供 0.28125 度的产品，但由于 9210 广播通道的带宽有限，所以目前业务上收到的 T639 模式分辨率与 T213 的下发产品一样都是 1 度分辨率。通过 9210 下发的 T639 产品清单见表 18.2。由表 18.2 可以看出 T639 有些物理量场的层次减少了，水汽通量、水汽通量散度、温度场、温度露点差场只有 500 hPa，700 hPa 和 850 hPa 几个层次。同时，T639 增加了许多新的资料，如 P 坐标垂直速度、总降水量、2 米相对湿度、温度露点差场、10 米风场等要素。T639 模式产品提供高时间频次产品，60 h 前间隔 3 h，60～120 h 6 h 间隔，120～168 h 12 h 间隔，168～240 h 24 h 间隔。

表 18.2　T639 下发产品列表

要素名称	要素代码	单位	层次类型	层次个数	层次号	时次	时效	数据区大小
温度	11	K	100	10	200,250, 300,400, 500,600, 700,850, 925,1000		000,003	分辨率 1.0°×1.0°
高度	7	gpm					006,009	
东西风	33	m·s^{-1}					012,015	
南北风	34	m·s^{-1}					018,021	
垂直速度	39	Pa·s^{-1}					024,027	
相对湿度	52	%					030,033	
10 米 U	33	m·s^{-1}	105	1	10	00	036,039	格点数 181×91
10 米 V	34	m·s^{-1}					042,045	
2 米温度	11	K			2		048,051	
2 米相对湿度	52	%					054,057	
海平面气压	2	hPa	102	1	0		060,066	
总降水量	61	mm	1	1	0		072,078	
水汽通量	155	10^{-1} g/hPa·cm·s	100	3	500, 700, 850		084,090 096,102	地理范围 0°～180°E 0°～90°N
水汽通量散度	135	10^{-7} g/hPa·cm^2·s					108,114 120,132	
温度露点差	18	K				12	144,156	
假相当位温	14	K					168,192	
K 指数	133	K	102	1	0		216,240	

T639 模式所具有的预报特长主要体现在下列三个方面：(1)T639 模式的时间和空间分辨率要高于目前业务用的 EC 和日本模式。在时间分辨率方面，T639 模式 48 h 时效内达到 3 h 的输出间隔，有利于预报员做更精细化的预报服务。在空间分辨率方面，现有下发的 MICAPS 格式数据的分辨率是 $1° \times 1°$，在下发条件许可的情况下，可以提供原始分辨率 $0.28125° \times 0.28125°$ 产品，对于天气系统的结构以及降水的分布有更好的表现。(2)在降水量级的预报上，T639 模式在很多情况下优于日本模式。通常日本模式预报降水量级偏少，而 T639 模式更接近于实况。在实际业务中，T639 模式降水预报的最主要偏差来自于天气系统的偏差，因此经过降水区(带)位置订正后的 T639 模式降水预报有较高的应用价值。(3)T639 模式对中国大陆区域的观测资料使用较好，对于某些天气系统的表现更接近实况。如对于西伸到大陆上空的副高 588 线，T639 模式的零场分析和 24 h 预报比 EC 模式更接近预报员实况分析，EC 模式往往会把副高分析和预报得偏弱。此外，T639 还会表现出一些 EC 模式没有分析出来的低涡或切变系统。

18.2.2　GRAPES 模式

GRAPES(Global and Regional Assimilation and PrEdiction System)是一个以多尺度通用动力模式为核心的、以统一软件编程标准为平台的我国新一代全球/区域一体化的同化和预报系统。Grapes 模式动力框架的主要特点包括：

(1)采用半隐式—半拉格朗日差分方案。该方案是一个无条件计算稳定的方案，意味着理论上时间步长的选取不受限制，有利于降低模式积分计算成本。

(2)采用经—纬度格点差分模式。

(3)有限区域和全球模式"统一模式"。

(4)静力平衡和非静力平衡可选，以便考虑不同尺度模拟的需要。

(5)模式变量的水平放置采用 Arakawa-C 跳点，但将"V"置于南—北极点。可使极点轨迹计算简单化，计算更精确、稳定，计算协调性更好。

(6)垂直方向为 Charney-Phillips 变量隔层设置，由于避免了温度变量的插值，使得垂直气压梯度力的计算更精确，这一点对于非静力平衡模式尤为重要。

(7)高度地形追随坐标面不随时间变化；随高度升高，坐标面"自然地"趋于水平；比较好地缓解追随坐标所固有的垂直与水平方向的"非正交性"之不足。

(8)三维矢量离散化。

(9)准单调正定水汽平流计算方案。

GRAPES 物理过程参数化方案和世界上其他气象业务中心的新一代数值天气预报系统研究开发一样，物理过程参数化方案基本采用现有的方案，理由之一是物理过程参数化方案的发展是独立于模式动力框架和资料同化方案的，具有一定的通用性；理由之二是已有的物理过程参数化方案经过长时间的业务应用检验，具有很好的可靠性。所以 GRAPES 模式主要以现有数值模式的物理过程参数化方案为参考，并引入新的物理过程参数化方案，经过优化优选试验，解决新模式动力框架、新资料同化方案与物理过程参数化方案的协调性问题，从而形成适合 GRAPES 动力框架和同化框架的物理过程参数化方案。GRAPES 模式目前包含了积云对流、微物理、辐射、垂直扩散、边界层、陆面、重力波拖曳等全套物理过程参数化方案。每种物理过程参数化方案有多种选择，用于不同应用目的(如全球模拟、区域模拟等)。

GRAPES 同化系统采用三维变分同化系统,变分同化技术的优点之一是可以直接地、更多地同化应用非常规资料,如卫星资料、雷达资料、中尺度观测网资料等。这对常规观测稀少的洋面、高原、荒漠地区尤为重要。GRAPES 三维变分同化方案的主要特点是:分析为标准等压面上的增量分析;分析网格为经纬度网格;采用非跳点的 Arakawa2 A 网格设置水平分析变量;观测算子包括从 GTS 获取的常规资料(如 TEMP,SYNOP,SHIP,AIREP,SATOB,SATEM 等),同时包括非常规资料(如 ATOVS 亮温资料,Doppler 雷达资料等);采用简单的地转平衡关系或线性平衡关系作为质量场和风场的平衡;区域版本用递归滤波、全球版本用谱滤波来表示背景误差协方差的水平相关;垂直相关用气候平均的垂直误差的 EOF 特征模的投影来表示;应用预条件 $\delta x = U w = B w$,减少迭代次数,加速极小化的收敛;极小化采用有限记忆 BFGS 算法。

18.2.3　WRF 模式在山西省的本地化应用

WRF(Weather Research Forecast)模式是由许多美国研究部门及大学的科学家共同参与进行开发研究的新一代中尺度预报和同化系统。WRF 模式系统具有可移植性、可扩充、高效率等特点,使新的科研成果运用到业务预报模式更为便捷,也使得科技人员在大学、科研单位以及业务部门间的交流变得更为容易。

WRF 模式系统的开发计划是 1997 年由美国国家大气研究中心(NCAR)中小尺度气象处、国家环境预报中心(NCEP)环境模拟中心、预报系统实验室(FSL)的预报研究处和奥克拉荷马大学的风暴分析预报中心四单位联合发起建立的,由美国国家自然科学基金和国家海洋大气局(NOAA)共同支持。该项计划发起后,得到其他研究部门、大学、美国宇航局(NASA)、美国空军和海军、环保局等单位的响应,并共同参与开发研究工作,为新的科研成果运用于科研和业务、促进各单位的合作,正在起到积极的作用。

WRF 模式采用高度模块化和分层设计,分为驱动层、中间层和模式层,用户只需与模式层打交道;在模式层中,动力框架和物理过程都是可插拔,为用户采用各种不同的选择、比较模式性能和进行集合预报提供了极大的便利。

在未来的研究和天气预报业务中,WRF 模式重点考虑从云尺度到天气尺度等重要天气的预报,水平分辨率重点考虑 1～10 km。

目前山西 WRF 情况:山西区域 WRF 模式使用美国 NCEP 的 GFS 资料作为模式的初始背景场,采用三重嵌套方案进行 72 h 预报,运行在山西省气象局曙光高性能计算机 TC4000 上,峰值速度约 2000 亿次。模式每天运算两次,运算耗时 2 h。三重区域的格点分辨率分别为 45,15 和 5 km,垂直方向共 28 层。WRF 模式重点考虑从云尺度到天气尺度等重要天气的预报,水平分辨率重点考虑 1～10 km。

考虑到山西实际情况,模式采用三层嵌套,中心点取为太原(37.80°N,112.60°E);粗网格东西向取 91 个格点,南北向取 91 个格点,格距 45 km,时间步长 360 s,模式采用美国地质勘探局 USGS10 min(19 km)分辨率地形资料,植被覆盖资料采用 24 类划分种类;中网格东西向取 103 个格点,南北向取 103 个格点,格距 15 km,采用 5 min(9 km)分辨率地形资料;细网格东西向取 139 个格点,南北向取 184 个格点,格距 5 km,采用 2 min(4.5 km)分辨率地形资料。

18.3 数值预报产品的使用方法

18.3.1 数值预报产品使用概述

数值预报产品释用是对数值模式预报产品的进一步"解释应用",具体来说利用统计、动力、人工智能等方法,综合预报经验,对数值预报的结果进行分析、订正,建立预报模型,最终给出客观要素预报结果或者特殊服务的预报产品,为预报员提供客观预报产品支持。

数值预报产品释用是发展现代化天气预报的重要基础,是联系数值预报和日常预报业务的一座桥梁。随着现代化天气预报日益向客观定量化方向发展,预报业务量的不断增加,需要建立以有效的客观要素预报结果为基础的现代化天气预报系统,数值产品释用是把数值预报结果应用于实际预报的最有效途径。数值预报产品释用也是数值预报本身发展的需要。虽然一般来说现代数值预报形势预报的质量超过了预报员的预报水平,但要素预报预报的水平则比较低,数值预报存在不同的预报系统误差,而明显的系统误差是可以利用历史的资料来消除的,这就需要通过产品释用,综合其他有用信息,在一定程度上消除模式的系统误差,从而得到较好的要素预报,提高预报的准确率。

20 世纪后期我国数值预报产品的释用已经有了很大发展,特别是 20 世纪 80 年代初,模式输出方法(MOS)与完全预报(PP)等统计方法作为我国早期数值预报业务模式产品的使用工具在业务中得到广泛的应用,并对以后的研究与方法产生了很大影响。当时的思路与方法在今天依然值得借鉴,但必须注意数值预报技术在近三十年中的发展与变化。当时的模式分辨率大体在 200~300 km,即使对大尺度形势的预报也是相当粗略的,而关于具体气象要素预报的可用性还很低,没有有关定点定时要素的直接预报产品。当时首先需要对天气尺度的形势预报进行订正与细化,再根据天气尺度的形势推定具体的要素预报,可以说这是一种"天气尺度的释用"。而现在的情况已经有了根本的变化,模式分辨率的提高与可信预报时效的延伸不仅使得对天气形势的中短期预报有了相当高的精度与可信度,而且大范围天气现象的预报也已有了很高的可信度,对天气尺度的数值预报的订正与细化的任务已经大大地减轻了。要做好释用,必须对数值预报产品的优势与问题有确切的了解。由于数值预报本身的技术发展很快,数值预报的精度已经有了很大的提高:计算机技术的发展使得模式分辨率的提高和物理过程参数化的细化成为可能;对大气运动规律的深入研究,使得物理过程参数化更客观、更细致;观测手段和观测资料的增加及同化技术的发展,使得模式初值更精确。与此同时,业务中尺度数值预报系统已经在直接预报天气要素,但常常由于中尺度天气系统的诸如强度、位置等细节的预报误差而造成具体的天气预报误差,特别是强灾害性天气的预报误差。因此不仅释用的工具,如统计模型需要发展更新,释用的内涵也会随着科技发展而调整。当前释用的主要任务是提高对中尺度天气系统细节与天气要素的预报能力。另一方面,模式已经提供了比过去多得多的直接与天气有关的信息,如边界层内的动力稳定度、模式预报的云量,其中某些量比天气现象本身有更高的可信度,它们不仅为统计释用提供了更多备选的预报因子,使统计模式更具有物理意义,而且使所选取的预报因子与预报量之间的关系简单化,在统计上也更容易处理。有人误认为数值预报的发展使得产品释用失去了生存的空间,而事实却是数值预报技术的进步使得数值预报产品释用的基本任务发生了变化,也提供了更多有利的条件。数值预报的产品释用应得到更多的重视,也需要适当调整技术思路,特别是更多地应用模式提供的中尺度信息解决局地灾害性天气的预报。数值预报与传统的临近预报的结合是数值预报又一个新的应用。探索两者的优势组合对提高变化剧烈的中尺度天气的预报水平是很有意义的。

18.3.2　数值预报产品使用的主要方法

数值预报产品使用的方法很多,大体上可分为模式直接输出法,即 DMO 方法;统计学释用方法,如 MOS 法、PP 法;人工智能释用方法,如神经网络法和相似预报法,此外还有动力学释用法和天气学释用法等。以下分别介绍几种常用的方法。

18.3.2.1　模式直接输出法(DMO)

模式要素预报的直接输出,通过插值得到所需要点上的要素预报结果,也可能通过一定的方法对其进行订正后作出预报。模式直接输出的优点在于不需要事先建立预报方程,并且不受模式变化的影响,理论上说可以作出所有需要的要素预报,如果不是模式直接预报结果,可以通过其他量的诊断得到。模式直接输出的缺点是预报精度不高。

18.3.2.2　完全预报方法(PP)和模式输出统计方法(MOS)

PP 法是以预报因子的客观分析值(实况)同预报要素建立统计关系(预报方程),预报时则用模式预报的因子值代入方程,它要求模式预报是完全准确的,这样预报结果与实况的拟合同建立方程时一样好,即预报的精度完全依赖模式预报的质量。它的优点在于,可以有很长的样本,可以分为很细的情况来建立方程,同时方程不依赖模式,模式更新换代以后,不需要重新推导方程,模式精度的提高可以提高 PP 方法的预报质量。缺点在于,不能对模式预报误差进行修正。

MOS(model output statistics 模式输出统计量)是 20 世纪 70 年代提出的,这一方法是利用模式中输出的各种动力统计量建立与局地地面气象要素的统计关系。将数值预报的历史因子值与要素建立统计关系(预报方程),预报时代入模式的预报因子,MOS 方法对模式的系统性误差有明显的订正能力。其优点在于:不要求模式有很高的精度,只要模式预报误差特征稳定,就可以得到比较好的 MOS 预报结果。MOS 方法还可引进很多 PP 方法中无法从天气形势场中得到的中间过程物理数据。缺点在于:方程建立依赖于模式,模式有比较大的变化后,需要重新建立方程,如沿用老的方程,即使模式预报精度有了很大提高,MOS 预报结果不一定好。要求有较大容量的样本来建立方程,否则因子和方程的稳定性受到限制。

还可以将 PP 方法和 MOS 方法的结合,利用 MOS 方法建立预报方程,但在因子中加入了 PP 方法的预报,要求事先已建立 PP 的预报方程,这种方法可以理解为通过 MOS 方法对 PP 方法的预报结果进行订正,在一定程度上消除模式的系统性误差。或者用 PP 方法建立预报方程,在做预报时不直接代入模式预报的因子,而是通过一定的方法对因子进行订正后代入,在一定程度上也消除了模式预报的系统性误差。

PP 方法和 MOS 方法的数学基础是统计学方法,主要有:判别分析方法,聚类分析方法,回归分析方法等,最常用的是(逐步)回归方法。

回归方法的基本思想是统计方法建立在回归模型的基础上,回归模型中预报因子和预报要素有下面关系:

$$Y = B_0 + B_1 X_1 + B_2 X_2 + \cdots + B_n X_n + e \qquad\qquad 18.1$$

其气象含义为预报量 Y 是基本量和随机量之和,基本量与若干个因子成线性关系,随机量 e。通过大量的样本,用最小二乘法求得各回归系数($B_0, B_1, B_2 \cdots B_n$)的估计值($b_0, b_1, b_2 \cdots b_n$)得到回归方程:

$$Y = b_0 + b_1 X_1 + b_2 X_2 + \cdots + b_n X_n \qquad\qquad 18.2$$

用最小二乘法的原理使预报量估计值 y 与真实值 Y 偏差的平方和达到最小。于是得到一组方程,求解方程可以得到回归系数的估计值 $b_0, b_1, b_2 \cdots b_n$。另一方面,并非每个因子都与预报量 y 都有显著的回归关系,因此用统计量 F 进行显著性检验,以便确定方程是属于偶然性结果还是具有统计显著性。只有通过显著性检验的因子才选入回归方程。回归方程显著性检验的主要思想是检验预报因子与预报量是否确有线性关系。用 F 检验,在显著水平 α 下,若 F>Fα 则认为回归关系是显著的。反之,则认为回归关系不显著。就这样,使用求解求逆紧凑算法,对因子进行引进和剔除。

18.3.2.3 动力使用方法

动力使用方法是利用反映特定天气不同背景条件的物理量,判断这种特定天气出现的可能性。这些物理量可能是比较复杂的综合量,比如,整层大气的水汽含量情况、层结的稳定情况、冷暖平流的情况、辐散辐合情况等。如果满足了所必须的条件,则预报出现这种天气。这种方法一般用于大降水等极端天气的预报。背景条件的判据依赖欲丰富的天气学知识和对该种天气发生、发展机理的深刻了解给出,由于预报时使用模式预报结果,其优缺点类似 PP 方法;判据也可利用数值预报的历史资料,通过客观的方法给出,其优缺点类似 MOS 方法。

动力建模方法必备的条件:

(1)实况库(降水、对流、雾、冻雨);

(2)数值预报产品的基本因子;

(3)由基本因子诊断计算的扩充因子;

建模方法过程

(1)经过因子分析确定建立动力模型的物理量因子;

(2)对逐个因子调整阈值;

(3)确定必备因子、可选因子;

(4)建立模型及预报条件

建模步骤:

(1)在建立实况库的基础上,确定预报对象(如:冰雹、雷暴、雾、冻雨)。

(2)粗选因子方法:因子分析经验/求相关系数/分别求有无天气时的最大、平均、最小,选取差异最大者/判别分析/聚类分析。

(3)因子逐一阈值调试,确定必备因子和可选因子逐一确定阈值,建立理想模型。

(4)编程、反查、设计预报流程,利用数值预报产品计算因子诊断量,用已建模型试报,增加演变因子、修改程序,再试报。

(5)实时准业务运行,检验评估。

18.3.2.4 相似预报方法

相似预报方法的预报思路是利用历史资料提取天气个例的天气学特征值建立相似预报资

料库和相应的实况资料库,预报时,利用当天的天气特征与资料库中的个例寻找相似,取头几个最相似的个例来预报当天的天气发生概率。相似预报资料库的建立需要丰富的经验来确定,如何提取天气特征,提取什么样的特征才能很好地反映天气各例的结构,这些都需要丰富的经验。由于建立相似预报资料库需要很长的样本,所以不可能用数值预报的结果,使得相似预报同样具有 PP 方法的缺点。

18.3.2.5　神经网络方法

传统的统计方法是一种解反问题的方法,前提是假设预报量和预报因子之间满足特定的关系(规律),神经元网络方法是解决反问题的另一种方法,它不需要预先知道因子和预报量之间的关系,而是通过学习,从大量的样本中得到。神经网络方法是由模仿人体神经系统信息储存和处理过程中的某些特性而抽象出来的数学模型,是一个非线性的动力学系统。神经元是神经网络的基本结构单元,单个的神经元虽然结构简单,功能有限;大量的神经元所构成的神经网络却是一个结构复杂的高度非线性系统。神经网络有很多种结构模型,气象中常用的是BP(Back propagation)网络,它是一种单向传播的多层前向网络。其基本结构如图 18.2 所示:

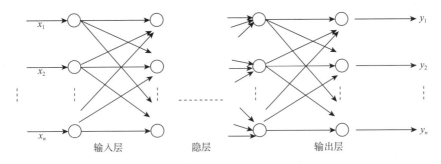

图 18.2　BP 神经网络结构示意图

BP 网络包括了输入层、隐层和输出层三个部分,隐层可以是多层也可以是一层,隐层上的节点称为隐节点。BP 算法是把学习样本 x_i 循环置入多层网络的输入端,根据网络输入值,通过权值和作用函数的作用形成隐节点的值,隐节点的值再从向前向后传播到下一层,依次计算网络每一层输出节点值,每一层节点的输出只影响到下一层节点的输出,最后获得输出结果。再根据输出值与样本值之间的误差(d_k-y_k),由后向前反向计算,依次调整各层节点之间的连接权值,直到均方误差接近极小值为止。因此误差反向传播网络由此得名,BP 网络可以看成是一个从输入到输出的高度非线性映射。作用函数通常为 Sigmoid 型函数,本文中采用的作用函数如下所示:

$$f(a) = \frac{1-\lambda^{-a}}{1+\lambda^{-a}} \qquad 18.3$$

目标函数:

$$E = (\delta_k^2) = \frac{1}{P}\sum_{k=1}^{p}(d_k-y_k) \qquad 18.4$$

利用最陡下降法求得最佳权值,第 i 因子、第 j 隐层其学习公式为:

$$W_{ji}(k+1) = W_{ji}(k) + \mu\delta x_i$$
$$\Delta W_{ji} = \mu\delta x_i \qquad 18.5$$

为保持权值调整稳定性,引入惯性项 α,最后学习公式如下:

$$W_{ji}(k+1) = W_{ji}(k) + \alpha \Delta W_{ji}(k) + (1-\alpha) \Delta W_{ji}(k-1) \quad (k \text{ 为第 } k \text{ 次训练次数}) \quad 18.6$$

误差反向传播算法的基本过程为：

(1)初始化,即给网络权值赋以初值;

(2)分别计算隐层和输出层的值,得到输出结果的误差;

(3)根据误差结果由后向前采用梯度下降法修正各层各节点的权值;

(4)重复(2)、(3)步直到网络收敛或达到一定的误差要求,学习结束。

18.3.2.6　卡尔曼滤波法

MOS方法是以数值产品历史资料为基础建立MOS方程的,资料年限太短,方程统计特性差,资料年限长,方程统计特性好,但在积累资料及用MOS方程作预报时不能改进及更新模式。在数值预报迅速发展的今天显然是不可能的。卡尔曼滤波方法是一种递推式滤波方法,只需少量的数值产品历史资料,可借助于前一时刻的滤波结果,递推出现时刻的状态估计量,大大减少了存储量和计算量[3]。卡尔曼滤波方法通过利用前一时刻预报误差反馈到原来的预报方程,及时修正预报方程系数,以此提高下一时刻的预报精度,而MOS方程一旦建立之后,在制作预报过程中,预报误差不能反馈到MOS方程中,更不能修正方程系数,这就是这两种方法的重要区别之一。卡尔曼滤波的预报对象一般为具有线性变化特征的连续性变量,如温度、湿度、风等要素。

递推滤波可用于解决如何利用前一时刻预报误差来及时修正预报方程系数这一问题。滤波对象假定是离散时间线性动态系统,并认为天气预报对象是具有这种特征的动态系统,可用以下两组方程来描述：

$$Y_t = X_t \beta_t + e_t \qquad\qquad 18.7$$
$$\beta_t = \Phi_{t-1} \beta_{t-1} + \varepsilon_{t-1} \qquad\qquad 18.8$$

式(18.7)为预报方程,e_t 为量测噪声,是 n 维随机向量;Y_t 是 n 维量测变量(预报量),可用下式表示：

$$Y_t = [y_1, y_2, \cdots, y_n]_t$$

X_t 是 $n \times m$ 维的预报因子矩阵,β_t 是 m 维回归系数。在递推滤波方法中,将 β_t 作为状态向量,它是变化的,用状态方程(18.8)式来描述其变化。(18.8)式中 ε_{t-1} 是动态噪声。动态噪声 ε_{t-1} 与量测噪声 ε_t 都是随机向量,并假定二者互不相关、均值为零、方差分别为 W 和 V 的白噪声。

式(18.8)中 Φ_{t-1} 是转移矩阵,考虑到由于季节和气候等原因所引起的状态向量 β 的变化是渐近的,且有随机性,将状态变化过程假定为随机游动,于是,可假定 Φ_{t-1} 为单位矩阵,这是对实际过程的一种良好近似,于是式(18.8)可简化为：

$$\beta_t = \beta_{t-1} + \varepsilon_{t-1} \qquad\qquad 18.9$$

通常用(18.7),(18.8)两方程来描述离散时间的线性动态系统。具有这种特征的天气预报对象所关心的是它的状态向量的变化。根据上述对 ε_{t-1} 和 ε_t 的假定,运用广义最小二乘法,可以得到一组递推滤波公式：

$$\begin{cases} Y_t = X_t \bar{\beta}_{t-1} \\ R_t = C_{t-1} + W \\ \sigma_t = X_t R_t X_t^T + V \\ A_t = R_t X_t^T \sigma_t^{-1} \\ \bar{\beta}_t = \bar{\beta}_{t-1} + A_t(Y_t - \bar{Y}_t) \\ C_t = R_t - A_t \sigma_t A_t^T \end{cases} \qquad 18.10$$

　　上述六个公式组成的递推滤波系统体现了卡尔曼滤波的基本思想。每加进一次新的量测 (Y_t, X_t)，只需利用已算出的前一次滤波值 $\bar{\beta}_{t-1}$ 和滤波误差方差阵 C_{t-1}，便可算出新的状态滤波值 β_t 和新的滤波误差方差阵 C_t，就能通过公式得到 $t+1$ 时刻的预报值。这样不论预报次数如何增加，不需要存储大量历史的量测数据，大大减少了计算机的存储，而且只进行矩阵的加、减、乘和求逆，通常计算量不大，从而满足了应用滤波的实时性要求。这就是卡尔曼滤波方法的优点。

　　分析上面的一组递推公式可以得知，β_t, C_t, W, V 是重要参数，在确定这四个参数的基础上，利用数值模式提供的预报因子 X_t、前一次预报量及其观测值，才能通过更新预报方程系数制作预报，因此，必须研究这四个参数的计算方法。

　　(1) 递推系统参数初值的计算方法

　　要反复运算上述六个公式来实现递推过程，必须首先确定初值 β_0, C_0。我们通常采用以下客观方法：

　　$\bar{\beta}_0$ 的确定。这可以用近期容量不大的样本，按照通常求回归系数估计值的方法很容易得到。

　　C_0 的确定。C_0 是 $\bar{\beta}_0$ 的误差方差阵，一些文献上由经验给出。如果回归系数的初值严格取为系统真值，其误差方差是零。

　　(2) 递推系统参数 W, V 的计算方法

　　W, V 分别是动态噪声和量测噪声的方差阵，可以假定随机扰动的特性不随时间变化，但是，必须在应用上述递推系统之前确定。

　　① W 的确定：根据白噪音的假定，W 的非对角线元素均为零。

$$W = \begin{bmatrix} w_1 & \cdots & \cdots & 0 \\ 0 & w_2 & \cdots & 0 \\ \vdots & \vdots & \vdots & \vdots \\ 0 & 0 & \cdots & w_m \end{bmatrix} \qquad 18.11$$

可以用 β 的变化来估算 W 值

$$W \approx \begin{bmatrix} (\Delta\beta_1)^2/\Delta T & 0 & 0 \\ 0 & (\Delta\beta_2)^2/\Delta T & 0 \\ 0 & 0 & (\Delta\beta_3)^2/\Delta T \end{bmatrix} = \begin{bmatrix} (-0.6)^2/30 & 0 & 0 \\ 0 & (-0.6)^2/30 & 0 \\ 0 & 0 & (0.3)^2/30 \end{bmatrix}$$

　　② V 的确定。根据白噪音的假定，V 的非对角线元素均为零：

$$V = \begin{bmatrix} V_1 & \cdots & \cdots & 0 \\ 0 & V_2 & \cdots & 0 \\ \vdots & \vdots & \vdots & \vdots \\ 0 & 0 & \cdots & V_n \end{bmatrix} \qquad 18.12$$

　　利用样本资料对预报量 Y 的 n 分量 $(y_1, y_2, \cdots, y_n)$ 建立回归方程后，可以求出 n 个残差 $(q_1, q_2, \cdots, q_n)$，从回归分析

$$q_i = \sum_{t=1}^{k} (y_{it} - \hat{y}_{it})^2 \qquad 18.13$$

得知：$q_1/(k-m-1), q_2/(k-m-1), \cdots, q_n/(k-m-1)$

　　分别为 $v_1, v_2, \cdots, v_n$ 的无偏估计值，其中 k 是样本容量，m 是因子个数，必须 $k > m+1$，因

此有:

$$V = \begin{bmatrix} \dfrac{q_1}{k-m-1} & \cdots & \cdots & 0 \\ 0 & \dfrac{q_2}{k-m-1} & \cdots & 0 \\ \vdots & \vdots & \vdots & \vdots \\ 0 & 0 & \cdots & \dfrac{q_n}{k-m-1} \end{bmatrix} \qquad 18.14$$

我们只要用少量(2个月)的量测(X_t, Y_t)样本资料,就能得到这四个递推系统参数$\bar{\beta}_0, C_0, W, V$。

(3)递推过程中的参数计算方法

系数的更新原理是在已知前一时刻$(t-1)$的系数β_{t-1}的基础上加上订正项,获取订正项构成了递推的主要过程。

除了预报误差对方程系数更新有重要影响外,预报因子质量也是最重要的因素之一。

应用递推系统的过程是每增加一次新的量测X_t和Y_t时,利用W, V,前一次的系数β_{t-1}及其误差C_{t-1}就可推算下一时刻的β_t和C_t,同时又作了要素预报,如此反复循环进行。

(4)递推系统制作预报的业务流程

卡尔曼滤波系统适用于制作温度、湿度和风等连续性预报量的预报,为预报员提供这类客观指导预报产品。因此,在计算机上建立了用递推方法自动制作上述预报的自动化业务流程(图18.3)。

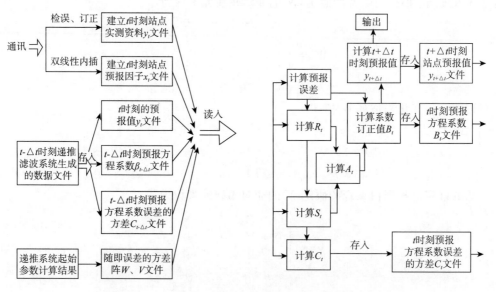

图18.3　卡尔曼滤波系统制作天气要素预报的业务流程

该流程由以下三部分组成:

①建立由通信系统得到的实时基本数据文件。包括数值产品格点值和站点的天气要素观测值。

②建立由递推系统本身生成的数据文件。递推系统本身生成的数据文件有三种:预报量

的预报值文件、预报方程系数文件、预报方程系数误差的方差文件(这些文件的内容随递推过程不断更新)。

③递推系统计算流程。输入两类实时基本数据文件,就可依次递推系统中各个参数,得到系统本身生成的数据文件,作为下一时刻运行递推系统的输入信息。

该流程的特点是与预报员的思路一致,且整个流程计算量不大,存储空间也小,一般气象台站配备的计算机就能应用。

(5)应用中的若干问题讨论

①预报对象最好选择具有线性变化特征的连续性变量,如温度、湿度、风等。

②预报因子与预报对象之间相关程度高而且预报因子要具有较高的精度,预报因子的个数不宜过多,一般不超过 4 个。

③递推滤波的时间间隔不宜长,一般在短时或短期预报中应用卡尔曼滤波方法优于中期预报。

④选择好的预报因子对预报精度是至关重要的。

⑤预报存在滞后现象,预报值的变化滞后于观测实况的变化,尤其在预报对象发生剧烈变化时比较明显,要克服这一现象有待进一步研究。

18.3.3　数值预报产品使用中的几个重要问题

(1)对预报方法要有充分的了解

不同方法有不同的特性,并且大多数的方法在公式推导的过程中都存在假设,例如逐步回归中的预报量正态分布的假设,在温度预报中有比较好的效果,而对降水则预报效果不好,原因是降水并不是正态分布的变量。如果对降水进行一些预处理,得到处理后的变量能够接近正态分布,或者对降水等非正态分布的要素采用概率回归的方法,建立概率回归方程。因此不同的方法有各自的适应性。

(2)因子的选取是关键

不管是什么预报方法,预报因子的选择是关键,没有好的预报因子,任何方法都难得到好的结果。预报因子的选取要注意以下几个方面:

①要选取物理意义明确、代表性好的因子;

②要选取数值预报精度相对较高的因子;

③因子的选取要涵盖预报对象发生、发展的动力、热力、水汽条件;

④根据需要,推导出非模式直接输出的因子;

⑤可以根据经验得到一些综合的因子;

⑥可以把一些预报经验变为有效的数据形势代入方程;

⑦一般情况所用因子都是单站上的值,可以考虑引入反映因子场的结构和空间结构的因子,以及不同因子空间配置的因子。

(3)对因子和预报对象的预处理

有时通过对因子和预报要素的预处理可以提高预报质量,例如,事先对因子和降水根据经验进行分级处理;对因子进行非线性处理,如 x^2,$\log(x)$ 等。

18.4　数值预报使用技术在山西省分县温度预报中的应用

将国家气象中心 T213 和欧洲中心数值模式中温度预报场、湿度预报场、u、v 分量预报场分别插值到山西 108 个测站上,以此作为预报因子,运用 PPM、MOS、KF(卡尔曼滤波法)等方法分别建立最低、最高气温预报方程,用以上预报方法所得的预报结果作为预报因子,进行二次滤波集成和全集成预报,并建立了"数值产品省级分县温度预报系统"[4]。本系统主要有 7 个子系统和一个历史资料库构成,分别为:资料采集子系统、KF(卡尔曼滤波)子系统、MOS 预报子系统、PPM 预报子系统、集成预报子系统、图形显示子系统、系统咨询子系统。其中集成预报子系统是该综合释用系统的核心,它包括 3 个部分:①权重集成预报部分。该集成方法使得在一般天气形势下系统有准确稳定的输出结果。②二次滤波集成部分。该集成方法是将各种独立预报方法的预报结果作为预报因子进行二次滤波集成,使得回归系数发生动态变化,进而在提高预报准确率的同时也使预报结果的绝对误差减小。③全集成预报部分。该预报方法是在二次滤波集成或权重集成的基础上,叠加了强冷空气降温幅度的订正。该方法不仅可以使预报结果的绝对误差减小,最关键的是对强冷空气活动有较强的预报能力。这一部分是该综合释用系统的重中之重。

该系统应用了多种数值预报释用方法,具体方法介绍如下:

18.4.1　完全预报法

(1)资料的选取

选用全省 108 个站点的逐日最低、最高气温实况值和同年份相对应的 T213、欧洲中心格点资料。预报因子本方法选用 T213 格点资料中 850 hPa 的温度、v 分量分析场、1000 hPa 的温度分析场、700 hPa 的 $T-T_d$ 分析场、欧洲中心格点资料的 850 hPa 温度和 v 分量分析场作为预报因子。

(2)预报因子的插值处理

山西共有 108 个气象观测站,建方程时各测站的温度预报因子取自与各测站 T_{min},T_{max} 相对应的 T213、欧洲中心模式的分析场。实际运行时各测站的温度预报因子取自国家气象中心模式(T213)、欧洲中心模式的预报产品中与 24 h 预报时段(20—20 时)相对应的预报场。分别将不同预报因子的格点资料插值到各个站点上,其插值方法采取了四点平面距离权重法。针对任一测站,取与其最近的 4 个网格点,该测站的插值结果由这 4 个格点的格点值和权重大小决定;而每个格点的权重系数大小同这 4 个格点与该测站的距离有关,距离越大,权重越小,反之亦然。

(3)方程的建立

①全部用 T213 格点资料建方程

将一年分为四个季节,根据历史资料(最低、最高气温实况,850 hPa 温度、1000 hPa 温度)计算相关系数。通过计算发现,有 63% 的日期为正相关,有 37% 的日期为负相关。根据这一事实,分别建立两类方程。进一步考察得知:正相关时天空状况为晴到少云,且风力不大;而反相关时,多为阴雨天气或风力较大。因此,用 850 hPa 的 v 分量和 700 hPa 的 $T-T_d$ 这两个物

理量进行判别。当某一测站上空,850 hPa 的 $|v| \geqslant 8 \mathrm{~m} \cdot \mathrm{s}^{-1}$ 或 700 hPa 的 $T - T_d \leqslant 4℃$ 时,选用第二类预报方程,反之,选择第一类预报方程进行计算。

第一类回归方程:

$$T_{\min}(i) = A_1 + B_1 \times T_{850}(i) + C_1 \times T_{1000}(i) + e_1$$

$$T_{\max}(i) = A_2 + B_2 \times T_{850}(i) + C_2 \times T_{1000}(i) + e_1 + e_2$$

第二类回归方程:

$$T_{\min}(i) = a_1 + b_1 \times T_{850}(i) + c_1 \times T_{1000}(i) + e_1$$

$$T_{\max}(i) = a_2 + b_2 \times T_{850}(i) + c_2 \times T_{1000}(i) + e_1 + e_2$$

$$i = 1, 2, 3, \cdots, 108$$

用已建立的方程再去试报历史最低、最高气温。对比实况得到平均拟合误差 e_1;对于最高气温由于起报日下午做预报时得不到,用当天 14 时气温取代,而后分季节求得订正系数 e_2。

②两种模式混合使用建立方程

由于欧洲中心的温度场预报好于国家气象中心的模式 T639,因此,用上述同样方法,采用两种模式混合使用,建立了另一套预报方程。

18.4.2 模式输出统计预报法

用欧洲中心格点资料中 850 hPa 的温度和 v 分量预报场分别与各测站的 $T_{\min}$、$T_{\max}$ 相对应分类、分季节建立回归方程。插值方法仍选用距离权重法。

18.4.3 卡尔曼滤波法

用 T639 资料山西地面图上 59 个发报站的最低、最高气温值,采用卡尔曼滤波法建立预报方程(非汛期时只用 15 个发报站的预报方程)。

(1)资料选取与处理

选用国家气象中心 T639 模式逐日 24,48 h 预报产品中的 1000 hPa 温度、850 hPa 温度和 v 分量、700 hPa 的 $T - T_d$ 作为预报因子。预报因子的插值采用四点平面距离权重法。

(2)确定起步参数和建立回归方程

首先确定 4 个递推起步参数 b_0, c_0, w, v(b_0 为起始时刻的回归系数,c_0 为 b_0 的误差方差阵,w 为随机扰动的方差,v 是量测噪声的方差),并采用多元回归方程建立最低、最高气温预报方程。

(3)预报结果输出处理

由于卡尔曼滤波法的中心思想是根据递推公式中预报值与实况值的误差来修正回归系数,因此,做预报时首先要取得起报日该测站的实况值。汛期时,我们可以得到 59 个站的实况值,而非汛期时,我们只能得到 15 个发报站的实况值。要输出 108 站的预报值,只能通过插值进行。为了减小不发报站的预报结果误差,采用倒算求得平均误差。具体采取了用 T639 格点资料的分析场建立方程并计算,求得不发报站的平均误差。

18.4.4 集成预报法

(1)权重集成

此方法的要点是对各种预报方法根据其准确率的优劣不同配以不同的权重,组成简单的线性组合作为集成预报结果。用公式表示为：

$$\hat{y} = \sum_{i=1}^{m} W_i \times y_i \qquad 18.15$$

式中 m 为预报方法种类数，分别是 $y_1, y_2, \cdots, y_m$；W_i 为各相应预报方法的权重，并有：

$$\sum_{i=1}^{m} W_i = 1 \qquad 18.16$$

由于不发报站无法统计其准确率，因此，我们采用倒算的方式来统计各站的准确率，以此来确定权重系数。由此方法确定的权重系数大小反映的是一种平均状况，且一经确定在运行过程中就不能变化，除非重新计算各种预报方法的准确率，重新给定权重系数，但无论如何它不能发生动态变化。

（2）滤波集成

将 T639 资料完全预报法、欧洲中心资料完全预报法、欧洲中心资料模式输出统计预报法、KF（卡尔曼滤波法）所计算出的四种预报结果作为四个预报因子建立多元回归方程，进行二次滤波集成。由于用此方法建立的回归方程的回归系数可以通过实况值与预报值的误差进行逐日修正，因此，二次滤波集成方程的回归系数可以发生动态变化，这是二次滤波集成与权重集成的根本区别。

（3）全集成

在权重集成或滤波集成的基础上，选用实时资料库中山西省周围站点的实测值，按温度梯度和风切变判断起报日冷空气前锋；再选用 T639 模式和欧洲中心模式中 850 hPa 的温度预报场和 u, v 分量预报场，确定预报日冷空气前锋，以此判断冷空气的入侵方向，根据起报日 14 时的地面资料计算上游降温幅度，考虑冷空气移动过程中变性，确定未来 24 h 850 hPa 锋区后山西省站点的降温幅度和降温范围，并核实经过权重集成或滤波集成后 850 hPa 锋区后站点的预报值。若某站预报值达到降温幅度，该站的预报值不做订正；若该站预报值误差较大，则做降温幅度订正。全集成方法既包括了多元回归系数的动态变化，又抓住了气温的突变。只要所选的两种数值模式其中有一种模式冷空气活动的趋势预报正确，不论降温幅度预报是否准确，根据地面实况全集成方法都会做出较准确的预报，因此，使用全集成预报将使预报准确率有明显的提高，尤其是对突变性气温的预报。汛期时以滤波集成为基础进行全集成，非汛期时以权重集成为基础进行全集成。

18.5　数值产品使用在山西省乡镇预报业务系统中的应用

山西省乡镇预报业务系统是山西省气象局为适应精细化天气预报管理工作要求，开发的能够承接上级指导，并实现对省、地（市）、县的预报产品订正、制作、分发的短期精细化预报业务系统。该系统以数值预报产品为基础，采取了多种释用技术来开展精细化气象要素的预报，将要素预报具体到全省 1239 个乡镇级预报站点上。

通过完善气象历史数据库、数值预报产品检验及释用子系统、预报产品订正制作子系统，在省、市（区）县三级实现多要素短期预报，精细化程度达到乡镇级。预报要素包括降水、气温（最高、最低）、气压、风向、风速、能见度、云量、相对湿度等；空间分辨率达 5 km（乡镇级）、时间分辨率为 12 h、预报时效达 168 h。在关键时期提供时间分辨率为 1～3 h，空间分辨率为 5 km。乡镇精细化要素预报业务系统由历史数据库、数值预报产品检验及释用、预报产品订正制作等子系统组成，在省、市(区)、县三级实现多要素短期预报，精细化程度达到乡镇级。系统结构见图 18.4。

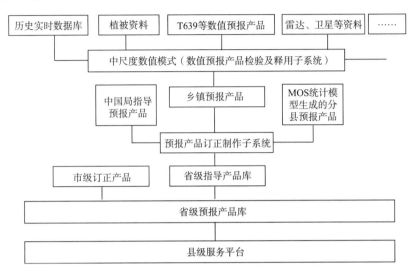

图 18.4　乡镇精细化要素预报业务系统

18.5.1　基于多模式产品的 MOS 方法制作温度和湿度预报

近年来，国内外天气预报的实践证明，MOS 方法在多种短期气象要素预报中取得很好的效果。预报员将 MOS 结果和天气形势相结合做好当地天气预报应该是今后短期预报业务一个有希望的发展方向。山西省乡镇预报业务系统中全省 109 县的日极端气温均采用 MOS 预报方法制作。

从动力学预报得出各地各高度上压、温、湿、风等预报场，并由这些基本物理量计算出其他物理量(如温度平流、涡度平流、水汽输送通量、稳定度指数等)。将这些由动力学模式给出的各预报时刻的物理量与要求预报的量求出统计关系。具体做法是从数值预报模式的归档资料中选取预报因子向量 $\vec{x}_t$，求出预报量 $\hat{y}_t$ 的同时或近于同时预报关系式：$\hat{y}_t = f_3(\vec{x}_t)$，在实际应用时，就把数值预报输出的结果代入相应的预报关系中。MOS 方法可以引入许多其他方法难以引入的预报因子(如垂直速度、涡度等物理意义明确、预报信息量较大的因子)。它还能自动地订正数值预报的系统性误差。

MOS 预报技术方案包括确定预报量及预报时段，季节划分，资料处理，预报因子选取，建立方程，运行得出预报产品，检验结果等。

数值预报资料运用 2003 年到 2006 年 T213 资料及其导出的物理量，实况资料运用 2003 年到 2006 年山西省 109 县站的历史实况资料。季节划分采取自然季节表现季节特征，以 12 至次年 2 月、3—5 月、6—8 月、9—11 月划分为冬春夏秋四季。

对预报对象进行正态转换，基本预报因子非线性变换 MOS 的初选因子，同时利用基本因子计算出导出因子，把从基本预报因子及导出因子中预初选的预报因子集，标准层上的基本量因子有：高度、温度、风(UV)、相对湿度、比湿、垂直速度等；地面物理量有：2 米温度、2 米相对湿度、10 m 风、地面气压等;物理量有:涡度、散度、温度梯度、温度平流、K 指数等 60 多个;垂直方向的平均量:对流层低层的平均相对湿度、平均垂直速度等;非线性变换的因子有:温度、风、相对湿度的平方和及立方和、e 指数等;时间累计平均:3 h 累计水汽通量散度等。除选用预报对象(主要是极端气温)时刻要素场外,还适当选取预报时刻相应的前后时刻的要素场,一定程度上克服了数值预报的系统误差。初选因子多达 600～800 个。

根据因子与预报对象的相关性检验,运用逐步回归统计方法,最后选取 6～20 个预报因子,建立全省 109 县不同季节不同时效日极端气温、相对湿度等要素的预报模型方程。如日极端气温所建立的预报模型共计达:4 季×7 时效×2 要素×109 站＝6104 个。(预报模型根据实时资料的积累情况,定期进行模型的重建)。整个建模过程采用程序一次性运算得出预报因子代码及其相关参数。

18.5.2　应用 DMO 技术制作降水预报

降水主要采用 DMO 技术,基于 T639、MM5、GRAPES、德国、日本等模式输出的降水量预报产品,通过插值累加获取各预报测站的 6、12 和 24 h 降水量预报产品。在动态统计得到各种产品阶段性质量的基础上进行集成预报,形成分县降水预报。

所采用的插值方法为网格内权重插值的算法,即按距离加权平均,选取某个站点周围距离最近的 4 个格点,到该点距离为 r_1,r_2,r_3,r_4,相应的物理量分别为 x_1,x_2,x_3,x_4,则该站点插值物理量为:

$$x = \frac{x_1/r_1^2 + x_2/r_2^2 + x_3/r_3^2 + x_4/r_4^2}{1/r_1^2 + 1/r_2^2 + 1/r_3^2 + 1/r_4^2}$$

18.17

多种降水预报的集成在方法上主要是将回归模型与落区预选相结合。回归模型是将 T639、日本、德国、MM5 等 DMO 输出的各站降水预报做为因子,与降水实况间建立回归模型。如:$R = ax_1 + bx_2 + cx_3 + dx_4$,其中:$a,b,c,d$ 分别为 T639、日本、德国、MM5 降水系数。X_1、X_2、X_3、X_4 分别代表各类产品的降水量预报值。此方法的缺点在于:对某预报点,只要有一种模式预报有降水,集成的结果就有降水,如此,集成的降水预报结果的雨区就会是各种产品雨区的"合集",在各类模式降水落区明显不一致的情况下,虽然降水漏报可能性减小,但很可能造成较大范围的空报现象。

根据预报期间的前期质量检验,确定降水落区预报的首选产品,可以对以上方法造成的空报起到一定的抑制作用,以近期(3 个月)预报质量(TS)最高的预报产品定预报落区。如 T639 的预报质量(TS)相对最高,则降水的晴雨预报以 T639 的预报为主,在有雨的区域用各预报产品的 DMO 结果进行线性回归计算预报点的预报量值。实际业务中可能存在某种或某时效指导 NWP 下传不全的情况,则同样按照以上思路对下行的预报产品进行上述的判别和计算过程。

可以看出,将回归模型加上降水落区控制集成后可以明显提高相应的预报质量,但也可能造成某些区域漏报的现象,此点应该引起使用者订正时的注意。

18.5.3　MOS 法分县结果到乡镇预报值的订正

该项目在运用 $M-\gamma$ 模式进行气候模拟的目的主要是寻找不同季节、不同天空状况下乡镇与县站气象要素的差值参数,进而将分县 MOS 预报插值订正到乡镇站点。此项工作的必要性主要在于,目前乡镇加密自动站还远未遍布全省 1239 个乡镇,仅有的部分自动站点(500余个)建站时间较短,无足够的历史资料同县站一样建立预报模型。用较稳定的模式分类模拟可精细化、客观化地表述气象要素在特定地形、天气背景下的各种物理过程。此订正环节需要在一定预报能力的分县要素预报的基础上才能达到好的效果。

$M-\gamma$ 尺度动力模式是基于由地形动力、热力强迫作用诱发的 $M-\gamma$ 尺度系统开发的一个中尺度数值模式系统。该模式系统采用张量变换的方法,完整地推导出一套适合于陡峭山地的三维完全弹性非静力平衡模式;一套滞弹非静力平衡模式,一套准静力平衡模式方程组,并开发相应的程序软件。模式中考虑了水分、热量、污染物的传输过程以及坡度、坡向、周围地形遮蔽对太阳辐射的影响,精细地描述了地形的动力、热力强迫作用。本模式对于研究山谷环流、城市环流、复杂地形上空的风场结构、地表、土壤层中温、湿度状况以及污染物传输的动态演变是一个有利的工具。

应用 $M-\gamma$ 尺度气候模式技术方案的主要特点包括:

(1)分季节、分天空状况(阴晴)对整个山西省的 1239 个乡镇区域进行要素气候背景模拟;

(2)运用较高的地形分辨率资料(3.5×3.5 km),大气和土壤的垂直方向采用不等距网格,水平方向用等距网格,大气分 10 层(分别为 20,50,100,200,400,700,1000,1300,1700,2000 m),土壤分 8 层(分别为 5,10,20,50,100,200,300,500 mm)。各变量计算采用交叉网格形式,如此,重力波被频散,避免了驻波的形成,增加了模式的稳定性。

(3)模式包括能较全面描述山地气候背景的系统方程组。即直角坐标系中的大气控制方程组(其中考虑到水的相变过程)、G_Chen 坐标系中适合于陡峭山地的三维完全弹性非静力平衡模式、适合陡坡地形的滞弹非静力平衡模式和 G_Chen 坐标系中准静力平衡模式大气部分的动力框架。

(4)大气边界层参数化方案考虑了贴地层、近地层和 Ekman 层,采用了多层处理方案。

(5)土壤系统模式中建立了大气和土壤质能交换的两个主要过程方程:土壤热量交换和水分交换的运动方程(一维垂直)。土壤参数化充分考虑到了土壤导水率、扩散率与土壤性质的关系以及土壤热容量在贴地层的变化的特殊性,同时考虑到土壤水分的相态变化状况。

(6)地—气交界的衔接条件考虑到包括昼夜潜热、感热、长波辐射的不同、不同时刻各坡向接受太阳辐射强度的不同,建立了能精确描述太阳辐射的 C 模式,设计了能客观反映不同太阳高度角下的不同坡地、坡向的辐射平衡方程。

(7)将地表蒸发过程分为三个阶段。第一阶段从饱和含水量到第一临界湿度,土壤蒸发 K 随土壤湿度减小变化不大;第二阶段从第一临界湿度到第二临界湿度,土壤蒸发随湿度的减小而减小很快;第三阶段从第二临界湿度以下直至干涸。针对不同阶段,提出了相应的参数化方案。

(8)初始条件选择不同天气背景下的气候平均态。由于 $M-\gamma$ 尺度系统,平流项与水平气压梯度力项具有相同量级,为了有效地模拟风、温度场的日变化,风、温度场的初始条件均要求尽量与实际情况相符。但是,由于受测点密度所限,要想获得这一尺度满足分辨率要求的观测资料几乎是无法办到的。另一方面,对于 $M-\gamma$ 尺度系统,由于罗斯贝数 R_o 大于 1,风场对梯度风的偏离不容忽略,所以,从初始气压的分布诊断得出的初始风场是完全不可靠的。鉴于以上原因,$M-\gamma$ 尺度风、温度场的数值模拟定性研究的多,定量与观测资料进行对比研究的十分罕见。本试验是 $M-\gamma$ 尺度数值模拟向定量对比研究方向迈进的一次尝试。

由于观测点大多分布在山谷低海拔地区,高海拔地区较少,并且,模拟区域里只有一个探空点,没有配合进行的土壤层温度、湿度观测资料,而这些要素在决定风、温场结构的演变中起着十分重要的作用。另外,有限的几个小球测风点,由于采用单经纬仪观测,使精度大打折扣。所有这些原因,使我们不可能十分精确地对实况进行模拟,我们只能尽可能地向其逼近。风场 u,v 分量的初始值采用客观初值化方法获得:

$$\varphi_p = \left(\varphi_1 \frac{1}{r_{1p}^2} + \cdots + \varphi_n \frac{1}{r_{np}^2}\right)\left(\frac{1}{r_{1p}^2} + \cdots + \frac{1}{r_{np}^2}\right)^{-1} \qquad 18.18$$

式中 $n=\tau$, φ_p 为网格点 p 点的 u,v 分量值, φ_n 为测点风的 u,v 分量值, r_{np} 为测点至 p 点的距离。

大气温度场初值化由于只有一个探空点,无法采用以上方法,通过分析该探空点资料,根据日极端气温一般出现时段,根据不同季节的平均逆温层高度(如 800 m),逆温层高度以上到 2000 m 温度基本按 $0.006℃/m$ 的递减率下降。我们假设 2000 m 高度气温处处相等,按 $0.006℃/m$ 递减率推算至逆温层高度;逆温层高度以下 6 层,由于有逆温层存在,探空值与递推值之间有温差 $\Delta T_i (i=1,2,\cdots,6)$,在地面各点以上 6 层中分别减去 ΔT_i,便得到大气温度的初始值。

土壤温度也按 $0.006℃/m$ 随海拔高度升高递减,且满足初始时刻地表处大气、土壤温度梯度为零。土壤湿度处处相等,容积含水量为 0.25 g/cm^3,土壤类型为壤土(沃土)。

模式顶处地转风为: $u_g=10$ m/s, $v_g=0$,人为热市中心为 99 J/(m^2·s),市区其他部分为 22 J/(m^2·s)(由年耗燃料量算出)。

(9)边界条件:采用海绵边界条件,消除了边界上重力波等快波的反射;差分条件:选择了隐含有滤波作用的欧拉后差格式,让其与中心差格式配合进行求解,克服了非线性计算的不稳定。

通过上述的分类模拟过程,得到山西省区域内各乡镇日最高、最低气温、相对湿度、风等要素与相邻县站要素间不同季节不同天空状况下的差值参数表(以太原地区为例,见表 18.3)。以此作为分县气温、相对湿度等要素的订正依据,从而实现分县 MOS 预报到乡镇预报的精细化预测订正。

乡镇气象参数的计算方法:乡镇最高气温、最低气温、最高湿度、最低湿度的计算采用加法:乡镇的值=县站的值+对应的订正值。晴天与阴天可直接使用相应订正值;多云情况下采用云量加权平均法得到最后结果。如:多云天气下的乡镇值=(1-云量)×晴天的乡镇值+云量×阴天的乡镇值。

表 18.3　乡镇气温、湿度相对县站要素的订正参数表(春季晴天状况)

县名	乡(镇)	市	经度	纬度	最高气温订正值(℃)	最低气温订正值(℃)	最高湿度订正值(%)	最低湿度订正值(%)
阳曲	高村乡	太原市	112.677	38.162	0.4	-0.2	1	0
阳曲	杨兴乡	太原市	112.885	38.251	-4.3	-2.5	2	3
阳曲	凌井店乡	太原市	112.927	38.05	-0.9	-1	-2	0
阳曲	泥屯镇	太原市	112.539	38.086	1.3	-0.9	3	-1
阳曲	西凌井乡	太原市	112.414	38.135	-1.1	-2.9	3	1
阳曲	黄寨镇	太原市	112.666	38.06	0.1	0.3	-1	0

续表

县名	乡(镇)	市	经度	纬度	最高气温订正值(℃)	最低气温订正值(℃)	最高湿度订正值(%)	最低湿度订正值(%)
阳曲	侯村乡	太原市	112.65	38.022	−0.1	0.8	−2	0
阳曲	东黄水镇	太原市	112.778	38.072	−0.5	0.6	−3	0
阳曲	大盂镇	太原市	112.714	38.177	−0.2	−1.3	4	0
阳曲	北小店乡	太原市	112.3	38.22	−2.1	−3.3	3	0
清徐	东于镇	太原市	112.267	37.599	0.9	0.8	−2	−1
清徐	马峪乡	太原市	112.31	37.623	−0.3	−0.4	1	0
清徐	柳社乡	太原市	112.325	37.521	0.4	1.8	−6	0
清徐	清源镇	太原市	112.347	37.607	0.4	0.8	−2	0
清徐	西谷乡	太原市	112.403	37.572	0.1	0	2	1
清徐	孟封镇	太原市	112.396	37.492	0.4	1.8	−6	0
清徐	王答乡	太原市	112.478	37.594	−0.1	−1.2	9	1
清徐	徐沟镇	太原市	112.507	37.558	1	−0.6	6	0
清徐	集义乡	太原市	112.567	37.549	0.5	0.5	2	1
古交	岔口乡	太原市	111.873	37.84	−1.3	−1.4	2	1
古交	马兰镇	太原市	112.039	37.853	−0.5	0	−3	1
古交	屯兰街办	太原市	112.092	37.899	−0.6	−1.2	4	1
古交	桃园街办	太原市	112.156	37.906	0.3	0.2	0	0
古交	西曲街办	太原市	112.158	37.925	−0.1	−0.3	1	0
古交	东曲街办	太原市	112.194	37.913	−0.3	0.3	−1	0
古交	邢家社乡	太原市	112.181	37.794	−0.2	0	−2	1
古交	原相乡	太原市	112.07	37.779	−2.4	−0.9	−1	2
古交	常安乡	太原市	112.038	37.804	−1.6	0.5	−6	1
古交	镇城底镇	太原市	112.056	37.954	1.4	−0.3	1	0
古交	梭峪乡	太原市	112.086	37.941	1.3	0	−1	0
古交	河口镇	太原市	112.216	37.926	−0.5	−0.1	1	0
古交	嘉乐泉乡	太原市	112.094	37.992	0.7	−0.1	−1	0
古交	阁上乡	太原市	112.142	38.096	−4.6	−3.2	6	4
太原市	柏板乡	太原市	112.474	38.02	1.6	−2.3	5	−3
太原市	上兰街办	太原市	112.439	38.001	1.1	−2	4	−2
太原市	郝庄镇	太原市	112.603	37.852	−0.1	−1.9	5	−1
太原市	迎泽街办	太原市	112.558	37.861	0.2	−1	3	−1
太原市	刘家堡乡	太原市	112.469	37.647	−1.8	−1.8	10	3
太原市	北格镇	太原市	112.537	37.638	−0.3	0.3	0	1

参考文献

[1] 薛纪善.和预报员谈数值预报[J].气象,2007,**33**(8):3-11.

[2] 陈德辉,薛纪善.数值天气预报业务模式现状与展望[J].气象学报,2004,**62**(5):623-632.

[3] 陆如花,何于班.卡尔曼滤波方法在天气预报中的应用[J].气象,1994,**20**(9):41-43.

[4] 苗爱梅,胡永翔,梁明珠,等.数值产品省级分县温度预报方法研究[J].山西气象,1998,(1):6-10.

第19章 新一代天气雷达探测与应用

19.1 新一代天气雷达基本原理

自 20 世纪第二次世界大战后雷达技术引用到气象行业至今已有 60 多年的历史。天气雷达已成为雷达技术中的一个分支,用于探测云雨降水、监测强对流天气、定量估计降水以及同化数值模式,是气象部门的重要探测和监测手段之一。山西省天气雷达的发展大致经历了以下几个阶段:①20 世纪 70 年代,在太原建起了第一部模拟信号的 711 型天气雷达,波长 3.2 cm。②20 世纪 80 年代中期,建立了 713 型天气雷达,波长 5 cm,主要还是模拟信号接收和模拟显示的雷达图像,观测资料的存储采用照相方法;对资料的处理是事后的人工整理和分析。③90 年代中期,随着数字技术的发展和计算机开始广泛使用,天气雷达开始采用数字技术和计算机处理,将数字技术与计算机处理应用于对原有常规天气雷达进行改造,使其具有数字化处理功能,成为数字化天气雷达。数字化天气雷达主要是应用计算机对探测信息进行再处理,形成多种可供观测员和用户直接使用的图像产品或数据。④21 世纪初开始,根据我国新一代天气雷达业务组网的建设目标,2002 年太原建设完成了山西首部新一代多普勒天气雷达 CINRAD—CC,波长 5 cm。随后逐步在临汾、大同和长治等地又布设了 3 部 C 波段(5 cm)的天气雷达,另外还有 4 部 713 雷达(运城、晋城、晋中、吕梁),观测范围基本覆盖山西大部分地区(图 19.1)。新一代天气雷达数据处理更加开放,性能更加优越,不仅有强的探测能力,较好的定量估测降水的技术,灵敏度、分辨率都有了很大的提高,还具有获取风场信息、三维数据自动采集能力以及整套的科学数据处理能力并有丰富的应用处理软件支持,可提供多种监测和预警产品。下一步,还将发展双偏振雷达、激光雷达、毫米波雷达、风廓线雷达、相控阵雷达等,实现车载、机载、星载雷达对大气信息的多方位探测。

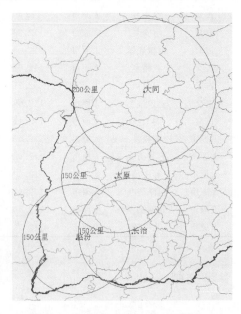

图 19.1 山西新一代雷达站点分布

新一代天气雷达系统主要应用于对灾害性天气,特别是与风害相伴随的灾害性天气的监测和预警,还可以进行较大范围降水的定量估测,获取降水和降水云体的风场结构,以及对数值模式进行数据同化等。

　　天气雷达是利用云雨目标物对电磁波的后向散射回波来发现并测定其空间位置、强弱分布,从而了解降水的生消演变和移向移速。表示气象目标散射特性的物理量有雷达截面(即后向散射截面),雷达反射率以及雷达反射率因子。雷达回波功率是由有效照射体积内所有气象目标产生的[1]。

　　电磁波的波长范围变化很大[1](图 19.2),气象雷达所用的波长范围一般为 3~10 cm,仅是其中很小的部分。电磁波在传播过程中的散射、衰减和折射等现象,使天气雷达对气象目标物的探测产生误差。

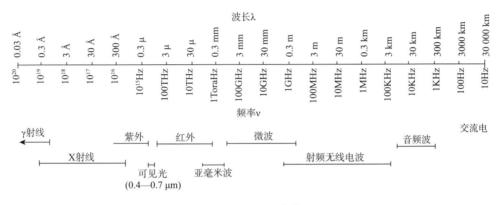

图 19.2　电磁波谱

19.1.1　雷达气象方程

　　云滴的直径通常小于 0.1 mm,雨滴的直径一般在 0.5~3.0 mm 的范围内,强对流降水的雨滴直径可以超过 4 mm,但最大不超过 6 mm,否则自行破裂。根据雷利散射公式,粒子的散射能力与其直径的 6 次方成正比,而云滴的直径很小,后向散射能力很弱,所以天气雷达通常观测不到纯粹由云滴组成的云。如果云中出现回波,就表示云中已含有降水粒子。对同一个降水粒子,天气雷达的波长越短,则它所产生的后向散射越强,所以,波长较短的 3 cm 雷达最善于发现弱的降水目标。波长较长的雷达,要具有同样的探测能力,则在其他雷达参数相同时,要采用较大的发射功率。

　　当雷达发出的电磁波投射到降水粒子时,降水粒子就散射电磁波,其中向后的散射波被雷达天线接收,这就是雷达回波。回波的强弱,除了取决于雷达的参数外,还取决于降水粒子的物理特性及离雷达的距离。天气雷达回波是有效照射体积内大量云、雨粒子总的后向散射功率。

　　雷达方程可简记为:

$$\overline{P_r} = \frac{c}{r^2} Z \qquad\qquad 19.1$$

其中:c 为与雷达参数有关的常数,$Z = \sum_{\text{单位体积}} D_i^6$,为单位体积内所有散射粒子直径六次方之和,又称反射率因子。由于不同云雨粒子之间的 Z 值变化范围很大,为方便起见,通常使用 dBZ,其定义为:dBZ=10lg Z/Z_0,$Z_0 = 1\ mm^6 \cdot m^{-3}$。经过距离订正的 dBZ 远近可以比较其大小。

　　雷达反射率因子 Z(单位 dBZ)为单位体积内所有散射粒子直径六次方之和,反映了降水的强度。根据实测雨强资料和雨滴谱资料统计的结果,可以得到一个经验公式,它既是数学的又是经验的:$Z = AI^b$,一般 Z 值与雨强 I 有以下关系:

层状云降雨 $Z=200R^{1.6}$

地形雨 $Z=31R^{1.71}$

雷阵雨 $Z=486R^{1.37}$

美国 WSR-88 D 缺省为 $Z=300R^{1.4}$

Z-I 大致有以下对应关系：

回波强度 Z(dBZ)$<$10   20   30   40   50   60

降水强度 I(mm/h)0.2   1.0   3.0   10   50   200

降水估计与真实降水之间存在一定的误差。误差的来源主要有：Z 值错误估计（由地物杂波、非正常传播（AP）、波束部分充塞、湿的天线罩、不正确的硬件定标等引起），Z-I 关系误差（滴谱分布的变化、混合型降水与 0°层亮带存在等引起），雷达盲区（强水平风、雷达波束下面的蒸发、在雷达波束下的合并）等。对降水的错误估计，原因比较复杂，影响因素很多。因此，降水估计只具有参考意义而不能当作真的降水量值。

19.1.2   多普勒速度图分析

目前对单多普勒雷达径向速度场资料的分析方法大致分为两种，一种常用的是观测某些典型流场在径向速度场上的特征，如：大尺度风向风速的垂直切变，锋面、切边线等风向风速的不连续面，中小尺度的气旋反气旋、辐合辐散和扰流等流场结构的典型特征；另一种方法是用其他方法取的环境风矢量作为参考，勾划出雷达回波区内的实际平面风场，使风场的径向分量场与雷达实测的径向速度场不相矛盾。日常业务中一般用第一种方法分析雷达实测的径向速度 PPI 特征，进而分析和推断真实的风场结构。

由于多普勒雷达探测风场的原理，速度场中有时会出现速度模糊和距离模糊现象，所以在资料分析前应首先应用风速连续原理排除这种现象。多普勒雷达通常采用体积扫描方式收集资料（图 19.3），因此体积扫描收集的资料实际上是由多个 PPI 扫描资料组成的。当用某仰角 PPI 扫描时，以雷达为中心，沿雷达径向距离的增加，代表了离地高度增加的探测目标的特征，实际是雷达扫描范围内某一圆锥面上的目标物特征。反映了实际大气部分区域的信息，与实际大气并不完全一致。

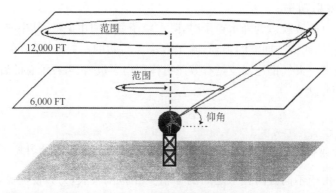

图 19.3   雷达 PPI 锥面扫描方式示意图

大同站雷达（CINRAD-CB）2010 年 3 月 4 日 11:08 观测的速度图（图 19.4，东北方向缺口为地物遮挡）。图中零等速线呈反"S"型，风向从雷达地面处北风随高度增加转为远离雷达的西南—南风,风向随高度逆时针旋转,表示在雷达有效探测范围为一致冷平流。雷达第一、第二距离圈处有速度大值"牛眼"结构。

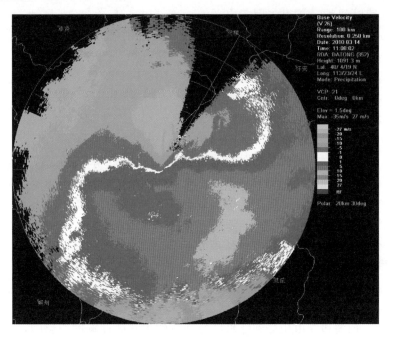

图 19.4　大同站雷达多普勒速度图

19.2　回波分类与识别

19.2.1　层状云回波

雷达回波的形状结构从强度显示而言具体有以下几种类型:

从 PPI 上看,有片状、絮状、块状、块絮状、带状、涡旋状。

从 RHI 上看,有柱状、纺锤状、0℃ 层亮带、指状、菜花状。

片状回波所对应的系统是天气尺度的锋面和低涡,它可形成较大范围的降水。块状回波所对应的系统则是中小尺度的雷暴系统,局地对流或强对流天气,它所形成的降水比较集中,且雨强较大,经常伴随雷阵雨、雷暴以及冰雹和龙卷等灾害性天气。前者对应的时间为几到几十小时,后者则为几分钟到几小时;前者多为稳定性降水,而后者则是雷电交加,降水分布不均,大多伴有短时大风。

图 19.5 表明了回波的生命史和降水量与回波移动速度之间的关系。回波的生命史和降水量取决于系统的移动速度 F。F 越大(一般大于 35 km/h,系统的生命史越短,降水量也越小。经验表明,回波高度大于 6 km,F 大于 40 km/h 的各类系统的天气现象是狂风骤雨,雨滴颇大,但雨量却很小。有一种容易产生暴雨的典型情况:一条狭长强对流雨带的移动方向与雨带走向一致,在该雨带路径上的地区将经历雨带上每一个强对流单体的降水,导致雨带路径上的暴雨,即所谓的"列车效应"。这是因为暴雨不是一个瞬时的事件,需要一段时间的累积。暴

雨是"较大的雨强持续相对较长时间"的结果。雨强的大小主要由低空的雷达反射率因子大小来判断,而强回波持续时间长短与很多因素有关。一种情况是强回波区域不大,但几乎停滞不动,造成其停滞地区的暴雨。造成回波停滞的原因很多情况下是由于雷暴回波中每个单体按照雷暴承载层平均风移动构成的平流矢量与新单体在雷暴某一端不断生成的雷暴传播矢量方向几乎相反而大小相等,使得作为上述二者矢量和的雷暴回波移动矢量近乎为零。如果雷暴回波的传播矢量与雷暴回波的平流矢量方向差超过90°,则称该雷暴系统为后向传播系统,否则称为前向传播系统。后向传播系统容易产生暴雨。

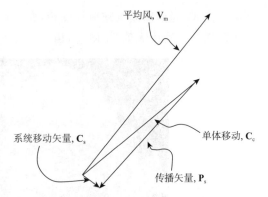

图 19.5　中 β 尺度的对流雨团雷达回波的移动矢量等于对流单体基本沿着风暴承载层平均平流矢量 C_c 和由于对流单体在某一侧不断生成产生的传播矢量 P_s 之和 C_s。本图中,平流矢量与传播矢量方向几乎相反,大小几乎相等,导致整个中 β 尺度的对流雨团移动缓慢,是典型的有利于产生暴雨的后向移动系统(引自 Davis 2001)

　　通常层状云回波在 PPI 上的回波特征是分布成片,面积较大,也称片状回波。早期雷达由于电磁波衰减,在雷达接收机增益没有减小的情况下,从 PPI 上看,回波出现比较均匀、呈弥散状分布,为大面积的白团。回波边缘由于受到降水区的衰减作用和脉冲宽度的影响,看起来模糊而发毛,对于多普勒雷达,由于 DVIP 等的作用,回波边缘仅有破碎而无发毛现象。另外仍可以看到在大片的弱回波中夹有一个个强度较强的回波团,回波团强度一般在 20～30 dBZ。从 RH 上看,层状回波往往结构较均匀,顶部有时虽有起伏,但相对于对流云来说,顶部仍较平整,没有明显的泡体,垂直厚度不大,一般在 5～6 km,但随季节变化不同而变化。水平尺度较垂直尺度要大得多。回波顶往往还可分成多个层次的云系,但无明显的对流柱。这类回波通常高度在几 km 以下,对应地面常为连续稳定的大面积降水。雨强虽不如块状回波,但总雨量却仍不少。图 19.6 可以看出层状云一般回波强度不太大,高度在 5 km 以下。

　　需要特别注意的是,有一种高降水效率的对流系统,通常称为"热带降水型",其反射率因子的主要特征是在中低对流层越靠近地面回波越强,中心位置较低,45 dBZ 的回波往往会对应极强的雨强,持续 0.5 h 往往就可以导致暴雨。有利于这种高降水效率的"热带降水型"出现的环境条件是:①整层大气相对湿度较高;②抬升凝结高度到 0℃ 层之间的距离较大。与上述"热带降水型"对流系统形成鲜明对照的是雹暴对流系统,其强回波可以扩展到较高的高度,中心位置较高,降水效率较低,在降冰雹的同时偶尔也可以产生很大的雨强,在其持续时间较长的地点也可以产生暴雨,只是雹暴系统产生暴雨的频率远低于"热带降水型"对流系统。

　　絮状回波从 PPI 上看回波多呈片絮状、面积较大且又嵌有密集发白的团块。边缘发毛,疏密不均。从 RHI 上看,0 dBZ 时顶部较平,无明显的对流柱,衰减 10 dBZ 后可发现有柱状回波和 0℃ 层亮带,当层结不稳定时也可在大范围的层状云系中发展对流云,且雨量特别集中,成为大范围降水中的降水中心。一般情况下,这类回波的强中心位置对应的地区为强降水中心。

　　如回波疏密相间,顶部较平,这类回波多为阵性降水,多数不会出现雷电。当层结不稳定时可出现雷电,这时回波顶部出现高低不齐的对流柱,絮状回波中夹有块状单体(速度图上看为逆温区)。

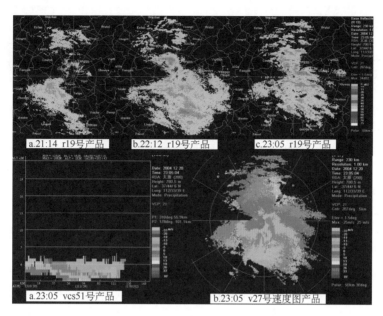

图 19.6　雷达 PPI 扫描和 RH 扫描回波

当多普勒雷达对层状云连续性降水进行垂直扫描时,在 RHI 上会出现一条平展而且比较强的回波带,高度通常在 0℃层等温线以下。在 PPI 扫描时,抬高天线仰角,在大片降水回波中也会出现一个环状或者半环状的亮圈,环的半径与天线仰角和亮带高度有关。这就是雷达气象学说中的零度层亮带或强回波带,有时也称为融化带。零度层亮带是层状云连续性降水的一个重要特征,它反映了在层状云降水中存在明显的冰水转换区,即亮带上面以冰晶为主,通过亮带后全部转化为水滴。也表明了层状云降水中无明显的对流活动,为亮带的维持创造了条件。在雷暴消散阶段有时也可以探测到亮带,说明此时对流已经减弱,降水性质已从对流性质转化为层状云连续性降水。在混合性降水过程中,零度层亮带的出现,可以作为识别冰雹云的指标之一。亮带出现表明亮带上面是雪花和冰晶而不是过冷水滴,大气中不存在强烈的对流和湍流活动,对飞机活动是一个有用的指示。

对连续性降水进行垂直扫描有时可以发现,在融化带上面会出现呈长而倾斜的"下垂回波带",其顶部有很集中的回波单体,这些单体往往是"降水发生体"或叫"降水发生源"。随着高度降低回波尾部变为较水平,这些弱回波下降与融化带合并,会暂时增强融化带的回波强度。经过 1～2 min 后,地面降水强度会出现短时增加。这种强的下垂回波带,为了与零度层亮带区别,通常称其为雷达高带。它在暖锋降水情况下经常可以看到,一般出现在锋面以上几百米处,单体的直径可达几千米,有时排列成行。在冷锋降水中较为少见。雷达亮带一般总出现在 $-16℃$ 层(也称为"降水发生层")附近,其生命史可达几小时,并以 $1.7～2.2\ \mathrm{m\cdot s^{-1}}$ 的速度向融化区降落,接近融化区时速度减慢,大约每隔 20 min 就重复一次这种过程。一般在高空大气稳定的情况下才会出现雷达高带,而且也仅仅是在稳定的情况下才会出现。

19.2.2　对流云分析

对流性降水包括阵雨、雷雨、冰雹、短时暴雨等。对流性降水回波一般出现在快速移动的锋面上、冷锋前暖区、副高边缘、台风外围等边界线附近或气团内部。块状回波是对流性天气的具体反映,通常由很多分散的回波单体组成,随天气过程的不同排列成带状、条状、离散状或其他形状。从 PPI 上看,回波单体结构紧密,边缘清晰,排列很不规则,回波强度强,持续时间变化大,空间尺度上从几千米到几十千米都有。图 19.7 所示为太原雷达(CINRAD-CC)2004 年 8 月 9 日 19:37 在 1.5°仰角的 PPI 观测图,可以看出在块絮状回波中有团块状相对较强回波。实际回波往往表现为多种形态组合而成。从 RHI 上看,回波随单体发展的阶段变化呈柱状、指状、花菜状、纺锤状等,经常会出现弱回波区、有界弱回波区、回波悬垂等特征。各种回波高度随季节而异,多数都在 8 km 以上,最高可以到达对流层顶部;造成的对流天气的强度又与高度、水平尺度紧密相关。当块状回波高度≥10 km、水平尺度≥35 km、强度≥40 dBZ 时,就会出现较强雷暴或冰雹和短时大风。柱状回波降水多以强雷阵雨为主并伴有中等或小的冰雹。纺锤状、指状、花菜状回波表示中高空对流发展旺盛,将大量较大的降水质点带入中、高空所致。这种回波可反映较强的雷雨和较大的冰雹。块状回波多为局地强对流单体,从它的生成到发展,除了大气层结处于对流或潜在不稳定状态外,低层大气水汽较充足,并有明显的地形抬升或低空辐合、高空辐散场存在。图 19.8 为 2004 年 7 月 3 日 17:14 雷达观测到的对流云剖面,图中可以明显看到有界弱回波区、回波悬垂等对流云特征。

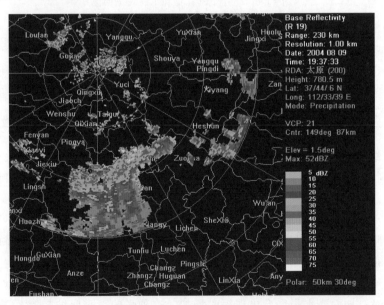

图 19.7　2004 年 8 月 9 日 19:37 分太原雷达 1.5°仰角 PPI

　天气雷达在探测强烈雹暴的情况下常常会出现一种称为三体散射的回波假象。当雷达波束遇到反射率因子核心区时,除了继续向前的能量流外,一部分能量向四面八方散射,其中一部分能量被散射到地面,地面吸收一部分散射能量,另一部分被地面向空中各个方向漫反射(散射),其中一部分漫反射能量遇到反射率因子核心区,被反射率因子核心区向四面八方散射,其中沿着雷达波束向着雷达的散射被雷达接收。如果该散射波功率超过雷达的噪声功率,雷达就能够检测到该回波信号。雷达将所有回波都显示在雷达波束构成的径向上,该来自地面的回波也被显示在雷达径向上形成虚假回波,这就是所谓的三体散射现象(图 19.9)。有时也称为三体散射长钉。在基本反射率因子图上的形态是自高反射率因子核区沿径向向外延伸的类似钉状的弱回波带,径向速度图上与之对应的是类似钉状的弱风速带,对应于速度谱宽是相对高值带;基本反射率因子及径向速度垂直剖面图上是一条自风暴主体向外延伸的低值回波带。反射率因子核心强度越大,高反射率因子的区域越大,三体散射长钉的长度就越长。90%以上的三体散射出现在 1~9 km 之间的高度,4~5 km 高度之间出现的次数最多,并经常出现在雷达站的上风方向,这可能与环境风有关。出现三体散射时表明雷达反射率因子很强,往往预示着地面会出现冰雹。分析表明地面降雹时间滞后于三体散射出现的时间,有 10~30 min 的提前量,同时往往伴随有地面的灾害性大风。因此三体散射可以作为强冰雹的辅助预警指标,有效降低强冰雹预警的虚警率。分析还显示三体散射的长度越长,降雹尺寸可能越大。

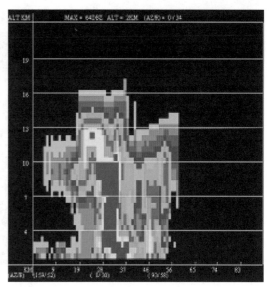

图 19.8　2004 年 7 月 3 日 17:14 分
太原雷达 RHI

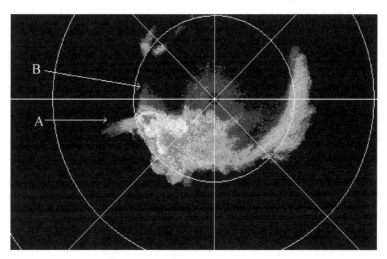

图 19.9　所示为"三体散射"回波,B 所示为"旁瓣回波"

　　对流多普勒速度场中,同一种方向的速度区中出现相反方向的速度区,即正速度区中包含小块的负速度区,或负速度区中包含小块的正速度区,称为"逆风区"(图 19.10,红色区域内绿色区)。降水区中的逆风区多出现于强对流天气中,逆风区均对应着强回波中心和强降水中心区,并且逆风区的出现较强降水的开始有 1~2 h 的提前量,这对于暴雨和冰雹等强对流天气的预警有重要的参考价值。

　　对流云回波相比于层状云生、消变化很快,一个回波单体的生命周期一般也就十几到几十分钟,平均持续时间约为 20~30 min。一般单体水平尺度越大,持续时间越长。由于一次大的雷暴过程期间可能有很多个单体生成,所以雷暴过程的平均持续时间可能要远大于单体的平均持续时间,可达 1.5~2.0 h 或更长时间。

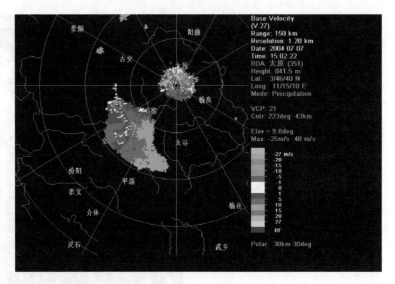

图 19.10　逆风区

　　块絮状回波对应的是大尺度系统过境时造成的混合性降水,即连续性降水和对流性降水相混在一次过程中。其形态近似于较强的絮状回波,块体明显。

　　带状排列的回波是由锋面、切变线、飑线、副冷锋等天气系统过境时产生的,往往带来雷雨大风等灾害性天气。其中尤以下击暴流造成的危害最为严重。下击暴流是指能够产生近地面破坏性水平辐散出流的风暴下部强下沉气流。破坏性水平出流曾经是指在地面产生 18 m·s^{-1} 以上辐散风的一种强下沉气流。下击暴流分为微下击暴流和宏下击暴流。微下击暴流是指水平尺度小于 4 km,朝向和远离雷达方向的最大径向速度差大于等于 10 m·s^{-1}。宏下击暴流指水平尺度超过 4 km 的较大下击暴流,持续时间可达 5～30 min。微下击暴流可导致很大的水平风切变,水平出流峰值可达 75 m·s^{-1},对飞机起飞降落威胁很大。宏下击暴流强烈时可造成与龙卷类似的风害,水平出流峰值可达 60 m·s^{-1}。下击暴流可以通过多普勒天气雷达 0.5°仰角的径向速度图进行识别,局限于距离雷达 60 km 以内区域,呈现为低层明显的辐散。在雷达回波静止或移动缓慢时,下击暴流低层辐散场基本对称,比较容易从雷达上进行识别。当产生下击暴流的强对流系统,如飑线,移动较快时,下击暴流造成的低层辐散场不对称,通常比较难识别,此时下击暴流的发生需要通过灾后实地调查来确定。沿着一条飑线常常会产生很多个下击暴流,从雷达回波上很难一一识别,可以统称为雷雨大风。除了下击暴流以外,雷雨大风还可以由多个雷暴下沉气流汇合在一起的冷空气堆的前沿阵风锋产生,偶尔还可以由雷暴低层入流产生。因此下击暴流只是雷雨大风的一种类型,往往最强的雷雨大风都是由下击暴流导致的。

　　涡旋状回波则与涡旋流场相关联。云体回波发展越强说明涡旋越强。

　　实践表明,根据回波结构特征与天气的对应关系制作 0～6 h 短时临近预报效果很好。

19.2.3　晴空回波分析

　　晴空回波一般是指在没有云、雨的晴空,或者有稀薄的云,但是显示不出回波的晴空在雷达屏幕上有时也会出现的某种回波。它们常表现为圆点状、窄带状、细胞状、层状、白炽状、环状、波状等。一般把它们分为两大类:第一类称为圆点状回波,第二类是具有较大水平尺度呈窄带状或层状的回波。第一类回波多由于鸟和昆虫所造成,或者由于热对流引起;第二类主要由于大气中折射不同造成的,或者由于由间隔小于雷达分辨率的大量昆虫群引起。由热对流和大气折射不同引起的晴空回波,具有一定的天气预报价值,往往预示着该地区有不稳定因素存在,特别在夏季,往往容易形成热雷雨。大气中存在温、压、湿、风的不连续面,这些不连续面往往是引起强对流的不稳定因素。如果低空存在逆温或等温面,不稳定的热对流或不连续面受地面加热影响,当发展得足够强时,冲破逆温层,雷雨过程也就发生了;相反,若热对流不太强,逆温层阻挡了热对流的发展,回波也就将随着热力条件的消失而消亡。根据晴空区中不连续面区域预报未来雷雨发生的落区,具有一定的准确性。

对于尚未形成降水的云,由于云体内水滴小,含水量也少,一般不易探测到,只有含水量增加到较大的时候,在近距离内才能探测到。回波强度往往不大,在 20 dBZ 以内,呈片状或者薄膜状,丝缕结构清楚。雾回波也较弱,而且与雷达附近较强的地物回波混在一起,不易区分。只有范围较大,高度较高的平流雾雷达才能探测到它的回波,往往呈弥散状,顶高在 1 km 左右。

19.3　产品分析与应用

由于我国雷达布设的进度明显快于产品应用软件发展的速度,当雷达开始使用时我国尚未有自己的雷达产品应用软件可用于业务运行。中国气象局首先引进成熟的美国 88 D 雷达软件进行改造后向全国推广使用。该软件经过一定的实用检验,相对比较成熟,可以应用于业务运行。它具有很多的产品[4],可供业务中检验使用(产品列表见附件 1)。众多产品中可分为基本产品和导出产品两大类。根据使用经验,对下面几个产品加以介绍。

19.3.1　基本产品

基本产品可分为反射率产品(R)、平均径向速度产品(V)和谱宽产品(W)三种,这些基本产品比其他导出产品更直观地反映锋面,暴雨等天气尺度和中尺度气象特征,是预报员进行天气分析过程中最常用的产品。每个产品可显示当前体积扫描覆盖模式所定义的所有仰角资料(如显示 14 个仰角、9 个仰角或 5 个仰角的基本资料)。

19.3.1.1　反射率因子(R)

根据附件 1,基本反射率产品有 6 种,具有不同的分辨率、距离显示档和数据显示色标等级(图 19.11)。

产品可应用于:

(1)探测降水强度、移动及发展趋势;

(2)识别显著的强风暴结构特征,如弱回波区,回波墙,钩状回波,后向入流等;

(3)识别锋面、飑线等天气学特征;

(4)晴空模式下基本反射率因子产品可以探测诸如飞鸟、昆虫、森林火灾等非降水特征。

产品不足方面:

(1)资料等级不可修改,晴空模式下可显示回波最大强度为 28 dBZ;

(2)地物回波和超折射回波干扰,抬高仰角一般可区分此类回波;

（3）旁瓣假回波，发生在高仰角近距离处，一般仰角超过 19.5°，该产品不再适用；

（4）产品分辨率随着离雷达站距离的增加而下降。

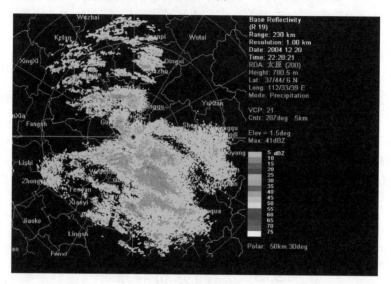

图 19.11　反射率因子(R)

19.3.1.2　平均径向速度(V)和谱宽(SW)

根据附件 1，平均径向速度产品有 6 种，谱宽产品有 3 种，根据不同的分辨率、距离显示档和数据显示色标等级区分(图 19.12)。

平均径向速度(V)产品应用于：

（1）探测地面相对风场，直接用于预警发布、科学研究和天气预报制作；

（2）探测大气结构。可根据风向风速随高度的变化监测各层冷暖平流及中低空急流；

（3）探测风暴结构。根据平均径向速度图，可识别风场气旋、反气旋，风暴顶或近地面层的散度等；

（4）制作、调整、更新由探空资料所得的速度矢端曲线；

（5）降水边界识别，在降水边界区平均径向速度资料表现为辐合区，而在基本反射率因子场上表现为一个小于 5 dBZ 的弱回波区，无法识别。

产品不足：

（1）距离折叠。当用户关心的区域发生距离折叠，可通过调整雷达脉冲重复频率(PRF)得到改善；

（2）速度模糊。通过提高雷达脉冲重复频率(PRF)，可提高最大不模糊速度。对于 CC 雷达，速度模糊不经常发生。

谱宽(SW)产品应用于：

（1）评价平均径向速度。一般说来，高谱宽区蕴含着平均径向速度有较大的不确定性，应进一步与基本反射率因子资料对比分析；

（2）降水边界识别。在降水边界处基本反射率因子产品一般小于 5 dBZ，降水模式很难显示，然而基本谱宽资料和平均径向速度资料能够显示反射率因子小于 5 dBZ 的降水系统，从而确定降水边界。

产品不足：

(1)距离折叠。当关注区域发生距离折叠,用户通过在雷达上调整脉冲重复频率(PRF)得到改善;

(2)地面非气象目标物影响。地面移动的汽车、摇晃的树叶、水塔等都可以导致虚假的谱宽值,通过设置地物抑制参数解决;

(3)系统噪声。系统噪声可导致奇异的谱宽值,可抬高仰角观测,消除噪声。

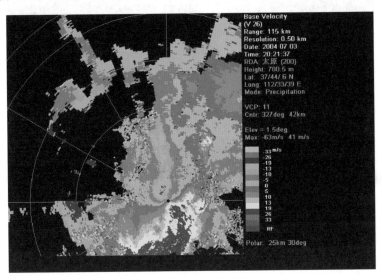

图 19.12　平均径向速度(V)

19.3.2　一些算法的导出产品

以基本反射率因子为基础,经过严格的水文气象算法生成若干导出产品。这些产品能够更加丰富、细致、准确地描述各类强天气的发生、发展、消亡过程,特别是对风暴结构的分析、了解更为有用,如组合反射率因子产品,弱回波区产品。而各种降水产品、冰雹指数产品等也为监测和预报强对流天气提供了很好的参考。

需要指出的是,这些产品虽然以基本反射率因子数据导出,但需要用户设置一些本地环境参数或阈值,这对产品的生成和应用具有重要意义。

目前雷达软件导出产品有很多种,下面把日常业务中经常使用到的加以介绍。

19.3.2.1　组合反射率因子(CR)

原理定义:表示的是在一个体积扫描中,将常定仰角方位扫描中发现的最大反射率因子投影到笛卡尔坐标格点上的产品(图 19.13)。

产品应用:

(1)显示出整个可探测大气空间的最大反射率因子分布;

(2)比较于基本反射率因子,有助于探测风暴结构特征和强度等;

(3)通过组合反射率因子知道风暴的最强回波区域,再做剖面产品,有利于反映风暴的垂直结构;

(4)可以叠加风暴综合属性表。

产品不足：

（1）比较弱的反射率因子被忽略；

（2）反射率因子值发生的高度不可知；

（3）回波发展高度不可知；

（4）非降水回波也许影响该产品的质量。

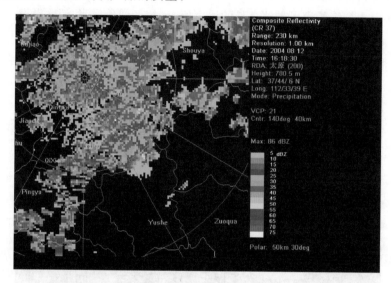

图 19.13 组合反射率因子（CR）

19.3.2.2 垂直累计液态含水量（VIL）

原理定义：垂直液态水含量产品是假定反射率因子强度来自于液态水滴，应用公式 $M=3.44\times10^{-3}Z^{4/7}$（公式中 Z 为基本反射率因子，M 为液态水含量，单位为 $kg\cdot m^{-2}$）生成每一个 $1.2\ km\times1.2\ km$ 网格点上任意仰角的液态水含量，然后再对每个网格点进行垂直积分得到的产品（图 19.14）。

产品应用：

（1）有助于确定大多数显著的风暴单体位置；

（2）由于冰雹单体并非由液态水构成，导致很强的 VIL，所以有助于识别较大的冰雹单体；

（3）有助于识别超级单体风暴，超级单体风暴有较大的 VIL；

（4）有助于识别强风灾害天气，强风开始时，垂直液态水含量 VIL 迅速减小。

针对目前业务雷达软件只能计算整层 VIL，山西省人工增雨办公室研究开发了分层 VIL 计算，在人工增雨作业中发挥了很好的效果[5]。

计算原理：分层的垂直累积液态含水量是利用探空资料取得当天的 0℃ 层高度，以 0°层高度为界，将垂直累积液态含水量分为上下两部分，再分别计算上下两部分的垂直累计液态含水量。

使用双线性插值法将回波强度（单位：dBZ；雷达探测范围为 150 km，基本刻度为 50 km）还原为雷达反射率因子（Z），插值到 2 km×2 km（1 km×1 km）或网格的直角坐标中。得到直角坐标中的 Z 值后，计算整层和 0℃ 层上、下的 VIL（0℃ 层高度由探空资料获得），并使用 16 个等级的色标形成图像显示到屏幕上。

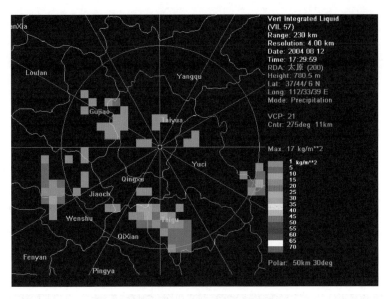

图 19.14　垂直累计液态含水量（VIL）

计算步骤

（1）把每个仰角的极坐标形式转换成直角坐标，对 1 km×1 km（或 2 km×2 km）的区域，近距离可能有多个实测资料落在区域内，而对于远距离处，有些区域可能没有实测资料。为此，对前者采用平均值，而后者则采用线性内插方法加以弥补。

（2）把回波强度 dBZ 值转换成雷达发射率因子 Z 值

（3）应用雷达测高公式计算在相同斜距下仰角 α_i 与 α_i+1 两层之间的高度差 Δh；

$$H=h+r\times sia(\alpha_i)+r^2\ /\ 17000 \qquad\qquad 19.2$$

H 为回波高度（单位:km），r 为雷达斜距（单位:km），α 为雷达仰角，h 为雷达天线的海拔高度（单位 km）

（4）利用与雷达资料时间对应的当天的探空资料，取得当天 0°层高度；

（5）计算第 i 层的 PPI 资料（即 α_i 仰角）中某地的垂直柱体内的所有资料点的算术平均值。这样重复计算所有垂直柱体内所有层次的算术平均值；

（6）利用线性内插方法得到 0°层的回波强度的算术平均值；

（7）分别计算每一个底面积的垂直柱体中的垂直液态含水量以及分层的垂直累计液态含水量，从而得到整个探测区域的 VIL 分布，所得结果用 16 个等级的彩色图形显示。

使用 VIL 产品的注意事项：

（1）由于体扫仰角不能过高，使得近距离档探测不到回波顶，造成 VIL 值过低；而远距离处最低仰角的实际高度已很高，与回波顶的高度差小于近距离处，也导致 VIL 值过低；

（2）M-Z 关系是在雨滴谱服从 M-P 分布假定下得到的，所以实际降水云中雨滴的易变性将导致 VIL 值产生误差；

（3）倾斜较大的对流云上部可能伸展到相邻的柱体中，移速较快的云体，由于雷达探测低、高仰角的时间差也可能使云体上部伸展到相邻柱体中，这时的 VIL 值可能小于云体不倾斜或移动较慢时的 VIL 值；

（4）层状云降水存在 0℃层亮带时，VIL 值有明显的误差；

（5）使用 VIL 时，应尽可能选择仰角层数多的体扫资料，这样计算得到的 VIL 值比较准确。

应用个例：

由于 VIL 是根据雷达反射率因子 Z 计算得到的，而 Z 是云中各种水凝物（包括液态和固态粒子）共同作用的结果，因此它并不是真正意义上的液态水含量。但降水粒子浓度大的区域，VIL 值一定大；液态水含量大的区域，VIL 值一定大。由于层状云连续性降水和对流云降水（暴雨、强风暴）的雷达回波差异较大，VIL 值也有很大的不同。

VIL 在层状云连续性降水中的应用：图 19.15(a) 是 2007 年 6 月 18 日 20:14 的太原多普勒雷达探测的 1.5°仰角的雷达强度和速度图，(b) 是 2007 年 6 月 18 日 20:14 的 VIL 的分布情况，从图中可以看出，整层 VIL 的最大值在 $0.5\sim1.0\ \mathrm{kg\cdot m^{-2}}$ 之间，下层 VIL 的最大值也在 $0.5\sim1.0\ \mathrm{kg\cdot m^{-2}}$ 之间，但是范围较小，下层 VIL 比整层 VIL 的值相近或稍小，分布基本相同，上层 VIL 的值与整层 VIL 的分布不尽相同，而且数值更小。VIL 的大值区域与雷达强度的较强回波的区域相对应。

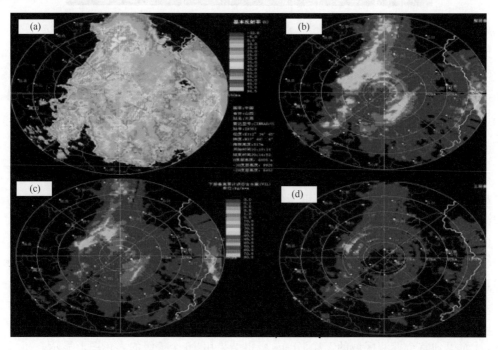

图 19.15　2007 年 6 月 18 日 20:14 分雷达观测的 VIL 产品图
(a)回波强度，(b)整层 VIL，(c)下层 VIL，(d)上层 VIL

VIL 产品在强对流天气中的应用：2006 年 7 月 24 日 14～16 时，山西阳泉市的多个乡镇分别遭受不同程度的冰雹袭击。14:57～15:09 盂县县城出现冰雹，冰雹最大直径 8 mm，15:20～15:30 阳泉市区出现冰雹，冰雹最大直径 7 mm，15:35～15:46 平定县城出现冰雹，冰雹最大直径 26 mm。图 19.16 中，阳泉市三个测站的垂直累积液态含水量的变化曲线。从中可以看出冰雹出现时刻 VIL 的值均大于 $30\ \mathrm{kg\cdot m^{-2}}$；$VIL$ 峰值出现的时间与冰雹的时间比较一致，冰雹出现在 VIL 下降的时刻，而且冰雹出现前后 VIL 有明显的起伏（图 19.16）。

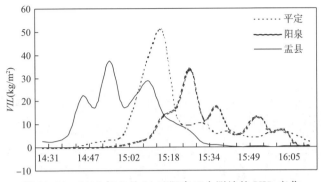

图 19.16　2006 年 7 月 24 日阳泉三个测站的 VIL 变化

从图 19.17 可以看出,强对流天气 VIL 值比较大,整层 VIL 最大值为 23 kg·m^{-2},周围 VIL 值为 0.8~5.0 kg·m^{-2},远远小于最大值,相对应的上层 VIL 的值也最大,为 16.0 kg·m^{-2},下层 VIL 值为 6.1 kg·m^{-2},这一相对大值区更突出,与周围值相差更大,说明这里的回波较高,预示着此处可能是强对流发生的区域。在速度图上,此区域表现为中小尺度气旋式切变或逆风区,虽然范围很小,但对于对流云降水是绝对不能忽视的。

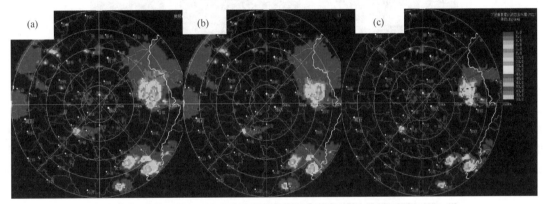

图 19.17　2006 年 7 月 24 日 15:38 太原雷达分层 VIL
(a)整层 VIL　(b)上层 VIL　(c)下层 VIL

19.3.2.3　回波顶(ET)

原理定义:反射率因子强度大于等于 18.3 dBZ 的回波所在高度定义为回波顶高(云区上部)(图 19.18)。

回波顶高算法首先确定每 1.2 km×1.2 km 网格点上反射率因子大于 18.3 dBZ 回波所在处的最高仰角,然后测量各个反射率因子大于 18.3 dBZ 的网格的高度,算法考虑了雷达天线所在高度。

产品应用:

(1)很快的测量强对流回波发展的高度、位置;

(2)有助于将非降水回波从实际风暴中区分出来;

(3)有助于识别风暴结构特征,诸如倾斜,低层反射率因子梯度区上的回波顶;

(4)在低层回波还未探测到时,先探测到中上层回波。

产品不足:

(1)产品网格点间常出现环形阶梯状不连续现象;

（2）对于雷达最高一层仰角上，即使仍有降水回波，并没有进行向上垂直外推，因此对于发展较高的强风暴较难探测到其回波顶高；

（3）雷达旁瓣回波，可能导致过高估计回波顶高；

（4）距雷达近距离处，由于受最高仰角的限制而可能低估回波顶高。

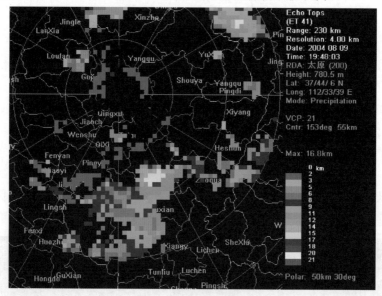

图 19.18　回波顶（ET）

19.3.2.4　冰雹指数（HI）

生成原理：冰雹指数图形产品是冰雹探测算法的图形输出结果。冰雹探测算法利用风暴单体识别和跟踪算法（SCIT）输出结果，查找 0℃ 等温线高度上的强反射率因子值，0℃ 等温线上的强反射率因子值越强（至少 40 dBZ），发生高度越高（可超过负 0℃ 等温线），产生冰雹/强冰雹的可能性（POH/POSH）就越大，冰雹直径越大（图 19.19）。

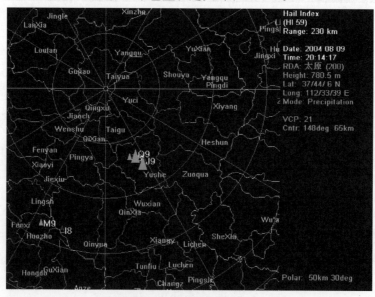

图 19.19　冰雹指数（HI）

产品应用：

冰雹指数产品对于强冰雹,特别是直径大于 1 英寸的冰雹具有很强的探测能力,当 POSH 大于 50% 时极有可能产生冰雹,它是一个探测冰雹的有效指数。

产品不足：

(1)冰雹探测算法需要及时,精确地输入 0℃ 和 −20℃ 等温线距海平面的高度；

(2)冰雹发生可能性参数(POH),强冰雹可能性参数(POSH)和冰雹尺寸(MEHS)等在距雷达站近距离处和远距离处起伏较大,影响探测效果；

(3)在弱风和热带环境中,冰雹指数趋向于过高估计冰雹发生的可能性。

19.3.2.5　中气旋(M)

生成原理：美国强风暴实验室(NSSL)将中尺度气旋定义为与对流上升运动密切相关的小尺度旋转体,其必须满足下述条件:持续时间一个体扫以上,垂直尺度不低于 10 千英尺,具有强切变区,切变区内最大正负速度值间距离 ≤5 nm,切变大小(最大正速度＋最大负速度)/2 大于给定阈值(图 19.20)。

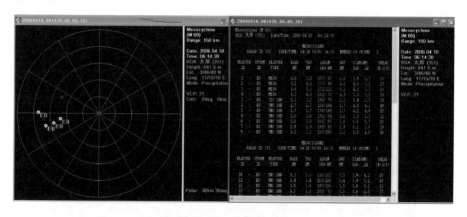

图 19.20　中气旋(M)

具体探测算法如下：

模式矢量识别：从 0.13 分辨率的平均径向速度资料中找出每一组方位相邻、径向速度递增的距离库,将它们组成一个模式矢量,并计算其角动量和切变,去掉未达到阈值的模式矢量。

二维特征量识别：将每个仰角上所有模式矢量按空间相关性组合成二维特征量,并检验其对称性(径向和切向长度比),分为对称特征量和非对称特征量。

三维切变区：将不同仰角上的二维特征量按照其垂直空间相关性组成三维特征量,若一个三维特征量包含二个以上垂直相关的二维特征量,且至少有二个以上是二维对称特征量,则此三维特征称为中尺度气旋。若一个三维特征是包含二个以上垂直相关二维特征量,但二维对称特征量个数少于二个,则称此为三维相关切变区。那些没有垂直相关的二维特征量,则称为非相关切变区。

中尺度气旋和三维相关切变区用中尺度气旋图形产品显示,而非相关切变区只能用中尺度气旋文本产品显示。

可调参数：

在用户控制单元 RPG 上可调整远距离风暴体最大径向和切向直径比阈值、远距离风暴体最小径向/切向直径比阈值、特征量垂直相关高度阈值和最高/最低角动量阈值等 15 个参数。

产品应用：

(1)识别中尺度气旋,操作员还需同时分析反射率因子产品,最好将这些产品作为中尺度气旋的警报配对产品使用;

(2)识别龙卷,一个中层的中尺度气旋,如果向着地面发展,可产生地面大风或发展成龙卷风。

产品不足：

(1)时间连续性差,算法并没有同时使用两个体扫描的资料;

(2)在所要求的 10 千英尺①的垂直范围内,并不要求每个仰角上有涡旋,仅需在任意两个仰角上有两个垂直相关的特征量;

(3)算法仅仅考虑气旋性弯曲或切变造成的灾害性天气;

(4)在距雷达站较远的距离处,各仰角资料间距增大,会影响中尺度气旋探测;

(5)很难知道是哪个仰角上发生切变或涡旋。

19.3.2.6 VAD 风廓线产品(VWP)

生成原理：VAD 风廓线产品是将不同时刻 VAD 算法导出的各个高度上水平风用风标表示在同一幅图上而成,水平轴表示时间,最大可选择 11 个体扫描时间。纵坐标表示高度,以 km 为单位,最大可包含 30 个高度(15 km)。

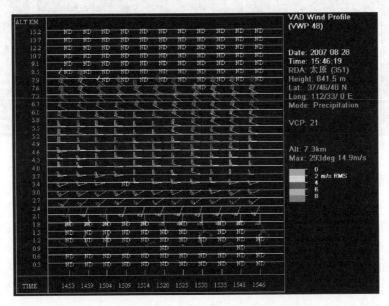

图 19.21 风廓线产品(VWP)

可调参数：

(1)在 RPG 上可调整降 VAD 算法参数;

(2)在 RPG 上可调整 PUP 上 VWP 输出层次及高度。

产品应用：

(1)产品作为多个连续体扫描的水平风垂直廓线显示,有助于了解强对流天气的环境场;

---

① 1 英尺≈0.305 m

(2)产品显示的低层风垂直变化将有助于航空天气预报;

(3)通过了解水平风场随时间变化,可监测冷空气、锋面等的移动情况,指导常规天气预报;

(4)有助于判断云层发展高度(因为有云的地方风资料较全);

(5)产品可用于创建或调整水平风速矢端曲线。

李军霞等研究了 vwp 产品特征与山西降水的关系[8],认为"ND"厚度变化反映了测站上空大气相对湿度的变化,降水前的"ND"厚度与相对湿度呈反相关,其中大面积的层状云降水或混合云降水得到的反相关系数比起对流云降水的大近一倍,反相关性更好。"ND"厚度的变化对降水过程有一定的提前量,对短时预报有指导意义。当风向随高度顺转,风速随高度增大时,有利于降水系统的持续和发展;风向随高度逆转同时风速随高度减小时,不利于降水的持续发展,若有降水量也不大,一般过程降水量不超过 10 mm。降水过程前在 VWP 产品图像上通常表现为低层 1~3 km,中层 5~9 km 两层水汽层的配合,中层水汽层的突然向下延伸,在图像上呈现一楔形,并逐渐与下层连接,形成一深厚的水汽层,往往是是降水即将开始的信号;切变层的加深增厚也是降水加强的一个标志,低层薄切变层的维持是降水维持的原因之一,切变层加深也预示着降水强度即将增大;高空大风区的存在也是维持降水的重要原因,大风区位置的向下延伸和向上收缩都对应着降水的加大和减小。

产品不足:

(1)生成一个风矢量,至少要求特定高度和仰角上有 25 个有效径向速度资料;

(2)若 VAD 算法均方根误差大于阈值(9.6 海里[①]/h)或对称度大于阈值(13.6 海里),风资料将不再显示(用"ND"代替);

(3)一般说来,这些风仅代表在水平方向距雷达站 20 海里的范围内;

(4)大批飞鸟等干扰可导致某些高度上风资料失真。

19.3.3　降水算法及产品介绍

目前我国雷达降水算法产品正式应用于业务化传输的有 1 h 降水估计、3 h 降水估计和风暴总降水估计等三种产品。

19.3.3.1　1 h 降水估计(OHP)

生成原理:1 h 降水量产品是雷达降水算法的一个输出产品(图 19.22),降水算法由以下子系统或模块组成:

降水探测子系统:决定 150 km 雷达探测范围内是否有降水发生,并分为类 0(无降水)、类 1(显著降水)、类 2(轻微降水),降水探测子系统根据探测到的回波进行分类,并适当调整体扫覆盖方式。

降水量处理子系统:这部分由资料预处理单元,降水率计算单元,降水量累积单元和降水量调整单元四部分组成,其中降水量的累积方式不同而生成不同的降水产品。1 h 降水量产品采用的是每个体扫描结束后的 1 h 累积方式,即应用降水率计算单元输出的降水率,对每一个 1 km×1° 的样本库进行时间累积,得到 1 h 降水量,并在每个体扫结束后输出。生成该产品至少需要 54 min 连续的体扫描资料(体扫描间隔不超过 30 min)。

---

① 　1 海里≈1852 m

可调参数：

(1)在用户控制单元(RPG)上可调整降水量处理系统所采用的 Z-R 关系($Z = AR^B$)中 A，B 值(缺省 A＝300，B＝1.4)；

(2)在用户控制单元(RPG)上可调整以上各个处理单元的许多参数；

(3)在用户控制单元(RPG)上可调整降水量等级表。

产品应用：

(1)可用于城市、乡村、特别是机场和山区洪水的监测和警报发布；

(2)对于快速移动的风暴，应用该产品动画可监测风暴的移动信息；

(3)其他水文方面的应用。

产品不足：

(1)生成该产品至少需要 54 min 连续的体扫描资料(体扫描间隔不超过 30 min)；

(2)产品估计的效果需在实践中检验订正。

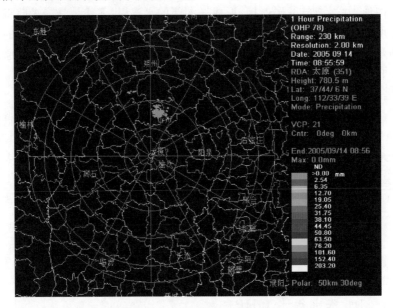

图 19.22　一小时降水估计(OHP)

19.3.3.2　3 h 降水估计(THP)

图 19.23 为 2004 年 02 月 20 日 11 时 10 分太原雷达三小时降水(79 号)产品，显示 3 h 累积降水量在 6 mm 以下，实际 3 h 累积降水量最大值在 2～6 mm，与实况基本接近。

生成原理：该产品是雷达降水算法的另一个输出产品，与 1 h 降水量产品不同，降水算法生成 3 h 降水时降水量生成子系统中降水量累积单元采用的是整点小时累积方式，即应用降水率计算单元输出的降水率，在每个小时正点结束后才对每个 1 km×1° 样本进行降水累积，而不是每个体扫描结束后的小时累积，而且生成该产品至少需要 2 h 连续的体扫描资料(体扫描间隔不超过 36 min)。

可调参数，同上述 1 h 降水估计。

产品应用：

(1)提供一个较长时间间隔的降雨量(3 h)和观测时间(每小时一次)；

(2)提供对洪水的监测和预警指导。

产品不足：

(1)至少需要 2 h 连续的体扫描资料；

(2)产品每小时更新一次；

(3)产品效果需在实践中检验订正。

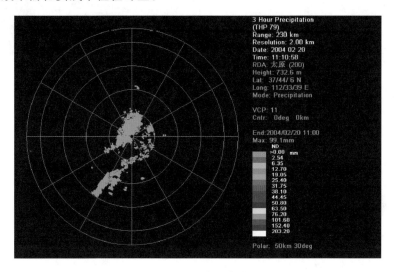

图 19.23　三小时降水估计(THP)

19.4　雷达新软件系统简介

19.4.1　SWAN 系统

随着天气业务的发展，按照中国气象局 2010—2015 年目标规划，我国将加强开展灾害性天气的监测和预报工作。中国气象局组织开发的短时临近预报系统(SWAN)做为一个重要的预报工具得以大力推广。目前已经在业务中得到使用，并开发出几个专业应用版本，如：中小河流山洪地质灾害预警版本等。它的主要产品有四大类：第一类：实况监测、反演和分析类产品，如雷达三维拼图，基于三维拼图资料的反演产品(如垂直积分含水量，组合反射率因子、回波顶高、TREC 矢量场等)，卫星云图分析(对流云识别与分析)，天气实况(雨量，温度，风，灾害性天气报告等)，定量降水估测产品。第二类：外推预报类产品，如反射率因子预报，定量降水预报，风暴追踪，TITAN 等。第三类：客观检验类产品，主要包括：反射率因子预报检验、定量降水预报检验、定量降水估测检验、风暴追踪预报位置误差分析等。第四类：报警类产品，实况报警(雨量、大风、灾害性天气等)，雷达报警以及基于上述资料的预报产品制作发布与会商支持功能等。

SWAN 对于单体质心的跟踪和外推，主要有风暴单体识别和跟踪算法 SCIT、雷暴识别跟踪与临近预报 TITAN 等算法；对于区域的跟踪和外推，主要为 TREC 方法。

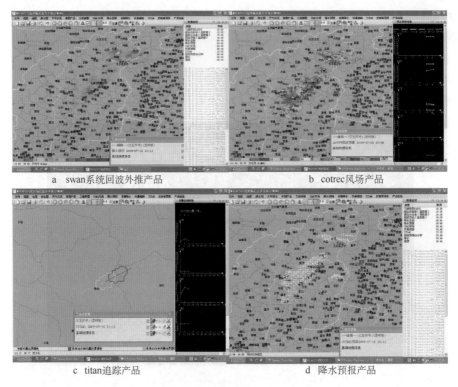

a swan系统回波外推产品 b cotrec风场产品

c titan追踪产品 d 降水预报产品

图 19.24 SWAN 系统主要产品

19.4.2 多普勒雷达资料三维分析显示系统

地球空间信息技术(geotech-nologies)是世界上继生物技术(biotechnology)和纳米技术(nanotechnology)之后发展最为迅速的第三大新技术,而遥感技术(RS)与地理信息系统技术(GIS)则是地球空间技术的核心内容。随着计算机技术和数据获取技术的迅速发展,具有处理真三维数据能力的三维 GIS 的发展受到了极大的关注。三维地理信息系统集成遥感(RS)、地理信息系统(GIS)和三维仿真技术(VR)建立的三维可视化虚拟仿真地理信息系统。雷达三维显示系统采用三维地理信息、遥感技术、GPS 定位、北斗卫星定位、海量数据管理技术、虚拟现实技术、多媒体技术、网络通讯技术和高性能计算机技术等现代高新信息技术,完成对雷达、卫星、地面、高空、自动站、闪电定位、GPS\MET 水汽观测等气象观测资料的立体显示,形象直观地表现出天气系统的演变过程,随着这项技术的发展,相信未来在气象中的应用会越来越深入和广泛。

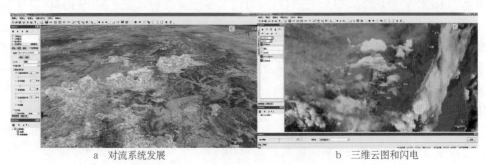

a 对流系统发展 b 三维云图和闪电

图 19.25 三维可视化虚拟仿真显示系统

19.5　典型个例分析应用

19.5.1　2004 年 8 月 9 日榆社暴雨雷达资料分析

从雷达回波的连续演变(图 19.26)分析,这次局地降水是由于两个对流云团结合发展而产生的。19:00 的反射率图在榆社东北和西南向各有一块对流云发展,风暴追踪信息产品显示两块云团有合并的趋势,到 19:32 两块云团的强中心已经合并到一起,19:37 强中心明显加强,强度达到 54 dBZ 以上,出现了三体散射现象,此后,回波稳定在 25~30 dBZ 强度之间,持续 1 个多小时,22:04 以后回波逐渐减弱,降水停止。

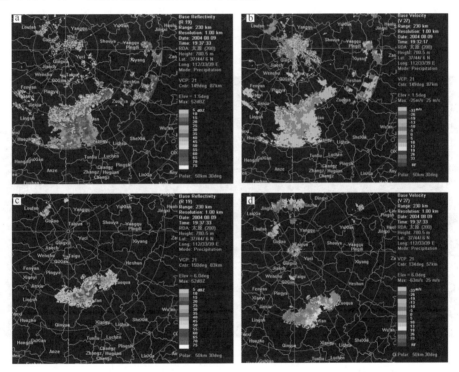

图 19.26　2004 年 8 月 9 日 17:37 榆社暴雨雷达回波
(a)1.5°反射率　(b)1.5°径向速度　(c)6.0°反射率　(d)6.0°径向速度

17:37 的 1.5°仰角(a)反射率因子图上超过 45 dBZ 高反射率因子核东北部高梯度区为风暴的入流区,在相应的速度图上(b)对应一个强辐合区,相应的 6.0°仰角速度图上则为强辐散区。1.5°仰角的反射率和速度图上可以看到有三体散射现象,表明此时对流云团中可能存在大冰雹。结合高低层回波特征分析,可以看出低层弱回波区和高层回波有悬垂结构。由这些特征可以判定此对流风暴具有超级单体风暴的性质,将会带来大风、冰雹和地面强降水等灾害性天气。

在此后一个多小时里,回波强度稳定维持在 25 dBZ 以上,强中心向东北方向发展,造成强降水。1.5°仰角 20:37 速度图上,在近地层有稳定的偏南气流通道输送水汽,且高层辐散,有利于强降水发生。

19.5.2 2004 年 8 月 12 日晋中暴雨雷达回波分析

从雷达回波连续演变分析,导致晋中地区局地大暴雨过程的云为混合云降水,出现暴雨的地区是由多个小的局地对流云团不断合并发展产生。与 8 月 9 日榆社暴雨过程不同的是,这次雷达回波面积更大,回波持续存在时间更长,范围更广,但总体强度较弱。从 16:48 组合反射率(图 19.27)看,晋中地区的雷达回波强度较弱,在 25 dBZ 以下,回波顶基本处于 9 km 以下;17:03,发展为两个强中心,中心强度接近 50 dBZ,并有合并之势,此时太谷降水开始;17:23,强中心继续发展,一个发展为狭长带状回波,一个发展为团块状,高反射率因子区南部有明显的后侧入流槽口,强中心强度已达 50 dBZ 以上,面积也相当大,回波顶高在 9~15 km 之间,两个强中心接近合并,此时太谷降水增强;17:50,两个云团合并,但强度减弱,回波顶高在 12 km 以下,表明云团处于衰减期;18:36,可以看到合并后的云团,形状不太规则,结构也不紧密,强度为 20~30 dBZ 之间的回波区面积有所扩大,表明云团处于消散期,降水减小;20:17,强回波中心已经消散,回波强度小于 25 dBZ,降水即将结束。

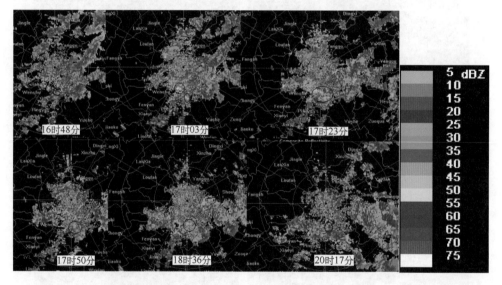

图 19.27　2004 年 8 月 12 日晋中暴雨组合反射率演变

这次过程降水时效短,降水量大,从 17:05 开始 55 min 太谷降水 60 多 mm,降水强度为山西罕见。降雨为局地中尺度暴雨云团所致,给当地交通运输造成了重大影响。

19.5.3 2009 年 7 月 23 日阳泉冰雹天气雷达资料分析[7]

2009 年 7 月 23 日下午 15:12—15:28,17:19—17:23,阳泉观测站分别出现最大直径 18 mm 的冰雹,15:23—15:42,17:50—18:21,平定和昔阳也出现直径 20 mm 的冰雹,同时河北中部、天津、北京南部也出现雷暴、大风天气,河北省正定、灵寿两县出现 2~8 mm 冰雹。

根据冰雹增长的特征,与上升气流强度和区域大小有关的强度回波特征和速度回波特征是冰雹天气很有价值的指标,另外基于回波强度的导出产品垂直累计液态水含量 VIL 的大值区也是判断降雹潜势的指标之一。

(1)反射率因子与径向速度特征(R20,V27)

一般来说,发生冰雹的潜势与风暴强度直接相关,而风暴强度取决于上升气流的高度和强度,雹暴通常与大片强回波相关。因此分析基本反射率产品(R20)回波强度的结构特征、时间演变和垂直结构可做冰雹潜势预报。使用 R20 产品跟踪对流风暴生消过程,分析表明 23 日下午山西中东部冰雹天气主要由两个对流风暴活动所导致。

13:58 在距太原雷达站方位 60°距离 90 km 处(盂县)出现回波,沿南偏东方向移动,影响盂县、阳泉、平定、昔阳,移至河北境内减弱消失。该风暴生成时为一个小的对流单体,风暴最大强度为 25 dBZ,14:09 加强到 48 dBZ 并向东南偏南方向移动,15:08 在方位 82°距离 90 km 处强度达到最大 55 dBZ,先后影响阳泉、平定,导致冰雹天气。

表 1 是太原雷达站 14:58—15:25 风暴一相对与雷达位置的变化和垂直方向基本反射率(R)随时间变化的资料。分析得知:14:58—15:08 连续三个体扫垂直方向 0.5°,1.5°,2.4°三个仰角上基本反射率同时从 45 dBZ 增大到 55 dBZ。15:14 仰角 2.4°上回波开始减弱,此时阳泉开始降雹,15:25 仰角 1.5°回波也开始减弱,平定发现降雹。

表 1　连续体扫上风暴一相对雷达方位角、距离和不同仰角上基本反射率

时间	方位角(°)	距离(km)	R0.5 deg(dBZ)	R1.5 deg(dBZ)	R2.4 deg(dBZ)
14:58	76	88	45	45	45
15:03	78	88	50	50	50
15:08	79	87	55	55	55
15:14	81	88	55	55	50
15:19	83	90	55	55	50
15:25	84	90	55	50	50

15:8 方位 70°距离 90 km 处开始生成多个对流单体,16:24 随着雷达正北方距离 82 km 处东南移动对流单体的移近、融合,松散的多单体风暴合并为一个强风暴单体,16:35 向东南偏南方向移动,影响阳泉、平定、昔阳,移动消失出雷达探测范围。

风暴初生时,0.5°仰角上回波强度为 30 dBZ,15:41 强度达到 48 dBZ 并维持到 16:18。16:13 基本速度图上正速度区边沿出现负速度,16:18 出现辐散式气旋性风场。16:24 风暴收缩为一个强中心,回波强度跃增到 58 dBZ 并开始向东南移动,此时在基本速度图上出现辐合式气旋,16:45 速度图上短距离内出现了 17 m·s^{-1}(取色标中心值)速度对,三个仰角上回波增大到 60 dBZ。17:02 首先在 1.5°仰角上回波达到 65 dBZ,17:07 此回波顶高 6 km(08 时太原、邢台站探空资料显示 0℃层的高度在 4.4~4.5 km),此时风暴二发展到最强盛阶段,维持了三个体扫时间,17:18 开始强中心高度降低。强回波核高度的降低预示着降雹开始,17:19 阳泉开始降雹。风暴向东南移动,17:50—18:21 昔阳相继出现冰雹。

图 19.26 中,1.5°、2.4°仰角回波强度达到 65 dBZ,0.5°仰角方位 85°距离 80 km 出现中气旋,1.5°仰角依然能看到辐合风场。

(2)垂直累计液态水(VIL)

垂直累计液态水产品(VIL)是用来判断对流风暴强度的十分有用的参数。VIL 表示将反射率因子数据转换成等价的液态水值:在雷达半径内,对每个仰角,在 4 km×4 km 格点上求液态水混合比的导出值,然后再垂直累加。这次天气过程中 VIL 由开始的 18~29 kg·m^{-2}

增加到 55 kg·m^{-2},17:07 达到最大 65 kg·m^{-2},10 min 后开始降雹,以后逐渐减小。与基本速度产品相对照,在速度图上风向表现为气旋性风场,十几分钟后 VIL 猛增,研究表明 VIL 大于 35 kg·m^{-2} 的区域就是强对流发生区。

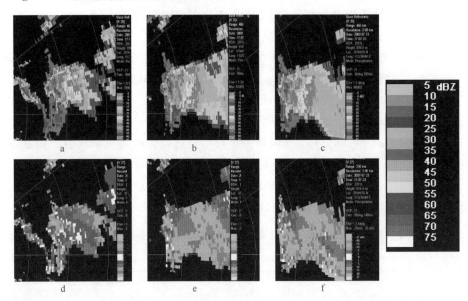

图 19.28　2009 年 7 月 23 日 17:07 太原雷达观测资料。阳泉市位于雷达站东北东方向 90 km 处。

(a),(b),(c)分别为 0.5°,1.5°,2.4°仰角基本反射率图,(d),(e),(f)为 0.5°,1.5°,2.4°仰角速度图

19.5.4　小结

(1)大的对流有效位能 CAPE 值和较大垂直风切变对强对流潜势预报有很好的指示性。

(2)在强对流风暴发展旺盛时期,均有中气旋对应,VIL>35 kg·m^{-2} 大值与强回波中心有关,对强天气的落区有很好的指示性。

(3)基本反射率>45 dBZ 时预示将有强对流天气发生;反射率大值区(>60 dBZ)从中层向高层扩展并维持是风暴发展最旺盛阶段;反射率大值区高度下降预示地面降雹开始。

参考文献

[1] 俞小鼎,姚秀萍,熊廷南,等.多普勒天气雷达原理与业务应用[M].北京:气象出版社,2006,314.

[2] 朱敏华,俞小鼎,夏峰,等.强烈雹暴三体散射的多普勒天气雷达分析[J].应用气象学报,2006,**17**(2):215～223.

[3] 廖玉芳,俞小鼎,吴林林,等.强烈雹暴的雷达三体散射统计与个例分析[J].高原气象,2007,**26**(4):812-820.

[4] 杨引明.新一代多普勒天气雷达产品及其在短时天气预报中的应用[M].上海:上海中心气象台,2002.

[5] 晋立军,等.山西省大面积降水的多普勒雷达资料的分析与应用技术报告[R].2009.

[6] 沃伟峰,等.swan 系统培训教材[M].2009.

[7] 徐卫丽,等.阳泉雷暴冰雹天气的多普勒雷达资料分析[M].2009.

[8] 李军霞,等.多普勒雷达风廓线产品特征研究及在降水预报中的应用[R].技术报告,p31～32.

[9] 天津悦盛科技公司.多普勒雷达三维分析显示系统使用说明[M].2010.

第20章 卫星资料在天气预报中的应用

20.1 卫星云图基本原理及下发产品

20.1.1 卫星云图基本原理

目前使用的气象卫星分为极轨卫星和静止卫星两大类。我国目前业务运行的极轨卫星是第二代风云－3系列极轨卫星,业务运行的静止卫星是风云－2系列[1]。

从广义上讲,卫星气象学属于IT信息技术服务领域,是以航天技术和现代物理学为基础、以地球环境系统监测预测为对象的新兴学科。气象环境卫星的特点是:高时间分辨率,高光谱分辨率,大面积覆盖;中等或低空间水平分辨率;数据接收处理系统简单、廉价;全球数据交换容易;平时不保密;以公益服务为主,主要由政府投资建设。

卫星云图(satellite cloud imagery)是由气象卫星自上而下观测地球上的云层覆盖和地表面特征的图像。利用卫星云图可以识别不同的天气系统,确定其位置,估计其强度和发展趋势,为天气分析和天气预报提供依据。在海洋、沙漠、高原等缺少气象观测台站的地区,卫星云图所提供的资料,弥补了常规探测资料的不足,对提高预报准确率起了重要作用。

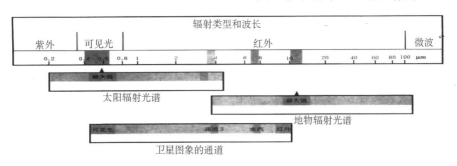

图20.1 气象卫星所用的电磁波波段

以卫星云图为工具,分析天气系统和天气现象的方法。卫星云图有可见光云的照片和红外线云的照片及其加工产品(图20.1)。依据云图图像的形态、结构、亮度和纹理等特征,可以识别云的种类、属性及降水状况。可以识别大范围的云系,如螺旋状、带状、逗点状、波状、细胞状等,并用以推断锋面、温带气旋、热带风暴,高空急流等大尺度天气系统的位置和特征。根据晴空无云的区域,推断反气旋和高空高压脊的位置。也可以识别局地强风暴,如雷暴、飑线等中小尺度天气系统,若指令卫星加密探测次数(如隔30 min一次),可以监测局地强风暴的活动,用以制作短时天气预报和警报。对于气象台站稀少的广阔洋面、高原、荒漠地区来说,卫星云图是很珍贵的探测资料。在气象台站较密的地区,所给出的图像也较为完整,为其他观测方法所不能替代。从卫星云图上,发现了一些新的云系,如细胞状云系、云街、热带云团等[2]。

红外线卫星云图利用卫星上之红外线仪器,来测量云层之温度。其中,温度低的云层会以亮白色来显示,也就是此处的云层较高,而暗灰色的部分则代表云层高度较低,因为越接近地面的云层温度越高。简单而言,即以云顶的不同温度来判断云层的高度。如果地球表面是一片晴空区,卫星观测到的是从地面发射到太空的红外辐射信息,卫星云图上表现为黑灰色。黑色越深,表示地面辐射越强,天气晴好。当某地上空为云、雨覆盖,卫星观测到的则是从云顶发向太空的红外辐射,表现为白色或灰白色。白色表示辐射很弱,气温很低,云系很厚密,降雨强度也就很大。晴空区与云雨区之间的过渡带通常为深灰、灰、浅灰色云系覆盖,表示有不同厚度的云而无明显降水。

可见光卫星云图是利用云滴和冰晶等对阳光的粗粒散射而产生的散射光拍摄而成,故仅能于白昼进行摄影。可见光卫星云图可显示云层覆盖面和厚度,比较厚的云层反射能力强,会显示出亮白色,云层较薄则显示暗灰色。还可与红外线卫星云图结合起来,做出更准确的分析。由于陆地的反射能力比海洋强,所以可见光云图上的陆地表现为灰色,海洋表现为黑色,而冰雪和深厚云系覆盖的地区一般呈白色。

色调强化卫星云图,亦是属于红外线卫星云图的一种,其为针对对流云所设计,主要目的为突显对流现象。对流越强,云顶发展越高,云顶温度越低。

使用红外云图的优势是它能不分昼夜地提供云盖和气团温度信息,而可见光云图只有白天的资料可用。当然,要准确地解释卫星云图包含的信息最好是两种云图结合起来使用。

气象卫星波段及星下点分辨率:

光谱范围(通道)μm	星下点分辨率(km)
0.50～0.90(窗区可见光)	1.25
10.3～11.3(窗区红外)	5
11.5～12.5(窗区红外)	5
6.3～7.6(水汽吸收带)	5
3.5～4.0(短波窗区红外)	5

20.1.2 下发产品

自20世纪60年代发展起来的气象卫星遥感是气象探测技术的重大突破。它所提供的气象卫星云图资料在时间和空间上的连续性是以往任何探测手段所不能比拟的。气象卫星云图在天气预报的制作、数值模式初始场同化及对大气环境的监测中,更是发挥了极其重要的作用。但是,目前传统的人工目视判读仍是气象卫星云图分析的主要方式之一。这既包含一定程度的主观因素,又不利于卫星云图的丰富信息的充分提取和最大利用,同时也有碍于天气预报制作的科学化、自动化与定量化的发展趋势。因此,气象卫星云图中的气象信息(如云的分类识别及台风的分割和定位)的自动提取和定量判别及其计算机实现是当今世界气象卫星云图信息处理的主流。我国在2004年10月升空的FY-2C气象卫星(中国第一颗业务型静止轨道气象卫星)从观测中国大陆、海区的最佳静止卫星轨道(东经105°赤道上空)发回的云图提供了大范围、全天候的云的生消聚散的信息。FY-2星可获取白天可见光云图、昼夜红外云图和水汽云图,收集气象、海洋、水文等观测数据,播发展宽数字图像、低速率云图资料,监测空间环境数据等;卫星的定量观测能力进一步增强,可对台风、降水、海温、云层、太阳辐射、空间粒子辐射等信息进行定量监测。因此,利用国产的 FY-2 气象卫星云图进行云的分类识别及台风的分割和定位的探索是人们近年来关注的热点。

目前通过 9210 下发的卫星产品除了常规的红外可见光产品外,还有很多繁衍产品[1](产品列表见附件 1)。目前用于实际业务的云图产品主要有 6 h 降水估计产品、长波辐射 OLR、亮温 TBB、地面入射太阳辐射、湿度产品、海冰、积雪、晴空大气可降水、沙尘监测、云分类、云迹风、云区湿度廓线、总云量、总降水估计等产品(图 20.2),在实际业务中具有一定的参考意义。

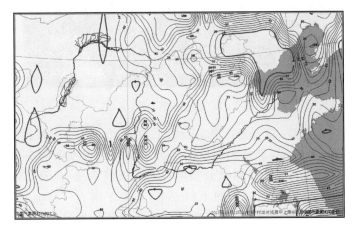

图 20.2　对流层中上层水汽产品

根据卫星中心总结的经验,水汽图像与风的叠合图在我国重要灾害性天气预报方面几乎都能有很好的反映,是一个实用的参考指标。

20.2　云型分析和识别

有了卫星资料以后,广大预报人员对中小尺度天气系统的认识,比以前有了很大的提高。虽然风云气象卫星云图在广大气象台站已经得到广泛的应用,但应用分析人员对气象卫星云图的判读和应用水平不够高。云图中存在的有关天气系统发生、发展的信息,还没有被广泛认识,影响了天气预报水平的提高。训练有素的天气预报人员利用云图提取有用的天气预报信息,云图诊断分析的两条基本思路:物理气象学和动力气象学。

①卫星云图诊断的物理气象学分析思路:把组成云图的每一个像元看成一个“气象站”,考察来自这个像元的辐射所提供的信息。辐射从它的源地出发,在向卫星传感器的途径中,与观测目标物和介质相互作用。这样的相互作用,使得在卫星观测到的辐射中,包含观测目标物和介质物理状态的信息。为了做好这项工作,需要云图分析人员了解地物和大气的组成成份、物理状态、三度空间结构的基本知识,了解传感器所在的波段,了解这些波段辐射的传递过程,了解观测目标物和介质在这些波段的辐射特征和相互作用方式。有了这些基本知识以后,用卫星云图上的各个像元的测值,识别观测目标物和介质的物理状态,就变得非常自然和顺理成章。

图 20.3 逗点云系、叶状云系

②动力气象学分析思路:综合分析卫星云图上的云型。卫星云图上云的大小、形状、轮廓、结构、纹理、垂直伸展程度,都是大气中的热力和动力过程发展的必然结果。从卫星云图上的云型(图 20.3),可以诊断分析出云型所代表的天气系统、以及它们所处的生命阶段和发展可能性。为了综合分析卫星云图上的云型,需要了解大气环流的基本知识,了解大气中各种热力学和动力学天气过程,熟悉高、中、低纬度各种尺度的天气系统、三维空间结构、相伴的运动场和生命史。

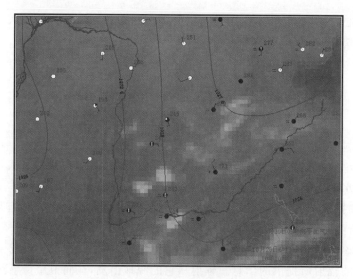

图 20.4 小尺度

识别云的判据主要从云型结构形式、范围大小、边界形状以及色调、暗影、纹理等六方面来分析。从结构形式上来说有带状、涡旋状、团(块)状、细胞状、波状。范围大小可分为行星尺度,达上万公里,时间上可持续数周或月;天气尺度,如锋面、气旋等上千公里,时间持续几天;中尺度,如飑线等几十到上百公里,时间持续几小时;小尺度(图 20.4),如对流云等几到十几公里,时间持续十几到几十分钟。边界形状上可分为直线、圆形、扇形、气旋性弯曲、反气旋性弯曲、整齐和不整齐等。色调(亮度、灰度)可根据物象的明暗程度划分,如可见光—反照率、红外—物体温度等。暗影只出现在可见光图像上,在一定的太阳高度角照射之下高目标物在低目标物上投影等。纹理是根据云顶表面光滑程度,多起伏、多斑点、皱纹、纤维状、光滑和均匀等进行划分。

20.3　大尺度云系分析与应用

20.3.1　锋面云系

在卫星云图上,锋面所对应的云系称为锋面云系,其通常表现为一条狭长的云带。在实际大气中,天气学中根据锋面所处的地理位置、锋面伸展的高度以及锋面两侧的冷、暖气团的相对地位等不同分类原则,把锋分成不同类型。根据锋在移动过程中冷、暖气团所占的不同地位以及锋面的移动和结构将锋分成:冷锋、暖锋、准静止锋和锢囚锋四种。不同类型的锋,其云系特征和结构差异很大,常常在高层有卷云,低层有中低云。

图 20.5　锋面云带模型(引自:寿绍文,2009)

冷锋通常是指锋面移动过程中冷气团起主导作用,从而推动锋面向暖区移动,在示意图20.5 上,槽线以东的活跃冷锋云系通常表现为与涡旋云系相连接的连续完整云带。朝向云系尾部方向(远离涡旋中心方向)云带逐渐变窄,而云带头部(靠近涡旋中心的方向)则呈明显的气旋性弯曲,靠近冷空气一侧云带边界光滑整齐。从结构上看,这部分云带主要由多层云系组成,高层通常由卷状云构成,云体中冰晶含量较高,反照率较强,因此云带色调白亮,有时,云带中还包含有一些对流云团,它们发展程度不同,高度较高的云团在云带上产生暗影,使得云带表面的纹理分布不均匀。云带尾部云顶高度相对较低,主要以中低云为主,在红外云图上色调较暗。在 500 hPa 槽线以西为一段不活跃冷锋,这部分云带窄且不完整,云体不连续,由于这里是冷空气下沉区,中高云甚少,只有少量的薄卷云,有时甚至无云。

图 20.6 为一个明显的冷锋云系。锋后有干区,冷空气一侧云带边缘光滑整齐。夏季,往往在其尾部区域,容易产生强对流天气。

图 20.6　冷锋云系

暖锋与冷锋恰好相反,在锋面移动过程中,暖气
团推动锋面向冷气团一侧移动。暖锋云系在卫星云
图上通常也表现为带状云系结构,只是与冷锋云系相
比,暖锋云系的长、宽比较小,一般活跃的暖锋云系为
300～500 km 宽,几百公里长。从结构上看,暖锋云
系的上面由大片卷云构成,卷云下面为高层云、雨层
云和积状云,卫星云图上色调明亮。另外,从形态上
看,云带总是向冷空气一侧凸起(图 20.7)。

静止锋(准静止锋)是指冷暖气团势力相当,锋面
位置变化很小的锋。在活跃的静止锋中,高空风大体
上平行于锋,因此在云图上云系一般表现为一条宽的
云带,云带没有明显的凸出或凹进弯曲,云带的北界

图 20.7　暖锋云系

相对整齐光滑,而南界则呈羽毛状,可以看到明显的云线。条状云线的走向,可以用来确定锋
面南边的副高脊线位置。从云系的结构来看,冬季的静止锋云系主要由高层云、高积云和层云
等层状云组成,夏季云系内对流性积状云增多,比较多见的如积云、浓积云和积雨云。山西一
般较少出现。

锢囚锋是指冷锋后部冷气团与暖锋前冷气团的交界面。进一步划分,锢囚锋还可以分为:
①冷式锢囚锋,它类似于冷锋,即由相对冷的一侧起主导作用来推动锋面移动;②暖式锢囚锋,
它类似于暖锋,与冷式锢囚锋相反,由相对暖的一侧气团起主导作用推动锋面移动;③中性锢
囚锋,它类似于静止锋,即没有明显的向哪一侧推动的趋势。常常带来较强的降水。

在卫星云图上,锢囚锋云系主要表现为一条宽为几百公里,从暖区顶端出发按螺旋形状旋
向气旋中心的云带。在水汽图像上,可以清楚地观察到一条暗带从后部卷入气旋中心,这是后
部干冷空气侵入的表现。受其影响,云带后界整齐光滑,而前界不是很整齐。另外,在云图上,
暖区顶端的位置一般定在锋面云带凸起部分的下面,而锢囚点则可以通过云的纹理来确定:在
急流轴南面,锋面云带云区的纹理光滑均匀,而在急流轴以北的云区,云带由中低云组成,且云
带上常出现多起伏的积状云,在这个区域的云带呈现多起伏不均匀的纹理。因此,锢囚点定在
云区由光滑均匀到多起伏的过渡地带。

20.3.2　气旋云系

从结构上看(图 20.8),气旋云系为一条或数条云带或云线以螺旋形式围绕一个共同中心旋转,或者一片近乎圆形的密闭云区,涡旋中心位于云区的几何中心。云系表现为涡旋结构的典型大尺度天气系统就是温带气旋和热带气旋。热带气旋具有比较对称的云型,温带气旋的云型则极不对称。温带气旋对中高纬度地区的天气变化有着重要的影响,多风雨天气,有时伴有暴雨或强对流天气,有时近地面最大风力可达 10 级以上。

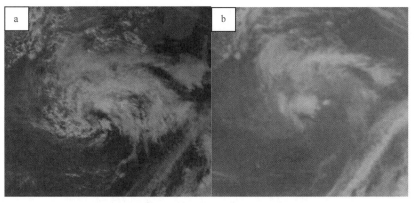

图 20.8　气旋云系(a 红外云图,b 可见光云图)

从红外和可见光图像上可以看出,涡旋的主体云区色调很白,向北一侧的云区向冷区凸起,涡旋边缘在高空有明显的辐散,向外辐散的气流形成云区外围边界辐散卷云的丝缕状结构,且在涡旋云系上还可以看到一些对流云团发展旺盛。

夏季的另外一个主要云图系统,就是西北太平洋上的大片黑灰色无云区,那就是夏季天气的主角—西太平洋高压。它经常是很不规则的扁圆形,横躺于台湾省以东洋面至我国中东部大陆。黑色越深、范围越广,表明其强度越大、气温越高,稳定控制的时间也越长,人们形象地称其为“黑洞”[3](图 20.9)。晴空区的边界大致与 500 hPa 位势高度场的 588 线相吻合。副热带高压一般表现为无云区或少云区,它的西部常有一些积云线呈反气旋性弯曲。西侧的少云区是由于地面加热产生对流发展,出现散乱分布的积状云以及积雨云团,因此西侧极易出现不稳定天气。山西夏季较大降水,往往受副高西侧边缘云团的影响。

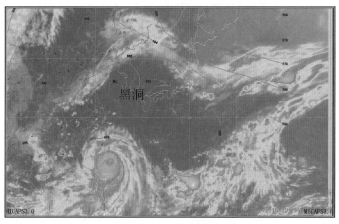

图 20.9　副高“黑洞”

20.4　对流云团分析与应用

中尺度对流系统是造成暴雨、龙卷、冰雹、大风等灾害性天气直接影响的系统，由对流单体、多单体风暴和超级单体风暴以各种形式组织而成，包括飑线和中尺度对流复合体，水平尺度在 2～2000 km，生命史从几十分钟到十几小时。根据 Orlanski(1975)的尺度划分，可以细分为 α-中尺度系统(200～2000 km)、β-中尺度系统(20～200 km)和 γ-中尺度系统(2～20 km)。它们具有快速发展和尺度小的特点，常规观测不足以捕捉其生命史中的变化细节及其结构。而在卫星云图上不仅可以看出大范围的云系特征，还可以看出范围较小的对流云的特征及云体较细致的结构(表 20.1)。卫星云图上可以涵盖 γ 到 α 中尺度对流云团。

表 20.1　中尺度对流复合体(MCC)的定义条件

	物理特征
尺度	(A)TBB 小于或等于-32℃的连续云罩面积>10^5 km² (B)TBB 小于或等于-52℃的内部冷云区面积>$5×10^4$ km²
生成	首次满足尺度定义(A)、(B)的时刻
生命史	满足尺度定义中(A)、(B)的时间要>6 h
最大空间范围	TBB 小于或等于-32℃的连续冷云罩最大面积
形状	最大空间范围时的椭圆偏心率≥0.7
消亡	尺度定义(A)、(B)不再满足的时刻

飑线没有严格的定义，早期甚至曾将其作为冷锋的同义词，与温带气旋的发展密切相关。但在分析飑线过程时，多发现有雷暴高压伴随低压和阵风锋等中尺度特征，强天气发生时雷达回波出现弓形回波，在卫星云图上看，飑线是一种线状组织的中尺度对流系统，与 MCC 形态上近圆形不同，因此，飑线是一种典型的中尺度系统。飑线多出现在高空槽后和冷涡的南或西南方，产生于强烈不稳定的气流中，多发生于急流区或风的铅直切变较大的区域；有时出现在高空槽前、副热带高压西北边缘的低空西南暖湿气流里，与高空急流也有一定的联系；少数飑线产生于台风前部的倒槽或东风波里。从相应的地面形势看，大部分飑线与锋面活动有关，主要发生在地面冷锋前 100～500 km 的暖区内(表 20.2)。

表 20.2　暴雨与强对流系统在对流层上部流场方面的区别(引自许健民,2008)

与天气系统的关系	西风槽前的强对流系统	副热带急流以南的暴雨系统
与西风槽的关系	在大振幅高空槽的前面，正涡度平流区里	在大振幅高空槽的西南方
与高空西风急流的关系	高空急流直指强对流云团	高空急流指向暴雨云团的分量小，在急流入口区的右侧
与对流层上部反气旋脊的关系	在对流层上部反气旋脊北侧的西风带里	西风急流与高空脊之间，脊线上有北风分量；当存在东风急流时，在东风急流与高空脊之间
不活跃的形势	西风槽没有疏散	对流层上部反气旋脊没有明显的疏散
与高空东风急流的关系	远	在东风急流入口区的右侧

20.5　影响山西的常见云型

1. 水汽型

极锋水汽羽主要来自贝加尔湖附近或巴尔喀什湖一带；热带水汽羽伴随台风自东海或黄海一带向西北方向延伸全山西；另有季风涌水汽羽自孟加拉湾东部至中南半岛一带向东北方向伸向山西。其中南北两者或者南北东三者合并，容易引发山西区域性暴雨。纯粹由于水汽引发的暴雨不多发生（图 20.10）。

图 20.10　水汽型暴雨（2009 年 7 月 8 日 08:00 红外云图）

2. 台风北上或深槽型

110°～115°E 的我国中北部为较深的槽或准南北向切变区，东部副高与西风带高压叠加成经向度很大的高压区，或者江南至华南卫依环状副高，黄渤海至日本海南部为另一环状高压区；西部以青藏高压为主的另一个较强高压区，有时台风在我国东南沿海登陆后北上与深槽云系合并发展，或者在台风低云外围激发出中尺度云团；或者南方季风云涌北上，有时西南涡在深槽中北移，在山西连续产生中尺度云团，引发山西西部和南部暴雨（图 20.11）。

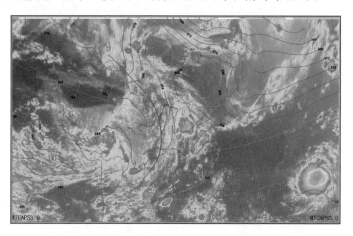

图 20.11　深槽型暴雨（2007 年 7 月 29 日 20:00 红外云图）

3. 暖切变型

西亚为主槽区,从中分裂出东移短波槽和我国东南部小槽结合,并在其后小高压与副高之间形成横切变,并伴随副高北抬变成暖切变线,来自华南西北部的低空急流云系和北涌季风云系连成一体,形成准东西向切变线云系,并多内嵌中尺度对流云团,引发山西中部区域性暴雨(图20.12)。

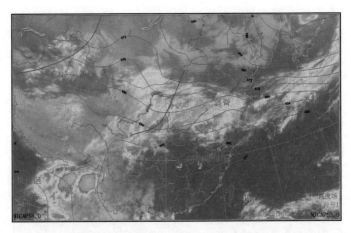

图20.12　暖切变型暴雨(2005年9月20日16:00红外云图)

4. 多波动型

中纬度环流呈纬向,其上多短波槽东移;副高强大而稳定,季风云涌活跃。孟加拉湾至中南半岛一带活跃季风涌沿副高西北部向东北方向伸展,与短波槽云系合并,激发出中尺度云团,造成山西南部暴雨和强对流,降水持续时间也较长(图20.13)。

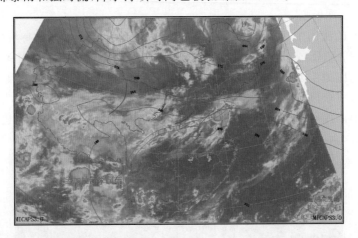

图20.13　季风涌沿副高边缘北伸(2010年8月12日08:00红外)

5. 高空冷涡型

蒙古南部为移动缓慢的高空冷涡,贝加尔湖西南部主槽中不断分裂短波槽东移加入其中,副高较强且稳定,冷涡中不断分裂出短波槽南下影响山西。山西暴雨和强雷雨的产生与冷涡中心位置有关,当其移过120°E时对山西影响基本结束。云图上表现为冷涡云系中不断分裂出准东西向短云带南下,间隔一般为24 h。有时还与来自南方的云系合并,山西出现持续性暴雨或强对流天气(图 20.14)。

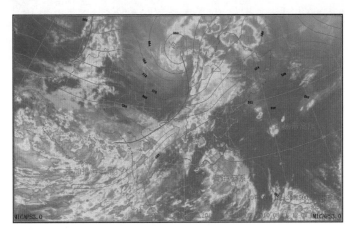

图 20.14　冷涡云系(2010 年 8 月 8 日 20:00 红外云图)

20.6　典型个例分析应用

2004 年 7 月 3 日 20:21—20:34 晋中市祁县飑线过境,出现大风、冰雹等强对流天气,极大风速达 17 m·s^{-1}。云图上呈线状夹杂团块出现,TBB 为$-60℃$(图 20.15)。

2010 年 11 月 3 日 08:00 长治、晋城一带出现浓雾,能见度小于 100 m,红外云图上看,该区域为灰白色絮状云(图 20.16)。

2010 年 10 月 20 日 06:30 观测到的对流云团,在山西南部的侯马、翼城、绛县、安泽等县市发生了冰雹和雷电天气。对应云图上为中尺度对流云团(图 20.17)。

2010 年 3 月 19 日 17:00 云图显示山西、内蒙古一带有强烈的块状云团发展,前边缘整齐,移动较快,造成该区域大风、扬沙和沙尘暴天气(图 20.18)。

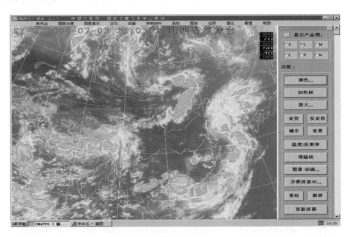

图 20.15　飑线云

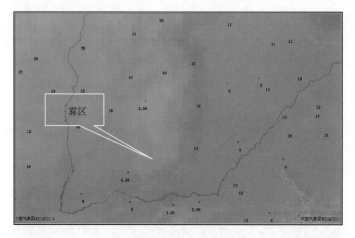

图 20.16 雾云

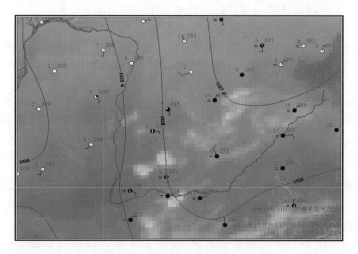

图 20.17 对流云

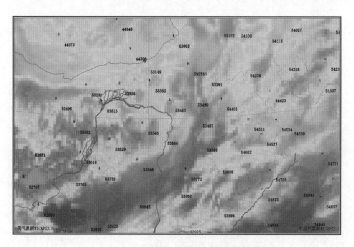

图 20.18 山西、内蒙古一带出现扬沙天气

参考文献

[1] 国家卫星气象中心.FY-2C 卫星业务产品释用手册[M].2005.

[2] 陈渭民.卫星气象学(第二版)[M].北京:气象出版社,2003.

[3] 侯青,许健民.卫星导风资料所揭示的对流层上部环流形势与我国夏季主要雨带之间的关系[J].应用气象学报,2006,**17**(2),138-144.

[4] 江吉喜.华北两类灾害性云团的对比研究[J].应用气象学报,1999,**10**(2):199-206.

[5] 许健民.有相关讲座报告、ppt 等资料.

附件

FY-2C 卫星产品节目表

序号	产品名称	覆盖区域	分辨率	分发文件名	分发时间（UTC）	分发次数	广播通道
（一）	图像产品						
1	中国陆地区域云图	55°～165°E 2°～65°N	13 km	EILMYYG0.AWX ESLMYYG0.AWX ERLMYYG0.AWX EVLMYYG0.AWX EWLMYYG0.AWX	整点 + 20 min	24/d	PUB2
2	中国陆地区域云图(汛期产品,半点接收的云图)	55°～165°E 2°～65°N	13 km	EILMYYG9.AWX ESLMYYG9.AWX ERLMYYG9.AWX EVLMYYG9.AWX EWLMYYG9.AWX	整点 + 58 min	24/d	PUB2
3	中国海区区域云图(大范围)	100°～170°E 10°S～50°N	15 km	EINMYYG0.AWX ESNMYYG0.AWX ERNMYYG0.AWX EVNMYYG0.AWX EWNMYYG0.AWX	整点 + 20 min	24/d	PUB2
4	中国海区区域云图(大范围)(汛期产品,半点接收的云图)	100°～170°E 10°S～50°N	15 km	EINMYYG9.AWX ESNMYYG9.AWX ERNMYYG9.AWX EVNMYYG9.AWX EWNMYYG9.AWX	整点 + 58 min	24/d	PUB2
5	沙尘	中国范围	5 km	EUGMYYGg.AWX	不定时	有事件时	PUB3
（二）	定量产品						
1	降水估计(PRE) 日总量 PRE	50°～0°N 55°～155°E	0.1°×0.1°	TEGMYYGg.AWX TEGMYYGR.AWX	00:50,06:50 12:50,18:50 00:50	4/d 1/d	PUB3

序号	产品名称	覆盖区域	分辨率	分发文件名	分发时间（UTC）	分发次数	广播通道
2	大气运动矢量（AMV）	50°N～50°S 55°～155°E	1°×1°	TWDMYYGg.AWX TWWMYYGg.AWX	01:10,07:10 13:10,19:10	4/d	PUB3
3	射出长波辐射（OLR）	50°N～50°S 55°～155°E	0.1°×0.1°	TOGMYYGg.AWX	00:50,03:50 06:50,09:50 12:50,15:50 18:50,21:50	8/d	PUB5
	日平均 OLR			TOGMYYGR.AWX	23:50	1/d	
	候平均 OLR			TOGMYYGH.AWX	01:30	1/候	
	旬平均 OLR			TOGMYYGX.AWX	01:30	1/旬	
	月平均 OLR			TOGMYYGY.AWX	01:30	1/月	
4	相当黑体亮度温度（TBB）	60°N～60°S 45°～165°E	0.1°×0.1°	TMGMYYGg.AWX	整点+50分	24/d	PUB3
	日平均 TBB			TMGMYYGR.AWX	23:55	1d	
	候平均 TBB			TMGMYYGH.AWX	01:30	1/候	
	旬平均 TBB			TMGMYYGX.AWX	01:30	1/旬	
	月平均 TBB			TMGMYYGY.AWX	01:30	1/月	
5	总云量（CTA）	50°N～50°S 55°～155°E	0.1°×0.1°	TCZMYYGg.AWX	整点+50 min	24/d	PUB3
6	地面入射太阳辐射（SSI）	60°N～60°S 45°～165°E	1.0°×1.0°	TIGMYYNR.AWX	23:50	1/d 总量计算	PUB5
7	海面温度（SST）	50°N～50°S 55°～155°E	0.5°×0.5°	TTGMYYGg.AWX（下发时间未定）	23:55	1/d	PUB2
8	对流层中上层水汽含量（UTH）	50°N～50°S 55°～155°E	0.1°×0.1°	TZTMYYGg.AWX（拟定7月20日下发）	01:00,04:00 07:00,10:00 13:00,16:00 19:00,22:00	8/d	PUB2
9	云区湿度廓线（HPF）	50°N～50°S 55°～155°E	0.1°×0.1°	TZCMYYG1.AWX TZCMYYG2.AWX TZCMYYG3.AWX TZCMYYG4.AWX TZCMYYG5.AWX TZCMYYG6.AWX TZCMYYG7.AWX	00:58,03:58 06:58,09:58 12:58,15:58 18:58,21:58	8/d	PUB2
10	晴空大气可降水（TPW）	50°N～50°S 55°～155°E	0.1°×0.1°	TZPMYYGg.AWX	00:58,03:58 06:58,09:58 12:58,15:58 18:58,21:58	8/d	PUB2
11	雪覆盖（SNW）	15°～60°N 60°～150°E	0.5°×0.5°	TSGMYYGR.AWX	15:00	1/d	PUB2

续表

序号	产品名称	覆盖区域	分辨率	分发文件名	分发时间（UTC）	分发次数	广播通道
12	云分类（CLC）	50°N～50°S 55°～155°E	0.1°×0.1°	TCCMYYGg. AWX	整 点 ＋ 58 min	24/d	PUB2
13	海冰	50°N～ 50°S 55°～155°E	0.5°×0.5°	TDGMYYGX. AWX	04：00 （1/11/21 日）	1/旬	PUB2
（三）	监测分析产品						
1	海冰	事件发生海域	原分辨率	XDGMYYGg. AWX	不定	有事件时	PUB2
2	水情	中国范围	原分辨率	XWGMYYGg. AWX	不定	有事件时	PUB3
3	火情	中国范围	原分辨率	XFGMYYGg. AWX	不定	有事件时	PUB3
4	雾监测	中国范围	原分辨率	XOGMYYGg. AWX	不定	有事件时	PUB3
5	土壤湿度	中国范围	原分辨率	XZGMYYGX. AWX	03：00 （3/13/23 日）	1/旬	PUB3

注：1. 定量产品的分发时间—日产品，当天分发；

候产品，逢每月的 1、6、11、21、26 日分发；

旬产品，逢每月的 1、11、21 日分发；

月产品，逢每月的 1 日分发。

2. 卫星监测分析产品（X＊.AWX）拟定于 7 月 1 日开始分发，格式暂时用 BMP 图像格式。

3. 降水估计（PRE）将根据研究进展情况改为 1 h 1 次，每天 24 次，整点＋50 分下发。

第 21 章　预报质量检验与评价

21.1　天气预报的不确定性和天气的可预报性

天气预报是一项复杂的系统工程。它由五大环节组成:一是气象观测系统。观测系统包括地面观测站、高空探测站、自动气象站、雷达站,气象卫星等手段日夜不停地探测大气的变化,得到各种有价值的气象资料和信息。二是气象通信系统。它采用最先进高效的通信技术,负责气象资料的收集和传输,三是资料加工处理系统。采用最先进的巨型计算机对通信系统收集传输的各种气象资料进行分析。四是数值预报系统,现代天气预报已经越来越依靠数值预报的结果(关于数值预报详见第 18 章)。五是综合预报制作系统。预报员通过人机交互系统,分析各种观测实况图表和数值预报产品,并结合自己的经验,进行综合判断,得到最终向公众发布的天气预报。上述五个环节中,每一个环节都会有误差产生,尤其是观测误差和数值预报结果的不确定性,在很大程度上造成了天气预报的不准。以下将从观测误差,模式误差,以及天气与气候的可预报性三个方面来讨论这个问题。

21.1.1　观测误差

观测过程中所产生的误差是完全无法避免的。它主要取决于观测的技术水平、观测方法的正确性,以及所使用仪器的精密程度和客观环境的影响等,比如利用气象卫星观测时,大气对可见光的散射使得探测出的云顶和地面反照率资料有偏差,由直接观测的红外辐射资料反演云顶和地面温度的过程中也存在误差。利用气象雷达观测时,根据雷达回波强度和降水量的经验关系推测降水量会有误差,远距离探测时误差更大。这些事实说明预报员在做预报时所依据的观测资料是存在一定误差的,甚至是错误的。

常规观测站覆盖不全面且分布不均匀。在偏远地区和大洋区域,测站很少,观测资料十分有限。虽然气象卫星、雷达等遥感技术的应用可以在一定程度上改善这些区域观测资料匮乏的状况,但其数据的质量及观测的强度还不足以应对当前精细化预报的要求。

各种观测数据的类型及其在空间和时间上的分布往往与模式的配置不一致。常规气象观测网的空间分布是不均匀的,气象工作者必须将分布不均匀的常规资料插值到分布规则的模式网格点上。另一方面,非常规气象观测的时间与数值预报的初始时刻不同,观测数据的类型与模式变量也不一致。上述观测的误差都会影响数值预报模式初值的质量,而模式初值的质量对数值预报结果的准确性至关重要。因此,观测误差是造成天气预报不确定性的主要因素之一。

21.1.2　模式误差

数值预报模式是依据大气内部的物理规律,建立了一套偏微分方程组来描述大气的运动和变化,在一定的初始状态和边界条件下,应用计算机对这组方程组进行数值积分求解,从而得到未来天气或气候状况的预报。数值模式不是真实大气的数学模型,它不可避免地存在种种误差,大体上可分为以下三类:

第一类是模式对物理、动力过程描述不准确而产生的误差。例如,大气运动中的湍流过程,小尺度系统的生消机制,在模式中是很难准确描述的。由于大气是一种具有连续运动尺度谱的连续介质,不管模式的分辨率如何高,总有一些小于网格距尺度的运动无法在模式中确切地反映出来,这种运动过程称为次网格过程,比如对流、凝结和辐射过程都包含有次网格过程。一般在模式中,采用了"参数化"的方法来考虑这些过程的影响,即用一种平均过程将次网格的动力和物理过程对网格以上尺度的平均影响表示出来。这种描述与真实次网格过程之间的偏差就成为模式误差的来源之一。

第二类是模式"漏掉"某些物理、动力过程而产生的误差。由于人类认识大气运动规律的局限性,一些实际存在的物理、动力过程尚未被人类发现和认识,因而在模式中未能描述。

第三类是数值求解模式不准确造成的计算误差。计算误差来自于模式离散化时离散、谱截断产生的截断误差与计算机的舍入误差。我们知道,求解大气运动方程组需将连续的偏微分方程离散为差分方程。对任意函数,将其傅里叶展开,取其前 n 项,即产生了截断误差。计算机进行计算时,由于精度有限,原始数据及计算过程中产生的数据的位数超过规定位数就产生了舍入误差。

世界气象事业发展投入了巨大的人力、财力和物力,不断改进大气探测系统,发展观测资料处理分析技术,完善大气数值模式,以减少误差及数值天气预报的不确定性。这些努力无疑推动了中短期天气数值预报的进步,但突变性大气过程和长期大气过程的预报仍面临巨大困难,进展缓慢。最近十多年来,大量的大气科学观测试验加深了人们对大气物理机制的认识,模式物理过程参数化方案也得到进一步的改进,高速度、大容量的巨型计算机及其并行技术的应用使得模式的分辨率和运行模式的计算效率不断提高。目前,全球中期数值预报模式的网格距从早期的几百千米减至几十千米,而区域模式已达到 5 km 左右,提高了模式对中小尺度天气活动和外强迫(如湍流扩散、辐射传输等)的分辨率以及数值模拟的准确性。不过,地球大气及其与各圈层相互作用的复杂性是超乎人们想象的,模式对于这其中的各种物理过程是难以进行完美描述的。如何让"模式大气"更接近真实大气,仍是一项长远而艰巨的任务。

21.1.3　天气与气候的可预报性

数值预报结果的误差源于初始条件和模式的不准确性。如果具有充分准确的模式和数值计算方法,又有充分准确的气象观测系统,就可以对任意长时间的天气或气候情况做出足够准确的预报吗? 这就引出了气象科学研究领域的另一个重要方向,即天气的可预报性问题[1,2,3]。

1957 年,汤普逊(Thompson)首次提出了数值天气预报的可预报性问题。以后,洛伦兹(Lorenz)、利兹(Leith)以及帕尔墨(Palmer)等完成了一系列大气可预报性的理论研究工作。他们的研究结果一致表明,由于初始观测资料和数值模式的误差,大气过程的确定性预报时效是有限的,大尺度天气形势数值预报最长不超过两周,超过这个界限,预报的结果就不再有利用价值。直到今天,对于天气尺度的系统,国际上依然普遍接受这个可预报时效的理论上限。但现实情况下,预报员要用不太准确的初始场和可能存在一定缺陷的模式对未来数天的天气情况做出准确的预报,是一件非常困难的事情,如果出现了极端天气事件,要报准它则更是难上加难。因此实际工作中数值预报的预报时效能达到 10 d 就很不错了,在中国一般只能达到 6~7 d。

近百年来,大气动力学在牛顿力学确定性科学框架中不断发展和完善,取得了极大的成功,在此基础上建立起来的数值预报理论和方法已经成功地应用于日常天气预报业务。1963 年,著名气象学家洛伦兹(Lorenz)的论文《确定性非周期流》虽然揭示了大气混沌现象,对大气可预报性提出了质疑。但是,混沌过程仍然是确定性的非周期运动,只是运动对初始状态十分敏感。只要初始条件是确定的,混沌运动本质上仍然是确定的,大气动力学本质上仍未跳出确定性科学框架。

大量观测资料表明,大气中存在着多种特征的随机扰动因子,大气过程是确定的,也是随机的。起源于分子热运动的宏观微尺度的随机力是大气本身固有的属性。太阳辐射的起伏,以及陆地海洋等下边界与大气过程的随机耦合,使大气变化过程承受着不同时空尺度结构的随机强迫作用。这些作用决定着大气过程的突变,大气平衡态的稳定性、平衡态之间的跃变,以及大气平衡态的形成。大气状态的变化是确定性因子与随机因子非线性相互作用的结果。

大气运动是一个复杂的非线性系统,非线性动力系统理论表明,当大气变化近似为线性过程时,随机力只是对大气平均运动状态的一个扰动小量,可以忽略不计,描述大气状态的概率分布近似于脉冲函数,大气过程基本上是确定的,可以做出确定性预报。如果大气变化是非线性过程,当发展到不稳定状态,或多重平衡态的交叉点时,随机力对大气变化的趋势及新的大气状态的形成就具有决定性作用,对这类大气过程的预报本质上就是不确定的,只能预报其发生发展的概率。因此,对特定的大气过程或特定的预报对象,其确定性预报时效是有限值,这个值是大气运动固有随机性所决定的,与误差无关。当预报时间超过这个值,则只能预报该大气过程的概率分布,要求做出确定性预报是不符合大气运动规律的,也是徒劳的。

目前,天气的可预报性研究已经成为当代气象科学研究的前沿热点领域,已经从传统的研究与初始条件误差(模式误差)对应的第一类(第二类)可预报性问题发展为更为广泛的范畴,即研究预报结果不确定性产生的原因和机制,寻找减小不确定性的方法和途径。可预报性研究关注的另一个重要方面是,在目前的科学技术条件下,人类对一些天气、气候事件预报、预测能力的"极限"。这可以使得公众乃至社会不会对气象预报提出不符合科学规律、超越时代的过分要求,也可以使气象预报的发展、进步建立在科学、理性的基础之上。

21.2　天气预报质量的检验与评价方法

数值天气预报存在不确定性,以数值预报为基础的常规天气预报也必然不可避免地存在不确定性,因此,为了使预报员比较不同数值预报产品的性能,针对不同天气,最大限度地订正数值预报产品的系统误差,做出最准确的预报,有必要对预报的质量进行检验与评价。

预报质量检验与评价就是对一组相对应的预报和观测给出定性或定量关系和评价。预报产品不同,检验的方法就会有不同,一般检验分为目视检验、两分类检验、连续变量检验、概率预报检验等。全球模式和区域模式常规预报变量的检验多用连续变量检验方法,降水及其他极端天气预报的检验多用两分类检验。

21. 2. 1　天气学检验方法

对预报质量的检验,最好最古老的检验方法是形象或目视检验方法,通常的方法是制作预报与观测实况对比的图形方法和时间序列法。目前预报业务中,在 Micaps 操作系统中对比预报与实况是非常方便的,一边看实况,一边看预报,用人的判断来辨别预报误差。针对对本地天气有重大影响的天气系统进行细致的分析和检验。检验主要天气系统的位置、强度、形状等。例如检验副高的西伸脊点、面积、北界、南界、脊线、中心强度等;东北冷涡的强度、中心位置、槽线的位置等;切变线的位置、长度、曲率、切变两侧风的大小、风向等;降水的落区、轴向、范围、强度,天气分型等。这种检验有助于预报员积累预报经验,可以了解来自图形的任何有用的、可能在客观统计检验中被忽略的细节。

21. 2. 2　两分类预报检验方法

我们用 A 表示预报事件发生,且实况也发生了的事件;用 B 表示预报事件不发生,但实况发生了的事件;用 C 表示预报事件发生,但实况没发生的事件;用 D 表示预报事件不发生,实况也没发生的事件;用 T 表示总事件。常用的两分类检验统计量的数学表达式如下:

(1)准确率 PC(Percent Correct):

$$PC = \frac{A + D}{T} \times 100\%$$

PC 的取值范围是 $0 \sim 1$,理想评分是 1。在我国的检验系统中称为预报效率(EH)。其特点是简单、直观,但由于"消极正确"的权重与"正确"一样,反应不出极端天气的预报准确性。对于累加检验而言,其小雨预报的准确率就是我们通常工作中说到的晴雨预报准确率。

(2)TS(Threat Score)或 CSI(Critical Success Index):

$$TS = CSI = \frac{A}{A + B + C} \times 100\%$$

TS 的取值范围是 $0 \sim 1$,理想分为 1。TS 对正确预报敏感,也惩罚空报和漏报,如果不需要考虑"消极正确",则可以认为是精确评分。但不能区分预报错误源,所以常和 FAR、PO 一起考虑。TS 评分依赖事件的气候频率,小概率事件的评分低,如冬季(干季)的暴雨因其成因特性而应该比夏季(湿季)暴雨预报准确性高,但由于冬季暴雨少,往往 TS 评分比夏季低。

(3)ETS(Equitable Threat Score):

$$ETS = \frac{A - hits_{random}}{A + B + C - hits_{random}} \times 100\%$$

$$hits_{random} = \frac{(A + B)(A + C)}{T}$$

ETS 的取值范围是 $-1/3 \sim 1$,理想分为 1。ETS 吸收了 TS 的所有优点,同时还避免了随机气候小概率事件评分低的现象。在实际的检验中发现对于大雨以上的评分,与 TS 十分接近。同时做为标准的随机预报也是所做预报的函数。实际与预报概率也有一定的相关性。

（4）空报率 FAR（False Alarm Ratio）：

$$FAR = \frac{C}{A+C} \times 100\%$$

FAR 的取值范围是 $0\sim1$，理想分为 0。其特点是对空报敏感，但没考虑漏报，应与漏报率一起考虑。

（5）漏报率 PO：

$$PO = \frac{B}{A+B} \times 100\%$$

PO 的取值范围是 $0\sim1$，理想分为 0。其特点是只对漏报敏感，表示在实际出现的事件中被漏报的比率。

（6）偏差或偏差频率 $BLAS$（Bias or Frequency Bias）：

$$BIAS = \frac{A+C}{A+B} \times 100\%$$

$BIAS$ 的取值范围是 $0\sim\infty$，理想分是 1。Bias 不比较预报的好坏，只比较预报和观测的相对频率，也就是是否存在过量预报或预报偏少的问题。大于 1，说明存在过量预报的现象，小于 1 则说明预报频率偏少。

（7）空报探测率 $POFD$（Probability of False Detection）：

$$POFD = \frac{C}{C+D} \times 100\%$$

$POFD$ 的取值范围是 $0\sim1$，理想分是 0，$POFD$ 表示空报在所有观测的非事件中所占的比率。

（8）后一致性 PAG（Post Agreement）：

$$PAG = \frac{A}{A+C} \times 100\%$$

PAG 的取值范围是 $0\sim1$，理想分为 1，表示所有预报事件中正确的比率。只与预报数有关，与实况的关系不确定。$PAG+FAR=1$

（9）探测率 POD（Prefigurance or Probability of Detection）：

$$POD = \frac{A}{A+B} \times 100\%$$

POD 的取值范围是 $0\sim1$，理想分为 1，POD 应与空报率一起考虑，表示在所有观测事件中被正确预报的比率。$POD+PO=1.$

（10）HSS（Heidke Skill Score）：

$$HSS = \frac{(A+D) - (\text{expectd correct})_{random}}{T - (\text{expectd correct})_{random}}$$

$$(\text{expectd correct})_{random} = \frac{(A+B)(A+C) + (D+B)(D+C)}{T}$$

HSS 的取值范围为 $-\infty\sim1$，理想分为 1。HSS 需要较多的样本，考虑了事件与非事件的随机发生概率，这比 ETS 对非事件的考虑更完善一些。检验的标准评分越好，则越难得到大的正值技巧评分，特别是当检验周期较短的情况下，因此检验周期应该足够的长，以便能在各种条件下来估价技巧。

(11) *TSS*(True Skill Statistic)：

$$TSS = \frac{A}{A+B} - \frac{C}{C+D} = \frac{AD-BC}{(A+B)(C+D)} = POD - POFD$$

TSS 的取值范围为 $-1 \sim 1$，理想分为 1。又称 HK(Hanssen and Kuipers Discriminant)、PSS (Peirces's Skill Score)。特点是不依赖于气候频率。象 *POD* 一样，在第一项中给极端事件的权重过大，所以可能对常发事件更有用。该评分对漏报事件敏感而对假警报事件不敏感。隐含根据观测分层的特性。如果一个事件发生了几次但都没有预报出来，即便总的精度很高，则评分也可能是负值。

(12) 让步比 *OR*(Odds Ratio)：

$$OR = \frac{A \times D}{B \times C} = \frac{\left(\dfrac{POD}{1-POD}\right)}{\left(\dfrac{POFD}{1-POFD}\right)}$$

OR 的取值范围为 $0 \sim \infty$，理想分为 ∞。在医学上用得较多，现在有人用在气象的极端事件的检验上。也就正确预报与错误预报的一个比值，越大越好。

21.2.3　连续变量的检验方法

连续变量的检验统计量包括平均误差、均方根误差、距平相关系数、倾向相关系数、技巧评分、误差标准差等。以 F 为预报值，A_v 为分析值，A_0 为预报初值，C 为气候平均值，N 为检验区域中的格点数。令：

$$M_{f0} = \frac{1}{N}\sum(F-A_0) \quad M_{v0} = \frac{1}{N}\sum(A_v-A_0) \quad M_{fc} = \frac{1}{N}\sum(F-C)$$

$$M_{vc} = \frac{1}{N}\sum(A_v-C) \quad M_{fv} = \frac{1}{N}\sum(F-A_v)$$

$$F_x = \frac{\partial F}{\partial X} \quad F_y = \frac{\partial F}{\partial Y} \quad A_{vx} = \frac{\partial A_v}{\partial X} \quad A_{vy} = \frac{\partial A_v}{\partial Y}$$

则各检验统计量数学表达式如下：

(1) 平均误差(*ME*)

$$ME = \frac{1}{N}\sum(F-A_v)$$

平均误差代表模式的系统误差，对于订正模式产品最有用。如果与平均绝对误差联用，可以判断进行偏差订正的可信度。当平均误差与平均绝对误差接近时，说明系统误差明显，可以系统误差做模式订正。相反，则比较危险。

(2) 均方根误差(*RMSE*)

$$RMSE = \left[\frac{1}{N}\sum(F-A_v)^2\right]^{\frac{1}{2}}$$

均方根误差是模式误差大小的量度。只有当预报和检验观测处处完全一致时才等于 0。该评分具有显著的季节差异，秋冬季误差较大，春夏季误差较小。与天气系统的季节变率有关。季节变率越大，均方根误差越大。

(3)距平相关系数(*ANM. COR*)

$$ANM. COR = \frac{\sum (F - C - M_{fc})(A_v - C - M_{vc})}{\left[\sum (F - C - M_{fc})^2 \sum (A_v - C - M_{vc})^2\right]^{\frac{1}{2}}}$$

距平相关系数通常用于描述两组数据空间位相差的量度。多用于高度场的评价。相关通常指的是"距平"间的相关,即每个格点变量的瞬时值减去它的"气候"值。AC 位于 1 和 −1 之间。当位相完全相同时,AC 有最大值 1,当位相完全相反时有最小值 −1,当距平的位相相差 +−45°或 −+135°,AC 值为 +−0.318。而当距平位相相差 90°时,AC 值为 0。模式预报误差研究表明,AC 大约为 0.60 是模式有效预报的低限,这时意味着真实技巧评分大约为 0.2,也就是与完全精确的预报相距 20%。由于大尺度运动特征的不同,模式距平相关系数评分天与天、周与周都会有所变化。模式预报会对某些天气报得好,而对某些天气则报不好。有些人试图用这一特性为预报员提供预报图可信性估计。

(4)倾向相关系数(*TEN. COR*)

$$TEN. COR = \frac{\sum (F - A_0 - M_{f0})(A_v - A_0 - M_{v0})}{\left[\sum (F - A_0 - M_{f0})^2 (A_v - A_0 - M_{v0})^2\right]^{\frac{1}{2}}}$$

倾向相关系数与距平相关的定义非常类似,不同的只是把气候值换成了初始值,度量的是与初始状态距平位相变化之间的相关关系。

(5)*SI* 评分

$$SI = 100 \times \frac{\sum (|F_x - A_{vx}|)(|F_y - A_{vy}|)}{\sum [\max(|F_x|, |A_{vx}|) + \max(|F_y|, |A_{vy}|)]}$$

SI 是 1954 年由 Teweles 和 Wobus 提出,是在感兴趣的主要区域内选择的一组格点之间的气压差(气压梯度)的函数。要注意的是在计算气压梯度后取绝对值。其评分范围从 0~200,低评分好于高评分。当预报和观测梯度相同时得到最精确的评分 0,即使气压值是不同的。当气压梯度完全相反时得到最差可能评分 200。坏评分不一定意味着坏预报。*SI* 评分对于气压梯度的位置很敏感,即便气压中心位置预报准确,如果梯度很强,当预报与观测的强度很不相同时,评分较低。该评分有季节性倾向,因为夏季气压梯度弱,分母小,夏季评分比冬季评分大。强的气压系统评分好于弱的气压系统评分。此外,当检验区域较小时对单一预报更敏感,避免高低压中心位于网格点上易得到低的评分。长期趋势能够表明大气运动预报精度的稳定改进。

(6)误差标准差(*SIDE*)

$$SIDE = \left[\frac{1}{N}\sum (F - A_v - M_{fv})^2\right]^{\frac{1}{2}}$$

SIDE 是对于平均量偏差程度的基本统计量。误差越低预报越可信。对风矢量,其评分为 u,v 分量合成的结果。

$$ME(\vec{V}) = [ME(u^2) + ME(v^2)]^{\frac{1}{2}}$$

$$RMSE(\vec{V}) = [RMSE(u^2) + RMSE(v^2)]^{\frac{1}{2}}$$

$$COR(\vec{V}) = \frac{1}{2}[COR(u^2) + COR(v^2)]^{\frac{1}{2}}$$

21.3　山西天气预报业务中的要素预报检验

21.3.1　降水预报检验

降水预报检验有两种选择：一种为以一天预报的所有站为一个样本序列，逐站统计预报值与实况值，得出针对某一天的预报检验结果。另一种是以一个站一个月或若干日为一个样本序列，逐日统计该站预报值和实况值，得到针对某一站的预报的检验结果。

降水预报的检验内容分为三类：第一类为降水分级检验：将降水量分为小雨、中雨、大雨、暴雨、大暴雨、特大暴雨和小雪、中雪、大雪、暴雪 10 个等级（见表 21.1），检验各级降水、一般性降水[小雨（雪）至大雨（雪）]和暴雨（雪）以上（暴雨至特大暴雨和暴雪）预报情况。第二类是累加降水量级检验：检验对 ≥0.1 mm、≥10.0 mm、≥25.0 mm、≥50.0 mm 降水的预报情况。第三类是晴雨（雪）检验：即对有、无降水两种类别预报进行检验。

表 21.1　降水等级划分表

用语	12 h 降水量 （mm）	24 h 降水量 （mm）	用语	12 h 降水量 （mm）	24 h 降水量 （mm）
毛毛雨、小雨、阵雨	0.1～4.9	0.1～9.9	大暴雨到特大暴雨	105.0～170.0	175.0～300.0
小到中雨	3.0～9.9	5.0～16.9	特大暴雨	>140.0	>250.0
中雨	5.0～14.9	10～24.9	零星小雪、小雪、 阵雪、雨夹雪	0.1～0.9	0.1～2.4
中到大雨	10.0～22.9	17.0～37.9	小到中雪	0.5～1.9	1.3～3.7
大雨	15.0～29.9	25～49.9	中雪	1.0～2.9	2.5～4.9
大到暴雨	23.0～49.9	38.0～74.9	中到大雪	2.0～4.4	3.8～7.4
暴雨	30.0～69.9	50.0～99.9	大雪	3.0～5.9	5.0～9.9
暴雨到大暴雨	50.0～104.9	75.0～174.9	大到暴雪	4.5～7.5	7.5～15.0
大暴雨	70.0～140.0	100.0～250.0	暴雪	≥6.0	≥10.0

注：表中各级别的雪量值均指纯雪化为水的量值，而不包括湿雪的量值在内，如，湿雪量值达 ≥10.0 毫米时，不作为"暴雪"处理。若"雨夹雪"（雨和雪同时下）24 h 的总量值达 ≥10.0 毫米且雪深南方达 ≥5 厘米，北方达 ≥10 厘米时才算暴雪。

降水预报检验公式：

TS 评分：
$$TS_k = \frac{NA_k}{NA_k + NB_k + NC_k} \times 100\%$$

技巧评分：
$$SS_k = TS_k - TS_k{}'$$

漏报率：
$$PO_k = \frac{NC_k}{NA_k + NC_k} \times 100\%$$

空报率：
$$FAR_k = \frac{NB_k}{NA_k + NB_k} \times 100\%$$

式中 NA_k 为预报正确的站（次）数、NB_k 为空报站（次）数、NC_k 为漏报站（次）数（见表 21.2），TS' 为数值预报或上级指导预报的 TS 评分。

表 21.2　降水预报检验分类表

实况 ＼ 预报	有	无
有	NA_k	NC_k
无	NB_k	——

对降水分级检验,k 为 1～12,分别代表各级降水、一般性降水和暴雨(雪)以上降水预报。

对累加降水量级检验,k 为 1～4,分别代表 $\geqslant 0.1$ mm,$\geqslant 10.0$ mm,$\geqslant 25.0$ mm,$\geqslant 50.0$ mm 降水预报。

对晴雨(雪)检验,

TS 评分:

$$TS = \frac{NA + ND}{NA + NB + NC + ND} \times 100\%$$

技巧评分:

$$SS = TS - TS'$$

式中 NA 为有降水预报正确的站(次)数,NB 为空报站(次)数、NC 为漏报站(次)数,ND 为无降水预报正确的站(次)数(见表 21.3),TS' 为数值预报或上级指导预报的 TS 评分。

单站降水预报:逐日检验只评定是否正确和是否属"空、漏"报,并保存每日预报与实况资料。月、季、年检验依据当月、季、年的预报正确总次数、空报总次数、漏报总次数计算各级降水的 TS 评分、空报率、漏报率。

区域降水预报:逐日检验依据当日预报正确站数、空报站数、漏报站数,计算各级降水的 TS 评分、空报率、漏报率,并保存各站每日预报与实况资料;月、季、年检验依据当月、季、年的预报正确总站(次)数、空报总站(次)数、漏报总站(次)数,计算各级降水的 TS 评分、空报率、漏报率。

注意:季、年的 TS 评分不是月 TS 评分的平均,而是对季、年所有样本的统计结果。

表 21.3　晴雨(雪)检验分类表

实况 ＼ 预报	有降水	无降水
0.0 mm	NA	ND
$\geqslant 0.1$ mm	NA	NC
无降水	NB	ND

21.3.2　温度预报检验

温度预报检验一般指对最高、最低气温和定时气温预报进行检验,检验方法如下:

平均绝对误差:

$$T_{MAE} = \frac{1}{N} \sum_{i=1}^{N} | F_i - O_i |$$

均方根误差:

$$T_{RMSE} = \sqrt{\frac{1}{N} \sum_{i=1}^{N} (F_i - O_i)^2}$$

预报准确率:

$$TT_K = \frac{Nr_K}{Nf_K} \times 100\%$$

式中,F_i 为第 i 站(次)预报温度,O_i 为第 i 站(次)实况温度,K 为 1、2,分别代表 $|F_i - O_i| \leqslant 1℃$、$|F_i - O_i| \leqslant 2℃$,Nr_K 为预报正确的站(次)数,Nf_K 为预报的总站(次)数。

温度预报准确率的实际含义是温度预报误差 $\leqslant 1℃(2℃)$ 的百分率。

单站温度预报检查:逐日检验计算绝对预报误差,并保存每日预报与实况资料,月终计算平均绝对误差、均方根误差和预报准确率。季、年检验依据当季、年的每日预报与实况资料计算均方根误差、预报准确率,平均绝对误差采用季、年的平均值。

区域温度预报检查:逐日检验计算平均绝对误差、均方根误差、预报准确率,并保存每日预报与实况资料;月、季、年检验依据当月、季、年的每日预报与实况资料计算均方根误差、预报准确率,平均绝对误差采用月、季、年的平均值。

21.3.3　灾害性天气落区预报检验

将灾害性天气分为冰雹、雷暴、冻雨、霜冻、雾(浓雾、强浓雾)、强降雪(大雪、暴雪)、强降雨(大雨以上等级)、沙尘天气(沙尘暴、强沙尘暴)、大风(≥6 级、≥8 级、≥10 级、≥12 级)、高温(≥37℃、≥40℃)、强降温(≥8℃、≥12℃)等 11 类 23 项,分别检验各种灾害性天气预报情况。

逐日检验依据当日预报正确站数、空报站数、漏报站数计算 TS 评分、空报率、漏报率,并保存每日预报与实况资料;月、季、年检验依据当月、季、年的预报正确总站(次)数、空报总站(次)数、漏报总站(次)数,计算 TS 评分、空报率、漏报率。

21.4　数值预报产品在山西的应用检验

21.4.1　山西省数值天气预报效果检验系统

为了便于预报人员了解各模式性能,发现模式存在问题,总结应用经验,修正预报误差,在业务工作中更合理地应用各种数值模式产品,2007 年山西省气象局开发研制了数值预报产品效果检验系统。该系统操作方便、界面友好,能够完成应用于山西省天气预报业务的所有数值预报产品的客观统计检验,为考察各模式产品对山西天气的预报效果,以及引入的中尺度模式哪个更适合山西省的天气预报提供客观定量的依据。

数值天气预报效果检验系统(图 21.1)分为三个模块:资料入库模块、统计检验模块和系统平台模块。

资料入库模块用 Visual Basic 开发,主要功能是将实况数据和各模式的分析场和预报场每日定时入库,并在缺资料的情况下可以手工补充入库,以保证资料的完整性。

统计检验模块用 Fortran 开发,可以实现多模式、多层次、多要素任意时段的客观统计检验。检验的模式包括我国中期数值天气业务预报模式 T213 和 T639、欧洲中期数值天气业务预报模式 ECMWF、我国全球与区域同化预报系统 GRAPES,北京区域中心下发的 MM5 和 RUC 等中尺度数值预报模式,以及山西省已引进和正在引进的 MM5、Arps、WRF 等中尺度数值预报模式,山西省人工降雨防雹办公室研发的修改了云物理方案的 MM5 中尺度模式,还有欧洲细网格模式 Ec_thin 等。要素包括高度场、温度场、风场以及降水等。统计检验模块包括降水检验和形势场检验两大部分。降水检验是将模式格点资料插值到山西省 109 个站上,然后逐站与观测实况资料进行对比检验,统计检验量有 TS 评分、空报率、漏报率、预报效率和预报偏差等。降水检验分为降水分级检验和累加降水量级检验两项。降水分级检验:将降水量分为小雨、中雨、大雨、暴雨、大暴雨、特大暴雨 6 个等级,检验各级降水。累加降水量级检验:对≥0.1 mm、≥10.0 mm、≥25.0 mm、≥50.0 mm降水的预报分别进行检验。形势场检验采用分析场资料为实况,检验相对应的各时效预报场。分析场和各时效预报场资料均为2.5°×2.5°等经纬度网格点资料。检验要素为高度场、温度场和风场。检验统计量为倾向相关系数,距平相关系数,误差标准差,平均误差,均方根误差,绝对误差,技巧评分。检验时效为24~240 h预报。在等经纬网格中,纬度越高,格点分布越密集,该纬度上的格距越小。为了使区域评分计算更为合理,计算时先得到每个纬圈的评分值,然后用纬度权重 cosΦ(Φ 为纬度)对该区域的所有纬圈作加权平均。检验结果文件采用.xls格式,这样可以充分利用 Excel的图表分析等功能。

检验系统平台采用了 ASP(Active Server Pages)技术,ASP 是一个 WEB 服务器端的开发环境,可以用来创建和运行动态网页或 Web 应用程序。利用 ASP 可以向网页中添加交互式内容,也可以创建使用 HTML 网页作为用户界面的 web 应用程序。用 ASP 开发的检验平台不但可以实现检验系统的资料入库、检验运算、结果显示等功能,而且操作简便、页面美观,更重要的是检验平台可以网页形式操作。

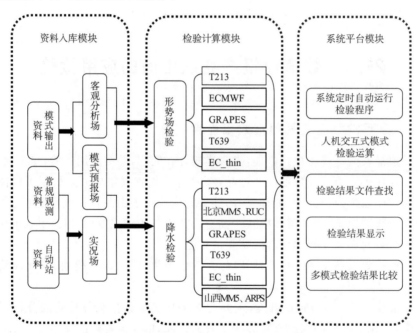

图 21.1 数值天气预报效果检验系统结构示意图

21.4.2 2011 年业务数值模式产品在山西省应用效果的检验结果

数值预报产品检验是山西省气象台工作中的一项重要内容。自 2007 年立项以来,每年向中国气象局提供国家业务数值模式产品在山西省应用效果的系统评估检验年报,自 2011 年 8月,每月向省局业务主管部门提供山西省数值预报产品检验评估月报。下面以 2011 年检验结果为例,给出了 2011 年 1—10 月业务数值模式产品在山西省应用效果的检验结果。被检验的模式有 ECMWF 模式、GRAPES 模式、T639 模式、北京下发的 MM5 模式和山西本地运行的MM5 模式,检验方法为统计学检验,检验包括形势场检验和降水检验。

21.4.2.1　2011 年形势场预报统计检验

（1）高度场预报统计学检验

从高度场距平相关系数和均方根误差演变来看（图 21.2），ECMWF 模式、T639 模式、GRAPES 模式距平相关系数（均方根误差）随着预报时效延长而减少（增加）。从距平相关系数来看：在 1～7 d 预报时效中，ECMWF 模式距平相关系数是最高的，7 d 预报都可用，T639 模式预报效果和 ECMWF 模式有相对较大的差距，可用天数为 5 d，随着预报时效的增加，T639 与 ECM-WF 的差距加大。GRAPES 模式只下发 2 d 的预报产品，其 1～2 d 预报效果与 T639 相对接近。从均方根误差来看：ECMWF 与 T639 均方根误差相差不大，GRAPES 均方根误差最大。

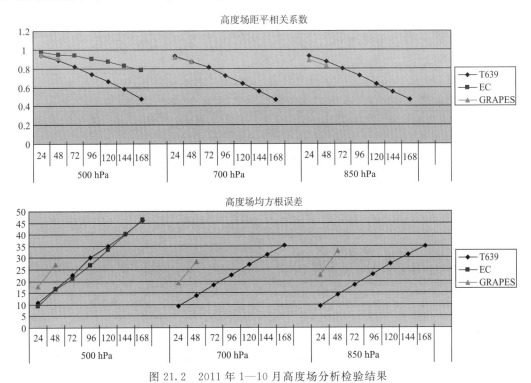

图 21.2　2011 年 1—10 月高度场分析检验结果

（2）温度场预报统计学检验

从温度距平相关系数演变来看（图 21.3），三模式距平相关系数均随着预报时效延长而减少。1～2 d 预报 ECMWF 模式与 T639 模式较为接近，3～7 d 预报时效中，ECMWF 模式距平相关系数高于 T639，且随着预报时效的增加，两者差距加大。500 hPa，GRAPES 与 T639 接近，其他层次 GRAPES 距平相关系数偏小。从均方根误差来看，1～6 d 预报，ECMWF 均方根误差大于 T639 模式，第 7 d 预报两者均方根误差相当；GRAPES 模式的预报误差偏大。

（3）风速预报统计学检验

从图 21.4 可见：从距平相关系数演变来看，3 模式距平相关系数均随着预报时效延长而减少。1～7 d 预报 ECMWF 模式都明显大于 T639 模式，且随着预报时效的增加，两者差距加大；GRAPES 模式的距平相关系数最小。从均方根误差来看，1～5 d 预报 T639 与 ECMWF 相差不多，500 hPa T639 均方根略大，第 6～7 d 预报，T639 均方根误差明显小于 ECMWF 模式，GRAPES 模式预报均方根误差相对较大。

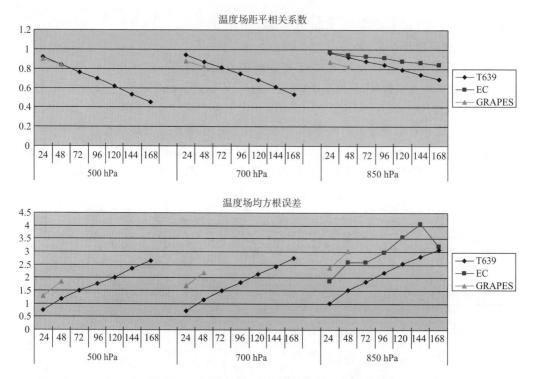

图 21.3 2011 年 1—10 月温度场分析检验结果

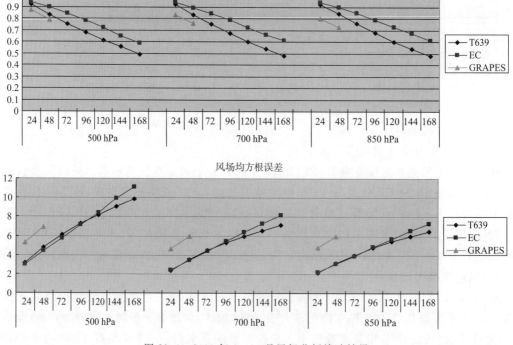

图 21.4 2011 年 1—10 月风场分析检验结果

21.4.2.2　2011 年降水预报统计学检验

以山西省 108 个观测站点资料为实况,对山西区域降水预报进行检验。

图 21.5 给出了全省累加降水预报检验结果,从 TS 评分来看,对 1 mm 以上累加降水, 24 h GRAPES 预报最好,48 h 和 72 h 山西本地运行的 MM5 预报最好。从漏报率来看,24 h 和 48 h,对各量级降水预报,GRAPES 漏报率都较低,T639 对 50 mm 以上预报漏报率最高。从空报率来看,北京下发的 MM5 产品和山西本地运行的 MM5 空报率较高,尤其是暴雨空报明显。各模式各预报时效各量级降水预报漏报的问题都较明显,各模式基本都是空报率低于漏报率,T639 模式这个特点尤为明显。山西 MM5 模式暴雨空报问题突出。

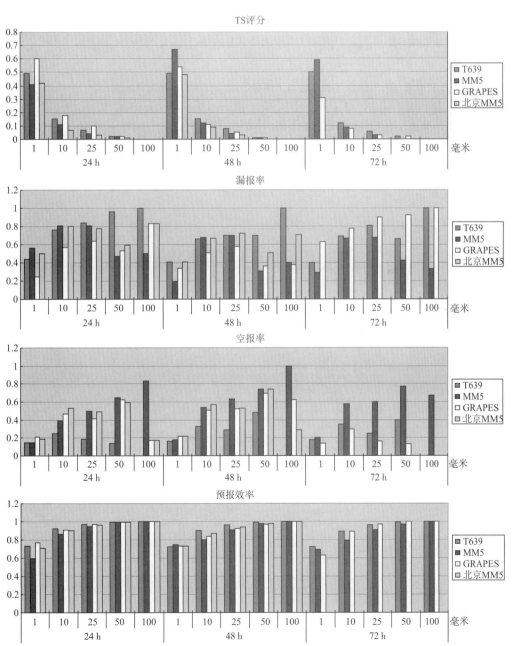

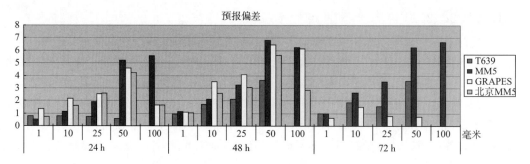

图 21.5　2011 年 1—10 月降水预报检验结果

参考文献

[1] 穆穆,陈博宇,周菲凡,等.气象预报的方法与不确定性.气象,2011,**37**(1):13.

[2] Lorenz E N. The predictability of a flow which possesses manyscales of motion. *Tellus*,1969,**21**:289-307.

[3] 周秀骥.大气随机动力学与可预报性.气象学报.2005,**63**:806-811.

附录1:CINRAD 气象应用软件产品表

产品号	产品标识	产品名称	分辨率	距离	数据等级
16	R	基本反射率	300 m * 1 deg	75 km	8
17	R	基本反射率	600 m * 1 deg	150 km	8
18	R	基本反射率	1200 m * 1 deg	150 km	8
19	R	基本反射率	300 m * 1 deg	75 km	16
20	R	基本反射率	600 m * 1 deg	150 km	16
21	R	基本反射率	1200 m * 1 deg	150 km	16
22	V	基本速度	300 m * 1 deg	75 km	8
23	V	基本速度	600 m * 1 deg	150 km	8
24	V	基本速度	1200 m * 1 deg	150 km	8
25	V	基本速度	300 m * 1 deg	75 km	16
26	V	基本速度	600 m * 1 deg	150 km	16
27	V	基本速度	1200 m * 1 deg	150 km	16
28	SW	基本谱宽	300 m * 1 deg	75 km	16
29	SW	基本谱宽	600 m * 1 deg	150 km	16
30	SW	基本谱宽	1200 m * 1 deg	150 km	16
31	USP	用户可选降水	600 m * 1 deg	150 km	16
33	HSR	混合扫描反射率	600 m * 1 deg	150 km	16
35	CR	组合反射率	300 m * 300 m	150 km * 150 km	8
36	CR	组合反射率	1200 m * 1200 m	300 km * 300 km	8
37	CR	组合反射率	300 m * 300 m	150 km * 150 km	16
38	CR	组合反射率	1200 m * 1200 m	300 km * 300 km	16
39	CRC	组合反射率等值线	300 m * 300 m	150 km * 150 km	16
40	CRC	组合反射率等值线	1200 m * 1200 m	300 km * 300 km	16
41	ET	回波顶高	1200 m * 1200 m	300 km * 300 km	16
42	ETC	回波顶高等值线	1200 m * 1200 m	300 km * 300 km	—
43	SWR	强天气分析(反射率)	300 m * 1 deg	50 km	16
44	SWV	强天气分析(速度)	300 m * 1 deg	50 km	16
45	SWW	强天气分析(谱宽)	300 m * 1 deg	50 km	8
46	SWS	强天气分析(切变)	600 m * 1 deg	50 km	16
47	SWP	强天气概率	1200 m * 1200 m	300 km * 300 km	—
48	VWP	VAD 风廓线	1000ft	—	5
49	CM	综合谱矩	600 m * 1 deg	50 km	16
50	RCS	反射率垂直剖面	1 km(h) * 500 m(v)	150 km * 21 km	16

续表

产品号	产品标识	产品名称	分辨率	距离	数据等级
51	VCS	速度垂直剖面	1 km(h) * 500 m(v)	150 km * 21 km	16
52	SCS	谱宽垂直剖面	1 km(h) * 500 m(v)	150 km * 21 km	8
53	WER	弱回波区	300 * 3 m	50 km	8
55	SRR	局部风暴相对径向速度	300 m * 1 deg	50 km	16
56	SRM	风暴相对径向速度	600 m * 1 deg	150 km	16
57	VIL	垂直积分液态水含量	1200 m * 1200 m	300 km * 300 km	16
58	STI	风暴追踪信息	—	150 km	—
59	HI	冰雹指数	—	150 km	—
60	M	中尺度气旋	—	150 km	—
61	TVS	龙卷涡旋特征	—	150 km	—
62	SS	风暴结构	—	—	—
63	LRA	分层(1)组合反射率平均值	1200 m * 1200 m	300 km * 300 km	8
64	LRA	分层(2)组合反射率平均值	1200 m * 1200 m	300 km * 300 km	8
65	LRM	分层(1)组合反射率最大值	1200 m * 1200 m	300 km * 300 km	8
66	LRM	分层(2)组合反射率最大值	1200 m * 1200 m	300 km * 300 km	8
67	APR	去异常传播组合反射率	1200 m * 1200 m	300 km * 300 km	8
73	UAM	用户报警信息	—	—	—
75	FTM	自由文本信息	—	—	—
78	OHP	1 h 降水	600 m * 1 deg	150 km	16
79	THP	3 h 降水	600 m * 1 deg	150 km	16
80	STP	风暴总降水	600 m * 1 deg	150 km	16
82	SPA	补充降水数据	—	—	—
84	VAD	VAD	—	—	8
85	RCS	反射率垂直剖面	300 m(h) * 500 m(v)	150 km * 21 km	8
86	VCS	速度垂直剖面	300 m(h) * 500 m(v)	150 km * 21 km	8
87	CS	综合切变	600 m * 600 m	150 km * 150 km	16
88	CSC	综合切变等值线	600 m * 600 m	150 km * 150 km	可变
89	LRA	分层组(3)合反射率平均值	1200 m * 1200 m	300 km * 300 km	8
90	LRM	分层组(3)合反射率最大值	1200 m * 1200 m	300 km * 300 km	8
110	CAR	反射率 CAPPI	600 m * 1 deg	150 km	16
111	CAV	速度 CAPPI	300 m * 1 deg	75 km	16
112	CAV	速度 CAPPI	600 m * 1 deg	150 km	16
113	CAV	速度 CAPPI	1200 m * 1 deg	150 km	16
114	CAS	谱宽 CAPPI	600 m * 1 deg	75 km	8
115	CAS	谱宽 CAPPI	1200 m * 1 deg	150 km	8

附录 2:常用气象业务规定表

1. 降水等级划分表

术　语	6 h 降水量(mm)	12 h 降水量(mm)	24 h 降水量(mm)
毛毛雨、小雨、阵雨	<0.1	0.1～4.9	0.1～9.9
小雨—中雨	0.1～3.9	3.0～9.9	5.0～16.9
中雨	4.0～12.9	5.0～14.9	10.0～24.9
中雨—大雨	—	10.0～22.9	17.0～37.9
大雨	13.0～24.9	15.0～29.9	25.0～49.9
大雨—暴雨	—	23.0～49.9	38.0～74.9
暴雨	25.0～59.9	30.0～69.9	50.0～99.9
暴雨—大暴雨	—	50.0～104.9	75.0～174.9
大暴雨	60.0～119.9	70.0～140.0	100.0～250.0
大暴雨—特大暴雨	—	105.0～170.0	176.0～300.0
特大暴雨	≥120.0	>140	>250
零星小雪、小雪、阵雪	<0.1	0.1～0.9	0.1～2.4
小雪—中雪	0.1～0.6	0.5～1.9	1.3～3.7
中雪	0.7～1.9	1.0～2.9	2.5～4.9
中雪—大雪	—	2.0～4.4	3.8～7.4
大雪	2.0～4.9	3.0～5.9	5.0～9.9
大雪—暴雪	—	4.5～7.5	7.5～15.0
暴雪	5.0～7.9	6.0～9.9	10.0～19.9
大暴雪	8.0～11.9	10.0～14.9	20.0～29.9
特大暴雪	≥12.0	≥15.0	≥30.0

注:表中各级别的雪量值均指纯雪化为水的量值,而不包括湿雪的量值在内,如,湿雪量值≥10.0 mm 时,不作为"暴雪"处理。若"雨夹雪"(雨和雪同时下)24 h 的总量值≥10.0 mm 且雪深≥10 cm 时才算暴雪。

2. 冷空气的等级

采用受冷空气影响的地区在一定时段内日最低气温的下降幅度和日最低气温两个指标来具体划分冷空气等级。冷空气分五个等级:弱冷空气、中等强度冷空气、较强冷空气、强冷空气和寒潮。日最低气温一般指前 1 d 14 h(北京时,下同)后至当日 14 时之间的气温最低值。

2.1 弱冷空气:使某地的日最低气温 48 h 内降温幅度小于 6℃的冷空气。

2.2 中等强度冷空气:使某地的日最低气温 48 h 内降温幅度大于或等于 6℃但小于 8℃的冷空气。

2.3 较强冷空气:使某地的日最低气温 48 h 内降温幅度大于或等于 8℃,但未能使该地日最低气温下降到 8℃或以下的冷空气。

2.4 强冷空气:使某地的日最低气温 48 h 内降温幅度大于或等于 8℃,而且使该地日最低气温下降到 8℃或以下的冷空气。

2.5 寒潮:使某地的日最低气温 24 h 内降温幅度大于或等于 8℃,或 48 h 内日最低气温连续下降且降温幅度大于或等于 10℃,或 72 h 内日最低气温连续下降且降温幅度大于或等于 12℃,而且使该地日最低气温下降到 4℃或以下的冷空气。

3. 蒲福风力等级表

风力级数	名称	海面状况		海岸船只征象	陆地地面征象	相当于空旷平地上标准高度 10 米处的风速		
		海浪						
		一般(m)	最高(m)			nm/h	m/s	km/h
0	静风	—	—	静	静,烟直上	小于 1	0—0.2	小于 1
1	软风	0.1	0.1	平常渔船略觉摇动	烟能表示风向,但风向标不能动	1～3	0.3～1.5	1～5
2	轻风	0.2	0.3	渔船张帆时,每小时可随风移行2～3 km	人面感觉有风,树叶微响,风向标能转动	4～6	1.6～3.3	6～11
3	微风	0.6	1.0	渔船渐觉颠簸,每小时可随风移行 5～6 km	树叶及微枝摇动不息,旌旗展开	7～10	3.4～5.4	12～19
4	和风	1.0	1.5	渔船满帆时,可使船身倾向一侧	能吹起地面灰尘和纸张,树的小枝摇动	11～16	5.5～7.9	20～28
5	清劲风	2.0	2.5	渔船缩帆(即收去帆之一部)	有叶的小树摇摆,内陆的水面有小波	17～21	8.0～10.7	29～38
6	强风	3.0	4.0	渔船加倍缩帆,捕鱼须注意风险	大树枝摇动,电线呼呼有声,举伞困难	22～27	10.8～13.8	39～49
7	疾风	4.0	5.5	渔船停泊港中,在海者下锚	全树摇动,迎风步行感觉不便	28～33	13.9～17.1	50～61
8	大风	5.5	7.5	进港的渔船皆停留不出	微枝折毁,人行向前感觉阻力甚大	34～40	17.2～20.7	62～74
9	烈风	7.0	10.0	汽船航行困难	建筑物有小损(烟囱顶部及平屋摇动)	41～47	20.8～24.4	75～88

续表

风力级数	名称	海面状况		海岸船只征象	陆地地面征象	相当于空旷平地上标准高度10米处的风速		
		海浪				nm/h	m/s	km/h
		一般 (m)	最高 (m)					
10	狂风	9.0	12.5	汽船航行颇危险	陆上少见，见时可使树木拔起或使建筑物损坏严重	48～55	24.5～28.4	89～102
11	暴风	11.5	16.0	汽船遇之极危险	陆上很少见，有则必有广泛损坏	56～63	28.5～32.6	103～117
12	飓风	14.0	—	海浪滔天	陆上绝少见，摧毁力极大	64～71	32.7～36.9	118～133
13	—	—	—	—	—	72～80	37.0～41.4	134～149
14	—	—	—	—	—	81～89	41.5～46.1	150～166
15	—	—	—	—	—	90～99	46.2～50.9	167～183
16	—	—	—	—	—	100～108	51.0～56.0	184～201
17	—	—	—	—	—	109～118	56.1～61.2	202～220

4. 天气预报编码表

(1)城镇天气预报天气现象编码表

电码	天气现象	电码	天气现象	电码	天气现象
00	晴	11	大暴雨	22	中到大雨
01	多云	12	特大暴雨	23	大到暴雨
02	阴	13	阵雪	24	暴雨到大暴雨
03	阵雨	14	小雪	25	大暴雨到特大暴雨
04	雷阵雨	15	中雪	26	小到中雪
05	雷阵雨并伴有冰雹	16	大雪	27	中到大雪
06	雨夹雪	17	暴雪	28	大到暴雪
07	小雨	18	雾	29	浮尘
08	中雨	19	冻雨	30	扬沙
09	大雨	20	沙尘暴	31	强沙尘暴
10	暴雨	21	小到中雨	53	霾

(2)城镇天气预报风向风力编码表

电码	风向	转风向	风力(级)	转风力(级)
0	F1≤3 时不发风向	F1≤3 时不发转风向	F1≤3	F2≤3
1	东北	东北	3～4	3～4
2	东	东	4～5	4～5
3	东南	东南	5～6	5～6
4	南	南	6～7	6～7
5	西南	西南	7～8	7～8

续表

电码	风向	转风向	风力（级）	转风力（级）
6	西	西	8～9	8～9
7	西北	西北	9～10	9～10
8	北	北	10～11	10～11
9	旋转不定	旋转不定	11～12	11～12

（3）大城市精细化气象要素预报编码表

电码	天气现象	电码	风向	电码	风力（等级）
00	晴	0		0	≤3
01	多云	1	东北	1	3～4
02	阴	2	东	2	4～5
03	阵雨	3	东南	3	5～6
04	雷阵雨	4	南	4	6～7
05	雷阵雨并伴有冰雹	5	西南	5	7～8
06	雨夹雪	6	西	6	8～9
13	阵雪	7	西北	7	9～10
18	雾	8	北	8	10～11
19	冻雨	9	旋转	9	11～12
20	沙尘暴				
29	浮尘				
30	扬沙				
31	强沙尘暴				
32	雨				
33	雪				
53	霾				

5. 气象符号表

（1）云及过去天气等电码符号表

电码	N 总云量	W₁W₂ 过去天气	h 云高（m）	云的种类			Nh 有 C_L 云时 C_L 总量，无 C_L 云时的 C_Mm 云量
				C_L 低云族	C_M 中云族	C_H 高云族	
0	◯ 无云		＜50	没有低云	没有中云	没有高云	
1	◐ 1		50	淡积云和（或）碎积云	透光高层云	毛卷云	1
2	◕ 2～3		100	浓积云	蔽光高层云或雨层云	密卷云	3

续表

电码	N 总云量		W₁ W₂ 过去天气	h 云高 (m)	云的种类			Nₕ 有 Cᴸ 云时 Cᴸ 总量，无 Cᴸ 云时的 C_Mm 云量
					C_L 低云族	C_M 中云族	C_H 高云族	
3	◗	4	沙(尘)暴或吹雪雪暴	200	秃积雨云	透光高积云	伪卷云	4
4	◑	5	雾或霾	300	积云性层积云	荚状高积云	钩卷云	5
5	◓	6	毛毛雨	600	普通层积云	成带或成层的透光高积云	卷云或卷层云，云层高度不及 45°	6
6	◕	7~8	非阵性的雨	1000	层云和(或碎层云)	积云性高积云	卷云或卷层云，云层高度超过 45°	8
7	◗	9 或 10	非阵性固体降水或混合降水	1500	碎雨云	复高积云或蔽光高积云	卷层云布满天空	9
8	●	10	阵性降水	2000	积云和普通层积云	堡状或絮状高积云	卷层云未布满天空	10
9	⊗	不明	雷暴(或伴有降水)		鬃积雨云	混乱天空的高积云	卷积云	×

(2)天气现象的填图符号及电码表

WW	0	1	2	3	4
00					烟
10	轻雾	散片浅雾	浅雾	闪电	视区内有降水未及地
20	观测前有毛毛雨	观测前有雨	观测前有雪	观测前有雨夹雪	观测前有毛毛雨或雨
30	沙(尘)暴减弱	沙(尘)暴无大变化	沙(尘)暴加强	强沙(尘)暴减弱	强沙(尘)暴无大变化
40	近区有雾	散片的雾	天顶可辨雾渐减弱	天顶不可辨雾渐减弱	天顶可辨雾无大的变化
50	间歇性轻毛毛雨	连续性轻毛毛雨	间歇性毛毛雨	连续性毛毛雨	间歇性浓毛毛雨
60	间歇性小雨	连续性小雨	间歇性中雨	连续性中雨	间歇性大雨
70	间歇性小雪	连续性小雪	间歇性中雪	连续性中雪	间歇性大雪

续表

WW	0		1		2		3		4	
80	⊽̇	小阵雨	⊽̈	中阵雨	⊽⋮	大阵雨	⊽	小阵性雨夹雪	⊽	中或大阵性雨夹雪
90	⊽	中或大冰雹	⏘•	观测前有雷暴观测时有小雨	⏘⋮	观测前有雷暴观测时有中或大雨	⏘	观测前有雷暴观测时有小雪或雨夹雪或霰冰雹	⏘	观测前有雷暴观测时有中或大雪或雨夹雪或雹霰

WW	5		6		7		8		9	
00	∞	霾	S	浮尘	$	扬沙或尘土	⬮	视区内有尘卷风	(S)	视区内有沙(尘)暴
10	)•(	视区内有降水在5 km外	(•)	视区内有降水已及地	⏘	雷暴	∇	飑	)(	龙卷
20	⍩	观测前有阵雨	⍩	观测前有阵雪或阵雨夹雪	⍩	观测前有冰雹或霰(或伴有雨)	☰	观测前有雾	⏘	观测前有雷暴(或伴有降水)
30	⌇S	强沙(尘)暴加强	⊹	弱低吹雪	⊹	强低吹雪	⊹	弱高吹雪	⊹	强高吹雪
40	≡	天顶不可辨雾无大变化	⊫	天顶可辨雾变浓	⊫	天顶不可辨雾变浓	⊻	天顶可辨雾并有雾凇	⊻	天顶不可辨雾并有雾凇
50	⁏⁏	连续性浓毛毛雨	∿	轻毛毛雨并有雨凇	∿	中或浓毛毛雨并有雨凇	⁏	轻毛毛雨夹雨	⁏	中或浓毛毛雨夹雨
60	⦂	连续性大雨	∾	小雨并有雨凇	∾	中或大雨并有雨凇	⁂	小雨夹雪(或轻毛毛雨夹雪)	⁂	中或大雨夹雪(或中浓毛毛雨夹雪)
70	⁂	连续性大雪	↔	冰针(或伴有雾)	△	米雪(或伴有雾)	↤⋅	孤立的星状雪晶(或伴有雾)	◬	冰粒
80	⍙	小阵雪	⍙	中或大阵雪	⍙	小阵性霰或伴有雨或雨夹雪	⍙	中或大阵性霰或伴有雨或雨夹雪	⍙	小冰雹或伴有雨或雨夹雪
90	⏘	观测时有雷暴伴有雨或雪或雨夹雪	⏘	观测时有雷暴和冰雹或霰	⏘	观测时有大雷暴和雨或雪或雨夹雪	⏘	观测时有雷暴和沙(尘)暴和降水	⏘	观测时有大雷暴和冰雹或霰

附录3:1981—2010年山西省各县各月最大降温幅度

附表1　分县统计1981—2010年各月最低气温24 h最大降温幅度

市	县	各月最低气温24 h最大降温幅度(℃)									
		1月	2月	3月	4月	5月	6月	9月	10月	11月	12月
大同	阳高	15	12.2	11.7	12.6	11.2	10.7	13.3	9.9	11.6	12.8
	大同	14.6	11.4	13	15.7	13.6	15.8	10.4	11.7	12.3	12.1
	大同县	16.4	16.7	15	12.4	14.2	11.3	11.4	11	14.6	14
	天镇	17.4	11.7	11.9	11.3	10.7	9.8	11.5	13.1	17.3	14
	左云	17.8	12.9	13.3	15.9	14.5	14.9	10.4	14.5	11.2	14.4
	浑源	13.5	14.9	12.8	12.7	13.8	12.8	11.1	12.9	15	15.5
	广灵	15.7	21.1	15	13.8	11.1	14.9	10.7	12.3	17.9	16.7
	灵丘	10.3	13.1	12.2	11.6	10.5	8.9	10.5	10.8	10.5	11.6
忻州	河曲	17.7	12.9	12.9	12.9	14.3	12.3	11.3	12.1	11.3	14.4
	偏关	17.1	13.6	12.2	13.6	14.3	13	10.8	12.4	11.3	13.5
	神池	19	11.8	14.5	15	14.5	15.5	11.3	15.8	12.7	14.7
	宁武	20.2	11.5	15.2	18.4	13.2	15.1	10.8	15.2	12.7	13.6
	代县	11.2	12.1	11.9	11.8	12.1	9.7	10.8	10.2	13.2	11.1
	繁峙	11.4	12.4	12.2	10	10.6	9.3	10	11.5	12.7	12.7
	五台山	20.7	13.8	16.4	17	13.6	12.6	11.5	12.9	20.3	16.7
	保德	12.1	10.8	12	16.8	14.1	14.8	10.8	11.5	11.1	10.3
	苛岚	14.2	14.7	14.5	18.1	15.4	13	11.8	12.6	12.9	13.9
	五寨	17	18.8	17.6	15.1	15.9	12.9	13.6	12.4	16.2	20.9
	静乐	13.4	12.2	11.8	11.5	11	9.8	11	9.5	11.2	15.6
	原平	11	10.6	10.9	11	9.3	9.1	8.7	11.3	10.9	11.3
	忻州	15.1	12.3	11.1	14.9	11.6	9.9	10.5	12	13.1	15.2
	定襄	11.8	11.2	9.7	11	12	10.2	11	11.7	12.6	11.4
	五台山豆村	12.3	14.1	11.5	13.1	11.6	10.6	11.9	10.9	12.7	12.7
朔州	右玉	21.1	16.5	16.4	15	16.3	13.8	11.4	13.4	21.4	15.8
	平鲁	18.7	12.1	15.9	17.8	16.2	14.3	10.3	15.2	12	12
	山阴	13.7	14.1	12.9	18.3	15	15.9	11.2	12.1	12.7	13.4
	朔州	18	20.8	18.3	13.3	14.4	14.3	11.2	13.7	13.9	17.9
	怀仁	17.3	11.4	12.3	17.5	14.7	14.9	10.5	10.1	11.4	12.8
	应县	17.4	13.9	13.5	15.1	12.8	15.7	10.6	12.3	14.1	12.5
阳泉	盂县	13.4	13.2	9.9	11.9	10.3	9.5	9.5	9.7	10.6	9.5
	平定	14.4	12.5	10.1	12.3	10.1	7.4	9.6	9.3	9.5	9.4

续表

市	县	各月最低气温 24 h 最大降温幅度(℃)									
		1月	2月	3月	4月	5月	6月	9月	10月	11月	12月
阳泉	阳泉	13	12.7	10.2	12.1	10.4	8.8	9.8	9.1	12.4	10
吕梁	临县	13.7	11.4	13.8	14.9	13.6	13.7	9.8	10.2	12.7	15
	兴县	13.7	12.8	12.1	14.2	12.5	10.2	11.2	11.7	13	15.4
	岚县	14.1	13.3	12.2	12.9	13.6	9.4	12.9	10.5	11.5	14.4
	柳林	11	9.8	11.8	12.3	10	8.8	9.3	10.3	11.3	14.1
	石楼	14.8	10.7	13.6	14.9	12.8	11.7	8.6	10.1	12.1	14.5
	方山	14	11.8	13.1	12.8	10.4	7.2	9.4	10.2	12	15
	离石	11.7	10.2	11	11.4	9	8.1	10.2	11.3	12.1	14.4
	中阳	14.2	12.1	12.8	13.3	11.6	9.7	9.4	11	12.1	15.5
	孝义	11.3	10.2	10.5	12.1	12.9	7.2	9.9	8.8	12.3	14.4
	汾阳	12.9	12.5	11.9	15.6	13.1	9.3	13.8	11	15.2	14.6
	文水	11.5	11.6	11.5	12.4	12.7	10.4	10.8	10.9	13.7	13.4
	交城	13	11.4	9.8	12.1	10.7	8.6	11.6	11.3	13	13.4
	交口	15.7	16	12	10.3	13.6	8.2	8.6	11	10.8	16.6
太原	娄烦	12	11.4	11.1	11	10.8	8.2	9.4	11.1	12.1	15.5
	北郊	12.7	12.1	11	12.6	10	8.2	10.3	10.1	11.3	13.3
	阳曲	12.6	11.6	10.7	12.3	11.8	9.2	10.5	11.4	11.9	12.2
	南郊	10.3	11.7	10.1	12	9.6	8.5	10.6	9.6	11.1	14.7
	古交	10.4	11.5	11.3	10.9	9.5	7.5	11.1	10.2	10.8	15.4
	太原	11	12	9.4	12.3	11.3	8.1	12.2	10.7	11.6	15.4
	清徐	12.1	9.8	9.2	12.2	9.8	7.5	9.2	9.4	11.6	14.9
晋中	祁县	12.5	10.4	9.8	14	11.5	8.5	10.4	9.1	14.1	14.9
	太谷	10.6	11.2	10.8	14.2	10.9	8.6	9.9	9.7	12.3	15
	榆次	12.5	12	9.6	12.9	11	9.1	12.2	10.8	10.2	12.4
	平遥	12.7	11.8	10.6	13.9	13.1	9.3	11.5	10.4	14.1	12.7
	寿阳	13.1	11.7	11.4	12.2	12.8	8.6	12.3	10.3	10.5	11.5
	昔阳	10.4	11.3	10.5	12	11.1	9.5	12.2	10	11.1	10
	左权	14.5	12.8	10.9	12.8	11	7.7	12	11.9	11.7	12.8
	榆社	11.6	12.3	10.8	12.4	11.3	8.7	10.8	11.9	11.7	12
	和顺	14	14.1	16.9	13.6	13.4	9.3	14.3	10.7	10.9	13.1
	灵石	10.9	11.2	10	13.2	12.2	9.2	12.2	10.1	9.5	13.9
	介休	11.2	12.5	9.9	12.5	12.8	9.4	12.7	10.4	11	12.9
临汾	永和	12.6	11.3	11.3	14.7	10.8	9.4	10.1	10.4	11.3	11.5
	隰县	11.2	10.3	11.8	12.9	11	10.3	9.4	8.6	11	12.5
	大宁	10.1	12	16.1	13.2	11.9	8.3	10.7	9.9	10.9	9.7
	吉县	9.8	10.7	10.6	10.9	12.3	9.1	10	8.7	10.5	10
	襄汾	9.8	10.1	11	11.9	13	7.5	10.7	10.1	10.7	9.7
	蒲县	11.1	10.7	12.1	13.3	14.2	9.2	10.6	9.2	11.4	11.7
	汾西	12.7	12.2	13.4	14.1	9.7	9.1	8.9	9.5	11.6	16.1

续表

市	县	各月最低气温 24 h 最大降温幅度(℃)									
		1月	2月	3月	4月	5月	6月	9月	10月	11月	12月
临汾	洪洞	9.7	10.4	11.4	11.5	12.8	7.5	10	10.6	11.4	9.5
	临汾	9.2	9.3	10.6	12	12.9	8.5	10.6	10	11	9.8
	霍州	10.4	11	9.4	11.3	11.9	7.9	10.5	10.1	10.7	10.3
	占县	9.6	9.7	10	11.4	13.5	8.4	10.5	10.4	11.6	10.3
	安泽	14.8	12.7	12.3	15.7	13.2	9.6	11.6	10.9	13.3	13.4
	乡宁	9.4	11.2	9.9	12.4	12.9	9.4	8.5	9	11.4	10.3
	曲沃	10.9	8.6	10.5	11.7	11.1	9	10.3	10.3	11.4	10.6
	翼城	8.8	8.9	9.9	13	11.5	8.3	9	8.4	10.2	10.6
	侯马	10.1	8.6	10.1	11.4	11.5	7.7	9.9	9.5	11.2	9.6
	浮山	9.5	9.4	10.8	11.5	11.9	9.3	9	8.5	9.5	13.4
运城	稷山	9.6	11	11.4	11.8	14.7	8.6	10.3	11.8	10.5	11.8
	万荣	10.8	10.4	12.2	14.4	14.5	10.2	10.8	10.6	11	10.2
	河津	8.3	10.1	8.7	14.8	13.6	7.6	8.7	8.2	9.5	10.6
	临猗	8	11.1	10.8	12.1	11.9	7.8	10.6	10.4	10.2	9.3
	运城	8.3	9.3	10.1	12.3	12.3	10	10.2	9	10.9	10
	新绛	10.4	9.5	10.1	11.2	11.9	9.2	9.2	9.8	10.3	9.5
	绛县	10.3	8.9	9.7	13.6	14.7	8.3	8.4	9.6	10.5	9.1
	闻喜	9	9.2	10.9	12.1	13	8.6	10.1	11	10.7	8.9
	垣曲	11.3	10.8	10.8	10.9	12	7.5	8.1	9.6	8.9	8.6
	永济	9.3	9.6	10.4	11.9	10.5	8.9	9.5	9.4	10.4	8.9
	芮城	10.5	10.1	11.4	12.7	13.7	8.6	9.9	10.5	10.9	11
	夏县	10.6	13.1	11	14.9	15.1	10.8	10.1	12.8	11.8	11.1
	平陆	8.6	8.4	11.3	13.9	12.8	6.8	9.3	8.2	9.9	7.9
长治	武乡	13.6	13.2	12.7	13.4	12.1	9.6	12.1	11.2	11.4	12.5
	沁县	14.6	12.1	12.5	12.9	12.1	9.8	11.5	10.9	11.8	12.6
	长子	11.9	11.4	11.2	11.6	10.5	7.9	10.7	9.6	11.4	10.8
	沁源	18.1	11.8	12.6	13.1	13.2	8.1	11.6	11.9	13.9	14.1
	黎城	10.5	11.8	11.2	13.5	11.1	7.6	12.3	10.6	10.2	11.1
	屯留	10.6	11.6	10.6	11.2	10.3	6.6	9.5	9.5	11.1	10.7
	潞城	11.9	12.5	11.9	11.3	11.4	7.3	10.7	10.4	10.6	11.3
	长治	11.6	9.8	11	11.6	12.8	10.8	10.4	9.8	11	10.3
	襄垣	13.4	11.6	12.6	14.1	12.3	10.9	12.3	10.9	12	13.1
	壶关	11.9	11.4	11.8	11.6	11.3	7.6	10.8	9.7	12.5	10.3
	平顺	11.2	10.4	12.5	10.8	9.9	8.4	10.5	9.8	9.9	11.4
晋城	沁水	9.8	10.4	10.5	11.7	10.8	7.3	9.8	8.6	9.5	11.3
	高平	12.4	12.5	11.4	11.9	11.9	8.1	10.7	11.1	11.6	10.3
	阳城	8.8	10.3	11.1	10.3	10.2	6.2	8.7	9.6	9.2	9.6
	晋城	9.5	11.7	11.9	9.8	9.9	6.7	8.6	10.1	9.5	10.1
	陵川	10.8	11.4	13.1	12.1	11.9	7.4	8	9.6	9.6	11.4

附表 2 分县统计寒潮起始和终止日及各月最低气温 48 h 最大降温幅度

市	县	起始日期（日/月）	终止日期（日/月）	各月最低气温 48 h 最大降温幅度（℃）									
				1月	2月	3月	4月	5月	6月	9月	10月	11月	12月
大同	阳高	18/9	6/6	18.6	15.6	18	14	14.5	14	13.2	12.3	17.9	16.5
	大同	18/9	6/6	17.7	15.4	14.5	16	15.4	16.3	12.4	14.4	15.7	16.7
	大同县	21/8	11/6	19.5	18.9	16.4	15	16	13.9	13.6	15.8	20.9	19
	天镇	21/8	6/6	24.1	15.2	16.4	14.9	15.3	13	14.4	13.7	16.5	18.1
	左云	2/9	6/6	22.1	15.8	14.3	18.5	14.2	15.3	14.3	15.5	15.6	14.6
	浑源	21/8	6/6	17	19.5	19.5	17.2	16.4	14.6	15.6	14.5	17.9	19.2
	广灵	3/9	6/6	19.1	20.4	24.3	18.3	14.8	17	16.8	15.3	18.8	19.8
	灵丘	18/9	19/5	15.9	16	16.9	13.6	13.5	11.8	11.8	13.1	15.7	15.1
忻州	河曲	10/9	6/6	20.1	18.3	17.2	16.4	16	15.1	15.6	16.9	15.3	19.5
	偏关	18/9	6/6	17.4	17.4	16.2	17	16.7	18.1	14.6	16.7	16	21.9
	神池	5/9	8/6	22.8	18.3	22	19.5	14.9	17.5	13.4	17.7	18.2	17.4
	宁武	18/9	6/6	23.8	18.1	17.2	21.4	15.7	16.3	12.8	17.4	17.3	18.3
	代县	11/9	10/5	14.7	16	17.3	14.6	13.9	11	12.4	16.2	17.4	15
	繁峙	11/9	10/5	15.6	17.2	17.7	13.6	12.9	10.9	14.5	14.8	17.9	15.6
	五台山	9/9	15/7	21.9	19.8	18.3	18.1	17.5	13.9	15.3	17.4	22.8	20
	保德	26/9	12/5	15.8	14.4	16.3	18.9	17.6	18	12.6	14.5	14	15.3
	苛岚	1/9	6/6	19.1	19.6	20.2	22.6	18.9	16	15	15.7	19.3	19.8
	五寨	10/8	12/6	18.6	22.1	27.7	22	15.5	14.4	14.7	16	23.9	24.8
	静乐	10/9	26/5	18.5	17.3	17.7	15.1	13.6	10.4	13.5	13.8	16.4	19.7
	原平	26/9	6/5	15	15.2	16.3	14.6	13.5	10.2	12.7	13.3	17	13.2
	忻州	10/9	25/5	20.6	20.3	18.1	17.5	14	11.2	13.9	15.1	16.4	18.1
	定襄	16/9	10/5	15.7	14.7	15.5	15.7	12.8	10.5	13.1	14.7	16.2	16.6
	五台山豆村	15/8	6/6	16.3	17.4	16.6	13	13.3	11.4	14.3	16.5	18.3	15.4
朔州	右玉	15/9	6/6	22.4	24.2	24.5	21	16.9	16.7	16.6	18.6	21.8	18
	平鲁	18/9	6/6	22.7	17.9	20	23.1	16.1	16	12.8	17	17.2	18.6
	山阴	3/9	6/6	19.2	18.5	21	23	15.1	18.1	14.4	16.1	17	18.2
	朔州	3/9	6/6	22.9	24.5	22.3	17.3	16.2	17.2	13.6	15.4	19.8	21.1
	怀仁	26/9	6/6	20	15.4	15.5	17.8	14.2	16	12.8	11.7	16.4	15.4
	应县	6/9	6/6	21.6	19	16.6	17.6	15	18.2	14.1	14.7	15.7	16.7
阳泉	孟县	18/9	3/5	18.3	18.1	16.3	14.7	12.2	9	12	12.4	13.2	16.6
	平定	2/10	3/5	20.3	15.2	16.9	12.5	11.7	10.1	11.1	12.6	14.8	13.1
	阳泉	13/10	3/5	18.8	14.3	17.1	12.3	11.3	11.2	10.1	12.8	12.5	15
吕梁	临县	21/9	12/5	17.5	15.7	16.4	18.2	17.4	16.4	12.4	14.4	16.8	17.9
	兴县	22/9	12/5	16.6	17.6	15.9	17.7	16.8	14.1	13.4	13.3	16.6	19.5
	岚县	3/9	16/6	18.6	17.8	20	20.2	15.1	13.7	13.1	15.2	16.5	19.2
	柳林	24/9	11/5	14	16.5	15.8	15.7	13.4	12.7	12.9	13.3	14	15.9
	石楼	21/9	12/5	17.7	15.2	16.8	18.7	16.1	14.8	13.3	13.7	18	17.6
	方山	18/9	13/5	17.1	18.5	15.6	14.5	13.6	10.2	11.8	14.5	17	17.1

续表

市	县	起始日期（日/月）	终止日期（日/月）	各月最低气温 48 h 最大降温幅度(℃)									
				1 月	2 月	3 月	4 月	5 月	6 月	9 月	10 月	11 月	12 月
吕梁	离石	21/9	13/5	15.7	17.2	15.5	14	12.3	9.3	12.7	13.8	15.2	16.8
	中阳	21/9	12/5	20.4	16.8	17.6	16.4	15.1	13.1	14.4	14.2	16.3	16.8
	孝义	27/9	10/5	14.2	14.4	14.2	14.1	11.5	8.5	10.9	12.9	18.9	16.8
	汾阳	21/9	18/5	15.2	17.5	15.5	16.7	14.7	9.3	14.6	15.7	22.1	19.4
	文水	18/9	13/5	15.1	14.2	14.8	21.3	13.9	11.3	13.1	13.7	20.5	16.6
	交城	21/9	28/4	15	13.4	13.6	17.7	13.3	11.4	12.8	14.4	18	15.4
	交口	21/9	31/5	22.6	19.6	16.3	16.5	13	11	13.3	12.5	15.1	18
太原	娄烦	18/9	11/5	14.7	16.4	15.3	16.9	13.6	10.5	12.7	12.9	18.1	18.1
	北郊	28/9	6/5	16.3	15.9	15.9	12.8	13.5	10	11.3	13.9	15.2	15.8
	阳曲	16/9	10/5	14.3	20.3	15.9	17.5	13.7	13	13	15	16.3	16.2
	南郊	26/9	27/4	13.6	16.4	16.6	16.6	11.7	10.9	11.3	13.1	13.1	15.1
	古交	21/9	12/5	15	16	16.3	14.1	13.3	10.7	12.5	14.5	16.8	15.2
	太原	12/9	10/5	14.4	18.1	15.7	17.5	13.1	9.9	11.5	14.5	13.1	16.5
	清徐	27/9	27/4	15	14.2	16	17.1	11.8	10.2	11.7	13.9	13.9	16.5
晋中	祁县	18/9	10/5	15.5	14.6	16.3	18	12.2	9	12.3	13.5	20.6	17.5
	太谷	26/9	10/5	16.1	16.3	15.4	17.4	12.4	8	11.2	13.8	18.6	16.5
	榆次	27/9	10/5	15.3	15.8	17.8	17.2	12.8	10.6	11.8	13.7	14.5	16.5
	平遥	21/9	10/5	15.7	13.7	15.7	16.3	11.5	10.6	12.4	13.4	20.6	16.2
	寿阳	1/9	21/5	18.5	15.9	15.9	17.7	11.8	10.3	13.8	13.7	14.7	13.9
	昔阳	17/9	28/4	16.6	15.6	17	16.1	12	9.8	13.5	13.1	16.2	12.3
	左权	11/9	29/5	15.4	15.6	14.4	19	12.8	8.8	13.2	14	17.6	18.4
	榆社	21/9	8/5	15.3	14.3	15.4	17.9	12	9.3	13.6	13.4	16.3	16.9
	和顺	1/9	31/5	18.4	19.1	17.2	19	14.2	11.5	14.3	13.9	15.8	15.6
	灵石	21/9	10/5	13.8	14.2	14.3	18.8	14.1	10.1	13.2	12.9	13.8	16.9
	介休	21/9	14/5	17.4	14.8	15.6	19.8	12	9.1	13.3	13.3	17.7	13.5
临汾	永和	21/9	12/5	15.3	17.4	15	15.3	11.7	11.1	14.7	13.5	15.5	16.3
	隰县	21/9	12/5	13.8	14.2	15.8	14.1	12.1	12.4	13.9	12.6	15.6	15.6
	大宁	21/9	10/5	12.6	13.7	15.1	14.9	12.1	11.1	12.9	13	16.6	14.6
	吉县	21/9	13/5	13.3	13.2	13.4	14.2	11.7	10.1	13.5	13.4	15.9	14.1
	襄汾	2/10	14/5	11.8	14.3	13.4	16	11.3	8.6	11.7	13.3	14.4	13.1
	蒲县	9/9	11/5	14.1	13	14.4	15.7	12.3	10.9	14	13	15.9	16.1
	汾西	22/10	29/4	16	15.7	17.5	14.2	12.7	10.1	10	13.7	15.5	16.7
	洪洞	24/9	11/5	12.9	11.6	12.8	15.3	12.5	10.7	14.7	12.2	15.4	13.6
	临汾	28/9	27/4	12	12.3	13.2	15.4	13.6	10.1	11	12.2	14.7	13.9
	霍州	28/9	27/4	12.9	12.4	12.4	15	11.1	10	12.1	12.4	14.5	16
	古县	24/9	10/5	11.9	11.4	13.9	15.8	13.5	9.5	12.6	12.5	14.6	15.3
	安泽	5/9	19/5	15.2	17.4	12.7	17.5	14	9.3	13.7	15.1	17.9	15.8
	乡宁	9/9	11/5	13.8	13.1	14.3	13.8	14.1	12.1	13.7	11.3	15.9	14.5

续表

市	县	起始日期（日/月）	终止日期（日/月）	各月最低气温48 h最大降温幅度(℃)									
				1月	2月	3月	4月	5月	6月	9月	10月	11月	12月
临汾	曲沃	24/9	14/5	12.6	15.3	12	16.6	12.4	7.9	12.2	13.4	20.8	14.9
	翼城	24/9	22/4	11.4	14.7	15.9	13.1	10.7	9.6	11.1	11.7	17.1	14.6
	侯马	24/9	14/5	11.9	14.3	12.9	16	10.9	9.4	10.9	13.4	15.2	12.8
	浮山	28/9	25/5	14.2	14.6	13.3	15.2	13.5	9.6	10.7	12	16.4	15.8
运城	稷山	2/10	14/5	13.1	15.2	13.7	15.3	12.5	10.5	10.6	13	14.8	13.2
	万荣	2/10	14/5	14	11.8	13.6	17.7	15.3	10.9	11.8	13.9	16.2	12.9
	河津	2/10	13/4	11.4	11.8	11.6	16.5	12.8	10.8	11.7	12.9	14.6	12.2
	临猗	2/10	13/4	11.7	12.8	13.3	17.6	12.5	11.5	11.5	12.3	13.6	12.8
	运城	2/10	13/4	11.6	11.1	15	15.1	12.6	12.6	13.9	12.1	16.5	13
	新绛	2/10	14/5	13.8	15.8	12.1	13.9	12.9	9.9	10.9	13.9	19.4	13.1
	绛县	24/9	10/5	14.1	16.7	13.5	14.6	16.8	11	12.9	14.8	17.1	13.9
	闻喜	24/9	14/5	12.8	12.8	12.1	16.6	12.3	9.9	12.2	13.6	18.3	14.2
	垣曲	2/10	10/4	12.7	13.1	11.6	15.1	11.6	7.8	9.7	12.6	12.6	12.1
	永济	27/10	12/4	12.7	12.6	11.1	14	11.7	9.2	11.6	13.5	12.6	11.8
	芮城	2/10	4/5	14	12.6	13.1	16.3	14.6	12.1	12.5	13.4	15.3	14.9
	夏县	2/10	14/5	14.9	15.4	14.5	17	16.3	12.6	15.9	16.2	22.2	13.3
	平陆	2/10	12/4	9	10.3	13.4	15	12.4	10.3	11.3	11.4	13.4	11.6
长治	武乡	12/9	10/5	16	15.4	13.4	15.9	12.9	8.4	13.3	13.6	15.9	17.3
	沁县	21/9	10/5	16.2	15.2	12.9	17.1	11.8	9.3	13.2	13.5	15.2	17.6
	长子	12/9	10/5	15.3	13	12.5	14.4	12.3	9.4	13	13.4	14.6	14.5
	沁源	9/9	13/5	16.8	13.4	14.7	14.5	12.6	10.6	14	14.4	15.3	17.5
	黎城	17/9	12/5	13.3	16.6	15	14.9	11.8	10.4	13.1	12.7	13.5	13.6
	屯留	26/9	6/5	14.7	13.4	14.2	16.4	11.4	8.1	12.4	11.6	15.4	14.2
	潞城	12/9	10/5	16.6	11.2	13.2	17.6	11.6	10.7	14.9	12.6	14.4	13.1
	长治	9/9	13/5	15.4	14.4	13.5	15.4	15	12.4	11.8	16.2	17.1	15
	襄垣	9/9	19/5	13.5	12.4	14.4	16.7	12.9	9.9	13.8	14.5	14.5	17.6
	壶关	9/9	10/5	16.3	13.7	14.6	15.3	13.2	10.7	14	13.5	14.9	15.6
	平顺	21/9	10/5	15.5	15.4	13.5	15.2	13.7	11.5	12.9	14	15.6	14.3
晋城	沁水	26/9	28/4	13.6	11.7	12	13.8	11.6	7.7	13.2	11.5	14.1	11.5
	高平	9/9	6/5	16.8	16.1	11.2	15.7	11.9	9.4	12.7	13.1	14.2	14.4
	阳城	2/10	27/4	11.9	10.5	11.4	13.8	10.3	8.9	11	11.4	12.3	14.5
	晋城	17/10	28/4	13.9	13.3	11.9	13.5	10.7	9.1	12.5	11.4	12.5	13.8
	陵川	26/9	11/5	15.1	15.4	15.7	15.9	12	10.3	10.8	11.2	14.5	13.2

附表 3　分县统计各月最低气温 72 h 最大降温幅度

市	县	各月最低气温 72 h 最大降温幅度（℃）									
		1 月	2 月	3 月	4 月	5 月	6 月	9 月	10 月	11 月	12 月
大同	阳高	18.1	16.4	20.9	16.1	13.9	11.1	13.3	16.7	25.2	20.2
	大同	14.1	17.7	16.6	18	19.1	13.8	13.1	15.7	19.4	19.6
	大同县	172	20	25.1	18.5	19.1	13.2	16.1	16.9	22.3	20.6
	天镇	24	16	19.9	14	16.4	12.8	14.8	16.7	24.6	22.3
	左云	19	17.2	21.2	17.3	16.2	12.6	14	16.4	18.7	17.6
	浑源	18.3	20.3	25.2	17.9	16.4	13.3	15.6	16.8	22.2	23.2
	广灵	18.7	21.6	29.9	17.8	14.9	15.3	16.1	16.2	22.6	21.4
	灵丘	17.3	14.7	22.3	13.4	14.8	10.7	15.2	13.5	18	14.1
忻州	河曲	21.8	18.1	15.8	18.5	15	13	16.3	15.7	17.7	24.9
	偏关	19.8	16.9	15.9	18.1	15.6	15	14.1	14.6	21	24.5
	神池	19.5	18.7	20.7	19.3	16.1	15.1	14.4	14.4	23.6	19.8
	宁武	19.5	18.7	17.2	19	15.6	12.5	12.5	14.7	21.3	18.6
	代县	15.1	16.4	18.2	16.6	12.3	10.6	13.8	14.5	16.6	14.4
	繁峙	16	16.2	19.1	16.3	13.2	11.5	13.4	15.6	19.2	16.8
	五台山	22.4	20.2	19.6	17.2	20.3	12.2	14.5	19.7	24	22.9
	保德	14.8	14.1	15.9	16.1	15.5	15	13.1	13.8	17.8	21.3
	苛岚	20	21.1	20.4	18.5	21.1	14.5	17.1	16.8	25.2	27.5
	五寨	20	22.8	24.8	19.5	19	14.6	17.5	16.8	22.4	31
	静乐	18.7	16.6	19.1	14.3	13.1	10.8	13.8	14.3	19.7	26.7
	原平	15.6	14.1	14.5	15.4	12	9.6	11.1	14.9	18.2	14.9
	忻州	20.4	16	17.3	18.1	13.9	10.5	14	15	21.1	21.9
	定襄	20	16.6	14.8	15.8	13.4	10.6	13.4	14.5	20.3	18.9
	五台山豆村	20.1	20	20.7	17.9	14.5	10.6	14.4	15.6	17.9	18.4
朔州	右玉	24.3	22.6	27	19.1	20.4	15.9	17	17.9	24.7	26.6
	平鲁	19.9	17.1	20.8	18.5	15.2	11.8	12.7	15	20	18.8
	山阴	20	17.8	23.4	19	14.7	16	15.7	16.4	21	23.8
	朔州	20.1	24.4	21.8	20.8	14.9	15	15.5	16.8	24.2	28
	怀仁	18.3	15.1	16.9	18.1	15.5	11.8	13.3	15.2	18.8	19.3
	应县	18.6	18.2	21	17.1	17.9	14	14.6	17.1	18.8	20.9
阳泉	盂县	17.5	13.6	14.1	16.4	10.3	10.9	12.7	12.7	14.1	15.8
	平定	15.3	12.7	15.9	14.2	11.5	11.5	12.1	14.2	14.6	15.6
	阳泉	17.8	14.2	16	15	10.8	12.6	11.1	14	14.5	14.8
吕梁	临县	17.1	16.3	16.8	17.1	18.8	12.8	14.1	15.9	23.1	20.7
	兴县	18.6	16.9	16.5	16	19.4	13.1	14.6	15	22.3	24.6
	岚县	20.5	17.6	20.7	19.3	15.3	13.3	15.4	13.9	20.7	28.2
	柳林	15	14.8	18.2	16.5	15.4	11.5	13.8	14.6	20.2	19.8
	石楼	16.6	14.2	16.9	19	18.7	13.8	14.5	15.5	23	18.7
	方山	19.6	16.8	16.7	14.4	12.6	11.6	13.9	13.3	23.5	25.2
	离石	18	16.2	16.3	14.4	13.1	10.6	12.7	13.8	19.8	22.4

市	县	各月最低气温72 h最大降温幅度(℃)									
		1月	2月	3月	4月	5月	6月	9月	10月	11月	12月
吕梁	中阳	16.8	16.5	16.4	16	14.4	13.7	13.4	13.6	22.1	19.3
	孝义	15.5	14	12.6	17.3	15	9.4	12.9	13.6	24.2	17.7
	汾阳	14.8	15.2	14.6	19.8	16.2	10.9	14.8	15.2	27.7	22.5
	文水	17.1	14.1	18	16.6	16.2	9.9	13.8	13.9	25.5	20.4
	交城	14.7	12.7	16.9	14.4	11.5	10.1	13.9	14.9	22.6	18.9
	交口	20	14.2	14.6	17.3	13.1	9.2	13.4	14	19.3	19
太原	娄烦	15.1	15.3	16.1	16.8	12.6	10.9	13	12.9	20.8	21.4
	北郊	15.2	13.9	13	13.5	13.9	10	11.4	13.9	19.5	20.4
	阳曲	17.5	16.3	16.8	15.2	14.7	11.5	12.4	16.6	18.9	18.8
	南郊	14.5	13.8	15.1	13.3	11	11.3	11.1	13.7	16.9	16.5
	古交	14.6	14	14.3	15.2	12.7	10.8	12	13.9	17.6	17.7
	太原	13.3	15.8	15.1	12.9	12.5	10	12.3	14.6	17.2	18.3
	清徐	13.7	13.6	16.7	13.7	10	10.2	11.3	12.9	19.7	18.1
晋中	祁县	15.3	13.3	14.8	16.2	13.1	11.4	12.7	13.2	24.9	21.3
	太谷	14.6	13.1	14.4	14.7	13.1	10.7	11.4	13.7	22.9	17.7
	榆次	16.9	15.4	17.2	13.7	13.1	11.7	12.7	13	19.6	17.3
	平遥	14.6	14.2	13.8	17.5	12	11.1	13.2	14.5	24.8	15.6
	寿阳	18	14.7	15.4	16	11.8	10.2	13.8	13.5	17.7	17.4
	昔阳	15	13	14.1	16.7	13.4	10.4	12.7	12.7	15.9	14.6
	左权	16.4	16.4	16.3	15.8	12.6	9.3	14.4	15	24	21.5
	榆社	15.6	14.9	17	15.6	12.5	10.4	14.5	14.4	18.2	18.8
	和顺	17.5	16.5	19	18.2	16.2	11.1	16	14	20.4	18.7
	灵石	15.1	14.1	16.3	16.5	15.2	12	12	13.8	17.8	17.9
	介休	14	12.9	14	17.5	15.2	8.9	13	13.5	20.7	15
临汾	永和	17.6	16.9	18.5	15.1	12.7	12.9	15.3	15.1	23.7	20.6
	隰县	17.7	14.6	16.6	16.6	12.9	11.5	13	15	22.1	18.4
	大宁	16	14.8	13.7	15.4	15.2	11.6	13.7	14.6	21.4	17.9
	吉县	14.7	13.7	14.6	15.6	13.6	11.1	13.5	16	21.8	16.8
	襄汾	13.5	17.3	16.4	17.3	12.3	9.7	11.5	15.6	16.6	14.1
	蒲县	18.6	16.1	13.7	16.7	12.7	13.1	16.3	17.9	22	18
	汾西	16.5	14.6	15.3	17	15.3	10	10.7	13.6	19.3	15.7
	洪洞	14.9	12	15	14.6	12.4	11.5	12.5	15.1	20.1	14.9
	临汾	12.3	15	12.6	14.6	11.2	11.1	12	16.2	18.1	12.8
	霍州	13.1	12.3	16	15.3	12.1	9.9	10.6	14.1	16.6	15.9
	古县	15.8	11.7	12.6	17.1	12.6	11.6	13.9	17.2	20	17.5
	安泽	17.5	18.5	13.2	16.9	13.2	11.5	15.2	17.6	21.1	21.2
	乡宁	15.3	13	13	15.4	12.9	11.6	13.3	16.5	20.5	15.4
	曲沃	13.9	15.7	13.8	15.1	13.2	10.3	11.3	16.9	22.8	17.6
	翼城	13.3	13.2	16.4	13.9	12.3	10.8	10.6	16	20.2	13.8
	侯马	13.7	14.3	14.4	17	11	9.9	11	17	17.3	15.3
	浮山	14.7	10.9	14.8	14.4	11.2	12	12.1	16.3	21.9	15.1

市	县	各月最低气温 72 h 最大降温幅度(℃)									
		1 月	2 月	3 月	4 月	5 月	6 月	9 月	10 月	11 月	12 月
运城	稷山	13.4	15	14.5	15	11.1	12.3	12.3	16.2	18.9	14.3
	万荣	16.3	16	14.4	18.7	15.5	13.8	12.6	18.4	19.9	13.7
	河津	13	14.1	11.7	14	10.1	12.6	12	14.8	17.7	11.2
	临猗	12.8	13	13.5	18.5	15.4	13.3	12.7	17.2	16.4	11.7
	运城	14	11.5	15.3	17.3	14.8	14.5	14.2	16.8	20.7	14.2
	新绛	14.7	16.1	13.3	14.8	12.9	11.2	11.5	15.7	22.5	14.8
	绛县	13.9	13.9	14.3	18.1	13.7	12.5	12.9	14.3	20.7	15.5
	闻喜	13.7	13.9	14.1	15.6	15.3	11.8	12.2	17.6	19.1	14
	垣曲	12.7	15.8	15.6	14.6	12.5	10.2	11.3	15.8	15.1	11.9
	永济	13.9	12.4	11	15.8	16	10.5	10.9	16.1	15.8	12.7
	芮城	13.3	12.5	14.2	16.7	16.9	14	13.1	16.1	19.6	17.1
	夏县	16.1	16.4	15.9	16.5	17.1	13.1	16.9	19.7	26.4	14.9
	平陆	11	11	13.9	13.9	12.5	11.7	12.7	14.8	16.8	15.4
长治	武乡	17.1	16	16	15	12.6	10.1	14.3	15	19	20.2
	沁县	16.8	15	15.9	13.8	11.3	9.8	13.5	14.2	17.3	20.1
	长子	16.6	15.9	13.1	12.6	13.8	10.4	14.5	16.1	17.4	17.4
	沁源	18.6	15.6	15	13.9	13.3	10.1	13.1	16.6	18.8	23
	黎城	14.2	13.6	14.9	13.5	11.9	9.9	13.8	14.2	16.3	15.9
	屯留	16	16.3	15.3	14	10.8	8.6	13	14.4	20.9	15.2
	潞城	14.9	14.9	13.9	13.1	12.7	10.1	15.1	15.1	18.2	14.3
	长治	16.7	14.9	15.3	14.1	16.1	10.7	12	15.3	22.4	17.7
	襄垣	15.8	17.5	14	16.1	12.6	10.9	15.8	15.5	21.4	19.4
	壶关	17.7	16.4	15	13.1	12	10.4	13.7	16.2	16.2	17.2
	平顺	14.5	15.9	15.4	13.5	14.2	11.2	12.6	13.1	18.5	16.4
晋城	沁水	14.2	14	13	13.5	10.9	9	11.5	15.2	16.8	11.6
	高平	15.3	16.2	15.4	14.2	13.2	9.8	14.6	15.6	18.8	15.7
	阳城	13.2	11.8	12.7	13.1	10.9	9.3	10.9	15	16.5	12.9
	晋城	12.6	14.9	14.2	13.7	11.8	8.8	10.9	14.7	16.1	12.1
	陵川	15.2	16.6	16.6	12.7	11.2	10.1	11.7	15.2	18.7	13.7

附录 4：突发气象灾害预警信号

一、台风预警信号

台风预警信号分四级，分别以蓝色、黄色、橙色和红色表示。

台风蓝色预警信号含义：24 h 内可能或者已经受热带气旋影响，沿海或者陆地平均风力达 6 级以上，或者阵风 8 级以上并可能持续。

台风黄色预警信号含义：24 h 内可能或者已经受热带气旋影响，沿海或者陆地平均风力达 8 级以上，或者阵风 10 级以上并可能持续。

台风橙色预警信号含义：12 h 内可能或者已经受热带气旋影响，沿海或者陆地平均风力达 10 级以上，或者阵风 12 级以上并可能持续。

台风红色预警信号含义：6 h 内可能或者已经受热带气旋影响，沿海或者陆地平均风力达 12 级以上，或者阵风达 14 级以上并可能持续。

二、暴雨预警信号

暴雨预警信号分四级，分别以蓝色、黄色、橙色、红色表示。

暴雨蓝色预警信号含义：12 h 内降雨量将达 50 mm 以上，或者已达 50 mm 以上且降雨可能持续。

暴雨黄色预警信号含义：6 h 内降雨量将达 50 mm 以上，或者已达 50 mm 以上且降雨可能持续。

暴雨橙色预警信号含义：3 h 内降雨量将达 50 mm 以上，或者已达 50 mm 以上且降雨可能持续。

暴雨红色预警信号含义：3 h 内降雨量将达 100 mm 以上，或者已达 100 mm 以上且降雨可能持续。

三、暴雪预警信号

暴雪预警信号分四级，分别以蓝色、黄色、橙色、红色表示。

暴雪蓝色预警信号含义：12 h 内降雪量将达 4 mm 以上，或者已达 4 mm 以上且降雪持续，可能对交通或者农牧业有影响。

暴雪黄色预警信号含义：12 h 内降雪量将达 6 mm 以上，或者已达 6 mm 以上且降雪持续，可能对交通或者农牧业有影响。

暴雪橙色预警信号含义：6 h 内降雪量将达 10 mm 以上，或者已达 10 mm 以上且降雪持续，可能或者已经对交通或者农牧业有较大影响。

暴雪红色预警信号含义：6 h 内降雪量将达 15 mm 以上，或者已达 15 mm 以上且降雪持续，可能或者已经对交通或者农牧业有较大影响。

四、寒潮预警信号

寒潮预警信号分四级，分别以蓝色、黄色、橙色、红色表示。

寒潮蓝色预警信号含义：48 h 内最低气温将要下降 8℃以上，最低气温小于等于 4℃，陆地平均风力可达 5 级以上；或者已经下降 8℃以上，最低气温小于等于 4℃，平均风力达 5 级以上，并可能持续。

寒潮黄色预警信号含义：24 h 内最低气温将要下降 10℃以上，最低气温小于等于 4℃，陆地平均风力可达 6 级以上；或者已经下降 10℃以上，最低气温小于等于 4℃，平均风力达 6 级以上，并可能持续。

寒潮橙色预警信号含义：24 h 内最低气温将要下降 12℃以上，最低气温小于等于 0℃，陆地平均风力可达 6 级以上；或者已经下降 12℃以上，最低气温小于等于 0℃，平均风力达 6 级以上，并可能持续。

寒潮红色预警信号含义：24 h 内最低气温将要下降 16℃以上，最低气温小于等于 0℃，陆地平均风力可达 6 级以上；或者已经下降 16℃以上，最低气温小于等于 0℃，平均风力达 6 级以上，并可能持续。

五、大风预警信号

大风(除台风外)预警信号分四级,分别以蓝色、黄色、橙色、红色表示。

大风蓝色预警信号含义:24 h 内可能受大风影响,平均风力可达 6 级以上,或者阵风 7 级以上;或者已经受大风影响,平均风力为 6~7 级,或者阵风 7~8 级并可能持续。

大风黄色预警信号含义:12 h 内可能受大风影响,平均风力可达 8 级以上,或者阵风 9 级以上;或者已经受大风影响,平均风力为 8~9 级,或者阵风 9~10 级并可能持续。

大风橙色预警信号含义:6 h 内可能受大风影响,平均风力可达 10 级以上,或者阵风 11 级以上;或者已经受大风影响,平均风力为 10~11 级,或者阵风 11~12 级并可能持续。

大风红色预警信号含义:6 h 内可能受大风影响,平均风力可达 12 级以上,或者阵风 13 级以上;或者已经受大风影响,平均风力为 12 级以上,或者阵风 13 级以上并可能持续。

六、沙尘暴预警信号

沙尘暴预警信号分三级,分别以黄色、橙色、红色表示。

沙尘暴黄色预警信号含义:12 h 内可能出现沙尘暴天气(能见度小于 1000 m),或者已经出现沙尘暴天气并可能持续。

沙尘暴橙色预警信号含义:6 h 内可能出现强沙尘暴天气(能见度小于 500 m),或者已经出现强沙尘暴天气并可能持续。

沙尘暴红色预警信号含义:6 h 内可能出现特强沙尘暴天气(能见度小于 50 m),或者已经出现特强沙尘暴天气并可能持续。

七、高温预警信号

高温预警信号分三级,分别以黄色、橙色、红色表示。

高温黄色预警信号含义:连续三天日最高气温将在 35℃以上。

高温橙色预警信号含义:24 h 内最高气温将升至 37℃以上。

高温红色预警信号含义:24 h 内最高气温将升至 40℃以上。

八、干旱预警信号

干旱预警信号分二级,分别以橙色、红色表示。干旱指标等级划分,以国家标准《气象干旱等级》(GB/T20481—2006)中的综合气象干旱指数为标准。

干旱橙色预警信号含义:预计未来一周综合气象干旱指数达到重旱(气象干旱为 25～50 年一遇),或者某一县(区)有 40％以上的农作物受旱。

干旱红色预警信号含义:预计未来一周综合气象干旱指数达到特旱(气象干旱为 50 年以上一遇),或者某一县(区)有 60％以上的农作物受旱。

九、雷电预警信号

雷电预警信号分三级,分别以黄色、橙色、红色表示。

雷电黄色预警信号含义:6 h 内可能发生雷电活动,可能会造成雷电灾害事故。

雷电橙色预警信号含义:2 h 内发生雷电活动的可能性很大,或者已经受雷电活动影响,且可能持续,出现雷电灾害事故的可能性比较大。

雷电红色预警信号含义:2 h 内发生雷电活动的可能性非常大,或者已经有强烈的雷电活动发生,且可能持续,出现雷电灾害事故的可能性非常大。

十、冰雹预警信号

冰雹预警信号分二级,分别以橙色、红色表示。

冰雹橙色预警信号含义:6 h内可能出现冰雹天气,并可能造成雹灾。

冰雹红色预警信号含义:2 h内出现冰雹可能性极大,并可能造成重雹灾。

十一、霜冻预警信号

霜冻预警信号分三级,分别以蓝色、黄色、橙色表示。

霜冻蓝色预警信号含义:48 h内地面最低温度将要下降到 0℃以下,对农业将产生影响,或者已经降到 0℃以下,对农业已经产生影响,并可能持续。

霜冻黄色预警信号含义:24 h内地面最低温度将要下降到零下 3℃以下,对农业将产生严重影响,或者已经降到零下 3℃以下,对农业已经产生严重影响,并可能持续。

霜冻橙色预警信号含义:24 h内地面最低温度将要下降到零下 5℃以下,对农业将产生严重影响,或者已经降到零下 5℃以下,对农业已经产生严重影响,并将持续。

十二、大雾预警信号

大雾预警信号分三级,分别以黄色、橙色、红色表示。

大雾黄色预警信号含义:12 h内可能出现能见度小于 500 m的雾,或者已经出现能见度小于 500 m、大于等于 200 m的雾并将持续。

大雾橙色预警信号含义:6 h内可能出现能见度小于 200 m的雾,或者已经出现能见度小于 200 m、大于等于 50 m的雾并将持续。

大雾红色预警信号含义:2 h内可能出现能见度小于 50 m的雾,或者已经出现能见度小于 50 m的雾并将持续。

十三、霾预警信号

霾预警信号分三级,分别以黄色、橙色和红色表示。

霾黄色预警信号的含义:未来 24 h 内可能出现下列条件之一并将持续或实况已达到下列条件之一并可能持续:(1)能见度小于 3000 m 且相对湿度小于 80% 的霾;(2)能见度小于 3000 m 且相对湿度大于等于 80%,PM$_{2.5}$ 浓度大于 115 μg·m^{-3} 且小于等于 150 μg·m^{-3};(3)能见度小于 5000 m,PM$_{2.5}$ 浓度大于 150 μg·m^{-3} 且小于等于 250 μg·m^{-3}。

霾橙色预警信号的含义:未来 24 h 内可能出现下列条件之一并将持续或实况已达到下列条件之一并可能持续:(1)能见度小于 2000 m 且相对湿度小于 80% 的霾;(2)能见度小于 2000 m 且相对湿度大于等于 80%,PM$_{2.5}$ 浓度大于 150 μg·m^{-3} 且小于等于 250 μg·m^{-3};(3)能见度小于 5000 m,PM$_{2.5}$ 浓度大于 250 μg·m^{-3} 且小于等于 500 μg·m^{-3}。

霾红色预警信号的含义:未来 24 h 内可能出现下列条件之一并将持续或实况已达到下列条件之一并可能持续:(1)能见度小于 1000 m 且相对湿度小于 80% 的霾;(2)能见度小于 1000 m 且相对湿度大于等于 80%,PM$_{2.5}$ 浓度大于 250 μg·m^{-3} 且小于等于 500 μg·m^{-3};(3)能见度小于 5000 m,PM$_{2.5}$ 浓度大于 500 μg·m^{-3}。

十四、道路结冰预警信号

道路结冰预警信号分三级,分别以黄色、橙色、红色表示。

道路结冰黄色预警信号含义:当路表温度低于 0℃,出现降水,12 h 内可能出现对交通有影响的道路结冰。

道路结冰橙色预警信号含义:当路表温度低于 0℃,出现降水,6 h 内可能出现对交通有较大影响的道路结冰。

道路结冰红色预警信号含义:当路表温度低于 0℃,出现降水,2 h 内可能出现或者已经出现对交通有很大影响的道路结冰。

附录 5:城市环境预报规定

1. 环境空气质量标准(2012 版)

1.1　适用范围

　　本标准规定了环境空气功能区分类、标准分级、污染物项目、平均时间及浓度限值、监测方法、数据统计的有效性规定及实施与监督等内容。

　　本标准适用于环境空气质量评价与管理。

1.2　规范性引用文件

　　本标准引用下列文件或其中的条款。凡是不注明日期的引用文件,其最新版本适用于本标准。

GB 8971　空气质量　飘尘中苯并[a]芘的测定　乙酰化滤纸层析荧光分光光度法

GB 9801　空气质量　一氧化碳的测定　非分散红外法

GB/T 15264　环境空气　铅的测定　火焰原子吸收分光光度法

GB/T 15432　环境空气　总悬浮颗粒物的测定　重量法

GB/T 15439　环境空气　苯并[a]芘的测定　高效液相色谱法

HJ 479　环境空气　氮氧化物(一氧化氮和二氧化氮)的测定　盐酸萘乙二胺分光光度法

HJ 482　环境空气　二氧化硫的测定　甲醛吸收—副玫瑰苯胺分光光度法

HJ 483　环境空气　二氧化硫的测定　四氯汞盐吸收—副玫瑰苯胺分光光度法

HJ 504　环境空气　臭氧的测定　靛蓝二磺酸钠分光光度法

HJ 539　环境空气　铅的测定　石墨炉原子吸收分光光度法(暂行)

HJ 590　环境空气　臭氧的测定　紫外光度法

HJ 618　环境空气　PM_{10} 和 $PM_{2.5}$ 的测定　重量法

HJ 630　环境监测质量管理技术导则

HJ/T 193　环境空气质量自动监测技术规范

HJ/T 194　环境空气质量手工监测技术规范

《环境空气质量监测规范(试行)》(国家环境保护总局公告　2007 年第 4 号)

《关于推进大气污染联防联控工作改善区域空气质量的指导意见》(国办发[2010]33 号)

1.3　术语和定义

　　下列术语和定义适用于本标准。

1.3.1　环境空气 ambient air

指人群、植物、动物和建筑物所暴露的室外空气。

1.3.2　总悬浮颗粒物 total suspended particle (TSP)

指环境空气中空气动力学当量直径小于等于 100 μm 的颗粒物。

1.3.3　颗粒物（粒径小于等于 10 μm）particulate matter(PM_{10})

指环境空气中空气动力学当量直径小于等于 10 μm 的颗粒物，也称可吸入颗粒物。

1.3.4　颗粒物（粒径小于等于 2.5 μm）particulate matter($PM_{2.5}$)

指环境空气中空气动力学当量直径小于等于 2.5 μm 的颗粒物，也称细颗粒物。

1.3.5　铅 lead

指存在于总悬浮颗粒物中的铅及其化合物。

1.3.6　苯并[a]芘 benzo[a]pyrene(BaP)

指存在于颗粒物（粒径小于等于 10 μm）中的苯并[a]芘。

1.3.7　氟化物 fluoride

指以气态和颗粒态形式存在的无机氟化物。

1.3.8　1 h 平均 1-hour average

指任何 1 h 污染物浓度的算术平均值。

1.3.9　8 h 平均 8-hour average

指连续 8 h 平均浓度的算术平均值，也称 8 h 滑动平均。

1.3.10　24 h 平均 24-hour average

指一个自然日 24 h 平均浓度的算术平均值，也称为日平均。

1.3.11　月平均 monthly average

指一个日历月内各日平均浓度的算术平均值。

1.3.12　季平均 quarterly average

指一个日历季内各日平均浓度的算术平均值。

1.3.13　年平均 annual mean

指一个日历年内各日平均浓度的算术平均值。

1.3.14　标准状态 standard state

指温度为 273 K，气压为 101.325 kPa 时的状态。本标准中的污染物浓度均为标准状态下的浓度。

1.4　环境空气功能区分类和质量要求

1.4.1　环境空气功能区分类

环境空气功能区分为二类：一类区为自然保护区、风景名胜区和其他需要特殊保护的区域；二类区为居住区、商业交通居民混合区、文化区、工业区和农村地区。

1.4.2　环境空气功能区质量要求

一类区适用一级浓度限值，二类区适用二级浓度限值。一、二类环境空气功能区质量要求见表1和表2。

表1　环境空气污染物基本项目浓度限值

序号	污染物项目	平均时间	浓度限值		单位
			一级	二级	
1	二氧化硫(SO_2)	年平均	20	60	$\mu g/m^3$
		24 h平均	50	150	
		1 h平均	150	500	
2	二氧化氮(NO_2)	年平均	40	40	
		24 h平均	80	80	
		1 h平均	200	200	
3	一氧化碳(CO)	24 h平均	4	4	mg/m^3
		1 h平均	10	10	
4	臭氧(O_3)	日最大8 h平均	100	160	$\mu g/m^3$
		1 h平均	160	200	
5	颗粒物(粒径小于等于10 μm)	年平均	40	70	
		24 h平均	50	150	
6	颗粒物(粒径小于等于2.5 μm)	年平均	15	35	
		24 h平均	35	75	

表2　环境空气污染物其他项目浓度限值

序号	污染物项目	平均时间	浓度限值		单位
			一级	二级	
1	总悬浮颗粒物(TSP)	年平均	80	200	$\mu g/m^3$
		24 h平均	120	300	
2	氮氧化物(NOx)	年平均	50	50	
		24 h平均	100	100	
		1 h平均	250	250	
3	铅(Pb)	年平均	0.5	0.5	
		季平均	1	1	
4	苯并[a]芘(BaP)	年平均	0.001	0.001	
		24 h平均	0.0025	0.0025	

　　1.4.3　本标准自2016年1月1日起在全国实施。基本项目(表1)在全国范围内实施;其他项目(表2)由国务院环境保护行政主管部门或者省级人民政府根据实际情况,确定具体实施方式。

　　1.4.4　在全国实施本标准之前,国务院环境保护行政主管部门可根据《关于推进大气污染联防联控工作改善区域空气质量的指导息见》等文件要求指定部分地区提前实施本标准,具体实施方案(包括地域范围、时间等)另行公告;各省级人民政府也可根据实际情祝和当地环境保护的需要提前实施本标准。

1.5　监测

　　环境空气质量监测工作应按照《环境空气质量监测规范(试行)》等规范性文件的要求进行。

1.5.1　监测点位布设

表 1 和表 2 中环境空气污染物监测点位的设置，应按照《环境空气质量监测规范（试行）》中的要求执行。

1.5.2　样品采集

环境空气质量监测中的采样环境、采样高度及采样频率等要求，按 HJ/T 193 或 HJ/T 194 的要求执行。

1.5.3　分析方法

应按表 3 的要求，采用相应的方法分析各项污染物的浓度。

表 3　各项污染物分析方法

序号	污染物项目	手工分析方法		自动分析方法
		分析方法	标注编号	
1	二氧化硫（SO₂）	环境空气　二氧化硫的测定　甲醛吸收—副玫瑰苯胺分光光度法	HJ 482	紫外荧光法、差分吸收光谱分析法
		环境空气　二氧化硫的测定　四氯汞盐吸收—副玫瑰苯胺分光光度法	HJ 483	
2	二氧化氮（NO₂）	环境空气　氮氧化物（一氧化氮和二氧化氮）的测定　盐酸萘乙二胺分光光度法	HJ 479	化学发光法、差分吸收光谱分析法
3	一氧化碳（CO）	空气质量　一氧化碳的测定　非分散红外法	GB 9801	气体滤波相关红外吸收法、非分散红外吸收法
4	臭氧（O₃）	环境空气　臭氧的测定　靛蓝二磺酸钠分光光度法	HJ 504	紫外荧光法、差分吸收光谱分析法
		环境空气　臭氧的测定　紫外光度法	HJ 590	
5	颗粒物（粒径小于等于 10 μm）	环境空气　PM₁₀和PM₂.₅的测定　重量法	HJ 618	微量振荡天平法、β 射线法
6	颗粒物（粒径小于等于 2.5 μm）	环境空气　PM₁₀和PM₂.₅的测定　重量法	HJ 618	微量振荡天平法、β 射线法
7	总悬浮颗粒物（TSP）	环境空气　总悬浮颗粒物的测定　重量法	GB/T 15432	——
8	氮氧化物（NOₓ）	环境空气　氮氧化物（一氧化氮和二氧化氮）的测定　盐酸萘乙二胺分光光度法	HJ 479	化学发光法、差分吸收光谱分析法
9	铅（Pb）	环境空气　铅的测定　石墨炉原子吸收分光光度法（暂行）	HJ 539	——
		环境空气　铅的测定　火焰原子吸收分光光度法	GB/T 15264	——
10	苯并[a]芘（BaP）	空气质量　飘尘中苯并[a]芘的测定　乙酰化滤纸层析荧光分光光度法	GB 8971	——
		环境空气　苯并[a]芘的测定　高效液相色谱法	GB/T 15439	——

1.6　数据统计的有效性规定

1.6.1　应采取措施保证监测数据的准确性、连续性和完整性，确保全面、客观地反映监测结果。所有有效数据均应参加统计和评价,不得选择性地舍弃不利数据以及人为干预监测和评价结果。

　　1.6.2　采用自动监测设备监测时,监测仪器应全年365 d(闰年366 d)连续运行。在监测仪器校准、停电和设备故障,以及其他不可抗拒的因素导致不能获得连续监测数据时,应采取有效措施及时恢复。

　　1.6.3　异常值的判断和处理应符合 HJ 630 的规定。对于监测过程中缺失和删除的数据均应说明原因,并保留详细的原始数据记录,以备数据审核。

　　1.6.4　任何情况下,有效的污染物浓度数据均应符合表4中的最低要求,否则应视为无效数据。

表 4　污染物浓度数据有效性的最低要求

污染物项目	平均时间	数据有效性规定
二氧化硫(SO_2)、二氧化氮(NO_2)、颗粒物(粒径小于等于 10 μm)、颗粒物(粒径小于等于 2.5 μm)、氮氧化物(NO_x)	年平均	每年至少有 324 个日平均浓度值 每月至少有 27 个日平均浓度值(二月至少有 25 个日平均浓度值)
二氧化硫(SO_2)、二氧化氮(NO_2)、一氧化碳(CO)、颗粒物(粒径小于等于 10 μm)、颗粒物(粒径小于等于 2.5 μm)、氮氧化物(NO_x)	24 h 平均	每日至少有 20 个小时平均浓度值或采样时间
臭氧(O_3)	8 h 平均	每 8 h 至少有 6 h 平均浓度值
二氧化硫(SO_2)、二氧化氮(NO_2)、一氧化碳(CO)、臭氧(O_3)、氮氧化物(NO_x)	1 h 平均	每小时至少有 45 min 的采样时间
总悬浮颗粒物(TSP)、苯并[a]芘(BaP)、铅(Pb)	年平均	每年至少有分布均匀的 60 个日平均浓度值 每月至少有分布均匀的 5 个日平均浓度值
铅(Pb)	季平均	每季至少有分布均匀的 15 个日平均浓度值 每月至少有分布均匀的 5 个日平均浓度值
总悬浮颗粒物(TSP)、苯并[a]芘(BaP)、铅(Pb)	24 h 平均	每日应有 24 h 采样时间

1.7　实施与监督

　　1.7.1　本标准由各级环境保护行政主管部门负责监督实施。

　　1.7.2　各类环境空气功能区的范围由县级以上(含县级)人民政府环境保护行政主管部门划分,报本级人民政府批准实施。

　　1.7.3　按照《中华人民共和国大气污染防治法》的规定,未达到本标准的大气污染防治重点城市,应当按照国务院或者国务院环境保护行政主管部门规定的期限,达到本标准。该城市人民政府应当制定限期达标规划,并可以根据国务院的授权或者规定,采取更严格的措施,按期实现达标规划。

附录 A(资料性附录)

环境空气中镉、汞、砷、六价铬和氟化物参考浓度限值

污染物限值

各省级人民政府可根据当地环境保护的需要,针对环境污染的特点,对本标准中未规定的污染物项目制定并实施地方环境空气质量标准。以下为环境空气中部分污染物参考浓度限值。

表 A.1　环境空气中镉、汞、砷、六价铬和氟化物参考浓度限值

序号	污染物项目	平均时间	浓度(通量)限值		单位
			一级	二级	
1	镉(Cd)	年平均	0.005	0.005	μg/m³
2	汞(Hg)	年平均	0.05	0.05	
3	砷(As)	年平均	0.006	0.006	
4	六价铬(Cr(Ⅵ))	年平均	0.000025	0.000025	
5	氟化物(F)	1 h 平均	20①	20①	μg/(dm²·d)
		24 h 平均	7①	7①	
		月平均	1.8②	3.0③	
		植物生长季平均	1.2②	2.0③	

注:①适用于城市地区;②适用于牧业区和以牧业为主的半农半牧区,蚕桑区;③适用于农业和林业区。

2　环境空气质量指数(AQI)技术规定(2012 版)

2.1　适用范围

本标准规定了环境空气质量指数的分级方案、计算方法和环境空气质量级别与类别,以及空气质量指数日报和实时报的发布内容、发布格式和其他相关要求。

本标准适用于环境空气质量指数日报、实时报和预报工作,用于向公众提供健康指引。

2.2　规范性引用文件

本标准引用下列文件或其中的条款。凡是不注明日期的引用文件,其最新版本适用于本标准。

GB 3095　环境空气质量标准

HJ/T 193　环境空气质量自动监测技术规范

《环境空气质量监测规范(试行)》(国家环境保护总局公告　2007 年第 4 号)

2.3　术语和定义

下列术语和定义适用于本标准。

2.3.1 空气质量指数 air quality index（AQI）

定量描述空气质量状况的无量纲指数。

2.3.2 空气质量分指数 individual air quality index（IAQI）

单项污染物的空气质量指数。

2.3.3 首要污染物 primary pollutant

AQI 大于 50 时 IAQI 最大的空气污染物。

2.3.4 超标污染物 non-attainment pollutant

浓度超过国家环境空气质量二级标准的污染物，即 IAQI 大于 100 的污染物。

2.4 空气质量指数计算方法

2.4.1 空气质量分指数分级方案

空气质量分指数级别及对应的污染物项目浓度限值见表 1

表 1 空气质量分指数及对应的污染物项目浓度限值

空气质量分指数（IAQI）	污染物项目浓度限值									
	二氧化硫（SO_2）24 小时平均/（$\mu g/m^3$）	二氧化硫（SO_2）1 小时平均/（$\mu g/m^3$）[1]	二氧化氮（NO_2）24 小时平均/（$\mu g/m^3$）	二氧化氮（NO_2）1 小时平均/（$\mu g/m^3$）[1]	颗粒物（粒径小于等于 10 μm）24 小时平均/（$\mu g/m^3$）	一氧化碳（CO）24 小时平均/（$\mu g/m^3$）	一氧化碳（CO）1 小时平均/（$\mu g/m^3$）[1]	臭氧（O_3）1 h 平均/（$\mu g/m^3$）	臭氧（O_3）8 h 滑动平均/（$\mu g/m^3$）	颗粒物（粒径小于等于 2.5 μm）24 小时平均/（$\mu g/m^3$）
0	0	0	0	0	0	0	0	0	0	0
50	50	150	40	100	50	2	5	160	100	35
100	150	500	80	200	150	4	10	200	160	75
150	475	650	180	700	250	14	35	300	215	115
200	800	800	280	1200	350	24	60	400	265	150
300	1600	[2]	565	2340	420	36	90	800	800	250
400	2100	[2]	750	3090	500	48	120	1000	[3]	350
500	2620	[2]	940	3840	600	60	150	1200	[3]	500
说明：	（1）二氧化硫（SO_2）、二氧化氮（NO_2）和一氧化碳（CO）的 1 h 平均浓度限值仅用于实时报，在日报中需使用相应污染物的 24 h 平均浓度值。 （2）二氧化硫（SO_2）1 h 平均浓度值高于 800 $\mu g/m^3$ 的，不再进行其空气质量分指数计算，二氧化硫（SO_2）空气质量分指数按 24 h 平均浓度计算的分指数报告。 （3）臭氧（O_3）8 h 平均浓度值高于 800 $\mu g/m^3$ 的，不再进行其空气质量分指数计算，臭氧（O_3）空气质量分指数按 1 h 平均浓度计算的分指数报告。									

2.4.2 空气质量分指数计算方法

污染物项目 P 的空气质量分指数按式（1）计算：

$$IAQI_P = \frac{IAQI_{Hi} - IAQI_{Lo}}{BP_{Hi} - BP_{Lo}}(C_P - BP_{Lo}) + IAQI_{Lo} \tag{1}$$

式中:$IAQI_P$——污染物项目 P 的空气质量分指数;

C_P——污染物项目 P 的质量浓度值;

BP_{Hi}——表 1 中与 C_P 相近的污染物浓度限值的高位值;

BP_{Lo}——表 1 中与 C_P 相近的污染物浓度限值的低位值;

$IAQI_{Hi}$——表 1 中与 BP_{Hi} 对应的空气质量分指数;

$IAQI_{Lo}$——表 1 中与 BP_{Lo} 对应的空气质量分指数。

2.4.3　空气质量指数级别

空气质量指数级别根据表 2 规定进行划分。

表 2　空气质量指数及相关信息

空气质量指数	空气质量指数级别	空气质量指数类别及表示颜色		对健康影响情况	建议采取的措施
0~50	一级	优	绿色	空气质量令人满意,基本无空气污染	各类人群可正常活动
51~100	二级	良	黄色	空气质量可接受,但某些污染物可能对极少数异常敏感人群健康有较弱影响	极少数异常敏感人群应减少户外活动
101~150	三级	轻度污染	橙色	易感人群症状有轻度加剧,健康人群出现刺激症状	儿童、老年人及心脏病、呼吸系统疾病患者应减少长时间、高强度的户外锻炼
151~200	四级	中度污染	红色	进一步加剧易感人群症状,可能对健康人群心脏、呼吸系统有影响	儿童、老年人及心脏病、呼吸系统疾病患者避免长时间、高强度的户外锻炼,一般人群适量减少户外运动
201~300	五级	重度污染	紫色	心脏病和肺病患者症状显著加剧,运动耐受力降低,健康人群普遍出现症状	儿童、老年人和心脏病、肺病患者应停留在室内,停止户外运动,一般人群减少户外运动
>300	六级	严重污染	褐红色	健康人群运动耐受力降低,有明显强烈症状,提前出现某些疾病	儿童、老年人和病人应当留在室内,避免体力消耗,一般人群应避免户外运动

2.4.4　空气质量指数及首要污染物的确定方法

2.4.4.1　空气质量指数计算方法

空气质量指数按式(2)计算:

$$AQI = max\{IAQI_1, IAQI_2, IAQI_3, \cdots, IAQI_n\} \quad (2)$$

式中:$IAQI$——空气质量分指数;

n——污染物项目。

2.4.4.2　首要污染物及超标污染物的确定方法

AQI 大于 50 时,$IAQI$ 最大的污染物为首要污染物。若 $IAQI$ 最大的污染物为两项或两项以上时,并列为首要污染物。

$IAQI$ 大于 100 的污染物为超标污染物。

2.5　日报和实时报的发布

2.5.1　发布内容

2.5.1.1　空气质量监测点位日报和实时报的发布内容包括评价时段、监测点位置、各污染物的浓度及空气质量分指数、空气质量指数、首要污染物及空气质量级别,报告时说明监测指标和缺项指标。日报和实时报由地级以上(含地级)环境保护行政主管部门或其授权的环境监测站发布。

2.5.1.2　日报时间周期为 24 h,时段为当日零点前 24 h。日报的指标包括二氧化硫(SO_2)、二氧化氮(NO_2)、颗粒物(粒径小于等于 10 μm)、颗粒物(粒径小于等于 2.5 μm)、一氧化碳(CO)的 24 h 平均,以及臭氧(O_3)的日最大 1 h 平均、臭氧(O_3)的日最大 8 h 滑动平均,共计 7 个指标。

2.5.1.3　实时报时间周期为 1 h,每一整点时刻后即可发布各监测点位的实时报,滞后时间不应超过 1 h。实时报的指标包括二氧化硫(SO_2)、二氧化氮(NO_2)、臭氧(O_3)、一氧化碳(CO)、颗粒物(粒径小于等于 10 μm)和颗粒物(粒径小于等于 2.5 μm)的 1 h 平均,以及臭氧(O_3)8 h 滑动平均和颗粒物(粒径小于等于 10 μm)和颗粒物(粒径小于等于2.5 μm)的 24 h 滑动平均,共计 9 个指标。

2.5.1.4　计算每个监测点位的空气质量指数时,各项污染物空气质量分指数和空气质量指数使用该点位的各项污染物浓度、表 1 中浓度限值、式(1)和式(2)进行计算。

2.5.1.5　日报和实时报数据由空气质量指数日报软件系统进行初步审核,实时报及日报数据仅为当天参考值,应在次月上旬将上月数据根据完整的审核程序进行修订和确认。

2.5.2　发布数据的格式

2.5.2.1　空气质量指数日报数据格式应符合表 3 的要求。

2.5.2.2　空气质量指数实时报数据格式应符合表 4 的要求。

2.6　其他要求

2.6.1　环境空气质量监测和评价工作涉及的监测点位布设与调整、监测频次的设定、监测数据的统计与处理等按《环境空气质量监测规范(试行)》和 HJ/T 193 等相关标准和其他规范性文件的要求执行。

2.6.2　环境空气质量指数及空气质量分指数的计算结果应全部进位取整数,不保留小数。

2.6.3　本标准与 GB 3095—2012 同步使用。

2.6.4　评价环境空气质量达标状况时,应依据 GB 3095 中的规定进行。

表 3　空气质量指数日报数据格式

时间：20□□年□□月□□日

地市名称	监测点位名称	污染物浓度及空气质量分指数（IAQI）												空气质量指数（AQI）	首要污染物	空气质量指数级别	空气质量指数类别	
		二氧化硫（SO₂）24小时平均		二氧化氮（NO₂）24小时平均		颗粒物（粒径小于等于10μm）24小时平均		一氧化碳（CO）24小时平均		臭氧（O₃）最大8小时滑动平均		颗粒物（粒径小于等于2.5μm）24小时平均				级别	类别	颜色
		浓度/（μg/m³）	分指数	浓度/（μg/m³）	分指数	浓度/（μg/m³）	分指数	浓度/（μg/m³）	分指数	浓度/（μg/m³）	分指数	浓度/（μg/m³）	分指数					

注：缺测指标的浓度及分指数均使用 NA 标识。

表 4　空气质量指数实时报数据格式

时间：20□□年□□月□□日

地市名称	监测点位名称	污染物浓度及空气质量分指数（IAQI）																空气质量指数（AQI）	首要污染物	空气质量指数级别	空气质量类别	
		二氧化硫（SO₂）1小时平均		二氧化氮（NO₂）1小时平均		颗粒物（粒径小于等于10μm）1小时平均		颗粒物（粒径小于等于10μm）24小时滑动平均		一氧化碳（CO）1小时平均		臭氧（O₃）最大1小时平均		臭氧（O₃）最大8小时滑动平均		颗粒物（粒径小于等于2.5μm）1小时平均		颗粒物（粒径小于等于2.5μm）24小时滑动平均				级别	类别	颜色
		浓度/（μg/m³）	分指数	浓度/（μg/m³）	分指数	浓度/（μg/m³）	分指数	浓度/（μg/m³）	分指数	浓度/（μg/m³）	分指数	浓度/（μg/m³）	分指数	浓度/（μg/m³）	分指数	浓度/（μg/m³）	分指数	浓度/（μg/m³）	分指数					

注：缺测指标的浓度及分指数均使用 NA 标识。

附录 A（规范性附录）

空气质量指数类别的表示颜色

空气质量指数类别的表示颜色应符合表 A.1 中的规定

表 A.1　空气质量指数类别的表示颜色的 RGB 及 CMYK 配色方案

颜色	R	G	B	C	M	Y	K
绿	0	228	0	40	0	100	0
黄	255	255	0	0	0	100	0
橙	255	126	0	0	52	100	0
红	255	0	0	0	100	100	0
紫	153	0	76	10	100	40	30
褐红	126	0	35	30	100	100	30

注：RGB 为电脑屏幕显示色彩，CMYK 为印刷色彩模式。

3. 城市空气质量预报检验评估和考核办法

一、目的

为进一步规范城市空气质量预报业务服务工作，提高重点城市空气质量预报水平，更好地满足气象服务需要，制定本办法。

二、考核对象

本考核办法负责考核和管理中央气象台和全国 31 个省会城市每日 20 时起报的 24 h 空气质量预报，包含 AQI 等级、指数和首要污染物等。

三、考核内容、标准及方法

气象部门各省会城市空气质量预报检验考核内容分空气质量指数（AQI）等级考核和首要污染物考核两种。检验时段为每日 20 时起报的 24 hAQI 等级和首要污染物预报。AQI 的定义、计算方法和级别划分依据《环境空气质量指数（AQI）技术规定（试行）》（HJ 633—2012）（附件）。

各省会城市 AQI 逐小时实况以环保部全国城市空气质量实时发布（http://113.108.142.147:20035/emcpublish/）显示的各省会城市所有国控站 AQI 的平均值作为该城市 AQI 实况。首要污染物判定为各省会城市所有国控站观测首要污染物中出现站点最多的污染物，若有两个或多个污染物为相等数量国控站观测的首要污染物，那么这些污染物并列为该城市的首要污染物。20—20 时检验时段的 AQI 等级实况参照国标的日值计算方法，先计算该时段污染物（平均）浓度及空气质量分指数（IAQI），最后计算 AQI 数值。

（一）资料传输时效评分(S1)

按照《国家级空气质量预报业务暂行规范》,国家气象信息中心负责每日 14:50 前向省级气象部门下发国家气象中心制作的各省会城市首要污染物预报和 AQI 指数预报指导产品;各省会城市气象台(站)在与环境监测站完成本市空气质量预报会商后,应于 16:40 时之前将预报传送至中央气象台。

各省会城市空气质量预报结果必须按规定的格式、传输方式传送至中央气象台。具体分为:在规定时间前上传为准时,否则为迟报,迟报 30 min 以上为缺报,以及完全缺报。资料传输时效评分按 100 分计。资料传输时效评分采取扣分方法,即迟报 1~10 min 扣 30 分,迟报 11~20 min 扣 50 分,迟报 21~30 min 扣 70 分,迟报 30 min 以上扣 90 分,完全缺报不得分。传输时间以中央气象台主站服务器时间为准。

（二）空气质量预报精确度评分(S2)

空气质量预报精确度评分按以下统计模型进行评定:

$$S2 = 0.1f1 + 0.4f2 + 0.1f3 + 0.2f4 + 0.2f5$$

其中:S2 为预报精确度评分(取 1 位小数),$f1$ 为预报首要污染物正确性评分,$f2$ 为 AQI 预报级别正确性评分,$f3$ 为首要污染物预报技巧评分,$f4$ 为 AQI 预报技巧评分,$f5$ 为 AQI 预报数值误差评分。

1)首要污染物正确性评分(f1)

若预报的首要污染物与实况一致,则判定为首要污染物预报正确,否则为错误。首要污染物预报正确性评分按 100 分计算,首要污染物预报正确得 100 分,错误得 0 分。

若有两种或多种污染物并列为首要污染物,预报出其中一种即判定为首要污染物预报正确。

2)AQI 预报级别正确性评分(f2)

每日 AQI 级别正确性按下表评分:

实况级别 \ 预报级别	一级	二级	三级	四级	五级	六级
一级	100	50	25	0	0	0
二级	50	100	50	25	0	0
三级	25	50	100	50	25	0
四级	0	25	50	100	50	25
五级	0	0	25	50	100	50
六级	0	0	0	25	50	100

3)首要污染物预报技巧评分(f3)

每日首要污染物预报技巧评分(f3)按下表计算:

各省会预报 \ 国家气象中心指导预报	正确	错误
正确	0	100
错误	−100	0

4)AQI 等级预报技巧评分(f4)

AQI 等级预报技巧评分定义为省级预报相对指导预报的准确率提高程度,当 AQI 预报与实况等级完全一致时为正确预报。

$$f4 = (省级\ AQI\ 等级预报准确率 - 指导报准确率) \times 100$$

5)AQI 预报数值误差评分(f5)

AQI 预报数值误差评分(f5)按下表计算:

预报值与实况误差	0—25	26—50	51—100	101—150	151—500
评分	100	80	60	30	0

（三）逐日空气质量预报考核评分

逐日空气质量预报考核评分按下式计算:

$$R = 0.2\ S1 + 0.8\ S2$$

式中:R 为逐日空气质量预报质量评分(取 1 位小数)。S1 为资料传输时效评分,S2 为空气质量预报精确度评分。

（四）特殊考核

特殊考核衡量各城市空气质量预报对于高浓度污染(AQI 五、六级)的预报能力,参照降水 TS 评分计算方法,暂不记入总考核评分。

例如 5 级 AQI 的预报 TS 评分公式:

$$TS = AC/(AF + AO - AC)$$

AC 为评分时段内预报正确(即 AQI 预报与实况均为 5 级)的天数,AF 为评分时段内 AQI 预报为 5 级的总天数,AO 为实际出现 5 级 AQI 的天数。若 $AF + AO - AC = 0$,则 $T = 0$。

（五）空气质量预报月、季评分

各省会城市空气质量月、季评分由逐日预报质量评分求平均计算得出。

（六）评分结果表现形式

以数据文档或图表形式展示各省会城市 AQI 等级预报技巧评分结果,每月 10 日前通报上月评分结果。

4. 常用生活气象指数产品暂行技术规范

一、适用范围

本规范适用于全国气象部门制作、发布舒适度指数、晨练指数、紫外线指数、穿衣指数、感冒指数、旅游指数、洗车指数、晾晒指数等 8 种常用生活气象指数产品的业务工作。

二、产品内涵

8 种指数预报产品是以气象部门常规天气预报和精细化预报数据为基础,根据气象因子(如温、湿、风、降水、云量、能见度、紫外线、日照、辐射等)与不同指数的关联程度,应用回归方程、多级判别法或模糊综合判别法建立的指数预报模型，依据专家打分法和经验法划分等级指标标准，制定指数等级及其相应的提示用语（级别内涵）。

三、产品发布要求

表 1　生活气象指数产品发布要求

产品内容	时间时效	发布地区	预报时效	发布频次
8 种生活气象指数	24 h	全国省会城市及有条件的地级市	48 h	每 24 h 至少 1 次

四、产品表现形式

指数预报产品以文本格式数据和图形两种形式表现，文本格式数据用于国家级、区域中心、省级气象部门之间数据的上传下发；图形产品由国家级和省级气象部门根据面向网站、手机、电视等不同媒体的传播风格实际自行设计符号图标，不同指数等级按照统一规范应用不同颜色级别来表征，其中在电视上发布的指数图标颜色可根据节目制作需要按照气象行业标准《气象服务图形产品色域》（QX/T 180—2013）中规定的总色域进行适当调整。

五、指数分级标准

表 2—表 9 规定了 8 种常用生活气象指数的分级标准、各级别内涵、色标和级别排列顺序。指数级别排列顺序以一级为最优、天气情况最适宜依次排列的规则进行排序。各指数等级色标从低级到高级依次由冷色逐渐转为暖色，基础色分别为蓝色、绿色、黄色、橙色、红色。各指数具体分级规范如下：

（一）舒适度指数

舒适度指数划分为四级标准。级别内涵对应人体感觉天气舒适程度，由一级至四级舒适度依次下降。

表 2　舒适度指数四等级内涵

指数等级	级别内涵	颜色标识（RGB颜色代码）
一级	舒适	R:20　G:172　B:228
二级	较舒适	R:100　G:186　B:48
三级	不舒适	R:236　G:251　B:4
四级	非常不舒适	R:207　G:1　B:25

（二）晨练指数

晨练指数划分为四级标准[①]。级别内涵对应适宜晨练程度，由一级至四级适宜晨练程度依次降低。

表 3　晨练指数四等级内涵

指数等级	级别内涵	颜色标识（RGB 颜色代码）
一级	适宜晨练	R:20　G:172　B:228
二级	较适宜晨练	R:100　G:186　B:48
三级	不太适宜晨练	R:236　G:251　B:4
四级	不适宜晨练	R:207　G:1　B:25

（三）紫外线指数

紫外线指数划分为 5 级标准[②]。级别内涵对应紫外线照射强度，由一级至五级紫外线强度依次增强。

表 4　紫外线指数五等级内涵

指数等级	级别内涵	颜色标识（RGB 颜色代码）
一级	紫外线强度最弱	R:20　G:172　B:228
二级	紫外线强度弱	R:100　G:186　B:48
三级	紫外线强度中等	R:236　G:251　B:4
四级	紫外线强度强	R:248　G:163　B:43
五级	紫外线强度很强	R:207　G:1　B:25

---

①　省级气象部门晨练指数现有分级有两种：4 级和 5 级。统一规范为 4 级后，将原有 5 级标准中的"一般"归并至较适宜晨练。

②　与气象行业标准《紫外线指数预报》(QXT 87—2008)保持一致。

（四）穿衣指数

穿衣指数划分为七级标准。级别内涵对应着装种类,由一级至七级适宜穿着衣物的厚度
依次递减。

表 5　穿衣指数七等级内涵

指数等级	级别内涵	颜色标识(RGB 颜色代码)	
一级	严冬装:适宜穿着羽绒服、戴手套等		R:20 G:172　B:228
二级	冬装:适宜穿着棉衣、皮衣、厚毛衣等		R:113 G:198　B:62
三级	初冬装:适宜穿着夹克衫、西服、外套等		R:158 G:220　B:85
四级	早春晚秋装:适宜穿着套装、夹克衫、风衣等		R:236　G:251　B:4
五级	春秋装:适宜穿着棉衫、T 恤、牛仔服等		R:248 G:163　B:43
六级	夏装:适宜穿着短裙、短套装等		R:248　G:81　B:43
七级	盛夏装:适宜穿着短衫、短裙、短裤等		R:207　G:1　B:25

（五）感冒指数

感冒指数划分为四级标准[①]。级别内涵对应感冒易发程度,由一级至四级感冒易发程度
依次增强。

表 6　感冒指数四等级内涵

指数等级	级别内涵	颜色标识(RGB 颜色代码)	
一级	不易感冒		R:20 G:172　B:228
二级	感冒少发		R:100　G:186　B:48

---

① 省级气象部门现有感冒指数分级有三种:3 级、4 级和 5 级,统一规范为 4 级后,将原有 5 级标准中的"中等""正常"
等情况归并至"感冒少发",并统一级别内涵。

指数等级	级别内涵	颜色标识(RGB颜色代码)
三级	容易感冒	R:236 G:251 B:4
四级	极易感冒	R:207 G:1 B:25

（六）旅游指数

旅游指数划分为四级标准①。级别内涵对应适宜旅游的程度，由一级至四级适宜旅游程度依次降低。

表7　旅游指数四等级内涵

指数等级	级别内涵	颜色标识(RGB颜色代码)
一级	适宜旅游	R:20 G:172 B:228
二级	较适宜旅游	R:100 G:186 B:48
三级	不太适宜旅游	R:236 G:251 B:4
四级	不适宜旅游	R:207 G:1 B:25

（七）洗车指数

洗车指数划分为四级标准。级别内涵对应适宜洗车的程度，由一级至四级适宜洗车程度依次降低。

表8　洗车指数四等级内涵

指数等级	级别内涵	颜色标识(RGB颜色代码)
一级	适宜洗车	R:20 G:172 B:228
二级	较适宜洗车	R:100 G:186 B:48

① 省级气象部门现有旅游指数分级有三种：4级、5级和6级，多数气象部门采用5级分级标准。统一规范为4级后，将原有5级标准中的"非常适宜""极适宜"等情况归并至"适宜旅游"的级别。

续表

指数等级	级别内涵	颜色标识（RGB 颜色代码）
三级	较不宜洗车	R:236　G:251　B:4
四级	不宜洗车	R:207　G:1　B:25

（八）晾晒指数

晾晒指数划分为四级标准[①]。级别内涵对应适宜晾晒衣物的程度，由一级至四级适宜晾晒程度依次降低。

表 9　晾晒指数四等级内涵

指数等级	级别内涵	颜色标识（RGB 颜色代码）
一级	适宜晾晒	R:20 G:172　B:228
二级	较适宜晾晒	R:100　G:186　B:48
三级	不太适宜晾晒	R:236　G:251　B:4
四级	不适宜晾晒	R:207　G:1　B:25

六、指数服务提示用语

各对外服务单位可根据生活气象指数具体级别内涵以及地方人民群众生活习惯，编制符合地方实际的特色指数气象服务提示用语。

---

① 省级气象部门现有晾晒指数分级有两种：4 级和 5 级。统一规范为 4 级后，将原 5 级标准中的"基本适宜"情况归并至"较适宜晾晒"。

5. 气象部门城市紫外线预报质量考核和管理暂行办法(试行)

一、目的

为了进一步规范紫外线指数预报业务服务工作,充分调动业务技术人员的积极性,提高紫外线指数预报水平,特制定本办法。

二、考核对象

中国气象局负责考核和管理中央气象台和省会城市的紫外线预报服务质量;各省(区、市)气象局、计划单列市气象局负责对本地其他城市紫外线指数预报质量考核,并制定相应办法。年度考核时段为日历年,即从 1 月 1 日至 12 月 31 日

三、考核内容、标准及方法

根据中国气象局《关于开展省会城市紫外线预报业务服务工作的通知》要求,紫外线指数预报产品内容为紫外线等级的级别,并且要求每天 01:00—02:00(UTC)和 07:00—08:00(UTC)分别将预报的当天和次日的紫外线指数级别上传到中央气象台。因此,考核分为资料传输时效评分和预报等级评分。

1. 资料传输时效评分(S)

各省(区、市)紫外线观测和预报结果必须按规定的格式、传输方式传送至中央气象台。资料传输实效,满分按 30 分计。具体分为:在规定时间前上传为准时,否则为迟报,迟报 30 min以上为缺报,以及完全缺报。资料传输时效评分按上午和下午两次分别评分($S1$ 和 $S2$),各按15 分计。资料传输时效评分采取扣分办法:迟到 1~30 min 为迟报,每迟报 1 min 扣 0.3 分;迟报 30 min(含 30 min)以上为缺报,扣 12 分。每次资料传输 24 h 内无报,为完全缺报,完全缺报扣 15 分。传输时间以到国家气象中心信息网络部通讯服务器时间为准,传输结果按月通报各省。

2. 预报准确率评分(J)

预报精度评分按上午和下午两次分别评分,根据紫外线指数预报和实况级别按下表评定。

预报级别 实况级别	一级	二级	三级	四级	五级
一级	100	50	0	0	0
二级	50	100	50	0	0
三级	0	50	100	50	0
四级	0	0	50	100	50
五级	0	0	0	50	100

(说明:如某日紫外线指数缺报精度评分为 0)

紫外线实况级别按照实际观测的当日 08:00—16:00 时(北京时)的平均紫外辐射量换算成相应的紫外线指数等级,在中国气象局制定统一的紫外辐射观测规范前仍按中国气象局《紫

外线指数预报业务服务暂行规定》（中气预发〔2000〕11 号）的有关要求执行。

3. 日评分（R）

某日的紫外线指数预报评分按下式计算：

$$R = S前一日 + S当日 + 0.4 × J前一日 + 0.3 × J当日$$

式中：R 为逐日紫外线指数预报日评分（取小数 1 位）。S 前一日为前一日下午资料传输时效评分，S 当日为当日上午资料传输时效评分，J 前一日为前一日下午紫外线指数预报精度评分，J 当日为当日上午紫外线指数预报精度评分。

4. 月评分和年评分

在日评分基础上按日历天数计算平均值，求算紫外线指数预报的月评分值和年评分值。

四、质量管理

1. 省（区、市）气象局、计划单列市气象局紫外线预报业务服务工作，按照中国气象局《紫外线指数预报业务服务暂行规定》（中气预发〔2000〕11 号）和《关于开展省会城市紫外线预报业务服务工作的通知》（中气发〔2002〕87 号）的有关要求执行，统一紫外线指数预报名称、预报量级的划分、发布规定和用语等。

2. 国家气象中心、各省（区、市）气象局和计划单列市气象局每年 1 月底前对上年度紫外线预报业务质量进行系统、全面的检查总结，阐述全年来在紫外线指数预报方面取得的研究和业务进展，实事求是分析存在的问题，并将总结分析情况和紫外线指数预报质量考核报表于每年 2 月底前报中国气象局预测减灾司。

3. 在中国气象局对紫外线监测设备进行统一列装、统一观测标准前，各地应参考《紫外线指数预报业务服务暂行规定》中的相关要求自行开展观测，并评定本单位的紫外线预报质量。

4. 紫外线指数预报的质量按"紫外线指数预报质量年度总评分进行考核，合格分年评分 75 分，90 分为优秀。

5. 紫外线指数预报纳入基本气象业务管理，其质量目标值应纳入各省（区、市）气象局业务进行工作目标管理。

6. 通过"质量通报"等方式对紫外线预报业务服务质量实施监控。中国气象局每年对各单位上报材料进行综合复审，排列名次，于每年 3 月份进行通报。

7. 本办法由中国气象局预测减灾司负责解释。

8. 本办法自下发后 2004 年 1 月 1 日起执行（气发〔2003〕190 号）。